●サンプルデータについて

本書で紹介したデータは、サンプルとして秀和システムのホームページからダウンロードできます。詳しいダウンロードの方法については、次のページをご参照ください。

h
b

6.1.1 アプリの画面を作ろう

いろいろやることが多いので、まずはアプリの画面を先に作っちゃいましょう。基本的に4章で作成したVBちゃんアプリと同じ構造です。

VBちゃんのGUI

右にはVBちゃんのイメージが表示される領域があり、その下にVBちゃんからの応答メッセージ領域があります。新バージョンでは思わず語りかけてくるように見えるようなキャラに交代してもらいました。この画面に「中の人*」に相当するプログラムを組み込み、ユーザーの入力内容によって怒った顔や笑った顔に変化させます。

さて、左側はログを表示するためのテキストボックスで、ユーザーとVBちゃんの対話が記録されていきます。画面の下部には入力エリアとしてのテキストボックスがあり、ここに言葉を入力して**話す**ボタンをクリックすることでVBちゃんと会話することができます。このあたりは4章で作成したものと同じです。その下にはVBちゃんの「機嫌値」を表示するListコントロールが配置されています。実はこの機嫌値こそが今回のアプリの最大のポイントで、機嫌値としての数値によってVBちゃんの表情を変化させます。なので、ユーザーはこの機嫌値を見ながら「どのくらい怒っているのか」、言い換えると怒りや喜びの度合いを知ることができるというわけです。

▼VBちゃんのGUI

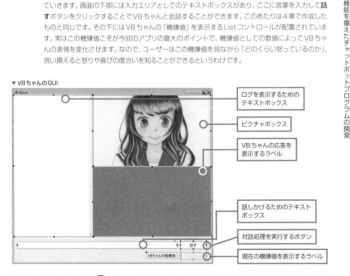

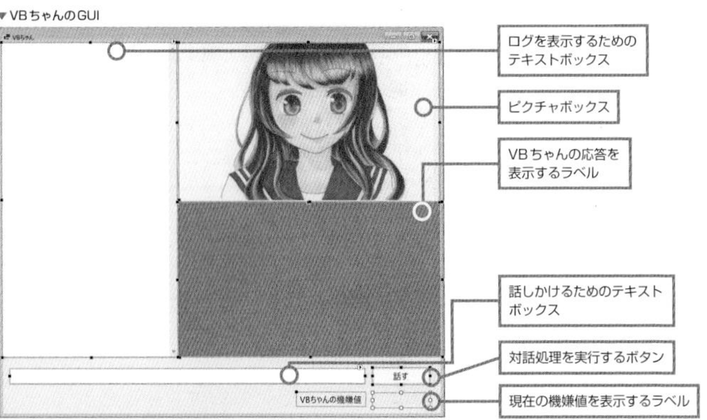

*中の人　アニメのキャラを担当す……を「中の人」と呼ぶことがあります。

6 解析機能を備えたチャットボットプログラムの開発

見やすい手順とわかりやすい解説で理解度抜群！

● 中見出し

紹介する機能や内容を表します。

● 具体的な操作

どこをどう操作すればよいか、具体的な操作と、その手順を表しています。

● 手順解説（Process）

操作の手順について、順を追って解説しています。

● 本文の太字

重要語句は太字で表しています。用語索引（➡P.725）とも連動しています。

● 理解が深まる囲み解説

下のアイコンのついた囲み解説には関連する操作や注意事項、ヒント、応用例など、ほかに類のない豊富な内容を網羅しています。

Onepoint
正しく操作するためのポイントを解説しています。

Attention
操作上の注意や、犯しやすいミスを解説しています。

Tips
関連操作やプラスアルファの上級テクニックを解説しています。

Hint
機能の応用や、実用に役立つヒントを紹介しています。

Memo
内容の補足や、別の使い方などを紹介しています。

サンプルデータについて

本書で紹介したデータは、㈱秀和システムのホームページからダウンロードできます。本書を読み進めるときや説明に従って操作するときは、サンプルデータをダウンロードして利用されることをおすすめします。

ダウンロードは以下のサイトから行ってください。

㈱秀和システムのホームページ
https://www.shuwasystem.co.jp/

サンプルファイルのダウンロードページ
https://www.shuwasystem.co.jp/books/vb2022pm_no187/

サンプルデータは、「chap02.zip」「chap03.zip」など章ごとに分けてありますので、それぞれをダウンロードして、解凍してお使いください。

ファイルを解凍すると、フォルダーが開きます。そのフォルダーの中には、サンプルファイルが節ごとに格納されていますので、目的のサンプルファイルをご利用ください。

なお、解凍したファイルは、操作を始める前にバックアップを作成してから利用されることをおすすめします。

▼サンプルデータのフォルダー構造

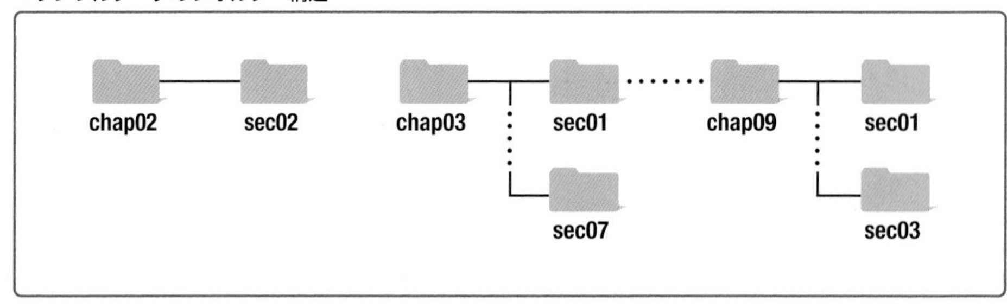

Microsoft Visual Studio

Visual Basic 2022

［Community 2022 完全対応 Professional 2022/Enterprise 2022 対応］

パーフェクトマスター

金城 俊哉 著

秀和システム

注意

(1) 本書は著者が独自に調査した結果を出版したものです。
(2) 本書は内容について万全を期して作成いたしましたが、万一、ご不審な点や誤り、記載漏れなどお気付きの点がありましたら、出版元まで書面にてご連絡ください。
(3) 本書の内容に関して運用した結果の影響については、上記(2)項にかかわらず責任を負いかねます。あらかじめご了承ください。
(4) 本書の全部、または一部について、出版元から文書による許諾を得ずに複製することは禁じられています。

商標

・Microsoft、Windows、およびVisual Basic、Visual Studioは、米国Microsoft Corporationの米国、およびその他の国における商標または登録商標です。
・その他、CPU、ソフト名は一般に各メーカーの商標または登録商標です。
なお、本文中ではTMおよび®マークは明記していません。
書籍のなかでは通称またはその他の名称で表記していることがあります。ご了承ください。

Visual Basicを楽しく効率的に学びましょう

Visual Basicは、BASIC言語の流れをくむ言語として、開発現場だけでなく、プログラミングの学習用としても広く普及しています。Microsoft社のもう1つの代表的な言語に、C言語の流れをくむVisual C#がありますが、Visual BasicはVisual C#とほぼ同じことができます。コードの書き方や文法的なことは異なりますが、言語の基盤になっている部分は同じだからです。

Visual C#で開発したプログラムと同じものがVisual Basicで開発できますし、まったく同じように動作します。プログラムの実行速度も同じです。

Visual Basicのコーディングはシンプルで、C言語系やJavaのようにコードブロックを{ }で囲むことはしません。代わりに、コードブロック全体をインデント（字下げ）して表現するのが大きな特徴です。あえてかっこなどの記号を使わずに「見た目」で直感的にコードを書けるのは、学習用途に向くといわれているもう1つのプログラミング言語、Python（パイソン）に通じるものがあります。

本書では、無償で利用できる最新のVisual Studio Community 2022を利用して、Visual Basicによるプログラムの開発を行います。開発するのは、

・コンソールアプリケーション
・デスクトップアプリ（Windowsフォームアプリ）
・データベースアプリ
・Webアプリ
・ユニバーサルWindowsアプリ（UWPアプリ）

など、Visual Basicで開発できる様々な形態のアプリです。これまで、自動会話プログラム（チャットボット）の開発を取り上げてきましたが、改訂にあたって「自然言語処理」に用いられる「形態素解析」を取り入れ、さらに高度な会話機能を盛り込みました。これを通じてAI技術の一端も体験していただけると思います。また、多くのモジュール（ソースファイル）から成るやや規模の大きなプログラムなので、本格的なアプリ開発の参考にもなるのでは、と思っています。

本書を読んでもらえれば、Visual Basicの開発をひととおり体験することができます。この本がVisual Basicを学ぶための一助となれば幸いです。

2022年1月　　　金城俊哉

Contents
目次

Section 0.1

Visual Basicプログラミングをゼロからスタート

この本には、Visual Basicでプログラミングするための初歩的なことから書いていますので、これまでにプログラミングを学んだことがある人はもちろん、プログラミングがまったく初めての人でも、本書を読み進めていくことで、Visual Basicのひととおりのプログラミングテクニックが身に付くようになっています。

好きなところから読み始めてもらってかまいません

Visual Basicの概要と、プログラムが動作する仕組みの解説から始まり、開発環境の用意を経て、実際のプログラミングへと入っていきます。もちろん、気になる箇所があれば、そこから読み始めてもかまいません。どの章にどんなことが書いてあるのかをまとめましたので、本書を読み進める際の参考にしてください。

Visual Basic言語の概要を紹介

Chapter 1 Visual Basicってそもそも何？

Visual Basicがどのようなプログラミング言語なのか、またVisual Basicを使うとどんなプログラムが作れるのかを解説します。さらに、Visual Basicでプログラミングするために必要なツール（開発環境）の概要、Visual Basicプログラムがコンピューター上で動作する仕組みについても触れています。

特にVisual Basicの開発環境については様々なエディションの中から選択できますので、何を揃えればよいのかをここでチェックしておいてください。

開発環境の用意

Chapter 2 Visual Studio Community 2022のセットアップと基本操作

Visual Basicでプログラミングするための開発環境として「Visual Studio Community 2022」のダウンロードとインストールを行います。インストールしたあと、プログラム用のファイルの作成をはじめ、VS Community 2022の使い方をひととおり紹介します。

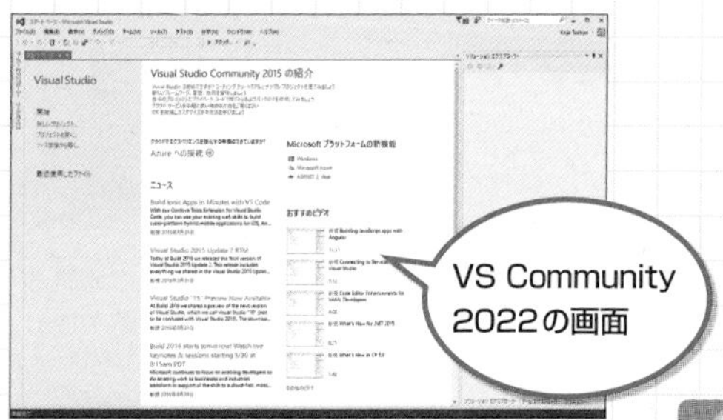

Visual Basicの文法を徹底解説

● Chapter 3 Visual Basicの基本
● Chapter 4 Visual Basicオブジェクト指向プログラミング

Chapter 3ではVisual Basicのコードの書き方から始まり、データ型や制御構造など、Visual Basicの基本的な文法を紹介します。Chapter 4においては、Visual Basicで「オブジェクト指向プログラミング」を行うためのクラスの使い方やインターフェイスなど、ひととおりのテクニックについて見ていきます。

デスクトップアプリをはじめ、データベースやWebアプリの開発など、Visual Basicプログラミングの基礎となる部分です。

デスクトップアプリの開発手法を解説

● Chapter 5 Windowsアプリケーションの開発
● Chapter 6 解析機能を備えたチャットボットプログラムの開発

Windowsで動作するデスクトップアプリの作り方を解説します。アプリの画面を構成するフォームや各種のコントロールの使い方をメインに、プログラムとの連携について学ぶことで、様々な形態のデスクトップアプリを開発できるようになります。

おしゃべり上手なチャットボットを開発します

データベースアプリ、Webアプリの開発

● Chapter 7 ADO.NETによるデータベースプログラミング
● Chapter 8 ASP.NETによるWebアプリケーション開発

データベースと連携したアプリ、さらにWebサーバー上で動作するサーバーサイドのWebアプリの開発手法を見ていきます。

データベースと連携するアプリ

ユニバーサルWindowsアプリの開発

● Chapter 9 ユニバーサルWindowsアプリの開発

デスクトップアプリをタブレットやスマートフォンにも対応させた新しい形態の「ユニバーサルWindowsアプリ」の作り方について見ていきます。

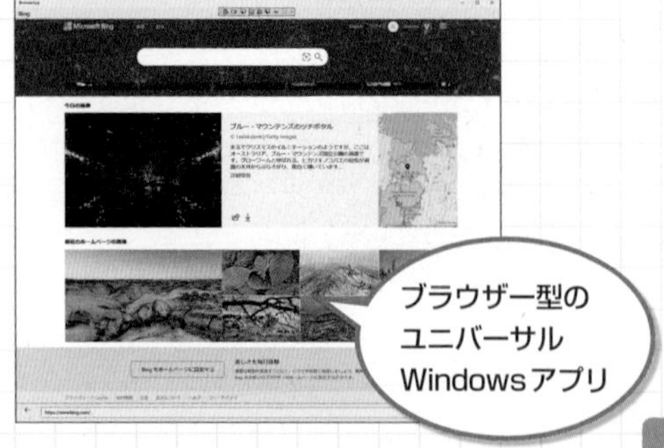

ブラウザー型のユニバーサルWindowsアプリ

Perfect Master Series
Visual Basic 2022

Chapter

Visual Basicってそもそも何？

ここでは、Visual BasicおよびMicrosoft社が提供する開発ツールであるVisual Studio 2022の基盤技術であるMicrosoft .NETを中心に見ていきます。

Section

1.1 Visual Basicって何をするものなの？

Level ★★★ | Keyword | Visual Basic　Visual Studio　.NET（.NET Framework）　ADO.NET　ASP.NET

Visual Basicはプログラミングをするための言語であることはわかるのですが、そもそもなぜ、Visual Basicを使うのでしょう。ひとくちにプログラミングといっても、プログラム（ソフトウェア）にはいろんな種類があります。まずは、Visual Basicの素性と、Visual Basicを学ぶことで何ができるようになるのかを見ていきたいと思います。

Visual Basicってこんな言語

Visual Basicは、Microsoft社によって開発されたプログラミング言語です。Visual Basicによる開発は、ソースコードの入力画面や、入力したコードをコンピューターが理解できるように翻訳する機能など、開発に必要なすべてを組み込んだ**Visual Studio**というソフトウェアを使って行います。

Visual Basicの起源は、プログラミングの学習向けとして1970年代に広く使われていた「BASIC」という言語です。その後、BASICはQuickBASICに進化し、様々な機能を取り入れることで、現在のVisual Basicになりました。起源は学習用途のプログラミング言語でしたが、このように機能を拡張してきたことにより、現在では、本格的な業務用アプリケーションの開発もVisual Basicで行われています。また、Microsoft社のOfficeアプリケーションで利用されているVBAは、Visual Basicの機能をOfficeアプリ向けに限定した簡易版の言語です。

このように、Visual Basicは、学習向けの言語という特徴を残しつつ、業務アプリをはじめとする様々な形態のアプリの開発まで幅広く利用されています。

Microsoft社では、C#言語をベースに開発したVisual C#をVisual Studioの主要開発言語の1つとしていますが、プログラムの実行速度や言語自体の仕様は、Visual Basicとほとんど同じであると考えてよいでしょう。異なるのはソースコードの書き方の違いだけだといっても差し支えないくらいです。

1.1.1 Visual BasicとVisual Studio

Visual Basicのプログラミングは、Microsoft社の**Visual Studio**というアプリケーションを使って行います。アプリケーションというと、同社のWordやExcelを思い浮かべますが、Visual Studioもそれらと同様に、操作用の画面があり、プログラミングに必要なあらゆる機能を提供します。このことから、Visual Studioのような開発ツールを総称して、**統合開発環境**（**IDE**）と呼びます。

まずは「Visual BasicとVisual Studioの関係は？」「Visual Studioで何ができるのか？」について見ていくことにしましょう。

Visual Studioはアプリを開発するためのアプリ

冒頭でお話ししたように、Visual Studioは、アプリを開発するためのアプリ（統合開発環境）です。Visual Studioでは、次のようにWindows上で動作する様々な形態のアプリを開発できます（「〜アプリ」は「〜アプリケーション」とも呼ばれます。本書でも両方を適宜併用しています）。

▼Visual StudioでVisual BasicやVisual C#を用いて開発できるアプリ

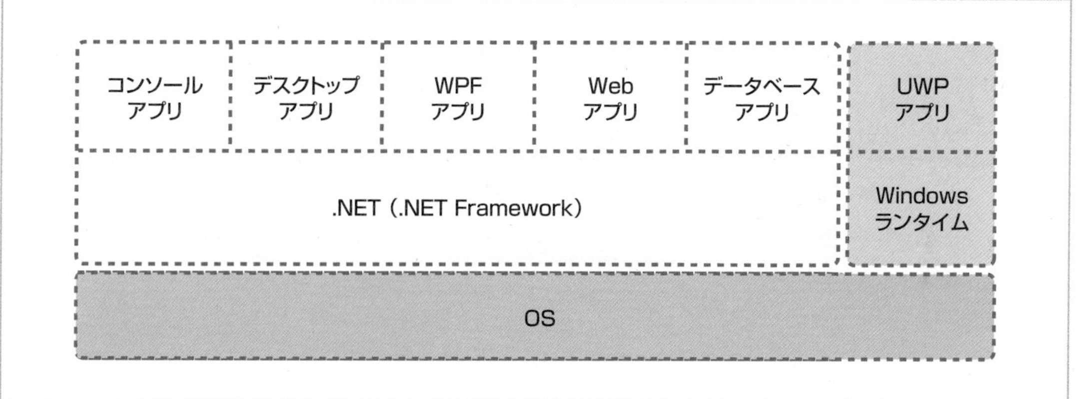

- **コンソールアプリ**
  コンソール上で動作するCUI（キャラクタユーザーインターフェイス）型のアプリケーションです。
- **デスクトップアプリ（Windowsフォームアプリ）**
  Windowsのデスクトップで動作するアプリです。メモ帳やOfficeアプリなどの画面（GUI：グラフィカルユーザーインターフェイス）を持つ、一般的に広く利用されている形態のアプリです。
- **WPFアプリ**
  XAMLと呼ばれるマークアップ言語を使って画面を構築する、デスクトップ型のアプリです。
- **UWPアプリ（ユニバーサルWindowsアプリ）**
  Windowsがサポートする様々なデバイスで動作させることが可能なアプリです。デスクトップ、タブレット、Xboxなどで同じように動作するのが大きな特徴です。

●データベースアプリ
データベースと連携して動作するアプリケーションです。
●Webアプリ
Webサーバー上で動作するアプリケーションです。

前ページの図では、OSの上に.NET（.NET Framework）というものが乗っかり、その上にコンソール、デスクトップ、WPF、Web、データベースなどのアプリが乗っかっています。これは、アプリが、.NET（.NET Framework）を経由してOSの機能を利用することを示しています。このあとで詳しく見ていきますが、.NETは、アプリとOSとしてのWindowsをつなぐ役割をするソフトウェア群です。デスクトップアプリの場合、PCの画面上にダイアログボックスなどの操作画面を表示するにしても、画面表示に関するやり取りをOS側としなければなりません。

.NET（.NET Framework）は、アプリとOSとのやり取りを行うためのプログラムをまとめたものです。.NET（.NET Framework）が間に入ることで、アプリの開発者は、アプリで実現したい機能の開発に集中できます。

Visual Studioでは3つの言語が使える

Visual Studioでは、Visual Basicをはじめとする次の言語で開発が行えます。

▼Visual Studioで使用するプログラミング言語

Visual Basic
Visual C#
Visual C++

どれもMicrosoft社が開発した言語ですが、Visual C#はC#言語をVisual Studio対応に発展させた言語で、Visual C++も同様に標準C++言語をVisual Studio対応に発展させた言語です。Visual Studioでは、Microsoft社が開発したこれら3つの言語のほかに、以下の言語を用いた開発も行えます。

▼Visual Studioで開発可能なプログラミング言語

・F#
・JavaScript
・Python
・TypeScript
・XAML（GUI画面開発）
・クエリ言語（SQLを用いたデータベース開発）

Section 1.2 .NET (.NET Framework) とは

Level ★★★　Keyword　CLR　クラスライブラリ

.NET (.NET Framework) は、アプリケーションの動作環境を提供するソフトウェア (パッケージ) です。Microsoft社のWebサイトで配布されていますが、Visual Studioに標準で搭載されているので、特に何もしなくてもVisual Studioで開発したアプリケーションを動作させることができます。

.NET (.NET Framework) とは

「.NET」は、Visual Studioで開発したアプリをWindowsやmacOS、Linuxなどの複数のOSで実行するためのプラットフォーム (土台となる環境のこと) です。Windows専用のプラットフォームである.NET Frameworkを**クロスプラットフォーム***化した「.NET Core」を経て、現在は.NETという名称で呼ばれています。Visual Studio 2022は、従来の.NET Frameworkに加え、.NET Core、最新の.NETに対応したアプリケーションの開発が行えます。

1.2.1 .NET (.NET Framework) の構造

クロスプラットフォーム用途として開発された.NET Coreや.NETの基幹部分には.NET Frameworkが実装されていますので、ここでは従来からのWindows専用のプラットフォームである.NET Frameworkについて説明します。

.NET Frameworkは、インストールプログラムの形態で配布されてはいますが、Visual StudioにもWindowsにも標準で搭載されています。内容は、大きく分けてVisual BasicやVisual C#が利用するためのプログラム部品 (クラス) の集合体である「ライブラリ」と、プログラムを実行するためのJITコンパイラーなどのソフトウェアが含まれる「共通言語ランタイム (CLR)」で構成されています。

＊**クロスプラットフォーム**　異なるプラットフォーム (Windows、macOS、Linuxなど) 上で、同じ仕様のものを動かすことができること。

▼.NET Frameworkの構造

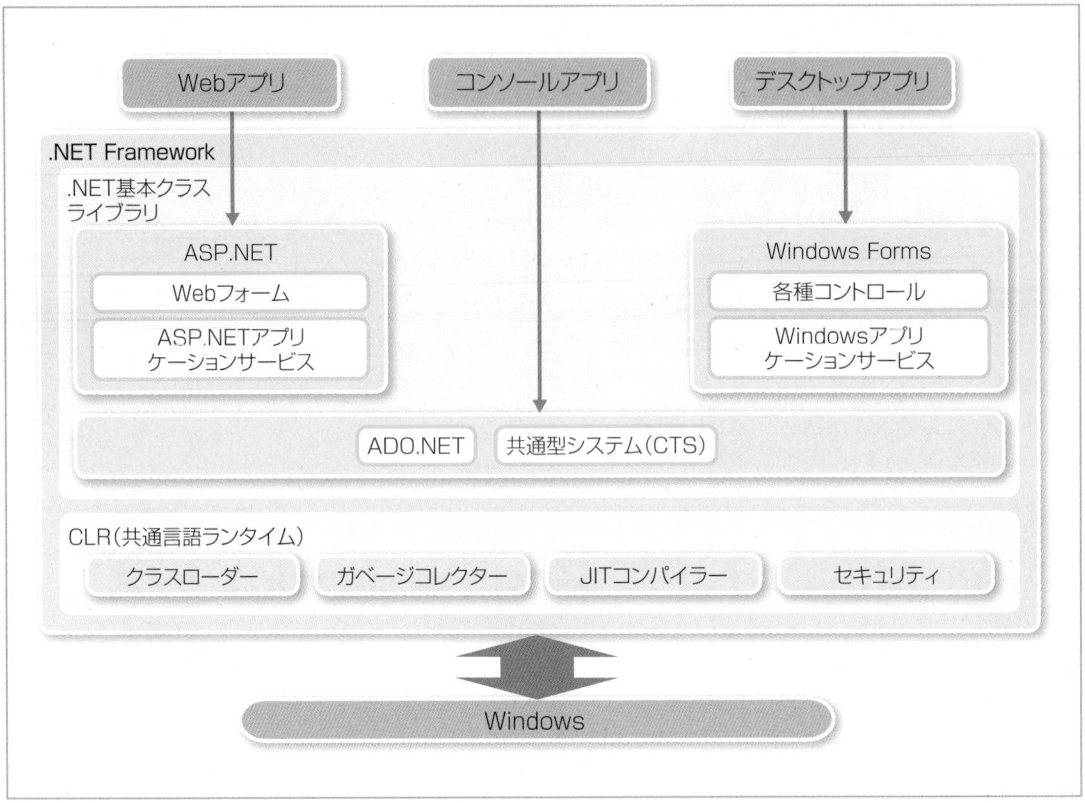

Webアプリ　コンソールアプリ　デスクトップアプリ

.NET Framework

.NET基本クラスライブラリ

ASP.NET
- Webフォーム
- ASP.NETアプリケーションサービス

Windows Forms
- 各種コントロール
- Windowsアプリケーションサービス

ADO.NET　共通型システム（CTS）

CLR（共通言語ランタイム）
- クラスローダー
- ガベージコレクター
- JITコンパイラー
- セキュリティ

Windows

.NETや.NET Coreの場合は、ASP.NETとADO.NETがそれぞれASP.NET Core、ADO.NET Coreになります。UWPアプリは、.NET Frameworkとは別のWinRTと呼ばれる環境をプラットフォームとしますので、上の図には記載されていません。

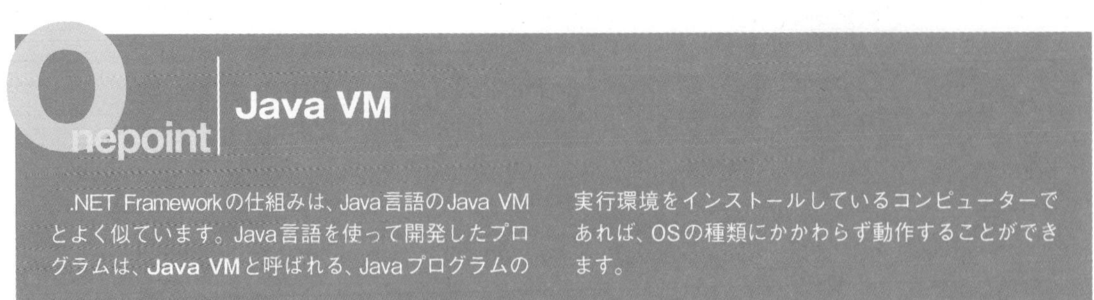

Onepoint

Java VM

.NET Frameworkの仕組みは、Java言語のJava VMとよく似ています。Java言語を使って開発したプログラムは、**Java VM**と呼ばれる、Javaプログラムの実行環境をインストールしているコンピューターであれば、OSの種類にかかわらず動作することができます。

Memo

Visual Studio 2022 のシステム要件

Visual Studio 2022 製品ファミリーのシステム要件です。

●オペレーティングシステム

Visual Studio 2022は、次の64ビットオペレーティングシステムでサポートされています。

Windows 11
Windows 10 バージョン 1909 以上: Home、Professional、Education、Enterprise
Windows Server 2022: Standard および Datacenter
Windows Server 2019: Standard および Datacenter
Windows Server 2016: Standard および Datacenter

●ハードウェア

- 1.8 GHz 以上の 64 ビット プロセッサ。クアッドコア以上をお勧めします。 ARM プロセッサはサポートされていません。
- 4 GBのRAM。
- ハードディスク容量:
  最小 850 MB、最大 210 GB の空き領域(インストールされる機能により異なる。一般的なインストールでは、20 から 50 GB の空き領域が必要)。
- ビデオカード:
  720 p(720×1280) 以上のディスプレイ解像度をサポートするビデオカード。Visual Studio は WXGA(768×1366) 以上の解像度で快適に動作します。

Memo

共通型システム(CTS)

データ型を一言で表せば、「データの種類とデータが使用するメモリー上のビット数を示すもの」です。このようなデータ型は、それぞれのプログラミング言語で固有の型が定義されています。

.NET Frameworkでは、共通型システム(CTS)という規格に基づいて、.NET Framework対応のすべての言語で共通して使用するデータ型を決めています。Visual Basicでは、これを独自の名前で使えるようにしていますので、例えば整数型の共通名「Int32」は「Integer」となります。なので、CTSの型名はあくまで参考として見ていただき、Visual Basicの型名に注目してください。

1.2.2 CLR(共通言語ランタイム*)の役割

CLR(共通言語ランタイム)は、.NET(.NET Framework)共通の開発環境やプログラムの実行環境を提供するソフトウェア群です。

CLR(共通言語ランタイム)の役割

.NETをプラットフォームとするVisual BasicやVisual C#で開発されたプログラムは、OSの種類にかかわらず、.NETが搭載されたコンピューター上で動作することを目的としています。このため、開発したプログラムをコンパイル(実行できる状態にすること)する際に、いきなりネイティブコードに変換するのではなく、**MSIL**と呼ばれる中間コードに変換します。このように中間コードに変換されたものが実行ファイルになり、実際にプログラムを起動する際は、.NETに搭載されているJITコンパイラーが**ネイティブコード***に変換してからプログラムが実行されます。

このような仕組みがあることで、Microsoft .NET対応のツールで作成されたプログラムは、CLRを含む.NETが備わったコンピューターであれば、OSの種類やCPUなどのハードウェアに関係なく実行することが可能です。

▼CLRの役割

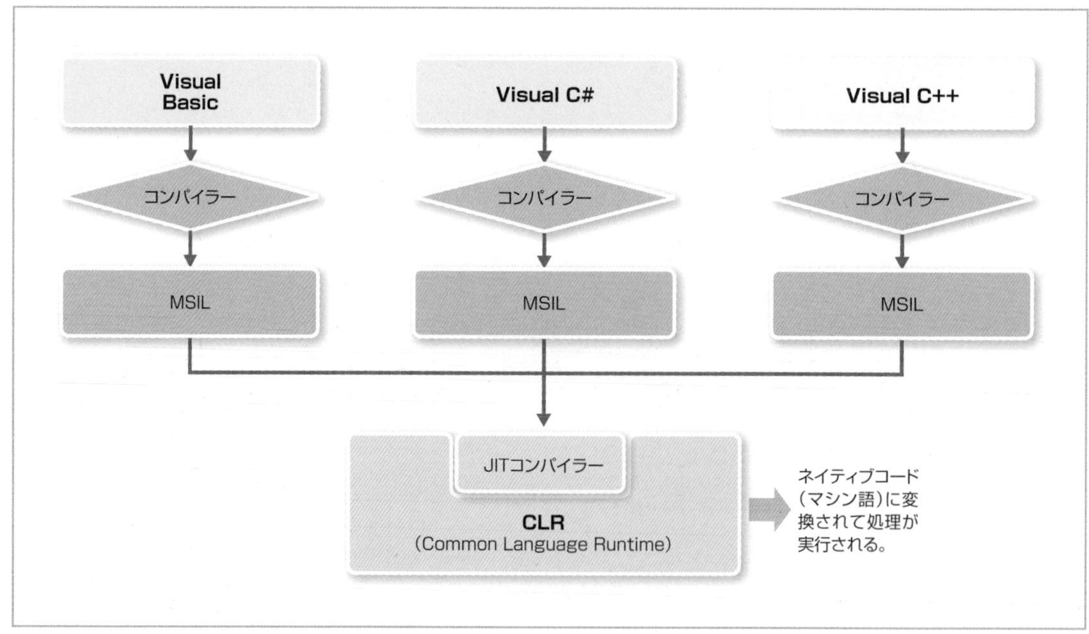

＊ランタイム　アプリケーションソフトを実行する際に必要となるソフトウェアのこと。Windowsの場合はDLLファイルのかたちで提供される。ランタイムは、アプリケーションソフトに含めて配付される場合もあるが、別途インストールしなければならない場合もある。

＊ネイティブコード　コンピューターに理解できる言語(マシン語)で記述されたプログラムのこと。コンピューター用に数値だけを使って表現される。ネイティブコードを直接扱うのは困難なので、通常はプログラミング言語を使って作成したソースコードを、コンパイラーなどの変換ソフトウェアを使ってネイティブコードに変換する。

CLR (共通言語ランタイム) に含まれるソフトウェアを確認する

CLRには、MSILのコードをネイティブコードに変換するJITコンパイラーをはじめ、以下のソフトウェアが含まれます。

●JITコンパイラー

JITコンパイラーは、.NET (.NET Framework) をプラットフォームとする環境で開発した実行可能プログラムのMSILコードをネイティブコードにコンパイルするソフトウェアです。

●インタープリター式の利点を保ちつつ高速化を実現

JITはJust-In-Timeの略で、JITコンパイラーは、プログラムの実行時にコードのコンパイルを行います。これは、JavaScriptなどのインタープリター方式と似ていますが、一度コンパイルされたネイティブコードは、プログラムが終了するまで保持されると共に、必要に応じて再利用されるので、プログラムを効率的に実行できるようになっています。

また、インタープリター方式のソースコードがテキストベースで記述されているのに対し、JITコンパイラーがコンパイルするのは、よりネイティブコードに近い中間言語 (MSIL) であるため、コンパイルにかかる時間が短くて済みます。

●クラスローダー

プログラムの開発にあたっては、.NET (.NET Framework) のクラスライブラリに収録されているクラスを利用してプログラミングを行います。このため、コンパイル済みの中間コードの中には、必要に応じて、ライブラリ内のクラスを呼び出すための記述があります。

クラスローダーは、このようなクラスの呼び出し命令を読み取って、指定されたクラスの情報をメモリー上に展開するためのソフトウェアです。

●ガベージコレクター

ガベージコレクターは、プログラム実行中のメモリー管理を行うソフトウェアです。プログラムが起動すると、ガベージコレクターがメモリーを監視し、不要になったメモリー領域の解放を行います。

このような処理は**ガベージコレクション**と呼ばれ、ガベージコレクションを行うことで、不要になったメモリー領域が残り続けることを防止します。

●セキュリティ

CLRには、コードベースのセキュリティを実現するための機能が組み込まれています。コードベースのセキュリティとは、プログラムコードの信頼度およびコードが実際に実行する処理の安全性を事前にチェックし、コードの実行の有無を制御することです。

1.2.3 Visual Basicのための開発ツール

Microsoft社が提供する「Visual Studio」には、無償で利用できるCommunity版、本格的な業務アプリなどの開発に使用する有償版があります。

▼Visual Studioの各エディション

エディション	有償／無償	内容
Visual Studio Community 2022	無償	Professional版とほぼ同様の機能を持つ
Visual Studio Professional 2022	有償	個人や小規模なチームによる開発向け
Visual Studio Enterprise 2022	有償	大規模開発に対応するエディション

Visual Basicの学習なら「Community」

Visual Basicの学習にあたっては、無償で入手できる「Community」を利用しましょう。もし、有償版を使ってみたいのなら、90日間の無償評価版がダウンロードページからダウンロードできるので、これを使ってみるのもよいでしょう。

Community版はProfessional版とほぼ同じ機能を持ち、組織で使用する場合は次のような制約があるものの、個人の開発者は自由に使えます（有償アプリの開発も可能）。このことから、本書ではCommunity版を使用することにします。

▼Visual Studio Community 2022における組織ユーザーの使用要件

- ・トレーニング／教育／学術研究を目的とした場合には人数の制限なく使える
- ・オープンソースプロジェクトの開発では人数の制限なく使える
- ・エンタープライズ*な組織（「250台以上のPCを所有もしくは250人を超えるユーザーがいる」もしくは「年間収益が100万米ドルを超える」組織とその関連会社）では使えない（上記の条件を満たす場合を除く）
- ・非エンタープライズな組織では同時に最大５人のユーザーが使える

Memo

CLRのガベージコレクターは、メモリー（ヒープ）を占有しているデータをチェックして、どのプログラムからも参照されていないデータを見付け次第メモリー上から削除します。

＊**エンタープライズ**　大企業や中堅企業、公的機関など、複数の部門で構成されるような比較的規模の大きな法人に向けた市場や製品のこと。これに対し、個人事業主や中小企業は「**スモールビジネス**」と呼ぶ。

Perfect Master Series
Visual Basic 2022

Chapter

Visual Studio Community 2022のセットアップと基本操作

この章では、Visual Studio Community 2022のインストール方法と、インストール後のアップデートの方法を紹介します。

後半では、基本操作や画面構成について見ていきます。

Section

2.1 Visual Studio Community 2022

Level ★★★ | Keyword | Visual Studio Community 2022　アカウント

ここでは、Visual Studio Community 2022を入手する方法と、インストール方法を紹介します。

Visual Studio Community 2022のダウンロードとインストール

Visual Studio Community 2022をMicrosoft社のサイトからダウンロードし、インストールします。

①インストールに必要なシステム要件のチェック
②Visual Studio Community 2022のダウンロード
③Visual Studio Community 2022のインストール

①では、Visual Studio Community 2022の利用に必要なソフトウェアおよびハードウェアの要件を確認します。

▼Visual Studio 2022のサイト

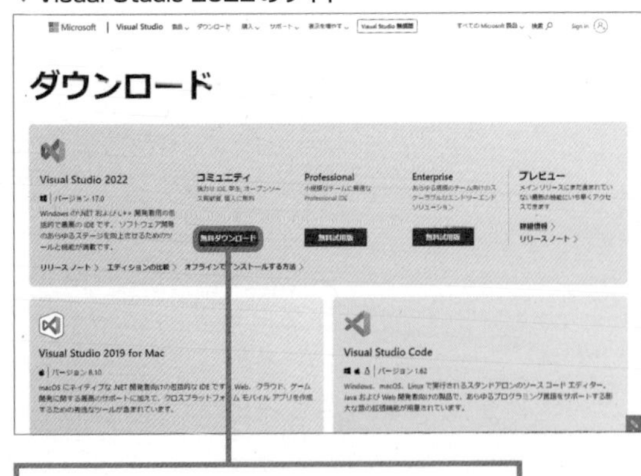

▼セットアップウィザード

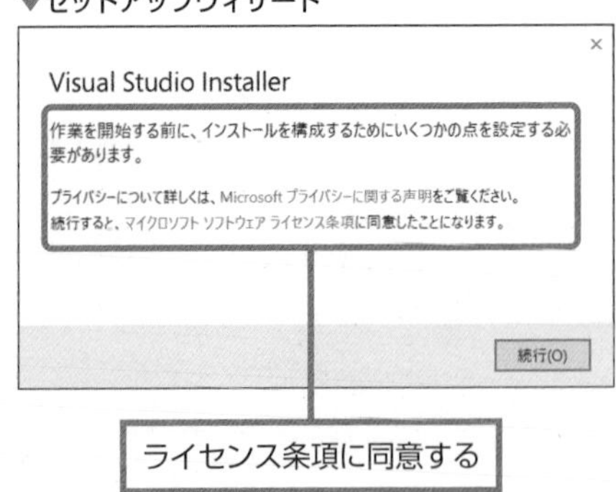

2.1.1 VS Community 2022 のダウンロードとインストール

Visual Studio Community 2022をMicrosoft社のサイトからダウンロードし、インストールを行います。

1 ブラウザーを起動して、「https://www.visualstudio.com/ja/downloads」にアクセスします。

2 Visual Studio 2022の**無料ダウンロード**をクリックします。

3 ダウンロードしたファイルをダブルクリックして実行します。

▼Visual Studioのダウンロードページ

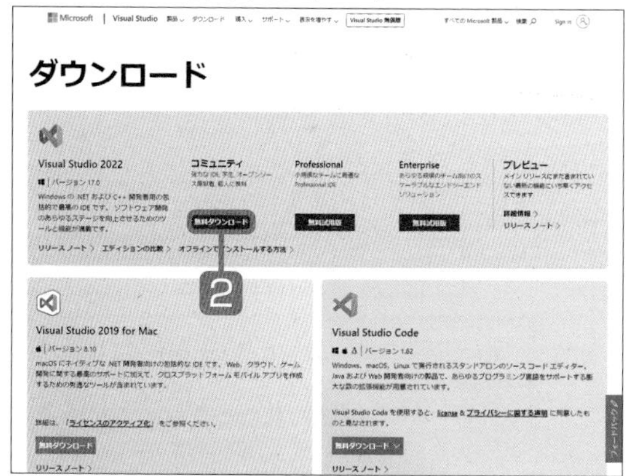

▼ダウンロード後のページ

4 **続行**ボタンをクリックします。

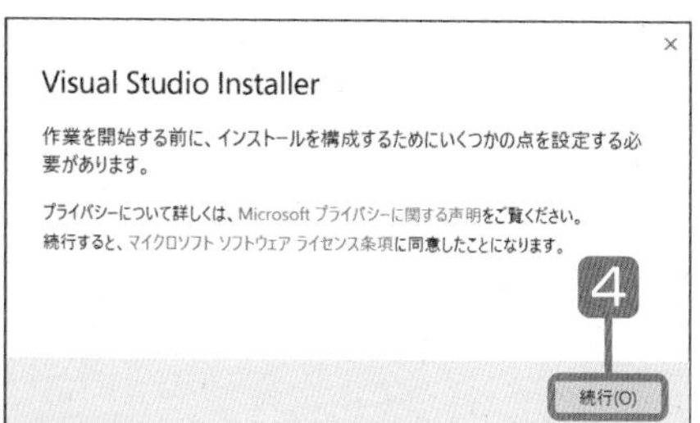

5 インストールする機能を選択するための画面が表示されます。**ワークロード**タブには、開発可能なアプリの種類がカテゴリごとに分類されて表示されます。

▼［ワークロード］タブ

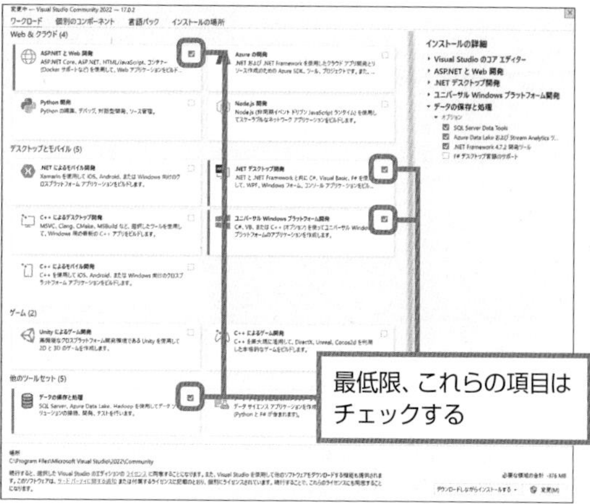

Onepoint

ライセンス条項およびプライバシーに関する声明のリンクをクリックすると、それぞれの内容を確認することができます。

必要な項目にチェックを入れますが、本書で紹介するアプリを開発するためには、以下の項目にチェックを入れておくようにしてください。

- ●デスクトップとモバイル
  - ・ユニバーサルWindowsプラットフォーム開発
  - ・.NETデスクトップ開発
- ●Web & クラウド
  - ・ASP.NETとWeb開発
- ●他のツールセット
  - ・データの保存と処理

7 **インストール**（または**変更**）ボタンをクリックしましょう。

▼［ワークロード］タブ

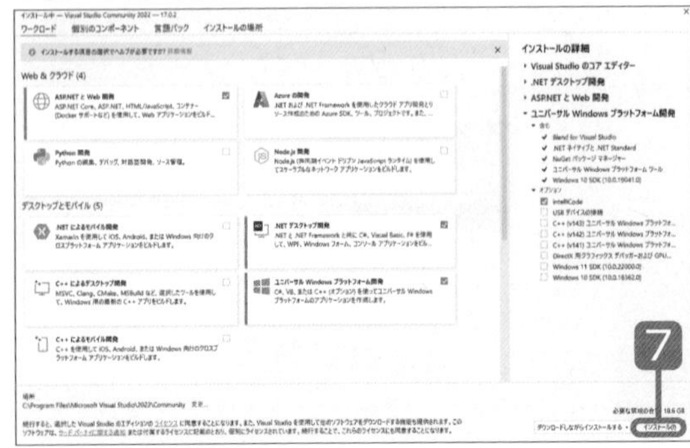

Onepoint

言語パックタブをクリックすると、Visual Studioで使用する言語の一覧が表示されます。**日本語**にチェックが入っているので、このままの状態でインストールを開始します。

Onepoint

サインインの画面が表示された場合は、Microsoftアカウントでサインインします。アカウントを持っていない場合は、作成してくださいのリンクをクリックして、アカウントを取得してからサインインします。

6 **個別のコンポーネント**タブをクリックすると、インストールされるコンポーネントが表示されます。先の**ワークロード**でチェックを入れた項目に応じてコンポーネントが選択されています。個別に追加したいコンポーネントがなければ、何もする必要はありません。

▼［個別のコンポーネント］タブ

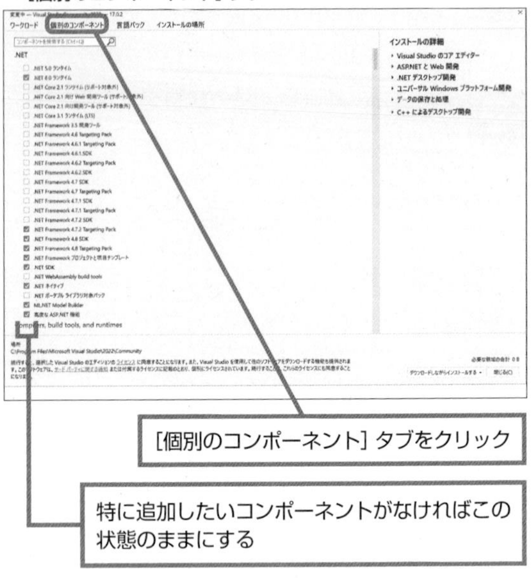
［個別のコンポーネント］タブをクリック
特に追加したいコンポーネントがなければこの状態のままにする

8 インストールが完了したら、**閉じる**をクリックして画面を閉じます。

▼インストールの終了

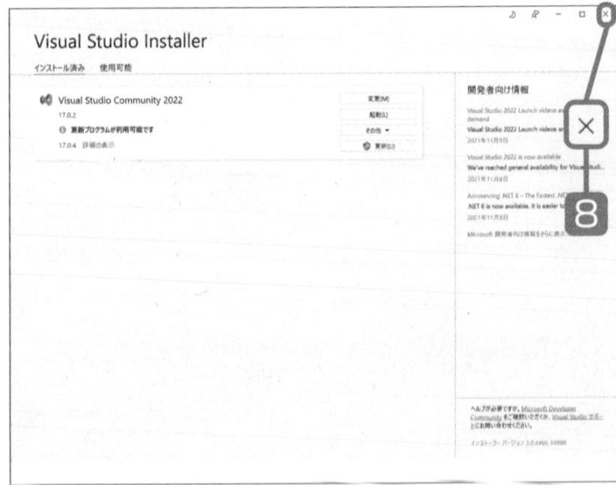
Visual Studio Installer
Visual Studio Community 2022

9 Visual Studio Community 2022を起動するとスタート画面が表示されます。

▼Visual Studio Community 2022のスタート画面

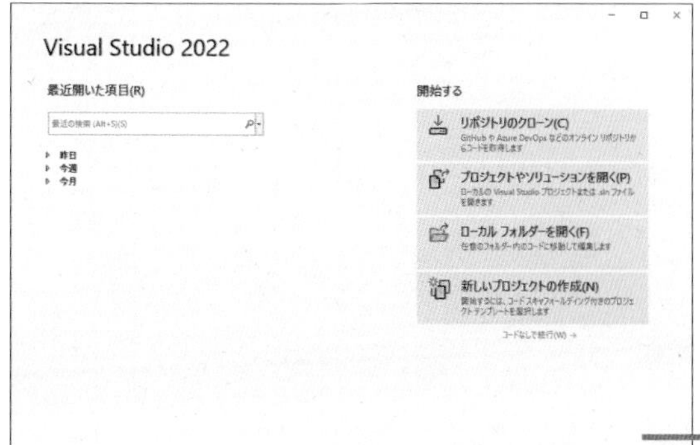

Visual Studio 2022のスタート画面が表示される

Memo Visual Studioのバージョンを確認するには

現在、インストールされているVisual Studioのバージョンは、**ヘルプ**メニューを使って表示される、**Visual Studioのバージョン情報**ダイアログを使って調べることができます。

①**ヘルプ**メニューをクリックして、**Microsoft Visual Studioのバージョン情報**を選択します。

②Visual Studioのバージョン情報が表示されます。

▼[ヘルプ]メニュー

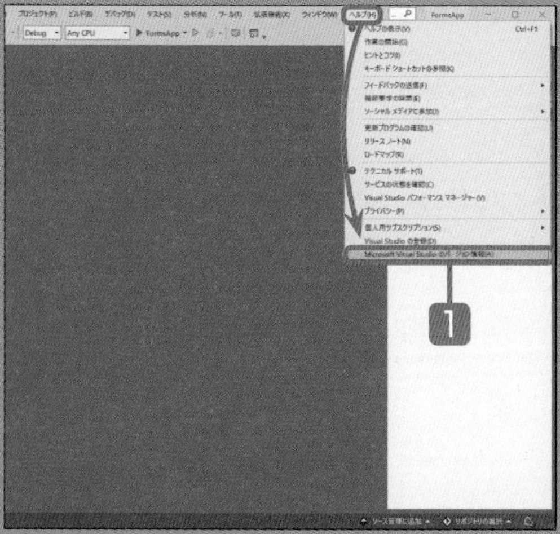

1

▼[Visual Studioのバージョン情報]ダイアログ

2

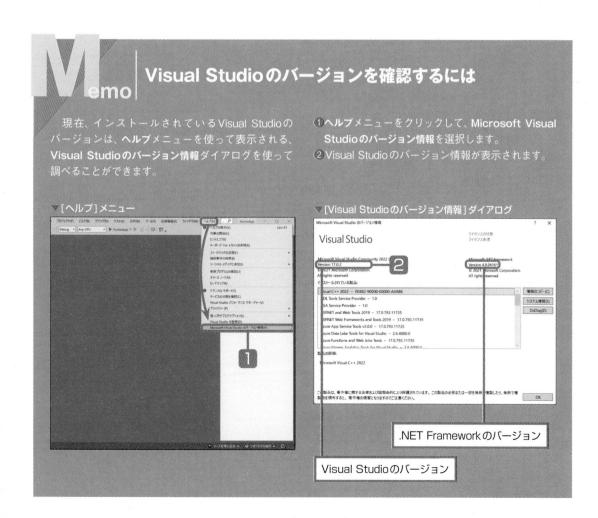

.NET Frameworkのバージョン

Visual Studioのバージョン

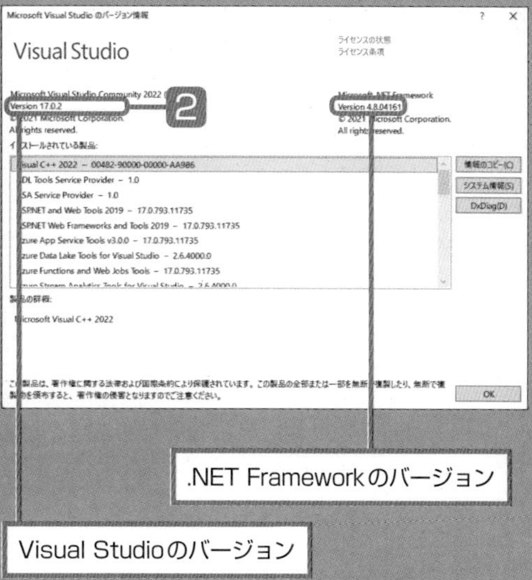

Section

2.2 Visual Basicの開発は何から始めればいいの？

Level ★★★

Keyword　IDE　プロジェクト　ソリューション　フォーム　Windowsフォームデザイナー

ここでは、Visual Studio Community 2022 を起動して、プログラミングに取りかかるまでに必要な基本的な操作について見ていきます。

Visual Studio Community 2022の基本操作

アプリを開発する際は、次の手順でVisual Studio Community 2022（以降「Visual Studio」と表記）を起動してプロジェクトを作成したあとで、プログラミングの作業に取りかかります。

①Visual Studioの起動
②Visual Basicプロジェクトの作成
③プログラミング（フォームの作成やコードの記述）

デスクトップアプリ（Windowsフォームアプリ、Windowsフォームアプリケーション）は、アプリの画面であるフォームを作成し、作成したフォームに対してソースコードを記述しながら開発を行います。このことから、コードを記録しておくためのファイルのほかに、フォームの内容を記録したファイルをはじめとする複数のファイルが必要になります。

これらのファイルは、**プロジェクト**と呼ばれる単位で管理されます。Visual Basicでプログラミングを始める前には、まずプロジェクトの作成を行います。

▼操作画面

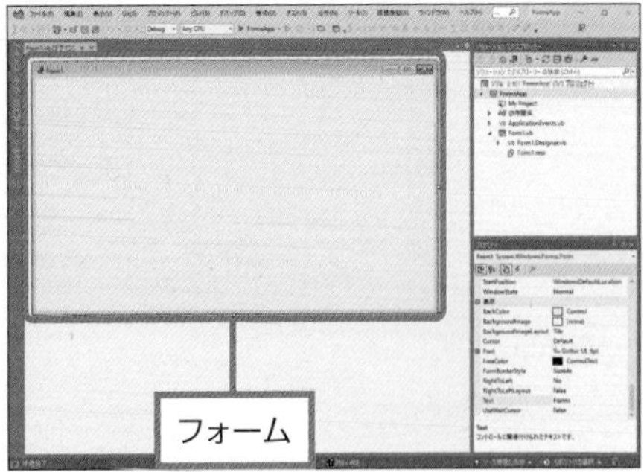

▼アプリケーションの開発に必要な各種のファイル

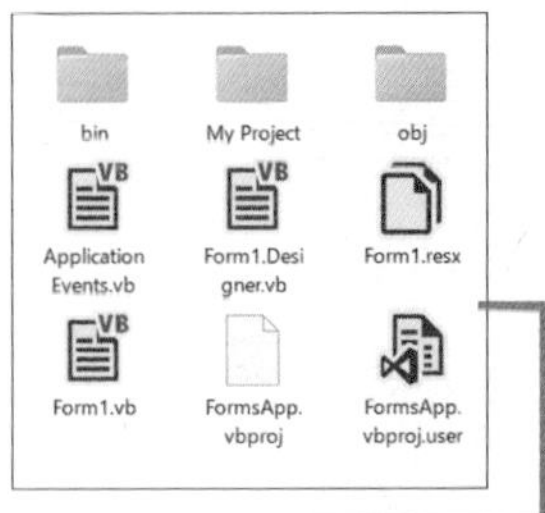

プロジェクトの作成時に作成される各種ファイルやフォルダー

2.2.1 Visual Basicにおけるアプリケーション開発の流れ

Visual Basicでデスクトップアプリを開発する際は、アプリの操作画面（ユーザーインターフェイス）の作成とソースコードの入力を、それぞれ専用の画面を使って行います。

ここでは、Visual Basicにおける開発工程を、デスクトップアプリを例に見てみることにしましょう。

①Visual Basicプロジェクトの作成

プロジェクトとは、1つのアプリケーションソフトを開発するのに必要なファイルを管理する単位で、プログラムコードやフォームのレイアウト情報、プログラムが使用する画像などのすべての情報がプロジェクト専用のフォルダーに保存されます。プロジェクトには、任意の名前を付けることができます。

プロジェクトを作成すると、プロジェクトと同名のフォルダーが作成され、必要なファイルが保存されます。

②フォームの作成

Windowsアプリケーションや Webアプリケーションの開発では、アプリケーションソフトの操作画面（ユーザーインターフェイス）であるフォームを作成し、操作に必要なボタンやメニューを配置します。フォームの作成は、**Windowsフォームデザイナー**（以降は単に「フォームデザイナー」とも表記）と呼ばれる画面を使って行います。

▼Visual StudioのWindowsフォームデザイナー

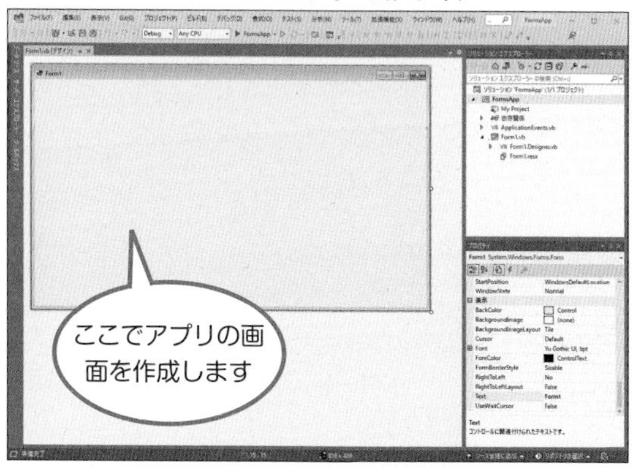

Onepoint

新規にWindowsフォームアプリケーションのプロジェクトを作成すると、このような画面が表示されます。

③コードの記述

フォーム上に配置したボタンやメニューなどの要素に対して、これらの要素が行う処理をコードエディターを使って記述していきます。このような、コードを記述する作業のことを**コーディング**と呼びます。

コーディングは、デスクトップアプリの開発におけるプログラミングの第2段階ということになります。

▼Visual Studioのコードエディター

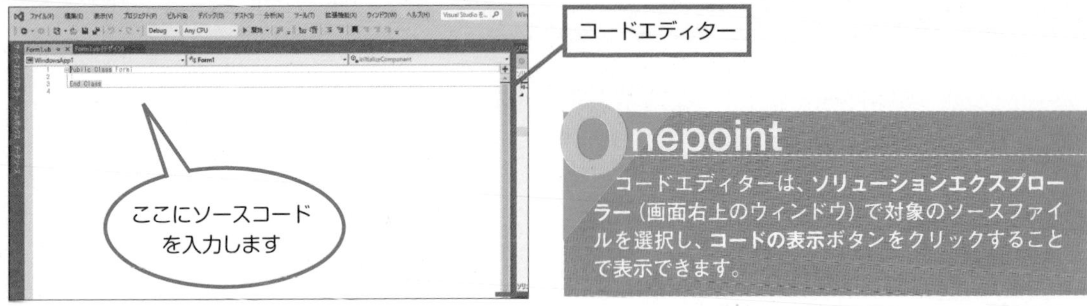
コードエディター
ここにソースコードを入力します

Onepoint

コードエディターは、**ソリューションエクスプローラー**（画面右上のウィンドウ）で対象のソースファイルを選択し、**コードの表示**ボタンをクリックすることで表示できます。

④テストとデバッグ

プログラミングが済んだ段階で、意図したとおりにプログラムが動作するかどうかを確認します。ソースコードの間違いや問題のことを**バグ**と呼び、バグをチェックしてコードを修正することを**デバッグ**と呼びます。バグが発生した場合は、すべての問題が解決するまでデバッグを繰り返し、プログラムが正しく動作するようにコードの修正を行います。

⑤ビルド

デバッグを行うと、自動的にビルド（実行可能ファイルの作成）が行われ、プログラムが実行されます。ただし、デバッグ用のビルドなので、完成したプログラムを配布する場合は**リリースビルド**という本番用のビルドを行います。リリースビルドでは、デバッグに必要な機能が取り除かれる**最適化**の処理が行われます。

2.2.2 開発中のプログラムの管理

Visual Studioでは、アプリケーションの開発に必要なファイルを**プロジェクト**と呼ばれる単位で管理します。

●プロジェクト

Visual Studioでプロジェクトを作成すると、プロジェクトの名前と同名のフォルダーが作成され、この中に必要なファイルが保存されます。

当初は、プロジェクトに必要な最小限のファイルだけが保存されますが、開発を進めていくと、必要に応じてファイルの数が増えていきます。

●ソリューション

Visual Studioでは、大規模なアプリケーションを開発できるように、特定の機能ごとにプロジェクトを作成し、これらのプロジェクトを統合して1つのアプリケーションを作り上げることができるようになっています。このような複数のプロジェクトをまとめて管理するのがソリューションです。たとえ1つのプロジェクトしか使用しない場合でも、プロジェクト名と同名のソリューションがデフォルトで作成されます。

Visual BasicとVisual C#のプロジェクトを1つのソリューションでまとめて管理し、最終的に1つのアプリケーションソフトに統合する、といったことも可能です。

2.2.3 プロジェクトを作成する

プロジェクトの作成と保存について見ていきましょう。

スタート画面からプロジェクトを作成する

スタート画面からプロジェクトを作成する場合は、次のように操作します。

▼スタート画面

1 Visual Studioのスタート画面の**新しいプロジェクトの作成**をクリックします。

2 Visual Basicを選択し、**Windowsフォームアプリ**を選択して**次へ**ボタンをクリックします。

3 プロジェクト名を入力します。

4 **参照**ボタンをクリックして保存先を選択し、**次へ**ボタンをクリックします。

▼新しいプロジェクトの作成ダイアログ

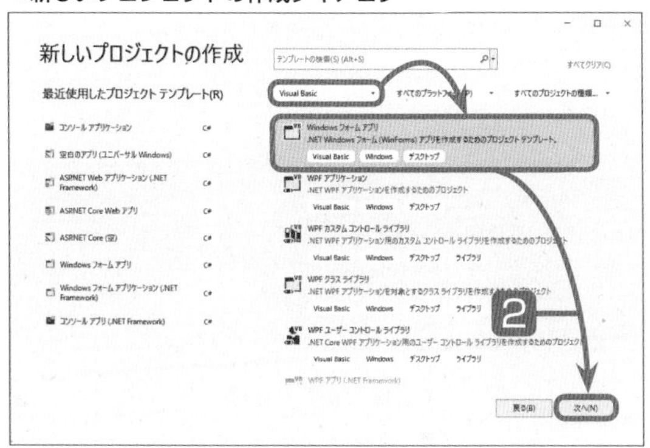

▼プロジェクトの作成

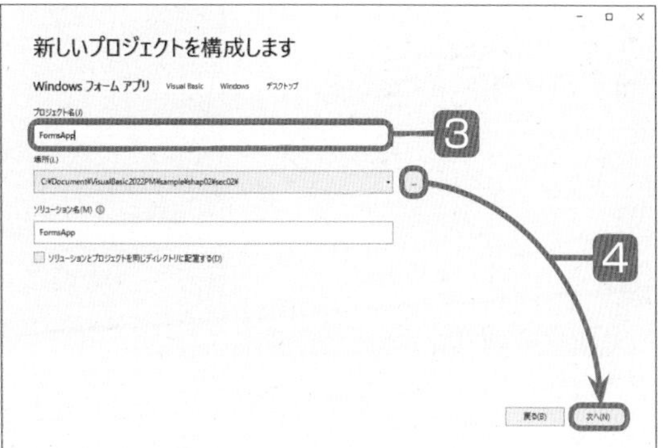

5 .NET 6.0または.NET Core 3.1を選択して**作成**ボタンをクリックします。

▼.NETのバージョンの選択

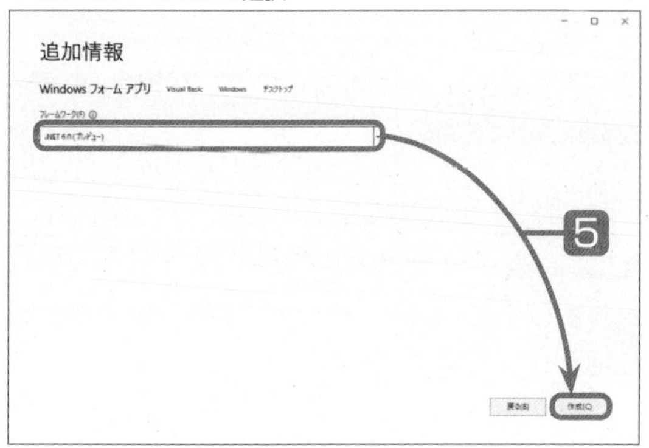

6 新規のプロジェクトが作成され、Visual Studioが起動します。

▼Visual Studioの画面

起動中のVisual Studioからプロジェクトを作成する

ファイルメニューを使ってプロジェクトを作成します。

▼Visual Studioの［ファイル］メニュー

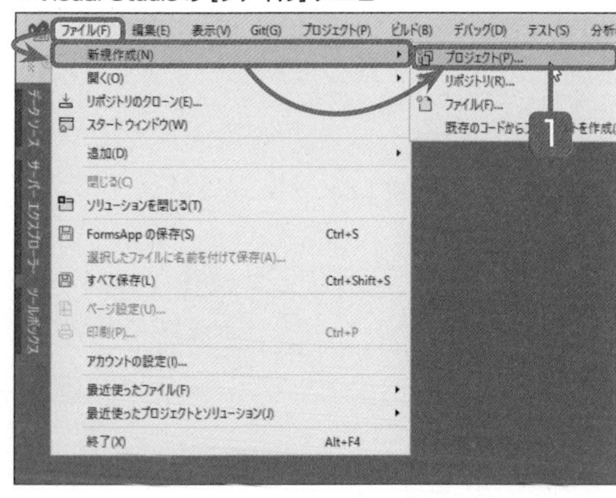

1 **ファイル**メニューから**新規作成➡プロジェクト**を選択します。

2 **新しいプロジェクトの作成**ダイアログが表示されます。

Onepoint

ツールバーの**新しいプロジェクト**ボタンをクリックするか、スタート画面にある**新しいプロジェクトの作成**のリンクをクリックしても、同じように操作できます。

プロジェクトを保存する

プロジェクトの内容を変更した場合は、更新した内容を保存します。

▼［ファイル］メニュー

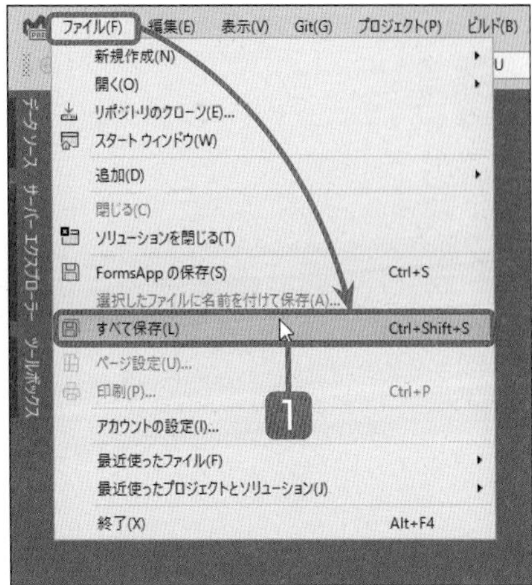

1 **ファイル**メニューをクリックし、**すべて保存**を選択します。

Onepoint

ツールバーの**すべて保存** ボタンをクリックしても、同じように操作できます。

プロジェクトを閉じる

プロジェクトを閉じるには、次のように操作します。

1 ソリューションを閉じることで、同時にプロジェクトを閉じます。**ファイル**メニューをクリックし、**ソリューションを閉じる**を選択します。

2 プロジェクトが閉じて、Visual Studio Community 2019の画面上にスタート画面が表示されます。

▼［ファイル］メニュー

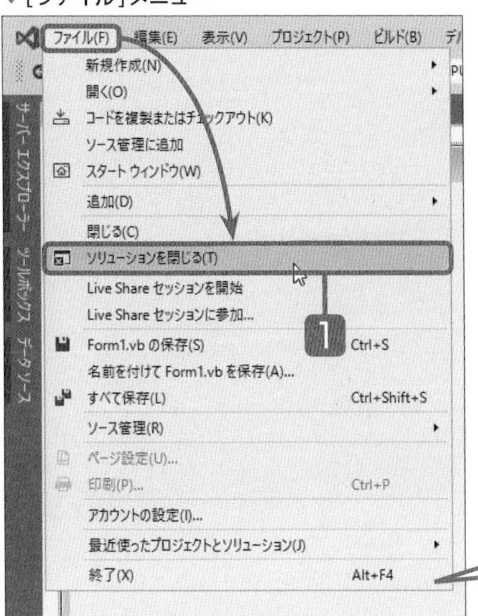

ここを選択すれば Visual Studio が終了します

▼スタート画面

Visual Studioを終了する

Visual Studioを終了するには、次のように操作します。

▼［ファイル］メニュー

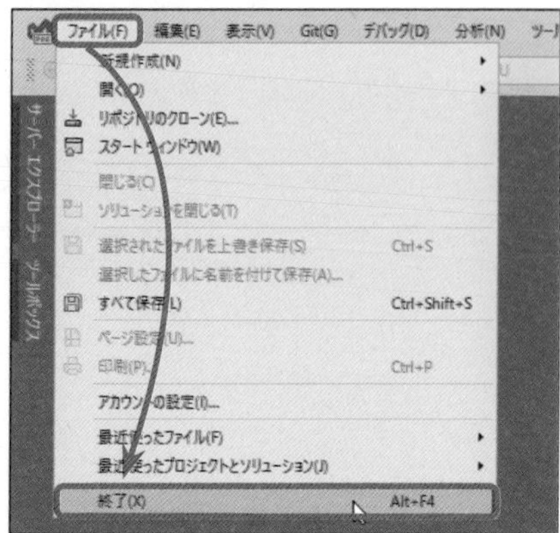

1 **ファイル**メニューをクリックし、**終了**を選択します。

2 Visual Studioが終了します。

Onepoint

スタート画面が表示されている場合は、**閉じる**ボタンをクリックして画面を閉じてから上記の操作を行ってください。

作成済みのプロジェクトを開く

作成済みのプロジェクトは、**スタート画面**または**ファイル**メニューを使って開くことができます。

スタート画面を使ってプロジェクトを開く

▼Visual Studioのスタート画面

1 **最近開いた項目**に表示されているプロジェクト名をクリックします。

ダイアログを使ってプロジェクトを開く

スタート画面の**最近開いた項目**に目的のプロジェクトが表示されていない場合は、**ダイアログ**を使用します。

1 **プロジェクトやソリューションを開く**を選択する。

▼スタート画面

2 **プロジェクト/ソリューションを開く**ダイアログボックスが表示されるので、プロジェクトが保存されているフォルダーを選択し、ソリューションファイル（拡張子「.sln」）を選択して、**開く**ボタンをクリックします。

▼［プロジェクト/ソリューションを開く］ダイアログボックス

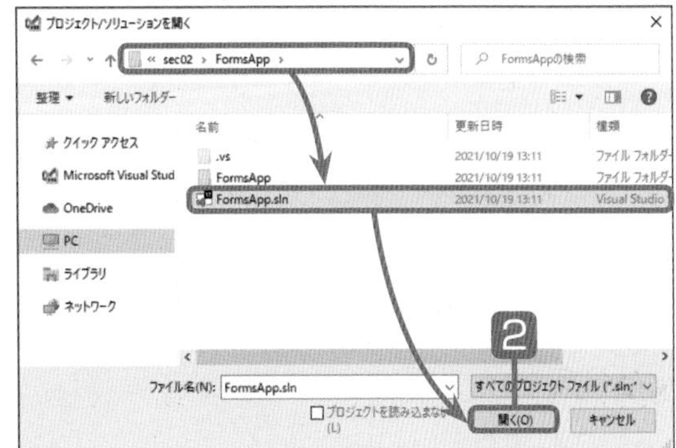

Onepoint

ツールバーの**ファイルを開く**ボタンをクリックして、**ファイルを開く**ダイアログボックスを表示し、目的のソリューションファイルまたはプロジェクトファイルを選択してプロジェクトを開くこともできます。

プロジェクト作成時に生成されるファイルを確認する

プロジェクトを作成すると、プロジェクト用の複数のファイルやフォルダーが自動的に生成されます。ここでは、プロジェクトを作成することによって生成されるファイルやフォルダーについて見ていくことにしましょう。

▼プロジェクト作成時に生成される主なファイル

ファイル名	ファイルの種類	アイコン	内容
ソリューション名.sln	ソリューションファイル(.sln)	FormsApp.sln	ソリューションに収められたプロジェクトの情報が保存される。
Form1.vb	ソースファイル（.vb）	Form1.vb	フォームに関するプログラムコードのうち、ユーザーが独自に記述したプログラムコードが保存される。

Form1.Designer.vb	ソースファイル（.vb）	Form1.Designer.vb	フォームに関するプログラムコードのうち、Windowsフォームデザイナーが自動的に記述したプログラムコードが保存される。
プロジェクト名.vbproj	プロジェクトファイル（.vbproj）	FormsApp.vbproj	プロジェクトのファイル構成などの情報が保存される。
プロジェクト名.vbproj.user	プロジェクトユーザーファイル（.vbproj.user）	FormsApp.vbproj.user	プロジェクトのユーザー設定に関する情報が保存される。
ApplicationEvents.vb	ソースファイル（.vb）	ApplicationEvents.vb	次のイベントを使用した処理を記述できます。 ・Startup：アプリケーションの起動時 ・Shutdown：すべてのフォームが閉じられたのちに発生 ・UnhandledException：アプリケーションで未処理の例外が発生した場合に発生 ・StartupNextInstance：アプリケーションを起動し、アプリケーションがすでにアクティブになっているときに発生 ・NetworkAvailabilityChanged：ネットワーク接続が接続または切断されたときに発生
Form1.resx	リソースファイル（.resx）	Form1.resx	プロジェクトで使用するリソース情報を保存するためのファイル。リソースの追加や削除を行うリソースエディターの設定情報がXML形式で保存される。

▼プロジェクト作成時に生成されるフォルダー

フォルダー名	内容
プロジェクト名	Form1.vb、Form1.Designer.vb、プロジェクト名.vbprojなどのファイルと、binフォルダー、objフォルダー、My Projectフォルダーなどのフォルダーが保存される。
obj	プログラムを実行するためのファイルが保存される。
bin	プログラムをビルドしたときに生成される実行可能ファイル（EXEファイル）が保存される。配布用にビルドした実行ファイルは、binフォルダー内のReleaseフォルダー内に保存される。
My Project	Application.Designer.vb、Application.myappなど、アプリケーションの管理に関するファイルが保存される。

Memo すべてのファイルを表示する

ソリューションエクスプローラーには、初期状態では編集可能なファイルだけが表示されるようになっています。プロジェクトに含まれるすべてのファイルを表示するには、次のように操作します。

①**ソリューションエクスプローラー**でプロジェクト名をクリックします。
②**ソリューションエクスプローラー**のツールバーに表示されている**すべてのファイルを表示**ボタンをクリックします。

▼ソリューションエクスプローラー

Memo Visual Studioの配色を変更する

Visual Studioの画面の配色は、黒を基調としたものから青や淡色を基調としたものへ変更することができます。**ツール**メニューの**オプション**を選択すると**オプション**ダイアログが表示されます。

①左側のペインで**環境➡全般**を選択し、**配色テーマ**で任意のテーマを選択します。
②最後に**OK**ボタンをクリックすると、選択した配色テーマが画面に適用されます。

▼オプションダイアログ

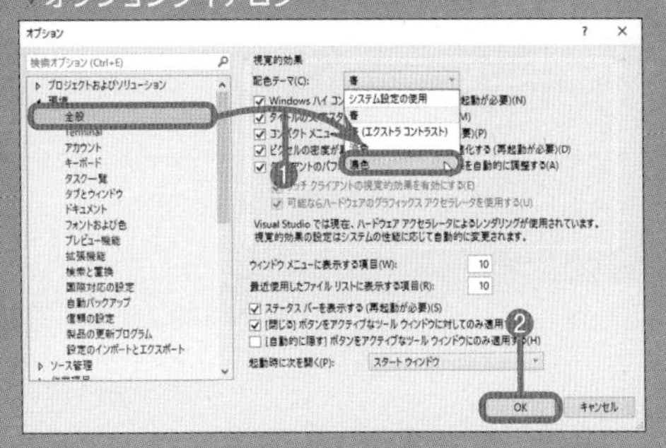

Section
2.3

Visual Studioの操作画面に慣れよう

Level ★★★ | Keyword ドキュメントウィンドウ ツールウィンドウ コードエディター デザイナー

Visual Studioのメインウィンドウは、ドキュメントウィンドウと呼ばれ、デザイナーやコードエディターなどが表示されます。

また、ドキュメントウィンドウの両側や下部には、プログラミングを支援する各種のツールを表示するためのツールウィンドウが表示されます。

Visual Studioを構成する要素

Visual Studioの画面は、プログラミングの作業を行うためのドキュメントウィンドウと、プログラミングの支援を行う各種のツールを表示するためのツールウィンドウで構成されます。

●ドキュメントウィンドウ

- デザイナー
  (Windowsフォームデザイナーなど)
- コードエディター

●ツールウィンドウ

- ソリューションエクスプローラー
- プロパティウィンドウ
- 出力ウィンドウ
- クラスビュー
- サーバーエクスプローラー
- タスク一覧ウィンドウ
- オブジェクトブラウザー(オブジェクトブラウザーのみドキュメントウィンドウ上に表示)

ドキュメントウィンドウ上に各デザイナーやコードエディターを表示しておき、必要に応じて各種のツールも使って、アプリケーションの開発を進めていきます。

▼ドキュメントトウィンドウ上にフォームデザイナーを表示

▼ドキュメントトウィンドウ上にコードエディターを表示

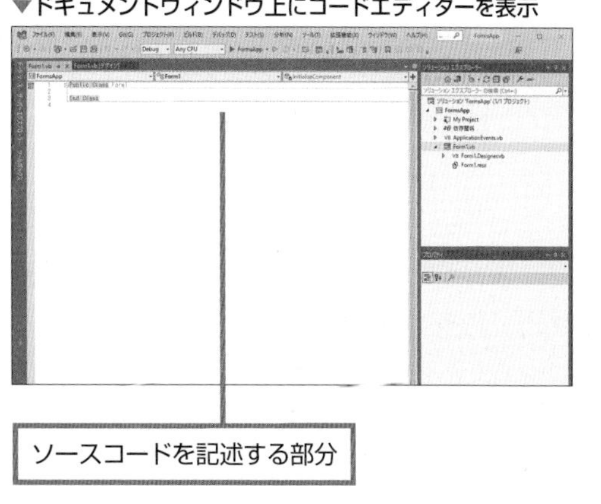

2.3.1 Visual Studioの作業画面（ドキュメントウィンドウ）

Visual Studioの**ドキュメントウィンドウ**には、開発するアプリケーションの操作画面（ユーザーインターフェイス）を作成するための**フォームデザイナー**と、プログラムのコードを入力するための**コードエディター**の２つが表示されます。

Windowsフォームデザイナーを表示する

デスクトップアプリの画面を作成するためのフォームデザイナーは、次の手順で表示できます。

▼ソリューションエクスプローラー

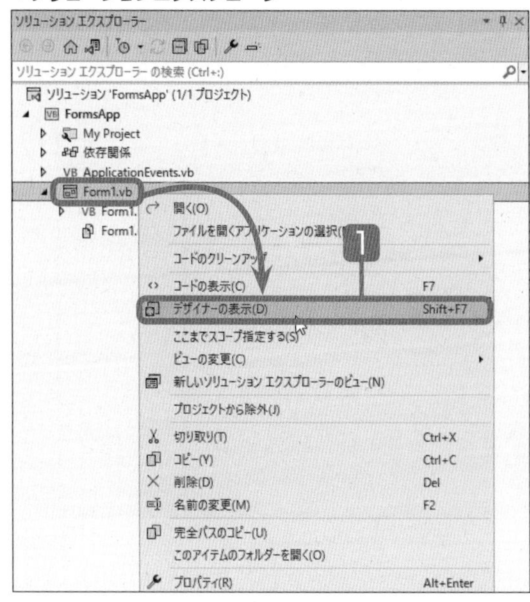

1 **ソリューションエクスプローラー**に表示されている「Form1.vb」を右クリックして、**デザイナーの表示**を選択します。

Onepoint

フォーム用のファイル（拡張子「.vb」）をダブルクリックして、Windowsフォームデザイナーを表示することもできます。

▼Windowsフォームデザイナー

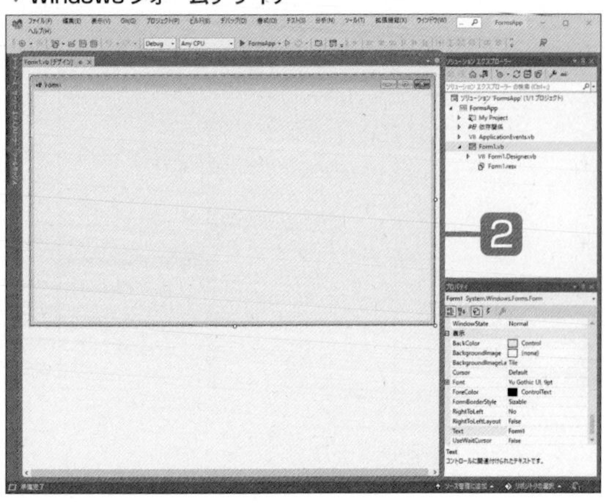

2 デザイナーが表示されます。

Onepoint
フォームの作成や各種のコントロールの組み込み、イベントハンドラーの作成は、フォームデザイナーを使って行います。

コードエディターを表示する

Visual Studioでは、**デザイナー**でアプリの操作画面（**ユーザーインターフェイス**）をデザインし、コードエディターでコードを記述することで、デスクトップアプリの開発を行います。

コードエディターには、キーワードの入力を支援する機能や、使用可能なイベント、メソッドなどを一覧表示するための機能が搭載されています。

1 **ソリューションエクスプローラー**でプロジェクトを展開し、「Form1.vb」を右クリックして**コードの表示**を選択します。

▼ソリューションエクスプローラー

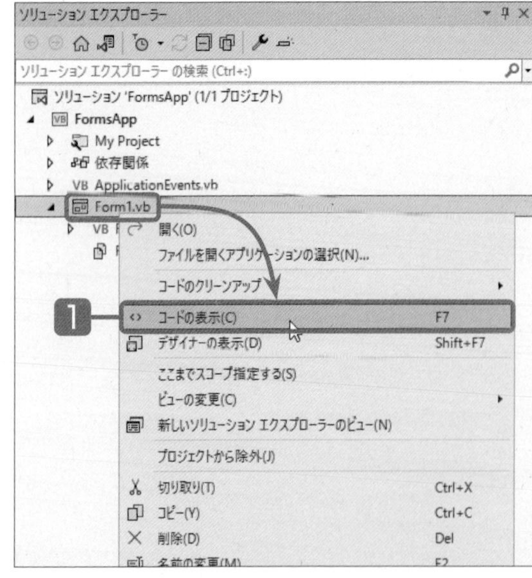

Onepoint
ソリューションエクスプローラーで対象のファイルを選択して、表示メニューのコードを選択しても同じように操作できます。

▼コードエディター

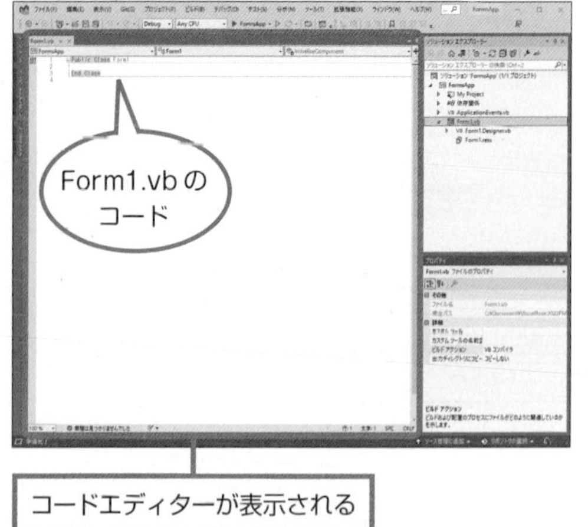

2.3.2 Windowsフォームアプリで使用する各種のツール

Visual Studioの画面内のツールウィンドウには、プログラミングを支援するための各種のツールが表示されます。これらのツールの中には、初期状態で表示されていないものもありますが、**表示**メニューから選択することで任意のツールを表示できます。

ツールボックスを表示するには

ツールボックスには、フォーム上にボタン、テキストボックスなどの要素（**コントロール**と呼ぶ）を配置するためのアイテムや、プログラミングに必要な各種のアイテムが一覧で表示されます。

▼［表示］メニュー

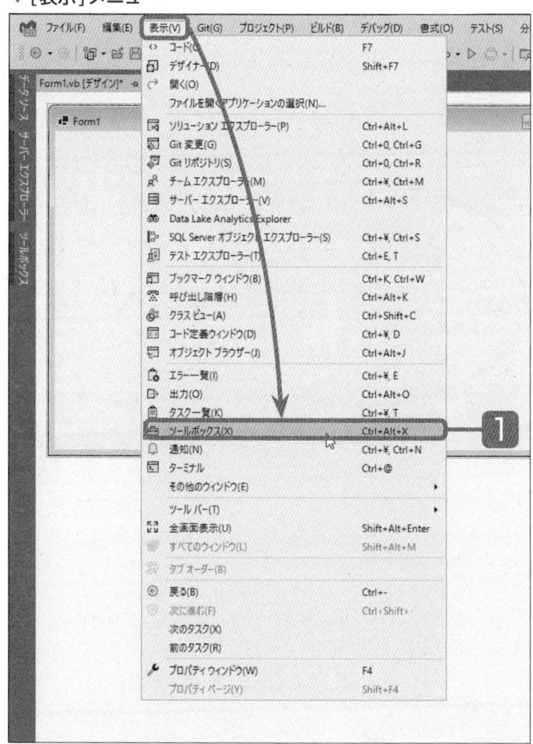

1 **表示**メニューをクリックし、**ツールボックス**を選択します。

Onepoint

画面の左端に、**ツールボックス**のタブが表示されている場合は、タブをクリックすると、ツールボックスが表示されます。

ソリューションエクスプローラーを表示するには

ソリューションエクスプローラーは、ソリューション➡プロジェクトにまとめられているプログラムやデータ用のファイルを階層構造で表示し、ソリューションやプロジェクトを管理したり、プロジェクト内のファイルを操作するための機能を提供します。

●[表示]メニューを使って表示する

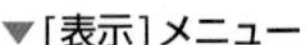
▼[表示]メニュー

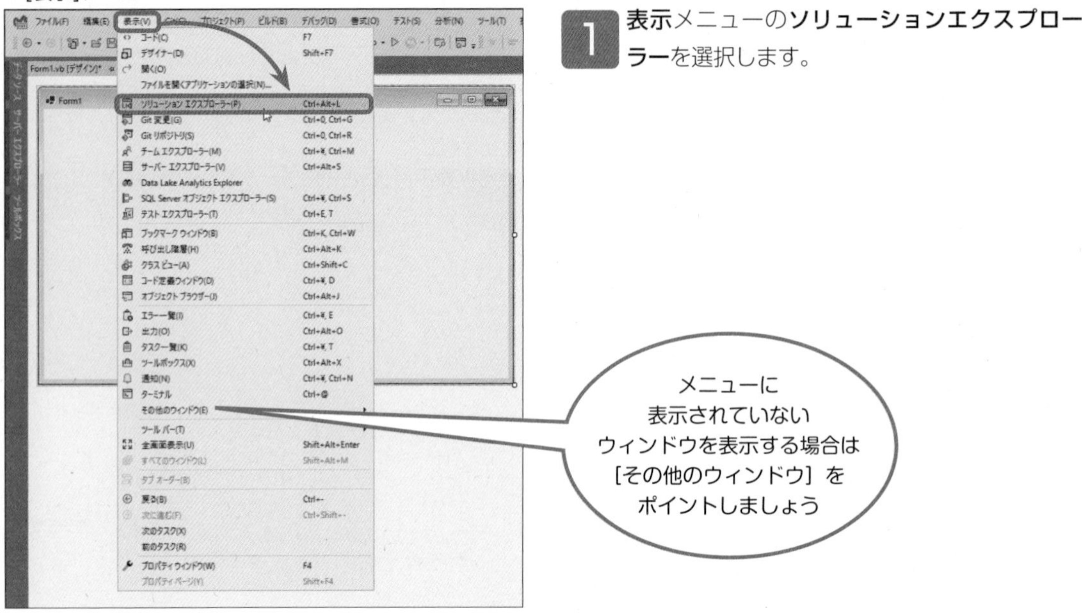

メニューに
表示されていない
ウィンドウを表示する場合は
[その他のウィンドウ]を
ポイントしましょう

1 **表示**メニューの**ソリューションエクスプローラー**を選択します。

Memo Visual BasicとVBAは何が違うの?

VBAは、Microsoft社のOfficeアプリケーションで使用するマクロ言語として、Visual Basicをベースに開発された言語です。

VBAはVisual Basic for Applicationsの略で、Microsoft社のWordやExcel、Accessなどのアプリケーションで使用するマクロ言語です。マクロ言語とは、特定の処理を自動化するために、関連する操作手順をプログラムとして記述するための言語のことです。Microsoft社では、Officeのアプリケーションで使用するマクロ言語を、Visual Basicをベースに開発したVBAに統一しています。

Memo ツールボックスの各種のカテゴリ

ツールボックスには、カテゴリごとにコントロールやコンポーネントが表示されるようになっています。

▼All WindowsForms

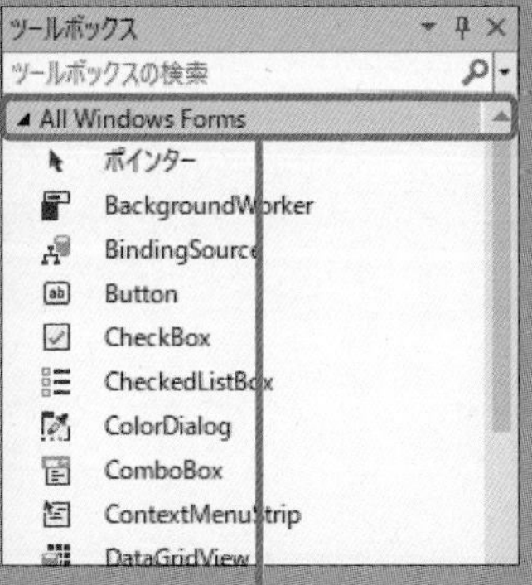

フォーム用のコントロールおよびダイアログボックスなどのコンポーネントを配置するためのすべてのアイテムを表示する

▼Common Windows Forms

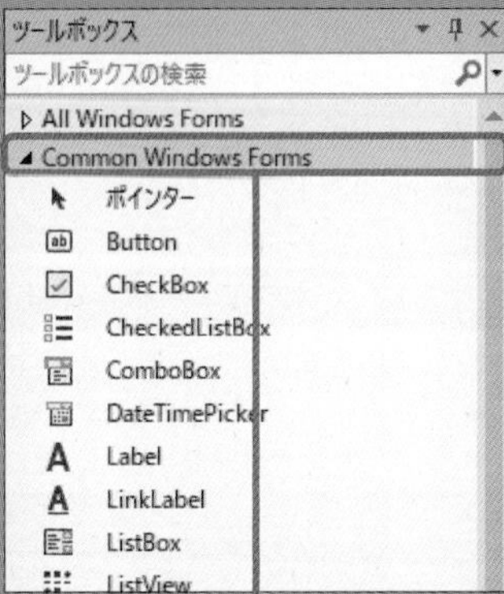

主にフォーム上に配置するコントロールを表示する

▼Containers

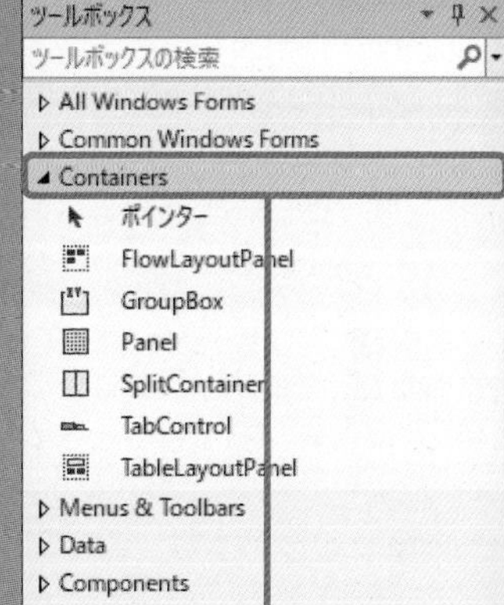

他のコントロールを保持するコントロールを表示する

▼Menu & Toolbars

ツールボックス
ツールボックスの検索
- All Windows Forms
- Common Windows Forms
- Containers
- Menus & Toolbars
  - ポインター
  - ContextMenuStrip
  - MenuStrip
  - StatusStrip
  - ToolStrip
  - ToolStripContainer
- Data
- Components

フォーム上にメニューやツールバーを配置するためのコントロールを表示する

▼Data

ツールボックス
ツールボックスの検索
- All Windows Forms
- Common Windows Forms
- Containers
- Menus & Toolbars
- Data
  - ポインター
  - BindingSource
  - DataGridView
- Components
- Printing
- Dialogs
- ブートストラップ スニペット
- 全般

データベースへの接続や操作を行うためのアイテムを表示する

▼Conponents

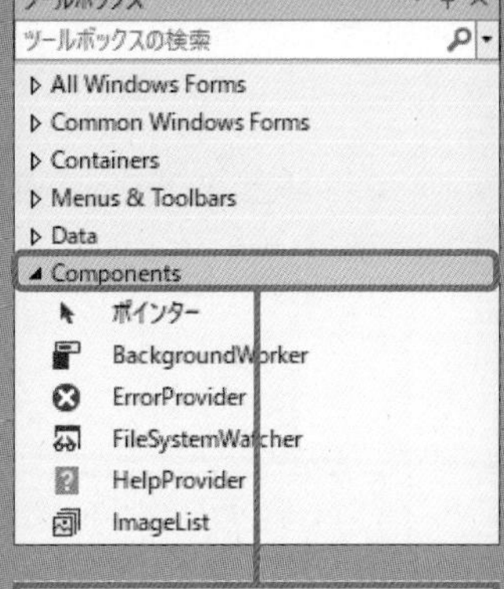

フォームに特定の機能を追加するためのコンポーネントを表示する

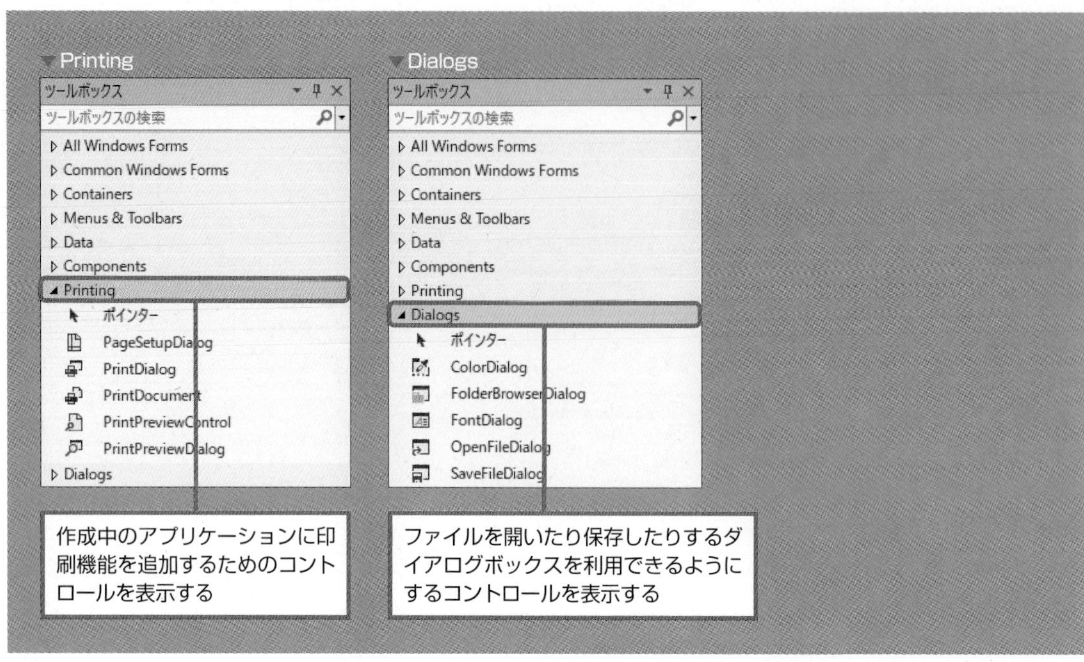

Memo コードエディターの構造

コードエディターは、プロジェクト名ボックス、クラス名ボックス、メソッド名ボックス、そして、コードを入力するためのコードペインで構成されます。

▼コードエディター

Form1.vb*

FormsApp | Form1 | InitializeComponent

```
Public Class Form1

End Class
```

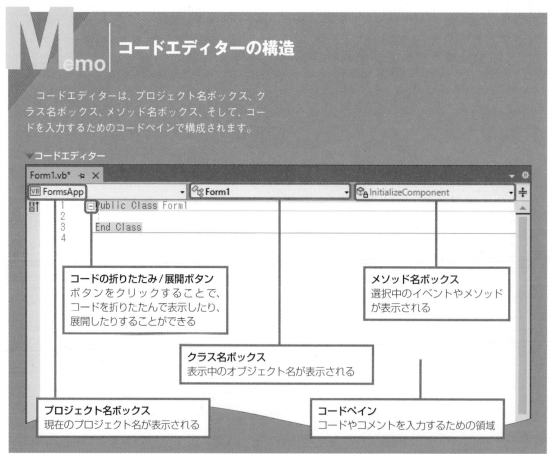

コードの折りたたみ/展開ボタン
ボタンをクリックすることで、コードを折りたたんで表示したり、展開したりすることができる

メソッド名ボックス
選択中のイベントやメソッドが表示される

クラス名ボックス
表示中のオブジェクト名が表示される

プロジェクト名ボックス
現在のプロジェクト名が表示される

コードペイン
コードやコメントを入力するための領域

プロパティウィンドウを表示する

プロパティウィンドウは、選択した要素のプロパティ（属性）を表示するためのウィンドウです。

1 **表示**メニューの**プロパティ**ウィンドウを選択します。

2 **プロパティ**ウィンドウが表示されます。

▼[表示]メニュー

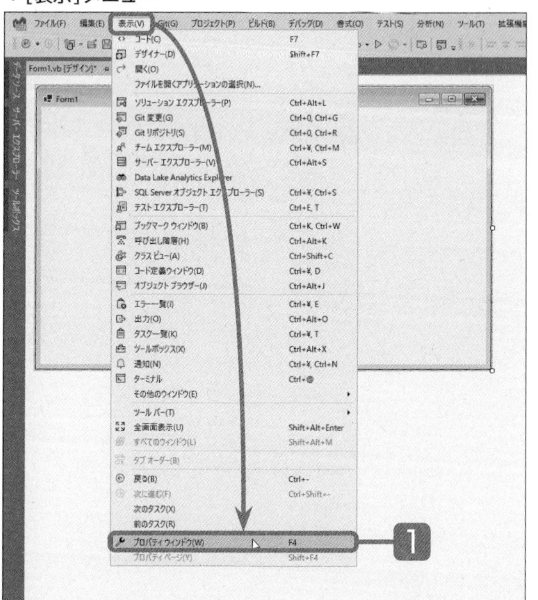

▼プロパティウィンドウの表示

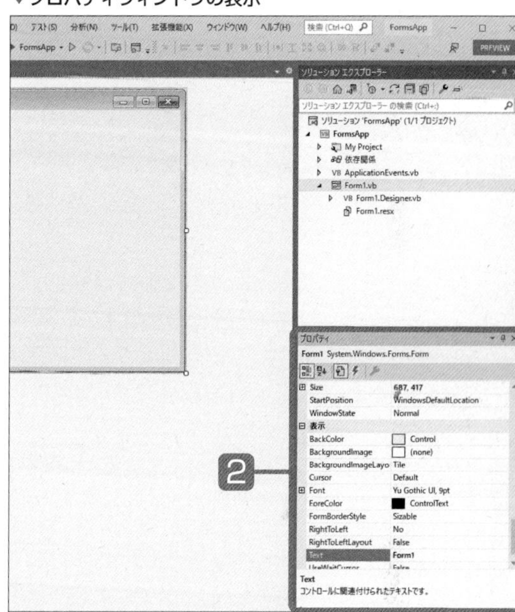

ウィンドウの境界を
ドラッグしてサイズ
を変更できます

Memo プロパティウィンドウの機能

プロパティウィンドウには、選択した要素のプロパティ（属性）が一覧で表示され、値を変更することができるようになっています。

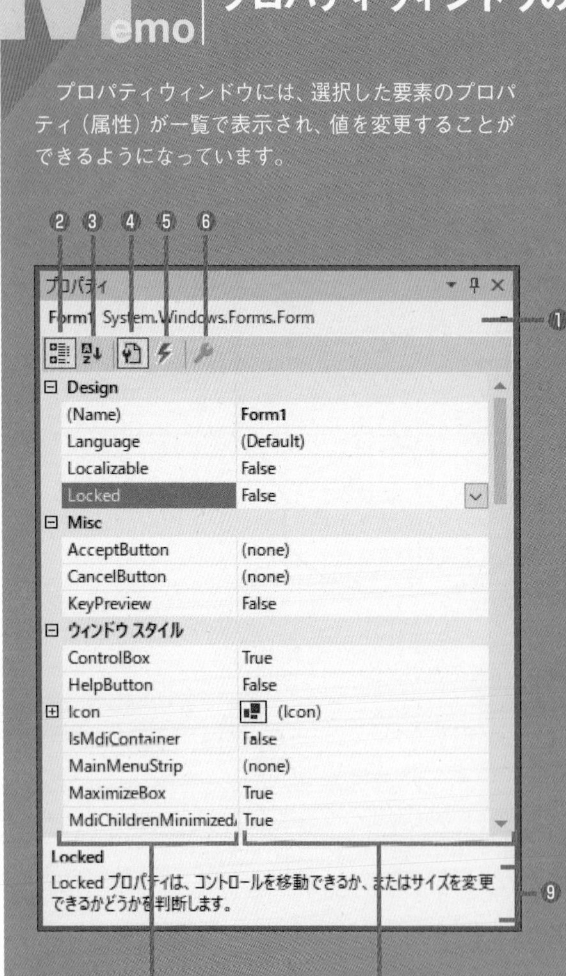

①オブジェクト名ボックス
選択中の要素（オブジェクト）の名前が表示される

②**[項目別]ボタン**
プロパティを項目別に表示する

③**[アルファベット順]ボタン**
プロパティをアルファベット順に表示する

④**[プロパティ]ボタン**
選択中の要素のプロパティを表示する

⑤**[イベント]ボタン**
選択中の要素に関連するイベントの一覧を表示する

⑥**[プロパティページ]ボタン**
ソリューションやプロジェクトを選択中の場合、独立したウィンドウを使ってプロパティページを表示する

⑦**プロパティ名**

⑧**プロパティの値**

⑨**説明ペイン**
選択したプロパティの説明が表示される

2.3.3 わからない項目を調べる（ダイナミックヘルプの活用）

Visual Studioのダイナミックヘルプの機能を使ってみましょう。

ダイナミックヘルプを使うには

ダイナミックヘルプは、操作画面上で選択した要素に対するヘルプをオンラインで表示するための機能です。

▼ダイナミックヘルプ

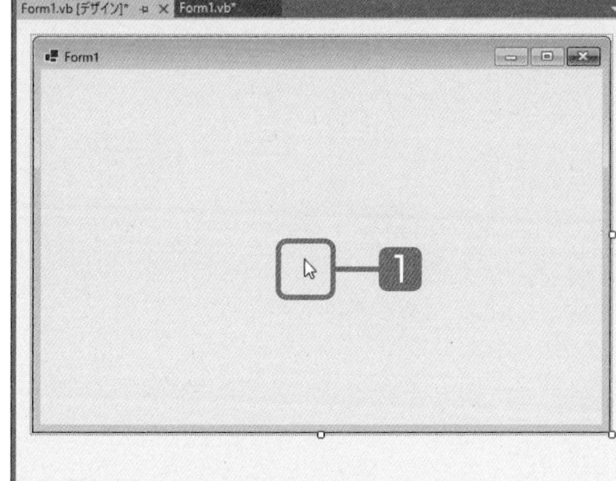

1 ヘルプの対象（ここではForm）をクリックして選択します。

2 F1 キーを押します。

3 ブラウザーが起動してFormのヘルプ（Form Class）の内容が表示されます。

Onepoint
ドキュメントは英語で表記されている場合があります。

▼ドキュメントの表示

Hint Visual Studioのインテリセンス（入力支援機能）を使ってコードを入力する

Visual Studioには、コードの入力を支援するための**インテリセンス**と呼ばれる機能が備わっています。

❶フォーム上にボタン（Button1）を配置し、このボタンをダブルクリックすると、コードエディターが起動して、Private Subステートメントと、End Subステートメントの間にカーソルが移動します。

❷「Mes」と入力すると、次に記述すべき候補のリストが表示されるので、「MessageBox」をダブルクリックするか、「MessageBox」を選択した状態でTabキーを押します。

❸「MessageBox」が入力されるので、「.」をタイプし、候補の中から次に入力する項目をダブルクリックするか、対象の項目を選択した状態でTabキーを押します。

▼コードエディターに表示されたリスト

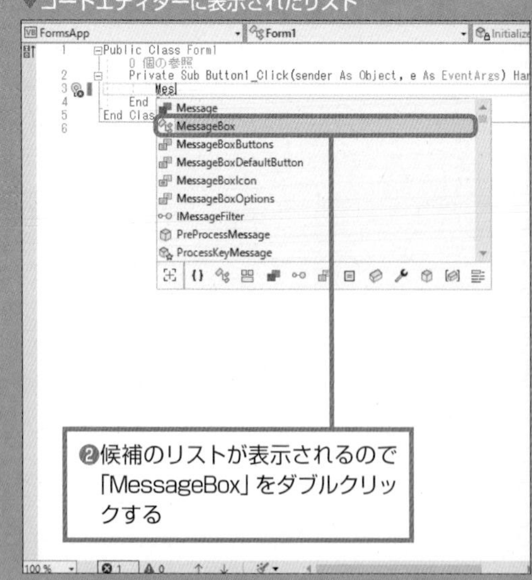

▼リストからの入力

Perfect Master Series
Visual Basic 2022

Chapter 3

Visual Basicの基本

この章では、Visual Basicのソースコードの構造を見たあとで、プログラムにおけるデータの構造とデータを使う方法、そして、プログラムの実行を制御する方法について見ていきます。

Section
3.1

Visual Basicプログラムの中身はどうなっている？（ソースコードの構造）

Level ★★★　Keyword　モジュール　ステートメント　プロシージャ

Visual Basicでは、**命令文**（**ステートメント**）を1つのブロックにまとめて管理します。ブロックの種類にはいくつかあり、大きなブロックの中に、機能別に分割した別のブロックを含めた入れ子にすることもできます。このセクションでは、Visual Basicのコードがどのように構成されているのかを見ていくことにしましょう。

Visual Basicのプログラム

Visual Basicのソースコードの最小単位は、ステートメントです。「ステートメント=1つの命令文」となります。関連する2つ以上のステートメントは、1つのブロック（コードブロック）にまとめることができます。ブロックを作る単位として、「クラス」や「メソッド」があります。

• ステートメント

・キーワードを利用するステートメント（変数宣言など）
・プロパティを設定するステートメント
・メソッドを構成するステートメント　など

●Integer（整数型）の変数numberを宣言するステートメント

```
Dim number As Integer
```

●ボタンのオブジェクト（Button1）に「OK」の文字を表示させるプロパティを設定するステートメント

```
Button1.Text = "OK"
```

●[ファイルを開く]ダイアログボックスを表示するメソッドを呼び出すステートメント

```
OpenFileDialog1.ShowDialog()
```

3.1.1 プログラムを構成する要素

ソースファイルはソースコードを記述し、保存しておくためのファイルです。ソースファイルには、Classで始まりEnd Classで終わるブロックが、必ず1つ以上含まれます。このブロックは**クラス**と呼ばれます。

▼Form1.vbに記述されているクラス

```
Public Class Form1
...
End Class
```

このクラスは、Form1というフォームに相当します。クラスのブロックの中にコードを記述して、フォームに様々な機能を持たせます。

ポイントは、クラスのブロックが1つのソースファイルに収まっていることです。ClassとEnd Classの間にソースコードを途中まで記述して、続きを別のソースファイルに記述する、ということはできません。ただし、1つのソースファイルには、複数のクラスを記述することができます。この場合は、新たにClass～End Classを記述してクラスを追加します。

●Form1.vb

フォームを作成したときに作成されるソースファイルです。「Windowsフォームアプリ」のプロジェクトを作成すると、「Form1」というフォームが自動的に作成されます。このとき、Form1を画面上に表示するコードを収録するための「Form1.Designer.vb」という名前のファイルと、フォームやコントロールなどを操作した場合に実行されるコードを収録するための「Form1.vb」という名前のファイルが一緒に作成されます。

●Module.vb

クラスを利用しないでコーディングする方法もあり、その場合は**モジュール**と呼ばれるソースファイルを使います。「Module.vb」というファイル名は一例で、ソースファイルの拡張子は、クラス用のソースファイルと同じ「.vb」です。

ソースファイルの中身を構成する要素

プログラミング言語で記述した一連の命令文を総称して**ソースコード**と呼びます。ソースコードの中には、特定の処理を行う命令文や何らかの宣言を行う宣言文が記述されていて、このような1つの文を**ステートメント***と呼びます。

1つのステートメントは、原則として1行で記述します。ただし、ステートメントが長くなる場合は区切れる箇所で改行して複数の行に記述できます。

●クラス

ブロックの最も大きな単位が「クラス」です。クラスは「Class」で始まり「End Class」で終わります。

▼クラスの構造

```
Class Form1
        クラスの名前

    'この部分にステートメントを記述

End Class
```

●モジュール

コンソールアプリケーションのようにプログラム自体がシンプルな場合は、実行するコードだけを直接書けるように「モジュール」という名前のソースファイルが使われます。

▼モジュール

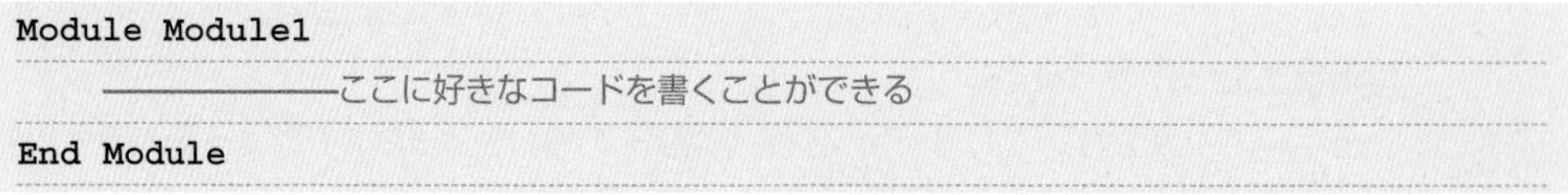

```
Module Module1
    ――――――ここに好きなコードを書くことができる
End Module
```

●メソッド

クラスの内部には、さらにブロックを入れることができます。「メソッド」は、特定の処理を行うために必要なコードをまとめたブロックです。基本的にクラスの内部には、「Aの処理を行うメソッド」「Bの処理を行うメソッド」のように、1つ以上のメソッドが含まれます。

***ステートメント**　たんに「文」と呼ばれることもある。

▼メソッドの構造

```
Sub Calc ( )          ← メソッドの名前
    'この部分にステートメントを記述
End Sub
```

●プロシージャ

プロシージャは、「Sub プロシージャ名()」～「End Sub」で構成されるブロックです。よく見ると先のメソッドと同じものです。クラスでは「メソッド」、モジュールでは「プロシージャ」と呼んで区別しますが、メソッドも広い意味でのプロシージャに含まれます。

▼プロシージャ

```
Sub Main() ―――――――― プロシージャ
           ―――――――― 実行したい具体的な処理を書く
End Sub
```


Memo クラス名やモジュール名の付け方

Visual Basicには、ソースコードの可読性を高めるための「コーディング規則」が定められています。また、クラスやモジュール、メソッドなどには、名前付けのための「名前付け規則」が定められています。ここでは、フォーム、クラスやモジュール、構造体、プロパティの名前付け規則を紹介します。

●フォーム、クラスやモジュール、構造体、プロパティの名前付け規則

・名詞を用いて先頭の文字を大文字にします。
・複数の単語を組み合わせる場合は、先頭の単語は名詞にし、各単語の先頭を大文字にします。
・役割を表す名前にするのが基本です。

なお、先頭および途中の単語の先頭を大文字にする形式を**パスカルケース**（パスカル形式）と呼びます。

▼フォーム、クラス、モジュール、構造体、プロパティの名付け規則

命名規則が適用される要素	適用する形式	使用例
フォーム	パスカルケース	FormMain
クラス、モジュール	パスカルケース	PriceSearch
構造体	パスカルケース	ScoreSet
プロパティ	パスカルケース	PriceList

3.1.2 「こんにちは、Visual Basic！」を画面に表示してみよう

この章ではVisual Basicの文法的な話題を扱っていきますが、例題にデスクトップアプリを使うとソースコードが長くなってしまうので、コンソールアプリを用いたいと思います。まずは、コンソールの画面に「こんにちは、…」と表示する簡単なプログラムを作ってみましょう。

コンソールアプリのプロジェクトを作成する

最初に、コンソールアプリ用のプロジェクトを作成しましょう。

1. **ファイル**メニューの**新規作成➡プロジェクト**を選択して**新しいプロジェクトの作成**ダイアログを表示します（または**スタート画面**の**新しいプロジェクトの作成**をクリックします）。
2. **言語**でVisual Basicを選択し、**コンソールアプリ**を選択して、**次へ**ボタンをクリックします。
3. プロジェクト名を入力し、保存先を選択して**次へ**ボタンをクリックします。
4. **作成**ボタンをクリックします。
5. プロジェクトが作成され、ソースファイルが開きます。

▼［新しいプロジェクト］ダイアログ

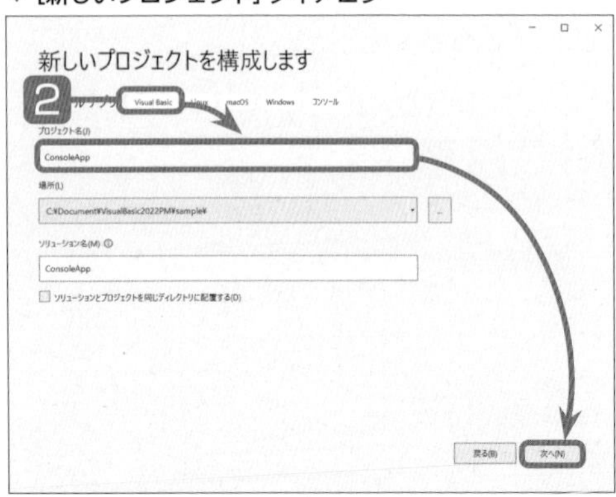

▼プロジェクトの作成

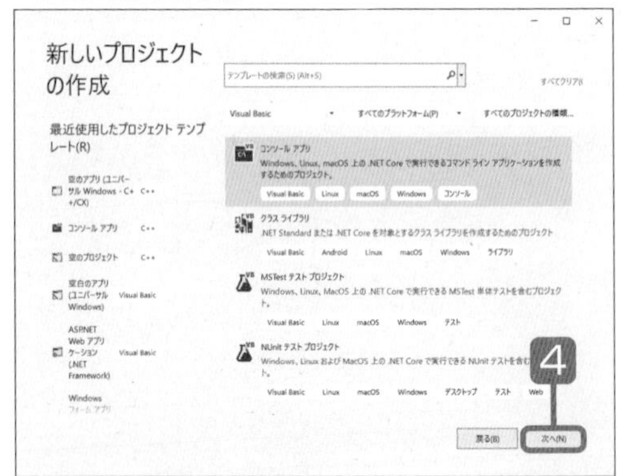

▼プロジェクトの作成

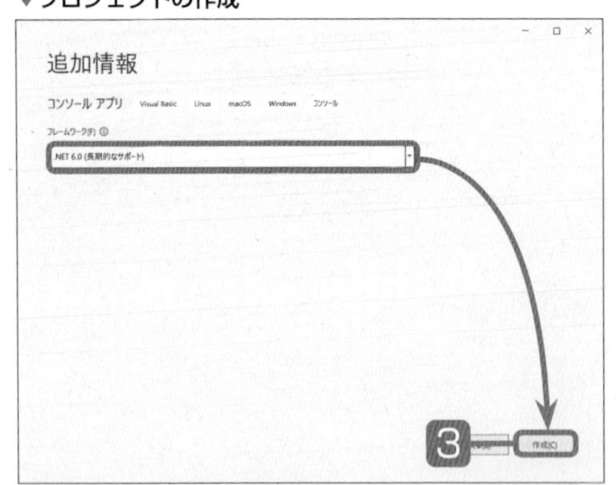

▼コンソールアプリ用プロジェクトの作成直後の画面（プロジェクト「ConsoleApp」）

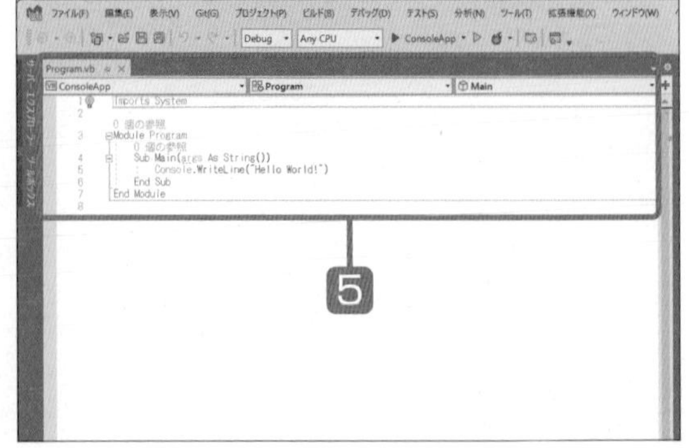

自動で作成された「空の」コンソールアプリの中身

プロジェクトが作成されると、「Program.vb」というソースファイルが開いて、次のようなコードが表示されます。

▼コンソールアプリケーション作成直後のソースコード

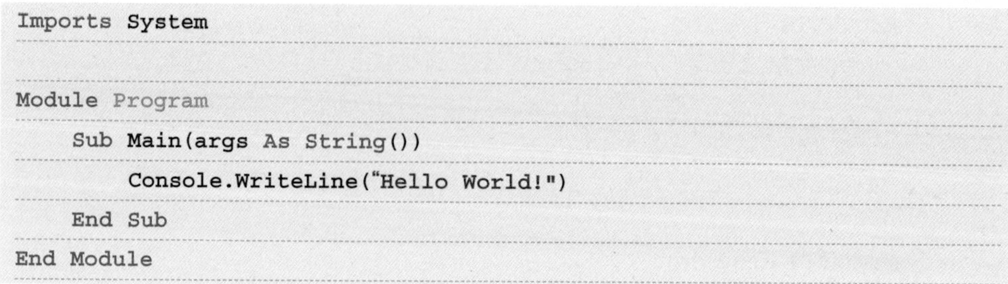

```
Imports System

Module Program
    Sub Main(args As String())
        Console.WriteLine("Hello World!")
    End Sub
End Module
```

Programという名前のモジュールに、Main()というプロシージャが作成されています。Visual Basicのプログラムは、起動すると真っ先にMain()が実行される仕組みになっています。デスクトップアプリの場合は内部的に実行されるようになっているので、ソースコードの中で見ることはないのですが、コンソールアプリの場合は、このように表に出ています。Main()のブロック内に何かのステートメントを書けば、「プログラムを実行する」➡「ProgramのMain()が呼び出される」➡「ブロック内のコードが実行される」という流れで処理が行われます。

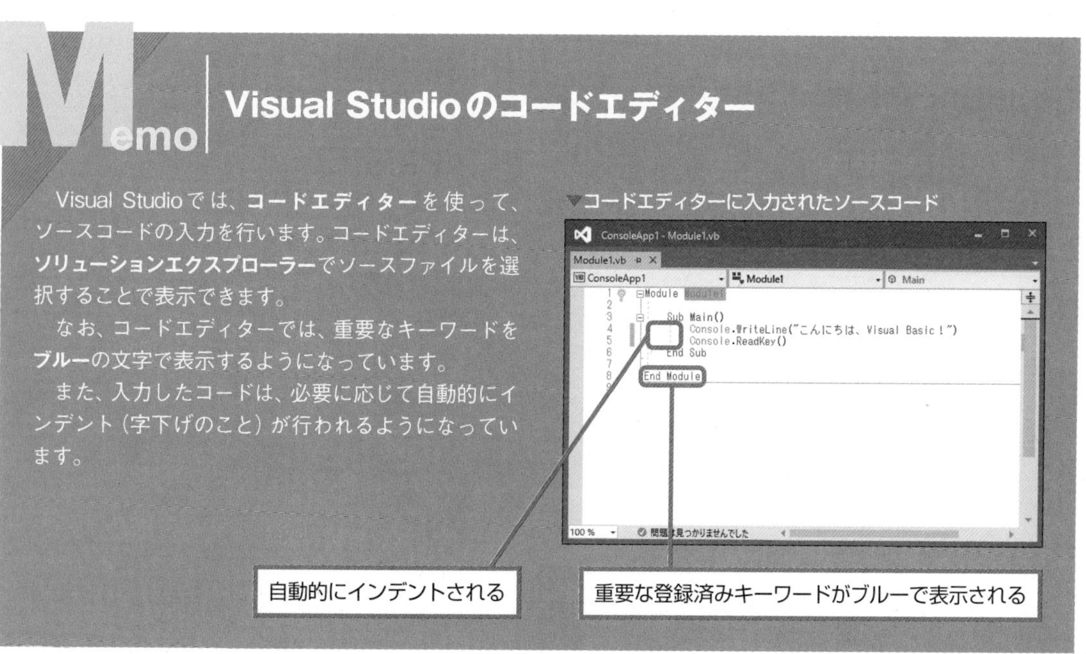

Memo Visual Studioのコードエディター

Visual Studioでは、**コードエディター**を使って、ソースコードの入力を行います。コードエディターは、**ソリューションエクスプローラー**でソースファイルを選択することで表示できます。

なお、コードエディターでは、重要なキーワードを**ブルー**の文字で表示するようになっています。

また、入力したコードは、必要に応じて自動的にインデント（字下げのこと）が行われるようになっています。

▼コードエディターに入力されたソースコード

「こんにちは、Visual Basic！」プログラムを作成しよう

プロジェクトを作成すると自動的に作成されたProgram.vbには、モジュールProgramにMain()プロシージャが定義（作成という意味です）されていて、すでにソースコードが記述されています。ソースコードを上から順に見ていきましょう。

●Imports System

Importsは、ソースコードで読み込めるようにしたい「名前空間」を指定するためのVisual Basicのキーワードです。名前空間とは、Visual Basicに用意されているクラスや構造体を識別するための「住所」のようなものとお考えください。Imports Systemと書くことで、System名前空間で定義されているクラスを呼び出して使うことができるようになります。

●Module Program

モジュールの宣言です。ここからEnd Moduleまでのインデントされた部分がProgramモジュールのソースコードになります。

●プログラムで最初に実行されるMain()プロシージャ

Main()は、プログラムで最初に実行されることになっているプロシージャ（ただし「Main()メソッド」と呼ばれることが多い）で、( )の中にargs As String()という記述があります。これは「パラメーター」と呼ばれるもので、プロシージャの呼び出し元がプロシージャに対して何らかの値を渡すときに使います。ここではString（文字列）を扱うargsという名前のパラメーターが設定されています。

●文字列を画面に出力するConsole.WriteLine()メソッド

WriteLine()は、()の中で指定したデーター――これを**引数**（ひきすう）といいます――をコンソールの画面に出力するメソッドです。メソッドとプロシージャは、どちらも機能的に同じものですが、クラスの中で定義されているものをメソッドと呼び、クラス以外のモジュールで定義されているものをプロシージャと呼んで区別します。あと、引数という用語が出てきましたが、メソッドやプロシージャのパラメーターに渡す値のことを引数と呼んで区別します（ただしどちらも引数と呼ぶ場合もある）。

話が横にそれてしまいましたが、WriteLine()メソッドは、Consoleクラスで定義されているのでConsole.WriteLine()のように書いて、ConsoleクラスのWriteLine()メソッドであることを示しています。途中にある「.」は、クラス名とメソッド名を区切るための記号で、**参照演算子**と呼ばれます。ConsoleWriteLineではクラス名とメソッド名の境目がわからないので、ConsoleとWriteLine()を「.」で区切るのです。これでメソッドが呼び出されて文字が出力されるという流れになります。なお、Consoleクラスは名前空間「System」で定義されているクラスです。冒頭のImports SystemはConsoleクラスを使えるようにするためのものだったのです。ただ、新しいVisual StudioのVisual Basicでは、System名前空間がImports文で呼び出さなくても使えるようになったので、今更で申し訳ないのですが、冒頭のImports文は削除してしまってもプログラムは正常に動作します。

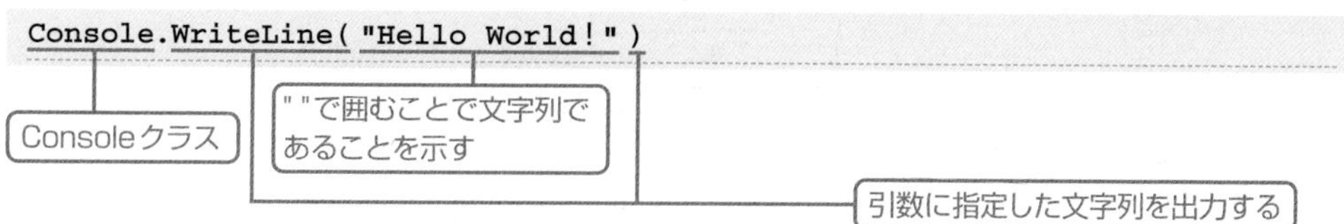

●プログラムで扱う文字列は「"」で囲む

文字列を扱う場合は、前後にダブルクォーテーション（"）を付けます。PCの画面に表示されている文字は、「文字コード」という数値を使って表します。「65」という値が入力されていれば見た目の「A」という文字になります。ですので、「これは数値の65じゃなくて文字を表すための65である」ことを示すための「"」なのです。

プログラムを実行してみよう

オリジナル感を出すために、WriteLine()メソッドの引数を"Hello World!"から"こんにちは、Visual Basic！"に書き換えた上で、プログラムを実行してみましょう。

▼WriteLine()メソッドの引数を"こんにちは、Visual Basic！"に書き換える

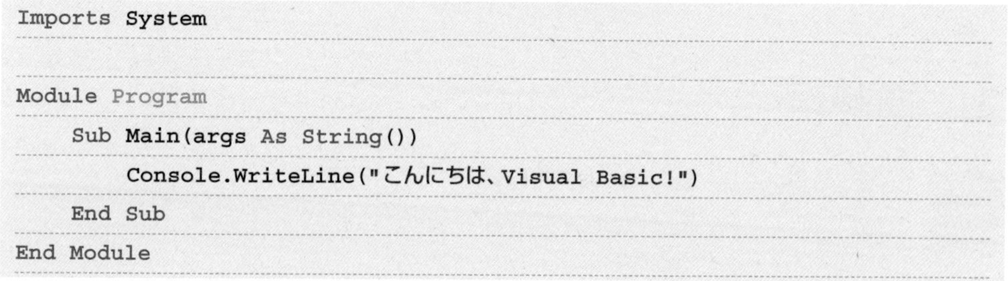

```
Imports System

Module Program
    Sub Main(args As String())
        Console.WriteLine("こんにちは、Visual Basic!")
    End Sub
End Module
```

書き換えが済んだら、次の手順でプログラムを実行してみてください。

▼Visual Studioの画面

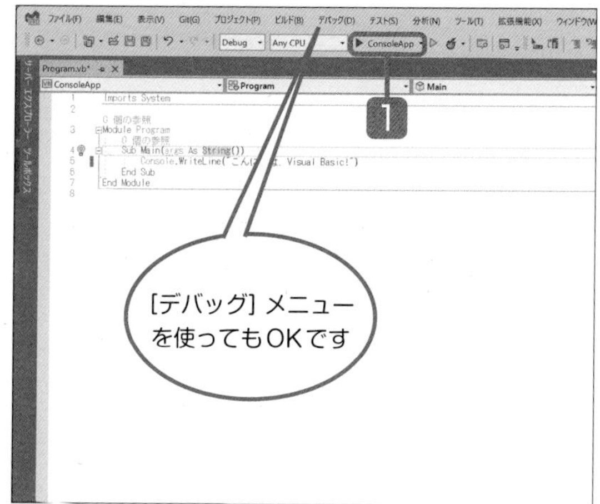

1 ツールバーの**開始**ボタンをクリックするか、**デバッグ**メニューの**デバッグの開始**を選択すると、コンソールの画面が起動して結果が表示されます。

▼コンソールの画面

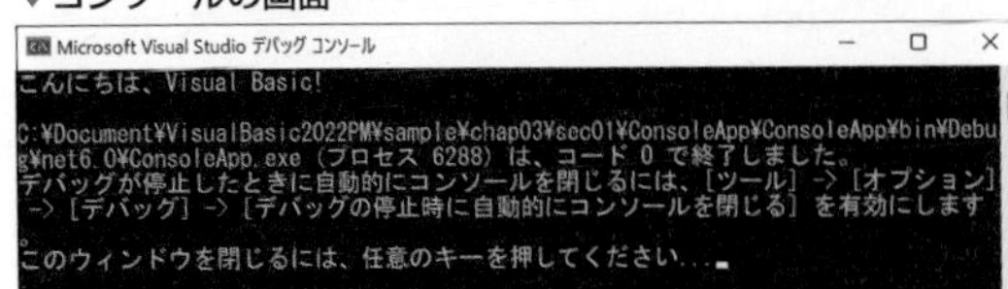

ソースコードで指定した文字列が表示された

2 無事、文字列が表示されたでしょうか。Enterキーまたはその他の任意のキーを押すと、プログラムが終了し、コンソールの画面が閉じます。

ソースコードにコメントを付ける

コメントとは、ソースコードの内容や用途などの説明文のことです。Visual Basicでは、ステートメントのあとにアポストロフィ（'）を入力すると、以降の文字列はソースコードとはみなされなくなるので、任意の文字列をコメントとして自由に記述することができます。

▼コメント

```
Console.WriteLine("こんにちは、Visual Basic!") ' 文字列を表示します
```

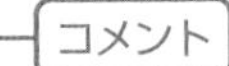

ただし、Visual Basicの公式ドキュメントにおいて、ソースコードと同じ行（末尾）のコメントは非推奨とされていますので、できるだけ次で紹介する1行コメントを使うようにしましょう。

コメントは、次のように、独立した行に記述することもできます。

▼独立した行にコメントを入れる

```
' Consoleに文字列を出力します
Console.WriteLine("こんにちは、Visual Basic!")
```

Attention 暗黙の行連結

Visual Basicには**暗黙の行連結**と呼ばれる機能が搭載されています。1つのステートメントが複数の行にまたがる場合、論理的に1つのステートメントと判断されれば、そのまま改行できます。例えば、「カンマ(,) のあと」や「かっこの前とあと」、「演算子のあと」などで、暗黙の行連結が適用されます。

Memo 演算子の優先順位

次の優先順位に基づいて演算が行われます。
演算子については、「3.2.5 演算を行う（演算子の種類と使い方）」において紹介しています。

●算術演算子および文字列連結演算子

指数演算 (^)
単項恒等演算および否定演算 (+、－)
乗算および浮動小数点除算 (＊、/)
整数除算 (¥)
剰余演算 (Mod)
加算と減算 (+、－)、文字列連結 (+)
文字列連結 (&)
算術ビットシフト (<<、>>)

●比較演算子

すべての比較演算子
(=、<>、<、<=、>、>=、Is、IsNot、Like、TypeOf...Is)

●論理演算子およびビット処理演算子

否定 (Not)
積 (And、AndAlso)
包括的論理和 (Or、OrElse)
排他的論理和 (Xor)

Memo コメントの用途

保守の容易なプログラムを書くには、的確なコメントを記述しておくことが必要不可欠です。以下にコメントの用途をまとめておきますので、参考にしてください。

●クラス

・用途や機能の概要（細かい解説は個々の要素で行う）
・状況により、フィールド（クラスの変数）の一覧

●メソッド、プロシージャ

・用途や機能
・パラメーターや戻り値がある場合はその説明

●Forなどの制御構造

・使用する目的や制御の内容

Section 3.2

変数や定数の役割と演算

Level ★★★ | Keyword | 変数　定数　Dimキーワード　Constキーワード　データ型　演算子

プログラミングを行う上で、数値や文字などのデータを一時的にコンピューターに記録させるための手段として変数を使います。変数の値は、必要に応じてプログラムの実行中に何度でも変更することができます。このような変数に対して、プログラムの実行中に変更してはならない値を格納しておく手段として定数を使います。

変数、定数と演算の方法

変数には、任意の名前を付けて、必要な数だけ作成して利用できます。

• 変数の用途

値の一時的な記録および受け渡しに使います。

変数を作成することを**変数の宣言**と呼び、変数に値をセットすることを**変数に値を代入する**、または**変数に値を格納する**といいます。

• 変数の宣言

```
Dim 変数名 As データ型
```

消費税などの一定の率を持つ要素は、プログラムの実行中に値を変更できないようにするために定数を利用します。

• 定数の用途

プログラムの実行中に「変えてはならない値」を扱う場合に利用します。

• 定数を宣言する

```
Const 定数名 As データ型
```

3.2.1 変数の役割

変数は、プログラム内で使用するデータを一時的に格納する役目を持った文字列です。文字列というと何か漫然としているので、ここでは識別子と考えていただいてもかまいません。

実際は、変数に数値や文字列を格納すると、変数が指し示すメモリー領域にこれらの値が格納されるようになっています。

変数の役割を確認する

変数名を指定することで、いつでも変数に格納された値を利用することができます。

●変数の使用例

200円の品物を2個売ったときの1000円、5000円、10000円からの釣銭を計算することとします。この場合、次のような計算式が考えられます。

▼200円の商品を2個売り上げた場合の釣銭を求めるプログラム

```
1000 - (200 * 2)      '1000円からの釣り銭を計算
5000 - (200 * 2)      '5000円からの釣り銭を計算
10000 - (200 * 2)     '10000円からの釣り銭を計算
```

1000円、5000円、10000円に対して、それぞれ売上金額を求める計算を行っていますが、売上金額を先に計算しておいて、求めた金額をaという変数に格納しておけば、ソースコードをシンプルにできます。

▼売上金額を格納する変数aを使った場合

```
Dim a = 200 * 2     '200に2を掛けた結果を変数aに格納

Dim b = 1000 - a    '1000円からの釣り銭を計算して変数bに格納
Dim c = 5000 - a    '5000円からの釣り銭を計算して変数cに格納
Dim d = 10000 - a   '10000円からの釣り銭を計算して変数dに格納
```

●確定しない値の受け渡しに変数を使う

変数は、プログラミングの段階では確定しないデータの受け渡しにも使われます。先の例では、200円の品物を2個というように、商品の単価と個数が決まっていましたが、単価や個数が異なると対応することができません。そこで、商品の単価をx、個数をyという変数に割り当てて、キーボードから入力された値をそれぞれの変数に格納してから計算するようにしてみましましょう。

▼商品単価と個数を入れる変数を使った場合

```
' コンソールからの入力(単価)を変数xに格納
Dim x As Integer = Console.ReadLine()
' コンソールからの入力(個数)を変数yに格納
Dim y As Integer = Console.ReadLine()

Dim a = x * y       '購入額を計算
Dim b = 1000 - a    '1000円からの釣り銭を計算して変数bに格納
Dim c = 5000 - a    '5000円からの釣り銭を計算して変数cに格納
Dim d = 10000 - a   '10000円からの釣り銭を計算して変数dに格納
```

計算式だけを記述しておき、未確定なデータを変数に割り当てておくことで、キーボードからの入力に対応して計算を行えるようにしています。変数を使うことで、プログラムを作成する時点で値が確定していなくても、値が確定したときに指定した処理を行わせるコードを記述することができます。

変数の宣言と値の代入

●変数の宣言

変数の宣言を行うときは、Dim、Asというキーワードを使って次のように記述します。

▼変数の宣言

構文

```
Dim 変数名 As データ型
```

Dimは、変数を宣言するためのキーワードで、Asは、変数のデータ型を設定するためのキーワードです。整数を扱う変数を宣言するには、整数型(Integer)を指定して、次のように記述します。

```
Dim a As Integer
```

●複数の変数をまとめて宣言

同じデータ型の変数であれば、カンマ(,)を使うことで、まとめて宣言することができます。

▼複数の変数宣言

構文

```
Dim 変数名1, 変数名2, 変数名3 As データ型
```

異なるデータ型の変数をまとめて宣言する場合は、次のように記述します。

▼異なるデータ型を持つ複数の変数宣言

構文

```
Dim 変数名1 As データ型, 変数名2 As データ型, 変数名3 As データ型
```

整数型 (Integer) のiという変数と、文字列型 (String) のstrという変数を宣言する場合は、次のようになります。ただ、コードが読みづらくなるのでおすすめの方法ではありません。

▼例

```
Dim i As Integer, str As String
```


●変数に値を代入する

変数に値を代入するには、代入演算子=を使用します。

▼変数への値の代入

構文

```
変数名 = 値
```

次のように記述すると、1行目で宣言されたInteger型の変数aに対して、2行目で整数値の10が代入されます。

▼例

```
Dim a As Integer
a = 10
```

Memo データ型の省略

変数を宣言する際に初期値を代入することで、「As データ型」の記述を省略することができます。これは、Visual Basicに備わっているデータ型の推論機能によるものです。

次のように記述した場合、変数vol1はInteger型、変数vol2はString型になります。

▼「As データ型」を省略した書き方

```
Dim vol1 = 10, vol2 = "BASIC"
```

●宣言と同時に値を代入

変数の宣言時に代入演算子＝を続けて記述すると、変数の宣言と同時に値を代入することができます。これを変数の**初期化**と呼びます。

▼変数の宣言と同時に値を代入

```
Dim 変数名 As データ型 = 値
```

整数型の変数numを宣言して1という数値を代入するには、次のように記述します。

▼例

```
Dim num As Integer = 10
```

変数名の付け方

変数の名前付けについて、Visual Basicのドキュメントで次のことが推奨されています。

・アンダースコア (_)、ハイフン (-)、英数字でない文字はいずれも使用しないでください。
・変数名の最初の文字はアルファベットの小文字で始めます。
・複数の単語を組み合わせる場合は、先頭文字以外の個々の単語の先頭文字を大文字にするキャメルケース (キャメル記法) を使用します (例：findRecord、resultNumber)。
・接頭辞 (プリフィックス) や接尾辞 (サフィックス) を用いるハンガリアン記法は使用しないでください (例：intPrice、strNameなど)。

まとめると、英文字のアルファベットを用いて、先頭の文字を小文字にするキャメルケースの形式で名前を付けるということになります。

Memo 大文字と小文字の区別

Visual Basicでは、大文字と小文字を区別しません。予約語の「Class」は、「class」や「CLASS」と記述しても同じものとして扱われます。変数の場合も、numとNUMは同じ変数として扱われます。

ただし、.NET (.NET Framework) では、大文字と小文字を区別する仕様になっているので、Visual Basicで記述する際も大文字と小文字を区別するようにしましょう。numという変数を宣言したら、そのあとのコードでNumやNUMのように記述せずに、numで統一しておくようにします。

Visual Studioのコードエディターでは、.NET Frameworkに合わせるための修正機能が自動的に働き、変数名をnumと宣言すると、以降はNUMと入力しても自動的にnumに変換されるようになっています。また、プロパティを設定する「Label1.Text = "Hello"」のTextプロパティの部分を「Label1.text」と記述しても、先頭部分が大文字に修正されます。これは、.NET Frameworkでは「Text」と定義されているためです。

3.2.2　データ型

変数の宣言では、「As データ型」のように、変数のデータ型を記述します。**データ型**ごとに扱うデータの種類や扱える値の範囲が決められています。整数を扱うInteger型はメモリーの割り当てサイズが4バイトと決まっていて、−2,147,483,648から2,147,483,647までの値を扱うことができます。Visual Basicにおけるデータ型は「共通型システム（CTS：Common Type System）」に基づいて定められています。

整数を扱うデータ型

整数を扱うデータ型には、サイズが異なる4種類の型があり、符号付きと符号なしを合わせると8種類になります。

▼整数を扱うデータ型

型名	メモリーサイズ	値の範囲
Byte	1バイト	0~255（符号なし）
Short	2バイト	−32,768~32,767（符号付き）
Integer	4バイト	−2,147,483,648~2,147,483,647（符号付き）
Long	8バイト	−9,223,372,036,854,775,808~9,223,372,036,854,775,807（符号付き）
SByte	1バイト	−128~127（符号付き）
UShort	2バイト	0~65,535（符号なし）
UInteger	4バイト	0~4,294,967,295（符号なし）
ULong	8バイト	0~18,446,744,073,709,551,615（符号なし）

●Integer（インテジャー）型

整数を扱う場合は、特別な理由がない限りInteger型を使います。単に整数型と呼ぶ場合は通常Integer型を指します。

●Byte（バイト）型

確保されるメモリーサイズは1バイトで、0 ～ 255の範囲の値だけを使用することができます。小さなデータをひとかたまりにして扱うような、特殊な用途でのみ使用されます。

●Short（ショート）型

確保されるメモリーサイズは、Integer型の半分の2バイトです。以前は、メモリーの使用量を節約するために利用されていましたが、コンピューターが大量のメモリーを搭載するようになった現在ではほとんど利用されません。短整数型ともいいます。

●Long（ロング）型

Integer型の倍にあたる8バイトのメモリー領域が確保されます。Integer型に収まらない大きな整数値を扱う場合に使用します。長整数型ともいいます。

浮動小数点数型

浮動小数点数とは、浮動小数点方式によって表現された数のことで、コンピューターで小数を扱うときに利用されます。浮動小数点方式では、数を示す**仮数部**と小数点の位置を示す**指数部**で小数値を表します。

▼浮動小数点数型

型名	メモリーサイズ	値の範囲
Single	4バイト	−3.4028235E+38〜−1.401298E−45（負の値）
		1.401298E−45〜3.4028235E+38（正の値）
Double	8バイト	−1.79769313486231570E+308〜−4.94065645841246544E−324（負の値）
		4.94065645841246544E −324〜1.79769313486231570E+308（正の値）

●浮動小数点数の仕組み

例えば、0.5を浮動小数点数で表すと、「5.0E−1」となります。これは「5×10のマイナス1乗」の意味です。「1230」の場合は「1.23E+3」となり、「1.23×10の3乗」を示しています。

実際の値		**浮動小数点数**	
0.5	➡	5.0E−1	……5×10のマイナス1乗
1230	➡	1.23E+3	……1.23×10の3乗

●浮動小数点数を使う理由

浮動小数点数に対し、「1.234」のように表現した数のことを**固定小数点数**と呼びます。

固定小数点数の方が見た目にはわかりやすいのですが、例えば1000兆分の1を表すには、固定小数点数では「0.000000000000001」となり、たくさんの桁が必要になります。

これに対して浮動小数点数なら「1.0E−15」だけで済みます。コンピューターは桁数が少ない方が速く計算できるため、広い範囲の数を高速に計算するには、固定小数点数より浮動小数点数の方が有利なのです。

●浮動小数点数の仕組み

浮動小数点数では、「$\pm 1.m \times 2^n$」または「$\pm 0.m \times 2^n$」と表記できる値について、符号、仮数（mの部分）、指数（nの部分）の順でビットの並び（2進数に相当）として記憶します。仮数（mの部分）は、あるビットが2分の1であれば、その下位のビットは4分の1、さらに下位が8分の1になります。10進数の小数点第1位が10分の1、第2位が100分の1となるのとは異なるため、10進数表記との間で誤差が生じ、10進数の小数が浮動小数点数で正確に表されるとは限らないので注意が必要です。この誤差のことを浮動小数点数の**まるめ誤差**と呼びます。

●Double（ダブル）型

確保されるメモリーサイズは8バイトなので、扱える値の範囲は、10進数に換算すると有効桁数15〜16桁程度です。倍精度浮動小数点数型ともいいます。

●Single(シングル）型

確保されるメモリーサイズは4バイトなので、扱える値の範囲は、有効桁数7桁程度です。単精度浮動小数点数型ともいいます。コンピューターの性能の向上により、現在では使われる機会が少なくなっています。

扱える値の範囲がSingle型で7桁程度、Double型で15〜16桁程度と限られているため、財務計算などの桁数の多い数値を扱う計算には向きません。財務計算では、次に紹介するDecimal型が使われます。

いろいろと細かいことをお話ししましたが、浮動小数点数の指数による表現は、コンピューター内部で扱われる表現ですので、ソースコードではふつうに「3.14」と書けばOKです。これが内部で浮動小数点数として扱われるというわけです。

10進数型（Decimal型）

Decimal型が扱える値の範囲は、有効桁数が最大29桁です。まるめ誤差が許容されない財務計算などに適したデータ型です。

▼10進数型

型名	メモリーサイズ	値の範囲
Decimal	16バイト	0〜±79,228,162,514,264,337,593,543,950,335（小数点なし）（正負の値）
		0〜±7.9228162514264337593543950335（小数点以下28桁）
		0以外の最小数は±0.0000000000000000000000000001（±1E−28）

●Decimal型では「まるめ誤差」が発生しない

Decimalは「$\pm m \times 10^n$」で表すデータをビットとして記憶します。nは−28〜0の範囲で、指数（nの部分）がマイナスになるので、小数点を扱うことができます。1×10^{-2}は100分の1を表し、0.01に相当します。

このように、浮動小数点数とは異なり、指数の対象となる数は2（$\times 2^n$）ではなく、10（$\times 10^n$）となります。また、仮数にあたるmの部分は小数ではなく整数であることから、浮動小数点数のように小数部分が2分の1、4分の1、8分の1ではなく、10進数の小数点の値である10分の1、100分の1、1000分の1が正確に表現できます。

結果として、浮動小数点数で発生する「まるめ誤差」は、Decimalでは発生しません。

Onepoint

いいことずくめのようなDecimal型ですが、高精度であることが求められる財務計算や科学技術分野での計算に用いられることが多く、そこまでの精度を必要としないアプリケーションではDouble型を用いるのが一般的です。

文字型

文字を扱うためのデータ型として、Char型（狭義の文字型）とString型（文字列型）が用意されています。Char型は1文字だけを扱い、データサイズは常に2バイトです。これに対してString型は、複数の文字列を扱うので、データサイズは可変長です。

▼文字型

型名	メモリーサイズ	値の範囲
Char	2バイト	単一のUnicode文字（0~65535）
String	可変長	0個~約20億個のUnicode文字

●文字コード

コンピューターは、0と1のデジタルデータを使って動作しますので、どのようなデータであっても、最終的には2進数で表現できなければなりません。これは文字についても同様です。

そこで、コンピューターで文字を扱う場合は、それぞれの文字に固有の数値が割り当てられます。これが**文字コード**です。

●文字コードには様々な規格がある

文字コードは体系的にまとめられ、いくつかの規格が存在します。.NET（.NET Framework）では、Unicodeと呼ばれる文字コードを採用しています。

●Unicode

Unicode（ユニコード）は、世界中で使われている文字を集めた**文字集合**（**文字セット**）です。いわば、世界中の文字の一覧表みたいなもので、各文字が規則に沿って並べられています。もともと1つの文字を2バイトのサイズで表すようにしていましたが、最大で65536文字しか収録できないため、現在はUnicode全体が4バイト文字で定義（UCS-4）されています。

●UTF-16

Unicodeは、文字を集めた一覧なので、その一覧のどこにある文字なのかを示すための情報として「**エンコード方式**」というものが定められています。エンコード方式を指定することで、Unicodeの一覧のどの文字なのかが示されることから、コンピューターの文字処理にはエンコード方式の指定が必須です。エンコード方式にはいろいろな種類がありますが、.NET（.NET Framework）では「UTF-16」を使用しています。

Onepoint

日本語のエンコード方式としては、JIS（日本産業規格）で標準化されたJISコードのほか、主にUNIXなどで使われるEUC、WindowsやmacOSなどで使われるシフトJISの3種類が利用されています。

Char(チャー)*型

1個の文字コードを扱う型です。メモリーサイズは2バイトで、0~65535の文字コードに対応します。ただし、Char型の変数には、文字コードを直接代入するのではなく、文字そのものを代入するように記述します。この場合、代入する文字をダブルクォーテーション(")で囲みます。Char型のみを指して文字型(狭義)と呼ぶ場合もあります。

```
Dim chr As Char  ' Char型の変数宣言
chr = "A"        ' 文字Aを代入
```

このように記述すると、Aの文字コードである「65」が変数に代入されます。

●文字コード表

次の表は、Unicodeの0~127の英数字の範囲を抜き出したものです。

▼Unicodeの一部

	+0	+1	+2	+3	+4	+5	+6	+7	+8	+9	+10	+11	+12	+13	+14	+15
0																
16																
32	!	"	#	$	%	&	'	(	)	*	+	,	-	.	/	
48	0	1	2	3	4	5	6	7	8	9	:	;	<	=	>	?
64	@	A	B	C	D	E	F	G	H	I	J	K	L	M	N	O
80	P	Q	R	S	T	U	V	W	X	Y	Z	[	¥	]	^	_
96	`	a	b	c	d	e	f	g	h	i	j	k	l	m	n	o
112	p	q	r	s	t	u	v	w	x	y	z	{	|	}	~	

例えばaの場合は、行の値「96」に列の値「+1」を足した「97」が文字コードになります。

String(ストリング)型

文字列型ともいいます。0~65535の範囲の値で表される16ビット(2バイト)の文字コードを格納し、0個から約20億個までの文字を格納できます。代入する文字列は、ダブルクォーテーション(")で囲みます。文字列の1文字としてダブルクォーテーションを含める場合は、ダブルクォーテーションを2つ続けて記述します。

▼String型の変数に文字列を代入する

```
Dim message As String
message = "Joe said ""Hello"" to me."
```

* Char 「キャラ」とも呼ばれる。

論理型（Boolean型）

論理型であるBoolean型は、与えられた条件が正しい（真）か正しくない（偽）かを判断するときに使うデータ型で、扱える値はTrue（真）とFalse（偽）のみです。

▼論理型

型名	メモリーの割り当てサイズ	値の範囲
Boolean	1バイト	TrueまたはFalse

Boolean型の値であるTrueとFalseは、あくまで表現上のものであり、文字列を扱うのではなく、ビット列（0と1の並び）でTrueとFalseを区別します。数値型の値をBoolean型に変換した場合は、0はFalseになり、その他の値はすべてTrueになります。逆にBoolean型の値を数値型に変換すると、Falseは0になり、Trueは-1になります。ただし、Boolean値は数値として格納されるわけではないので、使用する場合はTrueまたはFalse以外の値を使用することは非推奨です。

日付型（Date型）

日付型であるDate型は、西暦1年1月1日から西暦9999年12月31日までの日付と、午前00:00:00から午後11:59:59.9999999までの時刻を64ビット（8バイト）の整数として格納します。

▼日付型

型名	メモリーの割り当てサイズ	値の範囲
Date	8バイト	西暦1年1月1日午前00:00:00から西暦9999年12月31日午後11:59:59.9999999までの日付データ

●Date型の変数への代入

Date型の変数に日付データを代入するには、日付の値を「#8/20/2022#」のように月、日、年の順に「/」で区切って記述し、全体をシャープ記号「#」で囲みます。日付の値は、#5/31/2021# のようにM/d/yyyyの形式で、または#2021-5-31#のようにyyyy-M-dの形式で指定します。最初に年を指定することもできます。

▼Date型の変数に日付と時刻を代入する

```
Dim dt1 As Date = #5/31/1993#
Dim dt2 As Date = #2021/5/31#
```

Memo リテラルって何？

変数を初期化する際など、ソースコード上に、数値や文字などのいわゆる「生データ」を記述することがあります。このようなデータのことを**リテラル**と呼びます。次の場合は、数字の100や文字列"Basic"がリテラルです。

▼変数の初期化

```
Dim i As Integer = 100
Dim s As String = "Basic"
```

リテラルの末尾に接尾辞を付けることで、リテラルがどのデータ型に属するのか明示的に記述する方法があります。

●整数値の場合

整数値のリテラルでは、Integer型（4バイト）に収まる場合はInteger型、収まらない場合はLong型のリテラルとして、コンパイラーは解釈します。この場合、リテラルの末尾に「I」または「%」を付けることでInteger型、「L」または「&」を付けることでLong型であることを明示的にコンパイラーに伝えることができます。

●10進数、16進数、8進数

たんに整数値を記述した場合は10進数表記として解釈されますが、先頭に「&H」を付けると16進数、「&O」（アルファベットのO）を付けると8進数表記とみなされるようになります。2進数は「&B」です。

ただし、これらの表記はソースコード上の表現なので、&H1E、&O36、30の3とおりの表現は、いずれも10進数の30を意味する同じビット列「00011110」になります。

●浮動小数点数型の場合

浮動小数点数型の場合は、接尾辞を付けないとDouble型とみなされます。

これとは別に、数値を小数点付きで表す以外に、「m×10のn乗」を指数表記を利用した「mE±n」の形式で表記することができます。1.23×10^{50}は「1.23E+50」と記述することができます。

▼Visual Basicにおけるリテラルの表記法

データ型	明示的な記述方法	記述例
Short	末尾に「S」	1000S
Integer	末尾に「I」または「%」	10000I、10000%
Long	末尾に「L」または「&」	50000L、50000&
Single	末尾に「F」または「!」	12.3F、12.3!、3.14E+31F
Double	末尾に「R」または「#」	123.456R、123.456#、3.14E−31R
Decimal	末尾に「D」または「@」	1234.56D、1234.56@
Char	末尾に「C」	"A"C　（必ず「"」で囲む）
String	−	"Visual Basic"　（必ず「"」で囲む）
Date	−	#08/25/2021#　（必ず「#」で囲む）

3.2.3 不変の値を格納する（定数）

不変の（変えてはならない）値を入れておくために利用するのが**定数**です。一度セットした値を変えることはできないので、税率などのような固定の値を扱う場合に利用します。このような定数には、以下のようなメリットがあります。

●宣言以外では値を変更できない

固定の値を扱う場合、プログラム内で誤って値を変更してしまうことがありません。

●入力ミスを減らすことができる

消費税を扱うプログラムで、税率の0.1をTAXという定数にセットしておけば、必要なときに、TAXと入力するだけで済みます。0.1のような値ではピンとこないかもしれませんが、「3.1415926535」のような値を使用する場合に定数を利用すると、複雑な数値を何度も打ち込まずに済むので、ミスを減らすことができます。

●値の変更が一括して行える

税率を定数にセットしている場合、税率が上がったとしても、定数宣言を修正するだけでOKです。コード内のすべての0.1を探し出して修正する必要はありません。

定数の宣言

定数の宣言は、Constステートメントを使って次のように記述します。

▼定数を宣言する

```
Const 定数名 As データ型 = 値
```

定数名は、定数であることがわかるように、すべて大文字にすることがあります。

3.2.4　変数や定数の有効範囲（スコープ）

変数や定数にアクセスできる範囲のことを**スコープ**と呼びます。スコープは、変数や定数を宣言した場所によって決定します。

スコープの種類と適用範囲を確認する

変数や定数は、宣言した場所によって以下のスコープを持つようになります。

●ブロックスコープ

For...Nextのようなループ構造や、If...Thenのような条件判断構造のブロック内で宣言された変数や定数のスコープは、宣言されたブロック内になります。

●プロシージャスコープ

特定のプロシージャ（メソッド）内で宣言された変数や定数のスコープは、宣言されたプロシージャ内になります。プロシージャ内部で宣言された変数は、**ローカル変数**と呼ばれます。

●モジュールスコープ

クラスや構造体、モジュールの内部のスコープをモジュールスコープと呼びます。

プロシージャの外で宣言した変数や定数のスコープは、宣言されたクラスや構造体、モジュールの内部で有効なモジュールスコープとなり、モジュール内部のすべてのプロシージャ（メソッド）から利用できます。

●プロジェクトスコープ

PublicやFriendキーワードを使って宣言した変数や定数のスコープは、宣言されたモジュールが含まれるプロジェクト内になり、同一のプロジェクト内のすべてのモジュールから利用できます。このような変数を、**グローバル変数**または**パブリック変数**と呼ぶことがあります。

▼変数や定数のスコープ

種類	有効範囲	有効期間
ブロックスコープ	宣言したコードブロック内	コードブロックの実行中
プロシージャスコープ	宣言したプロシージャ内	プロシージャの実行中
モジュールスコープ	宣言したモジュール内	モジュールが終了するまで
プロジェクトスコープ	同一のプロジェクト内	プログラムが終了するまで

▼スコープの概要

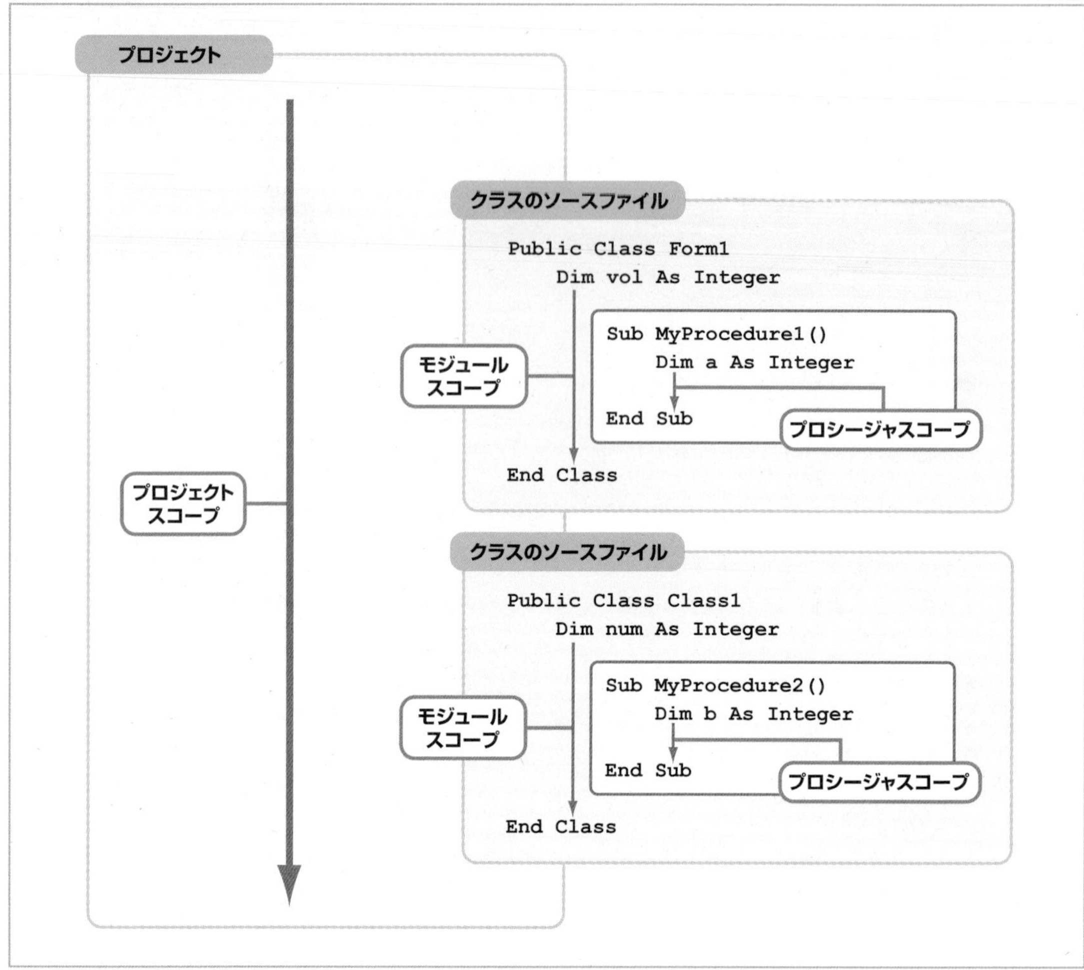

Memo アクセシビリティの設定

クラスや構造体では、名前の前に以下のキーワードを付けることで、スコープを指定することができます。

- **Public**
  無条件で、あらゆる場所からアクセスすることができます。
- **Friend**
  同じプロジェクト内からアクセスすることができます。
- **Protected Friend**
  クラス内部、またはクラスから派生したクラスに、同じプロジェクト内からアクセスすることができます。
- **Protected**
  クラス内部、またはクラスから派生したクラスからのみアクセスすることができます。
- **Private**
  アクセスできるのは、同じクラスや構造体、モジュールの内部だけです。

3.2.5 演算を行う（演算子の種類と使い方）

数値同士で計算を行ったり、変数に計算結果を代入したりすることを**演算**と呼び、演算を示す記号を**演算子**といいます。Visual Basicでは、以下の演算子を利用することができます。

▼演算子の種類

演算子の種類	演算子
代入演算子	=、+=、－=、＊=、/=、¥=、^=、&=
算術演算子	+、－、＊、/、¥、^、Mod
連結演算子	+、&
ビット演算子	Not、Or、And、Xor
比較演算子	=、>、<、<>、>=、<=、Like、Is、Isnot
論理演算子	And、Or、Not、Xor、AndAlso、OrElse

1つの式の中で、これらの演算子を組み合わせて使うことができます。

代入演算子

代入演算子は、演算子の右辺の値を左辺の要素に代入する役目を持っています。次のステートメントは、変数numに数値の5を代入します。

▼変数numに数値の5を代入するステートメント

```
Dim num As Integer
num = 5
```

さらに、次のステートメントは、変数numの値に5を加算した値をnumに新たに代入しています。

▼変数numの値に5を加算した値をnumに代入

```
num = num + 5
```

▼代入演算子の種類

演算子	内容	使用例
=	右辺の値を左辺に代入する。	Dim n = 5　(nの値は5)
+=	左辺の値に右辺の値を加算して左辺に代入する。	Dim n = 5➡n += 2　(nの値は7)
−=	左辺の値から右辺の値を減算して左辺に代入する。	Dim n = 5➡n −= 2　(nの値は3)
*=	左辺の値に右辺の値を乗算して左辺に代入する。	Dim n = 5➡n *= 2　(nの値は10)
/=	左辺の値を右辺の値で除算して左辺に代入する。	Dim n = 10➡n /= 2　(nの値は5)
¥=	左辺の値を右辺の値で除算した結果の整数部分だけを左辺に代入する。	Dim n = 5➡n ¥= 2　(nの値は2)
^=	左辺の値を右辺の値でべき乗して左辺に代入する。	Dim n = 5➡n ^= 2　(nの値は25)
&=	左辺の文字列に右辺の文字列を連結して左辺に代入する。	Dim str = "ABC" ➡str &= "DEF"　(strの値は"ABCDEF")

※このほかに、ビット列を左シフトする<<=演算子と、右シフトする>>=演算子があります。

代入演算子による簡略表記

＝以外の代入演算子は、次のように演算式を簡略表記することができます。

▼代入演算子による簡略表記

通常の表記	簡略表記
a = a + b	a += b
a = a − b	a −= b
a = a * b	a *= b
a = a / b	a /= b
a = a ¥ b	a ¥= b
a = a ^ b	a ^= b
a = a & b	a &= b
a = a << b	a <<= b
a = a >> b	a >>= b

代入演算子で簡略表記

代入演算子による簡略表記について、実際にプログラムを作成しながら見ていきましょう。

●+=演算子①

数式の値を数値型の変数に加算して、その結果を変数に代入します。

以下は、+=演算子を使って、数値変数num1の値に数値変数num2の値を加算する例です。

なお、演算結果は、左辺の変数num1に代入されます。

▼+=演算子の演算例①

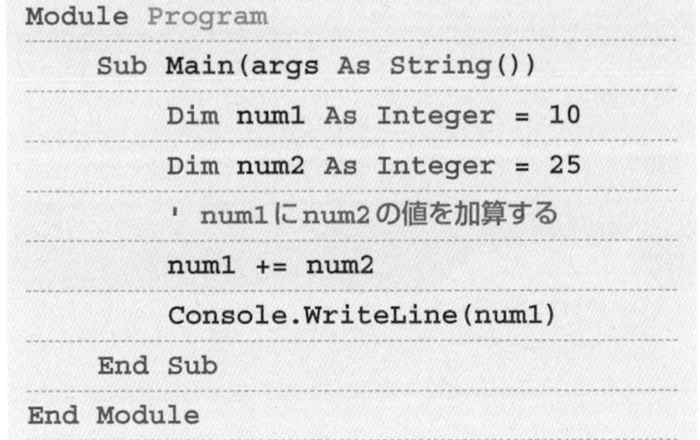

```
Module Program
    Sub Main(args As String())
        Dim num1 As Integer = 10
        Dim num2 As Integer = 25
        ' num1にnum2の値を加算する
        num1 += num2
        Console.WriteLine(num1)
    End Sub
End Module
```

▼実行結果

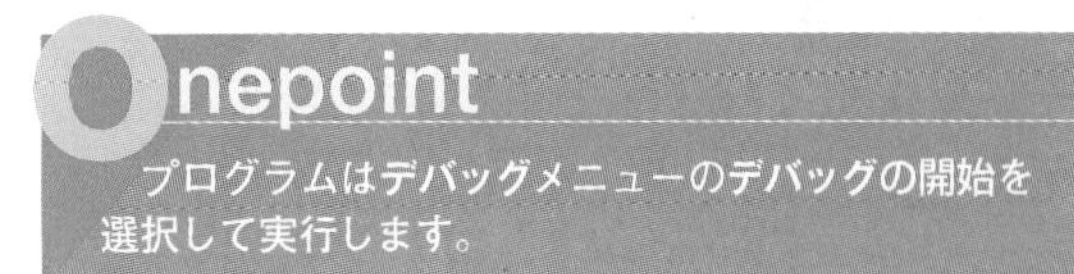

●+=演算子②

以降は、main()プロシージャの中身のコードだけを掲載します。

+=演算子はString型の変数を連結し、その結果を変数に代入することもできます。

以下は、+=演算子を使って、String変数str1の文字列にString変数str2の文字列を連結する例です。結果は、左辺の変数str1に代入されます。

▼+=演算子の演算例②

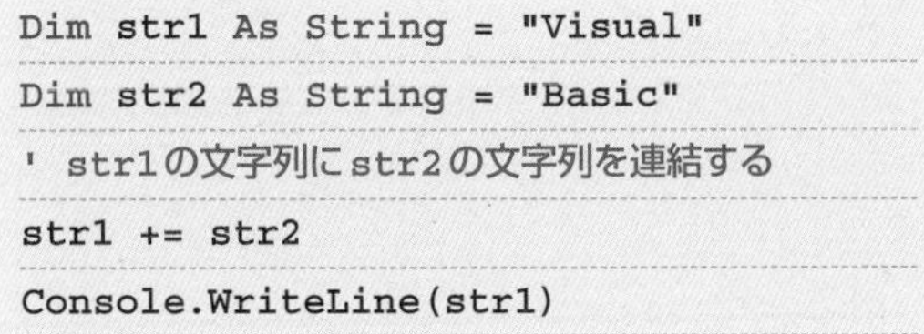

```
Dim str1 As String = "Visual"
Dim str2 As String = "Basic"
' str1の文字列にstr2の文字列を連結する
str1 += str2
Console.WriteLine(str1)
```

▼実行結果

●−=演算子

変数の値から式で指定された値を減算し、その結果を変数に代入します。結果は、左辺の変数n1に代入されます。

▼−=演算子の演算例

```
Dim n1 As Integer = 10
Dim n2 As Integer = 5
' n1からn2の値を減算する
n1 -= n2
Console.WriteLine(n1)
```

▼実行結果

●＊=演算子

左辺の値に右辺の値を乗じます。結果は、左辺の変数n3に代入されます。

▼＊=演算子の演算例

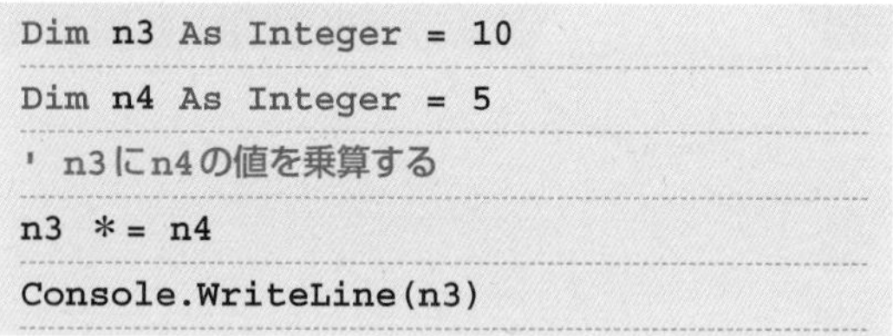

```
Dim n3 As Integer = 10
Dim n4 As Integer = 5
' n3にn4の値を乗算する
n3 *= n4
Console.WriteLine(n3)
```

▼実行結果

●/=演算子

左辺の値を右辺の値で除算します。結果は、左辺の変数v1に代入されます。

▼/=演算子の演算例

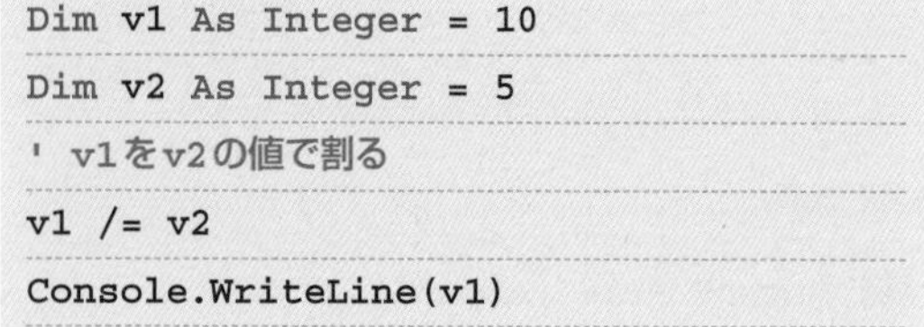

```
Dim v1 As Integer = 10
Dim v2 As Integer = 5
' v1をv2の値で割る
v1 /= v2
Console.WriteLine(v1)
```

▼実行結果

●&=演算子

左辺の値と右辺の値を連結します。連結された値は、左辺の変数s1に代入されます。

▼&=演算子の演算例

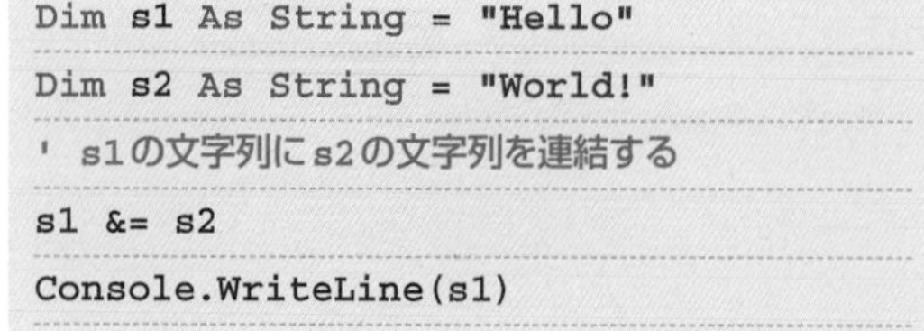

```
Dim s1 As String = "Hello"
Dim s2 As String = "World!"
' s1の文字列にs2の文字列を連結する
s1 &= s2
Console.WriteLine(s1)
```

▼実行結果

●^=演算子

左辺の値を右辺の値でべき乗します。結果は、左辺の変数number1に代入されます。

▼^=演算子の演算例

```
Dim number1 As Integer = 10
Dim number2 As Integer = 5
' number1に対するnumber2のべき乗を求める
number1 ^= number2
Console.WriteLine(number1)
```

▼実行結果

●<<=演算子

2進数の値を、右辺で指定した桁数のぶんだけ左にシフトし、空白となった右端の桁に「0」を入れます。左シフトを行うと、上位のビット位置からはみ出したビットは破棄され、空いた下位のビットに0が埋め込まれます。2進数では、左にシフトするたびに値が2倍、4倍、8倍…と変化します。

Short型の2バイト(16ビット)の場合は、次のようになります。

▼シフト前の2バイトの値

```
0000 0000 1111 1111(10進数の255)
```

▼4桁左シフトしたあとの値

```
0000 1111 1111 0000(10進数の4080)
```

4桁左シフトした結果、4つの0が埋め込まれる

▼<<=演算子の演算例

```
'Short型は16ビット
Dim var1 As Short = 255
Dim var2 As Short = 4
' var1のビット列をvar2の桁数(4)だけ左シフトすると、値が16倍になる
var1 <<= var2
Console.WriteLine(var1)
```

▼実行結果

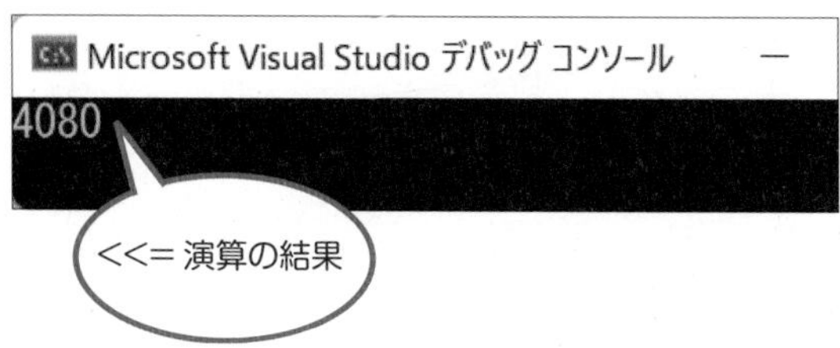

●>>=演算子

2進数の値を、右辺で指定した桁数のぶんだけ右にシフトし、空白となった左端の桁に「0」を入れます。右シフトを行うと、下位のビット位置からはみ出したビットは破棄され、空いた上位のビットに0が埋め込まれます。2進数では、右シフトするたびに値が1/2倍、1/4倍、1/8倍…と変化します。

Short型の2バイト（16ビット）の場合は、次のようになります。

▼シフト前の2バイトの値

```
0000 0000 1111 1111(10進数の255)
```

▼4桁右へシフトしたあとの値

```
0000 0000 0000 1111(10進数の15)
```

4桁右シフトした結果、4つの0が埋め込まれる

▼>>=演算子の演算例

```
'Short型は16ビット
Dim var3 As Short = 255
Dim var4 As Short = 4
' var1のビット列をvar2の桁数(4)だけ右シフトすると、値が1/16になる
var3 >>= var4
Console.WriteLine(var3)
```

▼実行結果

算術演算子

数値の足し算や引き算などの算術演算は、**算術演算子**を使って行います。5と5を乗算した（掛けた）値に1を加算する場合は、次のように記述します。

▼5と5を乗算した値に1を加算した値をnに代入

```
Dim n As Integer
n = 5 * 5 + 1
```

演算を行う場合は、加算（+）や減算（−）よりも、乗算（*）や除算（/）が先に計算されます。5と1を加算した値を5に乗じる場合は、次のようにかっこを使って、5+1の計算を先に行わせるようにします。

▼5と1を加算した値を5に乗じた値をnに代入

```
n = 5 * (5 + 1)
```

演算子には、次の表で示したように優先順位*があります。ですが、複数の演算子を使用する場合、演算子の順位を考慮して式を組み立てるのは何かと面倒なので、()で演算の順序を明示的に指定する方が簡単です。

▼算術演算子の種類

演算子	内容	例	優先順位*
^	べき乗（指数演算）	Dim x = 5 ^ 2　（xの値は25）	1
−	数値をマイナスの値にする	Dim x = −10　（xの値は−10）	2
*	乗算	Dim x = 5 * 2　（xの値は10）	3
/	除算	Dim x = 5 / 2　（xの値は2.5）	3
¥	整数除算	Dim x = 5 ¥ 2　（5を2で割った結果の2.5のうち、整数部分の2だけがxに代入されるので、xの値は2）	4
Mod	剰余（割り算の余り）	Dim x = 5 Mod 2　（5を2で割ったときの余り1がxに代入されるので、xの値は1）	5
+	加算	Dim x = 5 + 2　（xの値は7）	6
−	減算	Dim x = 5 − 2　（xの値は3）	6

連結演算子

連結演算子は、文字列同士を連結するための演算子です。連結演算子には「&」と「+」があり、どちらの演算子も機能的には同じです。

▼連結演算子の種類

演算子	内容	例
&	文字列の連結	name = "Micro" & "soft"　（nameの値は"Microsoft"）
+	文字列の連結	name = "Micro" + "soft"　（nameの値は"Microsoft"）

***優先順位**　優先順位は、演算を行うときの優先順位を示す。なお、同一の数式の中に、同じ順位にある複数の演算子が含まれている場合は、式の左にある演算子から順に演算が行われる。

ビット演算子

ビット演算子は、整数型のデータに対してビット単位で演算を行います。ビット演算を行うには、「&H00FF」のように16進数を使用します。16進数は、2進数の4桁を常に1桁で表すことができるので、データをビット単位で扱う場合に利用されます。

▼ビット演算子の種類

演算子	内容
Not	ビットを反転させる。
Or	論理和を求める。
And	論理積を求める。
Xor	排他的論理和を求める。

●Notによるビットの反転

ビットの反転では、ビットが1であれば0、0であれば1に反転します。Not演算の目的は、すべてのビットを強制的に反転（0なら1、1なら0）することです。

▼Notによるビット反転

```
' 16進数の80000001
Dim a As Integer = &H80000001
' aは16進数表記で7FFFFFFEになる
a = Not a
' 7FFFFFFEが10進数表記の2147483646と出力される
Console.WriteLine(a)
```

▼実行結果

上記の式では、次のように計算が行われています。

▼「a = Not a」による演算

```
1000 0000 0000 0000 0000 0000 0000 0001 (0x80000001)
0111 1111 1111 1111 1111 1111 1111 1110 (0x7FFFFFFE)
```

結果は、2進数表記で「0111 1111 1111 1111 1111 1111 1111 1110」、16進数表記で「7FFFFFFE」となります。

●Or演算

Or演算では、同じ位置のビットに1があれば、結果を1にします。Or演算の目的は、特定のビットだけを強制的にオンにして、その他のビットはそのままにすることです。このことを「ビットを立てる」または「ビットをセットする」と呼びます。

▼Or演算

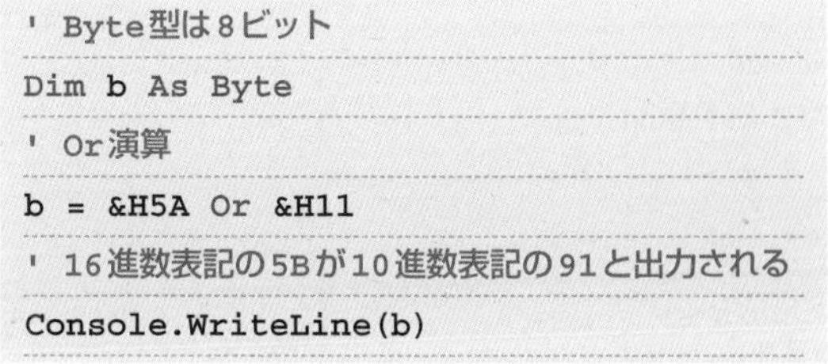

```
' Byte型は8ビット
Dim b As Byte
' Or演算
b = &H5A Or &H11
' 16進数表記の5Bが10進数表記の91と出力される
Console.WriteLine(b)
```

▼実行結果

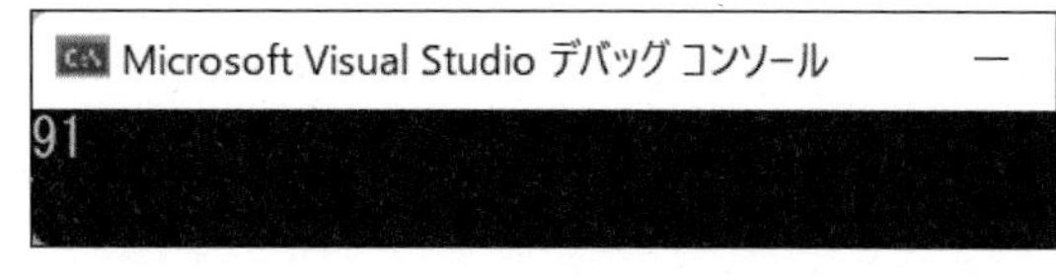

上記の式では、次のような計算が行われています。

▼「b = &H5A Or &H11」による演算

```
0101 1010  (5A)
0001 0001  (11)
0101 1011  (5B)
```

結果は「0101 1011」、16進数表記で「5B」となります。

●And演算

And演算では、同じ位置のビットがどちらも1であれば結果を1にします。And演算の目的は、特定のビットだけを強制的にオフにして、その他のビットはそのままにすることです。このことを「ビットをマスクする」(マスクは「覆い隠す」という意味)と呼びます。

▼And演算

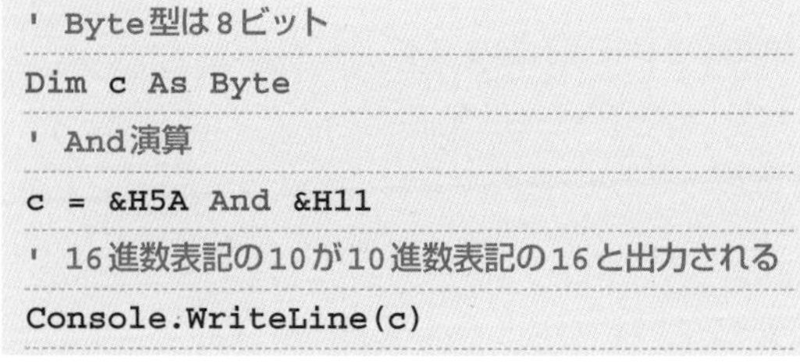

```
' Byte型は8ビット
Dim c As Byte
' And演算
c = &H5A And &H11
' 16進数表記の10が10進数表記の16と出力される
Console.WriteLine(c)
```

▼実行結果

```
選択Microsoft Visual Studio デバッグ コンソール
16
```

ここでは、次のような計算が行われています。

▼「c = &H5A And &Hx11」による演算

```
0101 1010  (5A)
0001 0001  (11)
0001 0000  (10)
```

結果は「0001 0000」、16進数表記で「10」となります。

●Xor演算

Xor演算では、同じ位置のビットが異なっていれば、結果を1にします。Xor演算の目的は、特定のビットだけを強制的に反転（0なら1、1なら0）し、その他のビットはそのままにすることです。

▼Xor演算

```
' Byte型は8ビット
Dim d As Byte
' Xor演算
d = &H5A Xor &H11
' 16進数表記の4Bが10進数表記の75と出力される
Console.WriteLine(d)
```

▼実行結果

```
Microsoft Visual Studio デバッグ コンソール
75
```

上記の式を検証すると、次のようになります。

▼「d = &H5A Xor &H11」による演算

```
0101 1010  (5A)
0001 0001  (11)
0100 1011  (4B)
```

結果は、2進数表記で「0100 1011」、16進数表記で「4B」となります。

Memo 2進数

コンピューターは、2進数によるデジタルデータを使って動作します。CPUやメモリーは、「オン」と「オフ」の2種類の状態を持つスイッチを並べて構成されているので、例えばInteger型の変数を宣言すれば、メモリー上に並ぶスイッチのうち32個を使って、整数値を表現できます。

●2進数の利用

1つのスイッチが1ビットに相当しますが、ビットの状態を表記する際に、「オン」「オフ」の代わりに2進数を用います。「0」が「オフ」、「1」が「オン」の状態を表します。

●2進数の仕組み

一般的に使用されている10進数では、値が10になったら次の桁へ桁上がりをします。29に1を加えると、一番右端の桁が0に変わり、上位の桁の2に1が加えられて3になり、結果として30になります。

これに対して、2進数では上位の桁が増える条件が2になります。01に1を加えると、一番右端の桁が2になるので右端の桁は0に変わり、上位の桁の0に1が加えられて1になり、結果として10になります。

●「0011 + 0101」の計算

2進数では、1と1を足すとすぐに桁上がりします。

```
  0011
+ 0101
------
     0
```

…… 上位から4桁目の1 + 1で2になる。4桁目は0に変わり、代わりに3桁目に1を加える（桁上がり)。

⬇

```
  0011
+ 0101
------
    00
```

…… 桁上がりしたぶんの1を3桁目に加えるので、3桁目は1 + 1で2になる。3桁目は0に変わり、2桁目に1を加える（桁上がり)。

⬇

```
  0011
+ 0101
------
   000
```

…… 桁上がりしたぶんの1を2桁目に加えるので、2桁目は1 + 1で2になる。2桁目は0に変わり、1桁目に1を加える（桁上がり)。

⬇

```
  0011
+ 0101
------
  1000
```

…… 桁上がりしたぶんの1を1桁目に加えるので、1桁目は1 + 0で1になる（桁上がりなし)。

●「1010 − 0101」の計算

引き算では、同じ桁同士で引かれる値が小さくて計算できない場合、上位の桁から値を借りてきますが、2進数の場合は借りてきた値は2になるのがポイントです。

```
  1010
- 0101
------
     1
```

…… 上位から4桁目の計算では、3桁目から値を借りてきて計算する。借りてきた値は2になるので、「2−1」となり、4桁目の結果は1になる。

⬇

```
  1010
- 0101
------
    01
```

…… 引かれる方の「1010」の3桁目は、4桁目に貸し出しをしたので0になっている。このため、「0−0」で3桁目の結果は0になる。

⬇

```
  1010
- 0101
------
   101
```

…… 上位から2桁目の計算では、1桁目から値を借りてきて計算する。借りてきた値は2になるので、「2−1」となり、2桁目の結果は1になる。

⬇

```
  1010
- 0101
------
  0101
```

…… 引かれる方の「1010」の1桁目は、2桁目に貸し出しをしたので0になっている。このため、「0−0」で1桁目の結果は0になる。

●2進数から10進数への変換

2進数を10進数に変換するには、2進数の各桁を2のべき乗として計算します。例えば、4桁の2進数の場合は、左端から2^3、2^2、2^1、2^0となります。

●「1101」を10進数に変換する

```
1101
```

⬇

$(2^3 \times 1) + (2^2 \times 1) + (2^1 \times 0) + (2^0 \times 1)$
$= 8 \times 1 + 4 \times 1 + 2 \times 0 + 1 \times 1$
$= 13$

●10進数から2進数への変換

10進数を2進数に変換するには、対象の値を2で割った値をさらに2で割り、これを割り切れなくなるまで繰り返します。最後の割り算の値を最上位の桁にし、最後の割り算の余りから逆順に、各割り算の余りを並べます。

●「13」を2進数に変換する

```
13
```

⬇

```
13÷2＝6 ………（余り）1 ―― a
6÷2＝3 ………（余り）0 ―― b
        ┌― d
3÷2＝1 ………（余り）1 ―― c
```

⬇

```
d c b a
1 1 0 1 ……2進数の「1101」になる。
```

Memo 16進数

次の表は、10進数と16進数の対応です。

▼10進数と16進数

10進数	1	2	3	4	5	6	7	8	9	10	11	12	13	14	15
16進数	1	2	3	4	5	6	7	8	9	A	B	C	D	E	F

16進数は、16になった時点で桁上がりするので、「F + 1」の計算結果は10になります。

F + 1 = 10 …… 加算して16になるとその桁は0に変わり、2桁目に1を加える。

●2進数の16進数表記

16進数は4桁の2進数を1桁で表せます。

●「0101 1010」を16進数で表記すると「5A」

```
0101 1010
  │   └―― 16進数では「A」
  └――― 16進数では「5」
```

●16進数から10進数への変換

16進数を10進数に変換するには、16進数の各桁を16のべき乗として計算します。例えば、4桁の16進数の場合は、左端から16^3、16^2、16^1、16^0となります。

●「5A」を10進数に変換する

```
5A
```

⬇

$(16^1 \times 5) + (16^0 \times 10)$
$= 16 \times 5 + 1 \times 10$
$= 90$

比較演算子

比較演算子は、2つの式を比較する場合に使用します。比較の結果は、True（真）またはFalse（偽）のどちらかの値で返されます。

▼比較演算子の種類

演算子	内容	例
=	等しい	X = 5　（Xが5であればTrue、5以外の場合はFalse）
<>	等しくない	X <> 5　（Xが5以外であればTrue、5の場合はFalse）
<	右辺より小さい	X < 5　（Xが5より小さい場合はTrue、5以上の場合はFalse）
<=	右辺以下	X <= 5　（Xが5以下の場合はTrue、5より大きい場合はFalse）
>	右辺より大きい	X > 5　（Xが5より大きい場合はTrue、5以下の場合はFalse）
>=	右辺以上	X >= 5　（Xが5以上の場合はTrue、5より小さい場合はFalse）

論理演算子

論理演算子は、複数の条件式を組み合わせて、複合的な条件の判定を行う場合に利用します。判定の結果は、True（真）またはFalse（偽）のどちらかの値で返されます。

▼論理演算子And

演算子	内容
And	2つの条件式の論理積を求める。2つの式が両方ともTrueの場合にのみTrueとなり、それ以外はFalse。

▼Andの使用例

```
Dim A As Integer = 3
Dim B As Integer = 2
Dim C As Integer = 1
Console.WriteLine(A > B And B > C)  ' True
Console.WriteLine(B > A And B > C)  ' False
```

▼実行結果

▼論理演算子Or

演算子	内容
Or	2つの条件式の論理和を求める。2つの式のどちらかがTrueであればTrue（2つの式が両方ともTrueである場合もTrue）となり、2つの式の両方がFalseの場合にのみFalseとなる。

▼Orの使用例（A=3、B=2、C=1のとき）

```
Console.WriteLine(A > B Or B > C) ' True
Console.WriteLine(B > A Or B > C) ' True
Console.WriteLine(B > A Or C > B) ' False
```

▼実行結果

▼論理演算子Not

演算子	内容
Not	2つの条件式の論理否定を求める。条件式の真偽を反対に変換する。条件式がTrueであればFalse、条件式がFalseであればTrueの結果を返す。

▼Notの使用例（A=3、B=2のとき）

```
Console.WriteLine(Not (A > B)) ' False
Console.WriteLine(Not (B > A)) ' True
```

▼実行結果

▼論理演算子Xor

演算子	内容
Xor	2つの条件式の排他的論理和を求める。2つの式のどちらかがTrueの場合にのみTrueの結果を返し、2つの式の両方がTrue、または両方がFalseの場合は、Falseの結果を返す。

▼Xorの使用例（A=3、B=2、C=1のとき）

```
Console.WriteLine(A > B Xor C > B) ' True
Console.WriteLine(B > A Xor B > C) ' True
Console.WriteLine(A > B Xor B > C) ' False
Console.WriteLine(B > A Xor C > B) ' False
```

▼実行結果

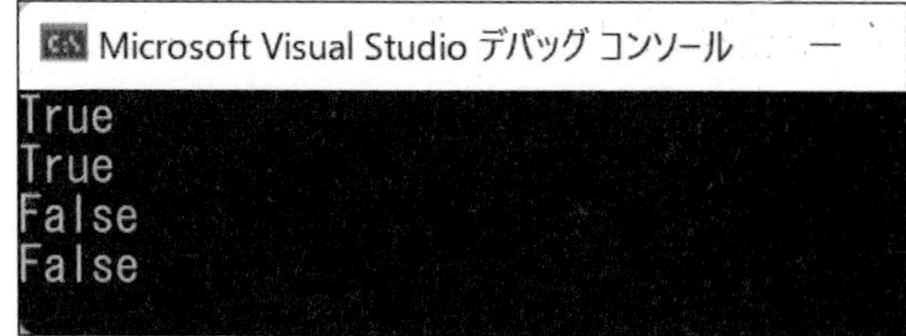

▼論理演算子AndAlso

演算子	内容
AndAlso	2つの条件式の論理積を簡略的に求める。内容はAndと同じだが、1つ目の条件式がFalseであれば、2つ目の条件式を評価せずにFalseの値を返す。

AndAlsoは、And演算子と同じ働きをしますが、1つ目の条件式の値がFalseであれば、結果がFalseになることがわかっているので、2つ目の条件式を参照せずに結果のFalseを返します。条件式が複雑である場合は、条件式をスキップすることでパフォーマンスの向上が期待できるというメリットがあります。

▼AndAlso演算子における処理

条件式1の値	条件式2の値	結果の値
True	True	True
True	False	False
False	（評価しない）	False

▼論理演算子OrElse

演算子	内容
OrElse	2つの条件式の論理和を簡略的に求める。内容はOrと同じだが、1つ目の条件式がTrueであれば、2つ目の条件式を評価せずにTrueの値を返す。

OrElseは、Or演算子と同じ働きをしますが、1つ目の条件式の値がTrueであれば、結果がTrueになることがわかっているので、2つ目の条件式を参照せずに結果のTrueを返します。AndAlsoと同様に、条件式が複雑である場合は、条件式をスキップすることでパフォーマンスの向上が期待できるというメリットがあります。

▼OrElse演算子における処理

条件式1の値	条件式2の値	結果の値
True	(評価しない)	True
False	True	True
False	False	False

●演算子が実行される順序

1つの式の中に、複数の種類の演算子が含まれる場合は、算術演算子➡比較演算子➡論理演算子の順で、演算が実行されます。

演算子の結合規則

1つの式において、同じ優先順位の演算子が同時に使用される場合は、左から右へという順で各演算子が評価されます。

▼演算子の総合順序を確認する(プロジェクト「Operator3」)

```
Module Program
    Sub Main(args As String())
        Dim n1 As Integer = 64 / 8 / 4
        Dim n2 As Integer = (64 / 8) / 4
        Dim n3 As Integer = 64 / (8 / 4)
        Console.WriteLine(n1)
        Console.WriteLine(n2)
        Console.WriteLine(n3)
    End Sub
End Module
```

最初の式は、64 / 8 (結果は8) の除算を行い、次に8 / 4の除算を行うので、結果は2となります。2番目の式においても、64 / 8の除算を行い、次に8 / 4の除算を行うので、最初の式と同じく、結果は2となります。3番目の式では、かっこによって8 / 4の除算が最初に実行されるので、結果は32となります。

▼実行結果

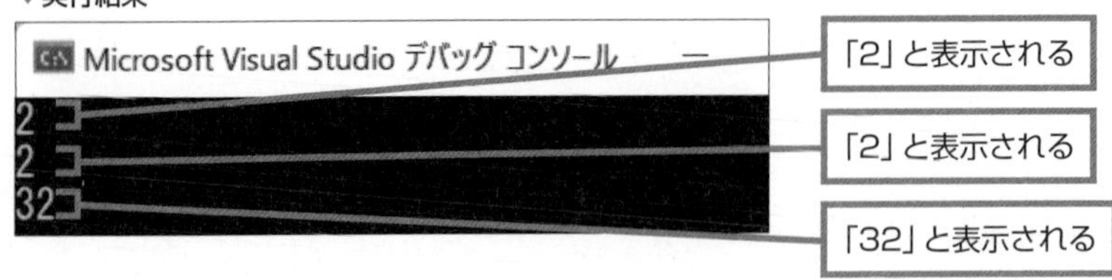

Like演算子による文字列の比較

Like演算子は、文字列を他の文字列のパターンと比較する機能を持ちます。

▼Like演算子の使用例

```
result = string Like pattern
```


● result

任意の論理型（Boolean）の変数を指定します。結果は、文字列stringが文字列patternに一致するかどうかを示すBoolean値です。

● string

任意の文字列を指定します。

● pattern

比較する文字列を指定します。

プログラムの作成

Consoleクラスの ReadLine() メソッドを使うと、コンソール上でキー入力された文字列を取得することができます。

▼Console.ReadLine() メソッドで、入力された文字列を取得する

```
Dim str As String = Console.ReadLine()
```

コンソールで入力された文字列が格納される

これを利用して、入力された文字列があらかじめ登録しておいた文字列と一致するかどうかを表示するプログラムを作成します。If...Else...End Ifという構文を使っていますが、Ifのあとの「check Like "Match"」が成立すればThen以下のコードが実行され、そうでなければElse以下のコードが実行されます（If文についてはのちほど詳しく紹介します）。

▼Likeで文字列の一致を検証する（プロジェクト「Like」）

```
Module Program
    Sub Main(args As String())
        Dim check As String = Console.ReadLine()

        If check Like "Match" Then
            ' Trueの場合
            Console.WriteLine("一致")

        Else
            ' それ以外（False）の場合
```

```
            Console.WriteLine("不一致")
        End If
    End Sub
End Module
```

●プログラムの実行

コンソールに入力された文字列を変数checkに格納し、Likeで "Match" と比較して、文字列が一致すれば「一致」、一致しなければ「不一致」と出力します。

▼プログラムの実行

▼プログラムの実行

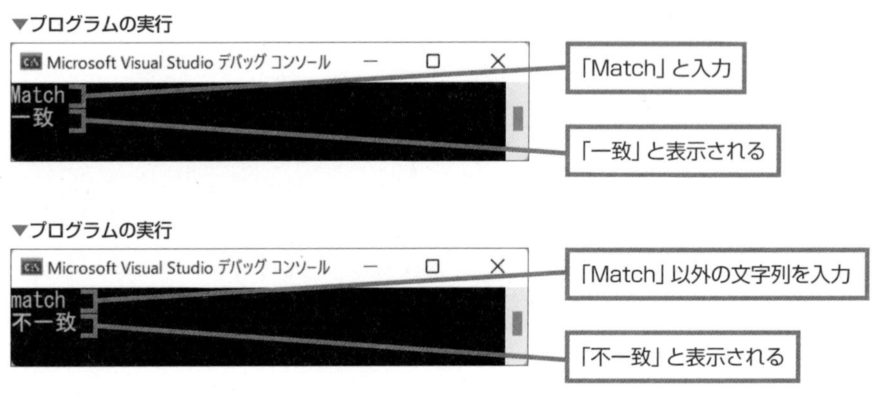

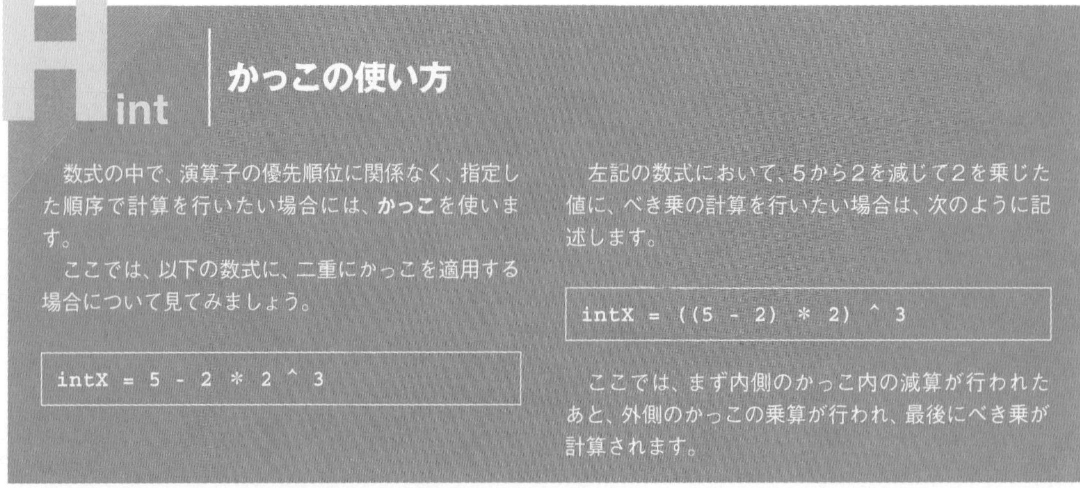

Hint　かっこの使い方

数式の中で、演算子の優先順位に関係なく、指定した順序で計算を行いたい場合には、**かっこ**を使います。

ここでは、以下の数式に、二重にかっこを適用する場合について見てみましょう。

```
intX = 5 - 2 * 2 ^ 3
```

左記の数式において、5から2を減じて2を乗じた値に、べき乗の計算を行いたい場合は、次のように記述します。

```
intX = ((5 - 2) * 2) ^ 3
```

ここでは、まず内側のかっこ内の減算が行われたあと、外側のかっこの乗算が行われ、最後にべき乗が計算されます。

And演算子

And演算子は論理演算子およびビット演算子として使用でき、2つのBoolean値の論理積、または、2つの整数値のビットごとの論理積を求めます。Andで演算を行う場合は次の構文を使います。

▼And演算子

```
Boolean型または整数型の変数 = 式1 And 式2
```


●Boolean値の演算

最初に、Boolean値同士の演算について見ていきます。

▼And演算子を利用したBoolean値の演算を行う際に指定する項目

```
result = data1 And data2
```

● result

Boolean値を比較する場合、resultの値は2つの Boolean値の論理積になります。また、ビットごとの演算の場合、resultの値は演算の対象となる2つの整数値のビットパターンのビットごとの論理積になります。data1とdata2がTrueかFalseを返す式のときは、それを比較した結果がTrue／Falseで返され、両方とも数値の場合は、ビットごとの演算結果が数値で返されることになります。

● data1

論理型（Boolean）の値を返す式、または整数値を返す数式を指定します。

● data2

論理型（Boolean）の値を返す式、または整数値を返す数式を指定します。

●Boolean値同士を比較した際に返される値

Boolean値同士の比較の場合、結果としてTrueが返されるのは、比較するBoolean値の両方がTrueを返す場合に限られます。

▼Boolean値同士をAnd演算した場合に返される値

1つ目の式	2つ目の式	結果
True	True	True
True	False	False
False	True	False
False	False	False

●整数値同士の演算

整数値に対してAnd演算を行うと、2つの整数値の内部で同じ位置にあるビットごとに比較を行います。

次の表は、整数値に対してAnd演算を行った場合に返される値です。それぞれのビットごとに比較が行われ、演算結果に対応するビットがセットされます。

▼整数値同士をAnd演算した場合に返される値

1つ目のビット	2つ目のビット	結果として返される値
1	1	1
1	0	0
0	1	0
0	0	0

True／Falseを返す2つの式を比較した結果を取得する

コンソールで入力された数値をa、b、cの各変数に代入し、True／Falseを返す2つの式を比較した結果がどうなるか（True／Falseのどちらになるか）、プログラムを作って試してみることにしましょう。

▼2つの式を比較して、結果をTrue／Falseで表示する（プロジェクト「AndCalc」）

```
Imports System

Module Program
    Sub Main(args As String())

        Dim a As Integer = Console.ReadLine()
        Dim b As Integer = Console.ReadLine()
        Dim c As Integer = Console.ReadLine()
        Dim check1, check2 As Boolean

        ' aはbより大きく、かつbはcより大きい（条件1）
        check1 = a > b And b > c
        ' bはaより大きく、かつbはcより大きい（条件2）
        check2 = b > a And b > c

        Console.WriteLine(check1)
        Console.WriteLine(check2)

    End Sub
End Module
```

▼プログラムの実行結果

プログラムを実行して、順に「10」「8」「6」と入力すると、「True」➡「False」と順番に表示されます。

AndAlso演算子

AndAlso演算子は、2つのBoolean値の論理積を簡略的に求めます。簡略的にというところがポイントで、And演算が2つの値を評価するのに対し、AndAlso演算子では1つ目の値がFalseである場合、2つ目の値の評価は行われません。

▼AndAlso演算子

```
結果を代入する変数 = 式1 AndAlso 式2
```

●Boolean値同士を比較した際に返される値

Boolean値同士の比較の場合、演算結果としてTrueが返されるのは、比較するBoolean値の両方がTrueを持つ場合に限られます。なお、ANDと異なるのは、1番目の値がFalseのときです。この場合、2番目の値（式2）の評価は行われません。

Attention
AndAlso演算子は、Boolean型だけに対して定義することができます。

▼Boolean値同士をAndAlso演算した場合に返される値

1つ目のBoolean値	2つ目のBoolean値	結果として返される値
True	True	True
True	False	False
False	（評価しない）	False

Memo 補数による負の数の表現

10進数で負の値を表現するには、「−128」のようにーの符号を付けます。しかし、コンピューター内部では、+やーの符号を直接使うことはありません。コンピューター内部では、2の**補数**を利用することで負の数を表現するようになっています。2進数の最上位桁（**MSB**：most significant bit）が0であれば正の数、1であれば負の数となります。

●補数による負の数の表現方法

2の補数の求め方は、次のとおりです。

①補数で表現する数を正の2進数で表現する。
②2進数の各桁の1と0を反転する。
③1を加算する。

●「−100」を2の補数で表現

```
0000 0000 0000 0000 0000 0000 0110 0100
```

└ 「100」を2進数で表記

```
1111 1111 1111 1111 1111 1111 1001 1011
```

└ ビット反転

```
1111 1111 1111 1111 1111 1111 1001 1100
```

└ 1を加算

●補数で表現できる値の範囲

Integer型は4バイト（32ビット）なので、表現できる負の値は−2,147,483,648まで、正の値は2,147,483,647までとなります。

●負の数の「2,147,483,648」

```
1000 0000 0000 0000 0000 0000 0000 0000
```

└ 2進数で表記、MSB（最上位桁）は1

●正の数の「2,147,483,647」

```
0111 1111 1111 1111 1111 1111 1111 1111
```

└ 2進数で表記、MSB（最上位桁）は0

●補数の計算（Integer型の場合）

Integer型において「−100 + 100」の計算を行った場合は、次のような結果になります。

「−100」の補数表現　「100」

```
  1111 1111 1111 1111 1111 1111 1001 1100
+ 0000 0000 0000 0000 0000 0000 0110 0100
1 0000 0000 0000 0000 0000 0000 0000 0000
```

⬇

最上位桁の1は桁あふれを起こすため破棄される

⬇

答えは「0」

このように、補数は桁あふれを利用して負の数を表現するという仕組みを持っています。

3.2.6　変数と定数を使ったプログラムの作成

ここでは、変数や定数が、実際のプログラムの中でどのように使われるのかを見ていくことにしましょう。いきなりですが、ここではデスクトップアプリを作って試してみることにします。詳しい作り方はあとの章で紹介しますが、とりあえずボタンとラベル、テキストボックスだけの画面ですので挑戦してみてください。

操作画面を作る

最初にデスクトップアプリのためのプロジェクトを作成しましょう。「新しいプロジェクトの作成」ダイアログでVisual BasicのWindowsフォームアプリを選択すれば、デスクトップアプリ用のプロジェクトが作成され、何も配置されていない操作画面（フォーム）が表示されます。

1. フォームの右下のサイズ変更ハンドル□をドラッグして、横長の長方形になるようにサイズを調整しましょう。
2. **ツールボックス**タブをクリックして、ツールボックスを表示します。
3. Common Windows Formsを展開するとLabelという項目がありますので、これをクリックします。
4. フォームの外の部分をクリックします。これで**ツールボックス**が再び折りたたまれます。

▼デスクトップアプリ用の画面（プロジェクト「Calc」）

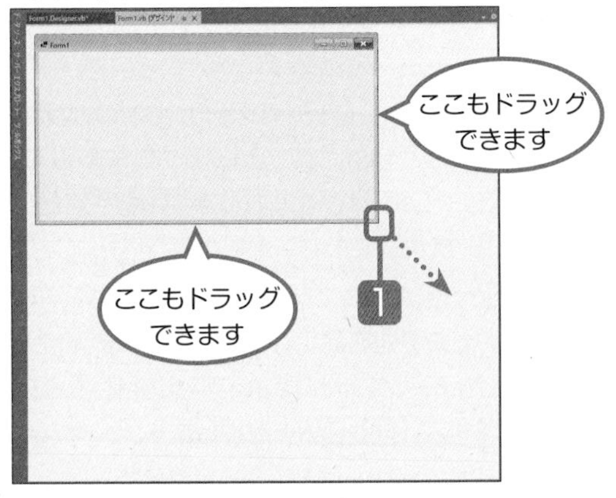

▼ラベルの配置

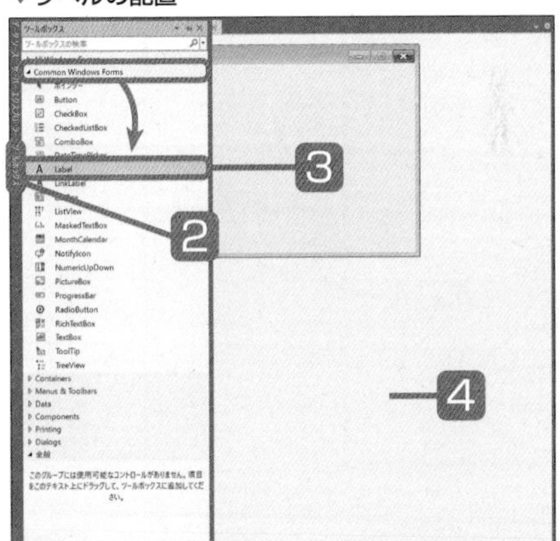

5. フォームの左上の部分をクリックし、1つ目のLabelを配置します。これでLabelがフォーム上に配置されます。
6. 同じように操作して、左に2つ、中央に3つ、右に3つの全部で8個のラベルを、上から順に配置していきましょう。なお、配置したラベルをドラッグすれば位置を変更できるので、図のような配置になるように調整してください。
7. **ツールボックス**のTextBoxをクリックして、テキストボックスを2つ配置します。
8. **ツールボックス**のButtonをクリックして、ボタンを1つ配置します。

▼ラベルを8個配置する

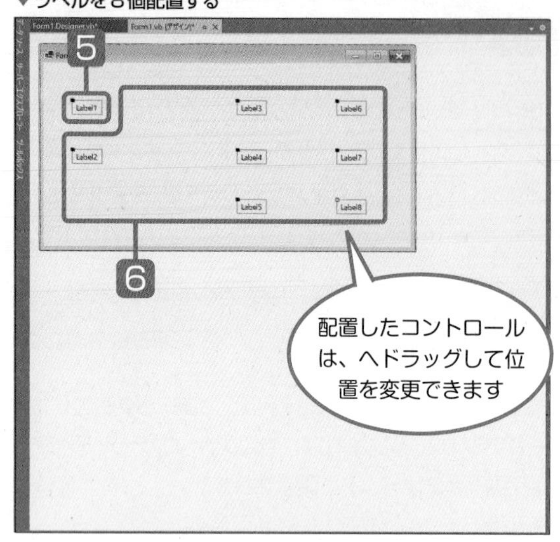

▼テキストボックスとボタンの配置

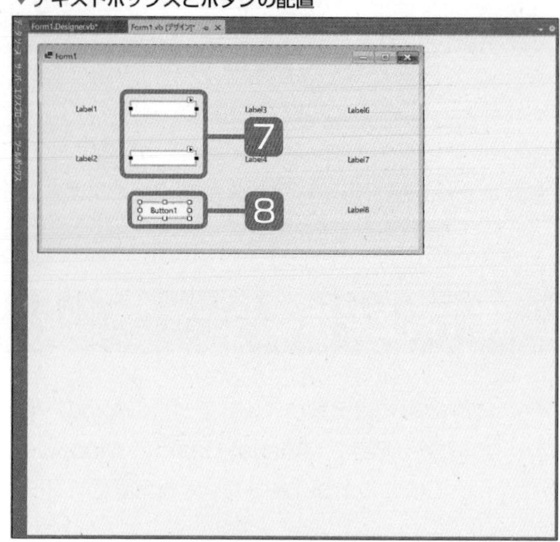

以上で、部品(コントロール)の配置は完了です。次に、各コントロールの設定値(プロパティ)を設定していきましょう。

コントロールの設定値を設定する

▼ラベルの識別名を設定

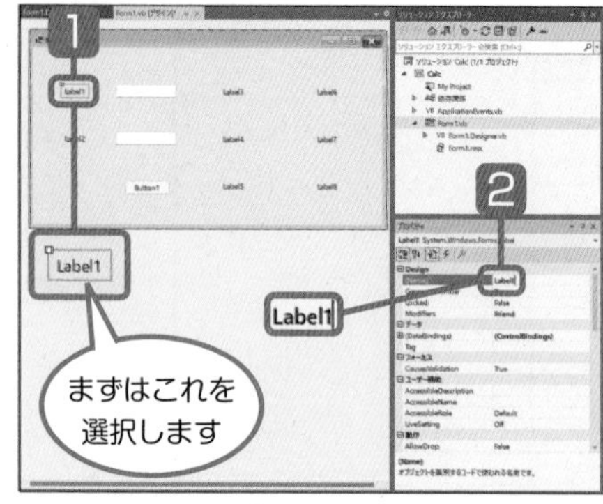

▼ラベルのプロパティの設定

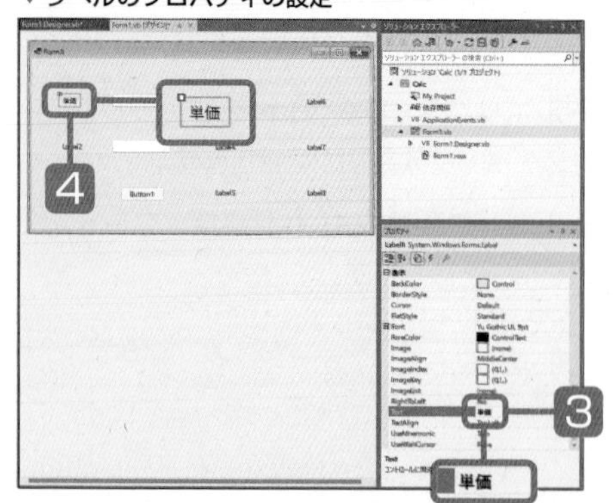

1. 左上のラベルをクリックして選択します。
2. **プロパティ**ウィンドウが、選択中のラベルのプロパティを設定する画面になりますので、上にスクロールして、**(Name)**の項目に「Label1」と入力します(既定値としてすでに入っています)。これは、選択中のラベルをプログラム内で識別するための名前になります。
3. ラベルに表示する文字列を設定します。**プロパティ**ウィンドウを下にスクロールすると**Text**という項目があるので、「単価」と入力して Enter キーを押します。
4. ラベルに「単価」と入力した文字が表示されます。
5. 同じように、各コントロールのプロパティを次ページの表のように設定しましょう。

▼各コントロールのプロパティ設定

●Labelコントロール(1列目の上から1番目)

プロパティ名	設定値
(Name)	Label1
Text	単価

●Labelコントロール(1列目の上から2番目)

プロパティ名	設定値
(Name)	Label2
Text	数量

●Labelコントロール(3列目の上から1番目)

プロパティ名	設定値
(Name)	Label3
Text	小計

●Labelコントロール(3列目の上から2番目)

プロパティ名	設定値
(Name)	Label4
Text	消費税

●Labelコントロール(3列目の上から3番目)

プロパティ名	設定値
(Name)	Label5
Text	合計

●Labelコントロール(4列目の上から1番目)

プロパティ名	設定値
(Name)	Label6
Text	(空欄)
TextAlign	TopRight
AutoSize	False

●Labelコントロール(4列目の上から2番目)

プロパティ名	設定値
(Name)	Label7
Text	(空欄)
TextAlign	TopRight
AutoSize	False

●Labelコントロール(4列目の上から3番目)

プロパティ名	設定値
(Name)	Label8
Text	(空欄)
TextAlign	TopRight
AutoSize	False

●TextBoxコントロール(上から1番目)

プロパティ名	設定値
(Name)	TextBox1
Text	(空欄)

●TextBoxコントロール(上から2番目)

プロパティ名	設定値
(Name)	TextBox2
Text	(空欄)

●Buttonコントロール

プロパティ名	設定値
(Name)	Button1
Text	計算実行

ソースコードを入力しよう

フォーム上に配置したボタンは、クリックすると何かの処理を行うためのものです。このボタンをダブルクリックしてみてください。すると、コードエディターが開いて次のように表示されるはずです。

▼ボタンをダブルクリックしたあとのコードエディター

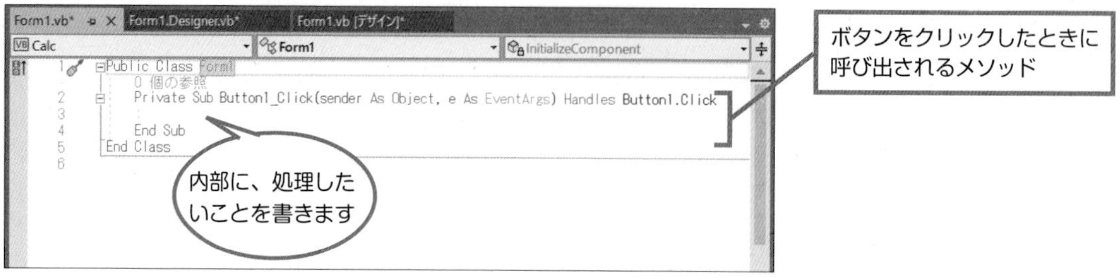

「Public Class Form1」は、Form1というクラスであることを示しています。ここに、先ほど配置したボタンがクリックされたときの処理を書いていきます。「Private Sub Button1_Click...」と「End Sub」のコードブロックは、ボタンがクリックされたときに自動で呼び出されるメソッド（イベントハンドラー）です。Visual Studioでは、フォーム上に配置したコントロールをダブルクリックすると、そのコントロールがクリックされたときに呼び出される空のメソッドを自動で作成するようになっています。なので、メソッドの中に何かの処理を書いておけば、プログラムの実行中にボタンをクリックすると、書いておいた処理が実行されることになります。

では、「金額と数量を入力すると、消費税額を上乗せした合計金額を計算する」ためのコードを記述することにしましょう。ここでは、次の変数と定数を宣言し、これらの変数と定数を使って演算を行います。

▼変数

変数名	内容	データ型
price	テキストボックスの「単価」欄に入力された値を格納するための変数。	Integer（整数型）
quantity	テキストボックスの「数量」欄に入力された値を格納するための変数。	Integer（整数型）
subtotal	priceの値とquantityの値を掛け合わせた値を格納するための変数。	Integer（整数型）
tax	税額を格納するための変数。subtotalの値と定数RATEを掛け合わせた値が格納される。Integer型なので、小数は切り捨てられてから格納される。	Integer（整数型）
total	合計金額を格納するための変数。subtotalにtaxを足した値が格納される。	Integer（整数型）

▼定数

定数名	内容	データ型
RATE	税率の0.1を格納しておくための定数。	Double（倍精度浮動小数点数型）

▼計算を実行するステートメント

```
Public Class Form1
    Private Sub Button1_Click(sender As Object, e As EventArgs) Handles Button1.Click
        ' 変数の宣言
        Dim price, quantity, subtotal, tax, total As Integer
        ' 消費税率を定数に格納
        Const RATE As Double = 0.1

        price = Val(TextBox1.Text)      ' テキストボックスに入力された単価を取得
        quantity = Val(TextBox2.Text)   ' テキストボックスに入力された数量を取得
        subtotal = price * quantity     ' 単価×数量を求める
        tax = subtotal * RATE           ' 消費税額を求める
        total = subtotal + tax          ' 税込み金額を求める

        Label6.Text = subtotal          ' 税抜き額を表示
        Label7.Text = tax               ' 税額を表示
        Label8.Text = total             ' 税込み金額を表示
    End Sub
End Class
```

コードの入力が済んだら、プログラムを実行してみましょう。なお、ソースコードの詳細は**コラム**を参照してください。

▼実行中のプログラム

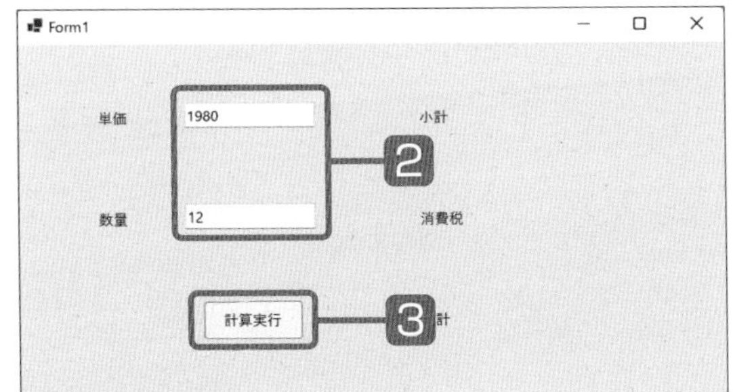

▼計算結果の表示

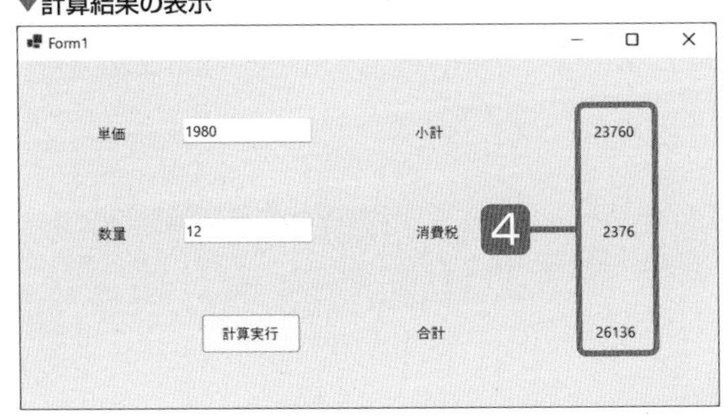

1 **開始**ボタン▶をクリックして、プログラムを実行します。

2 単価と数量を入力します。

3 **計算実行**ボタンをクリックします。

4 計算結果が表示されます。

変数および定数の宣言と演算

本文では、「計算開始」というボタンをクリックしたときに実行されるイベントハンドラーに、小計、消費税額、小計に消費税額を加算した合計金額をそれぞれ表示するためのコードを記述しています。

ここで記述したコードは、変数と定数の宣言部分、計算を実行する部分、計算結果を表示する部分の3つに分けられます。

Ⓐ変数と定数の宣言部

price、quantity、subtotal、tax、totalという5つの変数と、RATEという定数を宣言しています。

Ⓑ計算を実行する部分

計算を実行する部分は、2つのテキストボックスに入力された値をそれぞれ変数に代入する部分と、計算を行う部分で構成されます。

●TextBoxコントロールに入力された値を変数に代入する部分

テキストボックスに入力された値は、

```
テキストボックス名.Text
```

と記述することで取得することができます。

ただし、テキストボックスに入力された値は、すべて文字列として扱われます。操作例で単価に入力した「1980」という値も、数量に入力した「12」という値も、見かけ上は数値ですが、あくまで文字列として扱われます。

Visual Basicのコンパイラーは、変数に数値として扱える文字列が格納されていると、演算を行う際に自動的に数値に置き換えますが、操作例では明示的に文字列から数値に変換するコードを記述しています。どこで変換が行われているのかをわかりやすくするためです。

文字列から数値への変換は、Val()関数を使います。

▼文字列から数値へ変換する

構文
```
Val(文字列)
```

それぞれのテキストボックスに入力された値を、Textプロパティを指定して取得し、これをVal()関数を使って数値に変換したあと、各変数に代入しています。

① TextBoxコントロールのTextBox1に入力された値を数値に変換して変数priceに代入する
② TextBoxコントロールのTextBox2に入力された値を数値に変換して変数quantityに代入する

```
①price = Val(TextBox1.Text)
②quantity = Val(TextBox2.Text)
```

●計算を行う部分

合計金額の計算は、次の順序で行います。

③単価に数量を掛ける
④③で求めた値に消費税率を掛ける
⑤③で求めた値に④で求めた税額を足す

```
③subtotal = price * quantity
④tax = subtotal * RATE
⑤total = subtotal + tax
```

Ⓒ計算結果を表示する部分

最後に、subtotalに格納されている小計の金額、taxに格納されている税額、totalに格納されている合計金額をラベルに表示します。プロパティを設定するための構文である「オブジェクト名.プロパティ名=値」を使って、以下のように記述しています。

⑥Label6にsubtotalの値をセットする
⑦Label7にtaxの値をセットする
⑧Label8にtotalの値をセットする

```
⑥Label6.Text = subtotal
⑦Label7.Text = tax
⑧Label8.Text = total
```

Section 3.3

Visual Basicのデータ型

Level ★★★

Keyword　CTS　参照型　値型　スタックとヒープ

Visual Basicのデータ型について見ていきます。

Visual Basicのデータ型

Visual Basicで使用するデータ型は、大きく分けて値型と参照型に分類されます。

①基本データ型（あらかじめ定義されているデータ型）

• 値型

データ型	内容
Byte	0〜255
Short	−32,768〜32,767
Integer	−2,147,483,648〜2,147,483,647
Long	−9,223,372,036,854,775,808〜9,223,372,036,854,775,807
SByte	−128〜127（符号付き）
UShort	0〜65,535（符号なし）
UInteger	0〜4,294,967,295（符号なし）
ULong	0〜18,446,744,073,709,551,615（符号なし）
Single	−3.4028235E+38〜3.4028235E+38
Double	−1.79769313486231570E+308〜1.79769313486231570E+308
Char	0〜65535（符号なし）
Date	0001年1月1日0:00:00AM〜9999年12月31日11:59:59PMの日時
Decimal	小数点以下桁数が0の場合、有効な最大値は±79,228,162,514,264,337,593,543,950,335（±7.9228162514264337593543950335E+28）。小数点以下を28桁にすると、最大値は±7.9228162514264337593543950335、0以外の最小値は±0.0000000000000000000000000001（±1E−28）

Boolean	TrueまたはFalseのいずれかの状態値が含まれ、既定値はFalse

- **参照型**

データ型	内容
String	0個～約21億個のUnicode文字
Object	任意の型を格納できる

②ユーザー定義型（ユーザーが独自に定義するデータ型）

データ型	内容
構造体	値型
配列型	参照型
クラス型	参照型

値型は、変数が値を直接保持する型で、参照型は「値が存在するメモリーアドレス」を保持する型です。値型の変数には直接、値が格納されますが、参照型の変数の値はメモリーの「別のところにある」ことになります。

数値や文字（Char）などのデータは値型ですが、文字列（String）や配列、クラスなどのデータ構造は「データ自体のサイズが大きくなりがちである」ことと、「他の要素から参照されることが多い」といった理由で、参照型として扱われるようになっています。

Hint 構造体とクラスをどのように使い分けるか

構造体とクラスを使い分けるポイントは2つです。

①メモリーをどのように使うのか

クラスのインスタンスはヒープ上に配置されるのに対し、構造体のインスタンスは、高速で読み書きできるスタック上に配置されます（ヒープとスタックについては後述）。ただし、スタックの容量には限りがある（ヒープよりも少ない）ので、大量のデータの配置には向いていません。このため、基本的な考え方として、比較的「軽量なデータ」を扱うのであれば構造体として定義し、それ以外はクラスとして定義します。.NET（.NET Framework）においても、Integer型やDouble型といったデータサイズが固定のものは構造体として定義され、String型のようにデータサイズが固定ではない（文字列の長さによってデータサイズが変わる）データを扱う場合はクラスとして定義されています。

②オブジェクト指向の機能を使うかどうか

構造体は、クラスとほぼ同等の機能を持ちますが、継承をはじめとするオブジェクト指向の機能はサポートされていません。このため、オブジェクト指向の機能を使うためには、クラスを利用することになります。

3.3.1 Visual Basicにおけるデータの型（値型と参照型）

参照型（Reference Type）と値型（Value Type）の違いについて見ていきましょう。

値型と参照型の違い

値型と参照型について、それぞれの変数宣言を見てみましょう。

●値型の変数には値がそのまま格納される

Integer型は、4バイト（=32ビット）のメモリー領域を確保します。例えば、16進数の「0x12345678」*を格納する場合は、4バイトの領域に下位の桁から順番に格納されていきます。

▼変数xに値を格納

```
Dim x As Integer = &H12345678
```

バイトは、コンピューターで使われる基本的な情報単位です。スタック上に確保された領域は、1バイトのブロックが4つ続く形態になります。この領域の上位のアドレスの方から順番に、「12(0x)」「34(0x)」「56(0x)」「78(0x)」の値が格納されていくというわけです。

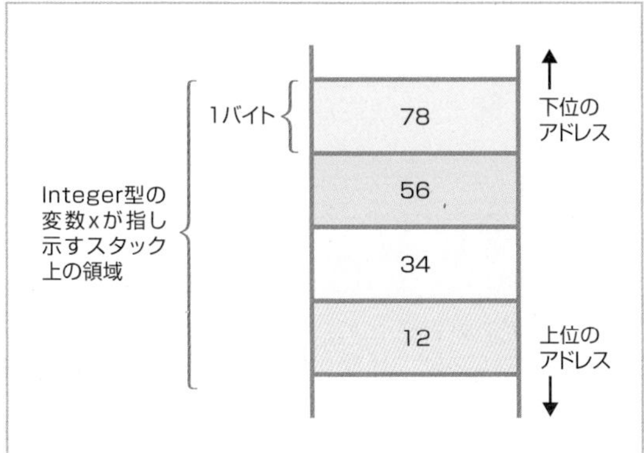

Onepoint

コンピューターで扱う値はすべて2進数ですが、2進数の表記は読みづらいので、データのチェックなどに16進数がよく利用されます。16進数は、4桁の2進数を1桁で表すことができるので、1バイト（8ビット）を2桁で表現することができます。

次のコードが実行されると（次ページの❶）、メモリー上のスタック領域に4バイトぶんの領域が確保されて、1という値が格納されます（❷）。

▼値型の変数宣言

```
Dim x As Integer = 1
```

＊**0x** 「0x」は、数値が16進数表記であることを示している。

●値型の変数はそれぞれ独自の値を持つ

先のコードに続けて、以下のコードを入力することにします。

▼コードの続き

```
Dim y As Integer = x
y  = 10
```

1行目では、yというInteger型の変数を宣言してxの値を代入しています。このコードが実行されると(❸)、スタック領域に変数yが使用する4バイトぶんの領域が確保され、変数xが持つ1の値がコピーされます(❹)。

2行目ではyの値を10に変えています。これが実行されると(❺)、変数yの1という値が10という値に上書きされます(❻)。この結果、変数x、yの値は次のようになります。

x ➡ 1
y ➡ 10

▼値型の変数のコピー

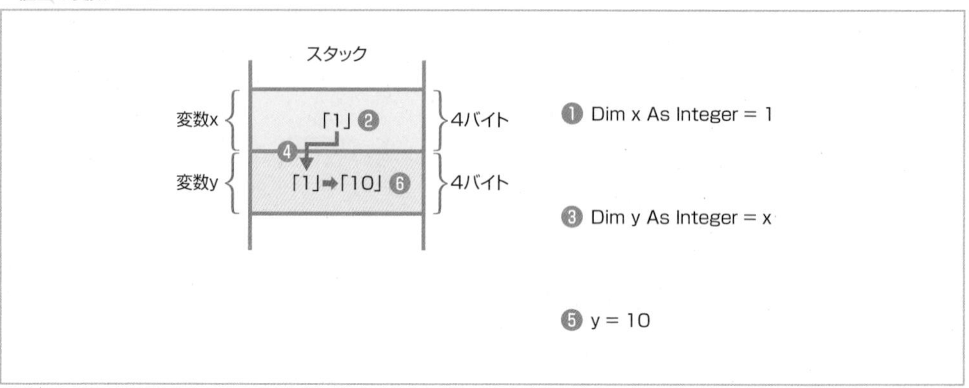

●参照型の変数にはヒープメモリーの参照情報が格納される

次のコンソールアプリケーションでは、Integer型のフィールド(クラスの変数はフィールドと呼ぶ)を内部に持つRefSampleクラスを定義しています。Main()プロシージャでは、RefSampleをインスタンス化(クラスを使える状態にすること)して、フィールドvalueに値を代入しています。

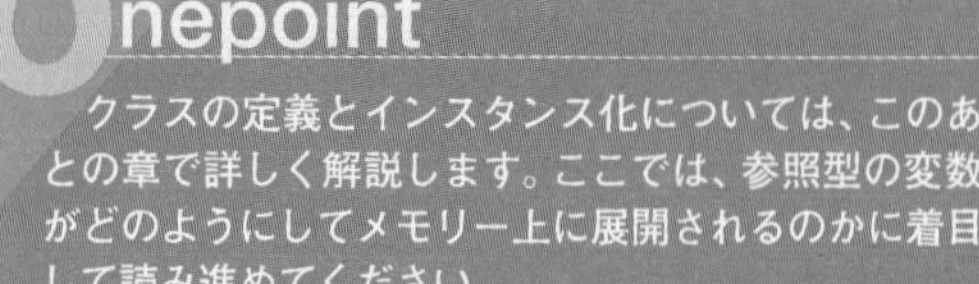

Onepoint

クラスの定義とインスタンス化については、このあとの章で詳しく解説します。ここでは、参照型の変数がどのようにしてメモリー上に展開されるのかに着目して読み進めてください。

▼参照型の変数を利用するプログラム

```
Imports System

Module Program
    Sub Main(args As String())
        ' RefSampleクラスをインスタンス化して
        ' インスタンスの参照をxに代入
        Dim x As New RefSample()
        ' RefSampleクラスのフィールドvalueに1を代入
        x.value = 1
        ' フィールドvalueの値を出力
        Console.WriteLine(x.value)
    End Sub
End Module

' RefSampleクラスの定義
Class RefSample
    ' Integer型のフィールド
    Public value As Integer
End Class
```

▼実行結果

プログラムを実行すると、RefSampleクラスをインスタンス化する「Dim x As New RefSample()」が実行され（図の❶）、メモリーにクラスの定義コードが読み込まれ（❷）、RefSampleクラスのインスタンスがヒープ領域に生成されます（❸）。インスタンスの中身は、クラスで定義されている変数（フィールド）なので、4バイトの領域が確保されます。これと同時にスタック領域に変数x用の領域が確保され、インスタンスを参照するためのメモリーアドレスが格納されます（❹）。Main()の2行目（コメント行を除く）の「x.value = 1」が実行された時点で（❺）、「1」の値がインスタンスに記憶されます（❻）。

このように、参照型の変数（操作例ではx）には、値そのものが格納されるのではなく、インスタンスを参照するためのメモリーアドレスが格納されます。インスタンス化を行うと、スタックに変数の領域、ヒープにインスタンスの領域が別々に確保されるのです。

▼インスタンスの生成

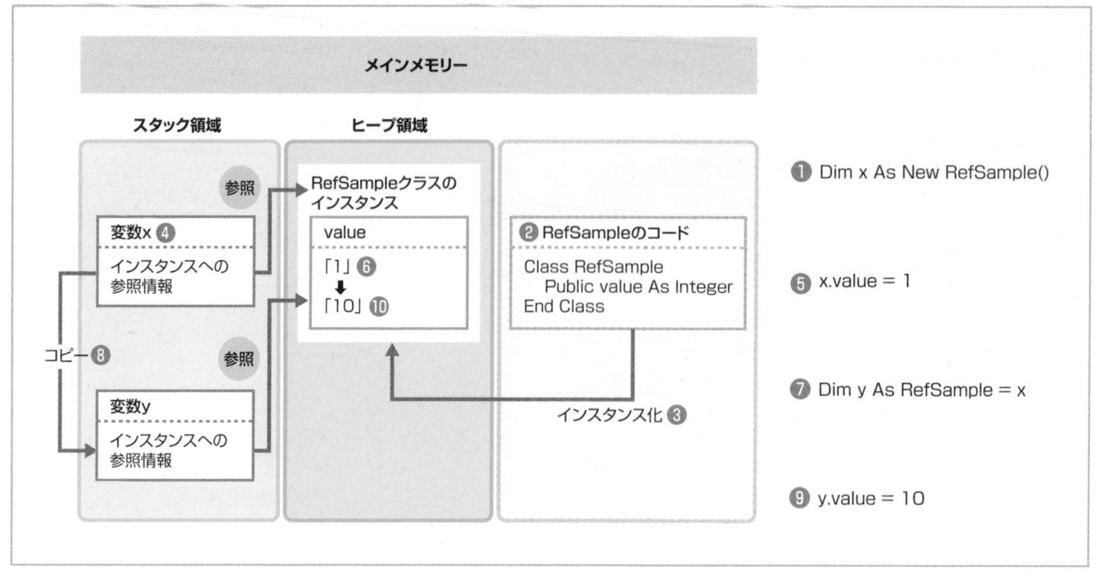

●参照型の変数の値を同じ型の変数に代入すると、インスタンスを共有するようになる

参照型の変数が持つ値を他の変数にコピーするとどうなるかを見てみましょう。ここでは、Main()プロシージャに入力済みのコードに続けて以下を入力します。

▼コードの続き

```
' RefSample型の変数yを宣言してxの参照情報を格納する
Dim y As RefSample = x
' フィールドvalueに10を代入
y.value = 10
' xの参照情報を使ってフィールドvalueの値を出力
Console.WriteLine(x.value)
```

▼実行結果

追加した1行目のコードを実行すると（図の⑦）、変数xが指し示すインスタンスへの参照情報が変数yにコピーされます（⑧）。このコードは、「RefSample型のyという変数をスタック上に確保して、そこへ変数xが保持している参照情報をコピー」します。変数yの宣言にはNew演算子を使っていないので、新たなインスタンスは生成されず、その代わりに変数xの参照情報が格納されます。

2行目のコードが実行されると（⑨）、yが指し示すヒープ上のvalueの値が10に変わります（⑩）。この時点で、x.value、y.valueの値は次のようになります。

```
x.value ➡ 10
y.value ➡ 10
```

参照型の変数であるx、yは、それぞれヒープ上の同じ領域を指し示しています。したがって、どちらかの変数で行った変更は、双方の変数に反映されることになります。

Tips

スタックは後入れ先出し方式で使われる

スタックを使うときの特徴として、「**後入れ先出し方式（LIFO：Last In First Out）**」があります。この「後入れ先出し方式」では、その名のとおり、あとから格納した値を先に取り出して使います。

値型の変数の値は、スタック上に格納され、変数を含むメソッドの終了と同時に領域が解放されます。

また、メソッド内から、さらに別のメソッドを呼び出すと、スタックには新たに「呼び出されたメソッドが使用するローカル変数用の領域」が確保されます。このように、メソッドを呼び出すたびにローカル変数用の領域がスタックに積まれ、処理が完了してメソッドを抜けると、その領域はクリアされます。このような利用形態が「後入れ先出し」といわれる理由です（「先入れ後出し」といわれる場合もある）。

このように、スタックの領域は、メソッド呼び出し時と終了時において自動的に領域の確保と解放が行われるので、開発者が明示的に確保や解放を行う必要はありません。この点は、明示的に領域の確保を行うヒープ領域とは大きく異なります。

▼後入れ先出し（LIFO）

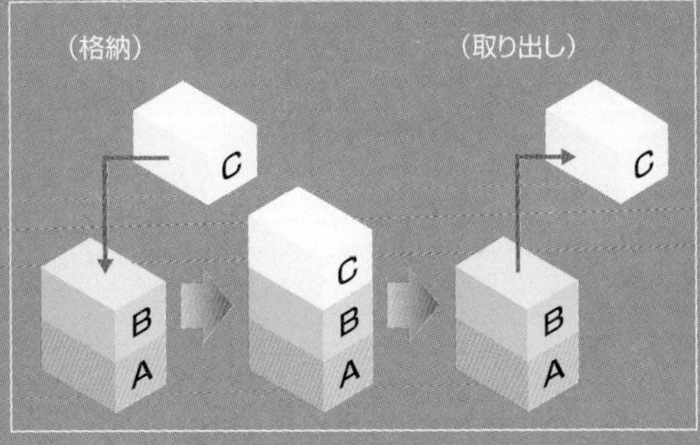

Memo スタックとヒープ

スタックと**ヒープ**という用語は、メモリー上の領域を表す用語です。プログラムが実行されるときは、スタック、ヒープ、スタティックの3つの領域が確保されます。

●スタック

メソッド内で使用される変数のデータを格納するための領域で、値型に属する変数のデータが格納されます。

可能な限り、メモリー上の上位のアドレスを基点に、下位のアドレスに向かって確保されます。

●ヒープ

参照型に属する変数のデータが格納されます。

ヒープが使用するメモリー領域は、スタック領域とスタティック領域の間に位置します。

●スタティック領域

スタティックフィールド（静的変数）のデータを格納するための領域です。メモリー上の下位のアドレスを基点に、上位のアドレスに向かって確保されます。

▼スタック、ヒープ、スタティック領域の確保

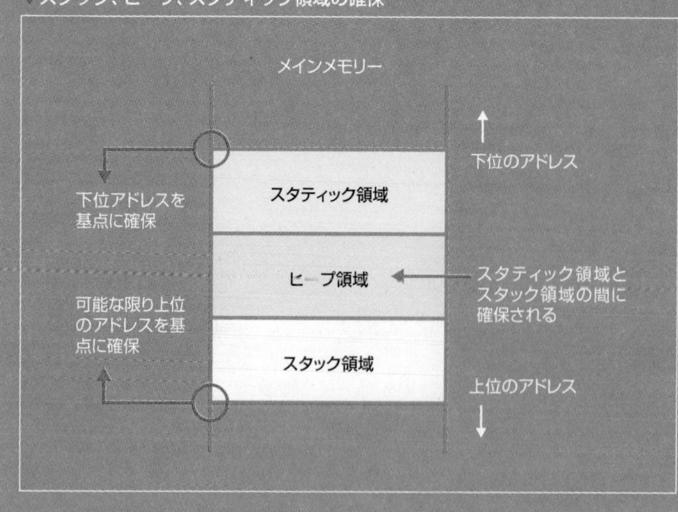

値型の変数を宣言した場合は、変数のデータを格納するための領域がスタック上に確保され、参照型の変数を宣言した場合は、変数のデータを格納するための領域がヒープ上に確保されます。

メソッドの終了と同時に、それまで使用されていたスタック上の領域は自動的に解放されますが、ヒープ上の領域を解放するためのコードは、プログラマー自身が記述しなければなりません。

ただしこれでは面倒なので、.NET Frameworkでは、参照型の変数がヒープ上に確保していた領域については、「ガベージコレクター」と呼ばれるソフトウェアによって自動的に解放のための処理が行われるようになっており、開発者自身が解放のためのコードを記述しなくても済むようになっています。

Tips ボックス化

Visual Basicでは、**ボックス化**（**ボクシング**）と呼ばれる処理を行うことで、値型を参照型に変換することができます。

例えば、次のようなコードを実行した場合に、ボックス化の処理が行われます。

▼Integer型の変数nの内容をObject型の変数objに格納するステートメント

```
Dim n As Integer = 100

Dim obj As Object = n
```

Integer型の変数nに「100」という値を代入し、objというObject型の変数にnの値を代入しています。このときに行われるのが、ボックス化です。

値型と参照型の構造は大きく異なります。参照型の変数には、ヒープ上に確保されるインスタンスへの参照情報が格納されることに加え、ヒープ上に生成されたインスタンスには、メソッドなどの情報が関連付けられています。そのため、値型を参照型に変換する場合は、値型が持っていないこれらの情報を生成したあとで、スタック上の値を取り出して、ヒープ上へコピーする処理が行われます。これがボックス化の処理です。

これとは逆に、参照型の変数objを値型のnに代入すると、参照型から値型へ変換されます。これを**ボックス解除**（**アンボクシング**）と呼びます。

Memo 暗黙の型変換

Visual Basicには、基本データ型の変換を自動的に行う**暗黙の型変換**と呼ばれる機能があります。

例えば、文字としての1と1を足すことはできません。この場合は、文字の1を数値の1に置き換えたあとで、計算を行う必要があります。これと同じように、数値としての1はあくまで数値なので、計算結果を画面に表示する場合は、数値の1を文字の1に置き換える必要があります。

このような場合に、「暗黙の型変換」が行われます。文字の1と1を足すと、文字の1が自動的に数値に変換されて2という処理結果が導き出されます。

ただし、暗黙の型変換では変換後の型が自動的に決定されてしまうので、できるだけ、明示的に変換後の型を指定しておくことが賢明です。明示的な型変換は、データ型変換関数を使って行います。

Memo プリミティブ型を定義する.NET (.NET Framework) の型

これまでに見てきたIntegerなどのデータ型は、.NET (.NET Framework) においてあらかじめ用意されているクラスや構造体で定義されています。例えば、Byte型の変数を宣言すると、System.Byte構造体型の変数が用意されます。

これまで「データ型」として見てきたByteやIntegerは、定義済みのクラスや構造体などの型を呼び出すためのエイリアス（別名）です。変数の宣言時にByteを指定すると、System.Byte構造体型の変数が用意されるというわけです。このため、次の2つのステートメントは、どちらも同じ意味を持ちます。

▼Byte型変数の宣言

```
Dim a As System.Byte
Dim a As Byte
```

このように、キーワード（予約語）を使って識別される型のことを**プリミティブ型**と呼びます。これまでに使用していた**基本データ型**という用語とプリミティブ型は、同じ意味を持ちます。

Visual Basicのプリミティブ型に対応する.NET (.NET Framework) の型は、以下の表のとおりです。

▼文字型

プリミティブ型	.NETの型
Char	System.Char構造体
String	System.Stringクラス

▼論理型

プリミティブ型	.NETの型
Boolean	System.Boolean構造体

▼整数を扱う型

プリミティブ型	.NETの型
Byte	System.Byte構造体
Short	System.Int16構造体
Integer	System.Int32構造体
Long	System.Int64構造体
SByte	System.SByte構造体
UShort	System.UInt16構造体
UInteger	System.UInt32構造体
ULong	System.UInt64構造体

▼浮動小数点数型

プリミティブ型	.NETの型
Single	System.Single構造体
Double	System.Double構造体

▼Decimal (10進数型)

プリミティブ型	.NETの型
Decimal	System.Decimal構造体

▼日付型

プリミティブ型	.NETの型
Date	System.DateTime構造体

3.3.2 構造体

データ(変数)とメソッドを記述できるデータ構造(データ型)に構造体があります。
構造体のコードはStructure〜End Structureのブロック内に記述します。

独自の構造体を作成する

構造体を作成し、2つの変数(フィールド)と、それぞれの変数の値の差をメッセージボックスに表示するメソッドを定義します。Windowsフォームアプリ用のプロジェクトを作成して、次の手順でフォームアプリを作成しましょう。

▼デザイナー

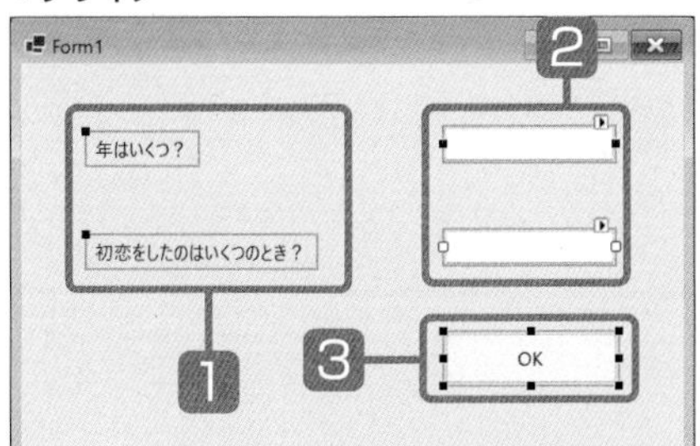

1. フォーム上にLabelを2個(Label1、Label2)とButton(Button1)を配置して、それぞれのTextプロパティの値を設定します。
2. TextBoxを2個(TextBox1、TextBox2)配置します。
3. Buttonをダブルクリックします。
4. イベントハンドラーButton1_Click()メソッドの内部に次のように記述します。

Onepoint

構造体のブロックで宣言する変数のことは、クラスと同様に「フィールド」と呼ばれるほか、特に「メンバー変数」とも呼ばれます。

▼構造体を利用するためのコード(プロジェクト「StructureApp」)

```
Public Class Form1
    ' Button1がクリックされたときに実行されるイベントハンドラー
    Private Sub Button1_Click(sender As Object, e As EventArgs) Handles Button1.Click
        Dim obj As FirstLove                 ' FirstLove構造体型の変数を宣言
        obj.age = Val(TextBox1.Text)        ' メンバー変数ageにTextBox1の値を代入
        obj.num = Val(TextBox2.Text)        ' メンバー変数numにTextBox2の値を代入
        obj.PassedYears()                   ' FirstLove構造体のメソッドを実行
    End Sub
End Class
```

Onepoint

構造体やクラスのメンバー(フィールドやメソッドのこと)にアクセスするには、ドット(.)演算子を使って「構造体(クラス)型変数名.メンバー名」のように記述します。

Form1クラスの下の行に、構造体を定義するためのコードを入力します。

▼構造体を定義するコード

```
' 2個のメンバー変数と1個のメソッドが定義された構造体
Public Structure FirstLove
    Public age As Integer                    ' 年齢を格納するメンバー変数を宣言
    Public num As Integer                    ' 年を格納するメンバー変数を宣言

    Public Sub PassedYears()
        Dim year As Integer                  ' 経過年数を格納するローカル変数
        year = age - num                     ' 経過年数を計算

        ' メッセージボックスに経過年数を表示
        MessageBox.Show("あれから" & year & "年経ちましたね。")
    End Sub
End Structure
```

▼実行中のプログラム

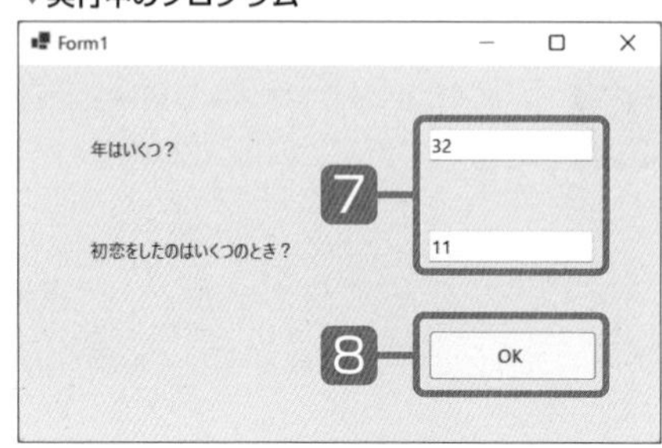

6 **開始**ボタンをクリックして、プログラムを実行します。

7 2個のテキストボックスに、該当する数値を入力します。

8 **OK**ボタンをクリックします。

▼表示されたメッセージ

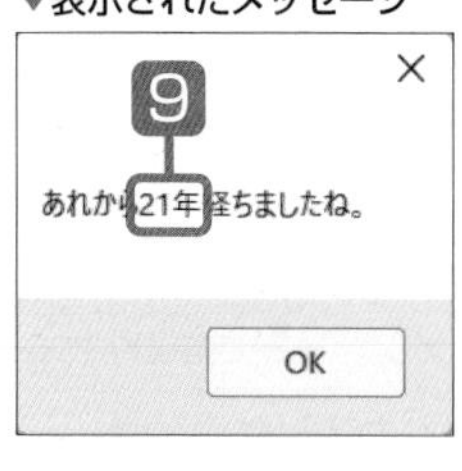

9 経過年数が表示されます。

構造体の名前付け規則、アクセシビリティ、メンバー

構造体の名前付け規則、アクセシビリティの設定、構造体のメンバーについて確認しておきましょう。

●構造体の名前付け規則

構造体の名前は、クラス、モジュール、プロパティと同様に名詞で始めます。先頭文字は大文字にして、複数の単語を組み合わせる場合は各単語の先頭文字を大文字にします。パスカルケースと呼ばれる記法です（本文63ページ参照）。

●構造体のアクセシビリティ

構造体の宣言部では、Public、Friend、Privateのいずれかのアクセス修飾子を指定することができます。構造体の宣言部でアクセス修飾子を省略した場合は、既定でFriendになります。

- Public
  同一のプロジェクトに加え、他のプロジェクトからも無制限にアクセスすることができます。
- Friend
  同一のプロジェクト内から自由にアクセスすることができます。
- Private
  宣言した構造体を含むクラスやモジュール、構造体の内部にあるコードからのアクセスだけを許可します。

●構造体メンバーのアクセシビリティ

「**メンバー**」とは、構造体やクラスにおけるフィールドやメソッドなど、内部で定義されている要素のことを指します。構造体のメンバーでアクセス修飾子を設定していない場合は、既定でPublicになります。

なお、メンバー変数の宣言でDimを使った場合もPublicとみなされます。

- Public
  同一のプロジェクト内に加え、他のプロジェクトからも無制限にアクセスすることができます。
- Friend
  同一のプロジェクト内から自由にアクセスすることができます。
- Private
  宣言した構造体の内部のみアクセスすることができます。

Attention

構造体がPrivateで宣言されている場合、構造体のメンバーにPublicを指定しても、Privateが適用されます。

列挙体

列挙体は、構造体と同様にユーザー定義型の値型のデータです。

●列挙体を使うメリット

列挙体では、特定の値の集まりに対して名前を付けます。いわば、定数のグループに名前を付けて、各要素に数値を割り当てるようなものです。

●列挙体を宣言する

列挙体は、「Enum」キーワードを使って、次のように記述します。ここでは、列挙体で定義する値のことを列挙子と呼ぶことにします。

▼列挙体の宣言

構文

```
アクセス修飾子 Enum 列挙体名 As データ型
    列挙子名1 = 数値
    列挙子名2 = 数値
    .
    .
    .
End Enum
```

●列挙体を使う

列挙体は、クラス外部またはクラス内部で宣言することができます。

アクセス修飾子を省略した場合は、Publicになります。クラス内部で宣言した場合は、クラス内のすべてのコードからアクセスできるようになります。

▼ポイントを管理する列挙体

```
Enum Point As Integer
    Economy = 100
    Business = 200
    First = 300
End Enum
```

各列挙子に値を設定しています。列挙体における定数の定義で、列挙子は列挙体で定義された定数とみなせます。値を省略した場合は、1番目の列挙子から順に、「0」「1」「2」…のように0から始まる整数値が自動で設定されます。

●プログラムの作成(プロジェクト「EnumApp」)

フォーム上にButtonを3個配置し、ボタンクリック時のイベントハンドラーで、上記の列挙体を使用するプログラムを作成します。

▼列挙体を利用するプログラム(プロジェクト「EnumApp」)

```
Public Class Form1
    Private Sub Button1_Click(sender As Object, e As EventArgs) Handles Button1.Click
        Dim p1 As Point                          ' 列挙体Pointの変数宣言
        p1 = Point.Economy                       ' 列挙子Economyの値を代入
        MessageBox.Show("point=" & p1)  ' メッセージボックスに出力
    End Sub
```

```
    Private Sub Button2_Click(sender As Object, e As EventArgs) Handles
Button2.Click
        Dim p2 As Point                    ' 列挙体Pointの変数宣言
        p2 = Point.Business                ' 列挙子Businessの値を代入
        MessageBox.Show("point=" & p2) ' メッセージボックスに出力
    End Sub

    Private Sub Button3_Click(sender As Object, e As EventArgs) Handles
Button3.Click
        Dim p3 As Point                      ' 列挙体Pointの変数宣言
        p3 = Point.First                     ' 列挙子Firstの値を代入
        MessageBox.Show("point=" & (p3)) ' メッセージボックスに出力
    End Sub
End Class

' 3個の列挙子が定義された列挙体
Enum Point As Integer
    Economy = 100
    Business = 200
    First = 300
End Enum
```

プログラムを実行して、Button1～Button3をそれぞれクリックすると、列挙体の値が順番に表示されます。

コードエディターで列挙体の列挙子の箇所をポイントすると、対象の列挙子の値がポップアップします。

▼Button1をクリック

▼コードエディターに表示された列挙子の値

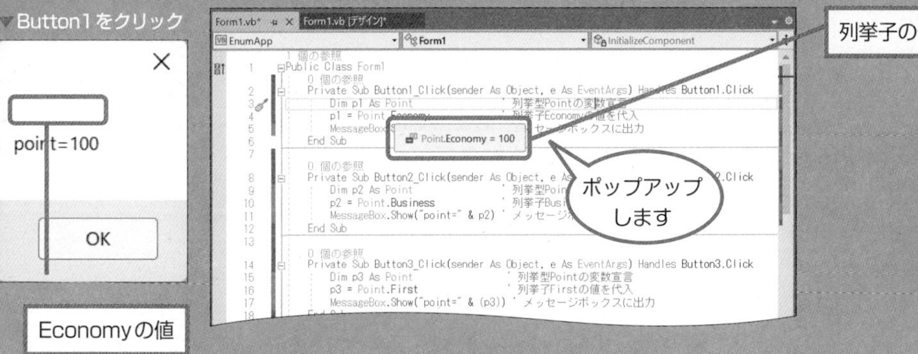

Tips 構造体型の配列を使う

構造体を、配列の要素として使うことができます。

▼構造体型の配列を使う（コンソールアプリケーションのプロジェクト「ArrayUseStructure」）

```
Imports System

Module Program
    Sub Main(args As String())
        ' 要素数2のCustomer型の配列を宣言
        Dim st(2) As Customer

        ' 1件目のデータを登録
        st(0).name = "秀和太郎"
        st(0).age = 31
        ' 2件目のデータを登録
        st(1).name = "Devid Foster"
        st(1).age = 58

        ' 登録した2件のデータを出力
        st(0).ShowData()
        st(1).ShowData()
    End Sub
End Module

Structure Customer
    ' 氏名を保持するフィールド
    Dim name As String
    ' 年齢を保持するフィールド
    Dim age As Integer

    ' フィールドの値を出力するメソッド
    Sub ShowData()
        Console.WriteLine("(氏名)" & name & " (年齢)" & age)
    End Sub
End Structure
```

```
Microsoft Visual Studio デバッグ コンソール
(氏名)秀和太郎 (年齢)31
(氏名)Devid Foster (年齢)58
```

◀実行結果

3.3.3 参照型に属する基本データ型(Object型)

Visual Basicの参照型に属する、Object型とString型について見ていきましょう。

Object型

Object型には、任意のデータ型を格納することができます。

▼Object型の内容

Visual Basicの型名	.NETの型名	サイズ	値の範囲
Object	System.Object	8バイト	任意の型を格納できる。

Object型は、Visual Basicにおけるすべての型の基本となる型です。Visual Basicの型の構成は、Object型を頂点とするツリー型の構造をしていて、すべての型はObject型の内容を引き継いで定義されています。

String型

任意の長さの文字列を扱うための参照型として、String型があります。

▼String型の内容

Visual Basicの型名	.NET Frameworkの型名	値の範囲
String	System.String	0個～約20億個のUnicode文字

String型は、不変の内容(インスタンス)を持つ型として定義されています。これは、String型の変数では、特定の値を格納すると、格納された値は絶対に変わらないことを意味します。

以下のコードを実行した場合を見てみましょう。

▼String型の変数宣言と文字列の代入

```
Dim name As String = "秀和太郎"
name = "Taro Shuwa"
```

1行目でnameというString型の変数宣言を行い、"秀和太郎"という文字列を代入しています。この時点で変数nameが指すインスタンスの中身は"秀和太郎"ということになりますが、2行目で、nameに"Taro Shuwa"という文字列を代入しています。この時点で、nameの中身が"秀和太郎"から"Taro Shuwa"に変わっているように見えますが、実は、中身は変わっていません。

1行目では、"秀和太郎"を格納したString型のインスタンスがメモリー上に生成され、参照情報が変数nameに格納されます。2行目の処理で"Taro Shuwa"の値を持つString型のインスタンスが新たに生成され、変数nameの参照がこのインスタンスへの参照情報に書き換えられます。

このようにString型は、「代入を行うたびに新たにインスタンスを生成し、変数の参照情報を書き換える」という処理を繰り返します。

Memo StringBuilderクラス

String型のデータは、2バイトの文字コードが並ぶシーケンス（連続して並ぶという意味）です。文字列を格納した段階でデータサイズが決定され、一度書き込まれたデータを書き換えることはできません。初期化したときと異なる文字列を代入する際は、新しいインスタンスが生成され、変数に格納されている参照情報が新しいインスタンスのものに書き換えられます。

String型の変数に文字列の代入を繰り返す場合、その都度古いインスタンスの破棄と新しいインスタンスの生成が繰り返されるので、パフォーマンスが低下します。文字列の変更が繰り返されることが予想される場合は、StringBuilderクラスを使うのが常套手段です。StringBuilderクラスのインスタンスは、文字列の追加、削除、置換、挿入などあらゆる変更が可能です。生成されたインスタンスを使い続けるので、例えばユーザーが入力した文字列を連結するためにループ処理を行う場合などに、パフォーマンスの低下を防ぐことができます。

Memo 文字列の繰り返し処理に強いStringBuilderクラス

String型の変数と、StringBuilderクラスの変数のそれぞれに、同じサイズの文字列を追加する処理を20000回繰り返し、処理にかかった時間を計測してみることにします。

▼Program.vb（コンソールアプリケーション用プロジェクト「StringBuilder」）

```
Module Program
    Sub Main(args As String())
        ' 計測用のStopwatchオブジェクトを生成
        Dim stopwatch As New Stopwatch()

        ' String型の変数
        Dim str As String = ""
```

```
        '計測を開始
        stopwatch.Start()
        For i As Integer = 1 To 20000
            str &= "ABCDEFGHIJKLMNOPQRSTUVWXYZ"
        Next
        '計測を終了
        stopwatch.Stop()
        ' 処理時間を出力
        Console.WriteLine(stopwatch.Elapsed)

        ' StringBuilderオブジェクトを生成
        Dim stb As New Text.StringBuilder
        ' タイマーをリセット
        stopwatch.Reset()
        '計測を開始
        stopwatch.Start()
        For i As Integer = 1 To 20000
            stb.Append("ABCDEFGHIJKLMNOPQRSTUVWXYZ")
        Next
        '計測を終了
        stopwatch.Stop()
        ' 処理時間を出力
        Console.WriteLine(stopwatch.Elapsed)
    End Sub
End Module
```

▼実行結果

```
Microsoft Visual Studio デバッグ コンソール
00:00:01.5577772
00:00:00.0001334
```

Stopwatchは、経過時間を計測するクラスです。Stopwatch.Start()で計測を開始し、Stopwatch.Stop()で計測を停止します。計測された経過時間はElapsedプロパティで取得することができます。プログラムでは、Forステートメントの直前で計測を開始し、Forステートメントの直後で計測を停止することで、文字列の処理にかかった時間をコンソールに出力するようにしました。

結果を見ると、String型を利用した場合の所要時間1.5577772秒に対し、StringBuilderクラスを利用した場合は0.0001334秒と明らかに処理時間が激減しています。

3.3.4 配列

変数に格納できる値は1つだけです。しかし、状況によっては複数のデータをまとめて扱わなければならない場合があります。このような場合には、**配列**を利用します。配列は、同じデータ型の連続的な集合を扱うためのデータ構造です。

配列の宣言と初期化

配列は、次のように宣言します。配列名の直後に( )を付けて、配列に格納する値（配列の「要素」と呼びます）の数（正確にいうとインデックスの上限値）を設定するのがポイントです。要素数は0から始まる「インデックス」を用いて指定します。したがって実際の要素数は「インデックスの上限値+1」になります。

▼配列を宣言する

```
Dim 配列名(インデックスの上限値) As データ型
```

New句を使って宣言することもできます。この場合は、配列の要素数をNew句のデータ型のところで指定し、最後に{}を付けます。

▼New句を使用して配列を宣言する

```
Dim 配列名() As データ型 = New データ型(インデックスの上限値) {}
```

配列の要素に値を代入する場合は、インデックスを指定します。次は要素数3のInteger型の配列を宣言し、インデックスを指定してすべての要素に値を代入する例です。

▼要素数3のInteger型の配列を宣言し、インデックスを指定して値を代入する

```
Dim arr1(2) As Integer
' インデックスを指定して値を代入
arr1(0) = 0
arr1(1) = 1
arr1(2) = 2
```

宣言と同時にすべての要素に一括して値を代入する

配列に代入する値があらかじめ決まっている場合は、宣言と同時にすべての要素に一括して代入することができます。{}内の要素数が用いられるので、( )内にインデックスの上限値を指定する必要はありません。

▼宣言と同時にすべての要素に一括して値を代入する

```
Dim 配列名() = New データ型() {値1, 値2, ... }
```

※配列名()の()は省略できます。

次は要素数3のInteger型の配列の宣言と同時に、すべての要素に値を代入する例です。

▼配列の宣言と初期化を一括して行う

```
' 1番目の要素に0、2番目の要素に1、3番目の要素に2を代入
Dim arr2() = New Integer() {0, 1, 2}
```

型推論を利用して配列を初期化する

型推論の機能を使うと、配列の宣言時にデータ型の指定を省略することができます。配列の型は、配列に代入する値の中で最も優先度の高い型になります。優先度の高い型とは、配列内の他のすべての型から拡大変換（アップコンバート）できる型のことです。配列に代入する値にInteger型、Long型、Double型の値が含まれている場合は、配列の型はDoubleになります。IntegerとLongはDoubleにのみ拡大変換されるため、Double が最も優先度の高い型です。

▼型推論を利用して配列を初期化する

```
Dim 配列名 = {値1, 値2, ... }
```

型の指定が不要なのでNew句が必要なく、シンプルな書き方ができます。

▼型推論を利用して配列を初期化する

```
Dim arr3 = {0, 1, 2}
```

配列の要素へのアクセス

配列の要素へのアクセスは、対象の要素のインデックスを指定します。

▼配列要素へのアクセス

```
配列名(要素のインデックス)
```

上記のようにインデックスを指定すると、対象の要素の値を参照できます。次は、要素数3のInteger型の配列を宣言し、すべての要素を参照する例です。

▼要素数3の配列を作成して要素の値を参照する

```
' 配列を初期化する
Dim arr4 = {0, 1, 2}
' 配列要素の値を出力
Console.WriteLine(arr4(0)) ' 出力: 0
Console.WriteLine(arr4(1)) ' 出力: 1
Console.WriteLine(arr4(2)) ' 出力: 2
```

反復処理を利用する

すべての要素を参照する場合は、For...Nextステートメントを使うと便利です。

▼For...Nextステートメントですべての配列要素を参照する

```
' GetUpperBound(0)で1次元配列の最大インデックスを取得し、
' ブロックパラメーターindexの値が0から最大インデックスに
' 達するまで処理を繰り返す
For index = 0 To arr4.GetUpperBound(0)
Console.WriteLine(arr4(index))
Next
```

For Each...Nextステートメントは、配列要素を1つずつ取り出して反復処理を行うので、配列の要素数を取得する必要がありません。

▼For Each...Nextで配列要素を1つずつ取り出して処理を行う

```
For Each number In arr4
    Console.WriteLine(number)
Next
```

配列の要素数(サイズ)を調べる

先のプログラムで使用したArrayクラスのGetUpperBound()メソッドは、配列の最大インデックスを取得します。引数には、配列の次元を指定します。ここで扱っているのは次元数が1の1次元配列なので、

```
array.GetUpperBound(0)
```

のように最初の次元を示す0を設定すると、最大インデックスが返されます。要素数が3の配列の場合は、最大インデックスの2が返されます。配列はArrayクラスのオブジェクトなので、配列名にピリオド(参照演算子)を付けてからGetUpperBound(0)と記述することでメソッドが実行されます。

一方、配列の要素数を取得する場合は、ArrayクラスのLengthプロパティを使用します。

```
配列名.Length
```

とすると、その配列の要素数（サイズ）が返されます。配列はArrayクラスのオブジェクトなので、配列名にピリオド（参照演算子）を付けてからLengthとすればサイズが取得できます。先のプログラムで作成した配列arr4のサイズを取得し、コンソールに出力してみます。

▼配列arr4のサイズを出力する

```
Console.WriteLine(arr4.Length) ' 出力:3
```

配列の要素数を変更する

作成済みの配列の要素数を変更するには、ReDimステートメントを使います。

ReDimステートメント

ReDimステートメントは、作成済みの配列のサイズを変更します。

▼ReDimステートメント

構文

```
ReDim [ Preserve ] 配列名(boundlist)
```

Preserveは、既存の配列のデータを保持するための修飾子です。省略した場合は、既存のデータは破棄されます。多次元配列でPreserveを使用する場合は、配列の最後の次元のサイズのみの変更が可能です。他のすべての次元については、既存のサイズを指定する必要があります。boundlistでは、配列の各次元の最大インデックスを指定します。

▼ReDimステートメントの使用例

```
Dim arr5(10, 10, 10) As Integer
ReDim Preserve arr5(10, 10, 20)
ReDim Preserve arr5(10, 10, 15)
ReDim arr5(10, 10, 10)
```

最初のReDimは、変数arr5の既存の配列を置換する新しい配列を作成します。このとき、既存の配列から新しい配列にすべての要素がコピーされます。さらに、3番目の次元で最大インデックスが20に拡張されるので、サイズが21になり、新しく追加された要素にはInteger型の初期値0が格納されます。

2番目のReDimは新しい配列をもう1つ作成し、既存の配列からすべての要素をコピーします。ただし、3番目の次元の末尾から5要素が失われます。

3番目のReDimは新しい配列をもう1つ作成し、3番目の次元の要素を末尾から5つ削除します。Preserveが設定されていないので、既存の要素の値はコピーされません。

プログラムで試してみましょう。要素数3の配列を作成し、要素の数を6に拡張します。

▼作成済みの配列の要素数を増やす

```
' 型推論を利用して配列を初期化する
Dim arr5 = {0, 1, 2}
' 最大インデックスを(配列サイズ + 2 = 5)に拡張
' 配列のサイズは6になる
ReDim Preserve arr5(arr5.Length + 2)
' 末尾から3番目の要素(インデックス3)として3を代入
arr5(arr5.Length - 3) = 3
' 末尾から2番目の要素(インデックス4)として4を代入
arr5(arr5.Length - 2) = 4
' 末尾から1番目の要素(インデックス5)として4を代入
arr5(arr5.Length - 1) = 5
' 配列要素の値を出力
For Each number In arr5
    Console.WriteLine(number)
Next
```

▼実行結果

配列のコピー

配列は参照型のオブジェクトなので、「=」演算子を使ってコピーすると配列の参照情報がコピーされます。参照のコピーなので、コピーもとの配列要素の値を変更すると、コピー先の配列も同じように変更されます。どちらも同じオブジェクト(インスタンス)を参照しているためです。参照先をコピーするのではなく、配列の値をコピーするにはArray.Copy()メソッドを使います。

● Array.Copy() メソッド

第1引数に指定した配列の値を第2引数で指定した配列にコピーします。

書式	Array.Copy(sourceArray, destinationArray, length)	
パラメーター	sourceArray (Array)	コピーもとの配列。
	destinationArray (Array)	コピー先の配列。
	length (int)	コピーする要素数を指定。

まずは参照のコピーはどうなのか、確かめてみましょう。

▼配列の参照をコピーする(コンソールアプリケーションプロジェクト「Array2」)

```
' コピーもとの配列を作成
Dim original = New String() {"第1要素", "第2要素", "第3要素"}
' 同じ要素数の配列を宣言
Dim copy(2) As String
' 配列の参照をコピー
copy = original
' コピーもとの第3要素の値を変更する
original(2) = "末尾要素"

' 配列copyの要素の値を出力
For Each number In copy
    Console.WriteLine(number)
Next
```

▼実行結果

```
Microsoft Visual Studio デバッグ コンソール
第1要素
第2要素
末尾要素
```

コピーを行ったあとで、コピーもとの配列の第3要素を変更していますが、コピー先の配列にも反映されていることが確認できます。originalもcopyも同じArrayオブジェクトを参照しているためです。次に、Array.Copy() メソッドで値をコピーする場合を見てみましょう。

▼配列の値をコピーする

```
' コピーもとの配列を作成
Dim original2 = New String() {"第1要素", "第2要素", "第3要素"}
' 同じ要素数の配列を宣言
Dim copy2(2) As String
' 配列の値をコピー
```

```
Array.Copy(original2, copy2, original2.Length)
' コピーもとの第3要素の値を変更する
original(2) = "末尾要素"

' コピー先の配列要素を出力
For Each number In copy2
    Console.WriteLine(number)
Next
```

▼実行結果

コピー先の配列copy2の第3要素は変更されていないのが確認できました。original2もcopy2も別々のオブジェクトを参照しているためです。

配列を結合する方法

配列の結合は、Array.Copy()メソッドで行うことができます。

●Array.Copy()メソッド(コピー先の配列の開始インデックスを指定する場合)

第1引数に指定した配列の値を第2引数で指定した配列にコピーします。

書式	Array.Copy(sourceArray, sourceIndex, destinationArray, destinationIndex, length)	
パラメーター	sourceArray (Array)	コピーもとの配列。
	sourceIndex (int)	コピー操作の開始位置として、コピーもとの配列のインデックスを指定。指定した位置から値がコピーされる。
	destinationArray (Array)	コピー先の配列。
	destinationIndex (int)	値の格納を開始する位置。コピー先の配列のインデックスを指定する。
	length (int)	コピーする要素数を指定。

次のプログラムで確認してみましょう。

▼2個の配列を結合する(コンソールアプリケーションプロジェクト「Array3」)

```
' char型の配列を2個作成
Dim char1() As Char = {"a", "b", "c"}
Dim char2() As Char = {"d", "e", "f"}
' 結合後の配列を格納する配列を宣言
' 要素数はchar1とchar2のサイズの合計
Dim joinArr(char1.Length + char2.Length - 1) As Char

' 配列char1の値をjoinArrにコピーする
Array.Copy(char1,              ' コピーもとは配列char1
           joinArr,            ' コピー先は配列joinArr
           char1.Length)       ' コピーする要素数をchar1の要素数とする

' 現在、joinArrのインデックス0～2にchar1の値がコピーされているので、
' joinArrのインデックス3以降にchar2の値をコピーする
Array.Copy(char2,              ' コピーもとは配列char2
           0,                  ' コピーもとchar2のインデックス0の要素からコピー開始
           joinArr,            ' コピー先は配列joinArr
           char1.Length,       ' コピー先の配列の格納を開始位置を示すインデックスを指定
           char2.Length)       ' コピーする要素数としてchar2のサイズを指定

' 結合先の配列joinArrの要素を出力
For Each number In joinArr
    Console.Write(number)
Next
```

▼実行結果

```
Microsoft Visual Studio デバッグ コンソール
abcdef
```

3.3.5 多次元配列

配列の要素として配列を格納することができます。このような多重構造の配列を総称して「**多次元配列**」と呼び、配列要素が配列のものを「**2次元配列**」、2次元配列の要素を配列にしたものを「**3次元配列**」と呼びます。次元の数をさらに増やすことも可能ですが、3次元を超える配列が使われることはまれです。

多次元配列を宣言する

多次元配列は、次のように記述して宣言します。

▼2次元配列の宣言

構文
```
Dim 配列名(1次元のインデックス上限, 2次元のインデックス上限) As データ型
```

▼3次元配列の宣言

構文
```
Dim 配列名(1次元, 2次元, 3次元) As データ型
```

次元ごとのインデックス上限を( )内でカンマで区切って記述します。カンマを追加することで3次元以上の配列を宣言することができます。

▼2次元配列と3次元配列の宣言例
```
' Integer型の2次元配列を宣言する(1次元のサイズ3、2次元のサイズ3)
Dim dim2(2, 2) As Integer
' Integer型の3次元配列を宣言する(1次元のサイズ3、2次元のサイズ3、3次元のサイズ3)
Dim dim3(2, 2, 2) As Integer
```

New句を用いる場合は次のように宣言します。

▼New句を使用して2次元配列を宣言する

構文
```
Dim 配列名(,) As データ型 = New データ型(1次元, 2次元) {}
```

```
配列名(,)
```

の(,)のカンマがNew句の

```
データ型(1次元のインデックス上限, 2次元のインデックス上限)
```

に対応します。カンマ区切りを増やすことで次元数を増やすことができます。

多次元配列に値を代入する

多次元配列の要素に値を代入する場合は、次元ごとのインデックスを指定します。

▼2次元配列への値の代入

構文

```
配列名(1次元のインデックス, 2次元のインデックス) = 値
```

2次元配列を宣言して、すべての要素に値を代入してみます。

▼1次元のサイズ2、2次元のサイズ2のInteger型の配列を宣言して値を代入する

```
Dim mdarr1(1, 1) As Integer
' インデックスを指定して値を代入
mdarr1(0, 0) = 11
mdarr1(0, 1) = 12
mdarr1(1, 0) = 21
mdarr1(1, 1) = 22
```

宣言と同時にすべての要素に一括して値を代入する

配列の宣言と同時に値を代入する場合は、次元ごとのインデックスの上限値は不要です。

▼2次元配列の宣言と同時にすべての要素に一括して値を代入する

構文

```
Dim 配列名( , ) As データ型 = { {値1, 値2, ... }, {値1, 値2, ...}, ... }
```

▼2次元配列の宣言と同時にすべての要素に一括して値を代入する(型推論を利用)

構文

```
Dim 配列名( , ) = { {値1, 値2, ... }, {値1, 値2, ...}, ... }
```

どちらの場合も「配列名(,)」の(,)は省略することができます。{ }内の構造で次元数が決まるためです。2次元配列の場合は、2次元の{ }内の値の数がすべて同じであることが必要です。多次元配列の最後の次元におけるサイズ(要素数)は同じです。次は1次元のサイズ3、2次元のサイズが2のInteger型の配列を初期化する例です。

▼配列の宣言と初期化を一括して行う

```
' 3 x 2の2次元配列の初期化
Dim grid2(,) = {{1, 2}, {3, 4}, {5, 6}}
```

多次元配列をFor...Nextで反復処理する

多次元配列に対してFor...Nextで処理を繰り返す場合は、For...Nextを多重構造にします。2次元配列の場合は、外側のFor...Nextで1次元を処理し、内側の（ネストされた）For...Nextで2次元を処理します。

▼2次元配列を多重構造のFor...Nextで処理する

```
' 3 x 2の2次元配列の初期化
Dim numbers = {{1, 2}, {3, 4}, {5, 6}}
' 1次元の要素に対して処理を繰り返す
For index0 = 0 To numbers.GetUpperBound(0)
    ' 2次元の要素に対して処理を繰り返す
    For index1 = 0 To numbers.GetUpperBound(1)
        ' 要素の値を出力
        Console.Write($"{numbers(index0, index1)} ")
    Next
    ' 2次元の処理が終わったら改行を出力する
    Console.WriteLine()
Next
```

▼実行結果

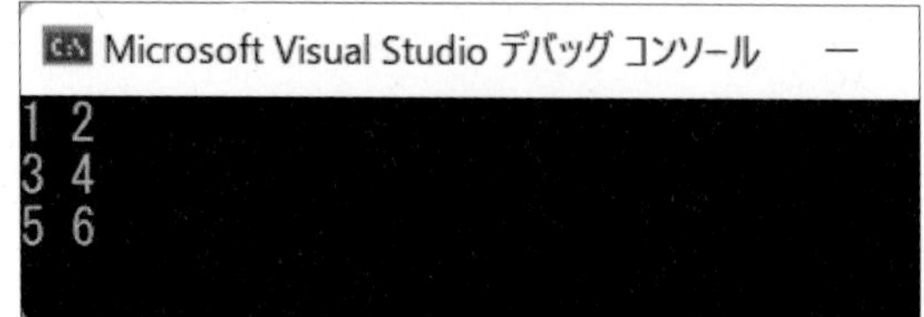

Onepoint

Console.Write($"{numbers(index0, index1)} ")における$は、{ }内に含まれる挿入式を文字列表現に置き換えるための「補間文字列」です。上記のコードでは、$以降の" "で囲まれた範囲が文字列として設定され、{ }内の配列要素の参照コードの結果が文字列として出力されます。このとき、{ }のあとの半角スペースも出力されます。

多次元配列をFor Each...Nextで反復処理する

多次元配列の場合、右端の次元（最後の次元）の要素が最初に抽出され、次にその左の次元（最後から2つ目の次元）、またその左、というような方法で各次元がトラバース（横断して処理）されます。

▼2次元配列をFor Each...Nextで処理する

```
' 3 x 2の2次元配列の初期化
Dim numbers2 = {{1, 2}, {3, 4}, {5, 6}}
' For Each...Nextですべての要素を処理する
For Each number In numbers2
    Console.WriteLine(number)
Next
```


▼実行結果

```
Microsoft Visual Studio デバッグ コンソール
1
2
3
4
5
6
```

Memo ジャグ配列

2次元配列は、複数の1次元配列をまとめて管理できますが、1次元配列のサイズは同じである必要があります。

このような多次元配列とは異なる、**ジャグ配列**と呼ばれるデータ構造があります。ジャグ配列は「配列の配列」なので、サイズが異なる複数の配列を管理できます。

例として、Integer型のサイズ3のジャグ配列jgを宣言してみます。

▼ジャグ配列を使う

```
Dim jg(2)() As Integer
  └── ジャグ配列を宣言
```

次に、ジャグ配列の1番目の要素としてサイズ2の配列を格納します。

▼ジャグ配列の1番目の要素として、初期値が設定された配列を格納

```
jg(0) = New Integer() {1, 2}
                  要素数は2
```

これでjgの1番目の要素として2個の要素を持つInteger型の配列が格納されました。続いて、jgの2番目の要素としてサイズ4の配列を格納します。

▼ジャグ配列の2番目の要素として、初期値が設定された配列を格納

```
jg(1) = New Integer() {100, 200, 300,400}
                  要素数は4
```

jgの3番目の要素として、3個の要素を持つ配列を格納します。ここでは、配列の用意と初期値の設定を別々に行います。

▼ジャグ配列の3番目の要素

```
jg(2) = New Integer(1) {}
 └── 2個の要素を持つ配列を格納①
jg(2)(1) = 2000
 └── 配列の2番目の要素に値を格納②
```

①では、2個の要素を持つ配列を用意していますが、初期値は設定していません。続く②で2番目の要素に2000を代入します。jg(2)(1)の最初の(2)はジャグ配列のインデックス、次の(1)は配列のインデックスです。

3.3.6 配列を利用してデータの並べ替えを行う

サイズが50の配列要素にランダムに生成した0以上1未満の値（小数）を格納し、昇順で並べ替えを行うフォームアプリを作成してみましょう。Windowsフォームアプリケーション用のプロジェクトを作成して、以下の手順に進んでください。

▼データの並べ替えを行うプログラム

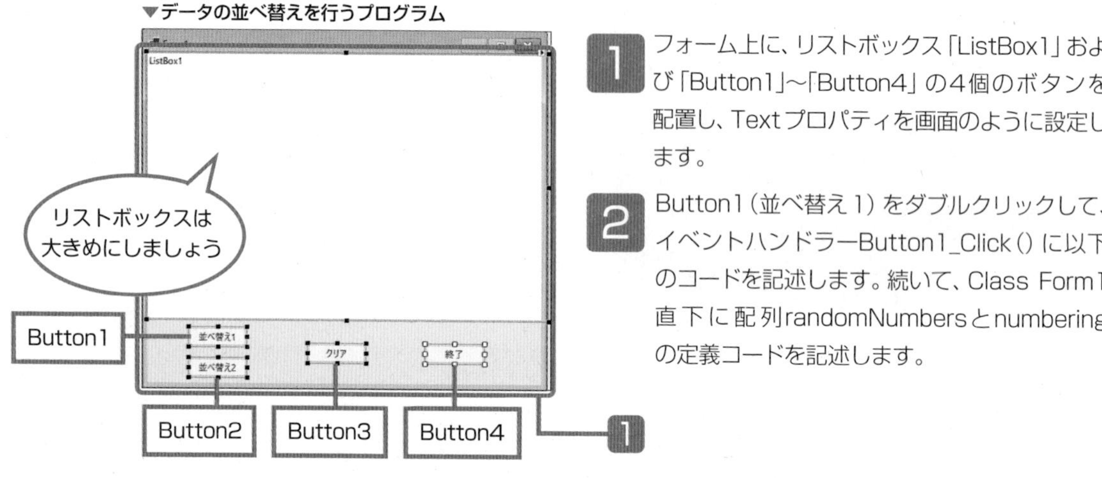

1 フォーム上に、リストボックス「ListBox1」および「Button1」～「Button4」の4個のボタンを配置し、Textプロパティを画面のように設定します。

2 Button1（並べ替え 1）をダブルクリックして、イベントハンドラーButton1_Click()に以下のコードを記述します。続いて、Class Form1直下に配列randomNumbersとnumberingの定義コードを記述します。

▼「Form1.vb」のコード（プロジェクト「SortElementApp」）

```
Public Class Form1
    ' 乱数を格納する配列
    Dim randomNumbers(49) As Single ' ――――――――――――――――――――― ❶
    ' 乱数によって並べ替えられる整数値
    Dim numbering(49) As Integer ' ――――――――――――――――――――― ❷
    Private Sub Button1_Click(sender As Object, e As EventArgs) Handles Button1.Click
        ' 乱数ジェネレーターの初期化
        Randomize()

        ' 配列の要素に乱数を格納する
        For i = 0 To randomNumbers.GetUpperBound(0)
            ' 各要素に0以上1未満の値を格納する
            randomNumbers(i) = Rnd() ' ――――――――――――――――――――― ❸
            ' 順番を記録する配列にiの値を格納する
            numbering(i) = i ' ――――――――――――――――――――――――― ❹
        Next

        ' randomNumbersの要素だけを昇順で並べ替える
        Array.Sort(randomNumbers) ' ――――――――――――――――――――――― ❺
```

```
        'リストボックスに処理結果を表示
        For i = 0 To randomNumbers.GetUpperBound(0)
            ListBox1.Items.Add(
                i & "----------(" &
                numbering(i) & ")" & randomNumbers(i))
        Next
    End Sub
End Class
```

3 Button2（並べ替え2）をダブルクリックして、イベントハンドラーButton2_Click()に以下のコードを記述します。

▼イベントハンドラーButton2_Click()

```
Private Sub Button2_Click(sender As Object, e As EventArgs) Handles Button2.Click
    ' 乱数ジェネレーターの初期化
    Randomize()

    ' 配列の要素に乱数を格納する
    For i = 0 To randomNumbers.GetUpperBound(0)
        ' 各要素に0以上1未満の値を格納する
        randomNumbers(i) = Rnd() ' ―――――――――― ❻
        ' 順番を記録する配列にiの値を格納する
        numbering(i) = i ' ―――――――――― ❼
    Next

    ' randomNumbersをキーにしてnumberingを並べ替える
    ' randomNumbersの並べ替えに連動してnumberingも並べ替えられる
    Array.Sort(randomNumbers, numbering) ' ―――――――――― ❽

    'リストボックスに処理結果を表示
    For i = 0 To randomNumbers.GetUpperBound(0)
        ListBox1.Items.Add(
            i & "----------(" &
            numbering(i) & ")" & randomNumbers(i))
    Next
End Sub
```

4 Button3（クリア）をダブルクリックして、イベントハンドラーButton3_Click()に以下のコードを記述します。

▼イベントハンドラーButton3_Click()

```
Private Sub Button3_Click(sender As Object, e As EventArgs) Handles Button3.Click
    ListBox1.Items.Clear()  'リストボックス内をクリア
End Sub
```

5 Button4（終了）をダブルクリックして、イベントハンドラーButton4_Click()に以下のコードを記述します。

▼イベントハンドラーButton4_Click()

```
Private Sub Button4_Click(sender As Object, e As EventArgs) Handles Button4.Click
    Application.Exit()  'プログラムを終了
End Sub
```

●作成したプログラムのポイント

ここでは、Rnd()関数で生成した乱数の並べ替えを行っています。

❶Dim randomNumbers(49) As Single

Rnd()関数で生成した0以上1未満の値を格納する、サイズ50の配列です。Rnd()関数が生成するのはSingle型の値なので、配列の型もSingleにしています。

❷Dim numbering(49) As Integer

randomNumbersに値を格納するときの処理の順番を記録するためのInteger型の配列です。要素数はrandomNumbersと同じです。

❸randomNumbers(i) = Rnd()

イベントハンドラーButton1_Click()の最初のFor...Nextにおける処理です。Rnd()関数は、事前にRandomize()で乱数ジェネレーター（生成器）を初期化してから実行します。For...Nextで繰り返し実行するたびに、0以上1未満の異なる値を生成するので、randomNumbersのすべての要素に異なる値が格納されます。

❹numbering(i) = i

ブロックパラメーター（カウンター変数）iの値を配列numberingに格納します。配列numberingには0から49までの値が格納されます。

❺ **Array.Sort(randomNumbers)**

Arrayクラスのsort()メソッドで、配列randomNumbersに格納されている0以上1未満のSingle値を昇順で並べ替えます。

❻ **randomNumbers(i) = Rnd()**

イベントハンドラーButton2_Click()の最初のFor...Nextにおける処理です。0以上1未満の異なる値を生成し、randomNumbersのすべての要素に格納します。

❼ **numbering(i) = i**

ブロックパラメーター（カウンター変数）iの値を配列numberingに格納します。配列numberingには0から49までの値が格納されます。

❽ **Array.Sort(randomNumbers, numbering)**

Sort()メソッドでは、第1引数と第2引数に同じサイズの配列を設定すると、第1引数をキーにして、第2引数の配列要素の並べ替えも行われます。第1引数に乱数ジェネレーターによって生成された値を格納した配列randomNumbersを設定していますので、配列要素が並べ替えられる際に、第2引数の配列要素も並べ替えられます。randomNumbersと同じインデックスの要素はrandomNumbersの並び順に並べ替えられるので、もとの0から49の値を維持しつつ、その並び順が変わります。つまり、randomNumbersに乱数を格納したときのrandomNumbersとnumberingの関係を維持した状態で並べ替えが行われることになります。2つの配列があって、それぞれの要素が関連した順番で並んでいる場合に、それぞれの要素の対応を崩さずに、どちらか一方の配列の値で並べ替えたいときに使える方法です。

▼実行結果（[並べ替え1]ボタンをクリック）

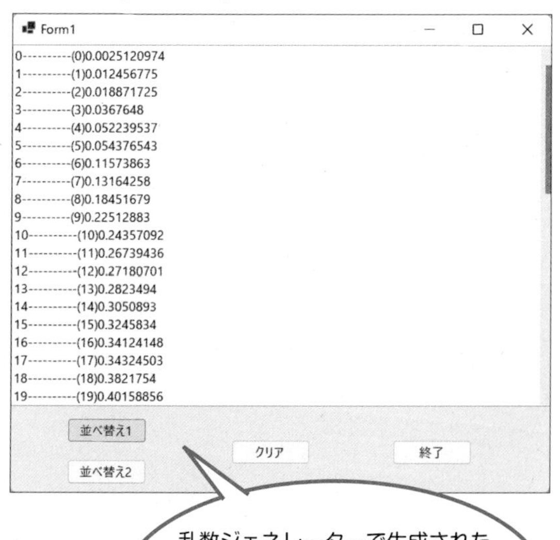

乱数ジェネレーターで生成された値の昇順で並べ替えが行われます。配列 numbering の並べ替えは行われていません。

▼実行結果（[並べ替え2]ボタンをクリック）

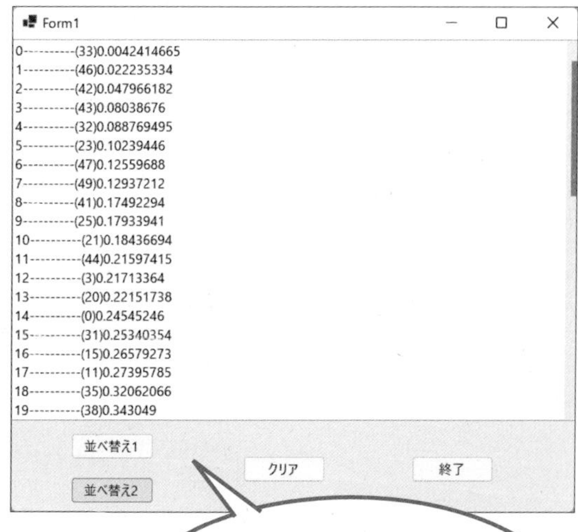

乱数ジェネレーターで生成された値の昇順と共に配列 numbering の並べ替えも行われます。( ) 内の値が numbering の値です。

Section

3. 4

ジェネリックとコレクション型

Level ★★★ Keyword コレクション、ジェネリック型、List (Of T)、Dictionary (Of TKey,TValue)

Visual Basicには、配列のように複数の値を扱う「コレクション」として、様々なクラスや構造体が用意されています。このセクションでは、List (Of T) とDictionary (Of TKey,TValue) の使い方について紹介します。

ジェネリック型とコレクション

ジェネリックは、型パラメーター (データ型を設定するパラメーター) を導入するための仕組みのことです。型パラメーターを受け取るクラスのことを**ジェネリッククラス**と呼びます。ジェネリックを使用すると、ソースコードの段階でデータ型が決定されるので、タイプセーフ (データ型としての正しい動作が保証される) メリットのほか、ある機能を実装する場合、扱うデータ型によって別々にクラスを定義する必要がないというメリットがあります。

•コレクション

コレクションは、ハッシュテーブル、キュー、スタック、ディクショナリ、リストなど、データの集合を扱うための仕組みを提供します。ジェネリッククラスは、クラス名のあとに (Of T) が付いていて、System.Collections.Generic名前空間のクラスとして、主に以下のコレクションクラスが定義されています。

▼主なコレクションクラス

ジェネリッククラス	説明
List(Of T)	インデックスを使用してアクセスできる、厳密に型指定されたオブジェクトのリストを表します。リストの検索、並べ替え、および操作のためのメソッドを提供します。
LinkedList(Of T)	ダブルリンクリストを表します。
Queue(Of T)	オブジェクトの先入れ先出しコレクションを表します。
Stack(Of T)	指定された型の後入れ先出し (LIFO) の可変サイズのコレクションを表します。

一般的に「辞書」と呼ばれる、キーと値のセットの集合を扱うコレクションクラスには、以下があります。

▼辞書データを扱う主なコレクションクラス

ジェネリッククラス	説明
Dictionary(Of TKey,TValue)	キーと値のコレクションを表します。
HashSet(Of T)	値のセットを表します。
SortedList(Of TKey,TValue)	キーにより並べ替えられた、キーと値のペアのコレクションを表します。

3.4.1 List(Of T)クラス

リスト(List(Of T)クラス)は、指定したデータ型の要素だけを格納できるコレクションです。

リストの宣言と初期化

リストは、次のように宣言します。

▼List(Of T)クラスのインスタンス化

```
Dim リスト名 As New List(Of T)
```

List(Of T)クラスのように型パラメーターを受け取るクラスを使用(インスタンス化)するには、クラス名の直後に(Of T)を追加します。TはTypeの略で、型名を指定します。次はString型のリストmyListを宣言する例です。

▼String型のリストを宣言する

```
Dim myList As New List(Of String)
```

宣言と同時に初期化するには、次のように記述します。

▼リストの宣言と初期化

```
Dim リスト名 As New List(Of T)(New 要素の型() { 値1, 値2, 値3, ... })
```

次は、String型のリストを初期化する例です。

▼String型のリストを初期化する

```
Dim colors As New List(Of String)(New String() {"Red", "Green", "Blue"})
```

リストの要素を取得する

リストの要素を取得するには、対象のインデックスを指定します。

▼リスト要素の取得

```
リスト名(インデックス)
```

▼作成済みのリストcolorsからインデックス0、1、2の値を取得する

```
Console.WriteLine(colors(0))
Console.WriteLine(colors(1))
Console.WriteLine(colors(2))
```

▼出力

```
Red
Green
Blue
```

リストの全要素を取得する

リストの全要素を取得するには、For...NextまたはFor Each...Nextを使います。

▼For Each...Nextでリストの全要素を取得する

```
For Each e As String In colors
    Console.WriteLine(e)
Next
```

▼出力

```
Red
Green
Blue
```

リスト要素の追加

作成済みのリストには、Add()メソッドでリスト末尾に要素を追加できます。先ほど作成したリストcolorsに新しい要素を追加してみましょう。

▼作成済みのリストに要素を追加する

```
colors.Add("Yellow")
colors.Add("Purple")
For Each e As String In colors
   Console.WriteLine(e)
Next
```

▼出力

```
Red
Green
Blue
Yellow
Purple
```


位置を指定して要素を追加する

Insert()メソッドで、リストの位置を指定して要素を追加することができます。

●List(Of T).Insert ()メソッド

書式	List(Of T).Insert(index : item)	
パラメーター	index	追加する位置を示すインデックス。
	item	追加する値。

作成済みのリストcolorsの先頭位置（インデックス：0）に"Pink"を追加してみます。

▼リストの位置を指定して要素を追加する

```
colors.Insert(0, "Pink")
For Each e As String In colors
Console.WriteLine(e)
Next
```

▼実行結果

```
Pink      ⬅追加した要素
Red
Green
Blue
Yellow
Purple
```

要素の置き換え

要素の追加ではなく、置き換えの場合は、要素のインデックスを指定して新しい値を代入します。

▼リスト要素の置き換え

```
リスト名(置き換える要素のインデックス) = 置き換える値
```

要素数を取得する

List(Of T)クラスのCountプロパティは、リストの要素数を返します。

▼要素の数を取得する

```
Console.WriteLine(colors.Count) ' 出力: 6
```

リストの要素を検索する

リストから特定の要素を検索するには、次のメソッドを使います。

- Contains()

  指定した値がリストに存在すればTrueを返し、存在しない場合はFalseを返します。

- IndexOf()

  引数に指定した値に合致する要素を検索し、そのインデックスを返します。

- Find()

  条件を指定し、条件に合致した要素が存在する場合は、はじめに見付かった要素の値を返します。

- FindAll()

  条件を指定し、条件に合致したすべての要素の値をリストにして返します。

指定した要素があるかを調べる

List(Of T)クラスのContains()メソッドは、引数に指定した値の要素があるかどうかを検索し、一致する要素があればTrueを返します。

▼指定した要素があるかを調べる

```
Console.WriteLine(colors.Contains("Yellow")) ' 出力: True
```


指定した値に一致する要素のインデックスを取得する

List(Of T)クラスのIndexOf()メソッドでは、引数に指定した値と一致する要素のインデックスを返します。

●List(Of T).IndexOf()メソッド

書式	List(Of T).IndexOf(T item)	
パラメーター	T item	itemは検索する要素の値。Tはその型名。

▼作成済みのリストcolorsから" Pink "、" Red "、" Green "のインデックスを取得する

```
Console.WriteLine(colors.IndexOf("Pink"))  ' 出力: 0
Console.WriteLine(colors.IndexOf("Red"))   ' 出力: 1
Console.WriteLine(colors.IndexOf("Green")) ' 出力: 2
```

条件に合致する要素を検索する

Find()メソッドは、条件に合致する要素がリストに存在する場合、最初に見付かった要素を返します。引数には、検索する要素の条件を定義するデリゲート(5章で説明)、またはラムダ式を設定することができます。

●List(Of T).Find() メソッド

条件と一致する要素を検索し、最もインデックス番号の小さい要素を返します。

書式	List(Of T).Find(Predicate(Of T))	
パラメーター	Predicate(Of T)	検索する要素の条件を定義するPredicate(Of T)デリゲート。ラムダ式を使って簡潔に表現することができます。
戻り値	最初に見付かった要素。見付からなかった場合は、List(Of T)の型Tの既定値を返します。	

作成済みのリストcolorsから、"u"の文字を含む要素を検索してみましょう。

▼条件に合致する要素をFind()メソッドで検索する

```
' Find()の引数は、Contains()で指定した文字が要素に含まれるかを調べるラムダ式
' Contains()の引数は1文字なのでChar型を示すcを付ける
Dim result = colors.Find(Function(s As String) s.Contains("u"c))
Console.WriteLine("uを含む-->" & result)
```

▼実行結果

```
uを含む-->Blue
```

最初に一致した"Blue"が戻り値として返されています。「Dim result」としていますが、Find()メソッドは最初に見付かった要素を返すので、ここではresultの型はString型となります。したがって「Dim result As String」と書いてもかまいません。

Find()はリストの個々の要素に対して処理するので、ラムダ式では、

```
colors.Find(Function(s As String)
```

のようにリスト要素の文字列をパラメーターsで取得し、このsに対して

```
s.Contains("u"c)
```

のようにStringクラスのContains()メソッドを実行して"u"という文字が含まれるかを調べるようにしています。見付かった場合はContains()がTrueを返すので、Find()はその要素を戻り値として返す、という手順です。ラムダ式についての説明は、「Memo：ラムダ式」を参照してください。

条件に合致するすべての要素を検索する

FindAll() メソッドは、条件に合致する要素がリストに存在する場合、見付かったすべての要素を返します。引数には検索する要素の条件を定義するデリゲート、またはラムダ式を設定することができます。

●List(Of T).FindAll() メソッド

条件と一致する要素を検索し、条件に合致したすべての要素の値をリストにして返します。

書式	List(Of T).Find(Predicate(Of T))	
パラメーター	Predicate(Of T)	検索する要素の条件を定義するPredicate(Of T)デリゲート。ラムダ式を使って簡潔に表現することができます。
戻り値	条件に一致するすべての要素を格納するリストを返します。条件に一致する要素がない場合は、空のリストを返します。	

リストcolorsから"u"の文字を含むすべての要素を検索してみます。

▼条件に合致する要素をFindAll()メソッドで検索する

```
' "u"を含むすべての要素を検索する
Dim results = colors.FindAll(Function(s As String) s.Contains("u"c))
' For Each...Nextでリストの全要素を取得する
For Each e As String In results
    Console.WriteLine(e)
Next
```

▼出力

```
Blue
Purple
```


条件に合う要素のインデックスを取得する

FindIndex()メソッドは、Find()メソッドと同様に条件に合致する要素を検索します。Find()メソッドとの違いは、戻り値が要素ではなく、最初に見付かった要素のインデックスであることです。

▼条件に合致する（最初に見付かった）要素のインデックスを取得する

```
Console.WriteLine(colors.FindIndex(Function(s As String) s.Contains("u"c)))
```

▼出力

```
3
```

リストcolorsには、"u"を含む要素が2つ（"Blue"と"Purple"）がありますが、FindIndex()メソッドは最初に見付かった"Blue"のインデックス3を返しています。

リストの要素を逆順に並べ替える

List(Of T)クラスのReverse()メソッドは、要素の並びを逆順に並べ替えます。

▼要素を逆順に並べ替える

```
colors.Reverse()
For Each e As String In colors
    Console.WriteLine(e)
Next
```

▼実行結果

```
Purple
Yellow
Blue
Green
Red
Pink
```

リストの要素を削除する

List(Of T) クラスのRemoveAt() メソッドは、引数に指定したインデックスに該当する要素を削除します。

▼インデックスを指定して要素を削除する

```
' インデックス0の要素を削除する
colors.RemoveAt(0)
For Each e As String In colors
    Console.WriteLine(e)
Next
```

▼実行結果

```
Yellow
Blue
Green
Red
Pink
```

要素の値を指定して削除する

特定の値の要素を削除するには、List(Of T) クラスのRemove() メソッドを使います。

▼"Yellow"を削除する

```
colors.Remove("Yellow")
For Each e As String In colors
    Console.WriteLine(e)
Next
```

▼実行結果

```
Blue
Green
Red
Pink
```

条件を指定して要素を削除する

条件を指定して、条件に合致する要素を削除することもできます。その場合はRemoveAll() メソッドを使います。引数には、削除する要素の条件を定義するデリゲート、またはラムダ式を設定します。

●List(Of T).RemoveAll() メソッド

引数に指定したデリゲートに基づいて、リストから要素を削除します。

書式	List(Of T).RemoveAll(Predicate(Of T))	
パラメーター	Predicate(Of T)	削除する要素の条件を定義する Predicate(Of T) デリゲート。または、ラムダ式を使って簡潔に表現することができます。
戻り値	リストから削除される要素の数 (Integer)。	

リストcolorsには、"Blue"、"Green"、"Red"、"Pink"が格納されています。"n"を含む要素を削除してみましょう。

▼指定した条件に合致する要素を削除する

```
' "n"を含む要素を削除する
colors.RemoveAll(Function(s As String) s.Contains("n"c))
' For Each...Nextでリストの全要素を取得する
For Each e As String In colors
    Console.WriteLine(e)
Next
```


▼実行結果

```
Blue
Red
```

リストの要素から"n"を含む要素が削除された結果、リストの要素は"Blue"と"Red"だけになりました。

すべての要素を削除する

List(Of T)クラスのClear()メソッドは、リストのすべての要素を削除します。

▼すべての要素を削除する

```
colors.Clear()
Console.WriteLine(colors.Count) ' 出力: 0
```

リストの要素を配列にコピーする

List(Of T)クラスのToArray()メソッドは、リストの要素を配列にコピーします。

▼リストの要素を配列にコピーする

```
Dim rgb As New List(Of String)(New String() {"Red", "Green", "Blue"})
Dim arr = rgb.ToArray()
For Each e As String In arr
    Console.WriteLine(e)
Next
```

▼実行結果(配列arrの要素が出力される)

```
Red
Green
Blue
```

Memo ラムダ式

「ラムダ式」は、名前のないプロシージャを定義するための式です。

●戻り値を返すラムダ式

戻り値を返す場合は、

```
Dim add = Function
```

のようにFunctionキーワードを記述し、パラメーターを設定します。

```
Dim add = Function(num As Integer)
```

Functionのあとにプロシージャ名がないことに注意してください。パラメーターのあとに、プロシージャの本体として単一の式を入力します。このとき、As句を使用して戻り値の型を指定する必要はありません。

```
Dim add = Function(num As Integer)
num + 1
```

addには名前なしプロシージャを実行するFunctionオブジェクトが格納されているので、

```
add(引数)
```

と書いてラムダ式を実行し、戻り値を得ることができます。

```
Console.WriteLine(add(5)) ' 出力: 6
```

ラムダ式を変数に格納しないで、次のように書くこともできます。

```
Console.WriteLine((Function(num As
Integer) num + 1)(5)) ' 出力: 6
```

●戻り値を返さないラムダ式

戻り値を返さない場合は、Subキーワードで

```
Dim msg = Sub
```

のように記述し、Subの直後でパラメーターを設定します。

```
Dim msg = Sub(str As String)
```

パラメーターのあとに続けて、プロシージャの本体として単一のステートメントを入力します。

```
Dim msg = Sub(str As String)
Console.WriteLine(str)
```

引数を指定してラムダ式を呼び出します。

```
msg("Hello")' 出力: Hello
```

リストのリスト

リストの要素としてリストを格納することができます。2次元配列のようなものですが、要素にするリストのサイズは自由に決めることができます。リストを要素にする場合は、宣言時にList(Of T)の型名を

```
Dim リスト名 As New List(Of List(Of 要素のリストの型))
```

のように、List(Of T)のかたちにするのがポイントです。

▼リストの要素にリストを格納する

```
' リストを宣言する
Dim list As New List(Of List(Of String))
' リストの要素にするリストを初期化
Dim inner1 As New List(Of String)(New String() {"Red", "Green", "Blue"})
Dim inner2 As New List(Of String)(New String() {"赤", "緑", "青"})
' listの要素として2個のリストを追加する
list.Add(inner1)
list.Add(inner2)

' 要素のリストを抽出
For Each lst As List(Of String) In list
    ' 要素のリストから要素を抽出
    For Each str As String In lst
        Console.Write(str & ", ")
    Next
    Console.WriteLine()
Next
```

▼実行結果

```
Red, Green, Blue,
赤, 緑, 青,
```

コレクション初期化子Fromを使用して多重リストを初期化する

コレクション初期化子Fromを使うと、多重リスト（リストのリスト）の宣言と同時に初期化することができます。

▼多重リストの宣言と同時に初期化する

```
' コレクション初期化子Fromを使用して多重リストを初期化する
Dim list2 = New List(Of List(Of String)) From
    {
        New List(Of String) From {"Red", "Green", "Blue"},
        New List(Of String) From {"赤", "緑", "青"}
    }
' 要素のリストを抽出
For Each lst As List(Of String) In list2
    ' 要素のリストから要素を抽出
    For Each str As String In lst
        Console.Write(str & ", ")
    Next
    Console.WriteLine()
Next
```

▼実行結果

```
Red, Green, Blue,
赤, 緑, 青,
```

3.4.2 Dictionary(Of TKey,TValue)クラス

ディクショナリ（Dictionary）は、キーと値のセットを要素とするコレクションです。リストがインデックスを使用して要素にアクセスするのに対し、ディクショナリはキーを指定して要素にアクセスします。

ディクショナリの宣言と初期化

ディクショナリは次のように宣言します。TKeyはキーの型、TValueは値の型を示します。

▼ディクショナリの宣言

```
Dim 名前 As New Dictionary(Of TKey, TValue)()
```

宣言と同時に初期化を行うには、コレクション初期化子Fromを使って次のように記述します。

▼ディクショナリの宣言と初期化

構文

```
Dim 名前 As New Dictionary(Of TKey, TValue) From
    {
        {Key0, Value0},
        {Key1, Value1},
        ......
    }
```

▼String型のキーと値を持つディクショナリの宣言と初期化

```
Dim dic As New Dictionary(Of String, String) From {
        {"わたし", "名詞"},
        {"は", "助詞"},
        {"プログラム", "名詞"}
    }
```

ディクショナリに要素（キーと値）を追加する

宣言済みのディクショナリには、Add()メソッドで要素を追加することができます。

● Dictionary(Of TKey,TValue).Add(Of TKey,TValue)メソッド
第1引数にキー、第2引数に値を指定し、ディクショナリに追加します。

▼ディクショナリに要素を追加する

```
dic.Add("です", "助動詞")
```

ディクショナリの要素へのアクセス

ディクショナリでは、( )でキーを指定することで値を取り出せます。

▼ディクショナリの値を取得する

```
ディクショナリ名(キー)
```

前ページで作成したディクショナリdicから、キーを指定して値を取得してみます。

▼キーを指定して値を取得する

```
Console.WriteLine(dic("わたし"))
```

▼出力

```
名詞
```

Valuesプロパティで値のコレクションを取得する

Dictionaryクラスの Valuesプロパティは、ディクショナリのすべての値を格納したコレクション(ValueCollectionオブジェクト)を返します。For Each...Nextを使うと、Valuesプロパティが返すコレクションに格納されている値を1つずつ取り出して処理することができます。

▼Valuesプロパティで値のコレクションを取得してFor Each...Nextで処理する

```
For Each value In dic.Values
    Console.WriteLine(value)
Next
```

▼出力

```
名詞
助詞
名詞
助動詞
```

Keysプロパティでキーのコレクションを取得する

Dictionaryクラスのkeysプロパティは、ディクショナリのすべてのキーを格納したコレクション(KeyCollectionオブジェクト)を返します。For Each...Nextを使うと、Keysプロパティが返すコレクションに格納されているキーを1つずつ取り出して処理することができます。

▼Keysプロパティでキーのコレクションを取得してFor Each...Nextで処理する

```
For Each key In dic.Keys
    Console.WriteLine(key)
```

▼出力

```
わたし
は
プログラム
です
```


キーと値のペアを取得する

ディクショナリの要素になるキーと値のペアは、KeyValuePair(Of TKey,TValue)構造体型のオブジェクトとして格納されています。

●KeyValuePair(Of TKey,TValue)構造体
キー/値のペアを格納するためのデータ型を定義します。

KeyValuePair構造体には、キーを取得するKeyプロパティと値を取得するValueプロパティが用意されています。作成済みのディクショナリdicから要素(KeyValuePair)を1個ずつ取り出して、キーと値を抽出してみましょう。

▼すべてのキー/値のペアを取得する

```
' ブロックパラメーターitemはKeyValuePair(Of TKey,TValue)構造体型
For Each item In dic
    Console.WriteLine("[{0}:{1}]", ' 書式設定
                      item.Key,     ' キーを抽出
                      item.Value)   ' 値を抽出
Next
```

▼出力

```
[わたし:名詞]
[は:助詞]
[プログラム:名詞]
[です:助動詞]
```

ディクショナリの検索

ディクショナリのキーを検索するにはContainsKey()メソッド、値を検索するにはContainsValue()メソッドを使います。

ディクショナリのキーを検索する

ContainsKey()メソッドは、引数に設定したキーがディクショナリに存在する場合はTrueを返し、それ以外はFalseを返します。

▼指定したキーが存在するか調べる

```
' 検索するキー
Dim key = "プログラム"
' keyがキーとして存在するか調べる
If (dic.ContainsKey(key)) Then
    Console.WriteLine("[{0}]はキーとして存在します", key)
Else
    Console.WriteLine("[{0}]はキーとして存在しません", key)
End If
```

▼出力

```
[プログラム]はキーとして存在します
```

ディクショナリの値を検索する

ContainsValue()メソッドは、引数に設定した値がディクショナリに存在する場合はTrueを返し、それ以外はFalseを返します。

▼指定した値が存在するか調べる

```
' 検索する値
Dim val = "名詞"
' valが値として存在するか調べる
If (dic.ContainsValue(val)) Then
    Console.WriteLine("[{0}]は値として存在します", val)
Else
    Console.WriteLine("[{0}]は値として存在しません", val)
End If
```

▼出力

```
[名詞]は値として存在します
```

キー/値のペアをリストにする

ディクショナリをリストに変換すると、リストとしてソートなどの処理が行えます。この場合、KeyValuePair構造体型のリストを作成し、

```
Dim list = new List(Of KeyValuePair(Of string, string))(dic)
```

のようにすれば、キー/値のペアをリストの要素にすることができます。

▼リストにディクショナリの要素(キー/値)を格納する

```
' KeyValuePair型のリストにディクショナリのキー/値のペアを要素として格納
Dim list = New List(Of KeyValuePair(Of String, String))(dic)

' ブロックパラメーターitemはKeyValuePair(Of TKey,TValue)構造体型
For Each item In list
    ' KeyプロパティとValueプロパティでキーと値を取り出す
    Console.WriteLine("[{0}:{1}]", ' 書式設定
                      item.Key,     ' キーを抽出
                      item.Value)   ' 値を抽出
Next
```

▼出力(リストに格納されたKeyValuePairからキーと値を抽出)

```
[わたし:名詞]
[は:助詞]
[プログラム:名詞]
[です:助動詞]
```

ディクショナリとリストの相互変換

ディクショナリからリストを作成したり、リストからディクショナリを作成する方法について見ていきましょう。

ディクショナリからリストを作成する

DictionaryのKeysプロパティやValuesプロパティをListクラスのコンストラクターList()の引数にすることで、キーのリスト、値のリストをそれぞれ作成することができます。

▼ディクショナリのキー/値をそれぞれリストにする

```
' ディクショナリのキーを格納するリスト
Dim kList = New List(Of String)(dic.Keys)
' ディクショナリの値を格納するリスト
Dim vList = New List(Of String)(dic.Values)
' リストkListに格納されたすべてのキーを出力
Console.WriteLine("[{0}]", String.Join(", ", kList))
' リストvListに格納されたすべての値を出力
Console.WriteLine("[{0}]", String.Join(", ", vList))
```

▼出力

```
[わたし, は, プログラム, です]
[名詞, 助詞, 名詞, 助動詞]
```

リストからディクショナリを作成する

Enumerable.Zip()メソッドを利用して、リストからディクショナリを作成することができます。

●Enumerable.Zip()メソッド

書式	Zip(first, second)	
パラメーター	first	マージ(混合)する1番目のシーケンス。
	second	マージする2番目のシーケンス。

▼キーのリスト、値のリストを作成してディクショナリにまとめる

```
' キーのリストを作成
Dim keyList = New List(Of String) From
    {"ぼく", "は", "プログラム", "です"}

' 値のリストを作成
Dim valueList = New List(Of String) From
    {"名詞", "助詞", "名詞", "助動詞"}

' Zip()メソッドの第1引数:
'     値のリストvalueListを設定
' Zip()メソッドの第2引数:
'     2つのリストの要素をプロパティに持つ匿名型のシーケンスを作るラムダ式を設定
' Zip()の結果として2つのシーケンスから1つのシーケンスが生成されるので、
' ToDictionary()を適用してDictionaryを生成する
Dim dict As Dictionary(Of String, String) =
    keyList.Zip(valueList,
```

```
                    Function(k, v) New With {k, v}).ToDictionary(
                        Function(anony) anony.k, ' 匿名型からキーを取得
                        Function(anony) anony.v) ' 匿名型から値を取得

' ブロックパラメーターitemはKeyValuePair(Of TKey,TValue)構造体型
For Each item In dict
    ' KeyプロパティとValueプロパティでキーと値を取り出す
    Console.WriteLine("[{0}:{1}]",     ' 書式設定
                        item.Key,      ' キーを抽出
                        item.Value)    ' 値を抽出
Next
```


▼出力

```
[ぼく:名詞]
[は:助詞]
[プログラム:名詞]
[です:助動詞]
```

ラムダ式の「New With {}」は匿名型のオブジェクトの生成式です。

```
Function(k, v) New With {k, v}
```

とすることで、keyListとvalueListの要素を格納した匿名型のオブジェクトが生成されます。

```
keyList.Zip(valueList, Function(k, v) New With {k, v})
```

とすることで、keyListとvalueListをマージ(混合)した1つのシーケンスが作成されるので、これにToDictionary()メソッドを適用してディクショナリを生成します。ToDictionary()の引数は、

```
Function(anony) anony.k, ' 匿名型からキーを取得
Function(anony) anony.v  ' 匿名型から値を取得
```

のように、第1引数に「匿名型からキーを取得するラムダ式」、第2引数に「匿名型から値を取得するラムダ式」を設定しています。Function(anony)のanonyは匿名型を取得するパラメーターです。パラメーターですのでanonyではなく、任意の名前でもかまいません。anony.kでキーの取得、anony.vで値の取得が行われ、これらが戻り値として返されるので、ToDictionary()メソッドの結果として、ディクショナリが作成されます。

Section

3.5 表示形式の変換

Level ★★★ | Keyword ●● ●●

数値には、通貨形式や日付形式などの任意の書式を設定することができます。例えば、金額を表す場合は、「50000」よりも「50,000」と表示した方がわかりやすくなります。

このような書式は、書式の設定を行う関数を利用して設定します。ここでは、数値を通貨形式に変換するFormatCurrency()関数と、数値を任意の表示形式に変換するFormat()関数を使ったデータ型の変換処理について見ていきます。

表示形式の変換を行う関数

ここでは、表示形式の変換を行う次の関数について見ていきます。

• FormatCurrency()関数

数値を通貨形式の文字列に変換します。

• Format()関数

数値を以下の表示形式に変換します。

- 数値を数字に変換
- 数値を日付形式に変換
- 数値を時刻形式に変換

Format()関数では、数値を文字列の数字に変換するときに表示する桁数を指定したり、日付や時刻を任意の形式で表示することができます。このような指定を行うには、書式指定文字を使います。

3.5.1 数値を通貨形式の文字列に変換する関数

●FormatCurrency() 関数

FormatCurrency() 関数は、値を3桁ずつカンマで区切り、通貨記号を追加した通貨形式の文字列に変換します。

▼FormatCurrency関数を使って通貨形式の文字列に変換する

```
FormatCurrency(変換する値)
```

通貨形式の文字列に変換するには

ここでは、「3.2.6　変数と定数を使ったプログラムの作成」で作成したプログラムを改造して、計算結果を通貨形式で表示するようにしてみましょう。

1 「3.2.6　変数と定数を使ったプログラムの作成」で作成したフォームをコードビューで表示します。

2 次のように、計算結果をラベルに表示する部分を書き換えます。

▼コードの書き換え（プロジェクト「FormatCurrencyApp」）

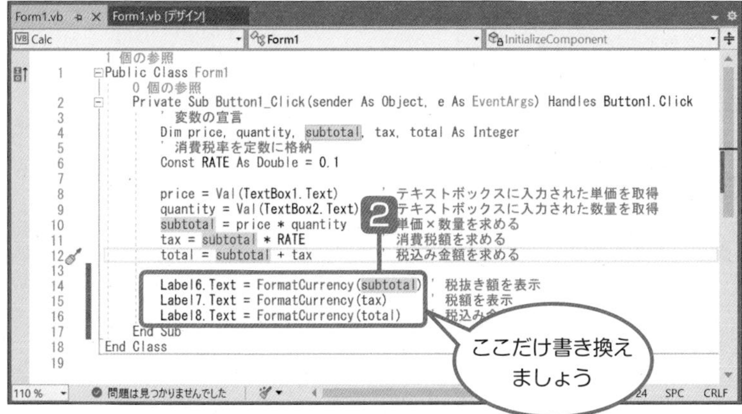

▼プログラムの実行

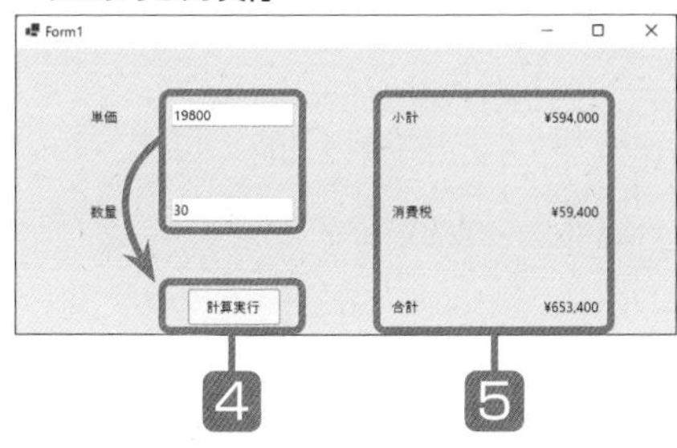

3 ツールバーの**開始**ボタンをクリックして、プログラムを実行します。

4 単価と数量を入力して、**計算実行**ボタンをクリックします。

5 計算結果が、3桁ごとに区切られて、円記号と共に表示されます。

3 Visual Basicの基本

Memo データ型変換関数

Visual Basicには、データ型変換関数が用意されています。

▼データ型変換関数で文字列を数値に変換

構文　任意の変数名 = データ型変換関数名 (変換の対象)

▼データ型変換関数

関数名	戻り値の型	引数 (expression) の範囲
CBool()	論理型 (Boolean)	任意の有効な文字列型 (String)、または数式。
CByte()	バイト型 (Byte)	値の範囲は0～255。小数部分は丸められる。
CChar()	文字型 (Char)	任意の有効な文字列型 (String) の式。値の範囲は0～65535。
CDate()	日付型 (Date)	日付や時刻。
CDbl()	倍精度浮動小数点数型 (Double)	−1.79769313486231E+308～−4.94065645841247E−324 (負の値)。 4.94065645841247E−324～1.79769313486231E+308 (正の値)。
CDec()	10進型 (Decimal)	小数点以下が0桁 (小数部分を持たない数値) の場合、 −79,228,162,514,264,337,593,543,950,335～ 79,228,162,514,264,337,593,543,950,335。 小数点以下28桁の数値の場合は、 −7.9228162514264337593543950335～ 7.9228162514264337593543950335。 絶対値の最小値は0を除いた場合、 0.0000000000000000000000000001。
CInt()	整数型 (Integer)	値の範囲は−2,147,483,648～2,147,483,647。小数部分は丸められる。
CLng()	長整数型 (Long)	値の範囲は−9,223,372,036,854,775,808～ 9,223,372,036,854,775,807。小数部分は丸められる。
CObj()	オブジェクト型 (Object)	任意の有効な式。
CShort()	短整数型 (Short)	値の範囲は−32,768～32,767。小数部分は丸められる。
CSng()	単精度浮動小数点数型 (Single)	値の範囲は−3.402823E+38～−1.401298E−45 (負の値)。 1.401298E−45～3.402823E+38 (正の値)。
CStr()	文字列型 (String)	論理型 (Boolean)、日付型 (Date)、数値。

3.5.2 数値を任意の表示形式に変換する関数

●Format() 関数

通貨形式をはじめ、日付形式や時刻形式などの任意の形式の文字列に値を変換する場合は、Format() 関数で、**書式指定文字**と呼ばれる記号を使うことで、表示形式の指定を行います。

▼Format() 関数を使って任意の表示形式に値を変換する

```
Format(変換する値, 書式指定文字)
```

任意の表示形式に値を変換する方法を確認する

Format() 関数において、数値、日付、時刻に変換する際に使用する書式指定文字について見ていきましょう。

●数値を数字に変換する書式指定文字

数値を数字に変換する書式指定文字には、次のような種類があります。

▼数値を数字に変換する書式指定文字

書式指定文字	内容
0	1つの0が1桁に相当する。
	0を指定した桁に数値がない場合は0が表示される。
	0を指定した桁を数値が超える場合は、すべての桁の値が表示される。
	数値の小数部の桁数が、小数部で指定されている0の桁数を超えている場合は、超えている部分が四捨五入されて、0と同じ桁数で表示される。
#	1つの#が1桁に相当する。
	#を指定した桁に数値がない場合は何も表示されない。
	#を指定した桁を数値が超える場合は、すべての桁の値が表示される。
	数値の小数部の桁数が、小数部で指定されている#の桁数を超えている場合は、超えている部分が四捨五入されて、#と同じ桁数で表示される。
.	小数点を設定する。
,	カンマを挿入して値を3桁ごとに区切る。
%	値を100倍してパーセント記号 (%) を挿入する。
¥	あとに続く文字をダブルクォーテーション (") で囲む働きをする。円記号 (¥) を表示するには「¥¥」と記述する。

●指定した桁数で数値を表示する

55という数値を「0055」のように4桁で表示するには、次のように記述します。

```
Console.WriteLine(Format(55, "0000")) ' 0055
```

●数値のすべての整数部をそのまま表示する

0または#を使って、次のように記述します。ただし、#は数値が0のとき何も表示されません。

```
Console.WriteLine(Format(55, "0"))     ' 55
Console.WriteLine(Format(55, "#"))     ' 55
Console.WriteLine(Format(0, "0"))      ' 0
Console.WriteLine(Format(0, "#"))      ' 出力なし
```

●小数点以下を表示する

小数の値を表示する場合は、次のように記述します。

```
Console.WriteLine(Format(123.45, "0.00"))  ' 123.45
Console.WriteLine(Format(123.45, "0.000")) ' 123.450
```

ただし、Format(123.4555, "0.00")のように、小数点以下の桁数を超えている場合は、四捨五入して表示されるので注意が必要です。

```
Console.WriteLine(Format(123.45, "0.0")) ' 123.5
```

●3桁ごとにカンマを挿入する

59800という数値を「59,800」のようにカンマで区切るには、次のように記述します。

```
Console.WriteLine(Format(59800, "#,#")) ' 59,800
Console.WriteLine(Format(0, "#,#"))     ' 出力なし
```

なお、数値が0のときに「0」と表示する場合は、次のように記述します。

```
Console.WriteLine(Format(59800, "#,#0")) ' 59,800
Console.WriteLine(Format(0, "#,#0"))     ' 0
```

●3桁ごとに区切って¥記号を付ける

数値を3桁ごとに区切って¥記号を付けるには、次のように記述します。

```
Console.WriteLine(Format(59800, "¥¥#,#")) ' ¥59,800
Console.WriteLine(Format(0, "¥¥#,#0"))    ' ¥0
```

●文字列と組み合わせて表示する

「合計59,800円です」のように特定の文字列と組み合わせるには、次のように記述します。

```
Console.WriteLine(Format(59800, "合計#,#0円です")) ' 合計59,800円です
```

●日付と時刻に関する書式指定文字

特定の数値を日付用の文字列や時刻用の文字列に変換するための書式指定文字には、次のような種類があります。

▼数値を日付用の文字列に変換する書式指定文字

書式指定文字	内容	表示例
y	西暦を1～9999の数字で表示する。	2021年1月
yy	西暦を2桁の数字で表示する。	21
yyy	西暦を4桁の数字で表示する。	2021
M	1～12の数字で月を表示する。	1月22日
MM	01～12の2桁の数字で月を表示する。	01
MMM	「○○月」の形式で表示する	12月
MMMM	「○○月」の形式で表示する	1月
d	1～31の数字で日を表示する。	2021/01/22
dd	01～31の2桁の数字で日を表示する。	22
ddd	曜日を短縮形で表示する。	金
dddd	曜日を短縮せずにそのまま表示する。	金曜日
/	日付の区切り記号。	
-	日付の区切り記号。	

▼数値を時刻用の文字列に変換する書式指定文字

書式指定文字	内容
hh	00～11の数字で時（12時間制）を表示する。
HH	00～23の数字で時（24時間制）を表示する。
t	時刻を「21:53」のように表示する。
tt	時刻が午前中の場合は「午前」、午後の場合は「午後」と表示する。
mm	00～59の数字で分を表示する。
s	「2021-12-25T21:57:05」のように秒までのすべてを表示する。
ss	00～59の数字で秒を表示する。
f	fの桁数ぶんだけ秒の小数部を表示する。fで10分の1秒、ffで100分の1秒までを表示。
:	時刻の区切り記号。

3.5.3 データのコンバート（変換）を行うプログラムの作成

ここでは、任意の値のデータ型を他のデータ型に変換するプログラムを作成してみます。

今回のソースコードは、紙面の都合上、掲載することができませんので、お手数ですがサンプルデータをダウンロードしてご参照ください。なお、プログラム自体はデータの変換を目的としていますが、まだ説明していない要素も含まれますので、まずはダウンロードしたプログラムを動かしてみることから始めてもよいかと思います。

●Convertクラス

データ型を他のデータ型に変換するには、Convertクラスのメソッドを使います。作成するプログラムでは、以下のメソッドを使って、指定した値をコンバートすることにします。

▼データ型のコンバートを行うConvertクラスのメソッド

メソッド名	内容
ToByte()	指定した値を8ビット符号なし整数（Byte型）に変換する。
ToChar()	指定した値をUnicode文字（Char型）に変換する。
ToDateTime()	指定した値をDateTime（Date型）に変換する。
ToDecimal()	指定した値をDecimal型の数値に変換する。
ToDouble()	指定した値を倍精度浮動小数点数（Double型）に変換する。
ToInt16()	指定した値を16ビット符号付き整数（Short型）に変換する。
ToInt32()	指定した値を32ビット符号付き整数（Integer型）に変換する。
ToInt64()	指定した値を64ビット符号付き整数（Long型）に変換する。
ToSingle()	指定した値を単精度浮動小数点数（Single型）に変換する。
ToString()	指定した値を、それと等価な文字列（String型）に変換する。

データ型のコンバートを行うプログラムの作成

それでは、データ型をコンバート（変換）するプログラムを作成することにしましょう。

1 Windowsフォームアプリケーション用のプロジェクトを作成します。

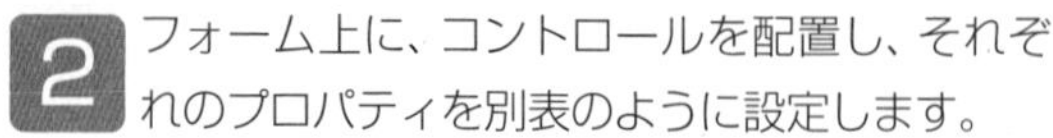

2 フォーム上に、コントロールを配置し、それぞれのプロパティを別表のように設定します。

▼コントロールの配置（プロジェクト「ConvertApp」）

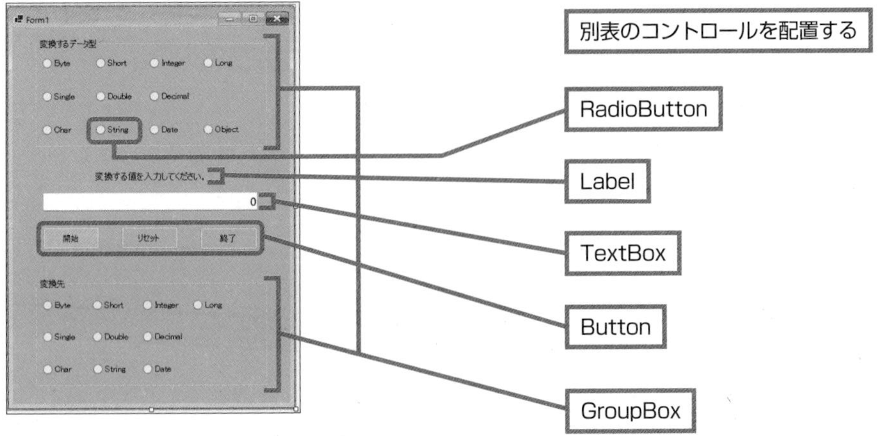

▼変換元のコントロール

●GroupBox

(Name)	GroupBox1
Text	変換するデータ型

●Byte型用のRadioButton

(Name)	rbtBytBefore
Checked	False
Enabled	True
Text	Byte

●Short型用のRadioButton

(Name)	rbtShtBefore
Checked	False
Enabled	True
Text	Short

●Integer型用のRadioButton

(Name)	rbtIntBefore
Checked	False
Enabled	True
Text	Integer

●Long型用のRadioButton

(Name)	rbtLngBefore
Checked	True
Enabled	True
Text	Long

●Single型用のRadioButton

(Name)	rbtSngBefore
Checked	False
Enabled	True
Text	Single

●Double型用のRadioButton

(Name)	rbtDblBefore
Checked	False
Enabled	True
Text	Double

●Decimal型用のRadioButton

(Name)	rbtDecBefore
Checked	False
Enabled	True
Text	Decimal

● Char型用のRadioButton

(Name)	rbtChrBefore
Checked	False
Enabled	True
Text	Char

● String型用のRadioButton

(Name)	rbtStrBefore
Checked	False
Enabled	True
Text	String

● Date型用のRadioButton

(Name)	rbtDteBefore
Checked	False
Enabled	True
Text	Date

● Object型用のRadioButton

(Name)	rbtObjBefore
Checked	False
Enabled	True
Text	Object

● Button

(Name)	button1
BackColor	(任意)
Text	開始

● Label

(Name)	label1
AutoSize	True
Text	変換する値を入力してください。

● TextBox

(Name)	textBox1
Size(Width)	170
Height	19
TextAlign	Right
Text	0

▼変換先のコントロール

● GroupBox

(Name)	GroupBox2
Text	変換先

● Byte型用のRadioButton

(Name)	rbtBytAfter
Checked	False
Enabled	True
Text	Byte

● Short型用のRadioButton

(Name)	rbtShtAfter
Checked	False
Enabled	True
Text	Short

●Integer型用のRadioButton

(Name)	rbtIntAfter
Checked	False
Enabled	True
Text	Integer

●Long型用のRadioButton

(Name)	rbtLngAfter
Checked	False
Enabled	True
Text	Long

●Single型用のRadioButton

(Name)	rbtSngAfter
Checked	False
Enabled	True
Text	Single

●Double型用のRadioButton

(Name)	rbtDblAfter
Checked	False
Enabled	True
Text	Double

●Decimal型用のRadioButton

(Name)	rbtDecAfter
Checked	False
Enabled	True
Text	Decimal

●Char型用のRadioButton

(Name)	rbtChrAfter
Checked	False
Enabled	True
Text	Char

●String型用のRadioButton

(Name)	rbtStrAfter
Checked	False
Enabled	True
Text	String

●Date型用のRadioButton

(Name)	rbtDteAfter
Checked	False
Enabled	True
Text	Date

●終了用のButton

(Name)	btnClose
Text	終了

●リセット用のButton

(Name)	btnClear
Text	リセット

Onepoint

変換元のコントロールと変換先のコントロールは、それぞれGroupBox（グループボックス）上に配置しています。GroupBoxは、コントロールをまとめるための土台となるコントロールです。配置したあとで四隅をドラッグして位置やサイズを調整したあと、その上にラジオボタンを配置してください。

ソースコード

Form1.vbに、次の要素を入力します。ソースコードの詳細はダウンロードデータの「Convert」プロジェクト内のソースファイルを参照してください。

●dataType列挙体

データ型を識別するための列挙子を11個登録します。

●dataTypeSaveフィールド

変換前のデータ型の種類を格納するdataType型の変数です。

●button1_Click()

「開始」ボタンをクリックしたときに呼ばれるイベントハンドラーです。メッセージボックスに「変換元のデータ型を選択してください。」と表示します。

●btnClear_Click()

「リセット」ボタンをクリックしたときに呼ばれるイベントハンドラーです。ラジオボタンの選択を解除し、テキストボックスに入力されている値をクリアします。

●btnClose_Click()

「終了」ボタンがクリックされたときに呼ばれるイベントハンドラーです。「Me.Close()」でフォームを閉じます。Meはフォーム自身を表すキーワードで、FormクラスのClose()は、フォームを閉じるメソッドです。

●DisplayReset()メソッド

テキストボックスの内容をクリアして、テキストボックスにフォーカスを当てます。変換元のデータ型のラジオボタンがオンにされたタイミングで呼び出します。

●RadioBtnFalse()メソッド

ラジオボタンをリセットします。「リセット」ボタンがクリックされたときに呼び出します。

●TextBox1_Validating()メソッド

変換先のラジオボタンがオンにされたときに呼ばれるメソッドです。これには、コントロールが検証を行っているときに発生するValidatingというイベントを利用します。テキストボックスが未入力のときはメッセージボックスで通知し、入力されていればTextboxTxtConvert()メソッドを呼び出します。

●TextboxTxtConvert()メソッド

テキストボックスに入力された文字列形式のデータを、変換元として指定したデータ型に変換(コンバート)するメソッドです。

●変換元および変換先のラジオボタンがオンにされたときに呼び出すメソッド

変換元のラジオボタンがオンにされたときのメソッドでは、選択したデータ型の説明をメッセージボックスで表示し、[OK]ボタンがクリックされたらDisplayReset()を呼んでテキストボックスをクリアしてフォーカスを当てます。

変換先のラジオボタンがオンにされたときのメソッドでは、変換結果をメッセージボックスで表示します。

▼変換元／変換先のラジオボタンがオンにされたときに呼び出すメソッド

データ型	変換元のラジオボタンから呼び出すメソッド	変換先のラジオボタンから呼び出すメソッド
Byte	rbtBytBefore_CheckedChanged()	rbtBytAfter_CheckedChanged()
Short	rbtShtBefore_CheckedChanged()	rbtShtAfter_CheckedChanged()
Integer	rbtIntBefore_CheckedChanged()	rbtIntAfter_CheckedChanged()
Long	rbtLngBefore_CheckedChanged()	rbtLngAfter_CheckedChanged()
Single	rbtSngBefore_CheckedChanged()	rbtSngAfter_CheckedChanged()
Double	rbtDblBefore_CheckedChanged()	rbtDblAfter_CheckedChanged()
Decimal	rbtDecBefore_CheckedChanged()	rbtDecAfter_CheckedChanged()
Char	rbtChrBefore_CheckedChanged()	rbtChrAfter_CheckedChanged()
String	rbtStrBefore_CheckedChanged()	rbtStrAfter_CheckedChanged()
Date	rbtDteBefore_CheckedChanged()	rbtDteAfter_CheckedChanged()
Object	rbtObjBefore_CheckedChanged()	—

Memo

#と0の違い

#と0は、どちらも値を数字として表示する働きがありますが、指定してある桁に数値がない場合は、0の場合は「0」という数字が表示されるのに対し、#の場合は何も表示されません。

なお、変換する数値が指定した桁数を超えている場合は、0や#で指定した桁数に関係なく、すべての整数部の値が表示されます。

```
Format(11, "0000")――0011
Format(11, "####")――11
Format(12345, "0")――12345
Format(12345, "#")――12345
```

データのコンバートを行うプログラムの操作

それでは、作成したプログラムを実行してみることにしましょう。

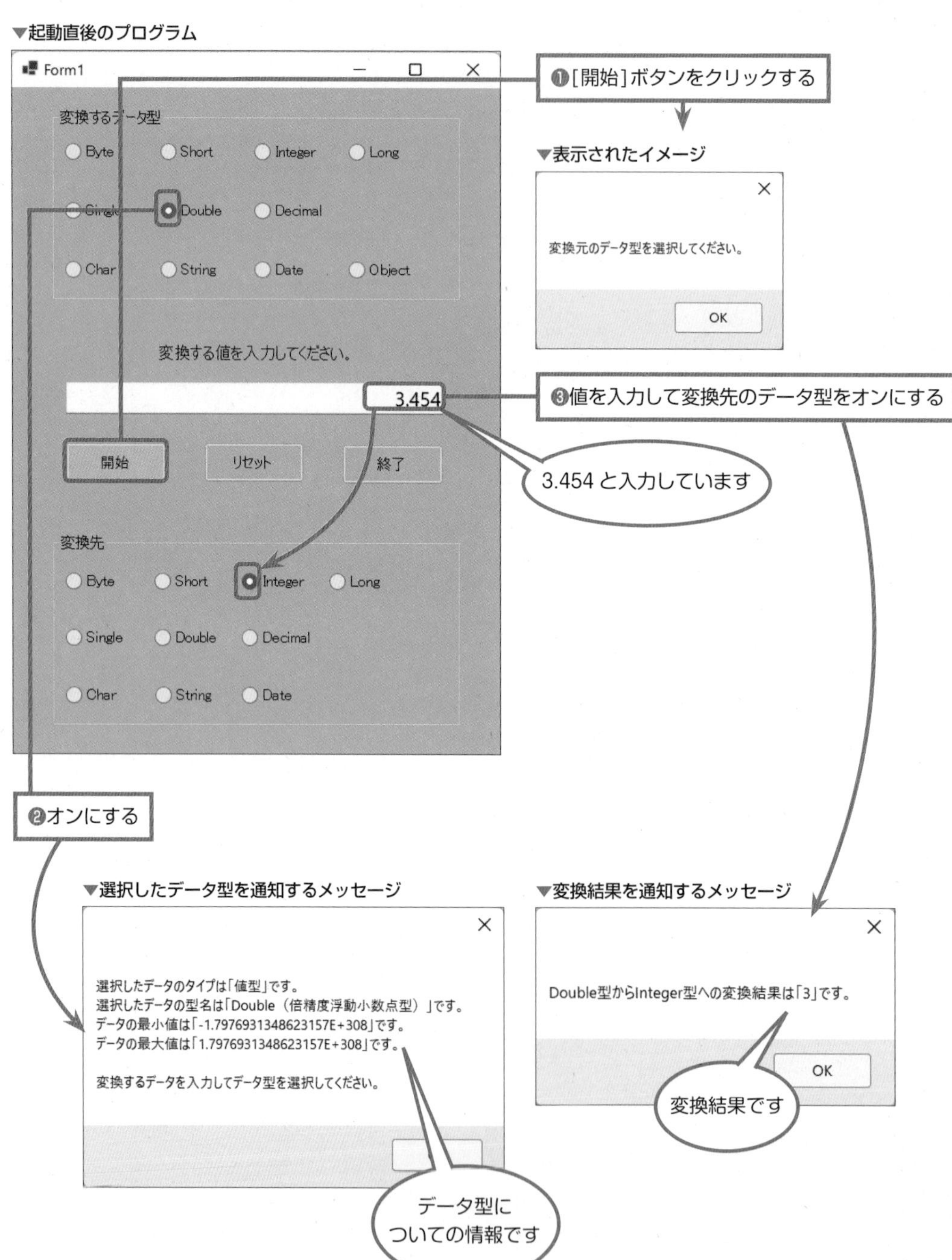

RadioButton.Checkedプロパティ

RadioButtonのオンとオフの状態は、RadioButton.Checkedプロパティを使って取得、または設定することができます。

ここでは、RadioButton.Checkedプロパティの値にFalseを設定することで、RadioButtonの状態をオフにしています。

Memo Control.Validatingイベント

Validatingイベントは、コントロールが参照されているときに発生します。

TextBoxのValidationイベント発生時に実行されるイベントハンドラーは、対象のコントロールを選択した状態で、**プロパティ**ウィンドウで**イベント**ボタンをクリックし、**Validation**の欄をダブルクリックすると作成できます。

このセクションで作成しているプログラムでは、変換先のデータ型のラジオボタンがオンにされると、テキストボックスに入力された値が参照されます。このときに、Validatingイベントが発生します。

作成例のプログラムでは、テキストボックスのValidatingイベントが発生した時点でテキストボックス内が空欄であれば、そのことを伝えるメッセージを表示するようにしています。

なお、コントロールのCausesValidationプロパティがFalseに設定されている場合は、ValidatingイベントおよびValidatedイベントは発生しません。

コントロールに対してフォーカスが移動すると、次の順序でイベントが発生します。

❶ Enter
コントロールに対して入力が行われると発生します。

❷ GotFocus
コントロールがフォーカスを受け取ると発生します。

❸ Leave
コントロールに対するフォーカスが離れると発生します。

❹ Validating
コントロールが参照されると発生します。

❺ Validated
コントロールの参照が終了すると発生します。

❻ LostFocus
コントロールにフォーカスがなくなると発生します。

●マウス使用時のフォーカスイベントの発生順序

マウスを使用してフォーカスを変更する場合は、フォーカスイベントは次の順序で発生します。

❶ Enter ❷ GotFocus ❸ LostFocus
❹ Leave ❺ Validating ❻ Validated

●キーボード使用時のフォーカスイベントの発生順序

キーボードの Tab キー、および Shift + Tab などを使用してフォーカスを変更する場合は、次の順序でフォーカスイベントが発生します。

❶ Enter ❷ GotFocus ❸ Leave
❹ Validating ❺ Validated ❻ LostFocus

なお、Control.Validatingイベントは、「5.3.9 Validatingイベントの利用」でも取り上げていますので、参照してください。

CancelEventArgsクラス

CancelEventArgsは、キャンセルが可能なイベントが発生したときに、イベントの実行またはキャンセルを行う機能を持つクラスです。

次の例では、フォームが閉じられる際に、テキストボックスの内容をチェックするようにしています。

❶ CancelEventArgs型の変数eを宣言します。なお、CancelEventArgsクラスは、System.ComponentModel名前空間に属するクラスなので、「System.ComponentModel.CancelEventArgs」と記述しています。

❷ Handlesキーワードでイベント MyBase.Closingに結び付けることで、Closingイベントのとき、Ifステートメントを実行するようにしています。

❸ 変数eに格納された値を検証するIfステートメントを記述し、テキストボックスが空であればイベントを続行（e.cancel=True）し、それ以外はイベントを取り消すようにしています。

▼CancelEventArgsを利用したプログラム

```
Public Class Form1

    Private Sub Form1_Closing( sender As Object,
                               e As System.ComponentModel.CancelEventArgs
                               ) Handles MyBase.Closing

        If TextBox1.Text = "" Then
            e.Cancel = True
            MessageBox.Show("プログラムを続行します。")
        Else
            e.Cancel = False
            MessageBox.Show("プログラムを終了します。")
        End If
    End Sub
End Class
```

Tips アルゴリズムとフローチャート

・アルゴリズム

アルゴリズムとは、コンピューターを使って特定の目的を達成するための処理手順のことです。アルゴリズムを、プログラミング言語を用いて具体的に記述したものがプログラムです。

・フローチャート

アルゴリズムを表現する手段にフローチャートがあります。

フローチャートとは、作業の手順や処理の工程をわかりやすく示した図のことです。理解しにくいプログラムの制御の流れを2次元的に表現できるので、条件分岐やループ構造などの流れが簡単に把握できます。なお、フローチャートの表現方法や記号はJIS規格として定義されています。

Section

3.6 制御構造

Level ★★★ | Keyword | 制御構造　選択ステートメント　繰り返しステートメント　カウンター変数

制御構造を使うと、指定した条件によって処理する内容を変えたり、指定した条件を満たしている間だけ同じ処理を繰り返し実行することができます。

このセクションでは、このような制御構造に含まれる選択ステートメントと繰り返しステートメントの仕組みと、実際のプログラミング方法について見ていきます。

制御構造の種類

制御構造には、次のように、選択ステートメントと繰り返しステートメントがあります。

• 選択ステートメント（条件分岐）

- ●If...Then...Elseステートメント
  条件によって処理を分岐
- ●If...Then...ElseIfステートメント
  3つ以上の選択肢を使って処理を分岐
- ●Select Caseステートメント
  複数の条件に対応して処理を分岐

• 繰り返しステートメント（繰り返し）

- ●For...Nextステートメント
  特定の回数だけ処理を繰り返す
- ●While...End Whileステートメント
  条件式が真（True）の間だけ処理を繰り返す
- ●For Each...Nextステートメント
  コレクション内のすべてのオブジェクトに同じ処理を実行
- ●Do While...Loopステートメント
  条件式が真（True）の間だけ処理を繰り返す
- ●Do Until...Loopステートメント
  条件式が偽（False）の間だけ処理を繰り返す

3.6.1 条件によって処理を分岐する

●If...Then...Elseステートメント

条件によって異なる処理を行う場合は、If...Then...Elseステートメントを使用します。

If以下で条件を判定し、真（True）の場合はThen以下の処理を実行し、偽（False）の場合はElse以下の処理を実行します。

▼条件によって処理を分岐する

```
If 条件式 Then
    Ⓐ条件式が真（True）の場合に実行されるステートメント
Else
    Ⓑ条件式が偽（False）の場合に実行されるステートメント
End If
```

▼If...Then...Elseステートメント

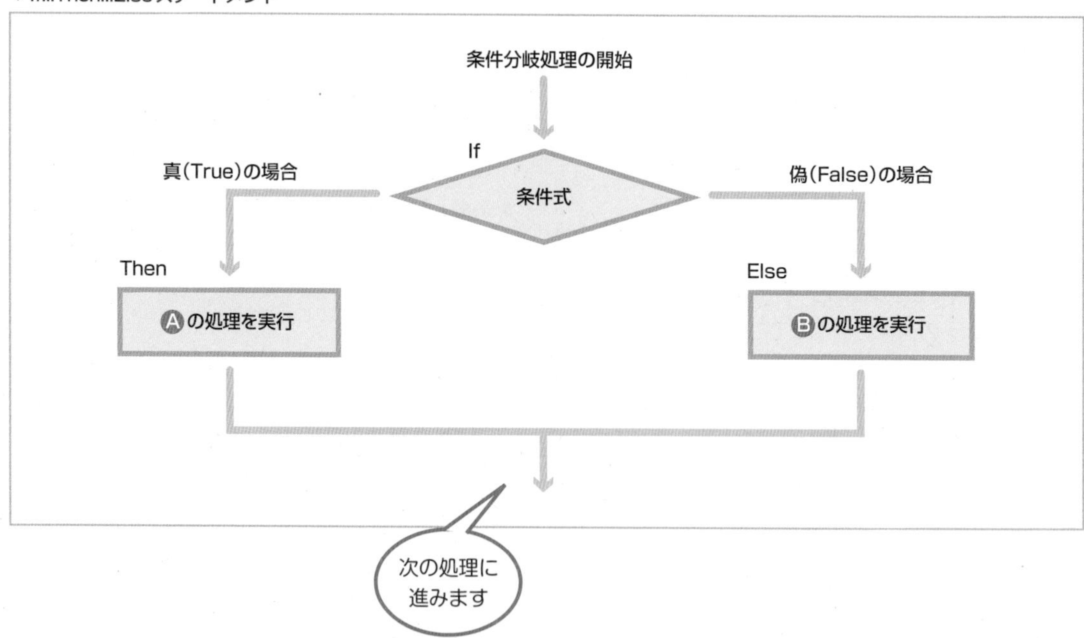

If...Then...Elseステートメントを利用したプログラム

ここでは、If...Then...Elseステートメントを利用して、「フォーム上に配置されたチェックボックスのチェックの有無によって、異なるメッセージを表示する」プログラムを記述してみることにしましょう。

▼Windows フォームデザイナー（プロジェクト「If_Then_Else」）

1 フォーム上にButtonコントロールを配置します。

2 CheckBoxコントロールを配置します。

3 Buttonコントロール（Button1）をダブルクリックします。

4 Buttonコントロールをクリックしたときに実行されるイベントハンドラーにカーソルが移動するので、次のコードを記述します。

▼If...Then...Elseステートメントで処理を分岐させる

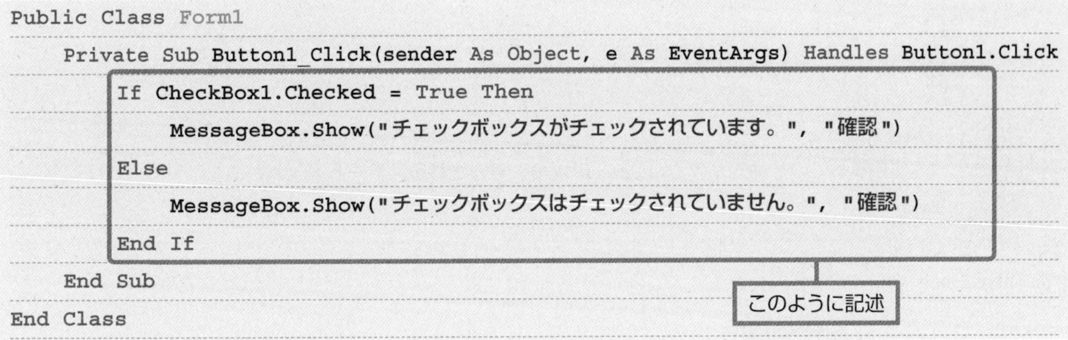

```
Public Class Form1
    Private Sub Button1_Click(sender As Object, e As EventArgs) Handles Button1.Click
        If CheckBox1.Checked = True Then
            MessageBox.Show("チェックボックスがチェックされています。", "確認")
        Else
            MessageBox.Show("チェックボックスはチェックされていません。", "確認")
        End If
    End Sub
End Class
```


●プログラムの実行

▼[Button1]ボタンをクリックしたときのメッセージ

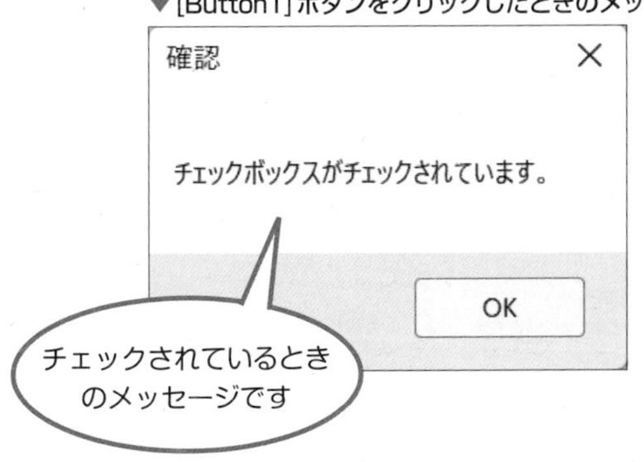

1 ツールバーの**開始**ボタンをクリックしてプログラムを実行します。

2 チェックボックスにチェックを入れて、[Button1]ボタンをクリックすると、左のようなメッセージが表示されます。

3.6.2 3つ以上の選択肢を使って処理を分岐する

●If...Then...ElseIfステートメント

条件がAかどうかといった二者択一ではなく、Aか、Bか、Cか、Dか……のように、3つ以上の選択肢によって異なる処理を行う場合は、If...Then...ElseIfステートメントを使用します。

▼3つ以上の条件によって処理を分岐する

```
If 条件式1 Then
    Ⓐ条件式1が真(True)の場合に実行されるステートメント
ElseIf 条件式2 Then
    Ⓑ条件式2が真(True)の場合に実行されるステートメント
ElseIf 条件式3 Then
    Ⓒ条件式3が真(True)の場合に実行されるステートメント
.
.
.
Else
    Ⓓすべての条件式が偽(False)の場合に実行されるステートメント
End If
```

▼If...Then...ElseIfステートメント

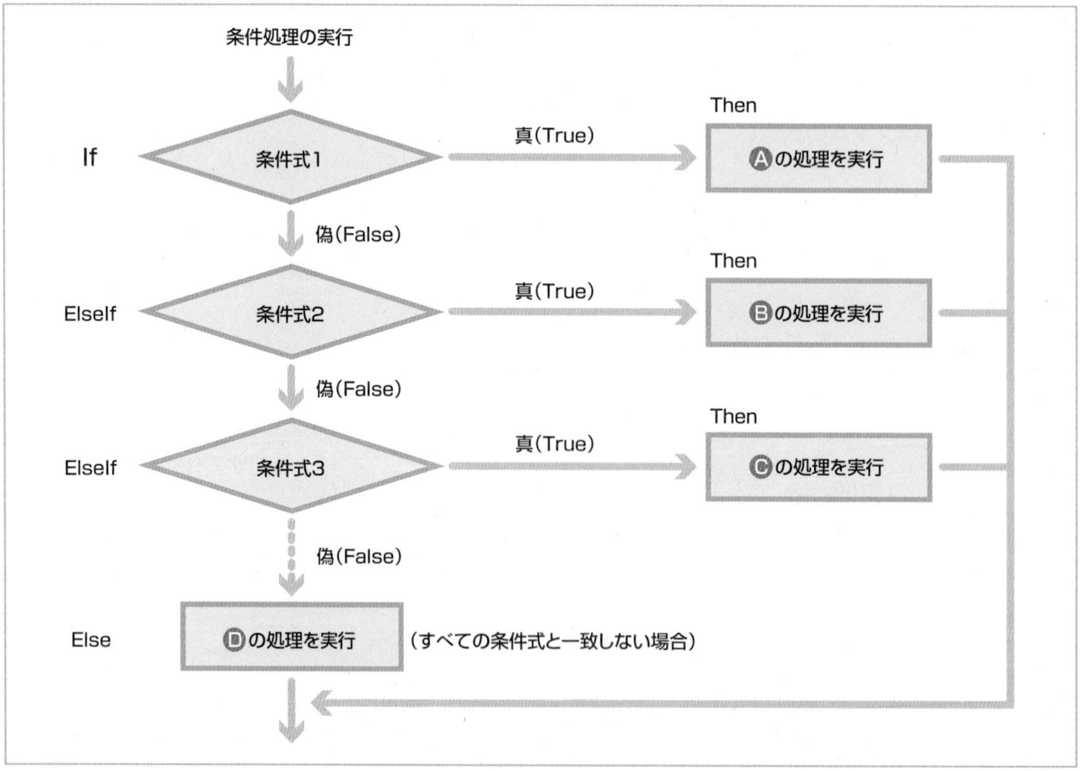

If...Then...ElseIfステートメントを利用した「今日のおやつ」アプリ

If...Then...ElseIfステートメントを利用して、今日のおやつを決めてくれるアプリを作成してみることにしましょう。

▼デスクトップアプリの画面を作成（プロジェクト「BuySweets」）

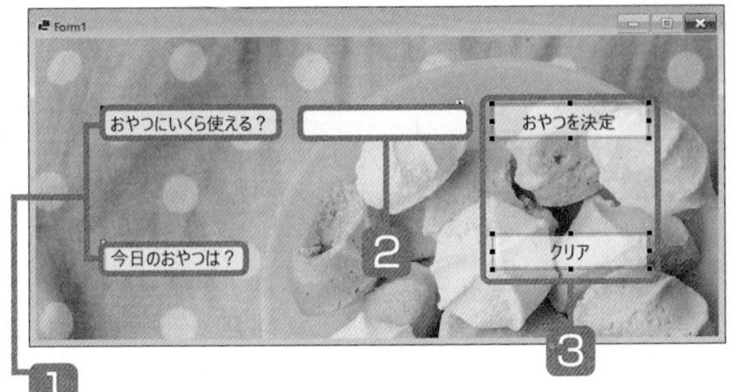

1 ラベルを2つ配置します。

2 テキストボックスを1つ配置します。

3 ボタンを2つ配置します。

4 配置したコントロールのプロパティを次表のように設定します。

▼フォーム

プロパティ	設定する値
BackgroundImage	事前に背景用のイメージをプロジェクトフォルダー内にコピーしておく。 プロパティの値の欄のボタンをクリックして[プロジェクトリソースファイル]をオンにし、[インポート]ボタンをクリックして背景イメージを選択したあと、[OK]ボタンをクリックする。

▼1つ目のラベル

プロパティ	設定する値
(Name)	Label1
Text	おやつにいくら使える？
FontのSize	14
FontのBold	True

▼2つ目のラベル

プロパティ	設定する値
(Name)	Label2
Text	今日のおやつは？
FontのSize	20
FontのBold	True

▼テキストボックス

プロパティ	設定する値
(Name)	TextBox1
FontのSize	14

▼1つ目のボタン

プロパティ	設定する値
(Name)	Button1
Text	おやつを決定
FontのSize	14
FontのBold	True

▼2つ目のボタン

プロパティ	設定する値
(Name)	Button2
Text	クリア
FontのSize	14
FontのBold	True

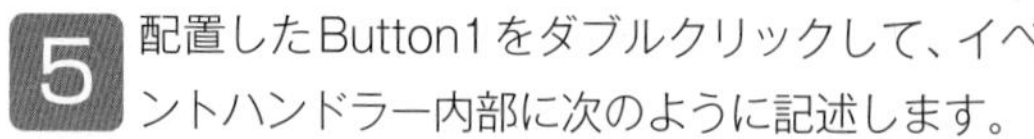

5 配置したButton1をダブルクリックして、イベントハンドラー内部に次のように記述します。

▼Button1のイベントハンドラー

```
Private Sub Button1_Click(sender As Object, e As EventArgs) Handles Button1.Click
    If TextBox1.Text = "" Then
        MessageBox.Show("使える金額を入力してね")

    Else
        ' 入力された金額をInteger型にする
        Dim pocket As Integer = Convert.ToInt32(TextBox1.Text)

        ' タイトルの文字列
        Dim caption As String = "どっちか選んでね"
        ' メッセージボックスに「はい」「いいえ」ボタンを表示
        Dim buttons As MessageBoxButtons = MessageBoxButtons.YesNo
        ' メッセージボックスの結果を取得するための列挙体
        Dim result1 As DialogResult
        Dim result2 As DialogResult

        ' 1つ目の質問
        Dim message1 As String = "甘いものがいい?"
        ' 2つ目の質問
        Dim message2 As String = "カロリーを気にしてる?"

        ' 金額が300円に満たない場合は先に結果を表示する
        If pocket < 300 Then
            Label2.Text = "チョコドーナツだね"
        ' 300円以上ならメッセージボックスを表示して処理を開始
        Else
            ' 1つ目のメッセージボックスを表示
            result1 = MessageBox.Show(message1,  ' メッセージ
```

```
                                     caption,    ' タイトル
                                     buttons     ' ボタンを指定
                                     )

            ' 2つ目のメッセージボックスを表示
            result2 = MessageBox.Show(message2,  ' メッセージ
                                     caption,    ' タイトル
                                     buttons     ' ボタンを指定
                                     )
            ' 甘いものがYesでカロリーもYesである場合
            If result1 = DialogResult.Yes And
                result2 = DialogResult.Yes Then
                Label2.Text = "お豆腐プリンにしましょう"
            ' 甘いものがYesでカロリーがNoである場合
            ElseIf result1 = DialogResult.Yes And
                    result2 = DialogResult.No Then
                Label2.Text = "濃厚キャラメルチーズタルトにしましょう"
            ' 甘いものがNoでカロリーがYesである場合
            ElseIf result1 = DialogResult.No And
                    result2 = DialogResult.Yes Then
                Label2.Text = "ダイエットコーラとこんにゃくゼリーにしましょう"
            ' 甘いものがNoでカロリーもNoである場合
            Else
                Label2.Text = "ウーロン茶とポテチにしましょう"
            End If
        End If
    End If
End Sub
```

プログラムは、次のようにIf...ElseにIf...Else、さらにもう1つIf...Elseを入れ子にした構造になっています。入れ子にした外側のIf...Elseで金額が300円に満たないかそれ以上かを判定し、300円以上であれば内側のIf...Elseでメッセージボックスの表示と結果の判定を行います。

▼プログラムの骨格

```
If (テキストボックスが空欄である)
    メッセージボックスで金額を入力するように促す
Else
    入力された金額をInteger型に変換する
    メッセージボックスの設定内容を用意
    1つ目のメッセージボックスを表示して結果をresult1に格納
    2つ目のメッセージボックスを表示して結果をresult2に格納
```

3 Visual Basicの基本

◎入れ子のIf(金額が300円に満たない)
　"チョコドーナツだね"と表示
◎入れ子のElse
　1つ目のメッセージボックスを表示
　2つ目のメッセージボックスを表示

　○入れ子のIf(1つ目Yes　2つ目Yes)
　　"お豆腐プリンにしましょう"と表示
　○入れ子のElseIf(1つ目Yes　2つ目No)
　　"濃厚キャラメルチーズタルトにしましょう"と表示
　○入れ子のElseIf(1つ目No　2つ目Yes)
　　"ダイエットコーラとこんにゃくゼリーにしましょう"と表示
　○入れ子のElse
　　"ウーロン茶とポテチにしましょう"と表示

●MessageBoxButtonsクラスのMessageBoxButtons列挙体

定数のMessageBoxButtons.YesNoを設定すると、メッセージボックスに[はい]ボタンと[いいえ]ボタンを表示します。

```
Dim buttons As MessageBoxButtons = MessageBoxButtons.YesNo
MessageBox.Show(message1, caption, buttons)
```

[はい][いいえ]ボタンを表示

●FormsクラスのDialogResult列挙体

メッセージボックスのどのボタンがクリックされたかを調べることができます。
[はい]ボタンがクリックされるとDialogResult.Yesが返されます。

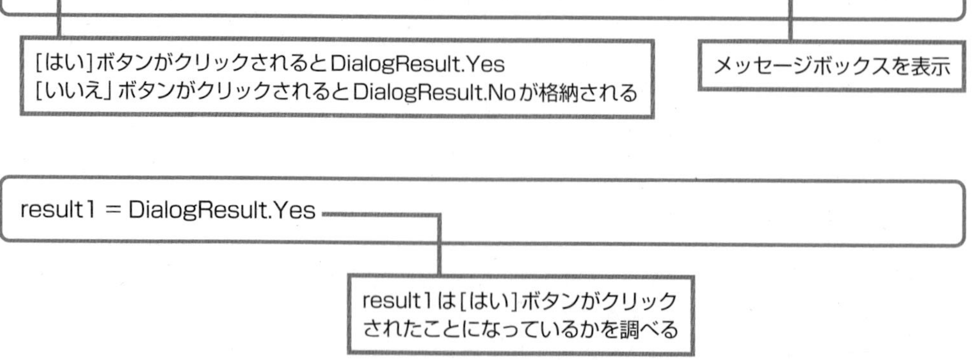

```
result1 = MessageBox.Show(message1, caption, buttons)
```

[はい]ボタンがクリックされるとDialogResult.Yes
[いいえ]ボタンがクリックされるとDialogResult.Noが格納される

メッセージボックスを表示

```
result1 = DialogResult.Yes
```

result1は[はい]ボタンがクリックされたことになっているかを調べる

6 配置したButton2をダブルクリックして、イベントハンドラー内部に次のように記述します。ここでは、ボタンがクリックされたらテキストボックスを空にし、Label2の表示を最初の文字列に戻します。

▼Button2のイベントハンドラー

```
Private Sub Button2_Click(sender As Object, e As EventArgs) Handles Button2.Click
    TextBox1.Text = ""
    Label2.Text = "今日のおやつは？"
End Sub
```

7 プログラムを実行し、金額を入力して**おやつを決定**ボタンをクリックします。

▼実行中のプログラム

8 どちらかのボタンをクリックします。

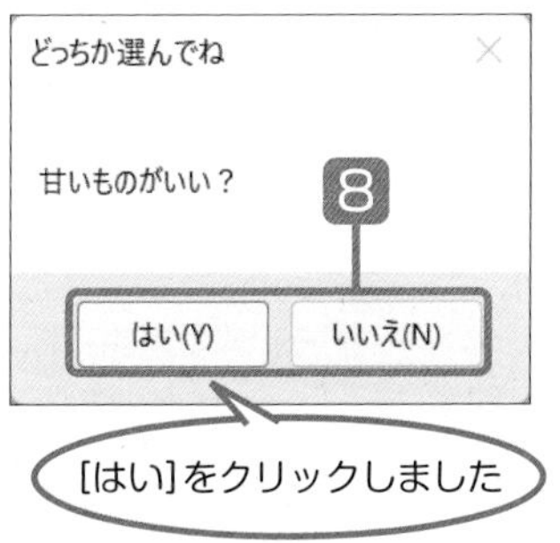

9 どちらかのボタンをクリックします。

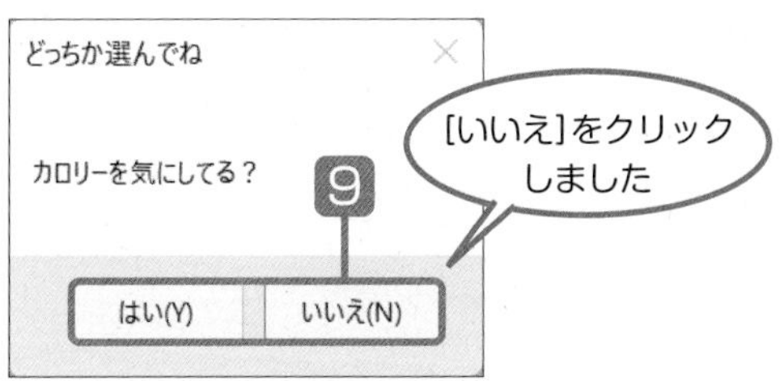

10 結果が表示されます。

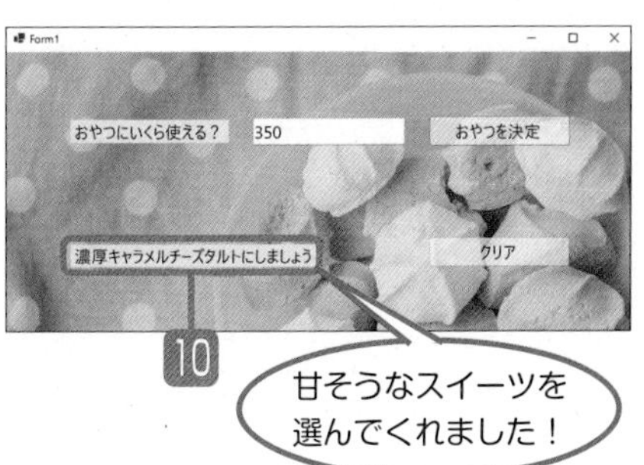

条件式で使用できる比較演算子

条件式を記述する場合、以下の比較演算子を利用することができます。

▼Visual Basicで使用する比較演算子

比較演算子	内容	比較演算子	内容
>	右辺の値より大きい。	<>	等しくない。
<	右辺の値より小さい。	Like	文字列の一致。
>=	右辺の値以上。	Is	2つのオブジェクト変数が同じオブジェクトを参照しているかどうかを判定する。
<=	右辺の値以下。		
=	等しい。	IsNot	2つのオブジェクト変数が別のオブジェクトを参照しているかどうかを判定する。

比較演算子による条件範囲の指定

本文195ページ「Select Caseステートメントを利用したプログラムを記述する」で使用したToキーワードのほかに、比較演算子を使って、条件の範囲を指定することもできます。比較演算子を使う場合は、次のようにIsキーワードを併せて使用し、Select Caseステートメントで指定した変数と、Isキーワード以下の式が比較されるようにします。

```
Select Case point
    Case Is >= 90
        MessageBox.Show("あなたの成績はAランクです。", "結果")
    Case Is >= 80
        MessageBox.Show("あなたの成績はBランクです。", "結果")
    Case Is >= 70
        MessageBox.Show("あなたの成績はCランクです。", "結果")
    Case Else
        MessageBox.Show("あなたの成績はDランクです。", "結果")
End Select
```

Memo 参照型の比較

配列をはじめとする参照型の変数は、参照情報を保持するだけなので、=や<>、<、>、<=、>=などの演算子で比較することはできません。String型だけは、例外として文字列データの実体に対して、文字コード順や辞書順などの大小比較が可能です。

このような参照型のデータで利用できる演算子に、Isがあります。Isは参照型変数が持つ参照情報を比較するので、同じデータを参照しているかどうかを調べることができます。次は、3個の配列型変数をIsで比較するプログラムです。

▼3個の配列型変数を比較する

```
Private Sub Button1_Click(sender As Object, e As EventArgs) Handles
Button1.Click
    Dim n1() As Integer = {10, 20, 30}
    Dim n2() As Integer = {10, 20, 30}
    Dim n3() As Integer
    n3 = n1 ―――――――――――――――――――――― ①

    If n1 Is n3 Then ――――――――――――――――― ②
        MessageBox.Show("n1 Is n3 : True")
    End If
    If n1 Is n2 Then ――――――――――――――――― ③
        MessageBox.Show("n1 Is n2 : True")
    Else
        MessageBox.Show("n1 Is n2 : False")
    End If

    n1 = Nothing ――――――――――――――――――― ④
    If n1 Is Nothing Then ――――――――――――― ⑤
        MessageBox.Show("n1には参照情報がありません")
    End If
End Sub
```

①では、n1が持つ参照情報をn3に代入しているので、n1とn3は同じ配列の実体を参照することになります。

②の条件文は、この2つの配列変数の参照情報が等しいかどうかの比較です。どちらも同じ参照情報を持っているので、結果はTrueになります。

③の条件文は、n1とn2の参照情報を比較しています。この2つの配列変数は、それぞれ異なる領域に存在する配列の実体を参照しているので、結果はFalseになります。注目すべき点は、2つの配列データ（10、20、30）はまったく等しいことです。Isは参照情報の比較を行うので、値が同じかどうかは関係ありません。

なお、参照情報は、④のようにNothingを代入することでクリアすることができます。このときの=は代入演算子であることに注意してください。

⑤では、n1が何も参照していないことをチェックしています。

3.6.3 複数の条件に対応して処理を分岐する

●Select Caseステートメント

Visual Basicには、複数の条件に対応して処理を分岐する手段として、Select Caseステートメントが用意されています。

特定の変数を指定して変数の値によって処理を分岐する場合は、Select Caseステートメントを利用すると、簡潔なコードにできます。

▼Select Caseステートメントを使って処理を分岐する

```
Select Case 評価式
    Case 条件式1
        Ⓐ評価式が条件式1と一致した場合に実行される処理
    Case 条件式2
        Ⓑ評価式が条件式2と一致した場合に実行される処理
      ・
      ・
      ・
    Case Else
        Ⓒどの条件式にも当てはまらない場合の処理
End Select
```

「Case Else」は省略することができます。

▼Select Caseステートメント

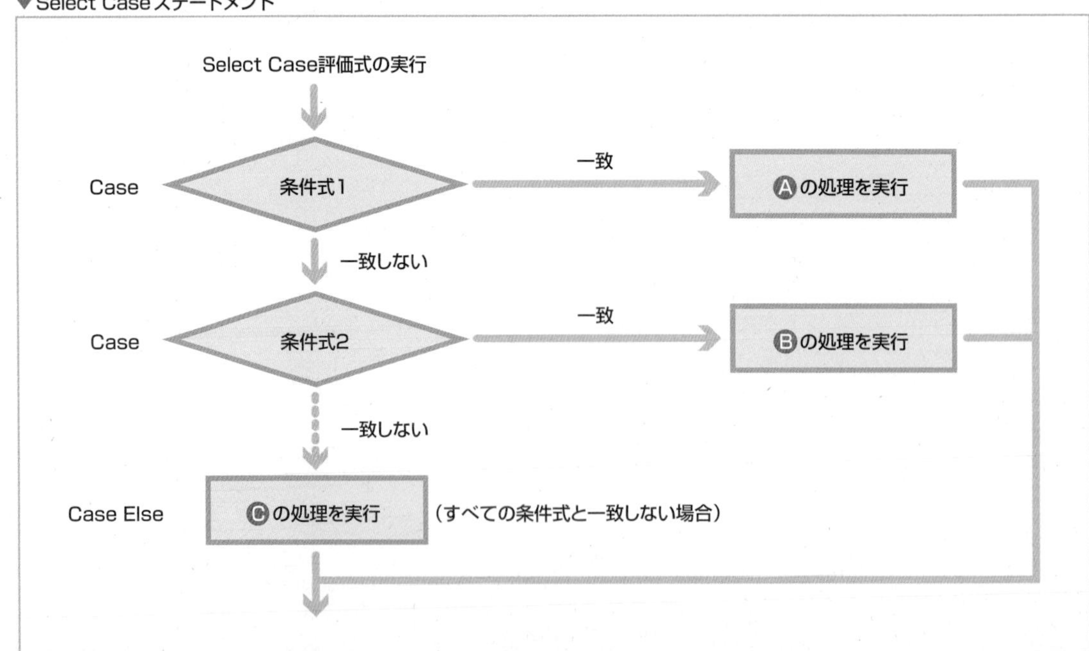

Select Caseステートメントを利用したプログラムを記述する

それでは、Select Caseステートメントを利用したプログラムとして、「0~100の得点を入力すると、成績の評価としてA~Eのランクを表示する」プログラムを作成してみましょう。

1 フォーム上にLabelコントロールを配置します。

▼フォームの作成(プロジェクト「SelectCase」)

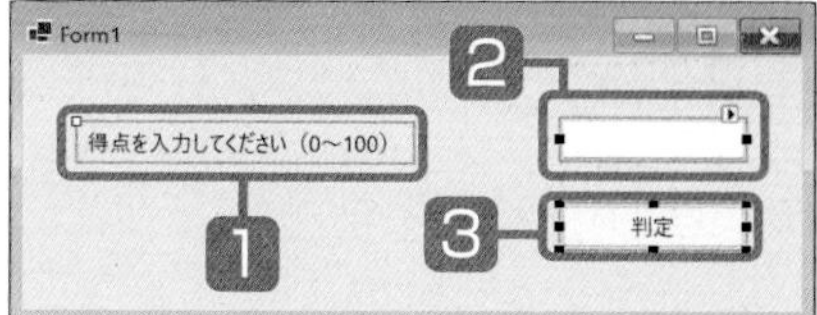

2 TextBoxコントロールを配置します。

3 Buttonコントロールを配置します。

4 下表のとおりに、それぞれのプロパティを設定します。

▼各コントロールのプロパティ設定

●Labelコントロール

プロパティ名	設定値
Text	得点を入力してください(0~100)

●Textboxコントロール

プロパティ名	設定値
(Name)	TextBox1
Text	(空欄)

●Buttonコントロール

プロパティ名	設定値
(Name)	Button1
Text	判定

Memo Select Case

Select Caseステートメントでは、評価式が各Caseブロックのどの条件式と一致するかで、該当するCaseブロックに制御が移ります。評価式の部分には、変数や計算式を記述することができます。

▼Case句の例

```
Case 1, 2, 3, 4 ——————— 値が1または2、3、4のとき
Case 1 To 10 ——————— 値が1以上10以下(1~10)のとき
Case Is > 10 ——————— 値が10を超えるとき
Case 1 To 3, 6 To 8, Is > 10 ——— 値が1~3、または6~8、または10よりも大きいとき
```

Caseごとの条件式の部分も、変数または計算式を記述できます。

評価の対象となる評価式の部分には、If...Elseステートメントの条件式における大小比較と同様に、参照型のデータを比較の対象とすることはできません。このため、配列変数名を記述することは不可です。

ただし、配列の個々の要素であれば比較が可能なので、「Select Case ary(5)」のように値型の配列要素を指定することはできます。

なお、String型は参照型ですが、特例として文字列のデータ(文字コードなど)の比較になるので、評価式に記述することが可能です。

5 ボタンコントロール（Button1）をダブルクリックします。

6 Buttonコントロールをクリックしたときに実行されるイベントハンドラーにカーソルが移動するので、下のコードを記述します。

▼Select Caseステートメントを利用して成績のランクを表示する

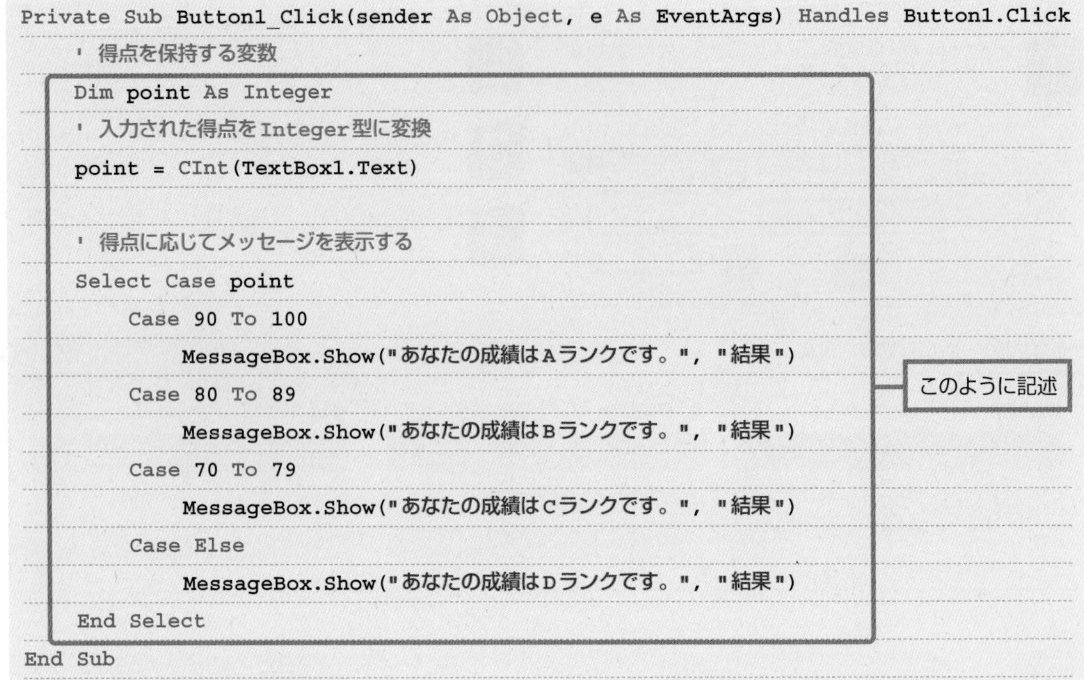

```
Private Sub Button1_Click(sender As Object, e As EventArgs) Handles Button1.Click
    ' 得点を保持する変数
    Dim point As Integer
    ' 入力された得点をInteger型に変換
    point = CInt(TextBox1.Text)

    ' 得点に応じてメッセージを表示する
    Select Case point
        Case 90 To 100
            MessageBox.Show("あなたの成績はAランクです。", "結果")
        Case 80 To 89
            MessageBox.Show("あなたの成績はBランクです。", "結果")
        Case 70 To 79
            MessageBox.Show("あなたの成績はCランクです。", "結果")
        Case Else
            MessageBox.Show("あなたの成績はDランクです。", "結果")
    End Select
End Sub
```


●プログラムの実行

▼実行中のプログラム

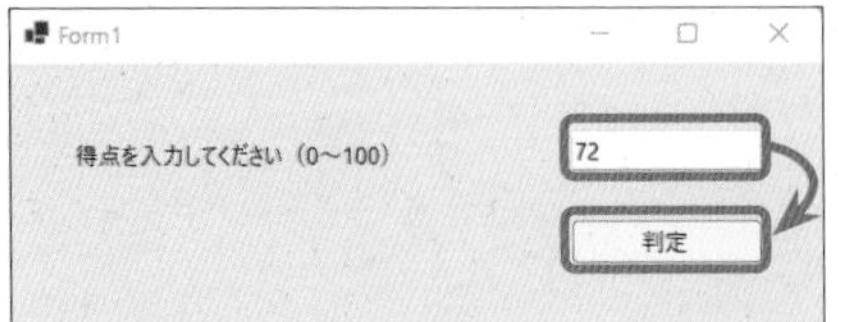

1 ツールバーの**開始**ボタンをクリックしてプログラムを実行します。

2 0〜100の値を入力して、**判定**ボタンをクリックします。

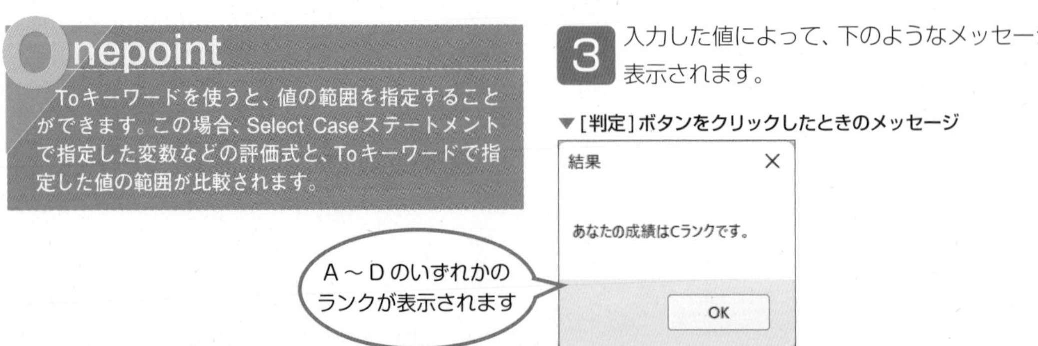

Onepoint

Toキーワードを使うと、値の範囲を指定することができます。この場合、Select Caseステートメントで指定した変数などの評価式と、Toキーワードで指定した値の範囲が比較されます。

3 入力した値によって、下のようなメッセージが表示されます。

▼[判定]ボタンをクリックしたときのメッセージ

3.6.4 特定の回数だけ処理を繰り返す

●For...Nextステートメント

何かの不具合を知らせるために「エラー！」という表示を連続して出力したいとします。でも、1つの処理を何度も書くのは面倒です。こんなときは「繰り返し処理」という仕組みを使います。

指定した回数だけ特定の処理を繰り返す場合は、For...Nextステートメントです。For...Nextステートメントでは、繰り返し行う処理を1回記述するだけで、必要な回数だけ繰り返すことができます。

▼指定した回数だけ特定の処理を繰り返す

```
For カウンター変数 [ As データ型 ] = 初期値 To 上限値 [ Step 増分 ]
    Ⓐ繰り返して実行するステートメント
Next [ カウンター変数 ]
```

※[ ]は省略可能であることを示します。

▼For...Nextステートメント

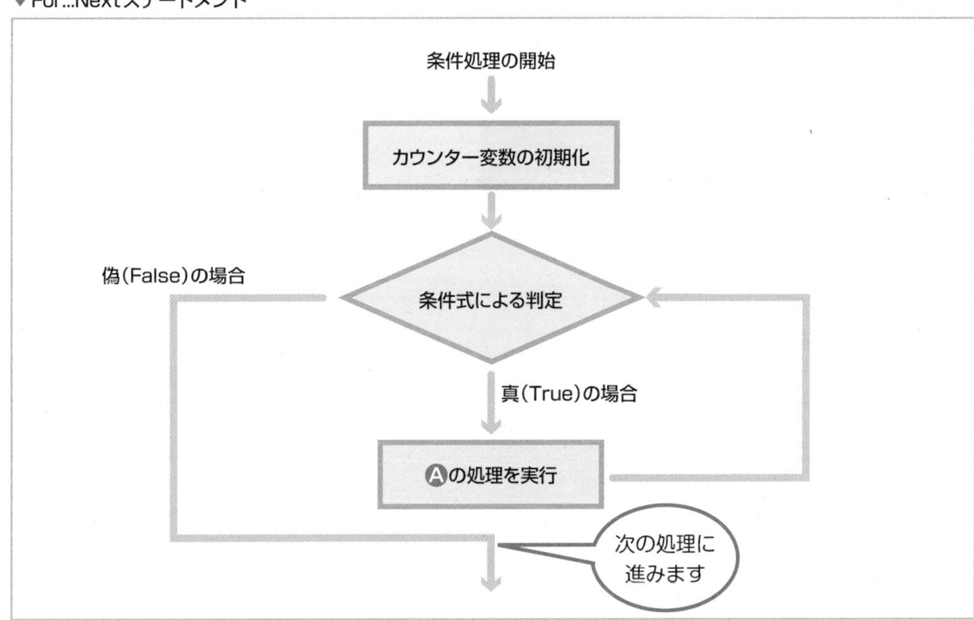

Onepoint

カウンター変数の名前には、多くの場合、「i」が使用されます。誰が見てもカウンター変数だとわかるためです。

For...Nextを入れ子（多重）にする場合は、「j」「k」のように「i」以降の文字がアルファベット順に使用されることが多いです。

指定した回数だけ処理を繰り返す

For...Nextステートメントの「カウンター変数」は、処理の回数を数えるための変数です。どんなふうに数えるのか、次のプログラムで確かめてみましょう。

▼カウンター変数の値を表示する(コンソールアプリケーションプロジェクト「ForNext」)

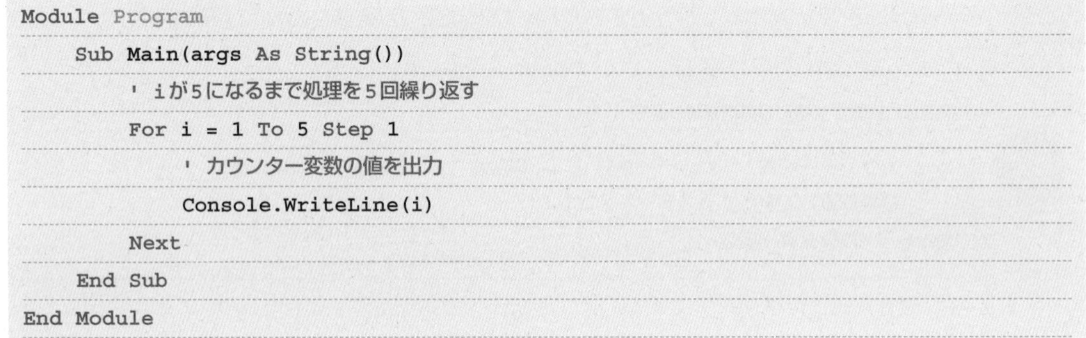

```
Module Program
    Sub Main(args As String())
        ' iが5になるまで処理を5回繰り返す
        For i = 1 To 5 Step 1
            ' カウンター変数の値を出力
            Console.WriteLine(i)
        Next
    End Sub
End Module
```

▼実行結果

1から5まで順に出力されました。Forが実行されると、まず「**i = 1**」で初期化したカウンター変数iが参照されます。上限値は「**To 5**」なので、「iが5になるまで」処理が繰り返されます。Forブロック内の「**Console.WriteLine(i)**」でiの値「1」を出力したあと、変数の増減式「**Step 1**」が暗黙的に実行され、iに1が加算されて(iは2)1回目の処理が終了します。

続く2回目の処理でiの値を出力したあと、iに1が加算されて(iは3)3回目の処理に入ります。最後の5回目の処理でiの値の「5」を出力したあと、iに1が加算されて(iは6)冒頭の「To 5」がチェックされますが、iは6なので、ここでForの処理が終了し、ブロックを抜けます。

●For...Nextのブロック

For...Nextで繰り返す処理の範囲は、Forの行からNextの行までです。この部分をまとめてFor...Nextの「ブロック」と呼びます。

▼For...Nextのブロック

```
For i = 1 To 5 Step 1 ―――――― iの値が5になるまで繰り返す
    処理
Next ―――――― 処理したらiに1加算して、先頭に戻ってTo 5を評価する
```

ゲームをイメージしたバトルシーンを再現してみよう

RPGなどの対戦型のゲームには、主人公（プレイヤー）がモンスターに遭遇するとバトルを開始するものがあります。これをプログラムで再現してみたいのですが、1回攻撃しただけではやっつけられないかもしれません。なので、5回連続して攻撃したら退散させるようにしてみましょう。

▼モンスターに連続して5回攻撃する（コンソールアプリケーションプロジェクト「Battle」）

```
Module Program
    Sub Main(args As String())
        ' プレイヤーの名前を取得
        Console.Write("お名前をどうぞ>>")
        ' ユーザーが入力した文字列を1行読み込む
        Dim brave As String = Console.ReadLine()

        ' 名前が入力されたら(braveが空でなければ)以下の処理を実行
        If Not String.IsNullOrEmpty(brave) Then
            For i = 1 To 5
                ' 攻撃を5回繰り返す
                Console.WriteLine(brave + "の攻撃！")
            Next

            Console.WriteLine("まものたちはたいさんした")
        Else
            ' 主人公の名前が入力されなければゲームを終了
            Console.WriteLine("ゲーム終了")
        End If
    End Sub
End Module
```

処理回数を保持するカウンター変数（i）

▼実行結果

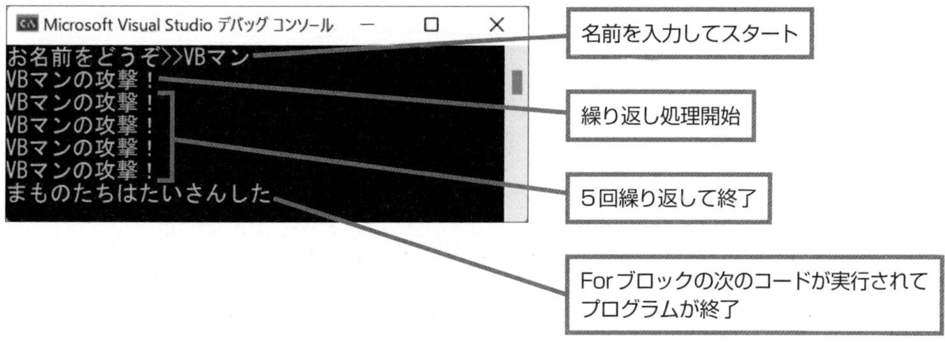

3.6.5 状況によって繰り返す処理の内容を変える

攻撃するだけでは面白くありませんので、魔物たちの反応も加えることにしましょう。

2つの処理を交互に繰り返す

Forブロックの内部に書けるソースコードには特に制限がありませんので、Ifステートメントを書くこともできます。そうすれば、Forの繰り返しの中で処理を分ける（分岐させる）ことができます。そこで今回は、何回目の繰り返しなのかを調べて異なる処理を行います。奇数回の処理ならプレイヤーの攻撃、偶数回の処理なら魔物たちの反応を表示すれば、それぞれが交互に出力されるはずです。

▼勇者の攻撃と魔物たちの反応を織り交ぜる（コンソールアプリケーションプロジェクト「Battle2」）

```
Imports System

Module Program
    Sub Main(args As String())
        ' プレイヤーの名前を取得
        Console.Write("お名前をどうぞ>>")
        ' ユーザーが入力した文字列を1行読み込む
        Dim brave As String = Console.ReadLine()

        ' 名前が入力されたら以下の処理を10回繰り返す
        If Not String.IsNullOrEmpty(brave) Then
            ' 魔物の応答パターン
            Dim monster1 As String = "まものたちはひるんでいる"
            Dim monster2 As String = "まものたちはたいさんした"
            ' 10回繰り返す
            For i = 1 To 10
                If i Mod 2 <> 0 Then
                    ' iを2で割った余りが0ではない
                    ' 奇数回の処理なら勇者の攻撃を出力
                    Console.WriteLine(brave + "の攻撃！")
                Else
                    ' 偶数回の処理なら魔物たちの応答monster1を出力
                    Console.WriteLine(monster1)
                End If
            Next
            ' Forブロック終了後に出力
            Console.WriteLine(monster2)
        Else
            ' 何も入力されなければゲームを終了
```

iの値を2で割った余りが0ではない

それ以外は偶数なので以下を実行

```
            Console.WriteLine("ゲーム終了")
        End If
    End Sub
End Module
```

▼実行結果

```
お名前をどうぞ>>VBマン ――――― 名前を入力してスタート
VBマンの攻撃！ ――――――――― 1回目はiの値が「1」なので奇数回の処理
まものたちはひるんでいる ――――― 2回目はiの値が「2」なので偶数回の処理
VBマンの攻撃！
まものたちはひるんでいる
VBマンの攻撃！
まものたちはひるんでいる
VBマンの攻撃！
まものたちはひるんでいる
VBマンの攻撃！
まものたちはひるんでいる ――――― 最後の10回目はiの値が「10」なので偶数回の処理
まものたちはたいさんした ――――― Forの次のコードが実行されてプログラムが終了
```


Forの変数iには、最初の処理のときに1が入り、以後、処理を繰り返すたびに1ずつ加算されます。Ifの条件式を「i Mod 2 <> 0」にすることで、「2で割った余りが0ではない」つまり2で割り切れない奇数回の処理であることを条件にしていますので、奇数回の処理であればプレイヤーの攻撃が出力されます。一方、偶数回であればElse以下で魔物たちの反応を出力します。これで、プレイヤーの攻撃と魔物たちの反応が交互に出力され、バトルシーンが終了します。

Memo　For...Nextステートメント

カウンター変数は、ループ（繰り返し）の回数を数える「カウンター」として使用します。カウンター変数は、ループを開始する直前に初期値が設定され、ループごとの処理の最後に、Stepで指定した値がToで指定した値に達するまで加算されます。カウンター変数の値が上限値の範囲内かどうかは、ループの最初に評価されます。例えば「To 5 Step 1」とすると、カウンター変数の値が6になった段階で、ループが終了します。

Step句を省略した場合は「Step 1」とみなされ、ループごとの最後の処理として、カウンター変数に1が加算されます。

なお、Stepにはマイナスの値を指定することもできます。この場合は、ループするごとに値が減少するので、ループを終了する条件としてToで下限値を指定します。

3つの処理をランダムに織り交ぜる

プレイヤーの攻撃と魔物たちの応答を交互に繰り返すようになりましたが、ちょっと面白みに欠けるところではあります。攻撃と応答のパターンをもっと増やして、ランダムに織り交ぜるようにすれば、もっとバトルらしい雰囲気になりそうです。

疑似乱数を発生させる

ここでは、指定した範囲の値をランダムに発生させるRandomクラスのNext()というメソッドを使うことにします。

▼【メソッド】Random.Next()

メソッドの構造	Random.Next(Min,Max)
引数	Min ～ Max−1の整数を返す

Next()メソッドを実行して、0から9までの範囲で何か1つの整数値を取得するには、次のように書きます。

▼0～10未満の中から整数値を1つ取得する

```
Dim rnd As Random = New Random()
Dim num As Integer = rnd.Next(0, 10)
```

0～10未満の整数をランダムに生成

このコードが実行されるまで、変数numに何の値が代入されるのかはわかりません。あるときは1であったり、またあるときは0や9だったりという具合です。

あと、ここではForの繰り返しを実行する直前に毎回、

```
System.Threading.Thread.Sleep(1000)
```

の処理を行って、1秒間、プログラムをスリープ状態にします。Forステートメントの処理が一気に終わってしまうと面白くないので、1回ごとの結果を1秒おきに出力することで対戦の雰囲気を出しましょう。ThreadクラスのSleep()メソッドは、引数で指定した時間（ミリ秒単位）だけプログラムを停止状態（スリープ）にします。

4つのパターンをランダムに出力する

何のためにNext()メソッドを使うのかというと、For文の中で何度も実行して、そのときに生成されたランダムな値（乱数）を使って処理を振り分けたいからです。例えば、0、1、2のいずれかであればプレイヤーの攻撃、3、4、5のどれかであれば魔物たちの反応、という具合です。

こうすると「やってみなければわからない」というゲーム的な雰囲気を出すことができるので、ゲームプログラミングでよく使われる手法です。

▼ランダムに攻撃を繰り出す（コンソールアプリケーションプロジェクト「Battle3」）

```
Imports System

Module Program
    Sub Main(args As String())
        ' 最初に出力
        Console.WriteLine("まものたちがあらわれた！")
        ' メッセージを出力
        Console.Write("お名前をどうぞ>>")
        ' プレイヤーの名前を取得
        Dim brave As String = Console.ReadLine()

        ' 名前が入力されたら以下の処理を10回繰り返す
        If brave <> String.Empty Then
            ' 1番目の攻撃パターンを作る
            Dim brave1 As String = brave + "のこうげき！"
            ' 2番目の攻撃パターンを作る
            Dim brave2 As String = brave + "は呪文をとなえた！"
            ' 魔物の反応その1
            Dim monster1 As String = "まものたちはひるんでいる"
            ' 魔物の反応その2
            Dim monster2 As String = "まものたちがはんげきした！"
            ' 魔物の反応その2
            Dim monster3 As String = "まものたちはたいさんした"
            ' Randomのインスタンス化
            Dim rnd As New Random()

            ' 繰り返しの前に勇者の攻撃を出力しておく
            Console.WriteLine(brave1)

            ' 10回繰り返す
            For i = 1 To 10
                ' 1秒間スリープ
                Threading.Thread.Sleep(1000)
                ' 0～9の範囲の値をランダムに生成
                Dim num As Integer = rnd.Next(0, 10)
                If num <= 2 Then
                    ' 生成された値が2以下ならbrave1を出力
                    Console.WriteLine(brave1)
```

3

Visual Basicの基本

```
                ElseIf num >= 3 And num <= 5 Then
                    ' 生成された値が3以上5以下ならbrave2を出力
                    Console.WriteLine(brave2)
                ElseIf num >= 6 And num <= 8 Then
                    ' 生成された値が6以上8以下ならmonster1を出力
                    Console.WriteLine(monster1)
                Else
                    ' 上記以外はmonster2を出力
                    Console.WriteLine(monster2)
                End If
            Next
            ' Forを抜けたらmonster3を出力
            Console.WriteLine(monster3)
        Else
            ' 何も入力されなければゲームを終了
            Console.WriteLine("ゲーム終了")
        End If
    End Sub
End Module
```

▼実行例

```
まものたちがあらわれた！
お名前をどうぞ>>VBマン ――――――――――――― 名前を入力してスタート
VBマンのこうげき！
まものたちがはんげきした！ ――――――――――― ここから繰り返し処理が始まる
まものたちがはんげきした！
VBマンは呪文をとなえた！
まものたちはひるんでいる
まものたちはひるんでいる
VBマンのこうげき！
VBマンは呪文をとなえた！
まものたちがはんげきした！
VBマンは呪文をとなえた！
VBマンのこうげき！ ――――――――――――――― 10回目の繰り返し処理
まものたちはたいさんした
```

ランダムに生成した値が0～2、または3～5、6～8の範囲であるかによって、If...ElseIf...ElseIfで処理が分かれるようになっています。最後のElseは、それ以外の9が生成されたときに実行されます。

3.6.6 指定した条件が成立するまで繰り返す

●While...End Whileステートメント

Visual Basicには、もう1つ、処理を繰り返すためのWhile...End Whileがあります。Forは「回数を指定して繰り返す」ものでしたが、While...End Whileは「条件を指定して繰り返す」ものだという違いがあります。

条件が成立する間は同じ処理を繰り返す

「○○が××である間は」という条件で処理を繰り返したい場合、何回繰り返せばよいのかわかりませんのでForを使うことはできません。このような場合はWhile...End Whileです。指定した条件が成立する（Trueである）限り、処理が繰り返されます。

▼While...End Whileによる繰り返し

```
While 条件式
    繰り返す処理
End While
```

Forは、回数を指定して処理を繰り返すものでした。一方、While...End Whileは「条件式がTrueである限り」処理を繰り返します。条件式がTrueの間ですので、「a = 1」とすれば変数aの値が「1であれば」処理を繰り返し、「a <> 」とすればaの値が「1ではなければ」処理を繰り返します。

必殺の呪文で魔物を全滅させる

人気のRPGで使われる呪文に、一瞬で敵を全滅させる呪文があります。そこで、ある呪文を唱えない限り、延々とゲームが続くというパターンをプログラミングしてみましょう。

▼必殺の呪文を使わない限りバトルを繰り返す（コンソールアプリケーションプロジェクト「Battle4」）

```
Imports System

Module Program
    Sub Main(args As String())
        ' 最初に出力
        Console.WriteLine("まものたちがあらわれた！")
        ' メッセージを出力
        Console.Write("お名前をどうぞ>>")
        ' プレイヤーの名前を取得
```

```
        Dim brave As String = Console.ReadLine()

        ' 名前が入力されたら以下の処理を実行
        If brave <> String.Empty Then
            ' プロンプトを作る
            Dim prompt As String = brave + "の呪文 > "
            ' 呪文を格納する変数を用意
            Dim attack As String = ""
            ' attackが"ザラキン"でない限り繰り返す
            While attack <> "ザラキン"
                ' プロンプトを表示して 呪文を取得
                Console.Write(prompt)
                attack = Console.ReadLine()
                ' プレイヤーの攻撃を出力
                Console.WriteLine(brave + "は「" + attack + "」の呪文をとなえた！")

                If attack <> "ザラキン" Then
                    ' attackが"ザラキン"でなければ以下を表示
                    Console.WriteLine("まものたちは様子をうかがっている")
                End If
            End While
            ' Whileブロックを抜けたら"まものたちは全滅した"と出力
            Console.WriteLine("まものたちは全滅した")
        Else
            ' 何も入力されなければゲームを終了
            Console.WriteLine("ゲーム終了")
        End If
    End Sub
End Module
```

条件式は「attack <> "ザラキン"」にしました。これで、"ザラキン"と入力しない限り、Whileブロックの処理が繰り返されます。なお、attackにはあらかじめ何かの値を代入しておかないとエラーになりますので、あらかじめ空の文字列""を代入してあります。

さて、注目の繰り返し処理ですが、まずはプロンプトを表示してプレイヤーが入力した文字列を取得します。"○○は××の呪文をとなえた！"と表示したあと、If文を使って"まものたちは様子をうかがっている"を表示します。ここでIf文を使ったのは、"ザラキン"が入力された直後に表示させないためです。

では、さっそく実行して結果を見てみましょう。

▼実行結果

```
まものたちがあらわれた!
お名前をどうぞ>>VBマン ―――――――――――――――― 名前を入力してスタート
VBマンの呪文 > モエモエ ――――――――――― 呪文を入力(繰り返し処理の1回目)
VBマンは「モエモエ」の呪文をとなえた!
まものたちは様子をうかがっている
VBマンの呪文 > キュンキュン ――――――――― 呪文を入力(繰り返し処理の2回目)
VBマンは「キュンキュン」の呪文をとなえた!
まものたちは様子をうかがっている
VBマンの呪文 > ザラキン ――――――――――― 呪文を入力(繰り返し処理の3回目)
VBマンは「ザラキン」の呪文をとなえた! ―― ここでWhileブロックを抜ける(条件不成立)
まものたちは全滅した ―――――――――――――――― ブロックを抜けたあとの処理
```


無限ループ

Whileの条件式にTrueとだけ書くと、永遠に処理が繰り返されます。これを**無限ループ**と呼びます。Tureでなくても、次のようにTrue以外にはなり得ない条件を書いても無限ループが発生します。

▼無限に呪文を唱える(コンソールアプリケーションプロジェクト「InfiniteLoop」)

```
Imports System

Module Program
    Sub Main(args As String())
        Dim counter = 0
        While counter < 10
            ' counterは0のままなので無限に"ホイミン"が出力される
            Console.WriteLine("ホイミン")
        End While
    End Sub
End Module
```

条件式は「counter < 10」ですが、counterの値は0なのでいつまでたってもTrueのままです。

▼実行結果

```
ホイミン
ホイミン
......省略......
ホイミン
―――――――――――――――――[Ctrl]+[C]キーで止める
```

処理回数をカウントする

前ページのプログラムで、変数counterには初期値として0が代入されていますが、繰り返し処理の最後にcounterに1を加算して、処理のたびに1ずつ増えていくようにすれば、値が10になったところで「counter < 10」がFalseになり、While...End Whileを抜けることができます（Whileブロックを終了するという意味です）。

次は、205〜206ページのプログラムを改造したものです。指定した文字列を入力しなくても、処理を3回繰り返したらWhileブロックを抜けてプログラムが終了するようにしてみました。

▼Whileの繰り返しを最大3回までにする（コンソールアプリケーションプロジェクト「Battle5」）

```
Imports System

Module Program
    Sub Main(args As String())
        ' 最初に出力
        Console.WriteLine("まものたちがあらわれた！")
        ' メッセージを出力
        Console.Write("お名前をどうぞ>>")
        ' プレイヤーの名前を取得
        Dim brave As String = Console.ReadLine()

        ' 名前が入力されたら以下の処理を実行
        If brave <> String.Empty Then
            ' プロンプトを作る
            Dim prompt As String = brave + "の呪文 > "
            ' カウンター変数
            Dim counter As Integer = 0

            ' 以下の処理を最長で3回繰り返す
            While counter < 3
                'プロンプトを表示して 呪文を取得
                Console.Write(prompt)
                Dim attack As String = Console.ReadLine()
                ' 呪文を唱える
                Console.WriteLine(brave + "は「" + attack + "」の呪文をとなえた！")
                ' 入力された呪文の判定
                If attack = "ザラキン" Then
                    ' "ザラキン"であれば終了
                    Console.WriteLine("まものたちは全滅した")
                    ' Whileブロックを抜ける
                    Exit While ' ――――――――――――――――――― ❶
                Else
```

```
                ' attackが"ザラキン"でなければ以下を表示
                Console.WriteLine("まものたちは様子をうかがっている")
            End If
            ' counterに1加算
            counter += 1
        End While
        If counter = 3 Then
            ' While3回繰り返した場合の処理
            Console.WriteLine("まものたちはどこかへ行ってしまった...")
        End If
    Else
        ' 何も入力されなければゲームを終了
        Console.WriteLine("ゲーム終了")
    End If
  End Sub
End Module
```


Whileを強制的に抜けるためのExit While

❶の「Exit While」は、強制的にWhileブロックを抜ける（終了する）ためのキーワード（予約語）です。Exit Whileを配置したことで、指定した文字列が入力されたタイミングで応答を表示してWhileブロックを抜けるようになります。なお、入力文字の判定は、前回のプログラムではWhileの条件でしたが、今回は処理回数を条件にしましたので、ブロック内のIfステートメントで判定するようにしたというわけです。最後のIfステートメントは、処理が3回繰り返された場合に対応するためのものです。

では、プログラムを実行して結果を見てみましょう。

▼指定した文字列が入力されなかった場合

```
まものたちがあらわれた！
お名前をどうぞ>>VBマン
VBマンの呪文 > モエモエ ―――――――― 繰り返しの1回目
VBマンは「モエモエ」の呪文をとなえた！
まものたちは様子をうかがっている
VBマンの呪文 > キュンキュン ―――――― 繰り返しの2回目
VBマンは「キュンキュン」の呪文をとなえた！
まものたちは様子をうかがっている
VBマンの呪文 > ドカンダン ――――――― 繰り返しの3回目
VBマンは「ドカンダン」の呪文をとなえた！
まものたちは様子をうかがっている
まものたちはどこかへ行ってしまった...
```

▼指定した文字列が入力された場合

```
まものたちがあらわれた！
お名前をどうぞ>>VBマン
VBマンの呪文 > ザラキン ――――――――― 繰り返しの1回目
VBマンは「ザラキン」の呪文をとなえた！
まものたちは全滅した
```

Memo Stepキーワードと、Nextキーワードに続くカウンター変数名の省略

カウンター変数の値を1つずつ増加させる場合は、Stepキーワードと増減値を省略することができます。さらには、最後のNextキーワードに続くカウンター変数名も省略可能です。

```
For i = 1 To 5 Step 1 ――――――省略可能
    MessageBox.Show(Str(i) & "回目の繰り返しです。", "繰り返し処理を実行中")
Next i――――――省略可能
```

Hint ループ（繰り返し）処理を途中で止めるには

For...Nextステートメントにおいて、特定の条件が発生した時点でループを止めるには、**Exit For**ステートメントを使います。Exit Forステートメントは、指定されている処理回数に達しないうちにループから抜けるためのステートメントです。

次は、インプットボックスを使って、ユーザーからの入力を10回、受け付けますが、「OK」という文字を入力すると、処理を止めてプログラムを終了します。

```
Private Sub Button1_Click(sender As Object,
                          e As EventArgs) Handles Button1.Click
    Dim answer

    For i = 1 To 10――――カウンター変数iの値が10になるまで処理を行う
        answer = InputBox("OKと入力すれば、処理が終了します。", "入力")
                 └― インプットボックスを表示して入力を求める
        If answer = "OK" Then Exit For
    Next         └― 変数answerの値が「OK」であれば、Exit For
                    ステートメントによって繰り返し処理を打ち
End Sub             切って、Nextの次の処理であるEnd（プログラ
                    ムを終了するキーワード）を実行する
```

3.6.7 コレクションのすべての要素に同じ処理を行う

●For Each...Nextステートメント

オブジェクトなどの関連する要素の集まりを**コレクション**と呼びます。フォーム上に配置したコントロールはControlsコレクションとして管理されています。

Controlsコレクションは、フォームの作成時に自動的に作成され、フォームに特定のコントロールを配置するたびに、Controlsコレクションに追加されるようになっています。

コレクションに含まれるコントロールに対して、一括して同じ処理を行いたい場合は、For Each...Nextステートメントを利用します。

▼特定のコレクションに対して一括して処理を行う

```
For Each オブジェクトを格納する変数名 In コレクション
    Ⓐ処理
Next
```

コレクションには、Controlsコレクションのほかにも、ListBoxコントロールに表示する項目の集まりであるitemsコレクションがあります。

▼For Each...Nextステートメント

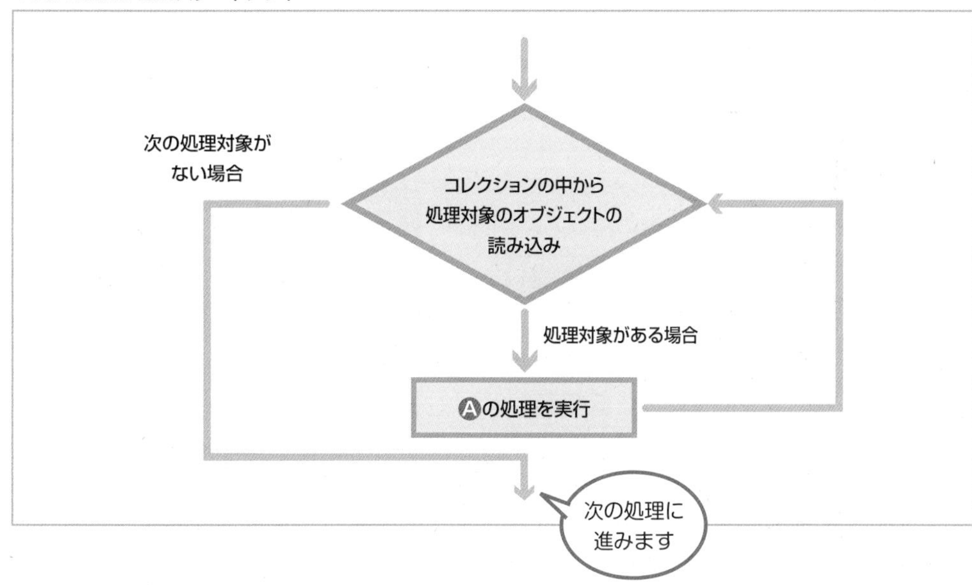

For Each...Nextステートメントを利用したプログラムを作成する

ここでは、フォーム上に配置したボタンの色を一括して変更するプログラムを作成してみることにしましょう。

▼フォームの作成（プロジェクト「ForEachNext」）

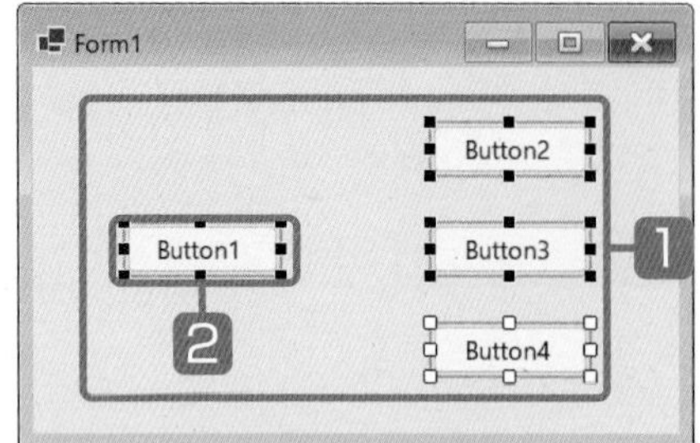

1 フォーム上に、Buttonコントロールを4個配置します。

2 Button1をダブルクリックしてイベントハンドラーを作成します。

3 Button1のイベントハンドラーにカーソルが移動するので、次のコードを記述します。

▼For Each...Nextステートメントによる一括処理

```
Private Sub Button1_Click(sender As Object, e As EventArgs) Handles Button1.Click
    For Each objControl As Object In Me.Controls
        objControl.BackColor = System.Drawing.Color.Red
    Next
End Sub
```

このように記述

●プログラムの実行

▼実行結果

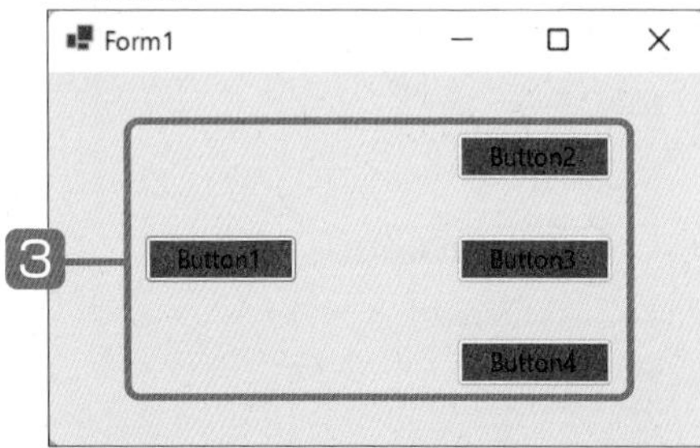

1 ツールバーの**開始**ボタンをクリックして、プログラムを実行します。

2 Button1をクリックします。

3 すべてのボタンの色が変わります。

Memo

ここでは、For Each...Nextステートメントを利用して、フォーム上に配置したボタンの色を一括して変更しています。なお、ボタンコントロールの色は、BackColorプロパティで指定することができます。作成例のコードでは、Object型の変数objControlにControlsコレクションに含まれる各コントロール（ここではボタンコントロール）を順番に1つずつ代入し、BackColorプロパティの値をSystem.Drawing.Color.Redに設定しています。

Onepoint

ここでは、Object型の変数objControlを宣言し、フォーム上に配置されたコントロールを格納する変数として利用しています。

3.5.8　条件式が真（True）の間だけ処理を繰り返す

●Do While...Loopステートメント

一定の条件を満たす限り同じ処理を繰り返す場合は、Do While...Loopステートメントを使うこともできます。機能としてはWhile...End Whileと同じです。ただし、Visual Basicの公式ドキュメントでは、

「条件をテストする場所またはテストで求める結果に関してより柔軟性を必要とする場合は、Do...Loop ステートメントを使用することをお勧めします」

とされています。

▼指定した条件を満たす限り同じ処理を繰り返す

構文

```
Do While 条件式
      Ⓐ条件式が真（True）の場合に実行する処理
Loop
```

▼Do While...Loopステートメント

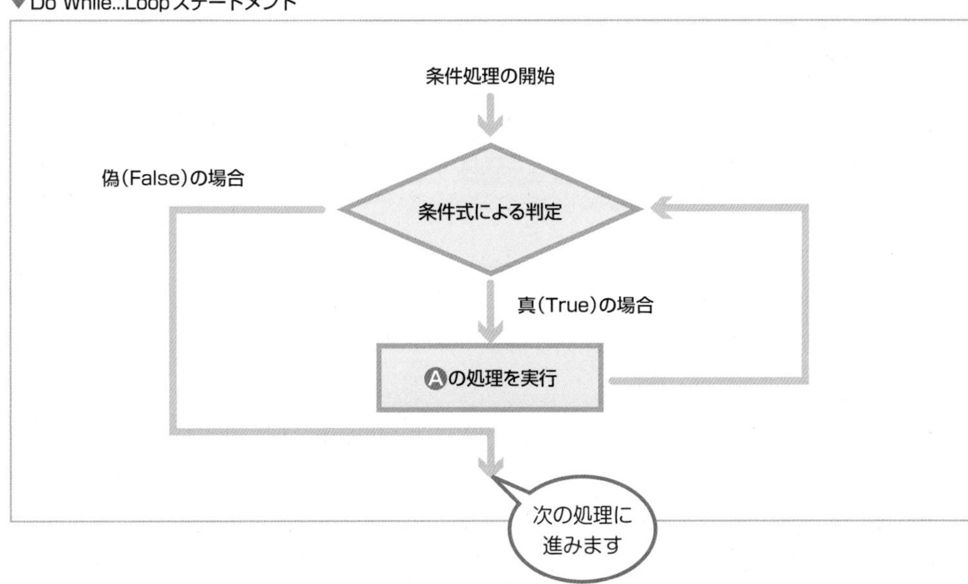

Do While...Loopステートメントを使ってみる

インプットボックスに「OK」という文字を入力しない限り、インプットボックスが表示され続けるプログラムを作成してみることにしましょう。

1 フォーム自体をダブルクリックします。

2 フォームが読み込まれたときに実行されるイベントハンドラーが作成されるので、次のコードを記述します。

▼Do While...Loopステートメントを利用して、特定の文字列の入力を求める(Windowsフォームアプリプロジェクト「DowhileLoop-1」)

```
Public Class Form1
    Private Sub Form1_Load(sender As Object, e As EventArgs) Handles MyBase.Load
        Dim answer As String = ""
        Do While answer <> "OK"
            ' インプットボックスを表示して入力された値をanswerに代入
            answer = InputBox("OKと入力すれば、処理が終了します。", "入力")
        Loop

        ' Do While...Loopを抜けたらプログラムを終了する
        End
    End Sub
End Class
```

Onepoint

ここでは、フォーム(Form1)のLoadイベントのイベントハンドラーにコードを記述することで、フォームが表示される直前に、インプットボックスを表示するようにしています。なお、Loopキーワードの次の行にEndステートメントを記述することで、ループ処理が終了した時点でプログラムを終了するようにしています。

3 ツールバーの**開始**ボタンをクリックして、プログラムを実行します。

4 「OK」と入力しない限り、インプットボックスが表示され続けます。

▼実行中のプログラム

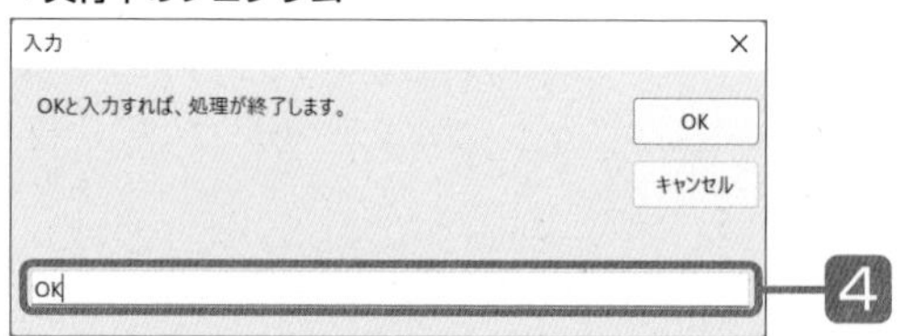

Tips 特定のオブジェクトに対して例外処理を行う

「3.6.7 コレクションのすべての要素に同じ処理を行う」で作成したプログラムでは、処理を実行するボタン自体の色も変更されます。処理を実行するボタンの色は変更したくないという場合は、If...Thenステートメントを組み合わせます。

次の例では、If...Thenステートメントの中でNameプロパティを使って、Button1という名前に合致しないButtonコントロールの色だけを変更するようにしています。

```
For Each objControl As Object In Me.Controls
    If objControl.Name <> "Button1" Then
        objControl.BackColor = System.Drawing.Color.Red
    End If
Next
```

コントロールの名前が「Button1」でなければ、以下のステートメントを実行

3.6.9　条件式が偽（False）の間だけ処理を繰り返す

●Do Until...Loopステートメント

Do While...Loopステートメントでは、条件が真（True）である限り同じ処理が繰り返され、条件が偽（False）になったところで繰り返し処理を抜けます。

これとは逆に、条件が偽（False）である限り同じ処理を繰り返し、条件が真（True）になったところで繰り返し処理を抜ける場合は、Do Until...Loopステートメントを使用します。

▼条件が真（True）になるまで同じ処理を繰り返す

構文

```
Do Until 条件式
      Ⓐ条件式が偽（False）の場合に実行する処理
Loop
```

▼Do Until...Loopステートメント

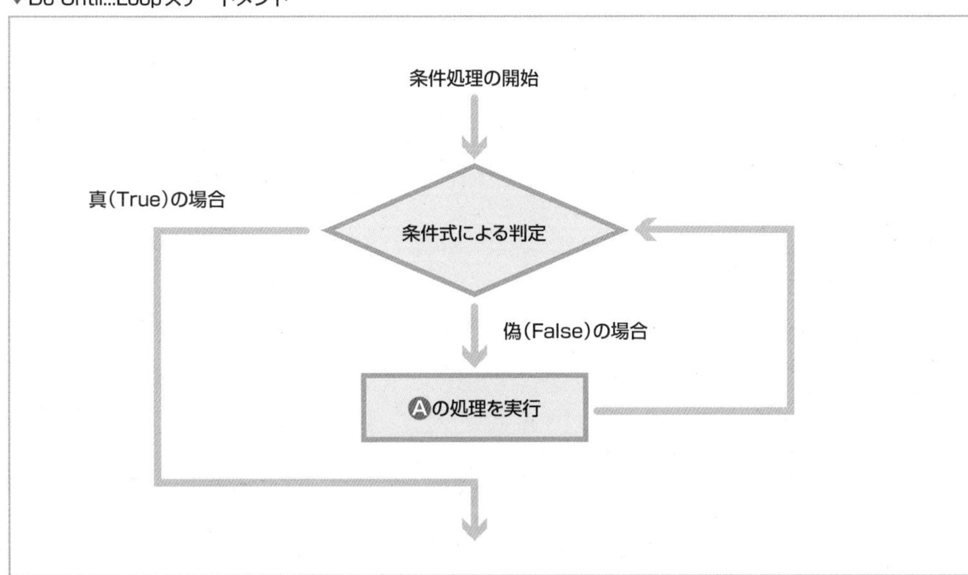

Do Until...Loopステートメントを利用したプログラム

ここでは、前項の「Do While...Loopステートメントを使ってみる」で使用したプログラムをDo Until...Loopステートメントに書き換えてみることにします。

▼Do Until...Loopステートメントに書き換える（Windowsフォームアプリプロジェクト「DoUntilLoop」）

```
Public Class Form1
    Private Sub Form1_Load(sender As Object, e As EventArgs) Handles MyBase.Load
        Dim answer As String = ""
```

```
        Do Until answer = "OK"
            ' インプットボックスを表示して入力された値をanswerに代入
            answer = InputBox("OKと入力すれば、処理が終了します。", "入力")
        Loop

        ' Do Until...Loopを抜けたらプログラムを終了する
        End
    End Sub
End Class
```

Untilキーワードを使うので、Whileキーワードのときと逆の条件式を記述します。Whileキーワードのときは「Do While answer <> "OK"」(answerの値が「OK」以外であれば次の行の処理を繰り返す)であったのに対し、「Do Until answer = "OK"」(answerの値が「OK」になるまで次の行の処理を繰り返す)という条件式になります。

Memo Do While...LoopとDo...Loop While

Do While...Loopステートメントは、条件が先に評価される「前判定ループ」なので、いきなり条件が成立した場合は、1回もループすることなくブロックを抜けます。

もし、繰り返し処理を最低でも1回は実行するようにしたい場合は、While以下の条件式を最後に記述するようにします。

●Do While...Loopの場合

answerの値が「OK」以外であれば真(True)となり、次の行のステートメントが実行されますが、あらかじめ変数answerに「OK」の文字列が格納されていた場合は、一度もループせずに終了します。

```
Do While answer <> "OK"
    answer = InputBox("OKと入力すれば、処理が終了します。", "入力")
Loop
```

最初の評価を行う時点でanswerの値が「OK」であればループは1回も行われない

●Do...Loop Whileの場合

次のように条件式をLoopのあとに記述すると、後判定のループになるので、1回目のループは条件の真偽に関係なく必ず実行されるようになります。

```
Do
    answer = InputBox("OKと入力すれば、処理が終了します。", "入力")
Loop While answer <> "OK"
```

ループのあとで評価が行われるので、上の行のステートメントは最低でも1回は実行される

Memo Do Until...LoopとDo...Loop Until

Do Until...Loopステートメントにおいても、ステートメントが最初に実行されたときに、条件式が真(True)の場合は、ループは一度も実行されません。

ループを最低でも1回は実行するようにしたい場合は、Until以下の条件式をLoopのあとに記述するようにします。

以下のコードでは、インプットボックスの値を変数answerに格納してから、Until以下の条件式の評価が行われることになります。このため、最低でも1回はループが行われます。

```
Do
    answer = InputBox("OKと入力すれば、処理が終了します。", "入力")
Loop Until answer = "OK"――Until以下をLoopのあとに記述すると、上の行のステートメントは
                          最低でも1回は実行される
```

Memo メソッド(プロシージャ)のアクセシビリティ(利用可能な範囲)

メソッドには、アクセシビリティを設定することができます。

アクセシビリティを設定するキーワードは、メソッド名の前に記述します。

▼アクセシビリティを設定するキーワード(アクセス修飾子)

キーワード	内容
Private	同一のモジュール(またはクラスや構造体)の内部でのみアクセス可能。
Friend	同一のプログラム(アセンブリ)内でアクセス可能。
Public	アクセスの制限なし。
Protected	メソッドが定義されているクラスと、継承先のクラスからアクセスが可能。
ProtectedFriend	Friend アクセスと Protected アクセスの両方が許可される。

▼アクセシビリティの設定例

```
Private Sub Button1_Click(sender As Object,
    └─ アクセシビリティの設定
    e As EventArgs) Handles Button1.Click
    MessageBox.Show("表示ボタンがクリックされました。")
End Sub
```

3 Visual Basicの基本

Section
3.7

Subプロシージャと Functionプロシージャ

Level ★★★　Keyword　Subプロシージャ　Functionプロシージャ　パラメーター　引数　戻り値

Visual Basicでは、関数のことを「プロシージャ」という呼び方をします。ここでは、プロシージャとしての「Subプロシージャ」と「Functionプロシージャ」について見ていきます。

Subプロシージャと Functionプロシージャ

Visual Basicにおけるプロシージャやメソッドの形態として、「Subプロシージャ」「Functionプロシージャ」があります。

• Subプロシージャ

Subプロシージャは、内部に書かれた処理を実行します。

▼Subプロシージャの構文

```
Sub プロシージャ名 (パラメーター)
    ステートメント
    ・
    ・
End Sub
```

• Functionプロシージャ

Functionプロシージャは、プロシージャの処理結果を呼び出し元に返します。

▼Functionプロシージャの構文

```
Function プロシージャ名 (パラメーター) As 戻り値のデータ型
    ステートメント
    ・
    ・
    Return 戻り値
End Function
```

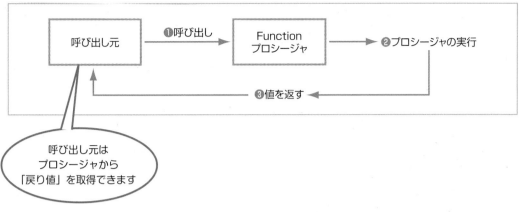

▼Functionプロシージャの実行

呼び出し元
❶呼び出し
Function プロシージャ
❷プロシージャの実行
❸値を返す
呼び出し元は
プロシージャから
「戻り値」を取得できます

モジュール内で定義されたものを「プロシージャ」と呼び、クラスや構造体の内部で定義されたものを「メソッド」と呼びます（メソッドも広い意味でのプロシージャに含まれます）。プロシージャやメソッドには、処理だけを行う「Subプロシージャ」と、処理した結果を呼び出し元に返す「Functionプロシージャ」の2つのタイプがあります。モジュール内のFunctionプロシージャのことを「関数」といいます。

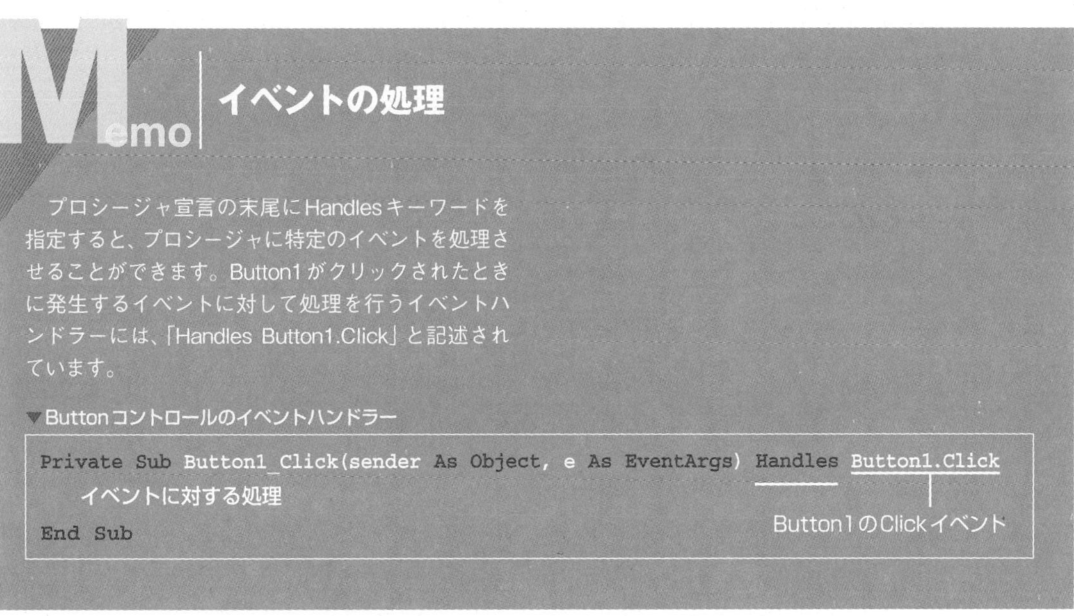

Memo イベントの処理

プロシージャ宣言の末尾にHandlesキーワードを指定すると、プロシージャに特定のイベントを処理させることができます。Button1がクリックされたときに発生するイベントに対して処理を行うイベントハンドラーには、「Handles Button1.Click」と記述されています。

▼Buttonコントロールのイベントハンドラー

```
Private Sub Button1_Click(sender As Object, e As EventArgs) Handles Button1.Click
    イベントに対する処理
End Sub
```

Button1のClickイベント

3.7.1 Subプロシージャ

プロシージャやメソッドには、**Sub**プロシージャと**Function**プロシージャの2種類の形態があります。作成したプロシージャは相互に呼び出して利用することができますが、処理結果を呼び出し元に返すかどうかで、それぞれのプロシージャを使い分けます。

Subプロシージャは、ブロック内のステートメントを実行します。また、呼び出し側から値を受け取り、この値を使って処理を行うこともできます。これまでに、フォーム上に配置したボタンをクリックしたときに実行されるイベントハンドラーを利用することがありましたが、イベントハンドラーもSubプロシージャに含まれます。

Subプロシージャは、SubとEnd Subのブロック内に記述された処理を実行します。

▼Subプロシージャ

```
Sub プロシージャ名 (パラメーターのリスト)
        実行する処理
        ・
        ・
End Sub
```

● プロシージャ名

プロシージャの名前を指定します。パスカルケースを用いて単語の先頭を大文字にします。

● パラメーター

プロシージャを呼び出すときに、値を渡して処理を行わせることができます。プロシージャに渡す値のことを**引数**（ひきすう）と呼びます。プロシージャ側では、呼び出し元から引数として渡される値のことを「パラメーター（仮引数）」と呼んで区別します。プロシージャ名のあとの()内の部分には、どのような引数をパラメーターとして受け取るのかを記述します。

```
引数の渡し方 パラメーター名 As データ型
```

「引数の渡し方」では、引数そのものを値として受け取るのか、それとも引数を参照情報として受け取るのかを指定します。「ByVal」(**値渡し**)、「ByRef」(**参照渡し**) のどちらかのキーワードで指定します。

Onepoint

ByValとByRefについては「3.7.3　値渡しと参照渡し (ByValとByRef)」で解説します。

ByValまたはByRefの記述を省略した場合は、ByValが指定されたものとして扱われます。

「データ型」の部分は、パラメーターのデータ型です。なお、「,」で区切ることで複数のパラメーターを設定することができ、パラメーターが必要なければ省略できます。

2個のパラメーターが設定されたSubプロシージャを定義してみます。このプロシージャは、パラメーターで取得した文字列をコンソールに出力します。

▼コンソール上で入力された文字列を出力する（コンソールアプリケーション「SubProcedure」）

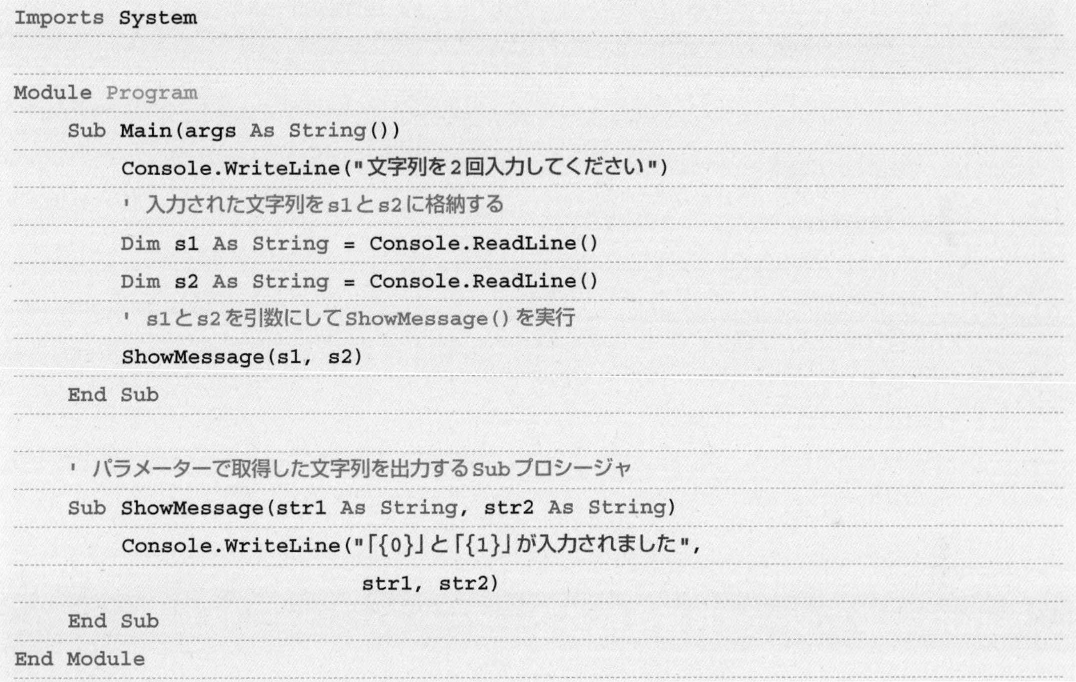

```
Imports System

Module Program
    Sub Main(args As String())
        Console.WriteLine("文字列を2回入力してください")
        ' 入力された文字列をs1とs2に格納する
        Dim s1 As String = Console.ReadLine()
        Dim s2 As String = Console.ReadLine()
        ' s1とs2を引数にしてShowMessage()を実行
        ShowMessage(s1, s2)
    End Sub

    ' パラメーターで取得した文字列を出力するSubプロシージャ
    Sub ShowMessage(str1 As String, str2 As String)
        Console.WriteLine("「{0}」と「{1}」が入力されました",
                          str1, str2)
    End Sub
End Module
```

▼実行結果

3.7.2 Functionプロシージャ

Functionプロシージャは処理した結果を返します。Subプロシージャと同様に、他のプロシージャから呼び出して利用します。

▼Functionプロシージャ

```
Function プロシージャ名 (パラメーターのリスト) As 戻り値のデータ型
    実行する処理
    .
    .
    .
    Return 戻り値
End Function
```

● As 戻り値のデータ型

処理結果(戻り値)を返すときのデータ型を指定します。

● Return 戻り値

戻り値を指定します。Returnステートメントが実行された時点でプロシージャの処理が終了し、ここで指定された値が戻り値として呼び出し元のプロシージャに返されます。

Functionプロシージャを作成する

パラメーターで取得した2個の整数値を足し算した結果を返すFunctionプロシージャを定義します。

▼Functionプロシージャを定義する(コンソールアプリケーション「FunctionProcedure」)

```
Imports System

Module Program
    Sub Main(args As String())
        Console.WriteLine("整数値を2回入力してください")
        Dim num1 = CInt(Console.ReadLine())
        Dim num2 = CInt(Console.ReadLine())
        ' num1とnum2を引数にしてAddNumber()を実行
        Dim result = AddNumber(num1, num2)
        ' AddNumber()の戻り値を出力
        Console.WriteLine(result)
    End Sub
```

```
    ' 2個のパラメーターが設定されたFunctionプロシージャ
    Function AddNumber(n1 As Integer, n2 As Integer)
        Dim result = n1 + n2
        ' resultを戻り値として返す
        Return result
    End Function
End Module
```

▼実行結果

```
Microsoft Visual Studio デバッグ コンソール
整数値を2回入力してください
1024
255
1279
```

入力した2つの整数の和が出力されます

Memo Returnによるメソッドの強制終了

Functionプロシージャでは、Returnステートメントを使って戻り値を返しますが、メソッドやプロシージャ内の任意の位置にReturnを記述することで、記述した箇所から強制的に呼び出し元に戻すことができます。

次のプログラムは、Functionプロシージャ「Proc1」とSubプロシージャ「Proc2」を定義し、TextBoxに入力した値に応じてメッセージを表示します。

なお、フォーム上にTextBoxと2個のButtonを配置し、Button1をクリックしたときにProc1を呼び出し、Button2をクリックしたときにProc2を呼び出すようにしています。

▼Returnステートメントを利用したプログラム（プロジェクト「ReturnFuntion」）

```
Public Class Form1
    Private Sub Button1_Click(sender As Object, e As EventArgs) Handles Button1.Click
        Dim point As Integer = CInt(TextBox1.Text)
        Dim str = Proc1(point)
        MessageBox.Show(str)
    End Sub

    Private Sub Button2_Click(sender As Object, e As EventArgs) Handles Button2.Click
        Dim point As Integer = CInt(TextBox1.Text)
        Proc2(point)
    End Sub

    Private Function Proc1(n As Integer) As String
        If n > 70 Then Return "High" ' ――――①
        If n > 60 Then Return "Middle"
        If n > 50 Then Return "Low"
        Return "50以下は判定不可" ' ――――②
    End Function

    Private Sub Proc2(n As Integer)
        If n <= 50 Then ' ――――③
            MessageBox.Show("50以下は判定不可")
            Return ' ――――④
        End If

        If n > 70 Then
            MessageBox.Show("High")
        ElseIf n > 60 Then
            MessageBox.Show("Middle")
        ElseIf n > 50 Then
            MessageBox.Show("Low")
        End If
    End Sub
End Class
```

FunctionプロシージャのProc1では、①の「If n > 70」の条件が成立すると、「Return "High"」によって、"High"の文字列を戻り値として返します。このとき、呼び出し元に戻り値が返るのと同時に、呼び出し元に実行制御が戻ります。Functionプロシージャの残りの部分は実行されません。

どの条件にも一致しない場合は、②のReturnステートメントで戻り値の"50以下は判定不可"を返します。

なお、それぞれのIfステートメントは、1行で記述しています。同一行でThenのあとに続けて処理コードを記述すれば、End Ifが不要になるので、このような書き方が可能です。

Subプロシージャの Proc2では、③の「If n <= 50」の条件が成立すると、メッセージボックスを表示し、④のReturnで呼び出し元に実行制御を戻します。Subプロシージャの残りの部分は実行されないので、この時点でプロシージャの処理を途中で強制終了したことになります。

なお、③の条件に一致しない場合は、次のIf...Then...ElseIfが実行されて、各条件に一致したメッセージが表示されます。

Memo Exitステートメントによるメソッドの強制終了

Visual Basicでは、Returnのほかに、「Exit Function」や「Exit Sub」を使ってメソッドやプロシージャを強制終了させることができます。

「Memo：Returnによるメソッドの強制終了」で紹介したProc2()を、Exitを用いて書き換えると、次のようになります。

▼Exitを利用する（コンソールアプリケーションプロジェクト「ExitFunction」）

```
Private Sub Proc2(n As Integer)
    If n <= 50 Then
        MessageBox.Show("50以下は判定不可")
        Exit Sub ' ―――――――――――――――――――――― ①
    End If

    If n > 70 Then
        MessageBox.Show("High")
    ElseIf n > 60 Then
        MessageBox.Show("Middle")
    ElseIf n > 50 Then
        MessageBox.Show("Low")
    End If
End Sub
```

①において、Returnの箇所をExit Subに書き換えています。

3.7.3 値渡しと参照渡し（ByValとByRef）

Visual Basicでは、プロシージャに引数を渡す方法として、ByValキーワードを使用した**値渡し**と、ByRefキーワードを利用した**参照渡し**を使うことができます。

ByValキーワードを使った場合は、引数は値として渡されます。これに対し、ByRefキーワードを使った場合は、呼び出し元の引数への参照情報が渡されます。この場合、呼び出し先のメソッドで値が変更されると、呼び出し元の変数の値も変更されます。

なお、指定を省略した場合は、既定でByValが設定されます。

値渡しと参照渡しの違いを確認する

ここでは、変数Xを参照渡し、変数Yを値渡しでValueRef()に渡し、メソッドの処理によって、引数X、Yの値がどうなるのか見てみましょう。

▼値渡しと参照渡しの違いを検証する（コンソールアプリケーションプロジェクト「ByRefByVal」）

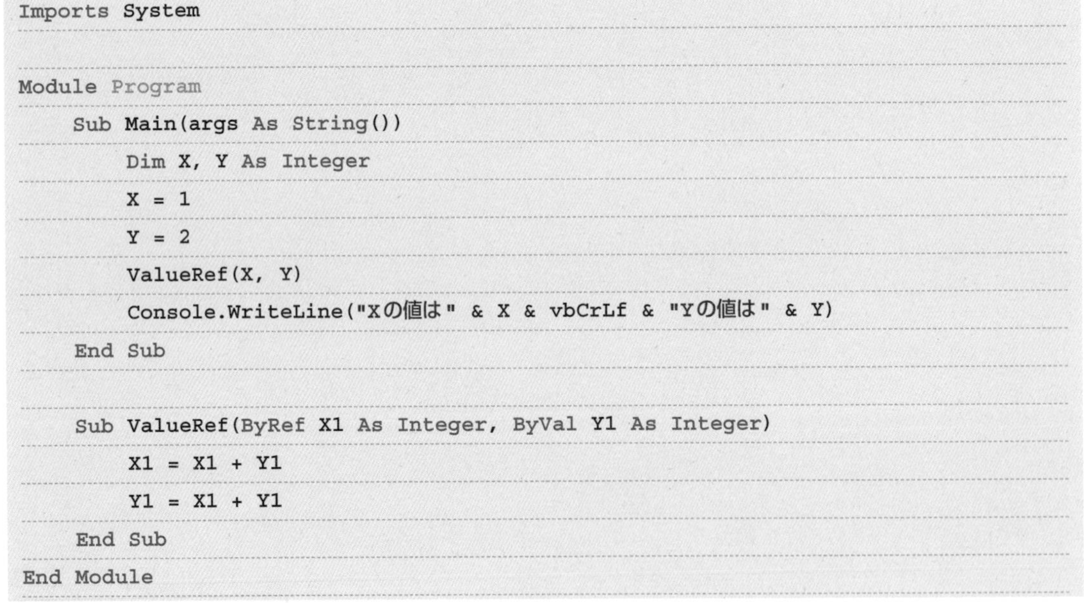

```
Imports System

Module Program
    Sub Main(args As String())
        Dim X, Y As Integer
        X = 1
        Y = 2
        ValueRef(X, Y)
        Console.WriteLine("Xの値は" & X & vbCrLf & "Yの値は" & Y)
    End Sub

    Sub ValueRef(ByRef X1 As Integer, ByVal Y1 As Integer)
        X1 = X1 + Y1
        Y1 = X1 + Y1
    End Sub
End Module
```

Xに1、Yに2をそれぞれ代入し、ValueRef()に渡しています。ValueRef()では、第1引数として渡されたXへの参照をパラメーターX1（ByRefを指定）で取得し、第2引数として渡されたYの値をパラメーターY1（ByValを指定）で取得しています。

▼実行結果

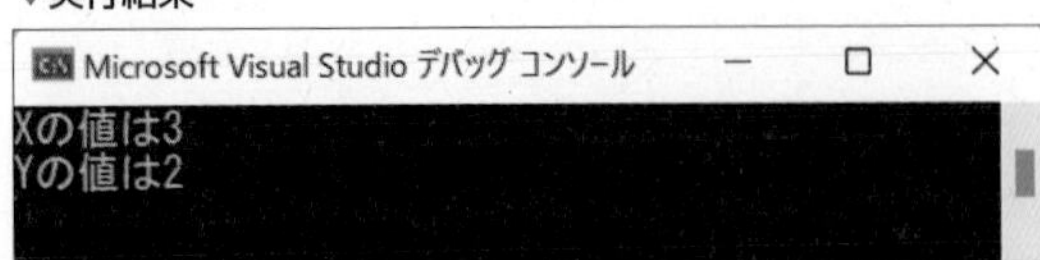

Xには1という値、Yには2という値を代入していましたが、結果を見ると、Xの値が3に変わっています。これは、呼び出しを行ったValueRef()プロシージャにXの値を渡すときに、参照渡しにしていたためです。参照渡しの場合は、常に引数に指定した変数が参照されているため、呼び出し先のメソッドでパラメーターに対して行った変更は、呼び出し元の変数を変更することになります。

一方、ByValが指定されている場合は、メソッド側のパラメーターに引数の値がコピーされます。このため、コピー先のパラメーターの値を変更しても、呼び出し元の変数は影響を受けません。

▼引数の渡し方

- ByVal……値 (Value) 渡しを行うためのキーワード。省略が可能。

- ByRef……参照 (Reference) 渡しを行うためのキーワード。

Hint 任意のイベントを選択してイベントハンドラーを作成するには

ボタンがクリックされたときに発生するClickイベントのほかにも、様々なイベントを利用することができます。

例えば、ボタンがダブルクリックされたときに特定の処理を行わせたい場合は、以下のように操作します。

❶フォーム上にButtonコントロールを配置します。
❷対象のフォームをコードエディターで表示します。
❸クラスリストで「Button1」を選択し、メソッドリストで「DoubleClick」を選択します。
❹「Button1_DoubleClick」というイベントハンドラーが作成されます。

▼コードエディター

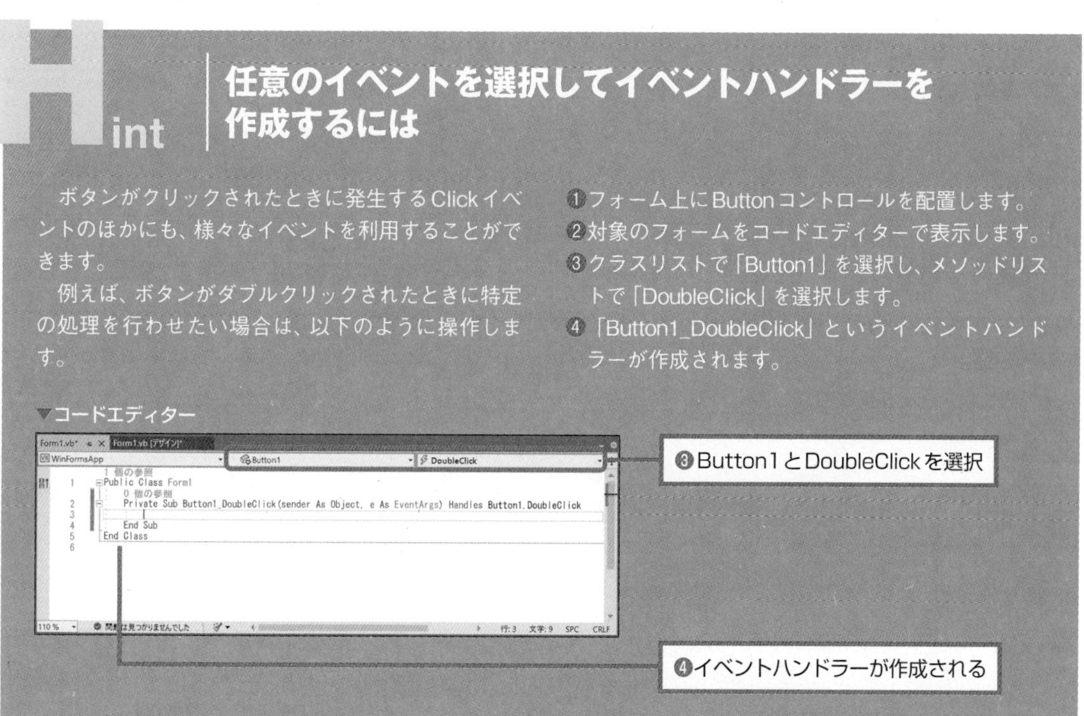

Memo 値渡しと参照渡しの使い分け

変数の値だけを渡す**値渡し**に対し、**参照渡し**では、呼び出し元の変数の値を変更できることから、以下の内容によって、値渡しと参照渡しを使い分けるようにします。

なお、参照渡しはデータのコピーを行わないので、サイズの大きいデータの受け渡しには有利ですが、メソッド内部での処理に連動して、引数にした変数の値が変わることを常に意識することが必要です。

●ByValを使う場合

引数として渡す変数の値を呼び出し先で変更する必要がない場合。

●ByRefを使う場合

引数として渡す変数の値を呼び出し先の処理によって変更したい場合。

Memo パラメーターのデフォルト値

Optional修飾子を使うと、パラメーターに初期値を設定することができます。

▼パラメーターの初期値を設定する（コンソールアプリケーションプロジェクト「DefaultParameter」）

```
Imports System

Module Program
    Sub Main(args As String())
        Dim a As Integer
        Console.WriteLine(DefaultParameter())
        Console.WriteLine(DefaultParameter("Set"))
    End Sub

    Function DefaultParameter(Optional p As String = "Default") As String
        Return p
    End Function
End Module
```

▼実行結果

```
Microsoft Visual Studio デバッグ コンソール
Default
Set
```

DefaultParameter(Optional p As String = "Default")のように、パラメーターpのデフォルト値を設定しました。DefaultParameter()を引数なしで呼び出すと、パラメーターのDefault値"Default"が返されます。引数を指定した場合は、パラメーターのデフォルト値が引数の値に置き換えられます。

Memo 可変長のパラメーターリスト

プロシージャやメソッドに引数を渡すときに、実際にプログラムを実行するまでは引数の数が決定しない場合があります。このような場合は、可変長のパラメーターリストを設定するParamArray修飾子を使用します。

(ParamArray arr() As String)のようにすると、String型の引数を任意の数だけ受け取ることができるようになります。パラメーターarr()は、配列です。

このような、「ParamArray 配列名()」のかたちで記述されたパラメーターを**パラメーター配列**と呼びます。

▼パラメーター配列を使用する(コンソールアプリケーションプロジェクト「ParamArray」

```
Imports System
Module Program
    Sub Main(args As String())
        ShowPrametar(1, "レタス")
        ShowPrametar(2, "バナナ", "メロン", "イチゴ")
    End Sub

    Sub ShowPrametar(n As Integer, ParamArray arr() As String)
        Console.WriteLine("グループ: " & n)
        For Each e In arr
            Console.WriteLine(e)
        Next
        Console.WriteLine()
    End Sub
End Module
```

▼実行結果

ShowPrametar()の第2パラメーターは「パラメーター配列」なので、任意の数だけString型の引数を設定することができます。

MEMO

Perfect Master Series
Visual Basic 2022

Chapter

Visual Basic オブジェクト指向プログラミング

この章では、実際にクラスを作成し、作成したクラスを利用するプログラムを作成することで、クラスの構造や利用方法を学んでいきます。後半では、継承などのオブジェクト指向プログラミングにおける基本的なテクニックを見ていくことにします。

オブジェクト指向プログラミング

Level ★★★ Keyword オブジェクト指向 クラス 継承 ポリモーフィズム

オブジェクト指向プログラミングは、関連するデータとデータに対する手続き（メソッド）を、**オブジェクト**（Object）と呼ばれるまとまりとして管理することでアプリケーションの開発を行うプログラミング手法のことです。

オブジェクト指向プログラミングとクラス

オブジェクト（Object）を直訳すると「物（モノ）」です。オブジェクト指向プログラミングとは、「ある役割を持ったモノ」ごとにクラス（プログラムの設計図）を作成し、モノとモノとの関係性を定義しながら開発を進めるプログラミング手法のことです。といっても、概念的な説明だけではわかりにくいので、実際にどのようなことを行うのかを説明したいと思います。

• クラス

「クラス」は、ある目的のために書かれたソースコードのまとまりで、オブジェクト指向プログラミングに絶対に必要な要素です。モジュールと同じように任意の名前を付けて管理できます。モジュールと異なるのは、クラスの中にメソッドを含めることができることです。クラスには、メソッドをはじめとする以下の要素を含めることができます。

●クラスのメンバー
- ・フィールド
- ・プロパティ
- ・メソッド
- ・コンストラクター
- ・デストラクター
- ・イベント
- ・ネスト（入れ子）されたクラス

クラスに含めることができるこれらの要素のことを「クラスのメンバー」と呼びます。

• クラスの継承

作成したクラスの内容を丸ごと引き継いだ「子クラス（サブクラス）」を作成できます。継承できるのがオブジェクト指向プログラミングの最大のポイントです。継承を行うことで、次のプログラミングテクニックが使えるようになります。

●メソッドのオーバーライド

クラスで定義済みのメソッドの内容をサブクラスで書き換えます。これによって、同じメソッド名でありながら、サブクラスごとに異なる機能を持たせることができます。

●ポリモーフィズム（実行時型識別）

同じメソッドの呼び出し式を用いて、サブクラスでオーバーライドしたメソッドを呼び分けるテクニックです。

継承や上記のプログラミングテクニックについては、のちほど詳しく解説します。

4.1.1 クラスを作成（定義）する

ここでは、「名前と生年月日を入力すると、入力されたデータをメッセージボックスに表示する」というシンプルな機能を持つアプリの開発を通して、クラスについて学んでいきたいと思います。

クラスは通常、独立した1つのファイル（拡張子「.vb」）で定義します。ここでは、クラス専用ファイルを作成し、以下のメンバーを定義します。

・フィールド
・プロパティ
・メソッド

アプリの画面を作成する

TextBox、DateTimePicker、Button、Labelの各コントロールをフォーム上に配置し、次ページの表を参照して、プロパティを設定しましょう。

▼作成中の画面（プロジェクト「AgeAndName」）

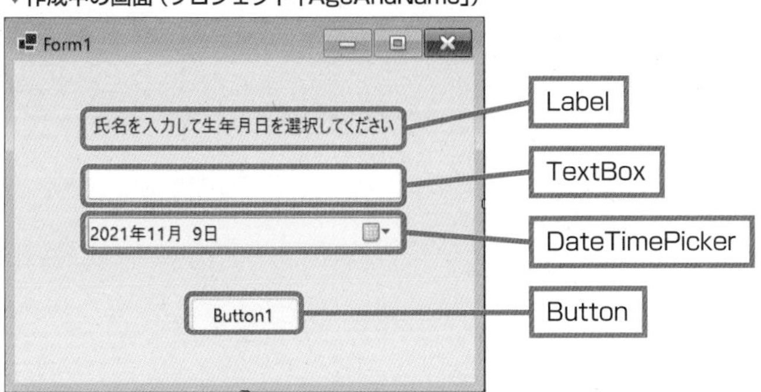

▼Formのプロパティ

プロパティ名	設定値
BackColor	PowderBlue

▼TextBoxのプロパティ

プロパティ名	設定値
(Name)	TextBox1

▼Buttonのプロパティ

プロパティ名	設定値
(Name)	Button1

▼DateTimePickerのプロパティ

プロパティ名	設定値
(Name)	DateTimePicker1

▼Labelのプロパティ

プロパティ名	設定値
Text	氏名を入力して生年月日を選択してください

クラス用のファイルの作成

クラス用のファイルは、フォーム用の「Form1.vb」や「Form1.Designer.vb」などのファイルと同様に、拡張子が「.vb」のファイルです。

▼[新しい項目の追加]ダイアログボックス

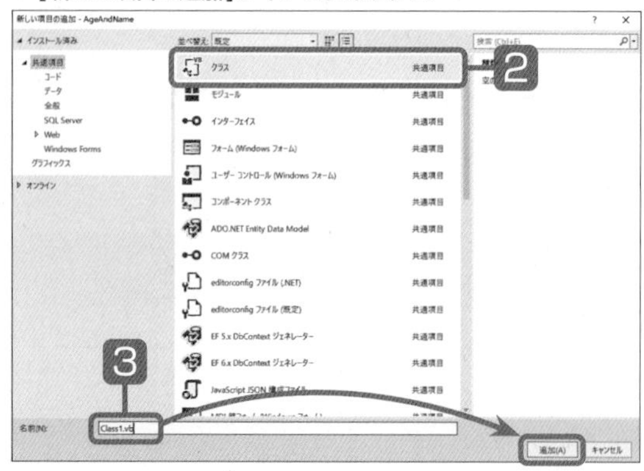

1 **プロジェクト**メニュー➡**クラスの追加**をクリックします。

2 **新しい項目の追加**ダイアログボックスが表示されるので、**テンプレート**の**クラス**をクリックします。

3 [Class1.vb] とファイル名を入力し、**追加**ボタンをクリックします。

作成したクラスの中身を確認する

作成したクラス用のファイルには、次のようなコードが記述されています。

▼作成直後のクラス用ファイルのコード

```
Public Class Class1

End Class
```

1行目がクラスの宣言ステートメントで、End Classステートメントまでがクラスです。

デフォルトでは、スコープ（適用範囲）を設定するキーワードとして**Public**キーワードが設定されます。「Public」は、プロジェクトに含まれる他のクラスからも他のプロジェクトからも無制限にアクセスが可能です。

●クラス名

クラス名は、先頭文字を大文字にし、単語を組み合わせる場合は各単語の先頭を大文字にするパスカルケースを用いるルールになっています。

●アクセス修飾子

クラスやクラスのメンバーには、次のアクセス修飾子を使用して、アクセスを許可する範囲を指定します。

▼アクセス修飾子

アクセス修飾子	内容
Private	クラス内部でのみアクセスが可能。
Protected	クラスを継承したクラスであればアクセスが可能。
Friend	同一のプロジェクト内からのアクセスが可能。
ProtectedFriend	ProtectedとFriendの結合。同一のプロジェクト、またはクラスを継承したクラスからのアクセスが可能。
Public	制限なくアクセスできる。

Hint ダブルクォーテーション（"）の使い方がいまひとつわかりません

ソースコードで文字列を扱う場合は、ダブルクォーテーション（"）で対象の文字列を囲むことで、文字列であることを示します。なお、「"」自体を文字列として扱いたい場合は、「""Visual Basic""」のように、文字列として使用する「"」を含む文字列全体を「"」で囲むようにします。これによって、「"」で囲まれた「"Visual Basic"」の部分が文字列として扱われるようになります。

4.1.2 フィールドの宣言

フィールドの宣言は、ローカル変数に使用するDimではなく、アクセス修飾子を使います。あえてDimを使った場合はPrivateとして扱われますが、ローカル変数と区別するためにも通常はDimを使用しません。

フィールドへのアクセスを制限することを**カプセル化**と呼び、カプセル化によってクラスを保護します。このことからフィールドはPrivateを使って宣言するのが一般的です。

フィールドを宣言する

フィールド名は小文字で始めて、複数の単語を組み合わせる場合は単語の先頭を大文字にするキャメルケースの形式で名前付けをします。なお、フィールドであることをわかりやすくするため、フィールド名の先頭に「_」(アンダースコア) を付けることが推奨されています。

Class1クラスでは、以下のフィールドを作成 (宣言) します。

- 「_name」
  テキストボックスに入力された氏名を保持します。
- 「_birthday」
  DateTimePickerコントロールを使って入力された生年月日のデータを保持します。

▼フィールドの宣言

```
Public Class Class1
    ' 氏名を保持するPrivateアクセスのフィールド
    Private _name As String
    ' 生年月日を保持するPrivateアクセス、Date型のフィールド
    Private _birthday As Date
End Class
```

Memo 読み取り専用と書き込み専用のプロパティ

クラスにGet/Setプロシージャを実装する場合、GetプロシージャとSetプロシージャのどちらかだけを記述することもできます。Getプロシージャだけなら読み取り専用のプロパティ、Setプロシージャだけなら書き込み専用のプロパティになります。

なお、Getプロシージャだけを定義する場合は、「Public ReadOnly Property Name() As String」のように、ReadOnly修飾子を付ける必要があります。また、Setプロシージャだけを定義する場合は、「Public WriteOnly Property Name() As String」のように、WriteOnly修飾子を付けます。

4.1.3 プロパティの作成

プロパティは、メソッドの一種で、フィールドの値の参照や設定を行います。

Privateを使ってフィールドへのアクセスを禁止した場合、外部から利用できなくなってしまうので、プロパティを作成し、プロパティを通じてフィールドにアクセスできるようにします。

これまでにも、フォームやボタン、ラベルなどのプロパティを設定してきましたが、これは、プロパティを通じて、Formクラスや Buttonクラスなどのフィールドに値を代入していたことになります。

●プロパティの定義

プロパティは、「Property」キーワードを使って定義し、プロパティ内部は「Get～End Get」と「Set～End Set」の2つのコードブロックで構成します。これらのコードブロックのことを**Getプロシージャ**、**Setプロシージャ**と呼びます。

▼プロパティの定義

```
アクセス修飾子 Property プロパティ名 As データ型
    Get
        プロパティ取得時に実行する処理〔省略可〕
        Return フィールド名
    End Get

    Set(ByVal パラメーター名 As データ型)
        プロパティ設定時に実行する処理〔省略可〕
        フィールド名 = パラメーター名
    End Set
End Property
```

●Getプロシージャ

プロパティの値を参照しようとすると、Getプロシージャが呼び出されます。「Return フィールド名」で、フィールドの値を呼び出し元に返します。

●Setプロシージャ

プロパティに値を設定しようとしたときに呼び出されるプロシージャです。Setプロシージャが呼び出されると、呼び出し元から渡された値が、「フィールド名 = パラメーター名」の代入式によって、フィールドに代入されます。なお、Setプロシージャのパラメーターは、文法上、値渡し(ByVal)しか指定できませんので、ByValを記述しなくても、ByValが指定されているものとして扱われます。

プロパティを定義してみよう

_nameフィールドと_birthdayフィールドに値を格納したり、格納されている値を参照するための2つのプロパティを定義します。

▼プロパティの定義

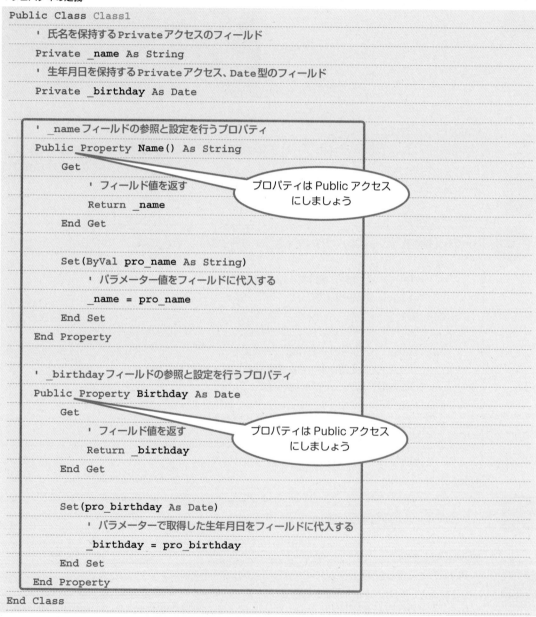

```
Public Class Class1
    ' 氏名を保持するPrivateアクセスのフィールド
    Private _name As String
    ' 生年月日を保持するPrivateアクセス、Date型のフィールド
    Private _birthday As Date

    ' _nameフィールドの参照と設定を行うプロパティ
    Public Property Name() As String
        Get
            ' フィールド値を返す
            Return _name
        End Get

        Set(ByVal pro_name As String)
            ' パラメーター値をフィールドに代入する
            _name = pro_name
        End Set
    End Property

    ' _birthdayフィールドの参照と設定を行うプロパティ
    Public Property Birthday As Date
        Get
            ' フィールド値を返す
            Return _birthday
        End Get

        Set(pro_birthday As Date)
            ' パラメーターで取得した生年月日をフィールドに代入する
            _birthday = pro_birthday
        End Set
    End Property
End Class
```

プロパティはPublic アクセスにしましょう

プロパティはPublic アクセスにしましょう

4.1.4 メソッドの作成

ここでは、DateTimePickerコントロールで選択された生年月日のデータをもとにして、年齢を計算するメソッドを作成します。Birthdayプロパティの下の行に、生年月日のデータから年齢を計算するメソッドを次のとおり記述します。

▼GetAge()メソッドの定義

```
Public Class Class1
    ' 氏名を保持するPrivateアクセスのフィールド
    Private _name As String
    ' 生年月日を保持するPrivateアクセス、Date型のフィールド
    Private _birthday As Date

    ' _nameフィールドの参照と設定を行うプロパティ
    Public Property Name() As String
        Get
            ' フィールド値を返す
            Return _name
        End Get

        Set(ByVal pro_name As String)
            ' パラメーター値をフィールドに代入する
            _name = pro_name
        End Set
    End Property

    ' _birthdayフィールドの参照と設定を行うプロパティ
    Public Property Birthday As Date
        Get
            ' フィールド値を返す
            Return _birthday
        End Get

        Set(pro_birthday As Date)
            ' パラメーターで取得した生年月日をフィールドに代入する
            _birthday = pro_birthday
        End Set
    End Property

    ' DateTimePickerで選択された生年月日から年齢を計算する
    Public Function GetAge() As Integer
```

```
        ' 現在の西暦から誕生日の年を引き算する
        Dim age As Integer = Today.Year - _birthday.Year ' ―――――――― ❶
        ' 今年の誕生日の月に達していない
        ' または今年の誕生日の月に達していて、なおかつ誕生日に達していない場合
        If Today.Month < _birthday.Month OrElse ' ―――――――― ❷
            (Today.Month = _birthday.Month AndAlso
            Today.Day < _birthday.Day) Then
             ' 計算した年齢から1を引く
             age -= 1 '
        End If
        ' 処理後の年齢を返す '
        Return age ' ―――――――― ❸
    End Function
End Class
```

ここで作成したメソッドは、以下の処理を行います。

❶Dim age As Integer = Today.Year – _birthday.Year

DateTimePickerで選択された誕生日のデータは、Birthdayプロパティを通じてフィールド_birthdayに格納されます。

●現在のシステム時刻を取得する

現在の日付は、DateTime構造体のTodayプロパティで求めることができます。Todayプロパティを参照すると、システム時刻が格納されたDateTime型の値を取得できます。

▼現在のシステム時刻を取得する

```
Dim t As DateTime   ' DateTime型の変数を宣言
t = DateTime.Today ' tにDateTime型のシステム時刻が代入される
```

DateTime構造体型の変数tを宣言し、この変数にシステム時刻を代入しています。なお、Todayプロパティは、共有メンバーとして宣言されています。

共有メンバーの実体は1個しか存在しないので、「DateTime.Today」のように構造体名を使って参照します。なお、共有メンバーについては「4.1.9　インスタンスメンバーと共有メンバー」で改めて解説します。

●Date型はDateTime構造体のこと

DateTime構造体は、「CTS(共通型システム)」の仕様に基づいて、Visual Basicの型名であるDateと対応していますので、次のようにDateを使って記述することができます。なお、変数がDate型なので、右辺もDate型であると認識されるため、「Date.Today」と書く必要はありません。

▼現在のシステム時刻を取得する

```
Dim t As Date = Today
```

●現在の日付の年から生年月日の年を引いた値を求める

DateTime構造体のYearプロパティを使うと、年の部分だけをInteger型の値として取得できます。次のように記述することで、システム時刻の年の部分と生年月日の年の部分の差を求めます。

▼現在の年と誕生日の年の差を求めることで年齢を取得

```
Dim age As Integer = Today.Year - _birthday.Year
```


❷If Today.Month < _birthday.Month OrElse...

今年の誕生日がまだであれば、次の条件を設定して、条件に一致した場合は❶の計算結果から1を引き算して、満年齢を求めます。

・誕生日の月に達していなければ1を引く。
・誕生日の月と現在の月が一致する場合は、誕生日の日に達していなければ1を引く。

▼満年齢を取得する

```
If Today.Month < _birthday.Month OrElse
    (Today.Month = _birthday.Month AndAlso
    Today.Day < _birthday.Day) Then
    ' 計算した年齢から1を引く
    age -= 1
End If
```

❸Return age

Returnステートメントで、計算結果を戻り値として呼び出し元に返します。

4.1.5 作成したクラスの確認

これまでの操作で、フィールド、プロパティ、メソッドを定義した「Class1」クラスが完成しました。それでは、「Class1.vb」ファイルをコードエディターで開いてみます。

▼「Class1」クラスの中身

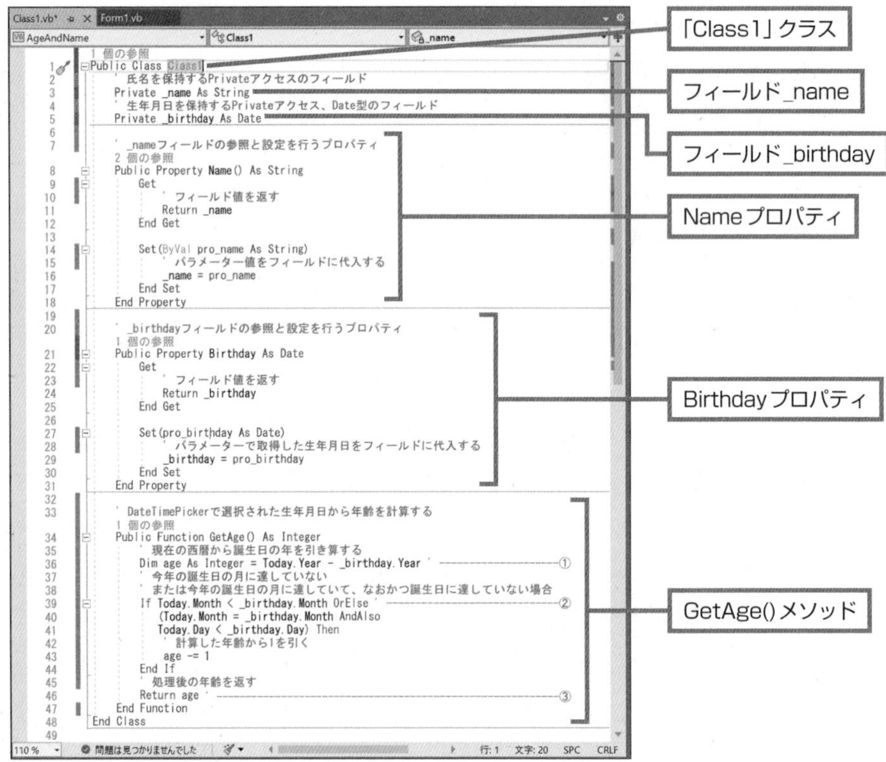

4.1.6 イベントハンドラーの作成

最後に、クラスを利用するためのイベントハンドラーを作成します。

イベントハンドラーを作成しよう

ここで作成するイベントハンドラーでは、次の処理を実行します。

①「Class1」のインスタンス「person」の生成
②TextBoxに入力された文字列を「Name」プロパティに代入
③DateTimePickerコントロールで選択された値を「Birthday」プロパティに代入
④「GetAge()」メソッドを呼び出して年齢を計算する処理を実行
⑤「Name」プロパティに代入された値と、④で求めた値をメッセージボックスに表示

●イベントハンドラーのコードの記述

フォーム上に配置したボタン(Button1)をダブルクリックし、作成されたイベントハンドラーに以下のコードを入力します。

▼ボタンがクリックされたときに実行されるイベントハンドラーの作成

```
Public Class Form1
    Private Sub Button1_Click(sender As Object, e As EventArgs) Handles Button1.Click
        ' Class1型のオブジェクトを生成
        ' TextBox1に入力された氏名をNameプロパティにセット
        ' DateTimePicker1で選択された生年月日のデータをBirthdayプロパティにセット
        Dim person As New Class1 With {
            .Name = TextBox1.Text,
            .Birthday = DateTimePicker1.Value.Date
        }

        ' Nemeプロパティの値とGetAge()メソッドで取得した現在の年齢を
        ' メッセージボックスに表示する
        MessageBox.Show(person.Name & "さんの年齢は" &
                        person.GetAge() & "歳です。")
    End Sub
End Class
```

イベントハンドラー「Button1_Click」では、次の処理を行います。

4 Visual Basicオブジェクト指向プログラミング

❶Dim person As New Class1()

クラスのインスタンス化は次の手順で行います。

●クラス型の変数を宣言する

クラス型の変数宣言の方法は、通常の変数と同じです。

▼クラス型の変数宣言

構文
```
Dim 変数名 As クラス名
```

●Class1のインスタンス化

クラスのインスタンス化はNew演算子を使って行います。

▼クラスのインスタンス化

構文
```
変数名 = New クラス名()
```

変数の宣言とインスタンス化を、次のように1行で書くこともできます。

構文
```
Dim 参照変数名 As New クラス名()
```

このように記述すると、クラスのインスタンス（オブジェクト）の参照情報が変数に格納されます。インスタンスの参照情報を格納した変数のことを**参照変数**と呼ぶことがあります。

❷person.Name = TextBox1.Text

プロパティの値を参照するには、次のように記述します。

▼プロパティの値を参照する

構文
```
参照変数名.プロパティ名
```

プロパティに値を代入するには、次の構文を使います。

▼プロパティに値を設定する

構文
```
参照変数名.プロパティ名 = 代入する値
```

❷のコードでは、参照変数personを使ってインスタンスを参照し、「Name」プロパティの値として、テキストボックスに入力された文字列（「textBox1.Text」で取得）を代入しています。

❸person.Birthday = DateTimePicker1.Value.Date

参照変数personを使って、Birthdayプロパティの値として、DateTimePicker1で選択された日付データを代入しています。

DateTimePickerで選択された日付データは、「DateTimePicker」クラスの「Value」プロパティで取得できます。DateTime構造体のDateプロパティを指定して、西暦と日付までの値だけを取得するようにします。

コード例では、❶～❸のコードを「オブジェクト初期化子」のWith{ ...}を用いて次のように記述しました。

▼クラスのインスタンス化と同時にオブジェクト初期化子でプロパティ値を設定する

```
Dim person As New Class1 With {
    .Name = TextBox1.Text,
    .Birthday = DateTimePicker1.Value.Date
```

❹MessageBox.Show(person.Name & "さんの年齢は" & person.GetAge() & "歳です。")

入力された氏名と、満年齢を表示します。

●person.Name

❷で設定したNameプロパティの値を表示します。

●person.GetAge()

クラスで定義されているメソッドを呼び出すには、次のように記述します。

▼クラスで定義されているメソッドを呼び出す

```
クラス型の変数名.メソッド名()
```

GetAge()は、Integer型の値を戻り値として返しますが、メッセージボックスに出力する際に「暗黙的な型変換」が行われ、String型の文字列として出力されます。

4.1.7 プログラムを実行してみる

「Class1」クラスを利用するプログラムが完成しました。プログラムを実行して、動作を確認してみましょう。

▼実行中のプログラム

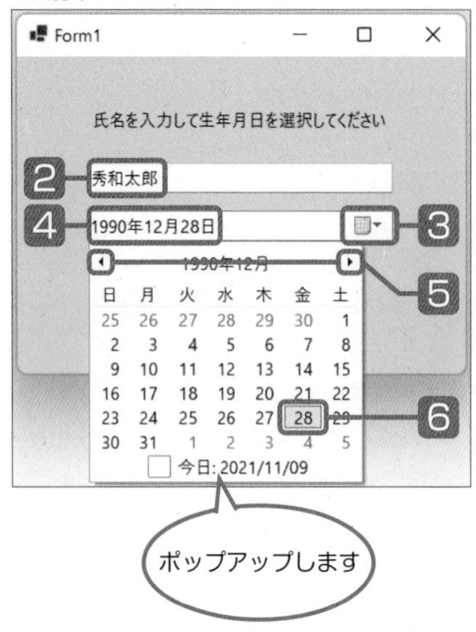

1. **開始**ボタンをクリックして、プログラムを実行します。
2. 「Form1」が表示されるので、名前の入力欄に名前を入力します。
3. ▼をクリックします。
4. 西暦の欄をクリックして年を選択します。
5. ◀または▶ボタンをクリックして月を選択します。
6. 該当の日を選択します。
7. **Button1** ボタンをクリックします。

▼プログラムの実行結果

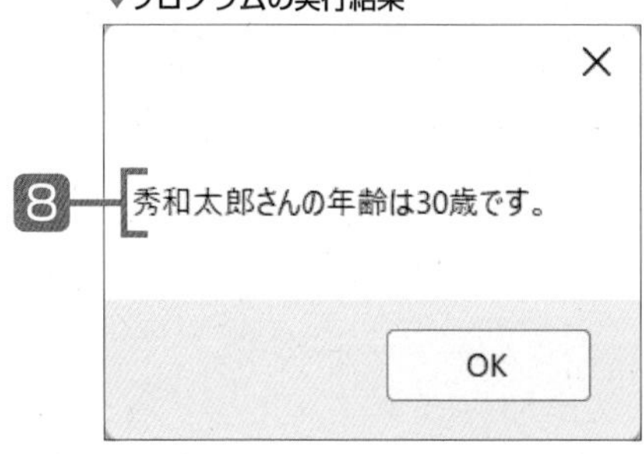

8. メッセージボックスに、名前と年齢が表示されます。

Tips プロパティにチェック機能を実装する

プロパティのコードを次のように書き換えることで、不正な値が代入されそうなときにメッセージを表示し、代わりの値をフィールドに代入することができます。

●「Name」プロパティの書き換え

Nameプロパティの Setプロシージャでは、パラメーターpro_nameの値が空（TextBoxに未入力）の場合の処理を行うコードを次のように追加します。

▼Nameプロパティ（Windowsフォームアプリプロジェクト「PropertyCheck」）

```
' _nameフィールドの参照と設定を行うプロパティ
Public Property Name() As String
    Get
        Return _name
    End Get

    Set(pro_name As String)
        If pro_name = Nothing Then
            ' パラメーターpro_nameが空の場合はメッセージを表示
            MessageBox.Show("名前を入力してください。")
            _name = "????"
        Else
            ' 値が格納されていたらパラメーターpro_nameの値をフィールドに代入
            _name = pro_name
        End If
    End Set
End Property
```

●Birthdayプロパティの Setプロシージャの書き換え

Birthdayプロパティでは、pro_birthdayパラメーターで受け取った値が、今日の日付よりもあとの日付であると、年齢の計算を行うGetAge()メソッドが、マイナスの結果を返してしまいます。そこで、pro_birthdayに今日よりもあとの日付データが格納されている場合に処理を行うコードを追加します。

ifステートメントを利用して、カレンダーコントロールで選択された日付が今日の日付*よりもあとの日付になっている場合にメッセージを表示し、フィールド「_birthday」に、代わりの値として今日の日付（「DateTime.Today」または「Date.Today」で取得）を代入します。

＊**今日の日付**　DateTime.Todayで取得することができる。今日の日付を入れておく理由は、計算結果を「0」にすることができるため。

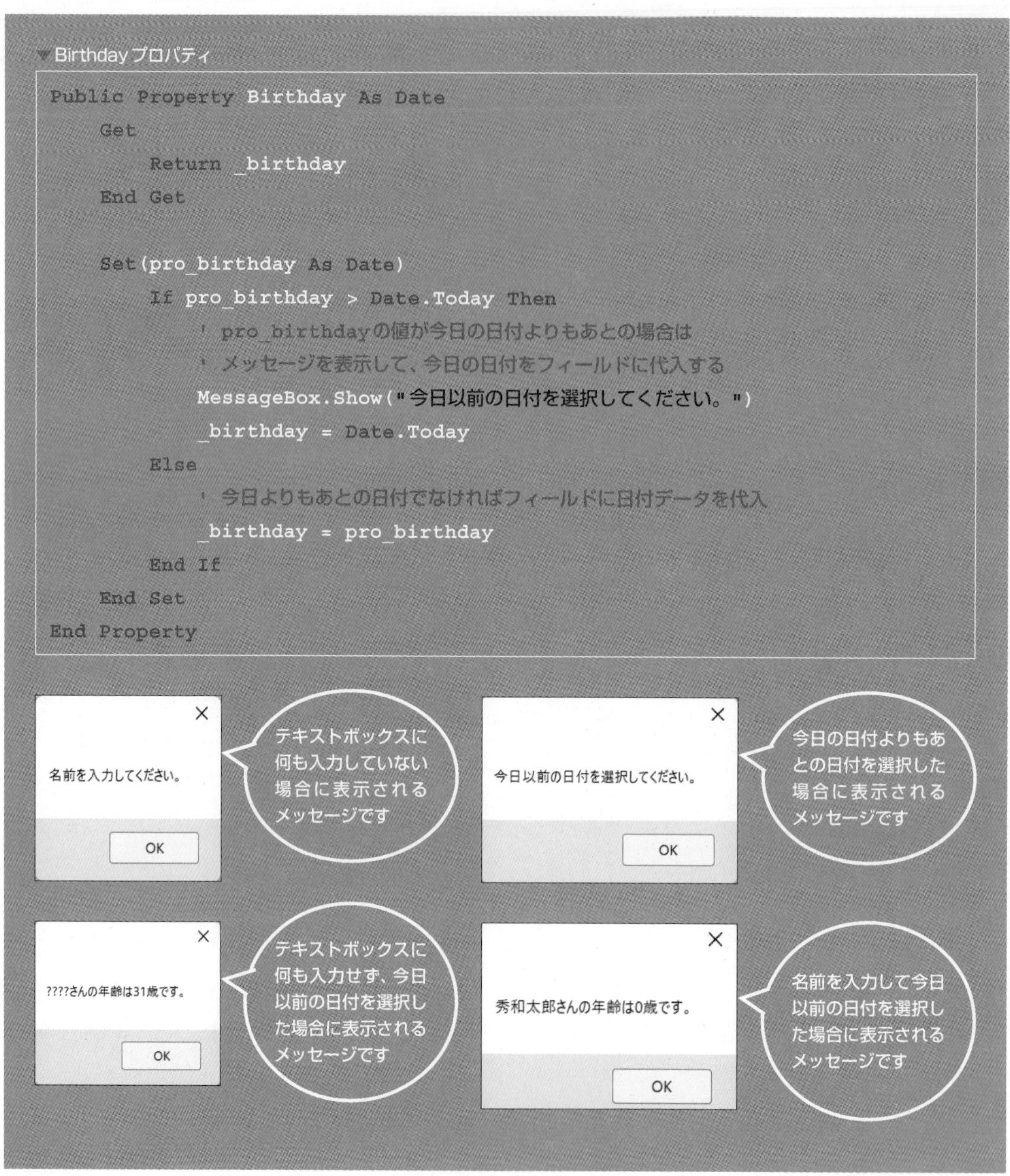
▼Birthdayプロパティ
Public Property Birthday As Date
Get
Return _birthday
End Get
Set(pro_birthday As Date)
If pro_birthday > Date.Today Then
' pro_birthdayの値が今日の日付よりもあとの場合は
' メッセージを表示して、今日の日付をフィールドに代入する
MessageBox.Show("今日以前の日付を選択してください。")
_birthday = Date.Today
Else
' 今日よりもあとの日付でなければフィールドに日付データを代入
_birthday = pro_birthday
End If
End Set
End Property
名前を入力してください。
OK
テキストボックスに何も入力していない場合に表示されるメッセージです
今日以前の日付を選択してください。
OK
今日の日付よりもあとの日付を選択した場合に表示されるメッセージです
????さんの年齢は31歳です。
OK
テキストボックスに何も入力せず、今日以前の日付を選択した場合に表示されるメッセージです
秀和太郎さんの年齢は0歳です。
OK
名前を入力して今日以前の日付を選択した場合に表示されるメッセージです

Memo インデックス付きプロパティ

フィールドが配列型である場合、プロパティにインデックスを設定することで、クラスを利用する側からは、プロパティをインデックス付きの配列のように利用できるようになります。このようなプロパティを**インデックス付きプロパティ**と呼びます。次のClass1では、配列型のフィールドを宣言し、インデックス付きプロパティを定義しています。

▼インデックス付きプロパティを定義したクラス（Windowsフォームアプリプロジェクト「IndexProperty」）

```
Public Class Class1
    ' 配列型のフィールド
    Private ary(9) As Integer
    ' 配列型のフィールドを扱うプロパティ
    Public Property Number(ix As Integer) As Integer ' ―――――― ①
        Get
            Return ary(ix) ' ―――――― ②
        End Get
        Set(value As Integer)
            ary(ix) = value ' ―――――― ③
        End Set
    End Property
End Class
```

①のNumberプロパティでは、パラメーターとしてixが設定されています。このパラメーターは、Getプロシージャとプロシージャの両方から参照することができます。②のGetプロシージャでは、パラメーターixの値をフィールドのインデックスにして該当する要素の値を返します。

一方、③のSetプロシージャでは、パラメーターvalueで受け取った値をixで指定された要素の値として代入するようにしています。

次は、Class1を利用する側の記述です。Button1のイベントハンドラーにおいてClass1をインスタンス化してプロパティの読み書きを行います。

▼Form1クラスのイベントハンドラーの定義

```
Public Class Form1
    Private Sub Button1_Click(sender As Object, e As EventArgs) Handles Button1.Click
        ' Class1をインスタンス化
        Dim obj As New Class1()
        obj.Number(0) = 100 ' ―――――― ⑤
        Dim n = obj.Number(0) ' ―――――― ⑥
        MessageBox.Show(n)
    End Sub
End Class
```

⑤では、objが参照するインスタンスのNumberプロパティに「100」を代入しています。「obj.Number(0) = 100」と記述しているので、Numberプロパティのパラメーターixに「0」が渡されると共に、Setプロシージャのパラメーターvalueに「100」が渡されます。結果として、フィールドのary(0)に100が代入されます。

⑥では、「n = obj.Number(0)」とすることで、Number(0)の値を変数nに代入しています。

このように、インデックス付きプロパティでは、プロパティ自体を仮想的な配列（配列型の構造をしているのはプロパティではなくフィールド）として扱うことができます。

Memo 既定のプロパティ

既定のプロパティとは、文字どおり「既定（デフォルト）のプロパティ」のことで、プロパティ名が指定されていない場合に、既定のプロパティが暗黙的に指定されます。

クラス型変数objを使ってNumberプロパティに値を代入する場合は、「obj.Number(0) = 100」ではなく「obj(0) = 100」のように簡潔に記述できます。プロパティ名を指定しなくてもよいのがポイントです。

なお、既定のプロパティは、一部例外もありますが、基本的に1つの型に付き1つだけ指定できます。また、既定のプロパティには、1つ以上のパラメーターが設定されていることが必要です。

プロパティを既定のプロパティとするには、「Default」キーワードを使います。前ページの「Memo：インデックス付きプロパティ」で定義したプロパティは、次のように記述することで既定のプロパティにすることができます。

▼Class1（プロジェクト「DefaultProperty」）

```
Public Class Class1
    ' 配列型のフィールド
    Private ary(9) As Integer
    ' 配列型のフィールドを扱うプロパティ
    Default Public Property Number(ix As Integer) As Integer ' 既定のプロパティ
        Get
            Return ary(ix)
        End Get
        Set(value As Integer)
            ary(ix) = value
        End Set
    End Property
End Class
```

▼Form1クラス

```
Public Class Form1
    Private Sub Button1_Click(sender As Object, e As EventArgs) Handles Button1.Click
        Dim obj As New Class1()
        obj(0) = 100 ' ――――――――――――――――――――――――― ❶
        Dim n = obj(0) ' ―――――――――――――――――――――――― ❷
        MessageBox.Show(n)
    End Sub
End Class
```

プロパティに値を設定する場合やプロパティの値を参照する場合は、❶や❷のように、プロパティ名を省略できます。

Memo 自動実装プロパティ

プロパティは、クラスの外部からフィールドの値を読み書きするためのものですが、「自動実装プロパティ」を使うと、GetやSetを定義することなく、シンプルなコードで読み書き対応のプロパティを宣言することができます。フィールドも内部的に作成されるので、フィールドの定義まで不要です。

4.1.8 自動実装プロパティ

自動実装プロパティを使うと、Visual Basicのコンパイラーがプロパティの値を保存するためのPrivateなフィールドを自動的に作成し、さらに関連するGetとSetプロシージャを自動的に生成します。フィールドに値を保存したり取得したりするだけの場合に、コードをシンプルにできます。

自動実装プロパティを定義する

以下は、Class1において、自動実装プロパティを宣言した例です。

▼自動実装プロパティを宣言(プロジェクト「AutoProperty」)

```
Public Class Class1
    Public Property Name As String
    Dim a As String = _Name
End Class
```

上記の自動実装プロパティを宣言すると、次のコードが内部的に自動生成されます。

▼自動生成されるコード

```
Private _Name As String = ""
Property Name As String
    Get
        Return _Name
    End Get
    Set(value As String)
        _Name = value
    End Set
End Property
```

●自動実装プロパティが生成するバッキングフィールド

プロパティ値を格納するためのフィールドは、プロパティ名の先頭にアンダースコアが付いた名前になります。これを**バッキングフィールド**と呼びます。

バッキングフィールドは、プロパティ自体にPublicなどの別のアクセスレベルが設定されている場合でも、常にPrivateになります。なお、バッキングフィールドに、クラス内部のコードからアクセスすることは、もちろん可能です。

ちなみに、バッキングフィールドを参照するコードを記述した場合、対象のコードをポイントすると、コードヒントでバッキングフィールドの宣言文が確認できます。

▼コードヒントに表示されたバッキングフィールドの宣言文

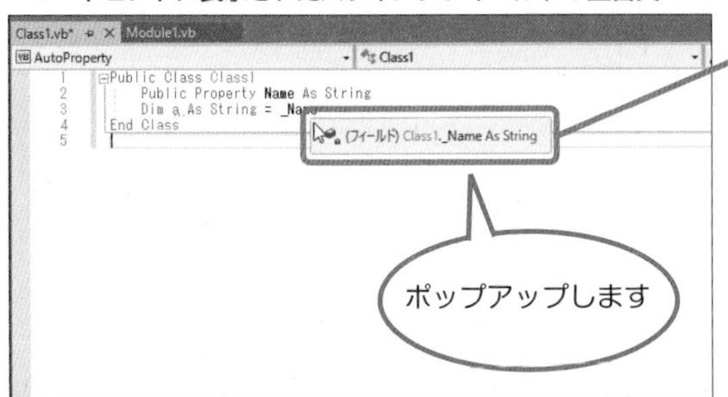
バッキングフィールドの宣言文が表示される
ポップアップします

Tips パラメーターの並び順を無視して引数の並び順を決める

これまで、引数の並び順をパラメーターの並び順と一致させることで各パラメーターに引数の値を渡すようにしていましたが、次のようにパラメーター名を指定することで、パラメーターの並び順に関係なく値を渡せるようになります。

▽パラメーター名を指定した引数の設定

構文

```
プロシージャ名(パラメーター名 := 値, パラメーター名 := 値, …)
```

▼パラメーター名付きの引数をプロシージャに渡す例(コンソールアプリケーションプロジェクト「NamedParameter」)

```
Module Program
    Sub Main(args As String())
        ' パラメーター名を指定して引数を渡す
        Proc(b:=500, s:="Visual Basic", a:=100)
    End Sub

    Sub Proc(a As Integer, b As Integer, s As String)
        Console.WriteLine("a = " & a)
        Console.WriteLine("b = " & b)
        Console.WriteLine("c = " & s)
    End Sub
End Module
```

引数を設定する際に「Proc(b:=500, s:="Visual Basic", a:=100)」と記述しているので、パラメーターaに100、bに500、sに"Visual Basic"の値が渡されます。

4.1.9 インスタンスメンバーと共有メンバー

クラスをインスタンス化するとフィールド用の領域がメモリー上に確保されます。1つのクラスから必要なぶんだけインスタンスを作成でき、それぞれのインスタンスごとにフィールド用のメモリー領域が存在するようになります。

このような、インスタンスごとに存在するフィールドのことを**インスタンスフィールド**と呼び、インスタンスに関連付けられるメソッドのことを**インスタンスメソッド**と呼びます。

これに対し、インスタンス化を行わずに利用できるフィールドやメソッドがあります。これらを**共有フィールド**、**共有メソッド**と呼びます。

インスタンスフィールドと共有フィールド

「共有フィールド」は、クラスに対して1つだけ存在します。クラスが参照されたときに共有フィールド用のメモリー領域が1つだけ用意され、以降はこの領域が使われます。Newでインスタンス化を繰り返しても、新たに共有フィールド用の領域が用意されることはなく、インスタンスをいくつ作っても、共有フィールドの領域は1つです。

例えば、小数の値を切り捨てるメソッドがあったとします。このメソッドは、「結果を返せば終了」なので、フィールドに値を保持しておいて、あとでどうこうすることはありません。あくまで「その場の処理」を行えばよいので、フィールド用のメモリー領域は1つあれば十分です。

共有フィールドが「クラスに1つだけ存在する」ことをプログラムで確認してみることにしましょう。

Windowsフォームアプリ用のプロジェクト「ShareField」を作成し、フォーム上にButtonコントールを1個配置します。**プロジェクト**メニューの**クラスの追加**を選択し、**新しい項目の追加**ダイアログの**名前**の欄に「ControlPoint.vb」と入力してクラス用のソースファイルを作成します。ControlPointクラスでは、次の2つのフィールドを作成します。

●インスタンスフィールド「point」

各個人用のポイントを保持するためのインスタンスフィールドです。

●共有フィールド「bonus」

ボーナスポイントとして加算する値を格納するフィールドを、すべてのインスタンスで共有できるように、「Shared」修飾子を付けて共有フィールドとして定義します。

▼ControlPointクラス（ControlPoint.vb）

```
Public Class ControlPoint
    ' 個人のポイントを保持するインスタンスフィールド
    Public point As Integer = 0 ' ―――――――――― ❶
    ' ボーナスポイントを保持する共有フィールド
    Public Shared bonus As Integer = 10 ' ―――――― ❷

    ' ポイントの計算を行うメソッド
```

```
    Public Sub ChargePoint(value As Integer)
        ' インスタンスフィールドpointにvalueの値を加算
        point += value ' ―――――――――――――――――――――――――――― ❸
        ' インスタンスフィールドpointに共有フィールドbonusの値を加算
        point += bonus ' ―――――――――――――――――――――――――――― ❹
    End Sub
End Class
```

❶では、インスタンスフィールドpointを宣言し、初期値の「0」を代入しているので、インスタンスを生成するたびに、それぞれの初期値として0が代入されます。

❷では、共有フィールドbonusを宣言し、初期値の「10」を代入しています。クラスに1つだけ存在するので、複数のインスタンスを生成しても、10で初期化されるのは最初の1回だけです。

ChargePoint()メソッドでは、インスタンスフィールドpointにvalueの値を加算する処理（❸）と、インスタンスフィールドpointに共有フィールドbonusの値を加算する処理（❹）を行います。

イベントハンドラーの作成

フォーム上に配置したButton1をダブルクリックしてイベントハンドラーを作成し、以下のコードを記述します。

▼Form1.vb

```
Public Class Form1
    Private Sub Button1_Click(sender As Object, e As EventArgs) Handles Button1.Click
        ' ControlPointクラスのインスタンスを生成
        Dim obj1 As New ControlPoint()
        Dim obj2 As New ControlPoint()

        obj1.point = 500 ' ―――――――――――――――――――――――――― ❶
        obj1.bonus = 30 ' ――――――――――――――――――――――――――― ❷
        ControlPoint.bonus = 20 ' ――――――――――――――――――――――― ❸

        obj1.ChargePoint(100) ' ――――――――――――――――――――――― ❹
        obj2.ChargePoint(200) ' ――――――――――――――――――――――― ❺

        ' obj1のインスタンスフィールドpointの値とControlPoint.bonusの値を表示
        MessageBox.Show("obj1.point = " & obj1.point & vbCrLf &
                        "ControlPoint.bonus = " & ControlPoint.bonus)
        ' obj2のインスタンスフィールドpointの値とControlPoint.bonusの値を表示
        MessageBox.Show("obj2.point = " & obj2.point & vbCrLf &
                        "ControlPoint.bonus = " & ControlPoint.bonus)
    End Sub
End Class
```

❶では、ControlPoint型の参照変数obj1を使って、フィールドpointに「500」を代入しています。

❷では、同じようにobj1を使って、共有フィールドbonusに「30」を代入していますが、これは正しい書き方ではないため、警告が表示されます（コンパイルは可能）。bonusは、obj2が参照するインスタンスでも共有されるので、obj1を指定すること自体、意味がないためです。

❸が共有フィールドを参照する正しい書き方です。共有フィールドには、「ControlPoint.Bonus」のようにクラス名を書いてアクセスします。

❹では、引数に100を指定してChargePoint()を実行していますので、インスタンスフィールドpointの現在値500に100が加算され、さらにbonusの値20が加算されてpointの値は620になります。

❺では、もう1つの参照変数obj2からChargePoint()を実行しています。インスタンスフィールドの初期値0に引数で指定した200が加算されます。bonusは共有フィールドなので、❸で設定した20のままです。この値が加算され、pointの値は220になります。

▼実行結果（Button1をクリックするとメッセージボックスが2回表示されます）

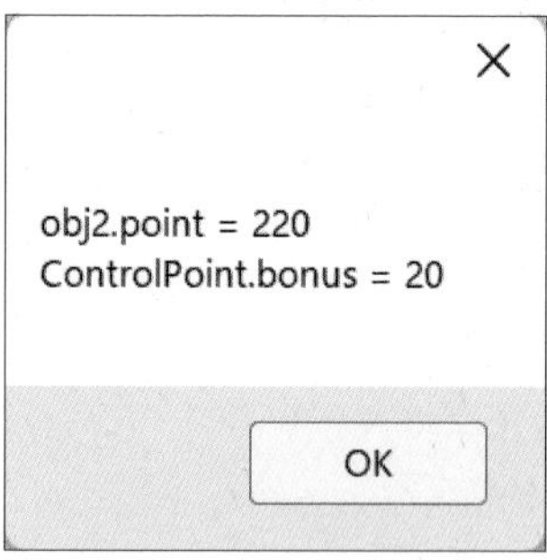

インスタンスメソッドと共有メソッド

共有メソッドとは、共有フィールドを操作するためのメソッドのことで、「Shared」修飾子を使って宣言します。

共有フィールドに対してのみ作用するので、共有メソッドからインスタンスフィールドにアクセスすることはできません（エラーになる）。共有メソッドはインスタンスを特定できないためです。

共有メソッドと区別する意味で、Sharedの付かないメソッドのことを**インスタンスメソッド**と呼びます。インスタンスメソッドはインスタンスに対して作用するからです。インスタンスメソッドから共有フィールドへのアクセスは問題なく行えます。

ここでは、前回と同じフォームアプリを作成し、ControlPointクラスで共有メソッドを次のように定義します。

▼ControlPointクラスで共有メソッドを定義（プロジェクト「ShareMethod」）

```
Public Class ControlPoint
    ' 個人のポイントを保持するインスタンスフィールド
    Public point As Integer = 0
    ' ボーナスポイントを保持する共有フィールド
    Public Shared bonus As Integer = 10

    ' ポイントの計算を行うメソッド
    Public Sub ChargePoint(value As Integer)
        ' インスタンスフィールドpointにvalueの値を加算
        point += value
        ' インスタンスフィールドpointに共有フィールドbonusの値を加算
        point += bonus
    End Sub

    ' ボーナスポイントを設定する共有メソッド
    Public Shared Sub SetBonus(bs As Integer) ' ――――――――――――― ❶
        If bs > 100 Then
            ' パラメーターbsの値が100を超えていたらメッセージを表示して処理終了
            MessageBox.Show("ボーナスポイントの上限を超えています")
        Else
            ' 100以下であれば共有フィールドにパラメーターbsの値を代入
            bonus = bs
        End If
    End Sub
End Class
```

❶では、Sharedを付けて共有メソッドを定義しています。このメソッドは、パラメーターbsで取得した値が100以下であれば、共有フィールドbonusに代入します。

●共有メソッドを使う

次は、Button1のイベントハンドラーです。

▼Button1のイベントハンドラー（Form1.vb）

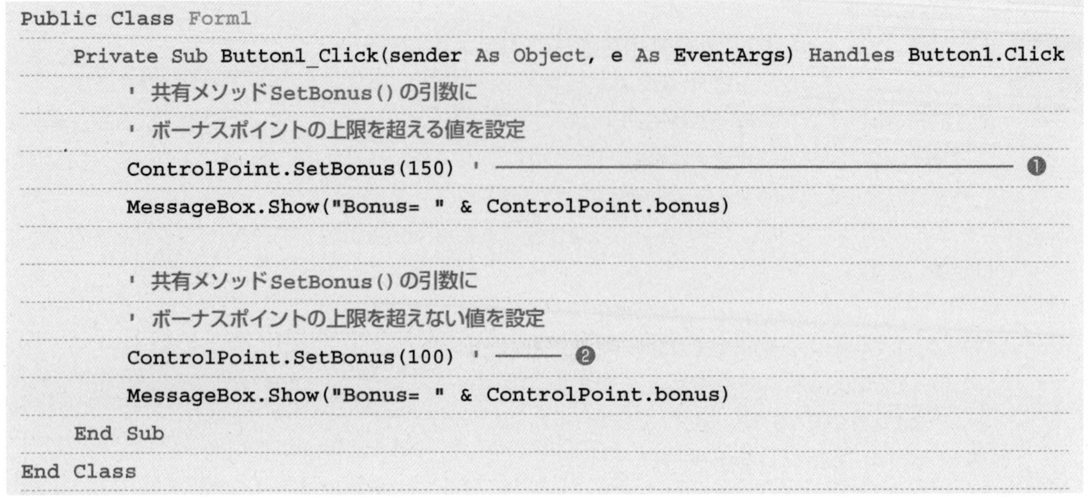

```
Public Class Form1
    Private Sub Button1_Click(sender As Object, e As EventArgs) Handles Button1.Click
        ' 共有メソッドSetBonus()の引数に
        ' ボーナスポイントの上限を超える値を設定
        ControlPoint.SetBonus(150) ' ──────────── ❶
        MessageBox.Show("Bonus= " & ControlPoint.bonus)

        ' 共有メソッドSetBonus()の引数に
        ' ボーナスポイントの上限を超えない値を設定
        ControlPoint.SetBonus(100) ' ── ❷
        MessageBox.Show("Bonus= " & ControlPoint.bonus)
    End Sub
End Class
```

共有メソッドは、共有フィールドに対して作用するので、クラスのインスタンス化は必要ありません。クラスが参照された時点で共有フィールドが用意されるので、「クラス名.共有メソッド名()」と書けば、共有メソッドが使用できます。

❶ControlPoint.SetBonus(150)

共有メソッドの引数にボーナスポイントの上限（100）を超える値を設定しています。この結果、警告のメッセージが表示され、ボーナスポイントを保持する共有フィールドへの代入は行われません。

❷ControlPoint.SetBonus(100)

ボーナスポイントの許容範囲（100以下）に収まる値を引数にして共有メソッドを実行しています。ボーナスポイントを保持する共有フィールドへの代入が行われます。

▼実行結果

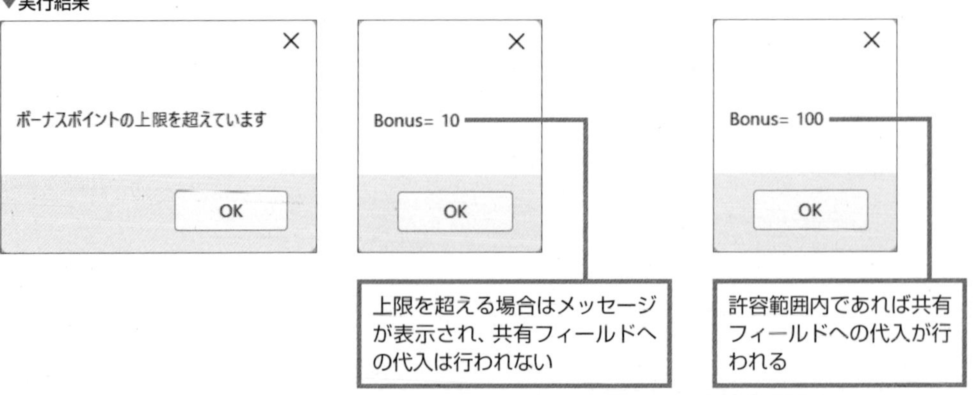

共有メソッドからインスタンスフィールドにアクセスする

共有メソッドからインスタンスフィールドにアクセスすることはできませんが、共有メソッド内部でインスタンス化を行えば、インスタンスの参照を用いてアクセスすることが可能です。

Windowsフォームアプリのプロジェクト「AccessInstance」を作成して確認してみることにしましょう。フォーム上にButton1を配置して、クラス用のソースファイル「ControlPoint.vb」を追加します。次は、ControlPointクラスの定義コードです。

▼ControlPointクラス (ControlPoint.vb)

```
Public Class ControlPoint
    ' 個人のポイントを保持するインスタンスフィールド
    Public point As Integer = 0
    ' ボーナスポイントを保持する共有フィールド
    Public Shared bonus As Integer = 10

    ' ポイントの計算を行うメソッド
    Public Sub ChargePoint(value As Integer)
        ' インスタンスフィールドpointにvalueの値を加算
        point += value
        ' インスタンスフィールドpointに共有フィールドbonusの値を加算
        point += bonus
    End Sub

    ' ボーナスポイントを設定する共有メソッド
    Public Shared Function SetBonusAndPoint(
        bs As Integer, pt As Integer) As ControlPoint ' ――――――――― ❶

        If bs > 100 Then
            ' パラメーターbsの値が100を超えていたらメッセージを表示して処理終了
            MessageBox.Show("ボーナスポイントの上限を超えています")
        Else
            ' 100以下であれば共有フィールドにパラメーターbsの値を代入
            bonus = bs
        End If

        ' ControlPointのインスタンスを生成
        Dim obj As New ControlPoint() ' ――――――――― ❷
        ' インスタンスフィールドpointにvalueの値を加算
        obj.point += pt ' ――――――――― ❸
        ' インスタンスフィールドpointに共有フィールドbonusの値を加算
        obj.point += bonus ' ――――――――― ❹
```

```
        Return obj
    End Function
End Class
```

❶Public Shared Function SetBonusAndPoint(
  bs As Integer, pt As Integer) As ControlPoint
ボーナスポイントの設定と、ポイントの計算を行う共有メソッドです。

❷Dim obj As New ControlPoint()
ControlPointのインスタンスを生成します。

❸obj.point += pt
objが参照するControlPointのインスタンスからインスタンスフィールドpointを参照し、パラメーターptの値を加算します。

❹obj.point += bonus
インスタンスフィールドpointに、共有フィールドbonusの値を加算します。

❺Return obj
SetBonusAndPoint()内部で生成したインスタンスを戻り値として返します。メソッドを実行する側は、メソッドで生成されたインスタンスを取得することで、インスタンスフィールドを参照することができます。

イベントハンドラーの定義

フォーム上のButton1をダブルクリックしてイベントハンドラーを作成し、次のように記述します。

▼イベントハンドラーButton1_Click() (Form1.vb)

```
Public Class Form1
    Private Sub Button1_Click(sender As Object, e As EventArgs) Handles Button1.Click
        ' 共有メソッドSetBonusAndPoint()の引数に
        ' ボーナスポイントとポイントを設定
        Dim obj = ControlPoint.SetBonusAndPoint(100, 50) ' ―――――― ❶
        MessageBox.Show("ControlPoint.bonus= " & ControlPoint.bonus & vbCrLf &
                        "obj.point = " & obj.point)

    End Sub
End Class
```

❶Dim obj = ControlPoint.SetBonusAndPoint(100, 50)

共有メソッドSetBonusAndPoint()を実行します。第1引数はボーナスポイント、第2引数はポイントです。戻り値としてControlPointのインスタンスが返されるので、参照変数objに格納します。

SetBonusAndPoint()を実行し、返されたインスタンスを参照変数objに代入した場合は、

ControlPoint.bonus

で共有フィールドbonusの値を取得、

obj.point

でインスタンスフィールドpointの値を取得できます。

▼実行結果

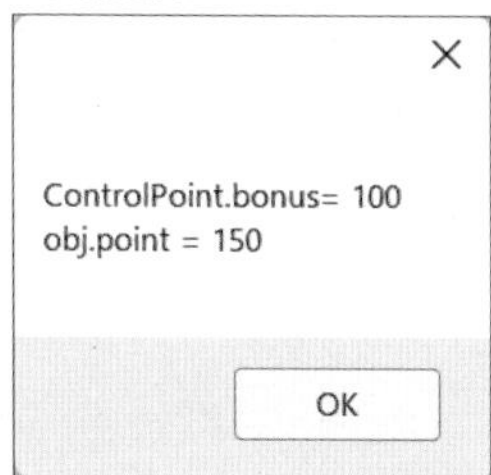

インスタンスメソッド

クラスから生成したインスタンスに対して実行するメソッドのことを**インスタンスメソッド**と呼びます。インスタンスメソッドは、Sharedの付かないSubプロシージャやFunctionプロシージャです。

●インスタンスメソッドの呼び出し

インスタンスメソッドを呼び出すには、インスタンスを参照する変数（参照変数）を指定し、参照演算子「.」に続いてメソッド名を記述します。

▼インスタンスメソッドの呼び出し

```
参照変数名 . メソッド名 ( 引数のリスト )
```

なお、同一のクラス内のインスタンスメソッドから呼び出す場合は、インスタンス自身を表すMeキーワードを使います。Meは省略することもできますが、この場合は暗黙的にMeが付加されます。

▼同一のクラス内からのインスタンスメソッドの呼び出し

構文

```
Me. メソッド名 ( 引数のリスト )
```

インスタンスメソッドを使う

Windowsフォームアプリ用のプロジェクト「InstanceMethod」を作成し、フォーム上にButton1を配置します。続いて**プロジェクト**メニューの**クラスの追加**を選択して、クラス用のソースファイル「Calc.vb」を作成します。

次は、計算と計算結果の表示を行う4個のインスタンスメソッドを持つCalcクラスです。これらのメソッドは、共通してフィールドvalueを扱います。

▼Calcクラス(Calc.vb)(プロジェクト「InstanceMethod」)

```
Public Class Calc
    ' 計算結果を格納するフィールド
    Public value As Integer

    ' valueに値を加算するメソッド
    Public Sub Add(a As Integer)
        value += a
    End Sub

    ' valueから値を減算するメソッド
    Public Sub Subtract(s As Integer)
        value -= s
    End Sub

    ' valueの値を0にするメソッド
    Public Sub Clear()
        value = 0
    End Sub

    ' valueの値を表示するメソッド
    Public Sub Show()
        MessageBox.Show(value)
    End Sub
End Class
```

Button1をダブルクリックして作成されるイベントハンドラーButton1_Click()では、Calcクラスのインスタンスを生成し、インスタンスに対して各メソッドを実行します。生成したインスタンスにはフィールドvalue用のメモリー領域が割り当てられ、参照変数.valueと記述することで参照変数が指し示すインスタンスのインスタンスフィールドvalueを参照することができます。

▼Button1のイベントハンドラー (Form1.vb)

```
Public Class Form1
    Private Sub Button1_Click(sender As Object, e As EventArgs) Handles Button1.Click
        Dim c1 As New Calc()        ' 1つ目のインスタンスを生成
        c1.Add(100)                 ' 100を加算
        c1.Add(200)                 ' 200を加算
        c1.Subtract(40)             ' 40を減算
        c1.Show()                   ' 画面表示
        c1.Clear()                  ' ゼロクリア
        c1.Show()                   ' 画面表示

        Dim c2 As New Calc()        ' 2つ目のインスタンスを生成
        c2.Add(555)                 ' 555を加算
        c2.Show()                   ' 画面表示
    End Sub
End Class
```

●各インスタンスはそれぞれの状態を保持している

Calcクラスから生成された2個のインスタンスは、それぞれ独自のフィールドvalueを持ち、メソッドを実行することで値が変化していきます。それぞれのインスタンスにインスタンスメソッドが結び付けられているためです。

▼実行結果 (フォーム上のButton1をクリックすると、メッセージボックスが順に表示される)

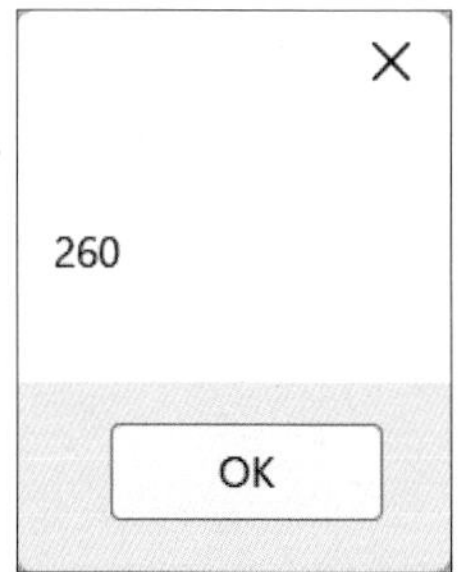

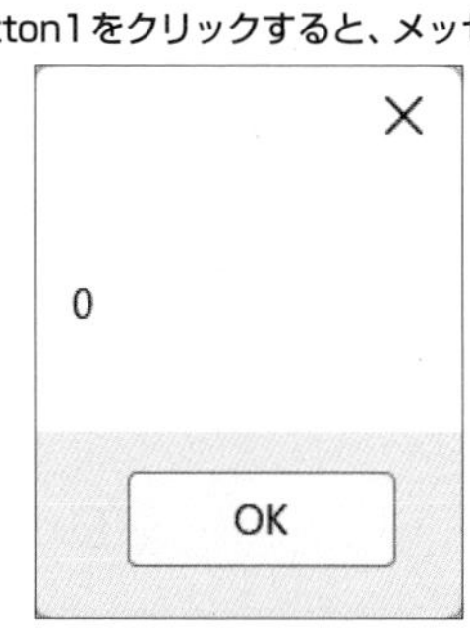

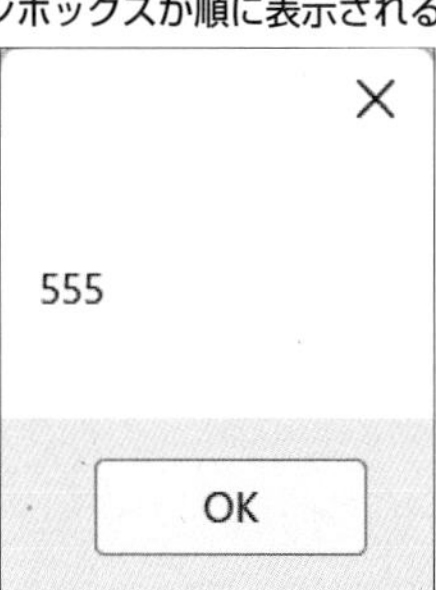

4.1.10 メソッドのオーバーロード

同一のクラス内で、パラメーターの型や数、並び順が異なれば、同じ名前のメソッドを複数定義することができます。これを**メソッドのオーバーロード**と呼びます。

▼メソッドのオーバーロードのポイント

- パラメーターの型、パラメーターの数、パラメーターの並び順が異なればオーバーロードできます。
- パラメーターの名前が異なっていても、上記の要件を満たさない場合はオーバーロードできません。

インスタンスメソッドも共有メソッドもオーバーロードを使うことができますが、ここではインスタンスメソッドを例にして解説します。

メソッドをオーバーロードする(パラメーターの型の相違)

Windowsフォームアプリ用のプロジェクト「Overload1」を作成し、フォーム上にButton1を配置します。続いて**プロジェクト**メニューの**クラスの追加**を選択して、クラス用のソースファイル「Judgment.vb」を作成します。

Judgmentクラスでは、Double型のフィールドnumの値とパラメーターの値を比較して結果を返す2つのメソッド(Functionプロシージャ)を定義しています。オーバーロードするメソッドには、SubまたはFunctionの前にOverloadsキーワードを付けることに注意してください。

▼オーバーロードを使った同名のメソッドの定義(Judgment.vb)(プロジェクト「Overload1」)

```
Public Class Judgment
    ' 数値を保持するフィールド
    Public num As Double

    ' コンストラクター
    ' Judgmentをインスタンス化するときに呼ばれる
    Public Sub New(n As Integer)
        num = n
    End Sub

    ' Integer型のパラメーターが設定されたメソッド
    Public Overloads Function OverloadMethod(val As Integer) As Boolean ' ── ❶
        ' フィールドnumの値がパラメーターval以上であるか、比較結果を返す
        Return num >= val
    End Function
```

```
    ' Double型のパラメーターが設定されたメソッド
    Public Overloads Function OverloadMethod(val As Double) As Boolean ' ── ❷
        ' フィールドnumの値がパラメーターval以上であるか、比較結果を返す
        Return num >= val
    End Function
End Class
```

❶のメソッドは、引数のデータ型がInteger型の場合に実行され、❷のメソッドは、引数がDouble型の場合に実行されます。メソッドの処理としては、フィールドnumの値がパラメーターの値以上であればTrue、そうでなければFalseを返します。

Button1のイベントハンドラーにおいて、引数のデータ型を変えてoverloadMethod()メソッドを呼び出してみます。

▼Button1のイベントハンドラー(Form1.vb)

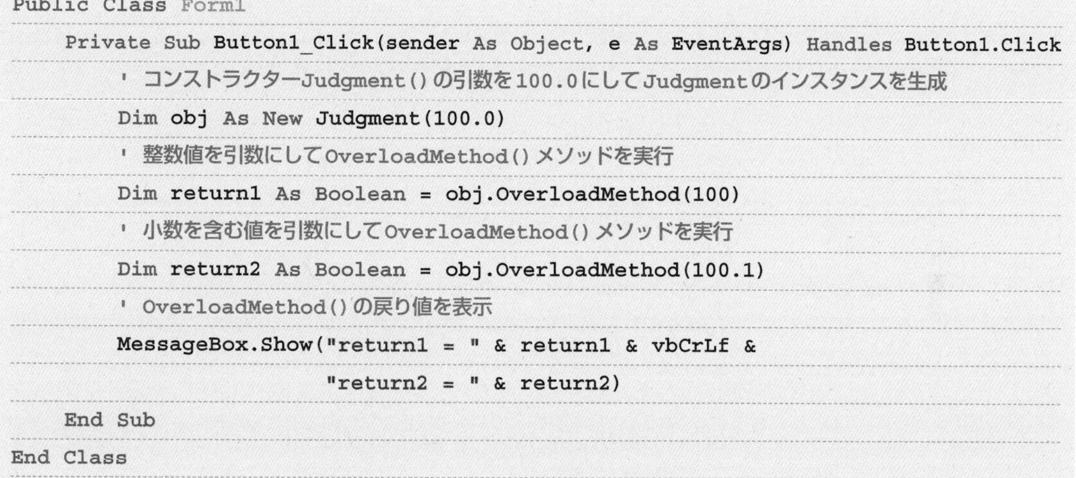

```
Public Class Form1
    Private Sub Button1_Click(sender As Object, e As EventArgs) Handles Button1.Click
        ' コンストラクターJudgment()の引数を100.0にしてJudgmentのインスタンスを生成
        Dim obj As New Judgment(100.0)
        ' 整数値を引数にしてOverloadMethod()メソッドを実行
        Dim return1 As Boolean = obj.OverloadMethod(100)
        ' 小数を含む値を引数にしてOverloadMethod()メソッドを実行
        Dim return2 As Boolean = obj.OverloadMethod(100.1)
        ' OverloadMethod()の戻り値を表示
        MessageBox.Show("return1 = " & return1 & vbCrLf &
                        "return2 = " & return2)
    End Sub
End Class
```

▼実行結果

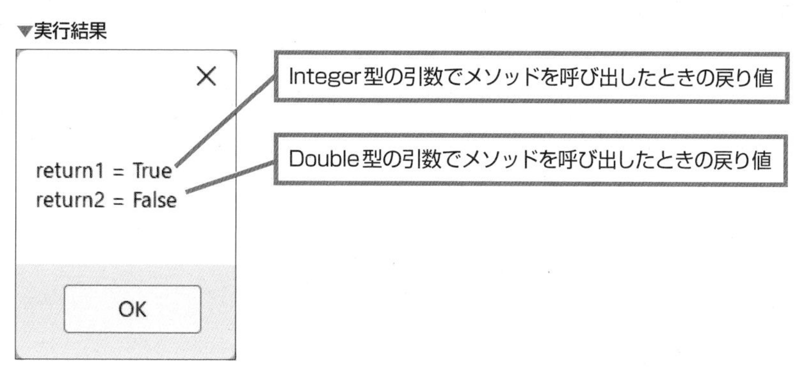

メソッドをオーバーロードする（パラメーターの数の相違）

今度は、メソッドのパラメーターの数が違う場合のオーバーロードについて見てみましょう。

次のプログラムのMemberクラスには、パラメーターの数が異なる2つの共有メソッドがオーバーロードされています。メソッドに渡した引数の数が2個の場合は名前と国籍を表示し、引数の数が1個の場合は名前だけを表示して、国籍はあらかじめ設定しておいた値を表示するようにします。

▼パラメーターの数の違いによってオーバーロードする（Member.vb）（プロジェクト「Overload2」）

```
Public Class Member
    ' String型の2個のパラメーターを持つオーバーロードメソッド
    Public Overloads Shared Sub Registry(name As String, country As String) ' ── ❶
        MessageBox.Show("name = " & name & ", country = " & country)
    End Sub

    ' String型の1個のパラメーターを持つオーバーロードメソッド
    Public Overloads Shared Sub Registry(name As String) ' ──────── ❷
        MessageBox.Show("name = " & name & ", country = 日本")
    End Sub
End Class
```

❶のメソッドは、String型の引数が2個の場合に呼ばれます。❷のメソッドは、引数が1個の場合に呼ばれます。

Button1をダブルクリックして作成されたイベントハンドラーに次のように記述します。

▼イベントハンドラーButton1_Click()（Form1.vb）

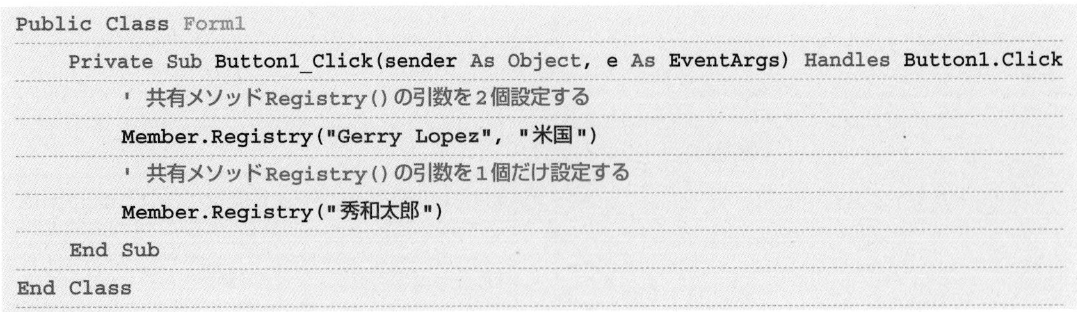

```
Public Class Form1
    Private Sub Button1_Click(sender As Object, e As EventArgs) Handles Button1.Click
        ' 共有メソッドRegistry()の引数を2個設定する
        Member.Registry("Gerry Lopez", "米国")
        ' 共有メソッドRegistry()の引数を1個だけ設定する
        Member.Registry("秀和太郎")
    End Sub
End Class
```

▼実行結果

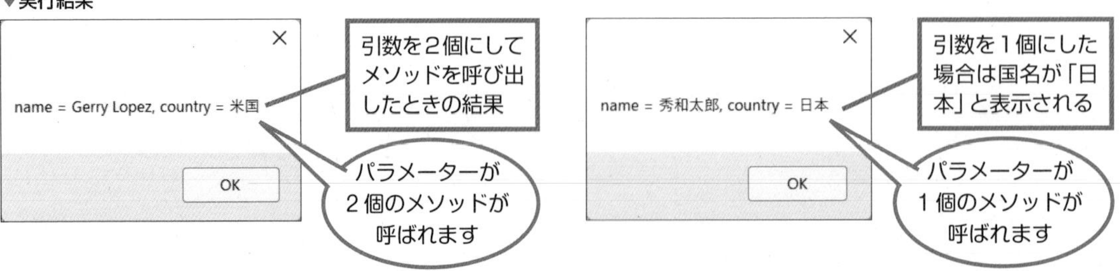
name = Gerry Lopez, country = 米国
OK
引数を2個にしてメソッドを呼び出したときの結果
パラメーターが2個のメソッドが呼ばれます
name = 秀和太郎, country = 日本
OK
引数を1個にした場合は国名が「日本」と表示される
パラメーターが1個のメソッドが呼ばれます

Section
4.2 コンストラクターの作成

Level ★★★ | Keyword | コンストラクター オーバーロード

コンストラクターとは、クラスを呼び出したときに、必ず最初に実行されるメソッドのことです。クラスを呼び出すときに、これだけは実行しておきたいという処理があれば、コンストラクターを作成して、実行したい処理を記述しておきます。

コンストラクターの作成

コンストラクターは、クラスからインスタンスを生成するときに実行される初期化メソッドです。コンストラクターの定義は、次のように記述します。

• コンストラクターの定義

▼コンストラクターの作成

```
Sub New(パラメーター)
    実行する処理
End Sub
```

Newは、インスタンスの生成時に使用するキーワードで、クラス内部に「Sub New～」というかたちでSubプロシージャを作成すると、このプロシージャはコンストラクターとして機能するようになります。

4.2.1 コンストラクターの作成

コンストラクターは、クラス名と同じ名前を持つメソッド(Subプロシージャ)で、クラスからインスタンスを生成するときに自動的に実行されます。クラスをインスタンス化するときに実行したい処理がある場合は、コンストラクターを使うようにします。

コンストラクターの役割を理解する

コンストラクターを作成する場合は、Subプロシージャの宣言部にNewを付けて、次のように記述します。

コンストラクターの作成

```
Sub New(パラメーターのリスト)
    処理
End Sub
```

「New クラス名()」と記述することで、クラスのインスタンスが生成されると同時に、コンストラクターが呼び出されます。クラス名のあとの()は、パラメーターのためのものです。次は、インスタンス化を行う例ですが、どちらの書き方でも、インスタンスが生成されて、コンストラクターが呼び出されます。

▼インスタンス化の例

```
Dim obj As New Class1()
Dim obj Class1 = New Class1()
```

コンストラクターの作成

「4.1 オブジェクト指向プログラミング」で作成した氏名と年齢を表示するプログラムでは、「Class1」クラスをインスタンス化したあと、次のように、NameプロパティとBirthdayプロパティに、TextBoxコントロールとDateTimePickerコントロールから取得した値をそれぞれ代入する処理を行っています。

▼イベントハンドラー「button1_Click」における処理

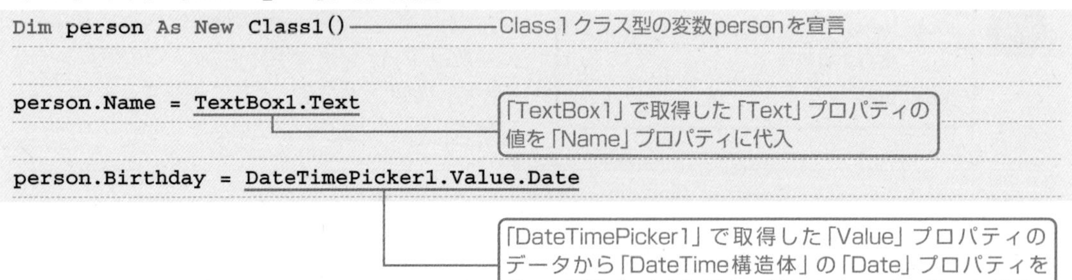
```
Dim person As New Class1()

person.Name = TextBox1.Text

person.Birthday = DateTimePicker1.Value.Date
```


上記の処理をまとめてコンストラクターに行わせることにします。

● コンストラクターの作成

それでは、各プロパティに値を代入するコンストラクターを作成することにしましょう。「Class1.vb」をコードエディターで開いて、以下のコードを記述します。

▼コンストラクターの追加(Class1.vb)(プロジェクト「Constructor」)

```
Public Class Class1
```

```
    Private _name As String
    Private _birthday As DateTime

    ' コンストラクター
    Public Sub New(cst_name As String, cst_birthday As Date)
        ' パラメーターcst_nameをNameプロパティに代入
        Name = cst_name
        ' パラメーターcst_birthdayをBirthdayプロパティに代入
        Birthday = cst_birthday
    End Sub

    Public Property Name As String
        Get
            Return _name
        End Get

        Set(ByVal pro_name As String)
            _name = pro_name
        End Set
    End Property

  .........途中省略.........

End Class
```

●クラスをインスタンス化するコードの修正

Class1をインスタンス化するコードは、「Form1.vb」ファイル内のイベントハンドラー「button1_Click」に記述されています。

ここでは、「Form1.vb」ファイルを次のように修正することにします。

▼イベントハンドラー「Button1_Click」(Form1.vb)

```
Public Class Form1

    Private Sub Button1_Click(sender As System.Object, e As EventArgs) Handles Button1.Click

        Dim person As New Class1(TextBox1.Text, DateTimePicker1.Value.Date)
                                                        このように修正する
        MessageBox.Show(person.Name & "さんの年齢は" & person.GetAge() & "歳です。")
    End Sub
End Class
```

●コンストラクターで行われる処理の確認

以上のように記述したことで、Class1のインスタンス化と同時に、各プロパティに設定する値が引数として、コンストラクターに渡されるようになります。

コンストラクターでは本来であれば「Me.Name」「Me.Birthday」のように、プロパティの定義先がForm1自体であることを示すのですが、便宜的に「Me.」は省略することができます。

▼Class1のインスタンス化と同時に行われる処理

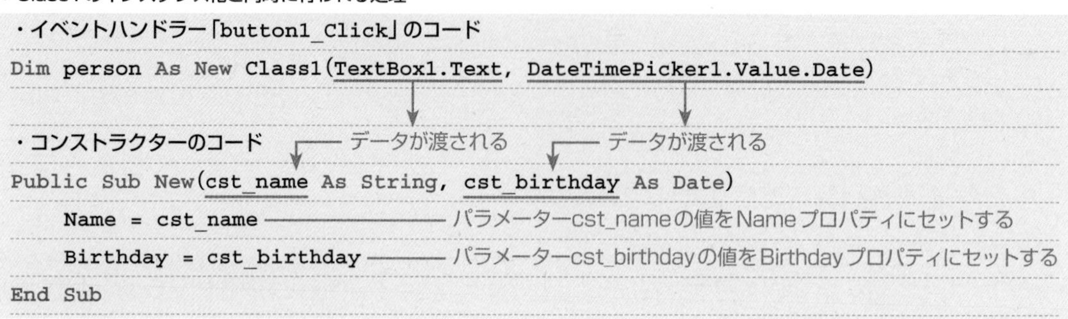
・イベントハンドラー「button1_Click」のコード
Dim person As New Class1(TextBox1.Text, DateTimePicker1.Value.Date)
・コンストラクターのコード
データが渡される
データが渡される
Public Sub New(cst_name As String, cst_birthday As Date)
Name = cst_name
パラメーターcst_nameの値をNameプロパティにセットする
Birthday = cst_birthday
パラメーターcst_birthdayの値をBirthdayプロパティにセットする
End Sub

Memo デフォルトコンストラクター

コンストラクターを1つも定義していない場合は、コンパイラーが自動的にコンストラクターを作成します。このように、暗黙のうちに作成されるコンストラクターのことを**デフォルトコンストラクター**と呼びます。

▼デフォルトコンストラクターの構造

```
Sub New()
    MyBase.New() ── スーパークラスのコンストラクターを呼び出す
End Sub
```

「4.5 継承」で詳しく紹介しますが、Visual Basicのすべてのクラスは、何らかのクラスの機能を引き継いでいます。Form1クラスも、フォームのもとになるFormクラスを引き継いでいます。「MyBase.New()」は引き継いでいるクラス、つまりFormクラスのコンストラクターを呼び出すためのコードです。

●デフォルトコンストラクターの注意点

コンストラクターを1つでも定義した場合、デフォルトコンストラクターは作成されません。このため、パラメーターを持つコンストラクターを定義した場合は、引数なしでコンストラクターを呼び出すことができなくなります。

コンストラクターを定義するときのポイント

コンストラクターを定義する際のポイントです。

●パラメーターの並び順や個数はフィールドと一致する必要はない

多くの場合、コンストラクターではパラメーターを受け取って、これをフィールドに代入するといった使い方をします。ただし、フィールドに値を設定すればよいだけなので、パラメーターの並び順や数がフィールドと一致している必要はありません。

▼3個のフィールドに対してコンストラクターのパラメーターは1個

```
Public Class Class1
    Public num1 As Integer
    Public num2 As Integer
    Public str As String

    Public Sub New(s As String)── パラメーターとフィールドの数は違ってもよい
        str = s
    End Sub
End Class
```

▼インスタンス化を行うコード

```
Dim obj1 As New Class1("Hello")
```

●フィールドをリテラルで初期化できる

パラメーターを使わずに、直接、100などの値でフィールドを初期化することもできます。

```
Public Class Class2
    Public num As Integer
    Public str As String

    Public Sub New(s As String)
        num = 10 ── リテラルで初期化する
        str = s
    End Sub
End Class
```

▼インスタンス化を行うコード

```
Dim obj2 As New Class2("Hello")
```

●パラメーターをまったく持たないコンストラクター

コンストラクターには、必ずしもパラメーターが必要なわけではありません。コンストラクター内部の処理でフィールドを初期化することもできます。

▼コンストラクター内部の処理だけでフィールドを初期化する

```
Public Class Class4
    Public num As Integer
    Public str As String

    Public Sub New()
        num = 0
        str = "Hello"
    End Sub
End Class
```

▼インスタンス化を行うコード

```
Dim obj4 As New Class4()
```

●Return以外の命令文を記述できる

Return以外であれば、初期化に関係のないステートメントでも記述できます。

▼初期化に関係のないステートメントも記述できる

```
Public Class Class5
    Public num As Integer
    Public str As String
    Public Sub New(n As Integer, s As String)
        num = n
        str = s
        MessageBox.Show("コンストラクターを実行しました。")
    End Sub
End Class
```

▼インスタンス化を行うコード

```
Dim obj5 As New Class5(10, "Hello")
```

Memo 構造体におけるコンストラクター

構造体においても、クラスと同様の方法でコンストラクターを定義できます。コンストラクターを定義しない場合は、コンパイラーによって、デフォルトコンストラクターが追加されます。「Dim s As Struct1」と記述した場合は、「Dim s As Struct1 = New Struct1()」に相当し、構造体のコンストラクターが暗黙的に呼び出されます。

▼構造体のコンストラクターを呼び出して初期化を行う

```
Dim s As Struct1 = New Struct1(100, 200) ――― 引数を渡して初期化する
Dim s As New Struct1(100, 200) ――― 通常はこのように記述する
```

Tips デストラクター

コンストラクターの反対の意味を表す**デストラクター**は、インスタンスが消滅するときに呼び出されるメソッドです。正式には、**Finalizeデストラクター**と呼び、使用していたリソースの解放を行いたい場合などに利用されます。

ただし、Finalizeデストラクターを呼び出すためのメソッドは用意されていません。Finalizeデストラクターは、ガベージコレクターによるインスタンスの破棄の前に呼び出されるようになっています。

Finalizeデストラクターの呼び出しのタイミングはガベージコレクターに依存するため、実行されるタイミングを把握することはできません。したがって、Finalizeデストラクターを使ってリソースの解放などの後処理を行うことはほとんどありません。

▼Finalizeデストラクターの実装

構文

```
Protected Overrides Sub Finalize()
    処理の内容
End Sub
```

Memo コンストラクターのパラメーターを配列にする

配列型のフィールドを扱うコンストラクターの場合は、コンストラクターのパラメーターも配列にします。

▼配列のパラメーターを持つコンストラクター(Class1.vb)(Windowsフォームアプリプロジェクト「ConstructorArray」)

```
Public Class Class1
    ' 配列型のフィールド
    Friend number1() As Integer
    Friend number2() As Integer
```

4

Visual Basicオブジェクト指向プログラミング

```
    ' コンストラクターのパラメーターは配列型
    Public Sub New(n1() As Integer, n2() As Integer)
        number1 = n1 ' パラメーターn1を配列型フィールドに代入
        number2 = n2 ' パラメーターn2を配列型フィールドに代入
    End Sub
End Class
```

クラスをインスタンス化する際は、{ }を使って配列要素のリストを作成し、これを引数としてコンストラクターに渡すようにします。フォーム上にButton1を配置し、これをダブルクリックしてイベントハンドラーを作成し、次のように記述します。

▼Button1のイベントハンドラー (Form1.vb)

```
Public Class Form1
    Private Sub Button1_Click(sender As Object, e As EventArgs) Handles Button1.Click
        ' 引数に配列を設定してClass1のコンストラクターを実行する
        Dim obj1 As New Class1({10, 20, 30}, {10, 20, 30, 40, 50}) ' ―― ❶

        ' 配列型フィールドの要素を格納する変数
        Dim result1 As String = ""
        Dim result2 As String = ""

        ' 配列型のフィールドnumber1の全要素を出力
        For i As Integer = 0 To UBound(obj1.number1)
            result1 = result1 & obj1.number1(i) & vbCrLf
        Next
        MessageBox.Show(result1)

        ' 配列型のフィールドnumber2の全要素を出力
        For j As Integer = 0 To UBound(obj1.number2)
            result2 = result2 & obj1.number2(j) & vbCrLf
        Next
        MessageBox.Show(result2)
    End Sub
End Class
```

❶の部分では、引数を配列にしています。{10, 20, 30}はコンストラクターのパラメーターn1に渡され、{10, 20, 30, 40, 50}はn2に渡されます。

4.2.2 コンストラクターのオーバーロード

コンストラクターのパラメーターの数や型が異なれば、1つのクラスの中に複数のコンストラクターを定義できます。これを**コンストラクターのオーバーロード**（多重定義）と呼びます。コンストラクターのオーバーロードを使うには、次のいずれかの条件を満たしていることが必要です。

●コンストラクターのオーバーロードにおける条件

●パラメーターの数が異なる（例）

```
Public Sub New (a As Integer, b As Integer)
Public Sub New (a As Integer)
```

●パラメーターの並び順が異なる（例）

```
Public Sub New (a As Integer, b As String)
Public Sub New (b As String, a As Integer)
```

●パラメーターの型が異なる（例）

```
Public Sub New (a As Integer, b As String)
Public Sub New (a As Double, b As String)
```

オーバーロードを使ってコンストラクターを複数定義すると、コンストラクター呼び出し時の引数の指定方法によって、呼び出されるコンストラクターが自動的に決定されます。

コンストラクターのオーバーロード

Windowsフォームアプリ用のプロジェクト「OverloadConstructor」を作成し、クラス用のソースファイル「SetNumber.vb」をプロジェクトに追加します。SetNumberクラスでは、パラメーターの数や型が異なる3種類のコンストラクターを定義します。

▼オーバーロードされたコンストラクター（SetNumber.vb）（プロジェクト「OverloadConstructor」）

```
Public Class SetNumber
    ' Friendアクセスの3個のフィールド
    Friend numA As Integer
    Friend numB As Integer
    Friend numC As Double

    ' コンストラクター❶ Integer型のパラメーター2個、Double型のパラメーター1個
    Public Sub New(a As Integer, b As Integer, c As Double)
        numA = a
```

Visual Basic オブジェクト指向プログラミング 4

```
        numB = b
        numC = c
    End Sub
    ' コンストラクター❷ Integer型のパラメーター1個
    Public Sub New(a As Integer)
        numA = a
        numB = 10
        numC = 1.234
    End Sub
    ' コンストラクター❸ Double型のパラメーター1個
    Public Sub New(c As Double)
        numA = 500
        numB = 10
        numC = c
    End Sub
End Class
```

- コンストラクター❶
  Integer型のパラメーターを2個とDouble型のパラメーターを1個持ちます。すべてのフィールドの値を指定したときに呼び出されるコンストラクターです。
- コンストラクター❷
  Integer型のパラメーターを1個だけ持ちます。フィールドnumAの値だけを指定した場合に呼び出されるコンストラクターです。
- コンストラクター❸
  Double型のパラメーターを1個だけ持ちます。フィールドnumCの値だけを指定した場合に呼び出されるコンストラクターです。

コンストラクターを呼び分ける

フォーム上にButton1を配置し、これをダブルクリックしてイベントハンドラーを作成します。Button1のイベントハンドラーでは、引数の指定方法を変えることで、コンストラクターを呼び分けます。

▼Button1のイベントハンドラー(Form1.vb)

```
Public Class Form1
    Private Sub Button1_Click(sender As Object, e As EventArgs) Handles Button1.Click
        Dim obj1 As New SetNumber(11, 22, 33.405) ' ―――――――――― ❹
        Dim obj2 As New SetNumber(20) ' ―――――――――――――――― ❺
        Dim obj3 As New SetNumber(11.55) ' ―――――――――――――― ❻
```

```
        ' obj1のフィールド値を出力
        MessageBox.Show("numA = " & obj1.numA & ", " &
                        "numB = " & obj1.numB & ", " &
                        "numC = " & obj1.numC)

        ' obj2のフィールド値を出力
        MessageBox.Show("numA = " & obj2.numA & ", " &
                        "numB = " & obj2.numB & ", " &
                        "numC = " & obj2.numC)

        ' obj3のフィールド値を出力
        MessageBox.Show("numA = " & obj3.numA & ", " &
                        "numB = " & obj3.numB & ", " &
                        "numC = " & obj3.numC)
    End Sub
End Class
```


❹では、Integer型、Integer型、Double型の順で引数を指定しているので、❶のコンストラクターが呼び出されます。❺では、Integer型の引数を1個だけ指定しているので、❷のコンストラクターが呼び出されます。❻では、Double型の引数を1個だけ指定しるので、❸のコンストラクターが呼び出されます。

プログラムを実行して、Button1をクリックすると次のように表示されます。

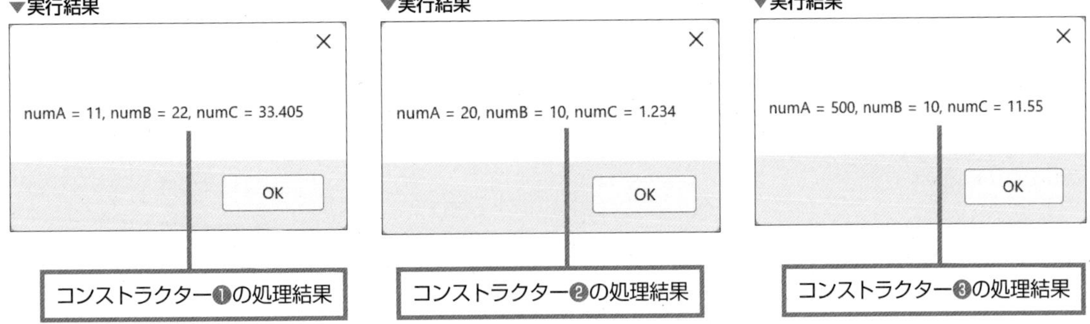

コンストラクターにおける処理の集約

次の❶〜❸のコンストラクターは、それぞれパラメーターの状態に応じてフィールドに値を代入します。

▼3種類のコンストラクターを持つクラス

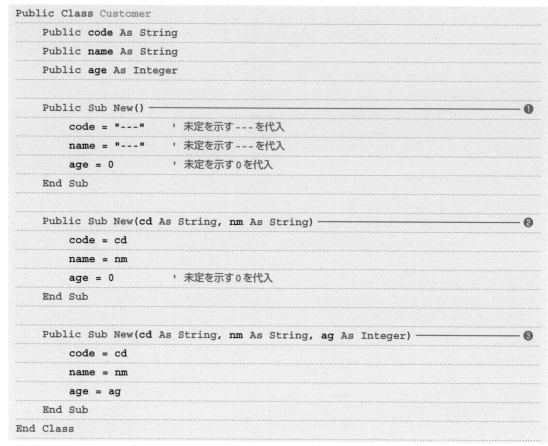

```
Public Class Customer
    Public code As String
    Public name As String
    Public age As Integer

    Public Sub New() ──────────────────── ❶
        code = "---"     ' 未定を示す---を代入
        name = "---"     ' 未定を示す---を代入
        age = 0          ' 未定を示す0を代入
    End Sub

    Public Sub New(cd As String, nm As String) ──────── ❷
        code = cd
        name = nm
        age = 0          ' 未定を示す0を代入
    End Sub

    Public Sub New(cd As String, nm As String, ag As Integer) ── ❸
        code = cd
        name = nm
        age = ag
    End Sub
End Class
```

❶と❷のコンストラクターは、フィールドに対応するパラメーターがない場合は、コンストラクター内の処理で既定値を代入するようにしています。

●共通する処理は1つのコンストラクターに任せてしまう

❸のコンストラクターだけは、すべてのフィールドをパラメーターで初期化しています。そこで、フィールドを初期化する処理は❸のコンストラクターで行わせるようにしたいと思います。

次のように記述すると、任意のコンストラクターから別のコンストラクターを呼び出せるようになります。

▼コンストラクターから別のコンストラクターを呼び出す

```
Me.New(引数のリスト)
```

Meは、現在、コードが実行されているインスタンスを参照するためのキーワードでした。上記のように書くと引数のリストに一致するコンストラクターが呼び出されるので、これを使ってみましょう。

Windowsフォームアプリ用のプロジェクト「OverloadConstructor2」を作成し、クラス用のソースファイル「Customer.vb」を追加しましょう。ソースファイルを追加したら、次のようにCustomerクラスの定義コードを入力します。

▼3パターンのコンストラクターを定義（Customer.vb）（プロジェクト「OverloadConstructor2」）

```
Public Class Customer
    ' Friendアクセスのフィールド
    Friend code As String
    Friend name As String
    Friend age As Integer

    ' パラメーターなしのコンストラクター
    Public Sub New() ' ――――――――――――――――――――――――― ❶
        ' String型の引数を2個、Integer型の引数を1個設定して
        ' ❸のコンストラクターを呼び出す
        Me.New("---", "---", 0)
    End Sub

    ' String型のパラメーターを2個設定したコンストラクター
    Public Sub New(cd As String, nm As String) ' ――――――――――― ❷
        ' パラメーターcdを第1引数、パラメーターrmを第2引数、
        ' 0を第3引数に設定して❸のコンストラクターを呼び出す
        Me.New(cd, nm, 0)
    End Sub

    ' String型のパラメーターを2個、
    ' Integer型のパラメーター1個を設定したコンストラクター
    Public Sub New(cd As String, nm As String, ag As Integer) ' ――― ❸
        ' パラメーターの値を各フィールドに代入
        code = cd
        name = nm
        age = ag
    End Sub
End Class
```

❶と❷のコンストラクターでは、フィールドへの代入が必要なくなります。

▼引数なしでコンストラクターを呼び出す

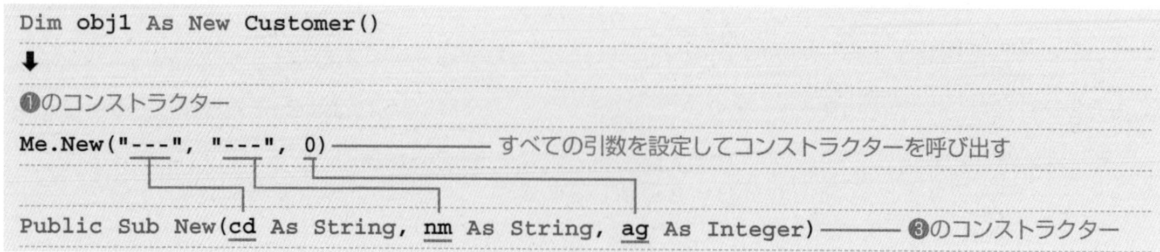
Dim obj1 As New Customer()
❶のコンストラクター
Me.New("---", "---", 0)
すべての引数を設定してコンストラクターを呼び出す
Public Sub New(cd As String, nm As String, ag As Integer)
❸のコンストラクター

▼引数を2個指定してコンストラクターを呼び出す

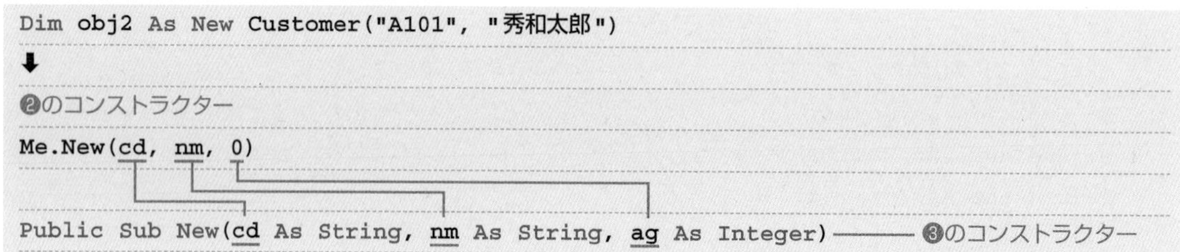
Dim obj2 As New Customer("A101", "秀和太郎")
❷のコンストラクター
Me.New(cd, nm, 0)
Public Sub New(cd As String, nm As String, ag As Integer)
❸のコンストラクター

フォーム上にButton1を配置して、これをダブルクリックしてイベントハンドラーを作成し、次のように記述します。

▼Button1のイベントハンドラー (Form1.vb)

```
Public Class Form1
    Private Sub Button1_Click(sender As Object, e As EventArgs) Handles Button1.Click
        ' 引数を設定しない場合は❶のコンストラクターが実行される
        Dim obj1 As New Customer()
        ' String型の引数を2個設定すると❷のコンストラクターが実行される
        Dim obj2 As New Customer("A101", "秀和太郎")
        ' String型の引数を2個、Integer型の引数を1個設定すると
        ' ❸のコンストラクターが実行される
        Dim obj3 As New Customer("B101", "山田次郎", 28)

        ' obj1のフィールド値を出力
        MessageBox.Show(obj1.code & "," & obj1.name & "," & obj1.age)
        ' obj2のフィールド値を出力
        MessageBox.Show(obj2.code & "," & obj2.name & "," & obj2.age)
        ' obj3のフィールド値を出力
        MessageBox.Show(obj3.code & "," & obj3.name & "," & obj3.age)
    End Sub
End Class
```

引数のパターンを変えて、Customerクラスのコンストラクターを3回、実行するようにしました。Customerクラスのオーバーロード対応の3パターンのコンストラクターが呼び分けられます。

プログラムを実行してButton1をクリックすると、次のように表示されます。

▼実行結果

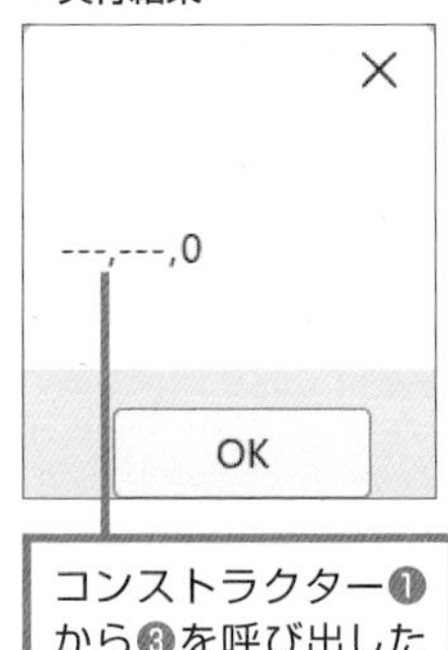

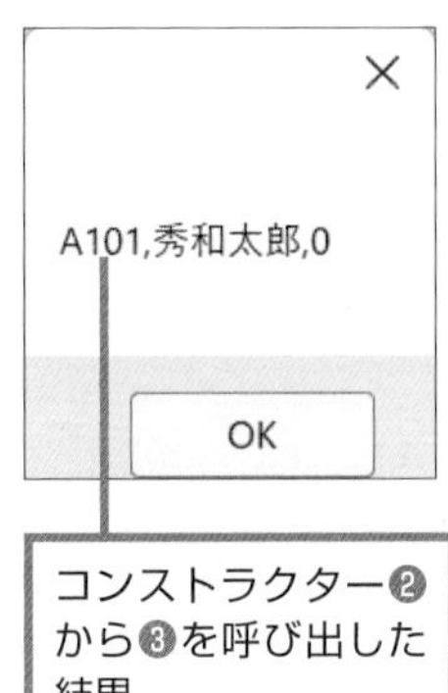

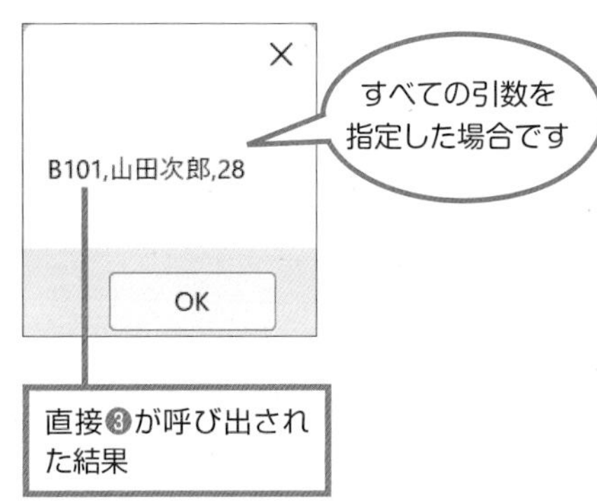

Hint 自動実装プロパティの初期化

フィールドの初期化に使用できる式は、自動実装プロパティの初期化にも使用できます。自動実装プロパティを初期化する場合は、代入する値がプロパティのSetプロシージャに渡されます。

```
Public Name As String = "秀和太郎" ―――― フィールドの初期化
Public Property Name As String = "秀和太郎" ―――― 自動実装プロパティの初期化

Public Age As Integer = 28 ―――― フィールドの初期化
Public Property Age As Integer = 28 ―――― 自動実装プロパティの初期化
```

Me.New()呼び出し時の注意点

Me.New(引数リスト)は、コンストラクターの最初の行に記述しなくてはなりません。次のような書き方はコンパイルエラーになります。

▼Me.New()を2行目に書いた例(エラー)

```
Public Sub New()
    str As String = "nothing"
    Me.New(str, str, 0) ───── Me.New()は最初の行に記述しなければならない
End Sub
```

Tips

Meキーワードによる参照情報の付加

コンストラクターのパラメーターの数が多いと、どのパラメーターがどのフィールドに対応するのかわかりにくくなります。この場合は、Meキーワードを使うことで、フィールドと同じ名前をパラメーターに設定することができます。

▼Meキーワードでフィールドを示す

```
Public Class Customer
    Public code As String
    Public name As String
    Public age As Integer

    Public Sub New(code As String, name As String, age As Integer)
        Me.code = code ───── Me.codeはフィールドcodeを参照する
        Me.name = name ───── Me.nameはフィールドnameを参照する
        Me.age = age ───── Me.ageはフィールドageを参照する
    End Sub
End Class
```

Hint 自動実装プロパティを定義した場合のデフォルトコンストラクター

自動実装プロパティを定義し、コンストラクターを記述しない場合に、コンパイラーが自動生成するデフォルトコンストラクターについて確認しておきましょう。次のSampleClsクラスでは、自動実装プロパティを使ってPropプロパティを宣言し、初期値として「100」を代入しています。

▼自動実装プロパティにおいて初期値を設定

```
Public Class SampleCls
    Public Property Prop() As Integer = 100
End Class
```

この場合、コンパイラーは次のようなコードを内部的に自動生成します。

▼コンパイラーが生成する自動実装プロパティのコード

```
Public Class SampleCls

    Private _Prop As Integer ―――――――――――――――――― ❶
    Public Property Prop() As Integer ――――――――――――― ❷
        Get
            Return _Prop
        End Get
        Set(value As Integer)
            _Prop = value
        End Set
    End Property

    Public Sub New()
        Me.Prop = 100 ―――――――――――――――――――――― ❸
    End Sub

End Class
```

❶は、プロパティが内部的にデータを保持するためのフィールドで、プロパティ名の先頭にアンダースコアが付いた名前になります（実際にこの変数名を使用して変数にアクセスすることが可能です）。❷は、プロパティの基本的な実装コードです。

❸のデフォルトコンストラクターでは、プロパティに初期値を代入する処理が行われます。ここでのポイントは、「_Prop = 100」のようにフィールドに直接代入するのではなく、プロパティを使って代入している点です。

Section 4.3

名前空間

Level ★★★ Keyword 名前空間 Imports

名前空間とは、クラスや構造体などを識別するための仕組みのことです。
.NETのクラスライブラリには、膨大な数のクラスや構造体が含まれています。クラス名の衝突を避けるために名前空間が使われています。

名前空間

.NET(.NET Framework)のクラスライブラリには、膨大な数のクラスをはじめとする要素が含まれていますが、個々のクラス名の衝突が起こらないのは、名前空間による管理が行われているためです。

• 名前空間

名前空間は、クラスや構造体などをわかりやすい名前でグループ分けするための仕組みです。

• 名前空間の使用例

フォームの表示を行うFormクラスは「System.Windows.Forms」名前空間に分類されているので、Formクラスを使用する場合は、「System.Windows.Forms.Form」のように記述します。

それぞれの単語がピリオド(.)で区切られているのは、大分類➡中分類➡小分類のように、カテゴリ別かつ階層的に分類されているためです。

• インポート済みの名前空間

Visual Basicのプロジェクトを作成すると、いくつかの名前空間が自動的にインポート(読み込み)されるようになっています。

• プロパティページでインポート済みの名前空間を確認する

プロパティページを使うことで、インポート済みの名前空間を確認したり、新たな名前空間のインポートを行うことができます。

4.3.1 名前空間の仕組み

名前空間は一種のアドレスとして機能する仕組みを持っています。フォームの表示を行うFormクラスは「System.Windows.Forms」名前空間に分類されているので、Formクラスを使用する場合は、次のように記述します。それぞれの単語がピリオド(.)で区切られているのは、大分類➡中分類➡小分類のように、カテゴリ別かつ階層的に分類されているためです。

▼Formクラスを、名前空間を使って明示する

System.Windows.Forms名前空間に含まれるクラスは、ライブラリファイルの「System.Windows.Forms.dll」に収録されています。

ここでは、Windowsフォームアプリのプロジェクトを例にして説明します。**ソリューションエクスプローラー**で、プロジェクト名を右クリックして**プロパティ**を選択すると、次の**プロパティページ**が表示されます。**参照設定**タブをクリックしてみます。

▼[プロパティページ]の[参照設定]タブを選択

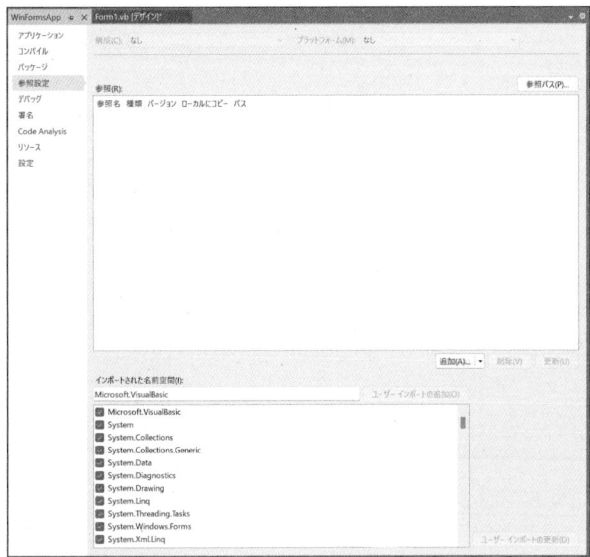

インポートされた名前空間では、11の名前空間にチェックが入っていて、デフォルトでこれらの名前空間がインポートされることを示しています。

● System

共通して使用される値型と参照型、イベントとイベントハンドラー、インターフェイス、属性、および処理例外を定義する基本的なクラスや基本クラスが含まれています。

さらには、データ型の変換、メソッドのパラメーターの操作、数値演算、リモートおよびローカルのプログラム呼び出し、アプリケーション環境の管理などをサポートするクラスが含まれています。

次の「System.Collections」や「System.Data」、「System.Diagnostics」、「System.Drawing」、「System.Windows.Forms」など、先頭に「System」が付く名前空間は、System名前空間には属さず、それぞれが独立した名前空間として登録されています。

- System.Collections
  配列のための「ArrayList」クラスや、オブジェクトの先入れ先出しコレクションを扱う「Queue」クラス、オブジェクトの単純な後入れ先出し(LIFO)を扱うための「Stack」クラスなどが含まれています。
- System.Collections.Generic
  型を安全に使うためのジェネリック関連のクラスが含まれます。
- System.Data
  ADO.NETの機能を持つ一連のクラスが含まれています。ADO.NET を使用すると、複数のデータソースのデータを効率的に管理するコンポーネントを作成できます。ADO.NET上でデータを扱うための「DataSet」クラスや「DataRelation」、「DataTable」、「DataView」などのクラスが登録されています。
- System.Drawing
  グラフィックス機能を扱うクラスが含まれています。
- System.Diagnostics
  デバッグをサポートするための一連のクラスが含まれています。
- System.Threading.Tasks

  マルチスレッドやスレッド間の同期を実現するためのクラスが含まれています。なお、マルチスレッドとは、複数のプログラムを同時並列的に動作させる仕組みのことです。
- System.Windows.Forms
  Windowsフォームアプリにおけるインターフェイスを扱うための豊富なクラス群が含まれています。Form に表示されるすべてのコントロールの基本機能を提供します。
  フォームを表示するための「Form」クラス、「TextBox」、「Label」、さらには「ToolTip」や「Error Provider」などのコンポーネント、各種のダイアログボックスを扱うためのクラスが登録されています。
- System.Linq
  データベースの操作を行う「統合言語クエリ(LINQ)」を使用するためのクラスやインターフェイスが含まれます。
- System.Xml.Linq
  XMLデータを扱う「LINQ to XML」を使用するためのクラスやインターフェイスが含まれます。
- Microsoft.VisualBasic
  Visual Basicで取り扱う様々なクラスを含む名前空間です。制御文字として使用される定数を扱う「ControlChars」クラス、様々な変換演算を実行する「Conversion」、日付と時刻の操作を行う「DateAndTime」、ファイル、ディレクトリまたはフォルダー、およびシステムの操作を行う「FileSystem」、文字列の操作を行う「String」などのクラスへの参照を提供します。

●名前空間の自動インポートの恩恵

System.Windows.Formsがインポート（読み込み）されているので、新たにフォームを作成する場合は、逐一「System.Windows.Forms.Form」と記述せずに「Form」と記述するだけで済みます。

▼フォームを作成

```
Public Sub CreateForm()
    '新規のフォームを生成
    Dim frmNew As Form
    frmNew = New Form()
    'フォームを表示
    frmNew.Show()

End Sub
```

System.Windows.Formsを付けなくて済む

4.3.2　名前空間の定義

作成したクラスの数が増えてきた場合、クラスを系統立てて整理する手段として、独自の名前空間を定義してクラスをグループ化することができます。

独自の名前空間を定義する

名前空間を定義するには、「Namespace 名前空間名」と「End Namespace」のブロックの中にクラスの定義を含めます。「MySpace」という名前空間にClass1クラスを含めるのであれば、このように記述します。

▼名前空間MySpaceの定義

```
Namespace MySpace
    Public Class Class1

    End Class
End Namespace
```

▼名前空間を定義するときのポイント

- 名前空間には、複数のクラスや構造体を記述することができます。
- 1つのファイルの中で複数の名前空間を定義することができます。
- 同じ名前空間のNamespaceブロックを別のファイルに記述して、新たなクラスや構造体を追加することができます。

名前空間は、階層構造にすることができます。この場合、Namespaceのブロックを入れ子にするか、名前空間名をドットで区切って記述します。

▼Namespaceのブロックを入れ子にする

```
Namespace MySpace
    Namespace SecondSpace
        Public Class Class1

        End Class
    End Namespace
End Namespace
```

▼名前空間名をドットで区切って記述する

```
Namespace MySpace.SecondSpace
    Public Class Class1

    End Class
End Namespace
```

独自に定義した名前空間を利用する

定義した名前空間に属するクラスを利用する場合は、「名前空間名.クラス名」のように記述します。Button1のイベントハンドラー内でインスタンス化を行う場合は、次のように記述します。

▼名前空間に属するクラスのインスタンス化

```
Public Class Form1
    Private Sub Button1_Click(sender As Object, e As EventArgs) Handles Button1.Click
        Dim obj As New MySpace.SecondSpace.Class1()
    End Sub
End Class
```

●名前空間をインポートする

名前空間を事前にインポート（読み込み）しておくと、ソースコードを書く際に名前空間を省略できます。

▼名前空間のインポート

```
Imports 名前空間名
```

System.Windows.Forms名前空間は、先に見たように、事前にインポートされるように設定されていますが、ソースファイルで直接インポートする場合は次のように書きます。

▼System.Windows.Forms名前空間のインポート

```
Imports System.Windows.Forms
```

なお、独自に作成した名前空間の場合は、ルート名前空間からの完全修飾名を記述する必要があります。名前空間に含まれるクラスのコードは、専用のライブラリファイル（拡張子「.dll」）または実行可能ファイル（拡張子「.exe」）に収められており、これらのファイル名のことを**アセンブリ名**と呼びます。ルート名前空間とは、すなわちアセンブリ名のことです。

例えば「WinFormsApp」という名前のプロジェクトを作成した場合は、アセンブリ名も同じ「WinFormsApp」となります。これは、先に表示した**プロパティページ**の**アプリケーション**タブで確認できます。

▼[プロパティページ]の[アプリケーション]タブ

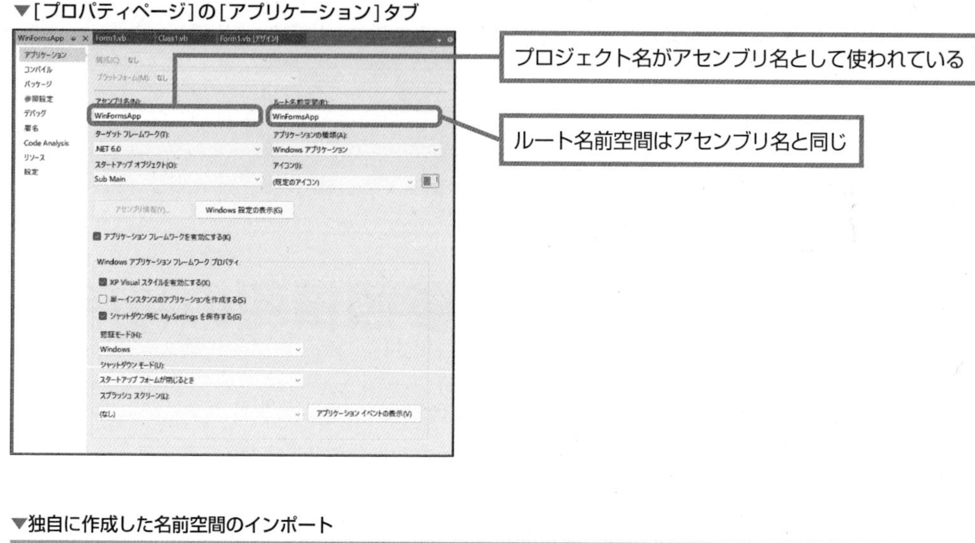

▼独自に作成した名前空間のインポート

```
Imports [アセンブリ名].名前空間名
```

ルート名前空間のアセンブリ名は[ ]で囲む

それでは、上記の例の名前空間をインポートすることにしましょう。

▼独自に定義した名前空間のインポート

```
' プロジェクトで定義した名前空間のインポート
Imports [WinFormsApp].MySpace.SecondSpace

Public Class Form1
    Private Sub Button1_Click(sender As Object, e As EventArgs) Handles Button1.Click
        ' インポート済みなので名前空間の指定は不要
        Dim obj2 As New Class1()
    End Sub
End Class
```

Onepoint
名前空間のことを**ネームスペース**と呼ぶこともあります。

Section

4.4 メソッドと配列における参照変数の利用

Level ★★★ | Keyword | 参照　クラス型の配列

クラスから生成したインスタンスを、メソッドのパラメーターや戻り値として使うことができます。

インスタンスの参照情報の利用

メソッドのパラメーターをクラス型にすることができます。この場合、インスタンスの参照をメソッドに渡せば、メソッド側でインスタンスの各メンバーの値を操作できるようになります。

● メソッドの呼び出し側

```
Dim obj1 As New Class1(100) ――― インスタンス生成時にコンストラクターに100を渡す
Dim obj2 As New Class1(500) ――― インスタンス生成時にコンストラクターに500を渡す
obj1.Show(obj2) ――― インスタンスobj2をShow()メソッドの引数にする
```

● メソッドを定義したクラス

```
Public Class Class1
    Private num As Integer
    Public Sub New(num As Integer) ―― コンストラクター
        Me.num = num
    End Sub

    Public Sub Show(a As Class1) ――― クラス型のパラメーターを持つメソッド
        Me.num ――― 呼び出し元のインスタンスのフィールドを参照する(num=100)
        a.num ――― 引数で渡されたインスタンスのフィールドを参照する(num=500)
    End Sub
End Class
```

4.4.1　参照変数をパラメーターにする

メソッドのパラメーターでインスタンスの参照を受け取り、参照先のインスタンスからフィールドの値を取得したり、値を代入できるようになります。

Windowsフォームアプリ用のプロジェクト「ReferenceParameter」を作成し、クラス用のソースファイル「Class1.vb」をプロジェクトに追加して、次のようにClass1の定義コードを入力しましょう。

▼参照変数をパラメーターにするメソッド（Class1.vb）（プロジェクト「ReferenceParameter」）

```
Public Class Class1
    ' Integer型のフィールド
    Private num As Integer

    ' Integer型のパラメーターが設定されたコンストラクター
    Public Sub New(num As Integer) ' ──────────── ❶
        Me.num = num
    End Sub

    ' 呼び出し元のインスタンス、パラメーターで取得したインスタンスの
    ' それぞれのフィールド値を出力するメソッド
    ' パラメーターaはClass1型
    Public Sub Show(a As Class1) ' ──────────── ❷
        MessageBox.Show(
            "呼び出し元のインスタンスのnum = " & Me.num & vbCrLf &
            "引数で渡されたインスタンスのnum = " & a.num & vbCrLf &
            "2つのインスタンスのnumの合計 =  " & Me.num + a.num)
    End Sub
End Class
```

❶は、Integer型のパラメーターを持つコンストラクターです。❷のShow()メソッドは、フィールドの値を表示するメソッドで、パラメーターはClass1型の参照です。

```
Public Sub show(a As Class1)
```

Class1型のパラメーター（a As Class1）

Show()メソッドの内部では、各インスタンスが保持するフィールドの値を表示するようにしています。

Me.num	実行中のインスタンス、つまり呼び出し元のインスタンスのnumを参照。
a.num	引数で渡されたインスタンスのnumを参照。

次のように、2つのインスタンスが保持するnumの値を演算することが可能です。

> Me.num + a.num――― 呼び出し元のNumと、引数で渡されたインスタンスのnumの値を合計する

次は、フォーム上に配置したButton1をダブルクリックして作成したイベントハンドラーの定義コードです。

▼Button1のイベントハンドラー（Form1.vb）

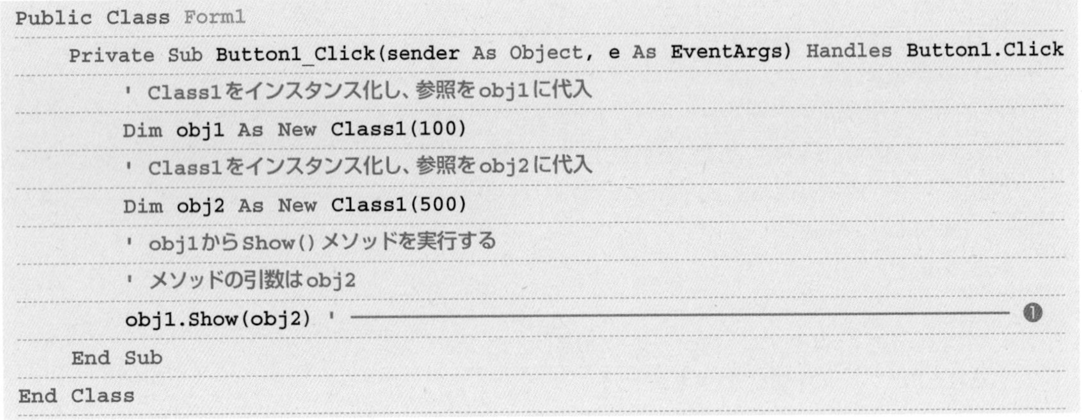

```
Public Class Form1
    Private Sub Button1_Click(sender As Object, e As EventArgs) Handles Button1.Click
        ' Class1をインスタンス化し、参照をobj1に代入
        Dim obj1 As New Class1(100)
        ' Class1をインスタンス化し、参照をobj2に代入
        Dim obj2 As New Class1(500)
        ' obj1からShow()メソッドを実行する
        ' メソッドの引数はobj2
        obj1.Show(obj2) ' ――――――――――――――――― ❶
    End Sub
End Class
```

Form1クラスのイベントハンドラーでは、Class1のインスタンスを2つ生成し、インスタンスへの参照をobj1とobj2にそれぞれ代入します。❶では、obj1からShow()メソッドを実行していますが、引数にClass1のインスタンスobj2を指定しているのがポイントです。

```
obj1.Show(obj2)
```

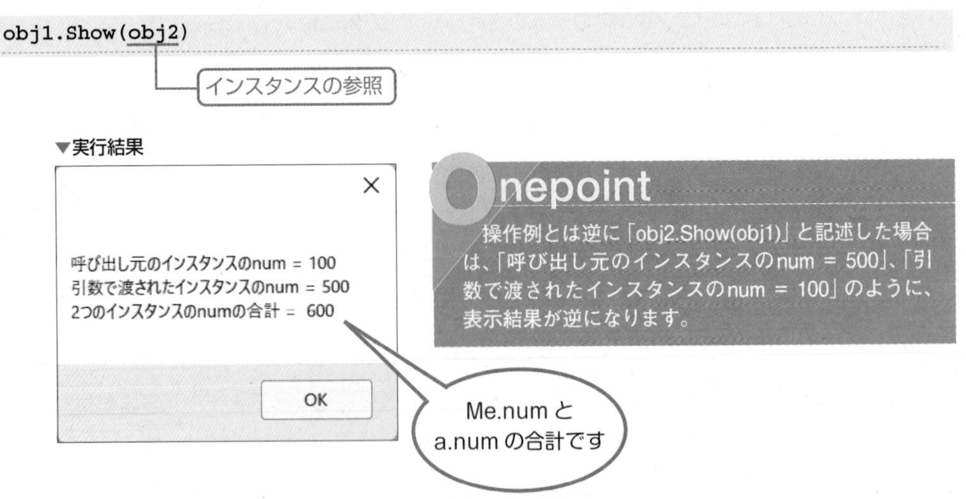

Onepoint

操作例とは逆に「obj2.Show(obj1)」と記述した場合は、「呼び出し元のインスタンスのnum = 500」、「引数で渡されたインスタンスのnum = 100」のように、表示結果が逆になります。

4.4.2 参照の戻り値を返すメソッド

メソッドの戻り値として、インスタンスの**参照**を返すことができます。Windowsフォームアプリ用のプロジェクト「ReturnReference」を作成し、クラス用のソースファイル「Class1.vb」をプロジェクトに追加して、次のようにClass1の定義コードを入力しましょう。

▼インスタンスのコピーを生成するメソッドを実装したクラス(Class1.vb)(プロジェクト「ReturnReference」)

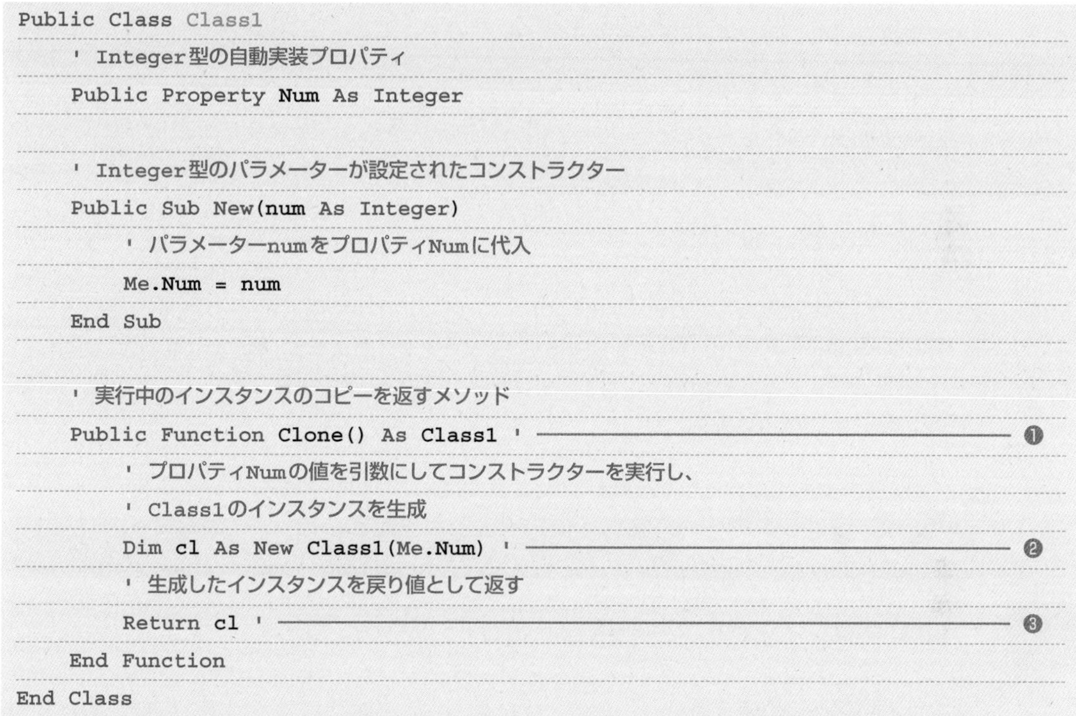

```
Public Class Class1
    ' Integer型の自動実装プロパティ
    Public Property Num As Integer

    ' Integer型のパラメーターが設定されたコンストラクター
    Public Sub New(num As Integer)
        ' パラメーターnumをプロパティNumに代入
        Me.Num = num
    End Sub

    ' 実行中のインスタンスのコピーを返すメソッド
    Public Function Clone() As Class1 ' ―――――――――― ❶
        ' プロパティNumの値を引数にしてコンストラクターを実行し、
        ' Class1のインスタンスを生成
        Dim cl As New Class1(Me.Num) ' ―――――――――― ❷
        ' 生成したインスタンスを戻り値として返す
        Return cl ' ―――――――――――――――――― ❸
    End Function
End Class
```

❶は、Class1型の参照を戻り値として返すFunctionプロシージャです。❷では、現在のインスタンスのプロパティNumを引数にして、Class1のインスタンスを生成しています。現在実行中のインスタンスと同じものを作るようにしたのです。❸で、生成したインスタンスの参照を返します。

次は、フォーム上に配置したButton1をダブルクリックして作成したイベントハンドラーの定義コードです。

▼Button1のイベントハンドラー(Form1.vb)

```
Public Class Form1
    Private Sub Button1_Click(sender As Object, e As EventArgs) Handles Button1.Click
        ' Class1のインスタンスを生成
        Dim obj1 As New Class1(300) ' ―――――――――― ❶
        ' Clone()メソッドを実行してインスタンスobj1と同じものを取得する
        Dim obj2 As Class1 = obj1.Clone() ' ―――――――― ❷
        ' Class1のインスタンス、Clone()で取得したインスタンスの
```

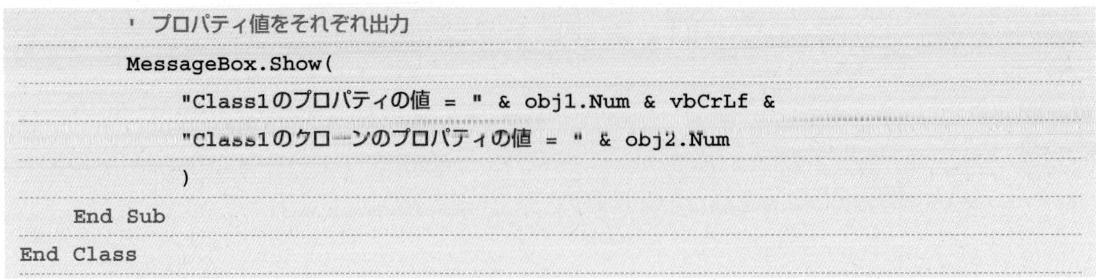

```
        ' プロパティ値をそれぞれ出力
        MessageBox.Show(
            "Class1のプロパティの値 = " & obj1.Num & vbCrLf &
            "Class1のクローンのプロパティの値 = " & obj2.Num
            )
    End Sub
End Class
```

▼実行結果

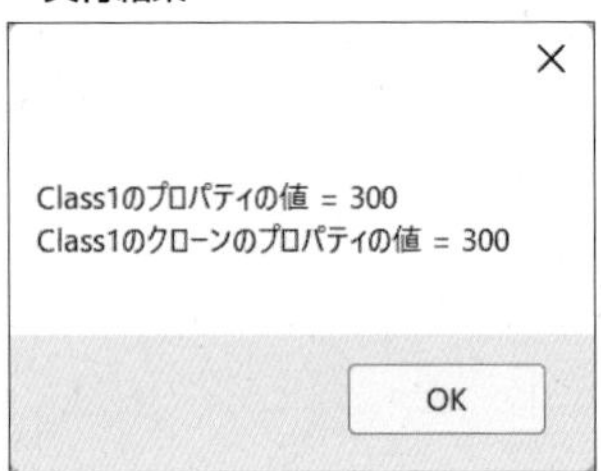

❶では、引数に「300」を指定してClass1のインスタンスを生成し、❷において、Clone()メソッドを実行します。なお、Clone()メソッドの戻り値はインスタンスの参照なので、Class1型の変数を宣言して戻り値を代入します。

4.4.3 クラス型の配列

配列の要素に、インスタンスの参照を格納することができます。

①クラス型の配列を作成する

次は、3個の要素を持つClass1型の配列を作成する例です。

```
Dim a(2) As Class1
```

②newでクラスのインスタンスを生成して参照を代入する

Newを使ってクラスのインスタンスを生成し、その参照を配列の各要素に代入します。

```
a(0) = New Class1()
a(1) = New Class1()
a(2) = New Class1()
```

次のようにForステートメントを使って記述することもできます。

```
For i As Integer = 0 To UBound(a)
    a(i) = New Class1()
Next
```

クラス型の配列を使ってみよう

Windowsフォームアプリ用のプロジェクト「ClassTypeArray」を作成し、クラス用のソースファイル「Class1.vb」をプロジェクトに追加します。「Class1.vb」では、String型の自動実装プロパティと、パラメーターの値をプロパティに代入する処理を行うコンストラクターを定義します。

▼String型のフィールドを持つクラス（Class1.vb）（プロジェクト「ClassTypeArray」）

```
Public Class Class1
    ' String型の自動実装プロパティ
    Public Property Modifier As String

    ' コンストラクター
    Public Sub New(modifier As String)
        ' パラメーター値をModifierプロパティに代入
        Me.Modifier = modifier
    End Sub

End Class
```

フォーム上にButton1を配置し、これをダブルクリックしてイベントハンドラーを作成して、クラス型の配列を利用するコードを記述します。

▼実行用のButton1のイベントハンドラー（Form1.vb）

```
Public Class Form1
    Private Sub Button1_Click(sender As Object, e As EventArgs) Handles Button1.Click
        ' Class1型の配列を作成
        Dim a(2) As Class1 ' ―――――――――――――――――――― ❶
        ' 3個の要素にClass1のインスタンスを代入
        a(0) = New Class1("Public") ' ―――――――――――――― ❷
        a(1) = New Class1("Private")
        a(2) = New Class1("Friend")

        ' 配列に格納されたインスタンスのModifierプロパティの値を出力
        For i As Integer = 0 To UBound(a) ' ――――――――― ❸
```

```
            MessageBox.Show(a(i).Modifier)
        Next
    End Sub
End Class
```

プログラムを実行し、フォーム上のボタンをクリックすると、次のようにメッセージボックスが3回、表示されます。

▼実行結果

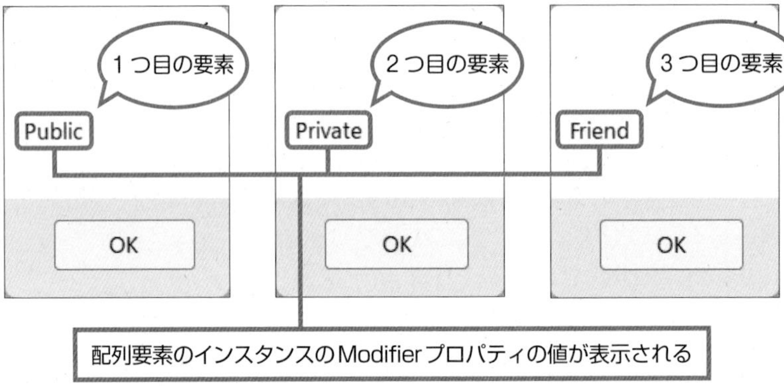

❶でClass1型の配列を宣言します。❷では、引数を設定してClass1のインスタンスを生成し、配列の3つの要素にインスタンスの参照を順に代入しています。❸では、Forステートメントにおいて、配列aに格納されたインスタンスの参照を利用して、Modifierプロパティの値を表示するようにしています。

Memo クラス型の配列の使いどころ

クラスのインスタンスを配列に格納するのが何の役に立つのか少々疑問ですが、同じクラスから複数のインスタンスを作って、それぞれのインスタンスに別々の処理を行わせる場合に役立つことがあります。

インスタンスが必要になるたびにインスタンス化を行うコードを記述していると、どこでインスタンス化が行われているのかわかりにくく、コード全体の可読性が低下してしまいます。そこで、ソースコードの冒頭などでまとめてインスタンス化を行って配列に格納しておけば、インスタンス化の場所が明確になり、また用意したインスタンスの個数も把握でき、管理がしやすくなることが考えられます。

Hint 複数のクラスを配列要素で扱う

配列を宣言し、異なるクラスのインスタンスを要素にすることができます。Windowsフォームアプリ用のプロジェクト「ClassTypeArray2」を作成して確かめてみましょう。

ソースファイル「Class1.vb」「Class2.vb」「Class3.vb」をプロジェクトに追加して、以下のように3つのクラスを定義します。

▼Class1 (Class1.vb)

```
Public Class Class1
    Public Property Id As Integer

    Public Sub New(id As Integer)
        Me.Id = id
    End Sub
End Class
```

▼Class2 (Class2.vb)

```
Public Class Class2
    Public Property Product As String

    Public Sub New(product As String)
        Me.Product = product
    End Sub
End Class
```

▼Class3 (Class3.vb)

```
Public Class Class3
    Public Property Price As Integer

    Public Sub New(price As Integer)
        Me.Price = price
    End Sub
End Class
```

フォーム上にButton1を配置し、これをダブルクリックしてイベントハンドラーを作成して、次のようにClass1、Class2、Class3のインスタンスを要素にする配列を作成します。

▼イベントハンドラー

```
Public Class Form1
    Private Sub Button1_Click(sender As Object, e As EventArgs) Handles Button1.Click
        ' 配列を宣言し、Class1、Class2、Class3のインスタンスを要素にする
        ' 配列objはObject型
        Dim obj() = {New Class1(1001),
                     New Class2("Orange"),
                     New Class3(250)}

        ' 配列のインデックス0のインスタンスを参照
        MessageBox.Show(obj(0).Id)
        ' 配列のインデックス1のインスタンスを参照
        MessageBox.Show(obj(1).Product)
        ' 配列のインデックス2のインスタンスを参照
        MessageBox.Show(obj(2).Price)
    End Sub
End Class
```

配列objを作成し、Class1、Class2、Class3のインスタンスを格納しています。配列自体のデータ型は指定していませんが、配列はObject型になります。次のように

```
Dim obj() As Object = {New Class1(1001), New Class2("Orange"), New Class3(250)}
```

として処理されます。

▼実行結果

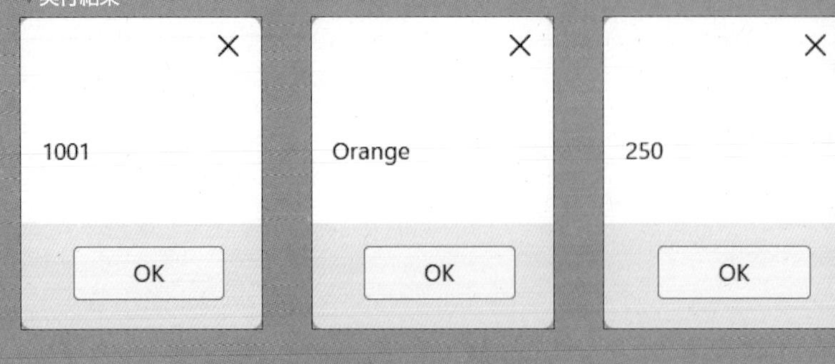

Section

4.5 継承

Level ★★★　Keyword　スーパークラス　サブクラス　継承　Inheritsキーワード

継承とは、既存のクラスをもとにして、新しいクラスを作成することです。新しく作成したクラスは、もとのクラスのすべての機能を引き継ぎます。

継承のもとになるクラスを**スーパークラス**（または**基本クラス**）、スーパークラスの機能を継承したクラスを**サブクラス**（**派生クラス**）と呼びます。

スーパークラスを継承してサブクラスを作成する

ここでは、以下の手順で、スーパークラスを継承したサブクラスの作成を行います。

名前と誕生日を管理する機能を実装したスーパークラスを作成し、スーパークラスを継承したサブクラスを作成して、新たな要素を扱うための機能を追加することにします。

▼スーパークラスの例

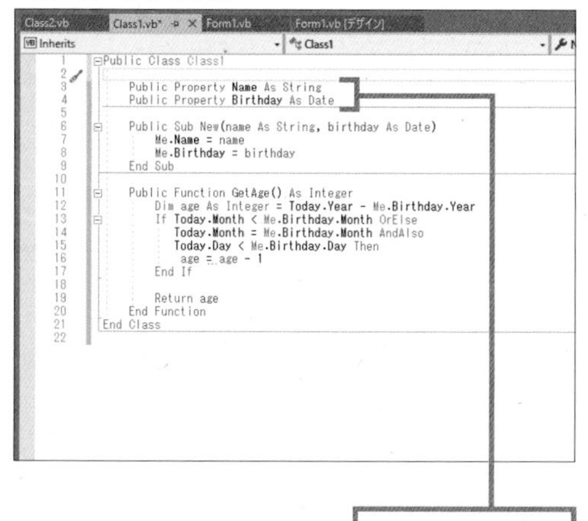

▼スーパークラスの機能をすべて継承して独自の機能を実装したサブクラス

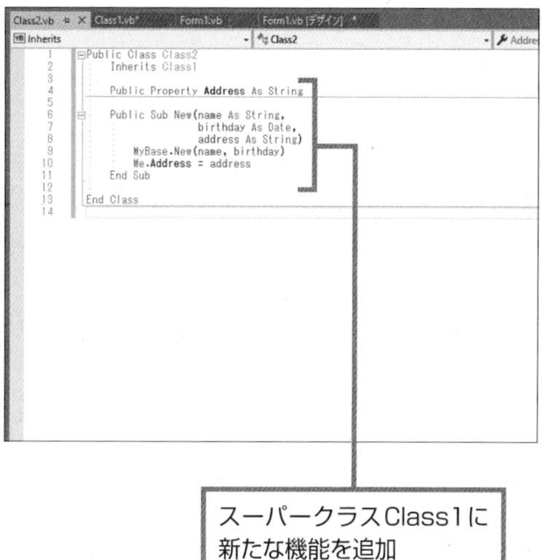

4.5.1 継承の仕組み

継承を行うと、既存のクラスのすべての機能を引き継いだ新しいクラスを作成できます。既存クラスの機能はそのままにして、必要に応じて、新しい機能を組み込んだ新たなクラスを作ることが可能です。

継承を行う方法を確認する

「4.2　コンストラクターの作成」において作成した「Class1.vb」には、次のように、氏名を表す文字列を扱うNameプロパティと、誕生日のデータを扱うBirthdayプロパティが用意されています。

▼Class1クラスの中身（スーパークラスとして使用）

```
Class Class1
    フィールド          _name
    フィールド          _birthday

    コンストラクター    New()

    プロパティ          Name
    プロパティ          Birthday

    メソッド            GetAge()
End Class
```

●サブクラスの作成

サブクラスの作成は、**Inherits**キーワードを使って、以下のように記述します。

▼スーパークラスを継承したサブクラスを作成

```
Inherits 継承するクラス名
```

継承できるクラスは1つだけです。これを**単一継承**と呼びます。Visual Basicでは、2つ以上のクラスを継承する**多重継承**は認められていません。

スーパークラスを確認する

ここでは、「4.2　コンストラクターの作成」において作成したプログラムをもとにして継承を行ってみることにします。次は、同プログラムの「Class1.vb」です。ただし、プロパティを自動実装プロパティに変更してあります。

▼「Class1.vb」に記述された「Class1」クラス（プロジェクト「Inherits」）

```
Public Class Class1
    ' 氏名を保持する自動実装プロパティ
    Public Property Name As String
    ' 誕生日の日付データを保持する自動実装プロパティ
    Public Property Birthday As Date

    ' コンストラクター
    ' パラメーターでプロパティ値を初期化する
    Public Sub New(name As String, birthday As Date)
        Me.Name = name
        Me.Birthday = birthday
    End Sub

    ' DateTimePickerで選択された生年月日から年齢を計算する
    Public Function GetAge() As Integer
        ' 現在の西暦から誕生日の年を引き算する
        Dim age As Integer = Today.Year - Birthday.Year
        ' 今年の誕生日の月に達していない
        ' または今年の誕生日の月に達していて、なおかつ誕生日に達していない場合
        If Today.Month < Birthday.Month OrElse
           Today.Month = Birthday.Month AndAlso
           Today.Day < Birthday.Day Then
            ' 計算した年齢から1を引く
            age -= 1
        End If

        ' 処理後の年齢を返す
        Return age
    End Function
End Class
```

サブクラスを作成する

「Class1」をスーパークラスとしたサブクラス「Class2」を作成し、住所を扱うためのプロパティを追加します。**プロジェクト**メニューの**クラスの追加**を選択して、**新しい項目の追加**ダイアログのテンプレートから**クラス**を選択し、**名前**に「Class2.vb」と入力したら**追加**ボタンをクリックします。「Class2.vb」を作成したら、以下のコードを入力しましょう。

▼サブクラス「Class2」の作成

```
Public Class Class2
    Inherits Class1 ' Class1を継承する

    ' 住所を保持する自動実装プロパティ
    Public Property Address As String

    ' コンストラクター
    Public Sub New(name As String,' ──────────── ❶
                   birthday As Date,' ────────── ❷
                   address As String) ' ──────── ❸

        ' パラメーターnameとbirthdayを引数にして
        ' スーパークラスのコンストラクターを実行する
        MyBase.New(name, birthday) ' ─────────── ❹

        ' パラメーターaddressをサブクラスのプロパティに代入
        Me.Address = address ' ──────────────── ❺
    End Sub
End Class
```

Class2クラスは、Class1の機能をそのまま引き継ぎます。クラスの宣言文の次の行にある「Inherits Class1」という記述が、Class1を継承することを示しています。Class2では、住所データを保持するためのプロパティAddressを追加しました。

●サブクラスにコンストラクターを追加する

スーパークラスにおいてコンストラクターが定義されている場合は、サブクラスにおいてもコンストラクターを定義することが必要です。

▼サブクラスにおけるコンストラクターの定義

```
アクセス修飾子 Sub New(スーパークラスのパラメーター, サブクラスのパラメーター)
    MyBase.New(引数のリスト)
    サブクラスのコンストラクター独自の処理
End Sub
```

サブクラスのコンストラクターは、次の要領で記述します。

・パラメーターには、スーパークラスのコンストラクターと同じものを用意する。
・必要に応じて、サブクラス独自のパラメーターを追加する。
・最初の処理として、MyBaseキーワードを使って、スーパークラスのコンストラクターを呼び出す。
・上記の処理のあとに、サブクラスのコンストラクター独自の処理を記述する。

サブクラスのコンストラクターでは、サブクラス自身のコンストラクターとスーパークラスのコンストラクターを実行しなければならないので、双方のコンストラクターに必要なパラメーターをすべて用意する必要があります。パラメーターを記述する順序に決まりはありませんが、呼び出し側の引数の順序と連動するので、特に理由がなければ、スーパークラスのパラメーター、サブクラスのパラメーターの順で記述した方がよいでしょう。

●「Class2」のコード解説

❶と❷のパラメーターは、スーパークラスで設定されているパラメーターです。❸がサブクラス独自に設定したパラメーターです。❹でスーパークラスのコンストラクターを呼び出し、❶と❷のパラメーターの値を引数として渡しています。❺は、サブクラスのコンストラクター独自の処理です。❸のパラメーターの値を独自のプロパティAddressに代入しています。

Memo サブクラスのインスタンス

サブクラスをインスタンス化すると、スーパークラスとサブクラスのフィールド用の領域が確保されます。図のように、サブクラスのインスタンスには、スーパークラスのフィールド用の領域も確保されます。

Class2のインスタンス	
Nameプロパティが扱うフィールド用の領域	Class1とClass2のメソッドに関連付けられる
Birthdayプロパティが扱うフィールド用の領域	
Addressプロパティが扱うフィールド用の領域	

スーパークラスにおいてフィールドを初期化するコンストラクターが定義されている場合は、コンストラクターの呼び出しを行わないと初期化が行えないことになり、エラーが発生します。サブクラスでスーパークラスのコンストラクターを呼び出すのは、このような理由によるものです。ただし、スーパークラスでコンストラクターが定義されていない場合は、初期化の処理は必要ないので、スーパークラスのコンストラクターを呼び出す必要はありません。

サブクラスのインスタンスは、スーパークラスのメソッドにも関連付けられるので、双方のクラスのメソッドをはじめとするメンバーにアクセスすることができます。

イベントハンドラーと操作画面（UI）を変更しよう

「Form1.vb」に記述されているイベントハンドラーButton1_Click()のコードを修正します。現状では、ボタンをクリックしたタイミングで「Class1」のインスタンスを生成していますが、これを「Class2」のインスタンスを生成するコードに変更します。さらに、Class2で新たに追加された「Address」プロパティに、テキストボックス「TextBox2」に入力された値（Textプロパティで取得）を設定するためのコードを追加します。

▼「Form1.vb」のコード

```
Public Class Form1
    Private Sub Button1_Click(sender As Object, e As EventArgs) Handles Button1.Click
        ' サブクラスClass2のコンストラクターを実行
        Dim person As New Class2(
            TextBox1.Text,                   ' スーパークラスのコンストラクターで必要
            DateTimePicker1.Value.Date,      ' スーパークラスのコンストラクターで必要
            TextBox2.Text)                   ' サブクラスのコンストラクターで必要

        MessageBox.Show(
            person.Name & "さんの年齢は" &                  ' スーパークラスのNameプロパティ
            person.GetAge() & "歳です。" & vbCrLf &         ' スーパークラスのGetAge()メソッド
            "住所は" & person.Address)                     ' サブクラスのAddressプロパティ
    End Sub
End Class
```

フォームには、ラベルとテキストボックスを追加し、次のようにプロパティを設定します。

▼プロパティの設定

●追加したラベル

プロパティ名	設定値
Text	住所を入力してください

●追加したテキストボックス

プロパティ名	設定値
(Name)	TextBox2
Text	(空欄)

●プログラムの実行

プログラムを実行してみましょう。

▼実行中のプログラム

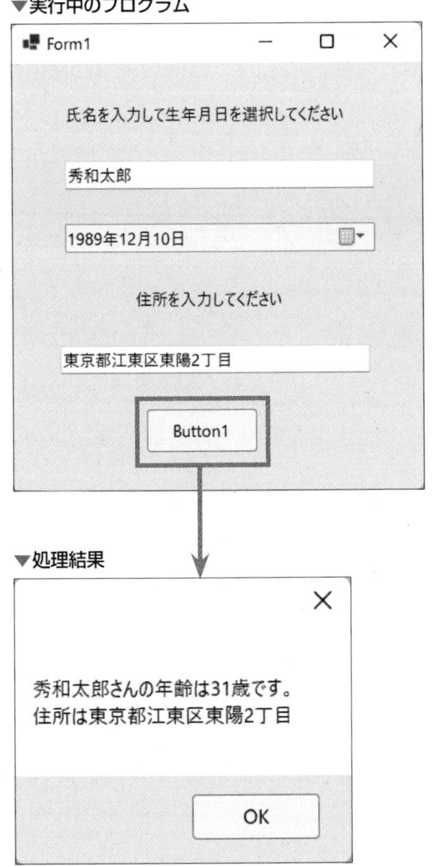

▼処理結果

氏名を入力し、生年月日を選択して住所を入力します。ボタンをクリックするとメッセージボックスが表示されます。

ここでは、スーパークラスとは別に、サブクラス独自のコンストラクターを作成しました。これとは別に、スーパークラスで定義されているメソッドの処理をサブクラスにおいて書き換える「オーバーライド」と呼ばれるテクニックがあります。オーバーライドを使うと、同じ名前のメソッドでありながら、実行するインスタンスがスーパークラスかサブクラスかの違いによって異なる処理が実行できるというものです。これについては、「4.6　オーバーライドとポリモーフィズム」で詳しく見ていきます。

4.5.2 サブクラスの継承

サブクラスをさらに継承してサブクラスを作成することができます。Windowsフォームアプリ用のプロジェクトを作成して試してみましょう。クラス用のソースファイル「Class1.vb」「Class2.vb」「Class3.vb」をプロジェクトに追加して、Class1、Class2、Class3を以下のように定義します。

▼スーパークラスClass1(Class1.vb)(プロジェクト「AdditionalInherits」)

```
Public Class Class1
    ' Integer型の自動実装プロパティ
    Public Property Num As Integer

    ' Numプロパティの値にパラメーターnの値を足し算するメソッド
    Public Sub Add(n As Integer)
        Num += n
    End Sub
End Class
```

▼Class1のサブクラス(Class2.vb)

```
Public Class Class2
    Inherits Class1 ' Class1を継承する

    ' Class2独自のプロパティを定義
    Public Property Record As Integer

    ' スーパークラスで定義されているNumプロパティの値を
    ' Recordプロパティに代入するメソッド
    Public Sub Recorder()
        Record = Num
    End Sub
End Class
```

▼Class2のサブクラス(Class3.vb)

```
Public Class Class3
    Inherits Class2 ' Class2を継承する

    ' 最上位のスーパークラスClass1で定義されているNumプロパティから
    ' パラメーターvalの値を引き算するメソッド
    Public Sub Subtract(val As Integer)
        Num -= val
    End Sub
End Class
```

フォーム上にButton1を配置し、ダブルクリックしてイベントハンドラーを作成して、次のように入力します。

▼実行用のButton1のイベントハンドラー（Form1.vb）

```
Public Class Form1
    Private Sub Button1_Click(sender As Object, e As EventArgs) Handles Button1.Click
        ' Class2のサブクラスClass3をインスタンス化
        Dim obj As New Class3() ' ――――――――――――――――――――――――――― ❶
        ' Class1のAdd()メソッドを実行
        obj.Add(100) ' ――――――――――――――――――――――――――――――― ❷
        ' Class2のRecorder()メソッドを実行
        obj.Recorder() ' ―――――――――――――――――――――――――――――― ❸
        ' Class3のSubtract()メソッドを実行
        obj.Subtract(50) ' ――――――――――――――――――――――――――――― ❹

        ' Class1のNumプロパティとClass2のRecordプロパティの値を出力
        MessageBox.Show("Num = " & obj.Num & vbCrLf &
                        "Record = " & obj.Record)
    End Sub
End Class
```

❶では、Class1の孫クラスにあたるClass3のインスタンスを生成しています。❷では、Class1のAdd()メソッドで、Class1のNumプロパティに引数の100を加算しています。❸では、Class2のRecorder()メソッドで、Numプロパティの値をClass2のRecordプロパティに代入しています。❹では、Class3のSubtract()メソッドで、Numプロパティの値から、引数の50を減算します。

▼実行結果（フォーム上のボタンをクリックするとメッセージボックスが表示される）

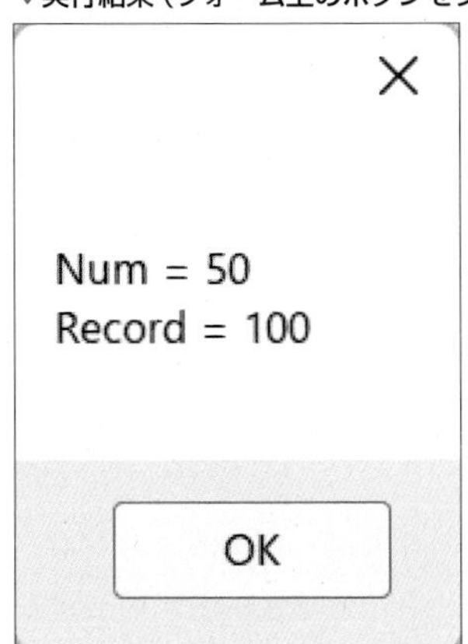

Section

4.6 オーバーライドとポリモーフィズム

Level ★★★ | Keyword | オーバーライド Overridable MyBase ポリモーフィズム

スーパークラスのメソッドを上書きし、サブクラス独自のメソッドに再定義することを「オーバーライド」と呼びます。

オーバーライドの手順とポリモーフィズム

次は、オーバーライドを行う手順です。

①スーパークラスを継承したサブクラスを作成
②オーバーライドのもととなるスーパークラスのメソッドの宣言部にOverridableキーワードを追加
③スーパークラスのメソッドをオーバーライドするための記述を追加

• スーパークラス型の参照変数を使用したポリモーフィズム

スーパークラス型の変数に、サブクラスのインスタンスを格納することで、目的のオーバーライドメソッドを呼び出し分けることができます。

• ポリモーフィズムを使うメリット

ポリモーフィズムを使用すると、主に次のようなメリットがあります。

● プログラムが簡潔になる
異なるクラスに実装された同じ名前のメソッドを、状況に応じて使い分けられるようになります。

● プログラムの安全性
オーバーライドしたメソッドを実装するクラスは、すべて同じスーパークラスを継承しているので、予期せぬ処理が発生しにくくなります。

● プログラムの拡張性
実行する処理の種類を増やしたければ、スーパークラスを継承したサブクラスを作成するだけで済むので、プログラムに拡張性を持たせることができます。

4.6.1　オーバーライドによるメソッドの再定義

Important

　サブクラスでは、スーパークラスで定義されているメソッドと同名のメソッドを作成して、メソッドの内容を上書きすることができます。これを**オーバーライド**（再定義）と呼びます。プロパティについてもオーバーライドが可能です。オーバーライドを使えば、スーパークラスとすべてのサブクラスに共通のメソッド名を持たせながら、中身は自由に書き換えることができるようになります。

●オーバーライドのメリット

- 同じような処理を行う複数のメソッドを同じ名前で管理できるので、メソッド名が混乱することがない。
- メソッドを使用する際は、メソッドが属するクラスをインスタンス化するため、必然的に適切なメソッドが選択されることになる。
- オーバーライドすることでソースコードの可読性が向上する。

Onepoint

　共通部分をスーパークラスに定義しておき、必要に応じて、差分があればサブクラスでオーバーライドできるという便利な機能です。

●オーバーライドの条件

　オーバーライドを行うときは、次の条件を満たすことが必要です。

- スーパークラスのメソッド名と同じであること
  名前を変えてオーバーライドすることはできません。
- スーパークラスのメソッドとパラメーターの構成が同じであること
  パラメーターの型や数、並び順を変えることはできません。
- 戻り値がある場合は同じ型であること
- アクセス修飾子の変更は不可

●オーバーライドされるスーパークラスのメソッド

　オーバーライドされるメソッドにはOverridableキーワードを付けて、オーバーライドの許可を宣言します。

```
Public Class Class1
    Public Overridable Sub SampleMethod()
        ...
    End Sub
End Class
```

●サブクラスにおけるメソッドのオーバーライド

サブクラスにおいてオーバーライドを行う場合は、Overridesキーワードを付けて、オーバーライドすることを宣言します。

```
Public Class Class2
    Inherits Class1

Public Overrides Sub SampleMethod()
      ...
    End Sub
End Class
```

オーバーライドしたメソッドの呼び出し

スーパークラスを継承したサブクラスがいくつもあって、さらにそれぞれのサブクラスでオーバーライドが行われているような場合、いったいどうやって同じ名前のメソッドを呼び出し分けるのか気になるところです。

メソッドは、「定義されているクラスのインスタンスから実行できる」という性質があります。サブクラスAでオーバーライドされているメソッドを実行する場合は、サブクラスAのインスタンスを生成し、このインスタンスから実行すれば、必然的にサブクラスAのメソッドが実行されることになります。

4.6.2 スーパークラスのメソッドをオーバーライドする

「4.5.1　継承の仕組み」で作成したプログラムを利用して、スーパークラスのメソッドをオーバーライドしてみることにしましょう。プロジェクト「Inherits」を任意の場所にコピーしてプログラムの一部を改造します。サンプルプログラムは「Override」というプロジェクト名ですが、「Inherits」をコピーしたものとして説明を進めます。

スーパークラスのメソッドをオーバーライド可能にする

Class1で定義済みのGetAge()メソッドをオーバーライドできる状態にします。オーバーライドを可能にするには、**Overridable**修飾子をメソッドの宣言部に追加します。

▼スーパークラスのメソッドをオーバーライド可能にする（Class1.vb）（プロジェクト「Override」）

```
' DateTimePickerで選択された生年月日から年齢を計算する
' Overridableを付けてオーバーライド可能にする
                    記述する
Public Overridable Function GetAge() As Integer
    ' 現在の西暦から誕生日の年を引き算する
    Dim age As Integer = Today.Year - Birthday.Year
    ' 今年の誕生日の月に達していない
    ' または今年の誕生日の月に達していて、なおかつ誕生日に達していない場合
    If Today.Month < Birthday.Month OrElse
        Today.Month = Birthday.Month AndAlso
        Today.Day < Birthday.Day Then
        ' 計算した年齢から1を引く
        age -= 1
    End If

    ' 処理後の年齢を返す
    Return age
End Function
```

4
Visual Basicオブジェクト指向プログラミング

メソッドをオーバーライドする

サブクラスClass2において、GetAge()メソッドをオーバーライドして、メッセージボックスを表示する機能を追加します。

▼Class2でGetAge()メソッドをオーバーライドする(Class2.vb)

```
Public Class Class2
    Inherits Class1 ' Class1を継承する

    ' 住所を保持する自動実装プロパティ
    Public Property Address As String

    ' コンストラクター
    Public Sub New(name As String,
                   birthday As Date,
                   address As String)

        ' パラメーターnameとbirthdayを引数にして
        ' スーパークラスのコンストラクターを実行する
        MyBase.New(name, birthday)
        ' パラメーターaddressをサブクラスのプロパティに代入
        Me.Address = address
    End Sub

    ' Class1のGetAge()メソッドをオーバーライドする
    Public Overrides Function GetAge() As Integer ' ―――― ❶
        MessageBox.Show("入力された日付をもとにして年齢を計算します")
        Return MyBase.GetAge() ' ―――― ❷
    End Function
End Class
```

Onepoint

「Public Overrides Function」と入力し、続けてスペースを入力すると、インテリセンスによってオーバーライド可能なプロパティのリストがポップアップします。リストの中の「GetAge」をダブルクリックすると、基本的なコードが自動で入力されます。

オーバーライドする場合は、❶のように、アクセス修飾子のあとに**Overrides**を記述します。❷では、戻り値として、スーパークラスのGetAge()メソッドを実行した結果として返される戻り値を設定しています。スーパークラスのメソッドは、MyBaseキーワードで呼び出せます。

●プログラムを実行する

▼表示されたメッセージ

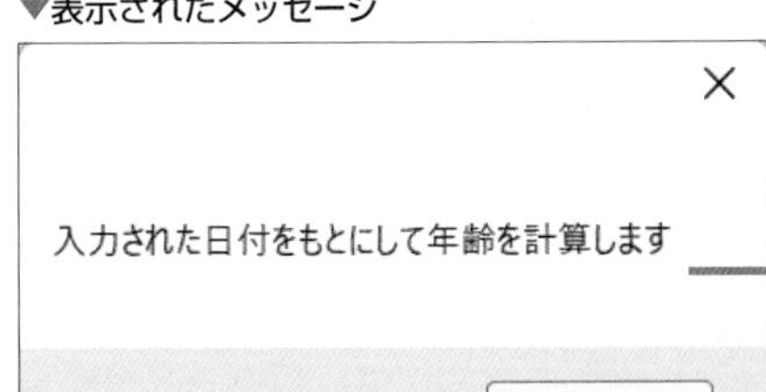

プログラムを実行してフォーム上のボタンをクリックすると、Class2でオーバーライドしたGetAge()メソッドによって、このようなメッセージが表示されます。

Tips オーバーライドしているクラスを確認する方法

スーパークラスにおいては、オーバーライドを行っているサブクラスを、次の方法で確認することができます。

①コードエディターで、対象のスーパークラスを表示し、メソッド名を右クリックして**呼び出し階層の表示**を選択します。
②**呼び出し階層**ウィンドウが表示されるので、**オーバーライド**を展開すると、オーバーライドしているクラス名が表示されます。この部分をダブルクリックすると、オーバーライドの定義コードにジャンプします。

▼[呼び出し階層]ウィンドウ

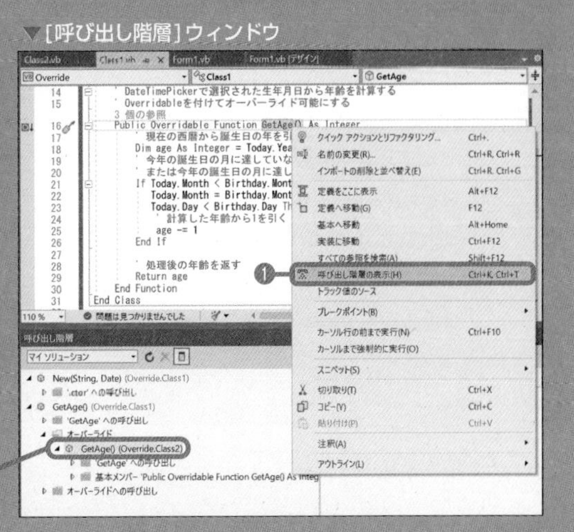

4.6.3 スーパークラスのメソッドの呼び出し

オーバーライドしている場合も、MyBaseを使うことで明示的にスーパークラスのメソッドを呼び出すことが可能です。次は、サブクラスのオーバーライドメソッドからスーパークラスのメソッドを呼び出す例です。Windowsフォームアプリ用のプロジェクトを作成し、クラス用のソースファイル「Class1.vb」「Class2.vb」「Class3.vb」をプロジェクトに追加して、Class1、Class2、Class3を以下のように定義します。

▼スーパークラスClass1(Class1.vb)(プロジェクト「CallSuperMethod」)

```
Public Class Class1
    Public Overridable Sub Disp()
        MessageBox.Show("Class1のShow()メソッドが実行されました")
    End Sub
End Class
```

▼Class1を継承したクラスClass2(Class2.vb)

```
Public Class Class2
    Inherits Class1 ' Class1を継承する

    ' Class1のDisp()メソッドをオーバーライドする
    Public Overrides Sub Disp()
        MessageBox.Show("Class2のShow()メソッドが実行されました")
        ' スーパークラスClass1のDisp()メソッドを実行
        MyBase.Disp()
    End Sub
End Class
```

▼Class2を継承したクラスClass3(Class3.vb)

```
Public Class Class3
    Inherits Class2 ' Class2を継承する

    ' Class2のDisp()メソッドをオーバーライドする
    Public Overrides Sub Disp()
        MessageBox.Show("Class3のShow()メソッドが実行されました")
        ' スーパークラスClass2のDisp()メソッドを実行
        MyBase.Disp()
    End Sub
End Class
```

フォーム上にButton1を配置し、ダブルクリックしてイベントハンドラーを作成して、次のように入力します。

▼Form1 クラスのイベントハンドラー（Form1.vb）

```
Public Class Form1
    Private Sub Button1_Click(sender As Object, e As EventArgs) Handles Button1.Click
        ' Class3のインスタンスを生成
        Dim obj As New Class3()
        ' Class3のDisp()メソッドを実行する
        obj.Disp()
    End Sub
End Class
```

4.6.4　サブクラスにおけるメソッドのオーバーロード

サブクラスでスーパークラスのメソッドをオーバーロードすることができます。次の例では、Customerを継承したサブクラスCountryにおいてregistry()メソッドをオーバーロードしています。

▼スーパークラスCustomer（Customer.vb）（Windowsフォームアプリのプロジェクト「OverloadsSubClass」）

```
Public Class Customer
    ' String型のフィールド
    Public name As String

    ' String型のパラメーターが1個設定されたオーバーロード対応のメソッド
    Public Overloads Sub Registry(name As String) ' ――――――――――― ❶
        Me.name = name
        MessageBox.Show("名前 : " & name)
    End Sub
End Class
```

▼サブクラスCountry（Country.vb）

```
Public Class Country
    Inherits Customer ' Customerクラスを継承

    ' String型のフィールド
    Public country As String

    ' String型のパラメーターが2個設定されたオーバーロード対応のメソッド
    Public Overloads Sub Registry(name As String, country As String) ' ――― ❷
```

4

Visual Basicオブジェクト指向プログラミング

```
        Me.name = name
        Me.country = country
        MessageBox.Show("名前 : " & name & vbCrLf & "国籍 : " & country)
    End Sub
End Class
```

スーパークラスのRegistry()メソッドのパラメーターは1個です（❶）。これに対し、サブクラスのRegistry()メソッドのパラメーターは2個です（❷）。

フォーム上に配置したButton1をダブルクリックして作成されるイベントハンドラーでは、サブクラスCountryのインスタンスを生成し、引数の数を変えてRegistry()メソッドを実行します。

▼実行用のイベントハンドラー（Form1.vb）

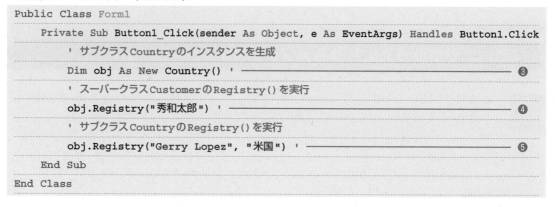

```
Public Class Form1
    Private Sub Button1_Click(sender As Object, e As EventArgs) Handles Button1.Click
        ' サブクラスCountryのインスタンスを生成
        Dim obj As New Country() ' ――――――――――――――――――― ❸
        ' スーパークラスCustomerのRegistry()を実行
        obj.Registry("秀和太郎") ' ――――――――――――――――――― ❹
        ' サブクラスCountryのRegistry()を実行
        obj.Registry("Gerry Lopez", "米国") ' ――――――――――――― ❺
    End Sub
End Class
```

ポイントは、❸でサブクラスのインスタンスを生成している点です。これによって、❹ではスーパークラスのRegistry()が実行され、❺ではサブクラスのRegistry()が実行されます。

▼実行結果

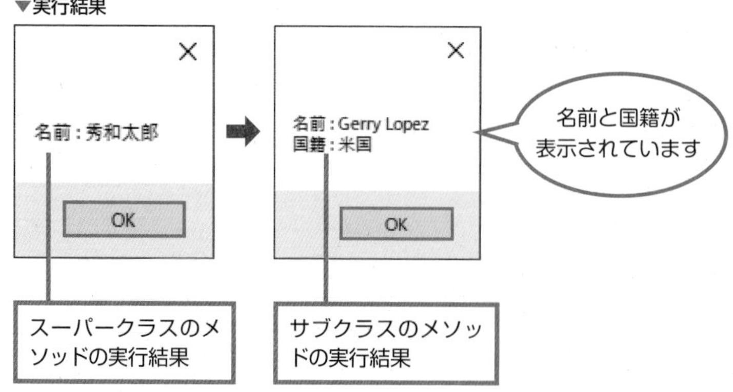

もし、❸のところでスーパークラスCustomerのインスタンスを生成したらどうなるでしょう。結論からいうと、❺のところがエラーになります。インスタンスはあくまでスーパークラスのものなので、サブクラスでオーバーロードしたメソッドにはアクセスできないのです。これは、次のように書いた場合も同じです。

```
Dim obj As Customer ————————— スーパークラス型の参照変数を宣言
obj = New Country() ————————— サブクラスをインスタンス化して代入する
obj.Registry("秀和太郎") ———————— 実行可
obj.Registry("Gerry Lopez", "米国") ——— エラー
```

スーパークラス型の参照変数にサブクラスのインスタンスを代入した場合、次のように、サブクラス側でオーバーロードしたメソッドにはアクセスできません。

▼スーパークラスのインスタンスの参照範囲

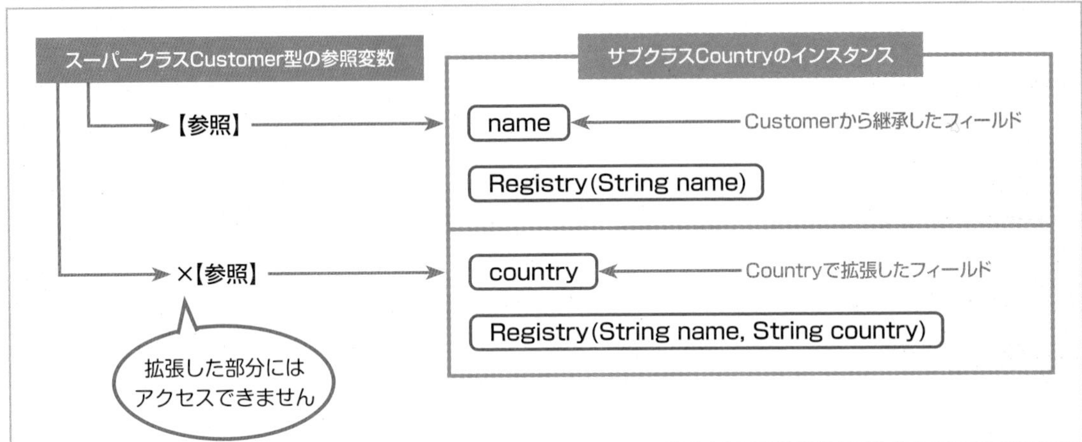

インスタンスはサブクラスから生成されているので、サブクラスのフィールド用の領域が存在することになります。しかし、インスタンスの参照を格納した変数の型はスーパークラス型なので、拡張した部分のメンバーにアクセスすることはできません。

スーパークラス型の参照変数にサブクラスのインスタンスを格納した場合、サブクラスでオーバーライドしたメソッドを実行できますが、オーバーロードしたメソッドにはアクセスできないことに注意です。

4.6.5 スーパークラスと同名のフィールドの定義

メソッドやプロパティには「オーバーライド」の機能が適用されるので、継承先のサブクラスで処理を上書きすることができます。一方、フィールドにはオーバーライドは適用されないので、サブクラス側でスーパークラスと同名のフィールドを再定義できないかというと、そうではありません。

スーパークラスとサブクラスにおいて同名のフィールドを定義した場合は、次の規則が適用されます。

・サブクラスのインスタンスからは、サブクラスのフィールドが参照されます。
・インスタンスの参照変数がスーパークラス型であれば、スーパークラスのフィールドを参照します。
・サブクラスでは、MyBaseを使ってスーパークラスの同名のフィールドにアクセスできます。

実際にプログラムを作成して確かめてみましょう。Windowsフォームアプリ用のプロジェクトを作成し、クラス用のソースファイル「SuperCls.vb」「SubCls.vb」を追加します。次は、スーパークラスとサブクラスで、同名のフィールドnumを宣言する例です。

▼スーパークラスSuperCls (SuperCls.vb) (プロジェクト「SameNameField」)

```
Public Class SuperCls
    ' Integerの型のフィールド
    Public num As Integer ' ―――――――――――――――――――――――――― ❶
End Class
```

▼サブクラスSubCls (SubCls.vb)

```
Public Class SubCls
    Inherits SuperCls ' SuperClsを継承

    ' スーパークラスと同名のDouble型のフィールドを宣言
    ' Shadowsを付けなくてもプログラムは実行可能だが
    ' 警告が表示される
    Public Shadows num As Double' ――――――――――――――――――――― ❶

    ' パラメーターnumをサブクラスのフィールドnumと
    ' スーパークラスのフィールドnumに代入する
    Public Sub GetNum(num As Double)
        Me.num = num ' ―――――――――――――――――――――――――――――― ❷
        MyBase.num = num ' ―――――――――――――――――――――――――― ❸
    End Sub
End Class
```

スーパークラスSuperClsの❶では、Integer型のフィールドnumを宣言しています。
サブクラスSubClsの❶では、スーパークラスと同名のフィールドnumを宣言していますが、ここではDouble型にしています。Shadowsは、スーパークラスのフィールドを隠す、つまりスーパークラスの同名のフィールドを継承しないことを示すためのキーワードです。Shadowsを付けなくてもプログラムは実行可能ですが、ソースコード上に警告が表示されます。スーパークラスと同名のフィールドを宣言していることを明示的に示すためにも、Shadowsは付けておくのが無難です。

SubClsの❷ではGetNum()メソッドのDouble型のパラメーターnumの値をサブクラスのフィールドnumに代入します。❸では、スーパークラスのフィールドnumにパラメーターnumの値を代入します。パラメーターnumはDouble型なので小数の値が含まれることが予想されます。スーパークラスのフィールドnumはInteger型なので、ここでは「偶数丸め」によって小数以下が整数値に丸められて代入されることになります。

Memo 継承に含まれないメンバー

クラスを継承した場合、インスタンスに含まれないメンバー（コンストラクター、共有メンバー）は、継承されません。

▼継承されないメンバー

・コンストラクター
・共有メソッド、共有フィールド

Memo 共有フィールド

下記のコードは、Sharedを付けた共有フィールドを持つクラスの例ですが、文法的な間違いがあります。

下記のように記述してもコンパイルは通ります（ただしコードエディター上で警告が表示される）。しかし、共有メンバーは、Newで生成したインスタンスには含まれません。

▼共有フィールドを持つクラスの例（間違った記述）

```
Public Class Class1
    Public Shared num As Integer ———— 共有フィールド
End Class

Public Class Form1
    Private Sub Button1_Click……
        Dim obj As New Class1
        obj.num = 10 ———— インスタンスからアクセスしてはいけない
    End Sub
End Class
```

正しくは次のように記述しなくてはなりません。

▼正しい記述

```
Class1.num = 10
```

なお、共有フィールドしか定義されていないクラスは、インスタンス化すること自体、意味がないので、「Dim obj As New Class1」のコードも不要です。

フォーム上にButton1を配置し、これをダブルクリックしてイベントハンドラーを作成し、次のコードを入力します。

▼Button1のイベントハンドラー(Form1.vb)

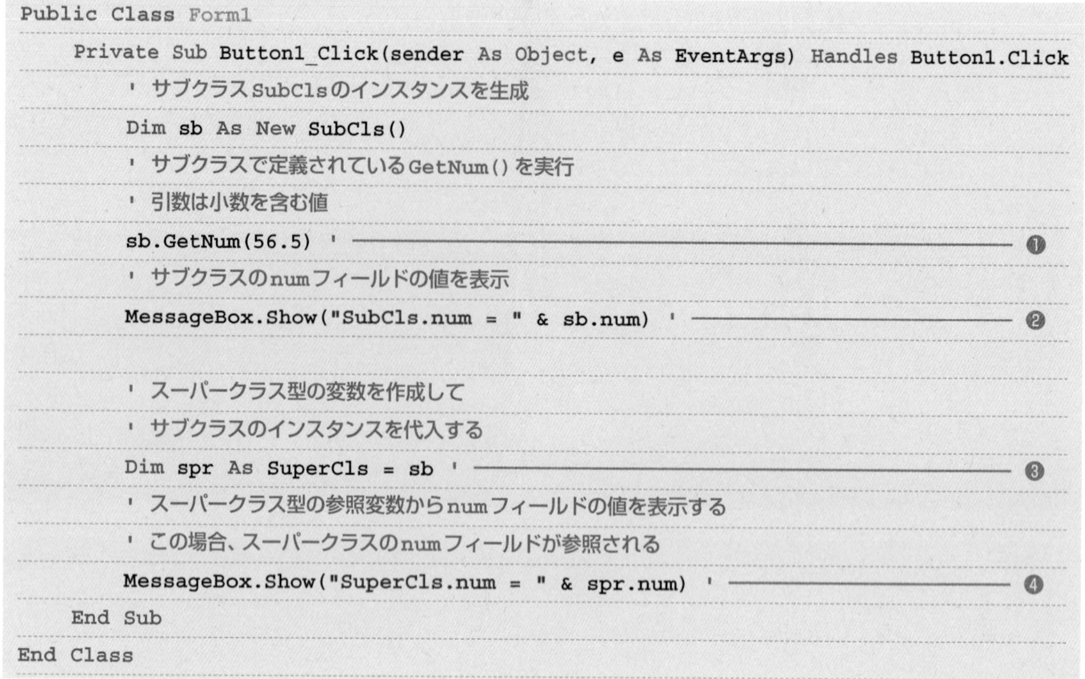

```
Public Class Form1
    Private Sub Button1_Click(sender As Object, e As EventArgs) Handles Button1.Click
        ' サブクラスSubClsのインスタンスを生成
        Dim sb As New SubCls()
        ' サブクラスで定義されているGetNum()を実行
        ' 引数は小数を含む値
        sb.GetNum(56.5) ' ──────────── ❶
        ' サブクラスのnumフィールドの値を表示
        MessageBox.Show("SubCls.num = " & sb.num) ' ──────── ❷

        ' スーパークラス型の変数を作成して
        ' サブクラスのインスタンスを代入する
        Dim spr As SuperCls = sb ' ──────────── ❸
        ' スーパークラス型の参照変数からnumフィールドの値を表示する
        ' この場合、スーパークラスのnumフィールドが参照される
        MessageBox.Show("SuperCls.num = " & spr.num) ' ──────── ❹
    End Sub
End Class
```

▼実行結果

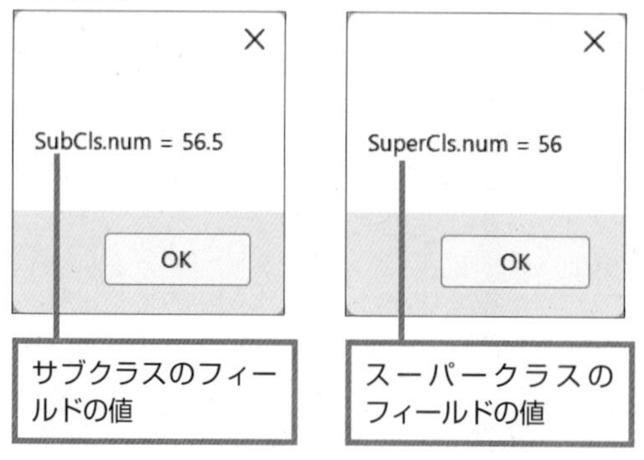

❶では、SubClsのインスタンスからGetNum()メソッドを実行しています。続く❷で、SubClsのフィールドnumの値「56.5」を表示しています。

SubClsのインスタンスには、スーパークラスから継承したフィールドnumと、SubClsで定義したフィールドnumが存在します。このとき、参照変数の型がSubCls型であれば、SubClsで宣言されているフィールドにアクセスします。

▼サブクラス型の変数sbでnumを参照する

サブクラスSubClsのインスタンス		
		num【スーパークラスから継承されたフィールド】
sb.num →	参照 →	num【サブクラスで宣言したフィールド】

❸では、スーパークラス型の変数を宣言し、サブクラスのインスタンスを代入しています。これは、インスタンスへの参照はそのままにして、変数の型をサブクラス型からスーパークラス型に変えたことになります。

❹では、スーパークラス型の変数を使ってフィールドnumの値を表示しています。インスタンスの参照変数がスーパークラス型であれば、スーパークラスのフィールドが参照されます。

▼スーパークラス型の変数でnumを参照する

サブクラスSubClsのインスタンス		
spr.num →	参照 →	num【スーパークラスから継承されたフィールド】
		num【サブクラスで定義したフィールド】

スーパークラスのフィールドnumはInteger型なので、「56.5」を代入すると偶数丸めによって「56」になっていることが確認できます。

偶数丸め

小数以下の処理方法であり、四捨五入との違いは1.5, 2.5, 3.5のように、整数と次の整数の中間に位置する値の処理の仕方です。偶数丸めでは、中間に位置する値は、整数値が偶数になるように丸められます。例えば、1.5は2になりますが、2.5は3ではなく2になります。

この処理のメリットは、大量の丸め処理を行ったあとで合計を計算したときに、丸め処理を行う前の合計値との差が四捨五入より小さくなることです。

4.6.6 ポリモーフィズムを利用する

スーパークラス型の参照変数には、サブクラス型のインスタンスへの参照を格納することができます。

▼スーパークラス型の参照変数にサブクラスのインスタンスを割り当てる

```
Dim 参照変数名 As スーパークラス名 = サブクラスのインスタンス
```

継承には「型の継承」というもう1つの重要な側面があります。これまでに解説してきた継承とは、「スーパークラスのフィールド、プロパティやメソッドをサブクラスで再利用するための便利な方法」というものでしたが、これに加えて、サブクラスのインスタンスは、スーパークラスの型と代入互換性があるという性質があります。

ちなみに、次のことをやろうとすると、コンパイルエラーが発生します。

```
Dim a As Integer
Dim b As String = "Hello"
b = a ――――――――――――――――― コンパイルエラー
```

代入を行う際は、同じ型の変数に代入するようにコンパイラーがチェックします。一方、クラスに継承関係があると、「スーパークラス型の変数にサブクラス型のインスタンスを割り当てることができる」という法則があります。

```
Dim child As New Child()
Dim parent As Parent = child ――――― コンパイルできる
```

スーパークラス型の参照変数にサブクラス型のインスタンスの参照を代入した場合、サブクラスでオーバーライドされているメソッドがあれば、サブクラスのメソッドが呼び出されます。どのオーバーライドメソッドが呼び出されるのかは、参照先のインスタンスの型で決まるのです。

●ポリモーフィズム

スーパークラスのメソッドをオーバーライドしたとき、スーパークラスのメソッドはインスタンスに関連付けられる時点で廃棄状態になります。このため、スーパークラス型の参照変数にサブクラスのインスタンスを代入した場合、廃棄状態にあるスーパークラスのメソッドではなく、新たに上書きしたオーバーライドメソッドが呼び出されます。

このことをオブジェクトの**ポリモーフィズム**（多態性）と呼びます。ポリモーフィズムを使用したプログラムでは、様々なサブクラス型のインスタンスの参照をスーパークラス型の参照変数に代入しても、常にサブクラスで定義したオーバーライドメソッドが起動します。

▼ポリモーフィズムのポイント

参照変数の型とは無関係に、インスタンスの型によって起動するメソッドが決定します。

ポリモーフィズムを利用するプログラム

実際にプログラムを作成して、ポリモーフィズムについて確認することにしましょう。Windowsフォームアプリ用のプロジェクトを作成し、クラス用のソースファイル「Class1.vb」「Class2.vb」「Class3.vb」をプロジェクトに追加して、Class1、Class2、Class3を以下のように定義します。Class1のShowMsg()メソッドをオーバーライド必須にして、サブクラス側でオーバーライドを行います。

▼スーパークラスClass1(Class1.vb)(プロジェクト「Polymorphism」)

```
' MustInheritを宣言文に加えることで、
' 継承されることを前提としたクラスにする
Public MustInherit Class Class1
    ' MustOverrideを付けてサブクラスにおけるオーバーライドを必須にする
    ' Class1を継承するクラスはこのメソッドを必ずオーバーライドしなくてはならない
    Public MustOverride Sub ShowMsg(msg As String, title As String)
End Class
```

スーパークラスのShowMsg()メソッドは、オーバーライドされることを前提としたメソッドで、ここでは何の処理も記述しません。実際に行う処理は、サブクラスでメソッドをオーバーライドして記述することにします。このような、オーバーライドされることを前提としたメソッドやプロパティには、**MustOverride**キーワードを付けることで、サブクラスにおけるオーバーライドを必須にすることができます(サブクラスでオーバーライドしないと警告が表示されます)。

MustOverrideキーワードを付ける場合は、クラスの宣言部に、継承が必須のクラスであることを示す**MustInherit**キーワードを記述します。

▼サブクラスClass2(Class2.vb)

```
Public Class Class2
    Inherits Class1 ' Class1を継承

    ' ShowMsg()をオーバーライドする
    Public Overrides Sub ShowMsg(msg As String, title As String)
        ' メッセージボックスにパラメーターmsgを表示し、
        ' タイトルにtitleを表示する
        MessageBox.Show(msg, title)
    End Sub
End Class
```

▼サブクラスClass3(Class3.vb)

```
Public Class Class3
    Inherits Class1 ' Class1を継承する

```

```
        ' ShowMsg() をオーバーライドする
        Public Overrides Sub ShowMsg(msg As String, title As String)
            ' インプットボックスにメッセージとタイトルを表示する
            InputBox(msg, title)
        End Sub
    End Class
```

サブクラスClass2では、ShowMsg()メソッドをオーバーライドして、メッセージボックスを表示する処理を記述しています。一方、サブクラスClass3では、インプットボックスを表示する処理を記述しています。

「Form1.vb」をWindowsフォームデザイナーで表示して、操作画面（UI）を作成します。

▼作成中のフォーム

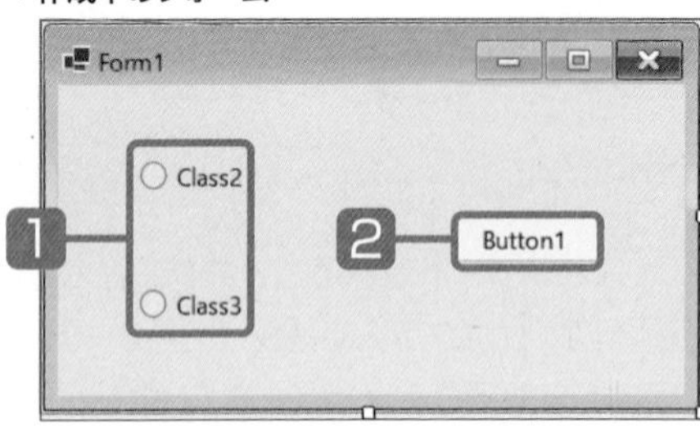

1 RadioButtonを2個配置します。

2 Buttonを配置します。

3 下の表のように、各コントロールのプロパティを設定します。

●プロパティの設定

▼RadioButtonコントロール（上）

プロパティ名	設定値
(Name)	RadioButton1
Text	Class2

▼RadioButtonコントロール（下）

プロパティ名	設定値
(Name)	RadioButton2
Text	Class3

▼Buttonコントロール

プロパティ名	設定値
(Name)	Button1
Text	実行

イベントハンドラーを作成する

フォーム上に配置した2つのRadioButtonをそれぞれオンにしたときに実行されるイベントハンドラーと、Buttonをクリックしたときに実行されるイベントハンドラーを作成します。RadioButtonのイベントハンドラーは、Buttonと同様に、フォーム上に配置したコントロールをダブルクリックすることで作成できます。

●RadioButton1のイベントハンドラーの作成

RadioButton1をオンにしたときに実行されるイベントハンドラーでは、サブクラスClass2をインスタンス化します。フォーム上に配置したラジオボタンのうち、上段にあるラジオボタンをダブルクリックして、❷のコードを記述します。イベントハンドラーの上部に❶のコードも記述しておきます。

●RadioButton2のイベントハンドラーの作成

RadioButton2をオンにしたときに実行されるイベントハンドラーでは、サブクラスClass3をインスタンス化します。フォーム上に配置したラジオボタンのうち、下段にあるラジオボタンをダブルクリックして❸のコードを記述します。

●Button1のイベントハンドラーの作成

Button1をクリックしたときに実行されるイベントハンドラーでは、ShowMsg()メソッドを実行します。フォーム上に配置した**実行**ボタンをダブルクリックして❹のコードを記述します。

▼Form1クラス(Form1.vb)

```
Public Class Form1
    ' Class1型の参照変数を宣言
    Private obj As Class1 ' ――――――――――――――――――――――――― ❶

    ' RadioButton1をオンにしたときに実行されるイベントハンドラー
    Private Sub RadioButton1_CheckedChanged_1(sender As Object, e As EventArgs) Handles RadioButton1.CheckedChanged
        ' Class2のインスタンスをClass1型の参照変数objに代入
        obj = New Class2() ' ――――――――――――――――――――――― ❷
    End Sub

    ' RadioButton2をオンにしたときに実行されるイベントハンドラー
    Private Sub RadioButton2_CheckedChanged_1(sender As Object, e As EventArgs) Handles RadioButton2.CheckedChanged
        ' Class3のインスタンスをClass1型の参照変数objに代入
        obj = New Class3() ' ――――――――――――――――――――――― ❸
    End Sub

    ' Button1のイベントハンドラー
    Private Sub Button1_Click(sender As Object, e As EventArgs) Handles Button1.Click
        ' Class1型の参照変数に格納されているインスタンスから
```

4 Visual Basic オブジェクト指向プログラミング

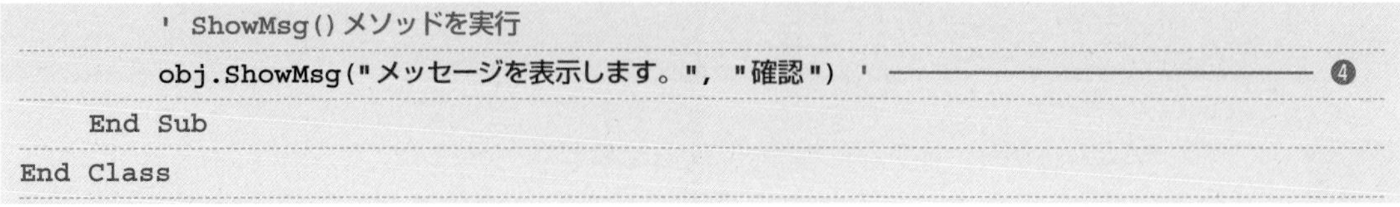

```
        ' ShowMsg() メソッドを実行
        obj.ShowMsg("メッセージを表示します。", "確認") ' ──────── ❹
    End Sub
End Class
```

❹では、objに格納されているインスタンスからShowMsg()メソッドを実行しています。objはスーパークラス型の変数なので、サブクラスのインスタンスへの参照を代入できます。RadioButton1またはRadioButton2のいずれかをオンにすると、この変数には、Class2またはClass3のインスタンスが代入されます。

では、プログラムを実行してみましょう。

▼実行中のプログラム

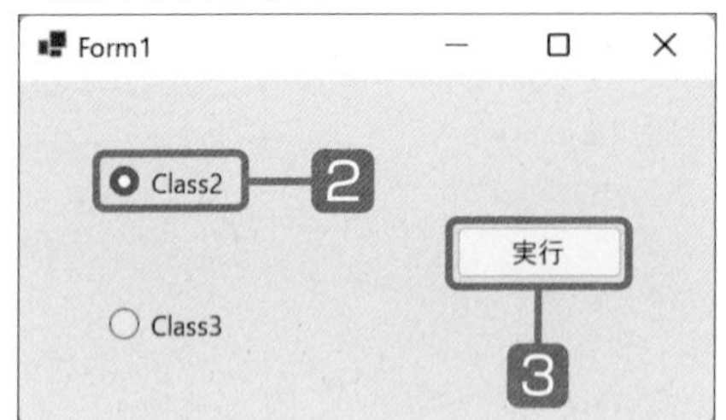

1 ツールバーの**開始**ボタンをクリックして、プログラムを実行します。

2 **Class2**をオンにします。

3 **実行**ボタンをクリックします。

▼メッセージボックス

4 Class2のShowMsg()メソッドが実行されます。

▼インプットボックス

5 **Class3**をオンにして**実行**ボタンをクリックすると、Class3のShowMsg()メソッドが実行され、インプットボックスが表示されます。

「Button1」をクリックしたときのイベントハンドラーは、以下のように、フィールドとして定義した参照変数objが参照しているShowMsg()メソッドを実行します。

▼ShowMsg() メソッドの実行

```
obj.ShowMsg("メッセージを表示します。","確認")
```

フィールドobjは、スーパークラスであるClass1型です。RadioButton1がオンの場合はClass2のインスタンスが格納され、RadioButton2がオンの場合はClass3のインスタンスが格納されます。

objがClass2のインスタンスの場合はClass2のShowMsg()が実行され、Class3のインスタンスの場合はClass3のShowMsg()が実行されます。

Memo なぜ、わざわざポリモーフィズムを使うのか

スーパークラス型の変数を宣言しておいて、あとでサブクラスのインスタンスを格納するというのは、一見、無駄なことのように思えます。しかし、プログラムの内容によっては、実際にプログラムを実行してみなければどのサブクラスを使うのかが決定しない、ということはよくあります。本文で紹介した例のように、ラジオボタンを選択したことで実行すべきサブクラスが決定するような場合です。このとき、選択された項目ごとにサブクラスをインスタンス化してメソッドを実行するコードを書いてもよいのですが、これだとコードの量が多くなり、コード自体も読みにくくなってしまいます。また、せっかくオーバーライドをしているにもかかわらず、その恩恵を受けることもありません。

あらかじめスーパークラスの参照変数を宣言しておけば、サブクラスごとに変数を用意する必要もなくなり、コードもすっきりします。さらには、どのサブクラスのインスタンスが格納されているのかによって呼び出されるオーバーライドメソッドが決まりますので、メソッドを呼び出すコードも1つあれば済みます。

4.6.7 メソッドを改造して同じ名前で呼び分ける（オーバーライドとポリモーフィズム）

継承のメリットは、何といっても「メソッドのオーバーライド」にあります。スーパークラスのメソッドを書き換えれば、同じ名前でありながら機能が異なるメソッドをいくつも作れます。

ここでは、シンプルなチャットボット「VBちゃん」を題材に、オーバーライドとポリモーフィズムの仕組みを実装してみることにします。

▼VBちゃん（プロジェクト「ChatBot」）

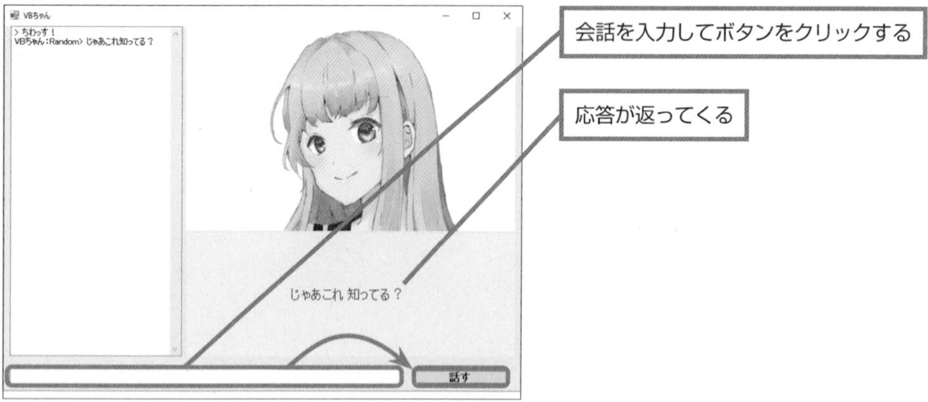
VBちゃん
> ちわっす！
VBちゃん：Random> じゃあこれ知ってる？
じゃあこれ 知ってる？
話す
会話を入力してボタンをクリックする
応答が返ってくる

「VBちゃん」の本体クラスを作る

Important

チャットボット（chatbot）とは、「チャット」と「ボット」を組み合わせた言葉で、正式には人工知能的な要素を活用した**自動会話プログラム**のことを指します。主にテキストを双方向でやり取りする仕組みのことですが、ここではそんな大げさなものではなく、相手の言葉をオウム返ししたり、複数のパターンからランダムに応答を返すシンプルな仕組みでの会話をシミュレーションしてみましょう。目的はオーバーライドとポリモーフィズムを活用することです。

Windowsフォームアプリ用のプロジェクト「ChatBot」を作成しましょう。作成が済みましたら、VBちゃんの本体クラス「VBchan」を以下の手順で作成します。

▼クラス用ファイル「VBchan.vb」の作成

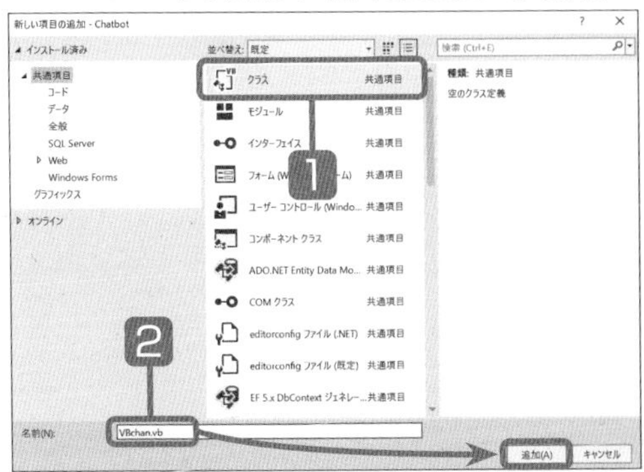

1 **プロジェクト**メニューの**クラス**の追加を選択します。

2 「VBchan.vb」と入力して**追加**ボタンをクリックします。

次のようにVBちゃんの本体クラスVBchanの定義コードを入力しましょう。

▼VBchanクラス（VBchan.vb）

```
''' <summary>
''' VBちゃんの本体クラス
''' </summary>
Public Class VBchan
    ' RandomResponderのインスタンスを保持するフィールド
    Private _res_random As RandomResponder
    ' RepeatResponderのインスタンスを保持するフィールド
    Private _res_repeat As RepeatResponder
    ' スーパークラスResponder型のフィールド
    Private _responder As Responder

    ''' <summary>
    ''' _プログラム名を保持する自動実装プロパティ
    ''' </summary>
    ''' <value>(String) プログラム名</value>
    Public ReadOnly Property Name As String

    ''' <summary>
    ''' コンストラクター
    ''' </summary>
    ''' <remarks>
    ''' パラメーターnameのプログラム名をフィールドに格納し、
    ''' RandomResponderとRepeatResponderをインスタンス化する
    ''' </remarks>
    ''' <param name="name">(String) プログラム名</param>
    Public Sub New(name As String)
        ' パラメーターnameのプログラム名をNameプロパティに格納
```

```
        Me.Name = name
        ' RandomResponderのインスタンスをフィールドに格納
        ' コンストラクターの引数はオブジェクトの短縮名
        _res_random = New RandomResponder("Random")
        ' RepeatResponderをインスタンスをフィールドに格納
        _res_repeat = New RepeatResponder("Repeat")
    End Sub

    ''' <summary>
    ''' 応答メッセージを返すメソッド
    ''' </summary>
    ''' <remarks>
    ''' RandomResponderまたはRepeatResponderをランダムに選択する
    ''' </remarks>
    ''' <param name="input">ユーザーの発言</param>
    ''' <returns>(String)応答メッセージ</returns>
    Public Function Dialogue(input As String) As String
        ' Randomクラスをインスタンス化
        Dim rnd As New Random()
        ' 0～9の範囲の値をランダムに生成
        Dim num As Integer = rnd.Next(0, 10)

        ' 生成された値によってResponderのサブクラスをチョイスする
        If num < 6 Then
            ' 0～5ならRandomResponderのインスタンスをフィールド_responderに格納する
            _responder = _res_random
        Else
            ' 6～9ならRepeatResponderのインスタンスをフィールド_responderに格納する
            _responder = _res_repeat
        End If
        ' チョイスしたインスタンスからResponse()メソッドを実行して
        ' 応答メッセージを取得し、これを戻り値として返す
        Return _responder.Response(input)
    End Function

    ''' <summary>
    ''' 応答に使用されたオブジェクトの短縮名を返すメソッド
    ''' </summary>
    ''' <returns>(String)オブジェクトの短縮名</returns>
    Public Function GetName() As String
        ' _responderに格納されているインスタンスからNameプロパティを参照し、
        ' 戻り値として返す
```

```
        Return _responder.Name
    End Function

End Class
```

今回のプログラムは、GUIの画面に会話の入力欄とプログラム側からの応答欄を配置し、会話を入力したら応答が画面に表示されることを通して会話っぽいものをしていこうというものです。応答のパターンには2つあって、

RandomResponderクラス
(登録されている会話パターンからランダムに応答する)

RepeatResponderクラス
(相手の言ったことに「××ってなに?」とオウム返しする)

という2つのクラスがその処理を受け持ちます。これらのクラスは「応答を作る」という目的は同じですので、

Responderクラス

というスーパークラスのサブクラスとします。

先に作成したVBchanクラスが、「これらのクラスを呼び出して応答を作る」という司令塔、つまりコントローラー的な役目をします。

Onepoint

今回のプログラムでは、「XMLドキュメントコメント」を使ってソースコードにコメントを付けています。これについては、プログラムの作成と実行が終わったところで解説します。

ポリモーフィズムによって、オーバーライドされたメソッドを呼び分ける

VBchanクラスにはメソッドが1つしかありません。Dialogue()という応答を返すメソッドです。このメソッドでは、0~9の値をランダムに生成し、0~5が出ればRandomResponder、それ以外はRepeatResponderのインスタンスを_responderフィールドに格納します。これらのインスタンスはコンストラクターで生成されています。_responderはスーパークラスResponder型のフィールドですので、どのサブクラスのインスタンスでも代入することができます。

どちらかのサブクラスが選ばれたあと、次のReturn文で結果、つまり応答メッセージを返します。

```
Return _responder.Response(input)
```

ここで**ポリモーフィズム**が出動します。スーパークラスResponderのResponse()メソッドはRandomResponder、RepeatResponderでそれぞれオーバーライドします。_responderにはランダムにチョイスされたインスタンスが代入されていますので、

RandomResponderのインスタンスであればこのクラスのResponse()が実行される
RepeatResponder　のインスタンスであればこのクラスのResponse()が実行される

ということになります。**実行時型識別**（**RTTI**：Run-Time Type Identification）とも呼ばれるポリモーフィズムです。_responder.Response(input)というコードを書いておけば、あとは_responderに格納されたインスタンスの種類によって「Response()メソッドが呼び分けられる」というわけです。

Nameというプロパティがありますが、これはプログラム名（コンストラクターを使って取得）にアクセスするためのものです。

最後にGetName()、これはサブクラスのオブジェクト名を返す役目をします。最終的にVBchanクラスはButtonのイベントハンドラーから呼び出すようにしますが、イベントハンドラーからサブクラスに直接アクセスできないので、このメソッドが中継役をします。

応答クラスのスーパークラス

応答クラスのスーパークラスResponderです。「Responder.vb」という名前のクラス用ファイルをプロジェクトに追加して、以下のコードを記述しましょう。

▼スーパークラスResponderの定義（Responder.vb）

```
''' <summary>
''' 応答クラスのスーパークラス
''' </summary>
Public Class Responder
    ''' <summary>
    ''' オブジェクトの短縮名を保持する自動実装プロパティ
    ''' </summary>
    ''' <value>(String) オブジェクトの短縮名</value>
    Public ReadOnly Property Name As String

    ''' <summary>
    ''' コンストラクター
    ''' </summary>
    ''' <remarks>オブジェクト名をNameプロパティにセットする</remarks>
```

```
    ''' <param name="name">(String) オブジェクトの短縮名</param>
    Public Sub New(name As String)
        Me.Name = name
    End Sub

    ''' <summary>
    ''' オーバーライドを前提にしたメソッド
    ''' </summary>
    ''' <param name="input">ユーザーの発言</param>
    ''' <returns>空の文字列</returns>
    Public Overridable Function Response(input As String) As String
        Return ""
    End Function
End Class
```

定義されているのは、プロパティ、コンストラクターとメソッドが1つです。VBちゃんの本体クラスVBchanのコンストラクターで2つのサブクラスのインスタンス化を行うのですが、そのときにオブジェクトの短縮名が引数として渡されてきます。それをResponderのコンストラクターでNameプロパティにセットします。

Response()は応答メッセージを作成するメソッドですが、オーバーライドされることを前提にしていますので、「空文字を返す」という最低限の処理だけが定義されています。

対話処理その1

応答クラスのサブクラスRepeatResponderです。このクラスは、相手の発言を「○○ってなに？」とオウム返しに質問します。「RepeatResponder.vb」という名前のクラス用ファイルをプロジェクトに追加して、以下のコードを記述しましょう。

▼サブクラスRepeatResponderの定義（RepeatResponder.vb）

```
''' <summary>
''' オウム返しの応答メッセージを作るサブクラス
''' </summary>
Public Class RepeatResponder
    Inherits Responder          ' Responderクラスを継承

    ''' <summary>
    ''' サブクラスのコンストラクター
    ''' </summary>
    ''' <remarks>
    ''' パラメーターを引数にしてスーパークラスのコンストラクターを実行
    ''' </remarks>
    ''' <param name="name">(String) オブジェクトの短縮名</param>
```

```
    Public Sub New(name As String)
        MyBase.New(name)
    End Sub

    ''' <summary>
    ''' Response()メソッドをオーバーライド
    ''' </summary>
    ''' <remarks>
    ''' オウム返しの応答メッセージを作成する
    ''' </remarks>
    ''' <param name="input">ユーザーの発言</param>
    ''' <returns>(String)応答メッセージ</returns>
    Public Overrides Function Response(input As String) As String
        Return String.Format("{0}ってなに?", input)
    End Function
End Class
```

スーパークラスでパラメーター付きのコンストラクターを定義していますので、サブクラス側ではスーパークラスのコンストラクターの呼び出しだけを行います。サブクラスのコンストラクターを通じてスーパークラスのコンストラクターを呼び出すようにするというわけです。

オーバーライドしたResponse()メソッドは、拍子抜けするくらいにシンプルな処理です。String.Format()で、相手の発言を取り込んだ文字列「○○ってなに?」を作ってそのままReturnで返します。

対話処理その2

残るもう1つのサブクラスでは、あらかじめ用意した応答パターンからランダムに抽出し、これを返します。クラス用ファイル「RandomResponder.vb」をプロジェクトに追加して、以下のコードを記述しましょう。

▼サブクラスRandomResponderの定義 (RandomResponder.vb)

```
''' <summary>
''' 独自の応答メッセージをランダムに返すサブクラス
''' </summary>
Public Class RandomResponder
    Inherits Responder        ' Responderクラスを継承

    ' ランダム応答用のメッセージを格納した読み取り専用のフィールド
    Private ReadOnly responses = {
            "いい天気だね!",
            "なるほど、そういうことなのね",
            "スマホ落とした",
```

```
                "じゃあこれ知ってる?",
                "なんか楽しくなりそうだね!",
                "めちゃかわいい♪"
                }

    ''' <summary>
    ''' サブクラスのコンストラクター
    ''' </summary>
    ''' <remarks>
    ''' パラメーターを引数にしてスーパークラスのコンストラクターを実行
    ''' </remarks>
    ''' <param name="name">(String) オブジェクトの短縮名</param>
    Public Sub New(name As String)
        MyBase.New(name)
    End Sub

    ''' <summary>
    ''' Response() メソッドをオーバーライド
    ''' </summary>
    ''' <remarks>
    ''' ランダム応答用のメッセージを1つ抽出する
    ''' </remarks>
    ''' <param name="input">ユーザーの発言</param>
    ''' <returns>(String) 応答メッセージ</returns>
    Public Overrides Function Response(input As String) As String
        ' Randomをインスタンス化する
        Dim rnd As New Random()
        ' 配列responsesからランダムにメッセージを1つ抽出して戻り値にする
        Return responses(rnd.Next(0, responses.Length))
    End Function
End Class
```

String型の配列responsesを用意して、いくつかの応答用のフレーズを登録しました。オーバーライドしたResponse()メソッドでは、配列のインデックスをランダムに生成し、対応する要素を戻り値として返します。それが次の部分です。

```
Return responses(rnd.Next(0, responses.Length))
```

「0〜配列のサイズ」の範囲でランダムに整数値を生成し、これを配列のインデックスとして要素を取り出します。簡単な仕掛けですが、これで配列に格納された応答メッセージがランダムに返されます。

GUIとイベントハンドラーの用意

画面を用意して、ボタンをクリックしたときのイベントハンドラーに対話のための処理を記述すれば完成です。まずは画面を作成しましょう。

▼VBちゃんのGUI

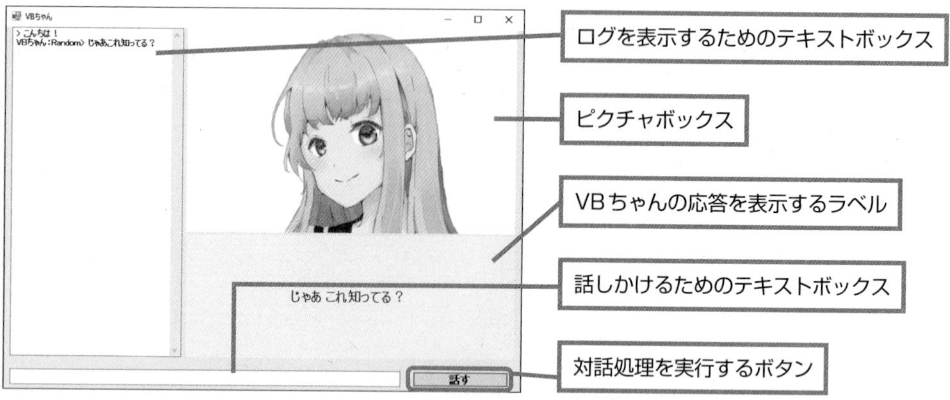

▼ログ表示用のテキストボックス

(Name)	TextBox2
Multiline	True
ScrollBars	Both
BackColor	White
FontのSize	12

▼ピクチャボックス

(Name)	PictureBox1
BackgroundImage	事前に背景用のイメージをプロジェクトフォルダー内にコピーしておく。プロパティの値の欄のボタンをクリックして[プロジェクトリソース]をオンにし、[インポート]ボタンをクリックしてイメージ(img1.png)を選択したあと[OK]ボタンをクリックする。
BackgroundImageLayout	イメージ全体が表示されるように、Tile、Center、Stretch、Zoomのいずれかを選択。

▼ラベル

(Name)	Label1
TextAlign	MiddleCenter
BackColor	イエロー(255,255,192)

▼入力用のテキストボックス

(Name)	TextBox1
FontのSize	12

▼ボタン

(Name)	Button1
FontのSize	12
Text	話す

▼フォーム

(Name)	Form1
Text	VBちゃん

イベントハンドラーの定義

対話処理は、ボタンをクリックしたタイミングで開始します。フォーム上のButtonコントロールをダブルクリックしてイベントハンドラーを作成し、Form1.vbに以下のコードを記述しましょう。

▼Form1.vbのソースコード

```
Public Class Form1
    ' VBpchanクラスをインスタンス化
    Private _chan As New VBchan("VBちゃん") ' ―――――――――― ❶

    ''' <summary>
    ''' 対話ログをテキストボックスに追加するメソッド
    ''' </summary>
    ''' <param name="str">ユーザーの発言、または応答メッセージ</param>
    Private Sub PutLog(str As String) ' ―――――――――― ❷
        TextBox2.AppendText(str + vbCrLf)
    End Sub

    ''' <summary>
    ''' VBちゃんのプロンプトを作るメソッド
    ''' </summary>
    ''' <returns>(String) プロンプト用の文字列</returns>
    Private Function Prompt() As String ' ―――――――――― ❸
        ' プログラム名と応答オブジェクト名、"> "を連結して戻り値にする
        Return _chan.Name + ":" + _chan.GetName() + "> "
    End Function

    ' [話す] ボタンのイベントハンドラー
    Private Sub Button1_Click(sender As Object, e As EventArgs) Handles Button1.Click
        ' テキストボックスに入力された文字列を取得
        Dim value As String = TextBox1.Text ' ―――――――――― ❹
        If value = String.Empty Then
            ' 未入力の場合の応答
            Label1.Text = "なに?"
        Else
            ' 入力されていたら対話処理を実行
```

```
            ' 入力文字列を引数にしてDialogue()の結果を取得
            Dim response As String = _chan.Dialogue(value) ' ―――――― ❺
            ' 応答メッセージをラベルに表示
            Label1.Text = response ' ――――――――――――――― ❻
            ' 入力文字列を引数にしてPutLog()を実行
            PutLog("> " + value) ' ――――――――――――――― ❼
            ' 応答メッセージを引数にしてPutLog()を実行
            PutLog(Prompt() + response) ' ―――――――――――― ❽
            ' テキストボックスをクリア
            TextBox1.Clear()
        End If
    End Sub
End Class
```

Form1クラスの冒頭❶に、VBchanクラスをインスタンス化するコードを書いています。これで、フォームが読み込まれると同時にVBchanのインスタンスが_chanフィールドに格納されます。

❷は、引数で渡された文字列をログ表示用のテキストボックスに追加するメソッドです。

❸は、VBちゃんの発言の冒頭に付けるプロンプトを作るメソッドです。

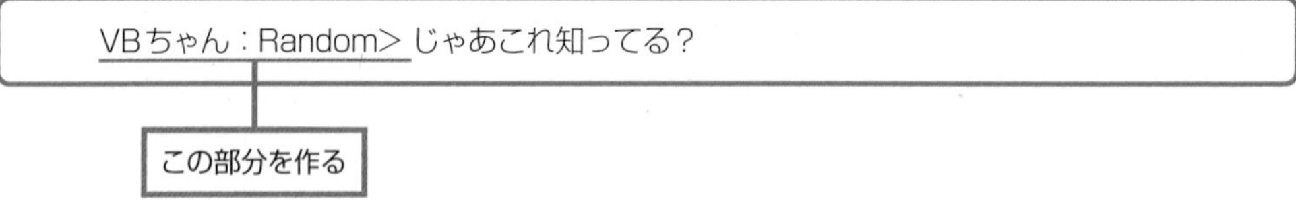
VBちゃん：Random> じゃあこれ知ってる？
この部分を作る

次にイベントハンドラーの処理です。❹でテキストボックスに入力された文字列を取得し、If...Elseで処理を振り分けます。未入力なら「なに？」と表示し、入力があった場合はElse以下で応答の処理を開始します。

Important

❺で、VBちゃんクラスVBchanのインスタンスからDialogue()メソッドを呼び出します。すると、

Dialogue()メソッド➡応答用サブクラスのチョイス➡Response()メソッド実行

という流れで応答メッセージが返ってきます。

❻で、VBちゃんの応答をラベルに表示します。

❼と❽で❷のPutLog()メソッドを呼び出して、ログ表示用のテキストボックスにログを追加します。すると、

> やあ、こんちは　←ユーザーが入力した文字列
VBちゃん：Random> じゃあこれ知ってる？　←VBちゃんの応答

のようにログが追加されます。

VBちゃん、うまく会話できる？

さっそくプログラムを実行してみましょう。

1 入力してボタンをクリックします。

▼「VBちゃん」を実行

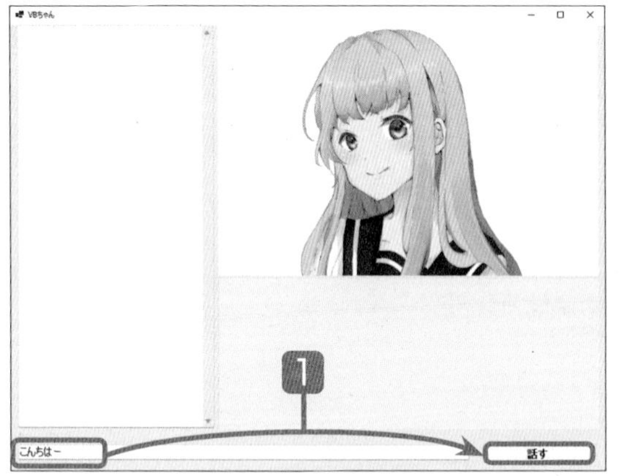

応答が返ってくる

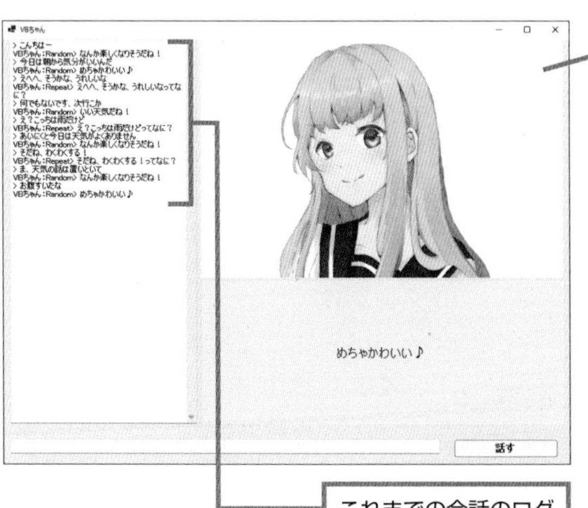

何とか会話を続ける

これまでの会話のログ

かみ合ってるようなかみ合ってないような不思議なやり取りが行われていますが、ときおり入ってくるRepeatResponderのオウム返しの応答がアクセントになって、ボキャブラリーの少なさをカバーしています。これもポリモーフィズムによるオーバーライドメソッドの呼び分けが功を奏しているようです。

XMLドキュメントコメント

VBちゃんのプログラムでは、クラスやメソッドの説明に**XMLドキュメントコメント**を使いました。XMLドキュメントコメントは、クラスやメソッドの概要をXML形式で記述するもので、コメントをXML形式ファイルに出力できるほか、クラスやメソッドを使用する際に、対象のコードをポイントするとコメントの内容がポップアップするのが、通常のコメントとの大きな違いです。

ある程度の規模のアプリケーションを開発する場合は、XMLドキュメントコメントを活用することで、開発効率の向上が大いに期待できます。

XMLドキュメントコメントをインテリセンスに活用する

XMLドキュメントコメントは、冒頭に「'''」を付け、専用のタグを使って記述します。次は、VBchanクラスに作成したDialogue()メソッドに付けられたXMLドキュメントコメントです。

▼VBchanクラスのDialogue()メソッドのXMLドキュメントコメント

```
''' <summary>
''' 応答メッセージを返すメソッド
''' </summary>
''' <remarks>
''' RandomResponderまたはRepeatResponderをランダムに選択する
''' </remarks>
''' <param name="input">ユーザーの発言</param>
''' <returns>(String)応答メッセージ</returns>
Public Function Dialogue(input As String) As String
    Dim rnd As New Random()
    Dim num As Integer = rnd.Next(0, 10)

    If num < 6 Then
        _responder = _res_random
    Else
        _responder = _res_repeat
    End If
    Return _responder.Response(input)
End Function
```

<summary>はクラスやメソッドの概要を記述するためのタグ、<param>はパラメーターの説明、<returns>は戻り値の説明のためのタグです。<remarks>は補足説明用のタグです。Form1.vbでDialogue()メソッドを使用する箇所がありますが、メソッド名のところをポイントすると、Visual Studioのインテリセンスの機能が働いて、XMLドキュメントコメントの内容がポップアップします。

▼インテリセンスによってXMLドキュメントコメントの内容がポップアップしたところ

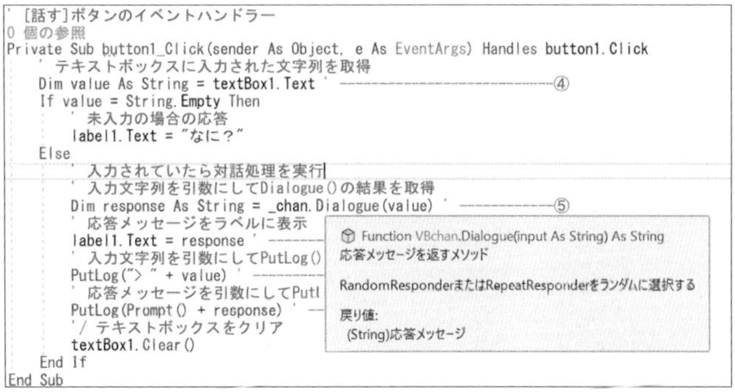

```
' [話す]ボタンのイベントハンドラー
0 個の参照
Private Sub button1_Click(sender As Object, e As EventArgs) Handles button1.Click
    ' テキストボックスに入力された文字列を取得
    Dim value As String = textBox1.Text ' ――――――――――――④
    If value = String.Empty Then
        ' 未入力の場合の応答
        label1.Text = "なに？"
    Else
        ' 入力されていたら対話処理を実行
        ' 入力文字列を引数にしてDialogue()の結果を取得
        Dim response As String = _chan.Dialogue(value) ' ――――――⑤
        ' 応答メッセージをラベルに表示
        label1.Text = response ' ――――
        ' 入力文字列を引数にしてPutLog()
        PutLog("> " + value) ' ――――
        ' 応答メッセージを引数にしてPutl
        PutLog(Prompt() + response) ' ―
        '/ テキストボックスをクリア
        textBox1.Clear()
    End If
End Sub

Function VBchan.Dialogue(input As String) As String
応答メッセージを返すメソッド

RandomResponderまたはRepeatResponderをランダムに選択する

戻り値:
  (String)応答メッセージ
```

XMLドキュメントコメントのタグ

次は、XMLドキュメントコメントで使用する主要なタグです。

● <summary>

型（クラス）または型メンバー（メソッドなど）の説明に使用します。

● <remarks>

型の説明に補足情報を追加するには、<remarks>を使用します。

● <param>

メソッドやコンストラクターのパラメーターの名前と説明を、

```
<param name="パラメーター名">説明</param>
```

のように記述します。パラメーター名はname属性の値としてダブルクォーテーション（"）で囲みます。複数のパラメーターをドキュメント化するには、パラメーターと同じ数の<param>タグを使用します。

● <returns>

メソッドの戻り値についての説明を記述します。

4 Visual Basicオブジェクト指向プログラミング

抽象クラスとインターフェイス

Level ★★★ Keyword 抽象メソッド インターフェイス 抽象クラス

実際の処理を定義する部分を持たない、いわば空のメソッドのことを抽象メソッドと呼びます。スーパークラスのメソッドを、サブクラスで必ずオーバーライドするという場合は、オーバーライド専用として抽象メソッドにした方が何かと便利です。

このような、抽象メソッドを宣言しているクラスを抽象クラスと呼びます。

抽象クラスとインターフェイスの利用

抽象クラスは、定義部を持たないオーバーライド専用の抽象メソッドを持つクラスです。一方、インターフェイスは抽象メソッドだけを持つ特殊な型です。

• 抽象メソッドの作成

抽象メソッドを作成する場合は、MustOverrideキーワードを使って次のように記述します。このように記述すると、戻り値の型、パラメーターを継承してオーバーライドすることができます。

▼抽象メソッド

```
アクセス修飾子 MustOverride Sub メソッド名(引数のリスト)
```

• 抽象クラスの作成

抽象メソッドを含むクラスのことを**抽象クラス**と呼びます。抽象クラスは、MustInheritキーワードを使って次のように記述します。

▼抽象クラス

```
アクセス修飾子 MustInherit Class クラス名
    ...
End Class
```

● 抽象クラスの役割

抽象クラスは定義が完結していないクラスです。このため、継承先のクラスで抽象メソッドの内容を定義することで具象クラス（定義済みのクラス）にします。サブクラスにおいてメソッドをオーバーライドして処理を定義するように強制するのが抽象クラスです。

● 抽象クラス型の参照変数

抽象クラスからインスタンスを生成することはできませんが、抽象クラス型の変数を作ることは可能です。抽象クラス型の変数に、サブクラスのインスタンスを代入することで、ポリモーフィズムの仕組みを使って、サブクラスのオーバーライドメソッドを呼び出すことができます。

● インターフェイス

「インターフェイス」は、抽象メソッドだけを宣言している特殊な型です。

- スーパークラスを「親要素」として参照する必要がない場合に継承を行うのは、クラスの設計上不適切です。このような場合はインターフェイスを使用します。
- インターフェイスは抽象メソッドを羅列しただけのもので、継承関係には依存しません。クラスに特定の機能を追加するためだけに利用します。
- サブクラスで継承できるクラスは1つだけ（単一継承）ですが、インターフェイスは、複数、実装できます。

▼インターフェイスの宣言

```
アクセス修飾子 Interface インターフェイス名
          抽象メソッド
          ・
          ・
End Interface
```

● インターフェイスの実装

インターフェイスをクラスに実装するには、Implementsを使います。

▼インターフェイスの実装

```
Public Class クラス名
     Implements インターフェイス名
     Public Sub メソッド名(パラメーター)
          Implements インターフェイス名.メソッド名
          メソッドの実装部
     End Sub
End Class
```

インターフェイスを実装します
抽象メソッドを実装します

4.7.1 抽象メソッドと抽象クラス

スーパークラスで定義されたメソッドを、サブクラスで必ずオーバーライドするという場合があります。このような場合は、スーパークラスでメソッドの処理を記述しても、結局はサブクラスで上書きされることになります。これではスーパークラスにおける記述は無駄になってしまいます。

そこで、このような場合は**抽象メソッド**を使います。抽象メソッドとは、実際の処理を定義する部分を持たない、いわば「空のメソッド」です。

●抽象メソッドの作成

抽象メソッドは、MustOverrideキーワードを使って次のように記述します。MustOverrideは、必ずオーバーライドされるメソッドであることを示します。

▼抽象メソッド

```
アクセス修飾子 MustOverride Subまたは Function メソッド名(引数のリスト)
```

抽象メソッドは宣言部だけで構成され、定義を行う部分はありません。Sub〜End Subのようなブロックを持ちません。

●抽象クラスの作成

抽象メソッドを含むクラスのことを**抽象クラス**と呼びます。抽象クラスはMustInheritキーワードを使って宣言します。MustInheritは、継承が必須のクラスであることを示します。抽象メソッドが含まれているクラスであれば継承が必須になるので、クラス宣言の際にMustInheritを記述します。

▼抽象クラス

```
アクセス修飾子 MustInherit Class クラス名
    ...
End Class
```

●抽象クラスの役割

抽象クラスは、内部に抽象メソッドを持つ、MustInheritが付いたクラスです。これに対し、一般的なクラスのことを**具象クラス**と呼びます。抽象クラスは定義が完結していないクラスなので、継承先のクラスで抽象メソッドの内容を定義(実装)することで具象クラスにします。抽象メソッドの処理を記述することを「**実装**」と呼びます。

なお、抽象クラスのすべてのメンバーが抽象メンバーである必要はなく、具体的な処理が記述された(実装を伴った)メンバーを含んでいてもかまいません。

抽象クラスを使う

Windowsフォームアプリ用のプロジェクトを作成し、クラス用のソースファイル「SuperClass.vb」「SubClassA.vb」「SubClassB.vb」「SubClassC.vb」をプロジェクトに追加します。続いて、スーパークラスと3つのサブクラスを次のように定義しましょう。

▼抽象クラスSuperClass (SuperClass.vb) (プロジェクト「AbstractClass」)

```
' 抽象クラス
Public MustInherit Class SuperClass
    ' オーバーライド必須のメソッド
    Public MustOverride Sub Disp()
End Class
```

▼サブクラスSubClassA (SubClassA.vb)

```
Public Class SubClassA
    Inherits SuperClass ' 抽象クラスを継承

    ' 抽象メソッドを実装する
    Public Overrides Sub Disp()
        MessageBox.Show("商品名はPRODUCTです")
    End Sub
End Class
```

▼サブクラスSubClassB (SubClassB.vb)

```
Public Class SubClassB
    Inherits SuperClass ' 抽象クラスを継承

    ' 抽象メソッドを実装する
    Public Overrides Sub Disp()
        MessageBox.Show("商品名はMAMUFACTUREです")
    End Sub
End Class
```

▼サブクラスSubClassC (SubClassC.vb)

```
Public Class SubClassC
    Inherits SuperClass ' 抽象クラスを継承

    ' 抽象メソッドを実装する
    Public Overrides Sub Disp()
        MessageBox.Show("商品名はGOODSです")
    End Sub
```

```
End Class
```

フォーム上にButton1を配置し、これをダブルクリックしてイベントハンドラーを作成し、次のように記述します。

▼スーパークラス型の参照変数を使ってオーバーライドメソッドを呼び出すイベントハンドラー（Form1.Vb）

```
Public Class Form1
    Private Sub Button1_Click(sender As Object, e As EventArgs) Handles Button1.Click
        ' スーパークラス（抽象クラス）型の配列を作成
        Dim obj(2) As SuperClass ' ―――――――――――――――――――――― ❶
        ' SubClassAのインスタンスを代入
        obj(0) = New SubClassA ' ――――――――――――――――――――――― ❷
        ' SubClassBのインスタンスを代入
        obj(1) = New SubClassB ' ――――――――――――――――――――――― ❸
        ' SubClassCのインスタンスを代入
        obj(2) = New SubClassC ' ――――――――――――――――――――――― ❹

        ' 配列要素のインスタンスを順番に抽出し、
        ' Disp()メソッドを実行
        For i As Integer = 0 To UBound(obj)
            obj(i).Disp() ' ―――――――――――――――――――――――――― ❺
        Next
    End Sub
End Class
```

❶でスーパークラス型の配列を宣言し、続く❷～❹で各要素にサブクラスのインスタンスへの参照を代入しています。これによって、❺のように記述するだけで、ポリモーフィズムの仕組みによって、サブクラスのオーバーライドメソッドを呼び分けることができます。

obj(0).Disp() ―――	obj(0)はsubClassAのインスタンスを参照しているので、subClassAで実装されたDisp()メソッドが起動する
obj(1).Disp() ―――	obj(1)はsubClassBのインスタンスを参照しているので、subClassBで実装されたDisp()メソッドが起動する
obj(2).Disp() ―――	obj(2)はsubClassCのインスタンスを参照しているので、subClassCで実装されたDisp()メソッドが起動する

●スーパークラスを抽象クラスにする

Disp()は商品名を表示するメソッドなので、それぞれのサブクラスで別々の処理が必要となります。スーパークラスメソッドは次のように抽象メソッドにしています。

▼スーパークラスSuperClassを抽象クラスにしてメソッドを抽象メソッドにする (SuperClass.vb)

```
Public MustInherit Class SuperClass
    Public MustOverride Sub Disp()
End Class
```


オーバーライドによるメソッド定義の実装

抽象クラスのメソッドをオーバーライドして具体的な処理を定義することを**実装**と呼びます。抽象メソッドは不完全なメソッドなので、サブクラスにおいてオーバーライドして実装を行わないと、コンパイルエラーになります。

▼プログラムの実行結果（ボタンクリックで以下のメッセージが表示されます）

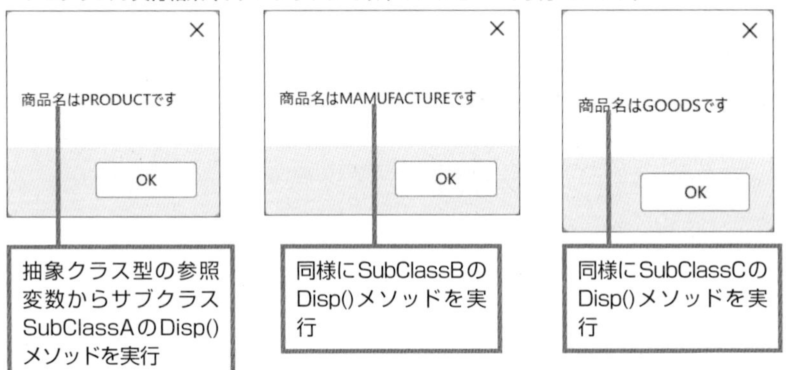

●抽象メソッドの実装はオーバーライドの条件に従わなければならない

抽象メソッドを実装する場合は、オーバーライドと同様に次の条件に従う必要があります。

・パラメーターの構成を変えてはいけない（構成を変える場合はオーバーロードを使う）。
・戻り値の型を変えてはいけない。

●抽象クラスのポイント

抽象クラスのポイントです。

・クラス宣言にMustInheritを付けると、すべて抽象クラスになる。
・サブクラスは、抽象クラスのすべての抽象メソッドの実装を行わなくてはならない。
・すべての抽象メソッドを実装しない場合は、サブクラス自体も抽象クラスにしなければならない。
・抽象クラスは不完全なクラスであるので、Newでインスタンス化できない。

4.7.2 インターフェイス

抽象クラスは、すべてのメンバーが抽象メンバーである必要はなく、定義を伴ったメソッドやフィールドを含めることができます。これに対し、抽象メソッドだけを持つ特殊なクラスのことを**インターフェイス**と呼びます。いわば、引数や戻り値の型だけを指定した空のメソッドの集まりがインターフェイスです。

●インターフェイスの使い方

インターフェイスでは、インターフェイスを引き継いだクラスを定義することを継承とは呼ばずに、**インターフェイスの実装**と呼びます。インターフェイスの実装では、メソッドの宣言だけが記述されたクラスを引き継いで、各メソッドをオーバーライドすることになります。

●複数のインターフェイスを同時に実装できる

継承できるクラスは1つだけ、という制限（**単一継承**）がありますが、インターフェイスは、複数を同時に実装することが可能なので、実質的にクラスの多重継承に相当することが行えます。

▼インターフェイスの実装

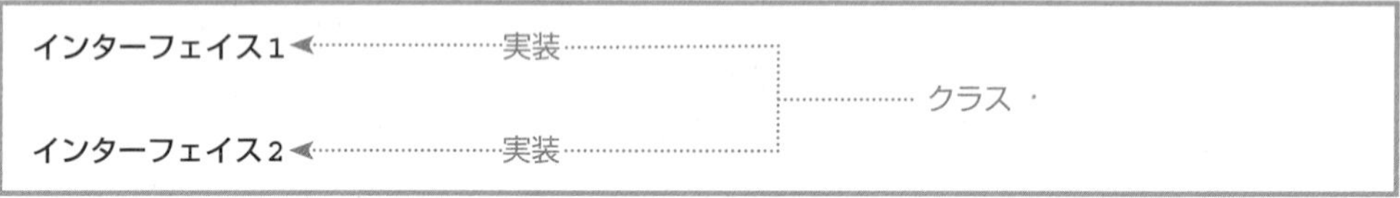

インターフェイスの実装は点線で表す決まりになっています。

▼クラスの継承

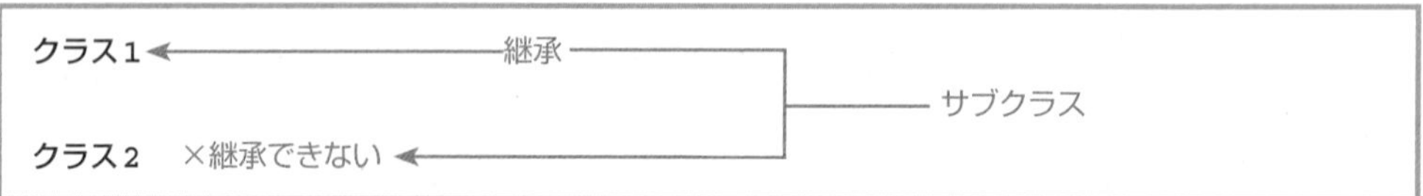

インターフェイスの作成

インターフェイスは、次のように記述して作成します。インターフェイスのメンバーには、アクセス修飾子を付けない決まりになっています。インターフェイスは外部のクラスで実装するという目的があるので、抽象メソッドは暗黙的にPublicとして扱われます。

▼インターフェイスの宣言

```
アクセス修飾子 Interface インターフェイス名
    抽象メソッド
End Interface
```

▼インターフェイス宣言のポイント

・インターフェイスには抽象メソッドだけを記述できます。
・抽象メソッドには、アクセス修飾子を付けません。
・インターフェイス名は、慣用的に「I」から始まる名前にする。

インターフェイス用のソースファイルを作成してみましょう。**プロジェクト**メニューの**新しい項目の追加**を選択し、**新しい項目の追加**ダイアログの**共通項目**で**インターフェイス**を選択してインターフェイス名（ISample）を入力したら、**追加**ボタンをクリックします。

作成したソースファイル「ISample.vb」に、インターフェイスを宣言するコードを記述します。

▼インターフェイスISample（ISample.vb）（プロジェクト「Interface1」）

```
Public Interface ISample
    Sub ShowNumber(n As Integer) ――――――抽象メソッド
End Interface
```

インターフェイスをクラスに実装するには、Implementsキーワードを使って記述します。

▼インターフェイスの実装

```
Public Class クラス名
    Implements インターフェイス名

    Public Sub メソッド名(パラメーター) Implements インターフェイス名.メソッド名
        メソッドの実装
    End Sub
End Class
```

（ここで具体的な処理を書きます）

●インターフェイスを実装するクラスの作成

プロジェクトに、クラス用のソースファイル「SampleCls.vb」を追加して、インターフェイスを実装するSampleClsクラスを定義します。

▼SampleClsクラス（SampleCls.vb）

```
Public Class SampleCls
    Implements ISample ' ―――――――――――――――――――― ❶

    ' 抽象メソッドShowNumber()を実装する
    Public Sub ShowNumber(n As Integer) Implements ISample.ShowNumber ' ―― ❷
        ' パラメーターnの値を表示
        MessageBox.Show("number = " & n) ' ――――――――――――― ❸
    End Sub
End Class
```

❶でインターフェイスを実装します。

❷の「Implements ISample.ShowNumber」は、ISampleインターフェイスのShowNumber()メソッドをオーバーライドすることを示していて、❸でメソッドの実装を行っています。

●実行用のイベントハンドラー（Form1.vb）

フォーム上にButtonコントロール（Button1）を配置し、イベントハンドラーに次のように記述します。

▼Button1のイベントハンドラー（Form1.vb）

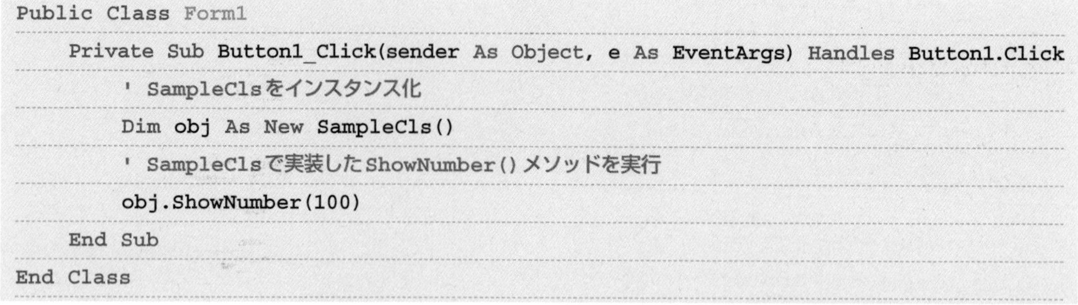

```
Public Class Form1
    Private Sub Button1_Click(sender As Object, e As EventArgs) Handles Button1.Click
        ' SampleClsをインスタンス化
        Dim obj As New SampleCls()
        ' SampleClsで実装したShowNumber()メソッドを実行
        obj.ShowNumber(100)
    End Sub
End Class
```

▼実行結果

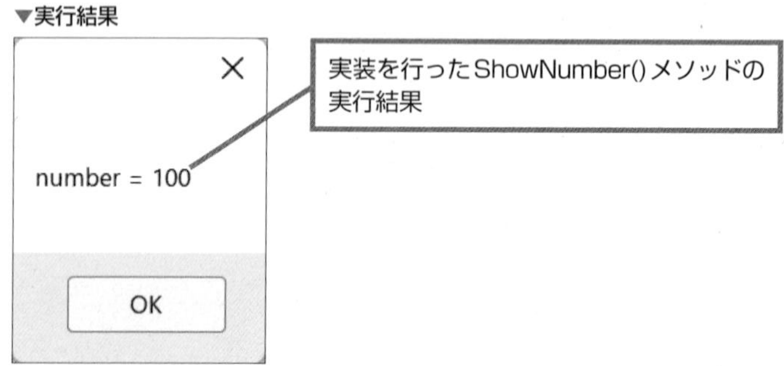

4.7.3 インターフェイス型変数を利用したポリモーフィズム

インターフェイスはインスタンス化を行うことはできませんが、インターフェイス型の変数を宣言することは可能です。インターフェイス型の変数に実装クラスのインスタンスを代入すれば、インターフェイスを利用したポリモーフィズムを実現できます。

ここでは、スーパークラスと2つのサブクラスを作成し、インターフェイスのメソッドを実装してみることにします。インターフェイスでは、計算を行うための2つの抽象メソッドとこれらのメソッドを呼び出すための抽象メソッドを宣言します。スーパークラスで計算を行う2つのメソッドの呼び出し方法だけを決めておいて、実際にどのような計算を行うのかはサブクラス側で決めるようにします。スーパークラスでプログラムの流れのみを作っておいて、実際の処理の内容はサブクラスで作れるようにするという、インターフェイスならではの使い方をしてみたいと思います。

▼インターフェイスISample(ISample.vb)(プロジェクト「Interface2」)

```
Public Interface ISample
    ' 掛け算を行うための抽象メソッド
    Sub Multiplier(n As Integer)
    ' 割り算を行うための抽象メソッド
    Sub Divider(n As Integer)
    ' 計算処理を実行するための抽象メソッド
    Sub DoCalc(n As Integer)
End Interface
```

スーパークラスでインターフェイスの3つの抽象メソッドを実装します。ただし、Multiplier()とDivider()についてはオーバーライドするだけにして、処理は記述しないでおきます。具体的な処理はサブクラスにおいて実装することにします。

▼スーパークラスSuperCls(SuperCls.vb)

```
Public Class SuperCls
    Implements ISample ' インターフェイスISampleを実装

    ' 計算結果を保持するプロパティ
    Public Property Val As Integer
    ' 計算用のメソッドを呼び分ける際の閾(しきい)値を保持するプロパティ
    Public Property Num As Integer = 100

    ' Multiplier()のオーバーライド
    ' 処理は記述しない
    Public Overridable Sub Multiplier(n As Integer) Implements ISample.Multiplier
        ' 処理はサブクラスにおいて定義する
    End Sub

```

4 Visual Basicオブジェクト指向プログラミング

```
    ' Divider()のオーバーライド
    ' 処理は記述しない
    Public Overridable Sub Divider(n As Integer) Implements ISample.Divider
        ' 処理はサブクラスにおいて定義する
    End Sub

    ' DoCalc()の実装
    Public Sub DoCalc(n As Integer) Implements ISample.DoCalc
        ' パラメーターnをプロパティNumと比較して計算用のメソッドを呼び分ける
        If Num > n Then
            ' パラメーター値がNumより小さければ掛け算メソッドを実行
            Multiplier(n)
        Else
            ' パラメーター値がNum以上であれば割り算メソッドを実行
            Divider(n)
        End If
    End Sub
End Class
```

サブクラスCls1では、SuperClsを継承すると共にISampleを実装し、Multiplier()とDivider()を実装します。

▼サブクラスCls1(Cls1.vb)

```
Public Class Cls1
    Inherits SuperCls  ' SuperClsを継承
    Implements ISample ' インターフェイスISampleを実装

    ' Multiplier()を実装する
    Public Overrides Sub Multiplier(n As Integer) Implements ISample.Multiplier
        ' パラメーターnの値を2倍する
        Val = n * 2
        ' 結果を表示
        MessageBox.Show("処理結果は" & Me.Val)
    End Sub

    ' Divider()を実装する
    Public Overrides Sub Divider(n As Integer) Implements ISample.Divider
        ' パラメーターnの値を2で割る
        Val = n / 2
        ' 結果を表示
        MessageBox.Show("処理結果は" & Me.Val)
    End Sub
```

```
End Class
```

サブクラスCls2においても、SuperClsを継承、ISampleを実装し、Multiplier()とDivider()を実装します。

▼サブクラスCls2(Cls2.vb)

```
Public Class Cls2
    Inherits SuperCls  ' SuperClsを継承
    Implements ISample ' インターフェイスISampleを実装

    ' Multiplier()を実装する
    Public Overrides Sub Multiplier(n As Integer) Implements ISample.Multiplier
        ' パラメーターnの値を4倍する
        Val = n * 4
        ' 結果を表示
        MessageBox.Show("処理結果は" & Me.Val)
    End Sub

    ' Divider()を実装する
    Public Overrides Sub Divider(n As Integer) Implements ISample.Divider
        ' パラメーターnの値を4で割る
        Val = n / 4
        ' 結果を表示
        MessageBox.Show("処理結果は" & Me.Val)
    End Sub

End Class
```

フォーム上のButton1をダブルクリックして、イベントハンドラーに次のように記述します。

▼Button1のイベントハンドラー(Form1.vb)

```
Public Class Form1
    Private Sub Button1_Click(sender As Object, e As EventArgs) Handles Button1.Click
        ' インターフェイス型の変数を宣言
        Dim obj As ISample ' ――――――――――――――――――――――――――― ❶
        ' Cls1のインスタンスを代入
        obj = New Cls1() ' ―――――――――――――――――――――――――――― ❷
        ' Cls1で実装したDoCalcを実行
        obj.DoCalc(50) ' ――――――――――――――――――――――――――――― ❸

        ' Cls2のインスタンスを代入
        obj = New Cls2() ' ―――――――――――――――――――――――――――― ❹
```

4

Visual Basicオブジェクト指向プログラミング

```
        ' Cls2で実装したDoCalcを実行
        obj.DoCalc(50) ' ――――――――――――――――――――――――― ❺
    End Sub
End Class
```

❶でインターフェイス型の変数objを作成します。❷でサブクラスCls1のインスタンスを代入し、このインスタンスからDoCalc()を実行（❸）すると、Cls1で実装したMultiplier()メソッドが呼ばれます。

❹では、objの中身をCls2のインスタンスに入れ替えています。❺でDoCalc()メソッドを実行すると、Cls2で実装したMultiplier()メソッドが呼ばれます。

▼実行結果

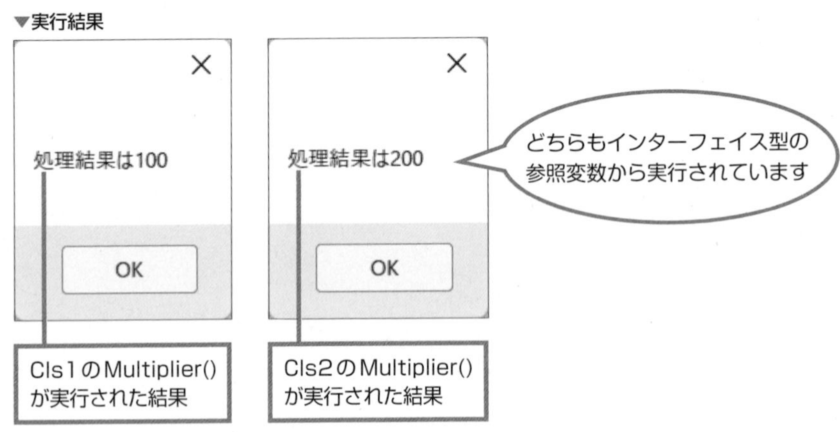
処理結果は100
OK
処理結果は200
OK
どちらもインターフェイス型の参照変数から実行されています
Cls1のMultiplier()が実行された結果
Cls2のMultiplier()が実行された結果

Hint リッチテキストボックスとテキストボックスの大きな違いは？

テキストボックスでは文字データだけを扱うのに対し、**リッチテキストボックス**では、文字のフォントやサイズ、色などの書式を扱える点が大きく異なります。

テキストボックスは、その名のとおり、テキストのみを扱うためのコントロールですが、リッチテキストボックスでは、入力した文字列に対して、フォントやサイズ、色、装飾などの様々な書式を設定することが可能です。設定した書式は、文字情報と共に保存しておくことができます。

なお、保存するときのファイル形式は、テキストボックスがテキスト形式（「.txt」）であるのに対し、リッチテキストボックスは、リッチテキスト形式（「.rtf」）となります。

4.7.4 アクセスレベルによるスコープの決定

特定の要素へのアクセス可能な範囲のことを**スコープ**と呼びます。
ここでは、アクセス修飾子を指定しない場合のスコープついて確認しておくことにしましょう。

●アクセス修飾子を指定しない場合の既定のスコープ

アクセス修飾子を指定しない場合の既定のスコープは、次のとおりです。

▼既定のスコープ(アクセス修飾子不使用)

宣言された要素	名前空間レベル	モジュールレベル	プロシージャレベル
変数(Dim ステートメント)	宣言不可	Private (StructureではPublic)	Public
定数(Const ステートメント)	宣言不可	Private (StructureではPublic)	Public
クラス(Class)	Friend	Public	宣言不可
構造体(Structure)	Friend	Public	宣言不可
列挙体(Enum)	Friend	Public	宣言不可
インターフェイス(Interface)	Friend	Public	宣言不可
プロシージャ(FunctionおよびSub)	宣言不可	Public	宣言不可
プロパティ(Property)	宣言不可	Public	宣言不可
イベント(Event)	宣言不可	Public	宣言不可
デリゲート(Delegate)	Friend	Public	宣言不可

Section

4.8

マルチスレッドプログラミング

Level ★★★ | Keyword | マルチスレッド BackgroundWorker プログレスバー

Visual Basicでは、**BackgroundWorker**コンポーネントを利用することで、マルチスレッドを簡単に実現できます。

マルチスレッドの実現

マルチスレッドとは、プログラムを1つの単位として実行するのではなく、処理の内容を複数の単位に分け、それぞれを同時並列的に実行する仕組みのことです。通常は、プログラムの実行に必要なメモリー領域をまとめて確保し、この領域に対して処理が行われていきます。一方、マルチスレッドにすると、処理の内容によって別々のメモリー領域が確保され（これを「**スレッド**」と呼ぶ）、それぞれの領域（スレッド）が独立したかたちで処理が進んでいきます。このため、同時に別のスレッドでほかの処理を並行して行うことができます。

• RunWorkerAsync() メソッド

バックグラウンドで処理を行わせるには、「BackgroundWorker」コンポーネントの「RunWorker Async()」メソッドを使います。

• DoWork イベント

「RunWorkerAsync()」メソッドを実行すると、「DoWork」イベントが発生します。そこで、DoWorkのイベントハンドラーを作成して、バックグラウンドで行わせる処理を記述します。

• 「RunWorkerCompleted」イベント

バックグラウンドの処理が終了すると、「RunWorkerCompleted」イベントが発生します。処理が終了したときにメッセージを表示するといった処理を行わせる場合は、RunWorkerCompletedイベントハンドラーを作成して、必要な処理を記述します。

4.8.1 マルチスレッドプログラムを作成してみよう

「BackgroundWorker」を使って、マルチスレッドで処理を行うプログラムを作成してみることにします。

1 フォーム上にTextBox1、Button1、Label1を配置します。

2 TextBox1の**MultiLine**プロパティの値を**True**に設定します。

3 Button1の**Text**プロパティに「バックグラウンド処理を開始」と入力します。

4 Button1をダブルクリックし、イベントハンドラー「Button1_Click」に以下のコードを記述します。

▼スレッド処理を開始するためのコード（プロジェクト「Multithread」）

```
Private Sub Button1_Click(sender As Object, e As EventArgs) Handles Button1.Click
    ' RunWorkerAsync()でBackgroundWorker1の
    ' バックグラウンド処理(スレッド)を開始する
    BackgroundWorker1.RunWorkerAsync()
End Sub
```

5 フォームをデザイナーで表示した状態で**ツールボックス**のBackgroundWorkerをダブルクリックします。

6 フォームデザイナーの下のコンポーネントトレイに表示されているBackgroundWorker1を選択した状態で、**プロパティ**ウィンドウの**イベント**ボタン をクリックします。

7 DoWorkをダブルクリックします。

8 イベントハンドラー「BackgroundWorker1_DoWork」が作成されるので、次ページのコードを記述します。

▼イベントハンドラーの作成

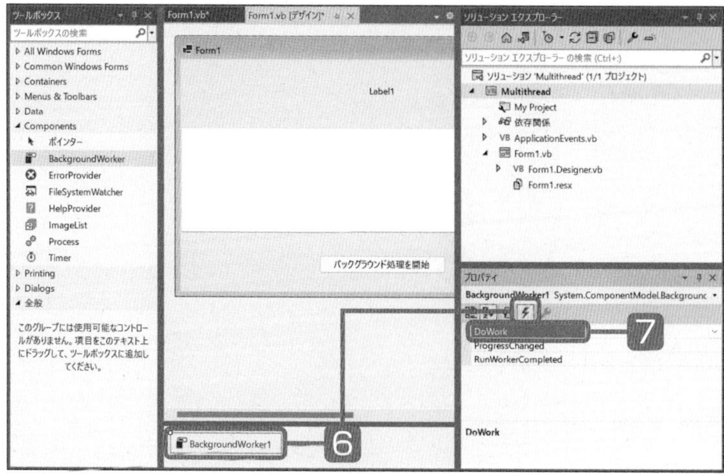

▼バックグラウンド処理を行うための記述

```
Private Sub BackgroundWorker1_DoWork(
        sender As Object, e As System.ComponentModel.DoWorkEventArgs
        ) Handles BackgroundWorker1.DoWork

    ' ラベルに表示する現在時刻を更新する処理を1秒ごとに繰り返す
    Do
        ' 現在時刻を取得して文字列に変換
        ' これをラベルに表示する
        Label1.Text = Now.ToLongTimeString()
        ' 1000ミリ秒(1秒)間、スレッドの処理を中断する
        Threading.Thread.Sleep(1000)
    Loop
End Sub
```

▼イベントハンドラーの作成

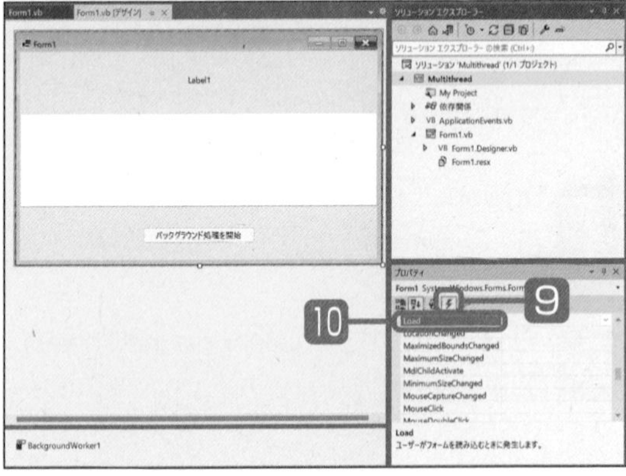

9 フォームを選択した状態で、**プロパティ**ウィンドウの**イベント**ボタン をクリックします。

10 **Load**をダブルクリックします。

11 イベントハンドラー「Form1_Load」が作成されるので、以下のコードを記述します。

▼バックグラウンド処理を行うための記述

```
' Form1が読み込まれる際に実行されるイベントハンドラー
Private Sub Form1_Load(sender As Object, e As EventArgs) Handles MyBase.Load
    ' CheckForIllegalCrossThreadCallsを無効にする
    Control.CheckForIllegalCrossThreadCalls = False
End Sub
```

Onepoint

CheckForIllegalCrossThreadCallsプロパティには、アプリケーションのデバッグ中に、無効なスレッドからの呼び出しをキャッチするかどうかを示す値を設定します。無効なスレッドからの呼び出しをキャッチする場合はTrue、それ以外の場合はFalseを設定します。

●プログラムの実行

それでは、作成したプログラムを実行してみることにします。

1 ツールバーの**開始**ボタンをクリックします。

2 **バックグランド処理を開始**ボタンをクリックします。

3 フォーム上に表示された現在の時刻が、1秒ごとに更新されます。

4 実行中のプログラムで、テキストボックスに任意の文字列を入力することができます。

▼開始されたスレッド

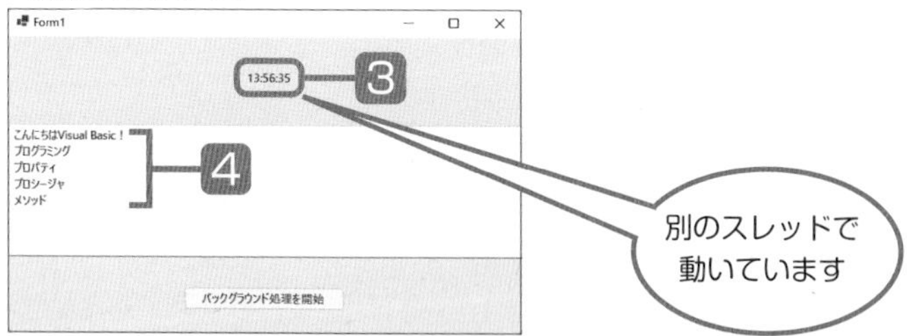

Hint コモンダイアログボックスとは何か？

コモンダイアログボックスは、Windowsアプリケーション用に用意されていて、Windowsアプリケーションが利用できるダイアログボックスのことです。Visual Basicでは、以下のクラスによって、**ファイルを開く**、**名前を付けて保存**、**フォント**、**印刷**、**印刷プレビュー**、**ページ設定**ダイアログボックスが利用できるようになっています。

- OpenFileDialogクラス➡**ファイルを開く**ダイアログ
- SaveFileDialogクラス➡**名前を付けて保存**ダイアログ
- FontDialogクラス➡**フォント**ダイアログ
- PrintDialogクラス➡**印刷**ダイアログ（出力先のプリンターや印刷範囲などの印刷設定を行う）
- PrintPreviewDialogクラス➡**印刷プレビュー**ダイアログ（印刷イメージの確認）
- PageSetupDialogクラス➡**ページ設定**ダイアログ（マージンや印刷の向きなどの指定）

Hint ファイルストリームとは何か？

ファイルのデータのまとまりのことで、FileStreamクラスによって生成されるFileStreamオブジェクトがあります。

Visual Basicでは、ファイルを扱う方法として、従来のFileOpenなどのランタイム関数を使用する方法のほかに、C++などのプログラミング言語で利用されているFileStreamクラスなどのファイルストリームに対応したクラスを利用する方法がサポートされています。

4.8.2 スレッドの進捗状況を表示してみる

スレッド処理を行う際に、**プログレスバー**を使うと、スレッドの進捗状況を視覚的に表示することができます。

1 フォーム上に、Button1、ProgressBar1を配置します。

2 **ツールボックス**のBackgroundWorkerをダブルクリックします。

3 Button1をダブルクリックし、作成されたイベントハンドラーに、次のように記述します。

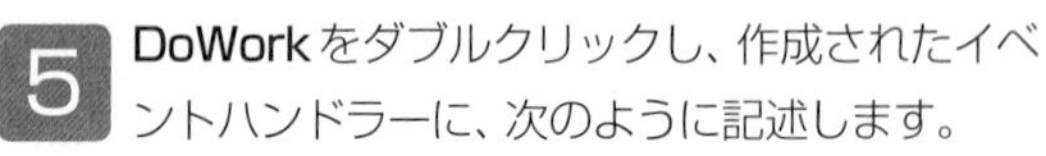

Onepoint

ProgressBarは、ツールボックスのProgressBarをダブルクリックしたあと、フォーム上で表示位置とサイズを調整します。

▼Button1のClickイベントハンドラー(プロジェクト「MultithreadProgressBar」)

```
Private Sub Button1_Click(sender As Object, e As EventArgs) Handles Button1.Click
    ' BackgroundWorkerの進行状況の発信を有効にする
    BackgroundWorker1.WorkerReportsProgress = True
    ' バックグラウンド処理を開始
    BackgroundWorker1.RunWorkerAsync()
End Sub
```

4 BackgroundWorker1を選択した状態で、**プロパティ**ウィンドウの**イベント**ボタンをクリックします。

5 DoWorkをダブルクリックし、作成されたイベントハンドラーに、次のように記述します。

▼BackgroundWorker1_DoWork()における処理の記述

```
Private Sub BackgroundWorker1_DoWork(
    sender As Object, e As System.ComponentModel.DoWorkEventArgs
    ) Handles BackgroundWorker1.DoWork
    For i As Integer = 1 To 100
        System.Threading.Thread.Sleep(100)
        BackgroundWorker1.ReportProgress(i)
    Next
End Sub
```

6 BackgroundWorker1を選択した状態で、**プロパティ**ウィンドウの**ProgressChanged**をダブルクリックし、作成されたイベントハンドラーに、次のように記述します。

▼BackgroundWorker1_ProgressChanged()における処理の記述

```
Private Sub BackgroundWorker1_ProgressChanged(
    sender As Object, e As System.ComponentModel.ProgressChangedEventArgs
    ) Handles BackgroundWorker1.ProgressChanged
    ProgressBar1.Value = e.ProgressPercentage
End Sub
```

7 BackgroundWorker1を選択した状態で**プロパティ**ウィンドウの**RunWorkerCompleted**をダブルクリックし、作成されたイベントハンドラーに、次のように記述します。

▼イベントハンドラーにおける処理の記述

```
Private Sub BackgroundWorker1_RunWorkerCompleted(
    sender As Object, e As System.ComponentModel.RunWorkerCompletedEventArgs
    ) Handles BackgroundWorker1.RunWorkerCompleted
    MessageBox.Show("バックグラウンドのスレッド処理が完了しました。")
    ProgressBar1.Value = 0
End Sub
```

●プログラムの実行

作成したプログラムを実行してみることにします。

▼プログレスバーによる進捗状況の表示

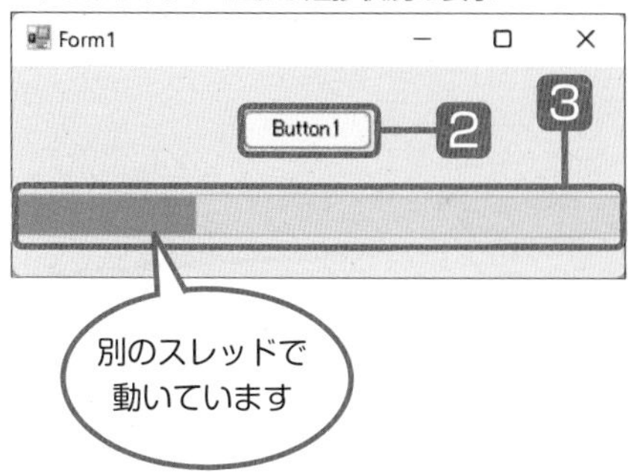

1 ツールバーの**デバッグ開始**ボタンをクリックします。

2 Button1ボタンをクリックします。

3 スレッドの進捗状況が表示されます。

4 処理が完了すると、メッセージが表示されます。

MEMO

Chapter 5

Windows アプリケーションの開発

これまでにフォームを使ったデスクトップアプリをいくつか作成してきました。ここでは、デスクトップアプリ開発の基礎の部分から改めて見ていくことにします。

フォーム上に配置したコントロールには、ユーザーの操作に対応して、特定の処理を実行する役目があります。このとき、「ボタンがクリックされた」「メニューを選択した」といった事象は、イベントとして通知され、イベントに対応したメソッド（プロシージャ）を記述しておくことで、ユーザーの操作に応じて様々な処理を行わせることができます。

このような、イベントに対応して処理を分岐させていくプログラミングのことを、イベントドリブン（イベント駆動）プログラミングと呼びます。ここでは、デスクトップアプリを開発する上で重要なポイントとなる、イベントドリブンプログラミングを中心に解説します。

Section
5.1

フォームの操作

Level ★★★

Keyword フォーム　コンポーネント　BackColorプロパティ　Textプロパティ　Opacityプロパティ　StartPositionプロパティ

フォームは、デスクトップアプリの操作を行うための土台となる部品（コンポーネント）です。フォーム上に、各種のボタンやメニューなどを配置することで、アプリの画面を作ります。

フォームの各種設定

ここでは、フォームの外観の操作、表示位置の指定方法について見ていきます。

• フォームの外観の操作

・フォームのサイズ変更
・フォームの背景色の指定
・タイトルバーのタイトル設定
・タイトルバーのアイコン変更

Memo　StartPositionプロパティで指定できる値

「5.1.2　フォームの表示位置の指定」で紹介しているStartPositionプロパティでは、「System.Windows.Forms」名前空間に属する「FormStartPosition」列挙体で定義されている次の値（定数）を指定することができます。

▼FormStartPosition列挙体の定数

値（定数）	内容
Manual	XY座標を使ってフォームの位置指定を行う。
CenterScreen	スクリーン上の中央に表示する。
WindowsDefaultLocation	Windowsの既定位置に配置する。
WindowsDefaultBounds	Windowsの既定位置に配置され、Windows既定の境界が設定される。
CenterParent	親フォームの境界内の中央に配置する。

5.1.1 フォームの外観の設定

フォームのサイズ変更、背景色の設定、タイトルバーのタイトルやアイコンの設定について見ていきましょう。

フォームのサイズを変更する

フォームのサイズは、フォームのまわりに表示されるサイズ変更ハンドルをドラッグすることで変更できます。

▼フォームデザイナー

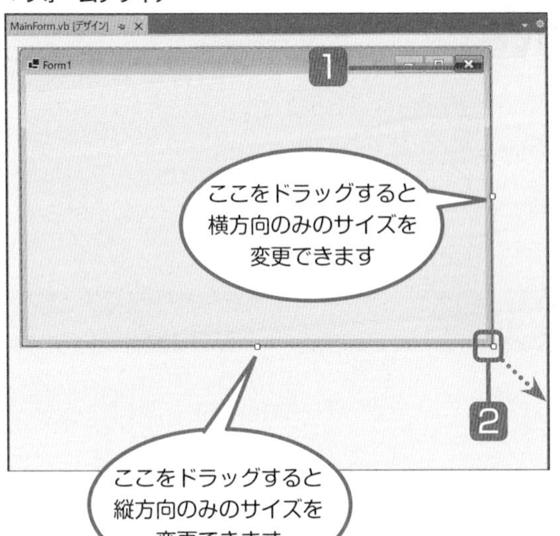
MainForm.vb [デザイン]
Form1
1
ここをドラッグすると
横方向のみのサイズを
変更できます
2
ここをドラッグすると
縦方向のみのサイズを
変更できます

1 フォームをクリックします。

2 ハンドルの上にマウスポインターを移動して、マウスポインターの形が⤡に変わった位置でマウスの左ボタンを押し、そのままドラッグすると、フォームのサイズが変更されます。

Onepoint

フォームのサイズを変更する「サイズ変更ハンドル」は、フォームの右辺中央と下辺中央にも表示されていますので、それぞれのハンドルをドラッグすることで、横方向のみ、または縦方向のみの変更が行えます。

Onepoint

BackColorプロパティの設定

背景色を変更する操作によって、「フォーム名.Designer.vb」ファイルに次のようなステートメントが記述されます。

フォームの背景色は、**BackColor**プロパティで指定します。ここでは、**BackColor**プロパティの値として、「System.Drawing」名前空間に所属するColor構造体のRedプロパティを代入しています。

▼フォームの背景色の設定

```
Me.BackColor = System.Drawing.Color.Red
```

- BackColor → BackColorプロパティ
- Me → このコードを記述しているフォームを示す

構文　フォームの背景色を、Color構造体のプロパティを使って指定する

```
フォーム名.BackColor = System.Drawing.Color.既定値(プロパティ)
```

フォームの背景色を変更する

フォームの背景色は、BackColorプロパティを使って指定することができます。

▼プロパティウィンドウ

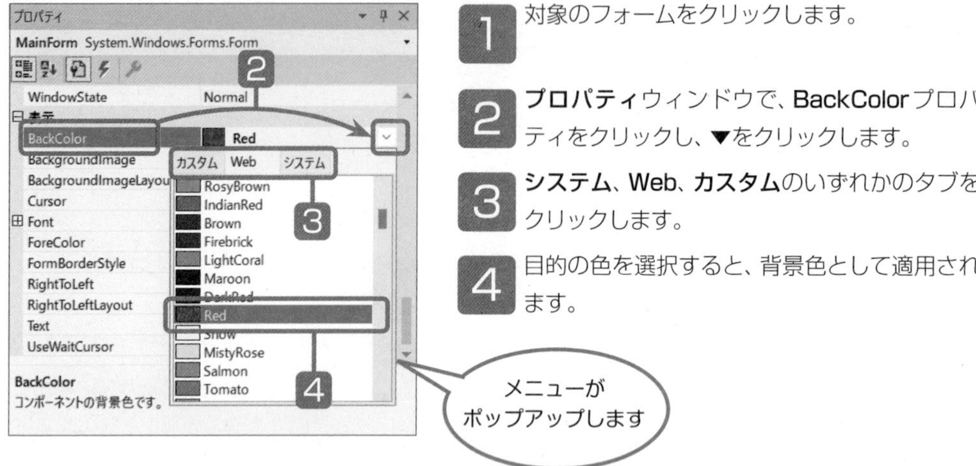

1 対象のフォームをクリックします。

2 **プロパティ**ウィンドウで、BackColorプロパティをクリックし、▼をクリックします。

3 **システム**、Web、**カスタム**のいずれかのタブをクリックします。

4 目的の色を選択すると、背景色として適用されます。

タイトルバーのタイトルを変更するには

フォームのタイトルバーには、フォームのTextプロパティを使って、わかりやすいタイトルを付けることができます。

▼プロパティウィンドウ

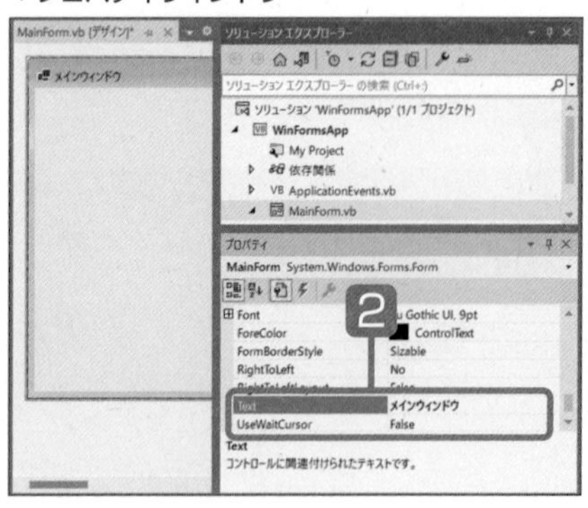

1 対象のフォームをクリックします。

2 **プロパティ**ウィンドウで、Textプロパティの値の欄をクリックして、任意のタイトルを入力します。

3 入力したタイトルが、フォームのタイトルバーに表示されます。

Memo フォームの背景色の設定

カラーパレットから色を選ぶと、「System.Drawing」名前空間に所属する、Color構造体のプロパティとして定義されている色（詳細は以下の表）が適用されます。これらの色は、ARGB*値によって定義されています。

▼Color構造体に定義されている色

AliceBlue	AntiqueWhite	Aqua	Aquamarine	Azure
Beige	Bisque	Black	BlanchedAlmond	Blue
BlueViolet	Brown	BurlyWood	CadetBlue	Chartreuse
Chocolate	Coral	CornflowerBlue	Cornsilk	Crimson
Cyan	DarkBlue	DarkCyan	DarkGoldenrod	DarkGray
DarkGreen	DarkKhaki	DarkMagenta	DarkOliveGreen	DarkOrange
DarkOrchid	DarkRed	DarkSalmon	DarkSeaGreen	DarkSlateBlue
DarkSlateGray	DarkTurquoise	DarkViolet	DeepPink	DeepSkyBlue
DimGray	DodgerBlue	Firebrick	FloralWhite	ForestGreen
Fuchsia	Gainsboro	GhostWhite	Gold	Goldenrod
Gray	Green	GreenYellow	Honeydew	HotPink
IndianRed	Indigo	Ivory	Khaki	Lavender
LavenderBlush	LawnGreen	LemonChiffon	LightBlue	LightCoral
LightCyan	LightGoldenrodYellow	LightGray	LightGreen	LightPink
LightSalmon	LightSeaGreen	LightSkyBlue	LightSlateGray	LightSteelBlue
LightYellow	Lime	LimeGreen	Linen	Magenta
Maroon	MediumAquamarine	MediumBlue	MediumOrchid	MediumPurple
MediumSeaGreen	MediumSlateBlue	MediumSpringGreen	MediumTurquoise	MediumVioletRed
MidnightBlue	MintCream	MistyRose	Moccasin	NavajoWhite
Navy	OldLace	Olive	OliveDrab	Orange
OrangeRed	Orchid	PaleGoldenrod	PaleGreen	PaleTurquoise
PaleVioletRed	PapayaWhip	PeachPuff	Peru	Pink
Plum	PowderBlue	Purple	Red	RosyBrown
RoyalBlue	SaddleBrown	Salmon	SandyBrown	SeaGreen
SeaShell	Sienna	Silver	SkyBlue	SlateBlue
SlateGray	Snow	SpringGreen	SteelBlue	Tan
Teal	Thistle	Tomato	Violet	Wheat
White	WhiteSmoke	Yellow	YellowGreen	

＊**ARGB** Alpha-Red-Green-Blueの略。コンピューターで色を表現する際に用いられる表記法。特定の色を透明度（A）と赤（R）、緑（G）、青（B）の三原色との組み合わせで表現する。RGBモードに透明度が加えられているので、半透明の画像を表現することができる。

タイトルバーのアイコンを取り替えるには

フォームのタイトルバーには、任意のアイコンを表示できます。

1 対象のフォームをクリックします。

2 **プロパティ**ウィンドウで、Iconプロパティをクリックし、…ボタンをクリックします。

3 **ファイルを開く**ダイアログボックスが表示されるので、アイコンファイルを選択して、**開く**ボタンをクリックします。

4 選択したアイコンがタイトルバーに表示されます。

▼プロパティウィンドウ

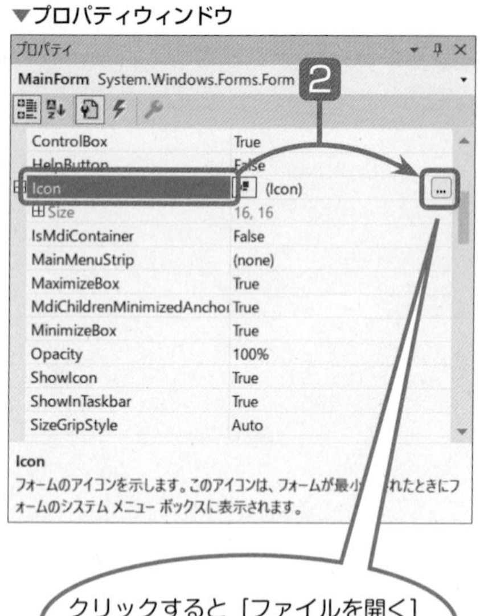

▼Windowsフォームデザイナー

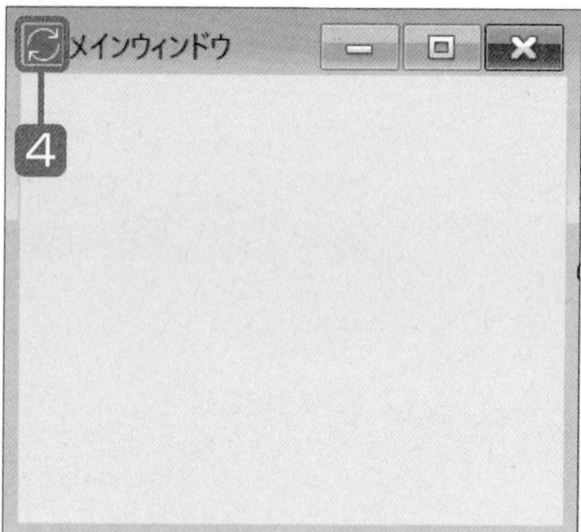

Onepoint システムにインストールされているアイコンを見付ける

システム（Windows）が使用しているアイコンファイルを調べたいときは、エクスプローラーでCドライブを開き、検索ボックスに「*.ico」と入力すると、アイコンファイルが一覧でリストアップされます。

5.1.2 フォームの表示位置の指定

フォームの表示位置を任意の位置に指定するには、StartPositionプロパティでManualを指定した上で、Locationプロパティで、画面の左上隅を基準にして位置指定を行います。

▼プロパティウィンドウ

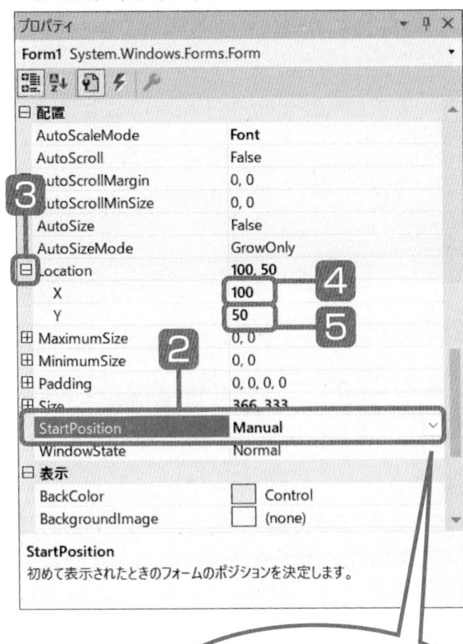

1 対象のフォームをクリックします。

2 StartPositionプロパティをクリックし、▼をクリックして、Manualを選択します。

3 Locationプロパティの左横の⊞をクリックします。

4 Xの値欄に、画面左端を基点とした横方向の位置を入力します。

5 Yの値欄に、画面上部を基点とした縦方向の位置を入力します。

Onepoint

ここで入力した値は、ピクセル単位で扱われます。

5 Windowsアプリケーションの開発

Memo フォームの表示位置

StartPositionプロパティでフォームの表示位置を指定する場合は、画面の左上隅が基点になりますので、XとYの値を共に0にした場合は、フォームの左上隅が画面の左上隅にぴったり付いて表示されます。

このままXの値を増やすとフォームの位置が右方向へ移動し、Yの値を増やすと下方向へ移動します。

Section

5.2 コントロールとコンポーネントの操作

Level ★★★　Keyword　コントロール　コンポーネント　グループボックス　タブコントロール

このセクションでは、フォームに配置するボタンやメニューなどのコントロールやコンポーネントについて見ていきます。

コントロールとコンポーネント

ボタンやチェックボックスのように、フォーム上に配置する部品（UI部品）要素をコントロールといい、メニューやツールヒントのように、初期状態では画面上に表示されない部品をコンポーネントといいます。

▼主なコントロール

コントロール名	内容
Button	コマンドボタン。
TextBox	テキストボックス。
Label	ラベル。文字列を表示。
CheckBox	チェックボックス。
ComboBox	コンボボックス（テキストボックスとリストボックスが組み合わさったもの）。
ListBox	リストボックス。
RadioButton	ラジオボタン。
ToolBar	ツールバーを表示。
StatusBar	ステータスバーを表示。
PictureBox	ピクチャボックス。画像を表示。
TabControl	タブを表示。

▼主なコンポーネント

コンポーネント名	内容
MainMenu	メニューを表示。
ContextMenu	右クリックでメニューを表示。
ToolTip	ツールヒントを表示。
Timer	一定の間隔で特定の処理を実行。
OpenFileDialog	[ファイルを開く]ダイアログボックスを表示。
SaveFileDialog	[ファイルの保存]ダイアログボックスを表示。
DataSet	データベースから取得したデータを保管する。

▼コントロールやコンポーネントのプロパティ設定

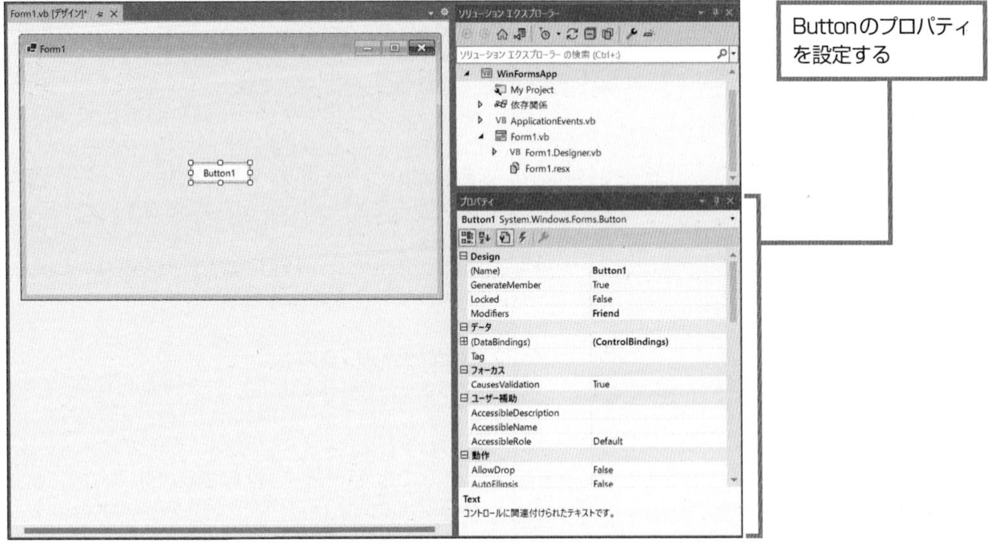

コントロールもコンポーネントも、ツールボックスの**All Windows Forms**カテゴリに含まれていますが、**Common Windows Forms**カテゴリを展開すればコントロールのみ、**Components**を展開すればコンポーネントのみが表示されます。

5.2.1 コントロールとコンポーネントの種類を確認する

Visual Studioのツールボックスには、様々なコントロールが用意されています。それぞれのコントロールは、フォーム上にドラッグするだけで配置することができます。

▼Common Windows Forms

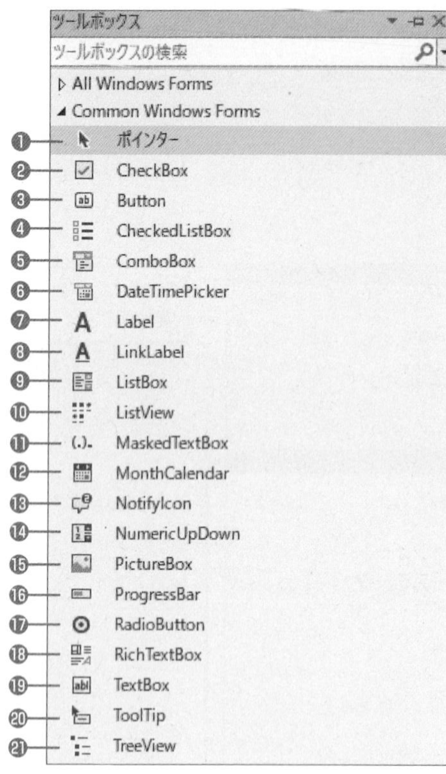

●Common Windows Forms

❶ポインター
マウスポインターを通常の形に戻すためのボタンで、コントロールではありません。❷以降のコントロールを選択していない状態であれば、このボタンがアクティブになります。

❷チェックボックス
チェックボックスを表示します。

❸ボタン
コマンドボタンを表示します。

❹チェックリストボックス
チェックボックス付きのリストボックスを表示します。

❺コンボボックス
ドロップダウン式のリストボックスを表示します。

❻デイトタイムピッカー
日付や時刻を入力するためのドロップダウン式のカレンダーを表示します。

❼ラベル
フォーム上に文字列を表示します。

❽リンクラベル
Webサイトへのリンクを表示します。

❾リストボックス
選択用の項目をリスト表示するためのボックスを表示します。

❿リストビュー
アイコンやラベルを使って、リストを表示するボックスを表示します。

⓫マスクトテキストボックス
適切なユーザー入力と不適切なユーザー入力を区別するためのコントロールです。

⓬マンスカレンダー
ドロップダウン式の月のカレンダーを表示します。

⓭Notify（ノーティファイ）アイコン
ステータスバーにアイコンを表示するときに使用します。

⓮Numeric（ニューメリック）アップダウン
▲や▼を使って数値を選択できるボックスを表示します。

⓯ピクチャボックス
イメージの描画や表示を行うためのボックスを表示します。

⓰プログレスバー
処理の進行状況を視覚的に表示するバーを表示します。

⓱ラジオボタン
ラジオボタンを表示します。

⓲リッチテキストボックス
文字のフォントやサイズ、カラーなどのスタイル設定が可能な、テキストボックスの機能を拡張したボックスを表示します。

⓳テキストボックス
文字列の入力や表示を行います。

⓴ツールチップ
コントロールをマウスでポイントしたときに、任意のテキストをポップアップ表示します。

㉑ツリービュー
データの関係をツリー構造（階層構造）で表示するボックスを表示します。

●Containers

❶**フローレイヤーパネル**
内容を水平方向または垂直方向に動的に配置するパネルを表示します。

❷**グループボックス**
複数のコントロールを1つのグループにまとめて表示します。

❸**パネル**
複数のコントロールをグループにまとめて表示します。グループボックスとは異なり、ラベルは表示されません。

❹**スプリットコンテナー**
コンテナーの表示領域を、移動可能なバーで区切られたサイズ変更可能な2つのパネルに分割し、それぞれのパネルにコントロールを表示します。

❺**タブコントロール**
タブ付きのパネルを表示します。各タブには、任意のコントロールを貼り付けることができます。

❻**テーブルレイアウトパネル**
行と列で構成されるグリッドに、内容を動的にレイアウトするパネルを表示します。

●Menus & Toolbars

❶**コンテキストメニューストリップ**
右クリック時のショートカットメニューを表示します。

❷**メニューストリップ**
フォームのメニューシステムを提供します。

❸**ステータスストリップ**
ステータスバーコントロールを表示します。

❹**ツールストリップ**
ツールバーオブジェクトにコンテナを提供します。

❺**ツールストリップコンテナー**
1つ以上のコントロールを保持できる、フォームの上下と両側に配置されるパネル、および中央に配置されるパネルを提供します。

●Data

❶**バインディングソース**
フォームのデータソースをカプセル化します。

❷**データグリッドビュー**
カスタマイズできるグリッドにデータを表示します。

▼Components

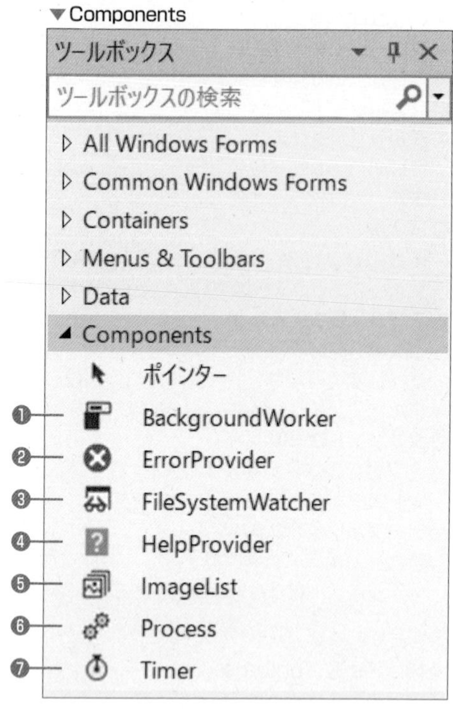

●Components

❶バックグラウンドワーカー

別のスレッドで操作を実行します。

❷エラープロバイダー

フォーム上のコントロールにエラーが関連付けられていることを示すための、ユーザーインターフェイスを提供します。

❸ファイルシステムウォッチャー

ファイルシステムの変更通知を待ち受け、ディレクトリまたはディレクトリ内のファイルが変更されたときにイベントを発生させます。

❹ヘルププロバイダー

コントロールのポップアップヘルプ、またはオンラインドキュメントを提供します。

❺イメージリスト

イメージオブジェクトのコレクションを管理するメソッドを提供します。

❻プロセス

ローカルプロセスとリモートプロセスにアクセスできるようにして、ローカルシステムプロセスの起動と中断ができるようにします。

❼タイマー

ユーザー定義の間隔でイベントを発生させるタイマーを実装します。このタイマーは、Windowsアプリケーションで使用できるように最適化されているので、ウィンドウで使用する必要があります。

▼Printing

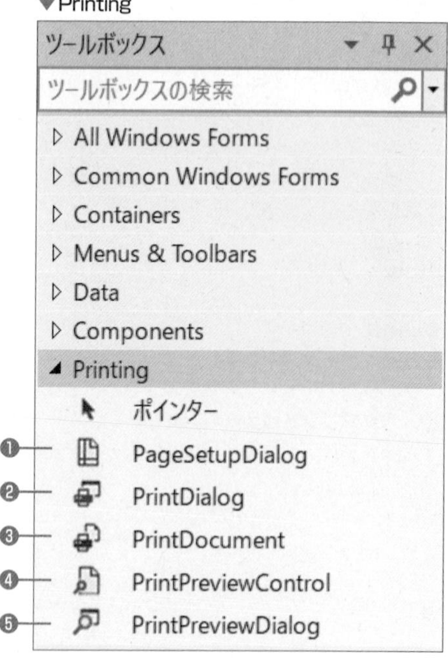

●Printing

❶ページセットアップダイアログ

印刷時の余白や用紙方向などのページ設定を行うためのダイアログボックスを表示します。

❷プリントダイアログ

印刷を行うための[印刷]ダイアログボックスを表示します。

❸プリントドキュメント

印刷処理を行うときに使用します。

❹プリントプレビューコントロール

印刷プレビューを利用するときに使用します。

❺プリントプレビューダイアログ

印刷プレビューを表示するためのダイアログボックスを表示します。

▼Dialogs

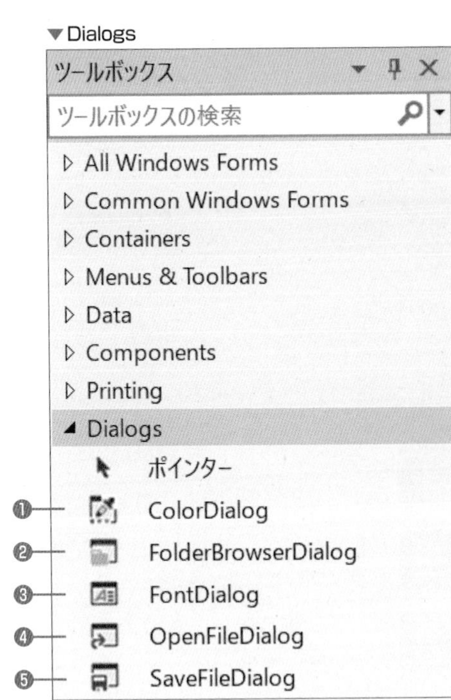

●Dialogs

❶カラーダイアログ
色を設定するためのダイアログボックスを表示します。

❷フォルダーブラウザーダイアログ
フォルダーの参照と選択を行うためのダイアログボックスを表示します。

❸フォントダイアログ
フォントの設定を行うための[フォント]ダイアログボックスを表示します。

❹オープンファイルダイアログ
[ファイルを開く]ダイアログボックスを表示します。

❺セーブファイルダイアログ
[名前を付けて保存]ダイアログボックスを表示します。

Memo テキストのサイズとフォントを指定するには

Fontプロパティを利用すると、文字列のサイズやフォントなどの書式に関する設定を行うことができます。

▼[フォント]ダイアログボックス

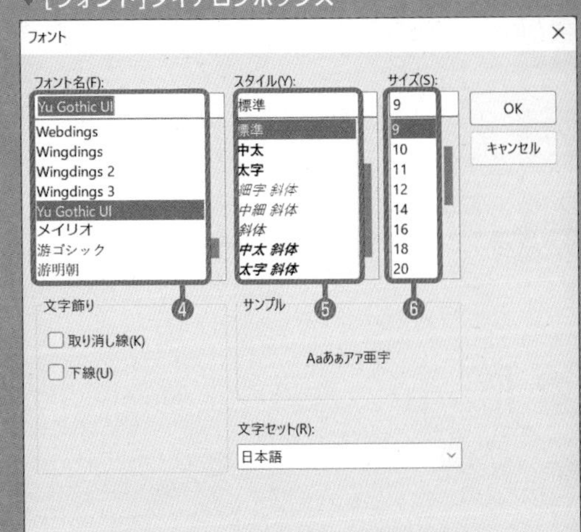

①対象のコントロールをクリックします。
②**プロパティ**ウィンドウで、Fontプロパティをクリックします。
③値の入力欄に表示されるボタンをクリックします。
④**フォント**ダイアログボックスが表示されるので、**フォント名**の一覧から目的のフォントを選択します。
⑤**スタイル**の一覧から、目的のスタイルを選択します。
⑥**サイズ**の一覧から、目的のサイズを選択します。
⑦**OK**ボタンをクリックします。

5.2.2 コントロールの操作

フォーム上に配置したコントロールは、表示サイズや位置の変更、テキストの設定などが行えます。

コントロールを配置しよう

コントロールは、ツールボックス上でダブルクリック、またはクリックしてフォーム上でドラッグして配置します。

▼フォームデザイナー

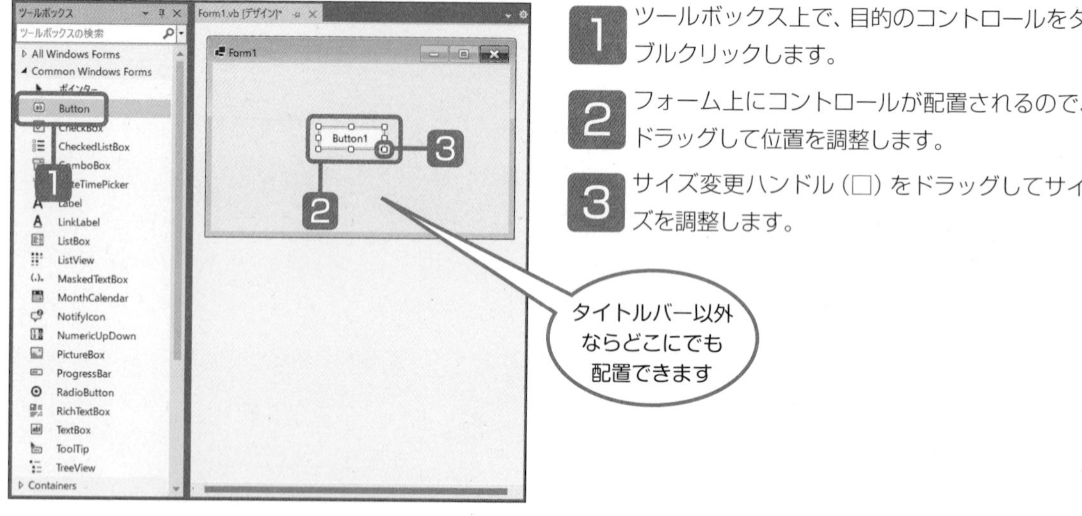

1 ツールボックス上で、目的のコントロールをダブルクリックします。

2 フォーム上にコントロールが配置されるので、ドラッグして位置を調整します。

3 サイズ変更ハンドル（□）をドラッグしてサイズを調整します。

●直接、フォーム上に描画する

▼フォームデザイナー

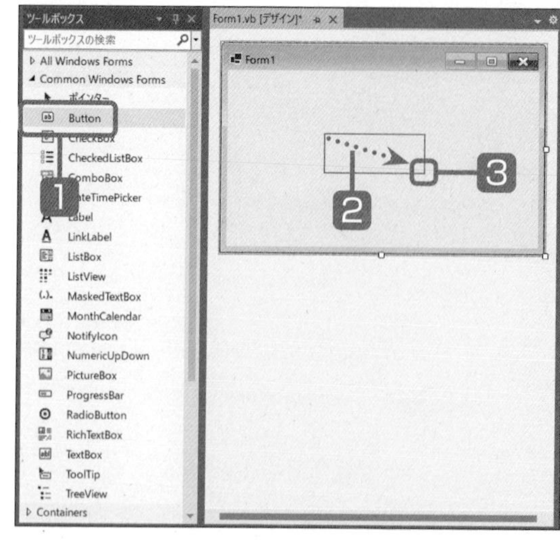

1 目的のコントロールをクリックします。

2 フォーム上をドラッグして、コントロールを描画します。

3 必要に応じて表示位置やサイズを再調整します。

Onepoint

ツールボックスが自動的に隠す設定になっている場合は、対象のコントロールをクリックしたあと、フォームデザイナーの空白部分をクリックするとツールボックスが隠れます。

識別名や表示するテキストを変更しよう

フォーム上にコントロールを配置すると、「Button1」や「Label1」のように、自動的に名前が付けられますが、これらの名前は独自の名前に変更できます。

また、Textプロパティの値を変更することで、任意の文字列をコントロールに表示することができます。

▼フォームデザイナーとプロパティウィンドウ

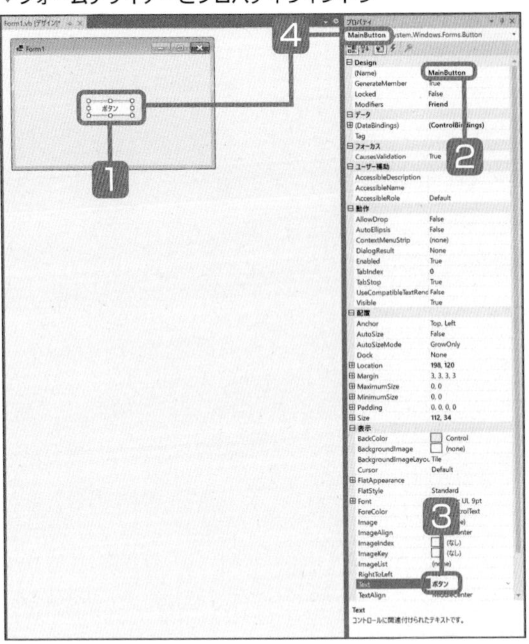

1 対象のコントロールをクリックします。

2 **プロパティ**ウィンドウの(Name)プロパティの値の入力欄に、新しい名前を入力して、Enterキーを押します。

3 **プロパティ**ウィンドウのTextプロパティの値の入力欄に、コントロールに表示させる文字列を入力して、Enterキーを押します。

4 コントロールの名前と表示するテキストが変更されたことが確認できます。

Memo サイズ揃え用のボタン

レイアウトツールバーには、コントロールのサイズを揃えるために次のようなボタンが用意されています。基準にするコントロールを最後に選択し、サイズ揃えのボタンのいずれかをクリックすると、選択中のコントロールすべてが最後に選択したコントロールと同じサイズに揃えられます。

▼サイズ揃え用のボタン

ボタン名	[書式]ー[同じサイズに揃える]メニューの項目名	機能
[幅を揃える]	[幅]	基準となるコントロールの幅に揃える。
[サイズをグリッドに合わせる]	[サイズをグリッドに合わせる]	コントロールのサイズをグリッドに揃える。
[高さを揃える]	[高さ]	基準となるコントロールの高さに揃える。
[同じサイズに揃える]	[両方]	基準となるコントロールの幅と高さに揃える。

Memo テキストや背景の色を指定するには

コントロールのテキストや背景の色を指定するには次のように操作します。

●コントロールのテキストの色を指定する

①対象のコントロールをクリックします。

②**プロパティ**ウィンドウで、**ForeColor**プロパティをクリックします。

③▼をクリックして、目的の色をクリックします。

▼ForeColorプロパティ

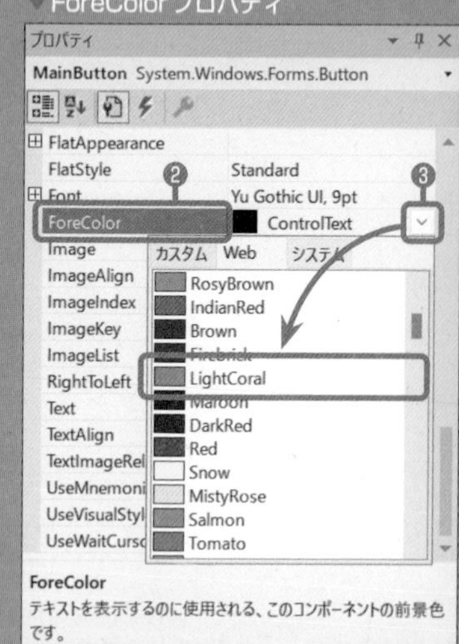

●コントロールの背景色を変更する

①**プロパティ**ウィンドウで、**BackColor**プロパティをクリックします。

②▼をクリックして、目的の色をクリックします。

▼BackColorプロパティ

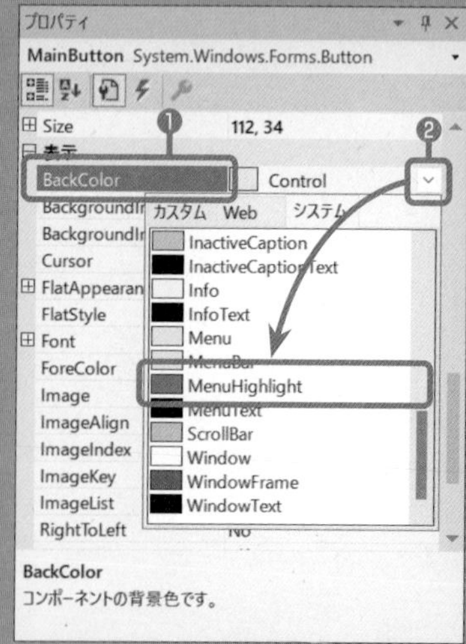

色を指定するためのカラーボックスには、3つのタブ（**カスタム**、**Web**、**システム**）があります。ここでは、**Web**タブと**システム**タブを使って色の指定を行っています。

Memo Fontで指定できる各種のプロパティ

プロパティウィンドウの**Font**グループには、文字のフォントなどを設定するためのプロパティが登録されています。

▼プロパティウィンドウの[Font]グループ

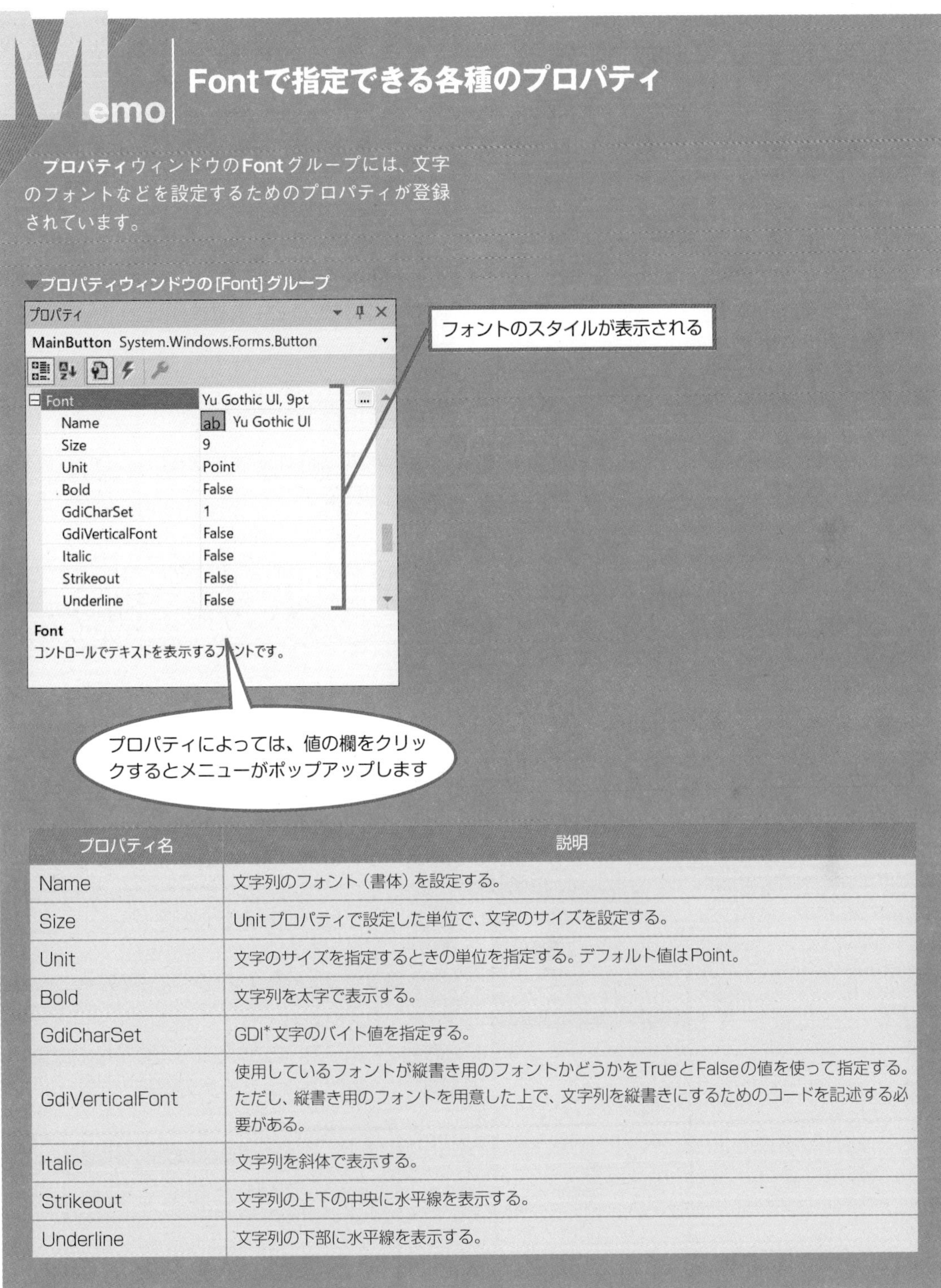

プロパティ名	説明
Name	文字列のフォント(書体)を設定する。
Size	Unitプロパティで設定した単位で、文字のサイズを設定する。
Unit	文字のサイズを指定するときの単位を指定する。デフォルト値はPoint。
Bold	文字列を太字で表示する。
GdiCharSet	GDI*文字のバイト値を指定する。
GdiVerticalFont	使用しているフォントが縦書き用のフォントかどうかをTrueとFalseの値を使って指定する。ただし、縦書き用のフォントを用意した上で、文字列を縦書きにするためのコードを記述する必要がある。
Italic	文字列を斜体で表示する。
Strikeout	文字列の上下の中央に水平線を表示する。
Underline	文字列の下部に水平線を表示する。

＊**GDI** Graphic Device Interfaceの略。Windowsに搭載されているプログラムで、モニターに表示するテキストなどの画面上の要素や、プリントアウトをするときのテキストなどの出力処理を行う。Windowsでは、GDIを使うことで、モニターやプリンターの機種に関係なく、画面上の要素やプリントアウト時の要素を統一された状態で出力する。

コントロールの位置を揃えよう

複数のコントロールを配置した場合は、特定のコントロールの位置を基準にして、他のコントロールを整列させることができます。

●プロパティウィンドウを利用してサイズを変更する

▼プロパティウィンドウ

1. 対象のコントロールをクリックします。
2. **プロパティ**ウィンドウで、**Size**プロパティの左横の⊞をクリックします。
3. **Width**（幅）、**Height**（高さ）にそれぞれ値を入力します。

Onepoint
ここで入力した値は、ピクセル単位で扱われます。

●コントロールの左端を揃える

▼Windowsフォームデザイナー

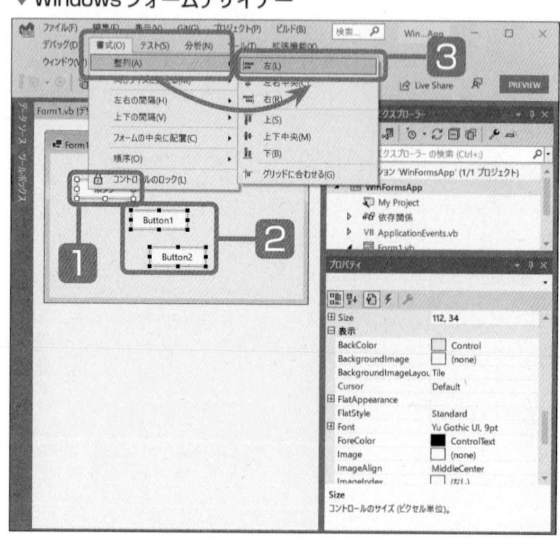

1. 揃える基準にするコントロールをクリックします。
2. Ctrl キーを押しながら、他のコントロールをクリックします。
3. **書式**メニューをクリックして、**整列➡左**を選択します。
4. 最初に選択したコントロールの左端と揃うように、他のコントロールが配置されます。

▼Windowsフォームデザイナー

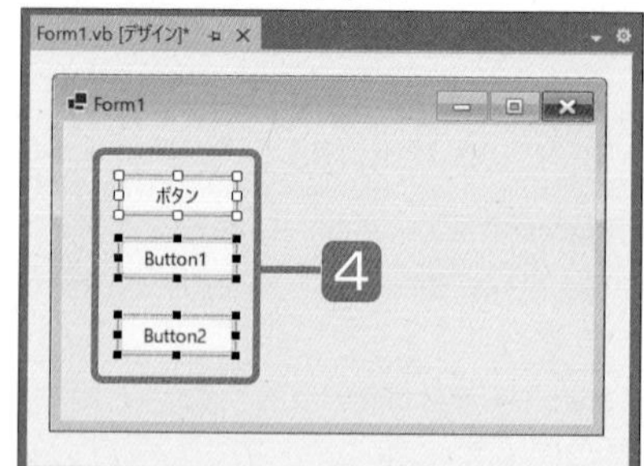

●コントロールを水平に整列させる

▼デザイナー

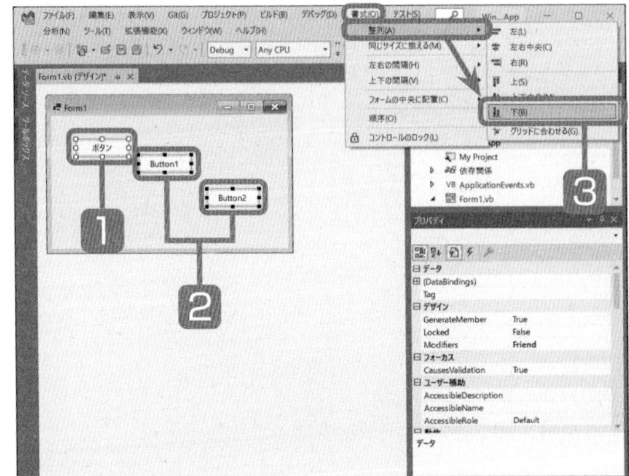

1 揃える基準にするコントロールをクリックします。

2 Ctrl キーを押しながら、他のコントロールをクリックします。

3 **書式**メニューの**整列➡下**を選択します。

4 最初に選択したコントロールの下端と揃うように、他のコントロールが配置されます。

▼Windowsフォームデザイナー

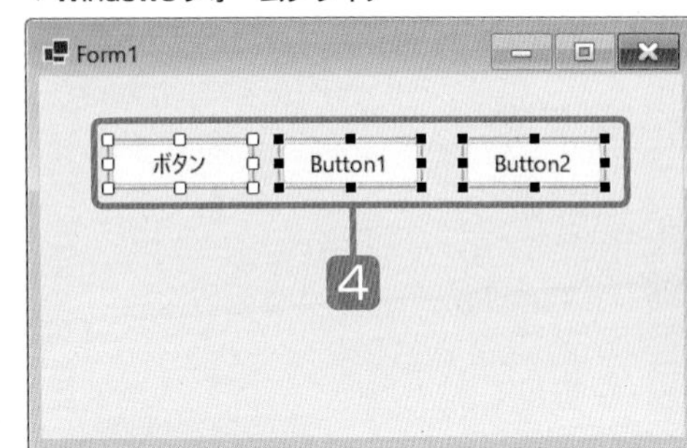

Tips ラベルコントロールのサイズを自動で調整する

Visual Studioでは、**AutoSize**プロパティがデフォルトで「True」になっており、**Text**プロパティを使って設定した文字列の長さに応じて、ラベルコントロールのサイズが調整されます。

また、**Text**プロパティの▼をクリックすると、文字列の入力欄がポップアップ表示され、Enter キーを使って改行を挿入することで、文字列を複数行に表示することができるようになっています。

▼Labelコントロールの文字列設定

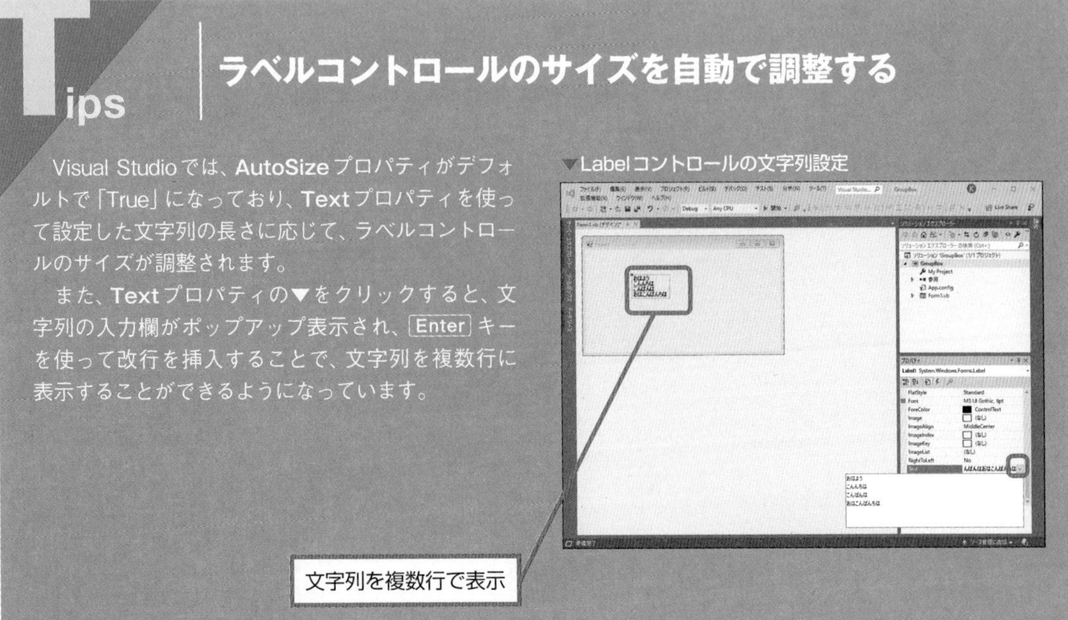

Tips グリッドに合わせてコントロールを配置する

グリッドとは、レイアウト用のガイドのことです。グリッドを表示するように設定すると、フォーム上にマス目のようなガイドが表示され、コントロールをガイドに沿って配置できるようになります。グリッドを表示するには、右の❶〜❸のように操作します。

コントロールを移動すると直近にあるグリッドに吸着されるので、常にグリッドに沿って配置できるようになります。

❶**ツール**メニューをクリックして**オプション**を選択します。

❷左側のメニューで**Windowsフォームデザイナー**を選択し、**レイアウトモード**でSnapToGridを選択します。

❸フォームをいったん閉じて、再度表示するとグリッドが表示されます。

▼オプションダイアログボックス

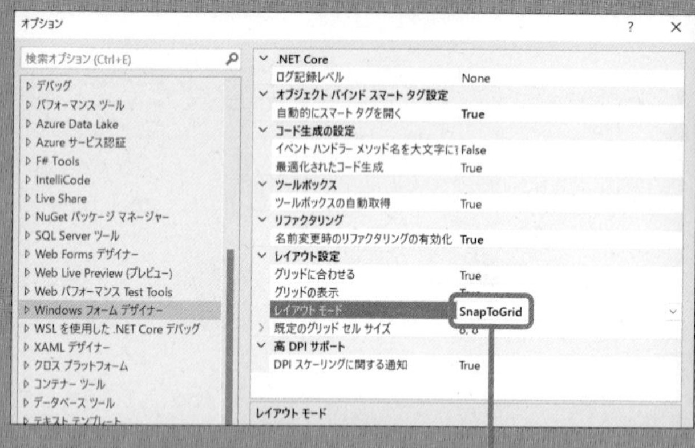

▼グリッド表示

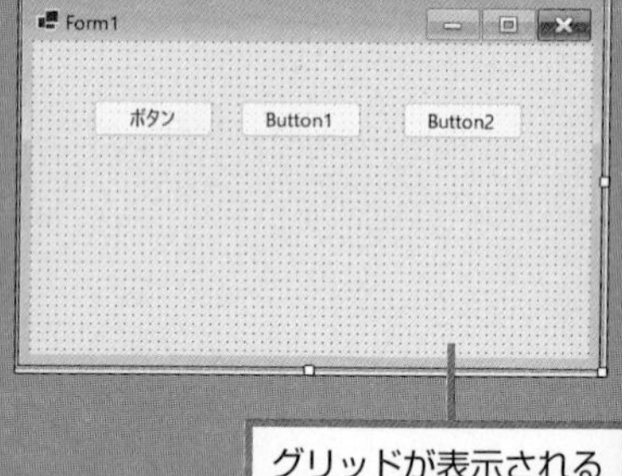

Memo フォームのサイズを変更してもコントロールの位置が変わらないようにできる？

Anchorプロパティは、コントロールの辺をフォームの辺に対して固定するためのプロパティです。コントロールを配置した場合は、Anchorプロパティの値がデフォルトで「Top,Left」に設定されているので、フォームのサイズを変更しても、常にフォームの上端からの位置と左端からの位置が変わらないようになっています。

なお、Anchorプロパティの値の欄の▼をクリックすると、「フォームのどの辺に対して距離を固定するのか」を選択するための画面がポップアップするので、設定を自由に変更することができます。

例えば、フォームの右端の辺と下端の辺に対してAnchorを設定しておくと、フォームのサイズにかかわらず、対象のコントロールについて、フォームの右端からの位置と下端からの位置が常に変わらないようになります。さらに、フォームの上端と下端、または左端と右端のAnchorを同時に設定すると、フォームの横幅や高さに応じて、コントロールの高さまたは幅が伸び縮みするようになります。

グループボックスを利用して複数のコントロールを配置する

特定の機能を提供するコントロール類は、**グループボックス**を利用すると、設定した領域内にまとめて配置しておくことができます。視覚的に、他のコントロールと区別しやすくなるので、ラジオボタンやチェックボックスを配置するときに便利です。

▼ツールボックス

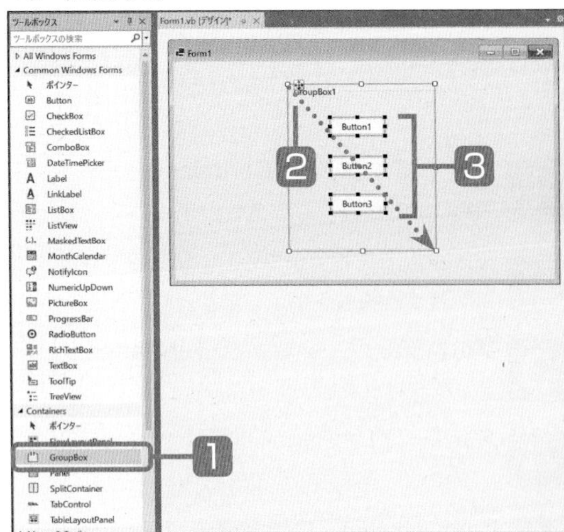

1. ツールボックスで、**GroupBox**を選択します。
2. フォーム上をドラッグして、グループボックスを描画します。
3. 作成したグループボックス上に、コントロールを配置します。

Onepoint

グループボックス上に配置したコントロールは、グループボックスを移動すると一緒に移動します。この場合、グループボックス内の位置関係は、そのまま維持されます。

Memo 左右間隔の調整用ボタン

レイアウトツールバーには、コントロールの間隔を調整するために次のようなボタンが用意されています。

非表示のボタンは、**レイアウト**ツールバーの**ボタンの追加または削除**をクリックし、目的のボタンを選択すると表示できます。

▼左右間隔の調整

ボタン名	[書式]ー[左右の間隔]メニューの項目名	機能
[左右の間隔を均等にする]	[間隔を均等にする]	選択したコントロールの左右の間隔を同じにする。
[左右の間隔を広くする]	[間隔を広くする]	選択したコントロールの左右の間隔を広げる。
[左右の間隔を狭くする]	[間隔を狭くする]	選択したコントロールの左右の間隔を狭める。
[左右の間隔を削除する]	[削除]	選択したコントロールの左右の間隔をなくす。

5 Windowsアプリケーションの開発

5.2.3 コントロールを使いやすいようにする

コントロールを使いやすくするテクニックを紹介します。

タブを使って画面を切り替えられるようにする

タブコントロールを利用すると、1つのフォーム上に複数の画面を表示することができます。

▼Windowsフォームデザイナー

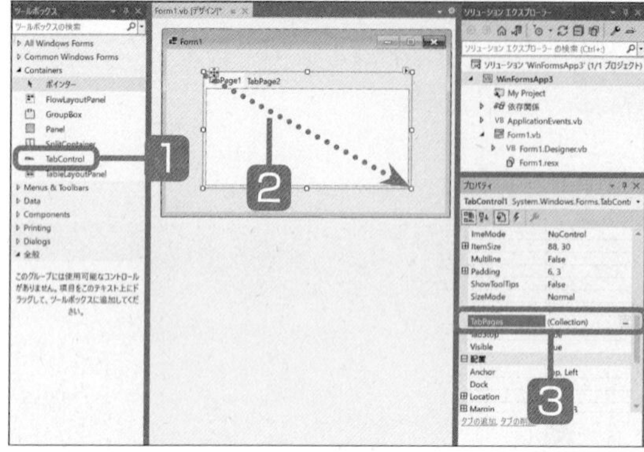

1 ツールボックスで、**Containers**カテゴリの**TabControl**をクリックします。

2 フォーム上をドラッグして、タブコントロールを配置する領域を指定します。

3 **プロパティ**ウィンドウで、**TabPages**プロパティをクリックし、…をクリックします。

4 **メンバー**で**TabPage1**をクリックします。

5 **Text**プロパティの値の欄に、1番目のタブのタイトルを入力します。

6 **TabPage2**をクリックして、2番目のタブのタイトルを入力します。

7 **OK**ボタンをクリックします。

▼TabPageコレクションエディター

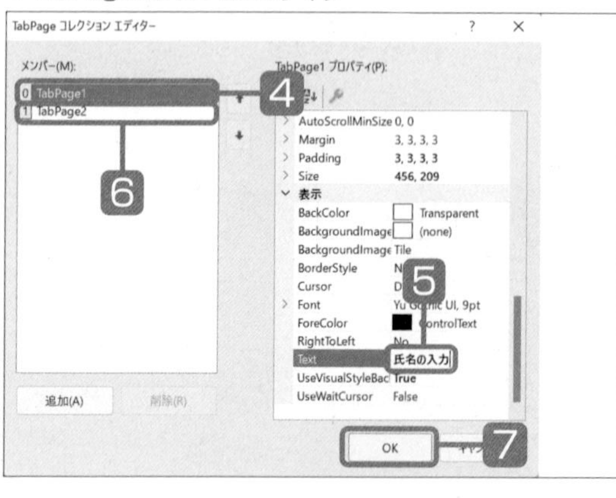

Onepoint

追加ボタンをクリックすると、タブを追加することができます。

▼コントロールの配置

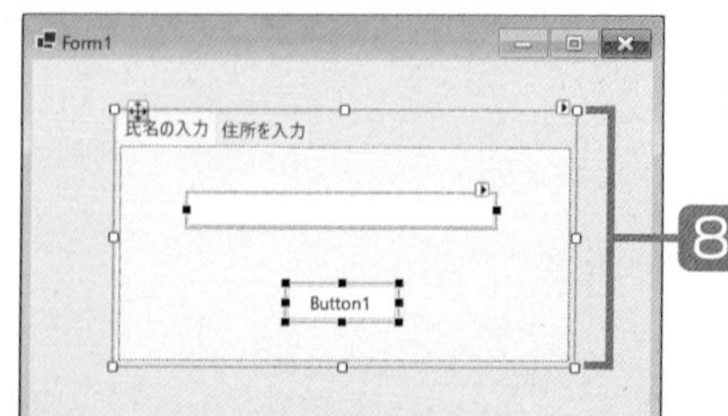

8 それぞれのタブに、コントロールを配置します。

Memo 上下間隔の調整用ボタン

レイアウトツールバーには、コントロール間の上下の間隔を調整する次のボタンが配置されています。

▼上下間隔の調整

ボタン名	[書式]－[上下の間隔]メニューの項目名	機能
[上下の間隔を均等にする]	[間隔を均等にする]	選択したコントロールの上下の間隔を同じにする。
[上下の間隔を広くする]	[間隔を広くする]	選択したコントロールの上下の間隔を広げる。
[上下の間隔を狭くする]	[間隔を狭くする]	選択したコントロールの上下の間隔を狭める。
[上下の間隔を削除する]	[削除]	選択したコントロールの上下の間隔をなくす。

Memo 整列用のボタン

レイアウトツールバーには、コントロールを整列させるためのボタンが用意されています。基準になるコントロールを最初に選択したあとで、整列したいコントロールをすべて選択し、整列用のボタンをクリックすると、最初に選択したコントロールを基準にして、他のコントロールが整列します。

▼整列用のボタン

ボタン名	[書式]－[整列]メニューの項目名	機能
[左揃え]	[左]	縦に並んだコントロールの左端を揃える。
[左右中央整列]	[左右中央]	縦に並んだコントロールの左右の中心を揃えて配置する。
[右揃え]	[右]	縦に並んだコントロールの右端を揃える。
[上揃え]	[上]	横に並んだコントロールの上端を揃える。
[上下中央整列]	[上下中央]	横に並んだコントロールの上下の中心を揃えて配置する。
[下揃え]	[下]	横に並んだコントロールの下端を揃える。

フォームにメニューを配置する

メニューコントロール（MenuStrip）を配置して、メニューを設定してみましょう。

▼追加されたMenuStripコントロール（プロジェクト「Menu」）

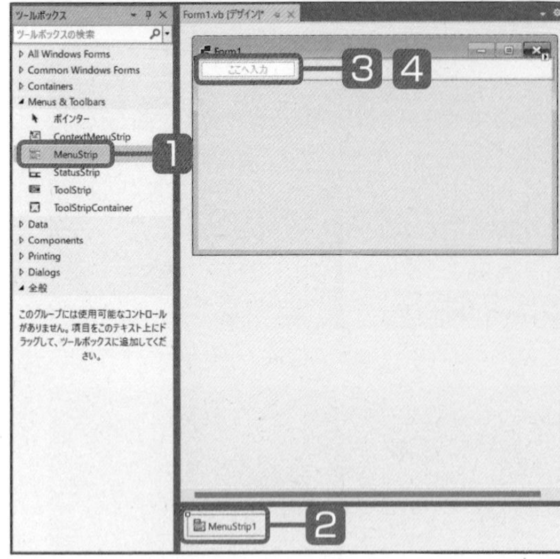

1. ツールボックスで、**Menu & Toolbars**カテゴリの**MenuStrip**をダブルクリックします。
2. コンポーネントトレイに、**MenuStrip**コントロールが表示されます。
3. **ここへ入力**と表示された部分をクリックします。
4. メニューのタイトルとして表示する文字列を入力して、Enterキーを押します。

▼メニュー項目の追加

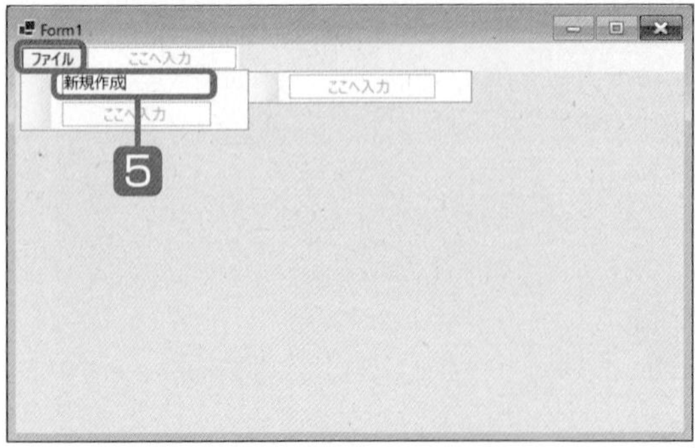

5. メニュータイトルの下部に表示されている**ここへ入力**をクリックし、項目として表示する文字列を入力して、Enterキーを押します。

Onepoint

MenuStripコントロールが非表示になってしまった場合は、コンポーネントトレイのMenuStripをクリックします。

▼メニュー項目の追加

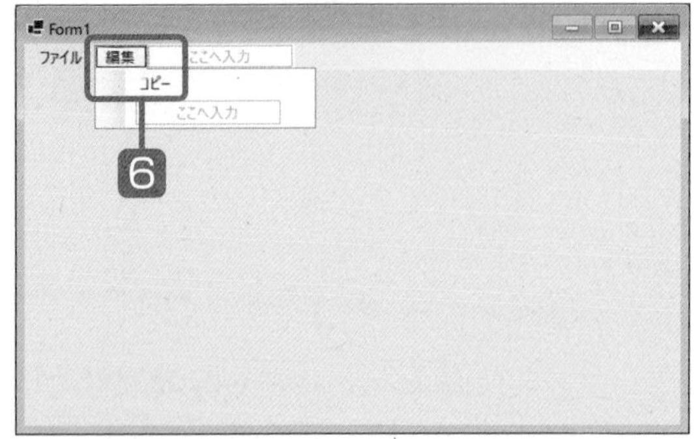

6. さらに、2つ目のメニューのタイトルと項目名を入力して、メニューを完成させます。

Memo メニューアイテムを選択したときの処理

ここではメニューの作成方法のみを紹介しましたが、アイテムが選択されたときのプログラム側の処理も簡単に設定することができます。配置したアイテムをダブルクリックすれば、アイテム選択時に実行されるイベントハンドラーが自動的に作成されるので、実行したい処理を内部に書きます。

これについては、次セクションの「5.3 イベントドリブンプログラミング」で紹介しています。

Tips メニュー項目に区分線を入れる

メニューの項目間に**区分線**を挿入すると、メニューをグループ分けして表示することができます。この場合、区分線を入れたい位置の真下にある項目を右クリックして、**挿入➡Separator**を選択します。

Hint メニューにショートカットキーを割り当てる

Shortcutプロパティを使うと、メニューの各項目に、任意のショートカットキーを割り当てることができます。

①ショートカットキーを設定するメニュー項目をクリックします。
②**プロパティ**ウィンドウで、ShortcutKeysプロパティをクリックします。
③▼をクリックし、**修飾子**でCtrl、Shift、Altのいずれかにチェックを入れます。
④▼をクリックし、割り当てたいキーを選択します。

▼プロパティウィンドウ

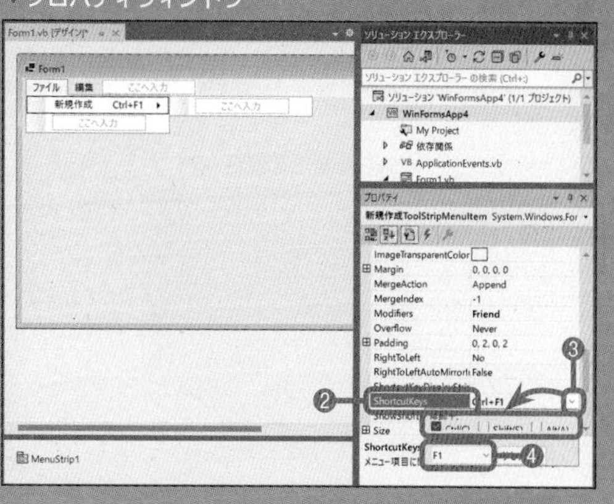

Section 5.3

イベントドリブンプログラミング

Level ★★★　Keyword　イベントドリブン　イベントプロシージャ　イベントハンドラー　モーダル

イベントは、「ボタンをクリックした」「メニューをクリックした」「フォームが読み込まれた」といった、コントロールやフォームに対して発生した出来事を通知する役目を持っています。

このようなイベントを利用すると、特定のイベントが発生したときに、任意の処理を行わせることができます。このようなプログラミング手法を**イベントドリブンプログラミング**と呼びます。

ここがポイント！ イベントに対応したプログラムの作成

Visual Basicでは、次のようなイベントを利用したプログラムを作成できます。

- ボタンコントロールを利用したフォームの制御
- ボタンコントロールによるフォームの外観の変更
- テキストボックスの利用
- チェックボックスとラジオボタンの状態の取得
- リストボックスの利用

Visual Basicには、イベントが発生したときに呼び出されるプロシージャを自動的に記述する機能があります。これがイベントプロシージャ（イベントハンドラー）です。

イベントハンドラーにステートメントを記述することで、特定のイベントが発生したときに、任意の処理を実行することができます。

▼ボタンクリックで背景色を変更

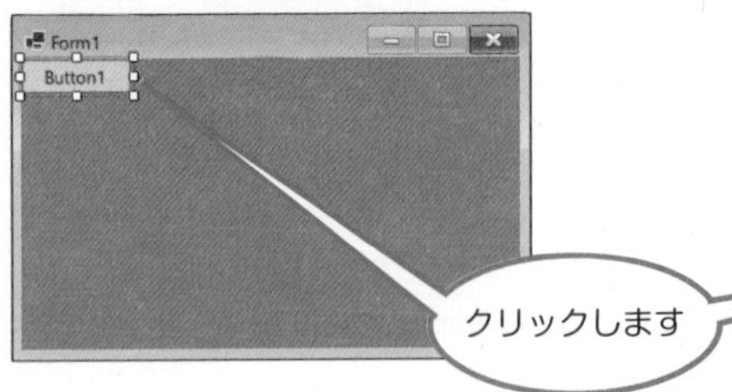

▼入力した文字列を別のテキストボックスに出力

5.3.1 Buttonコントロールの利用

Buttonコントロールを利用して、新しいフォームを表示したり、フォームを閉じたりする処理を行います。

ボタンクリックで別のフォームを表示する

Buttonコントロールのクリックイベントを利用して、ボタンをクリックしたタイミングで、別のフォームを表示してみることにしましょう。

▼[新しい項目の追加]ダイアログボックス

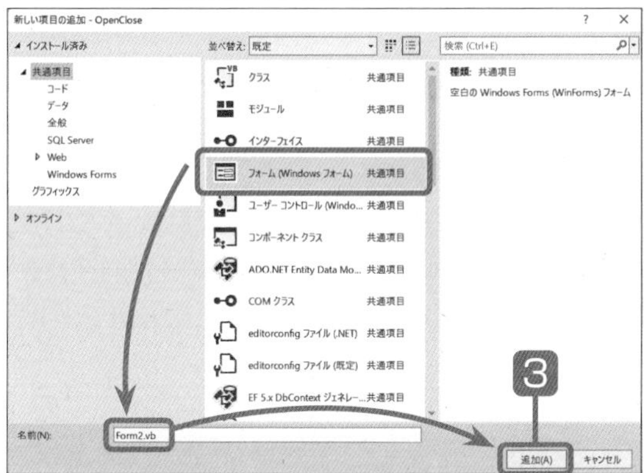

1 フォーム上にButton(Button1)を配置し、**Text**プロパティの値を「新しいフォームを表示」にしておきます。

2 **プロジェクト**メニューをクリックして、**Windowsフォームの追加**を選択します。

3 **新しい項目の追加**ダイアログボックスが表示されるので、**フォーム(Windowsフォーム)**を選択し、**名前**に「Form2.vb」と入力して、**追加**ボタンをクリックします。

▼Form1(プロジェクト「OpenClose」)

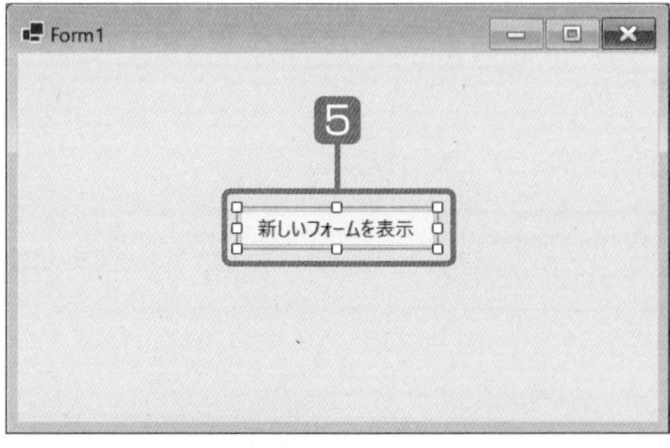

4 新規のフォーム(「Form2」、ファイル名「Form2.vb」)が作成されます。

5 Form1の**新しいフォームを表示**ボタンをダブルクリックします。

6 作成されたイベントハンドラーに次のように記述します。

▼「Form2」を開くためのステートメント(Form1.vb)

```
Public Class Form1
    Private Sub Button1_Click(sender As Object, e As EventArgs) Handles Button1.Click
        ' Form2を表示する
        Form2.Show()
    End Sub
End Class
```

●**プログラムの実行**

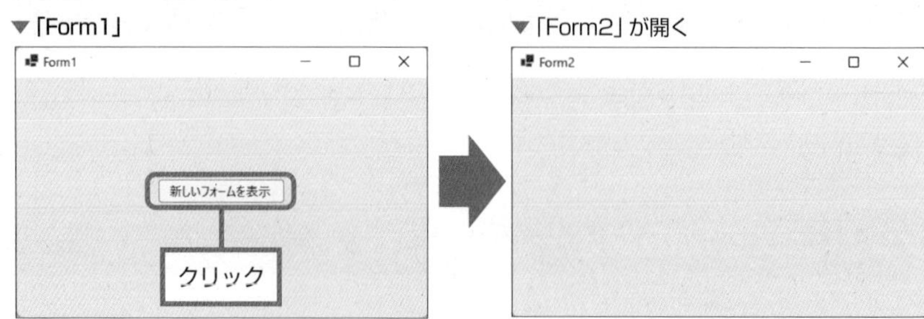

ボタンクリックでフォームを閉じる

Close() メソッドを利用すると、ボタンをクリックしたタイミングで、フォームを閉じることができます。ここでは、呼び出し先のフォームに、フォームを閉じるための**閉じる**ボタンを配置することにします。

1. 「Form2.vb」のフォーム上にボタンを配置し、**Text**プロパティに「閉じる」と入力します。
2. **閉じる**ボタンをダブルクリックして、以下のコードを入力します。

▼フォームを閉じるためのステートメント

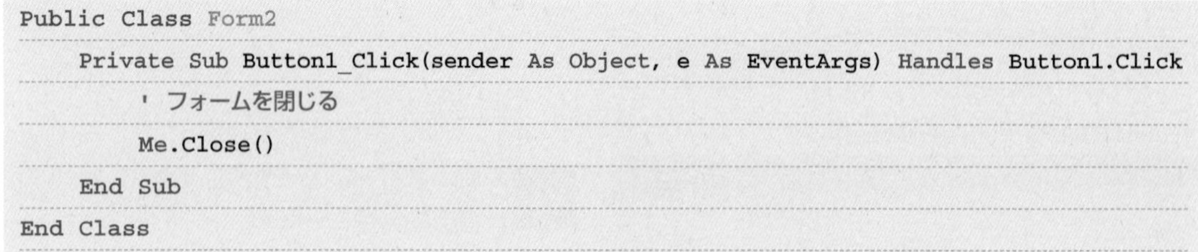

```
Public Class Form2
    Private Sub Button1_Click(sender As Object, e As EventArgs) Handles Button1.Click
        ' フォームを閉じる
        Me.Close()
    End Sub
End Class
```

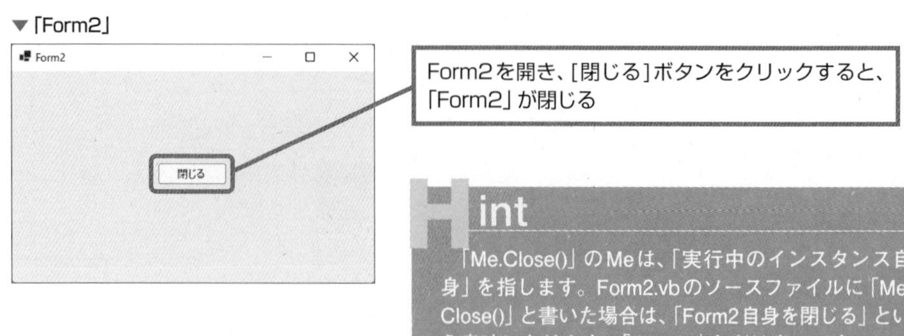

Hint

「Me.Close()」のMeは、「実行中のインスタンス自身」を指します。Form2.vbのソースファイルに「Me.Close()」と書いた場合は、「Form2自身を閉じる」という意味になります。「Close()」とだけ書いてもコンパイラーがForm2自身のことだと判断するので、Meを省略してもかまいませんが、「実行中のインスタンス」であることを示したい場合は、あえてMeを付けておくこともあります。

フォームを閉じると同時にプログラムを終了させる

Applicationクラスの**Exit**()メソッドを使うと、開いているすべてのフォームを閉じた上で、プログラムを終了させることができます。

先ほどの「ボタンクリックでフォームを閉じる」で作成したプログラムを利用し、Form2に新規のボタンを配置してプログラムを終了する処理を行うことにします。Form2にButton(Button2)を追加してTextプロパティに「プログラムを終了」と入力します。Button2をダブルクリックしてイベントハンドラーを作成したら、次のようにプログラムを終了するコードを記述します。

1 フォーム上にボタンを配置し、ボタンをダブルクリックして、イベントハンドラーに次のように記述します。

▼フォームを閉じるためのステートメント(プロジェクト「ApplicationExit」)

```
Public Class Form2
    Private Sub Button1_Click(sender As Object, e As EventArgs) Handles Button1.Click
        ' フォームを閉じる
        Me.Close()
    End Sub

    Private Sub Button2_Click(sender As Object, e As EventArgs) Handles Button2.Click
        ' プログラムを終了する
        Application.Exit()
    End Sub
End Class
```

▼実行中のプログラム

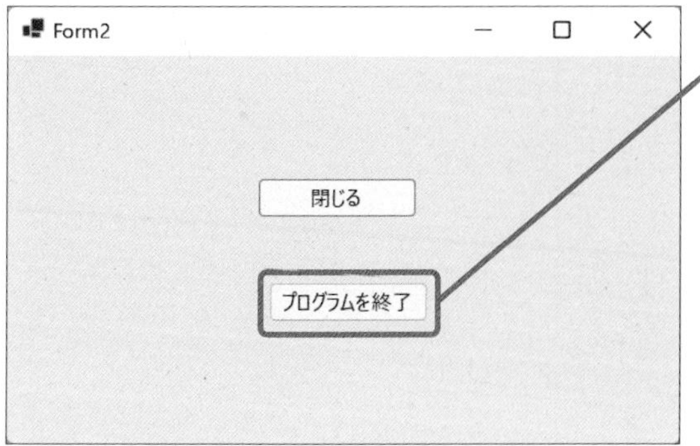

ボタンをクリックすると、すべてのフォームが閉じて、プログラムが終了する

ボタンクリックでフォームのサイズを変更する

ボタンをクリックしたタイミングで、フォームの表示サイズを変えるようにしてみましょう。

フォーム上に配置したButtonコントロールをダブルクリックして、イベントハンドラーに次のように記述します。

▼フォームのサイズを変更するためのステートメント(プロジェクト「ChangeSize」)

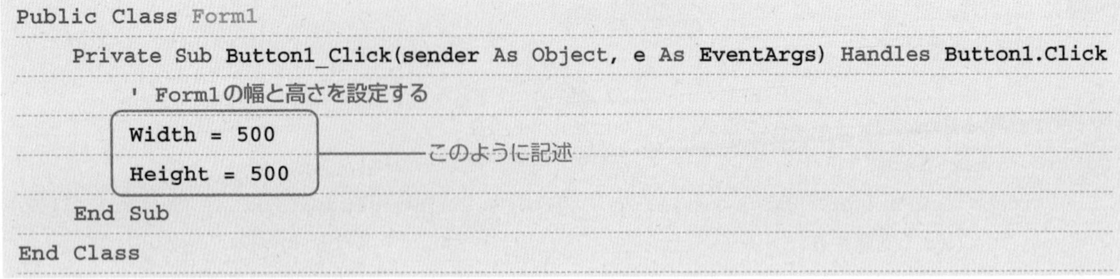

```
Public Class Form1
    Private Sub Button1_Click(sender As Object, e As EventArgs) Handles Button1.Click
        ' Form1の幅と高さを設定する
        Width = 500
        Height = 500
    End Sub
End Class
```

このように記述

▼実行中のプログラム

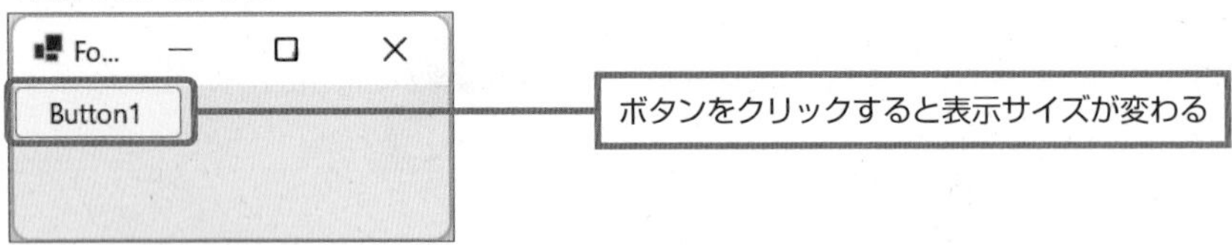
Fo...
Button1
ボタンをクリックすると表示サイズが変わる

▼実行中のプログラム

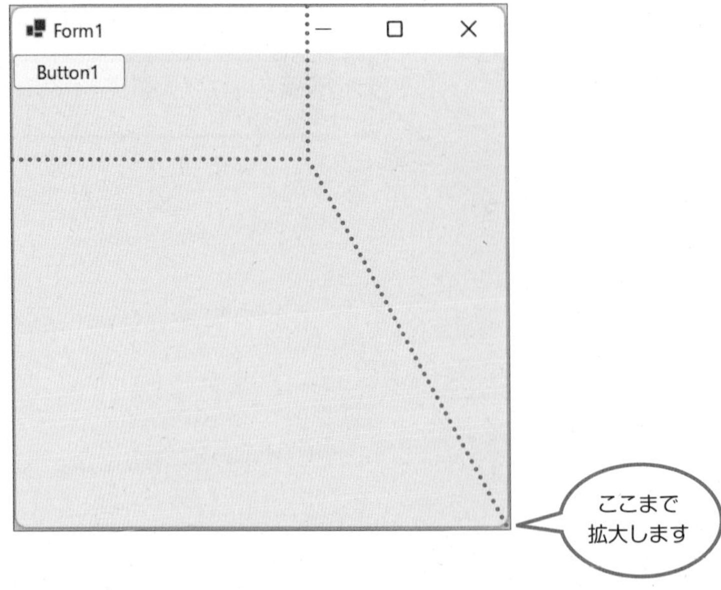
Form1
Button1
ここまで
拡大します

Memo [書式]メニュー

Windowsフォームデザイナーの**書式**メニューには、コントロールの整列を行うためのサブメニューがあるので、これを選択して適用することができます。

▼コントロールの配置に関するサブメニュー

- [整列]
- [同じサイズに揃える]
- [フォームの中央に配置]
- [左右の間隔]
- [上下の間隔]

Onepoint 他のフォームを開くステートメント

▼フォームを表示(モードレス)

構文
```
フォーム名.Show()
```

フォームを表示するには、Show()メソッドを使います。

Show()メソッドは、フォームをモードレスと呼ばれる状態で表示するためのメソッドです。**モードレス**とは、表示されたフォームをそのまま表示した状態で、他のフォームも操作できる表示モードのことです。

Onepoint フォームをモーダルで開くメソッド

ダイアログボックスのように、「その画面を閉じない限り元の画面を操作できない」表示モードを、**モーダル**と呼びます。

フォームをモーダルで開くには、ShowDialog()メソッドを使います。

▼フォームを表示(モーダル)

構文
```
フォーム名.ShowDialog()
```

Onepoint フォームのサイズを変化させるステートメント

表示中のフォームのサイズを変更するには、ボタンコントロールのClickイベントのプロシージャに、WidthプロパティとHeightプロパティに新たな値を設定するステートメントを追加します。

▼フォームのサイズを変更する

構文
```
対象のフォーム名.Width = 設定値(ピクセル) …幅
対象のフォーム名.Height = 設定値(ピクセル) …高さ
```

フォームの位置を変化させるステートメント

表示中のフォームの場所を変更するには、Formクラスの Location プロパティを使います。なお、プロパティは、画面上のx座標（横方向）とy座標（縦方向）を扱うPoint構造体型の値を持ちます。座標を設定するには、座標を設定したPoint構造体のインスタンスを生成し、インスタンスの参照をプロパティに代入します。

▼x座標とy座標を使ってフォームの表示位置を指定する

構文

```
フォーム名.Location = New Point(x座標位置, y座標位置)
```

Point：「System.Drawing」名前空間に属する「Point」構造体の整数座標（x座標とy座標）

x座標・・・画面左上隅を基点とした横方向の位置
y座標・・・画面左上隅を基点とした縦方向の位置

Tips 背景色をリセットする

背景色を元の色に戻す場合は、ResetBackColor() メソッドを使います。

▼背景色を既定値に戻す

構文

```
フォーム名.ResetBackColor()
```

▼リセット用のボタンを追加

Button1
ボタンをダブルクリックして記述する

リセット用のボタンを新たに配置し、このボタンをダブルクリックして、該当するClickイベントのプロシージャ内に、次のように記述します。

```
Public Class Form1
    Private Sub Button1_Click(sender As Object, e As EventArgs) Handles Button1.Click
        ' 背景色をリセットする
        Me.ResetBackColor()
    End Sub
End Class
```

5.3.2 テキストボックスの利用

テキストボックスに入力された文字列には、ボタンコントロールで発生するイベントを利用して、様々な処理を行うことができます。

入力したテキストをテキストボックスに表示する

ここでは、テキストボックスに入力した文字列を別のテキストボックスに表示するプログラムを作成してみることにしましょう。

▼作成中のフォーム（プロジェクト「TextBox」）

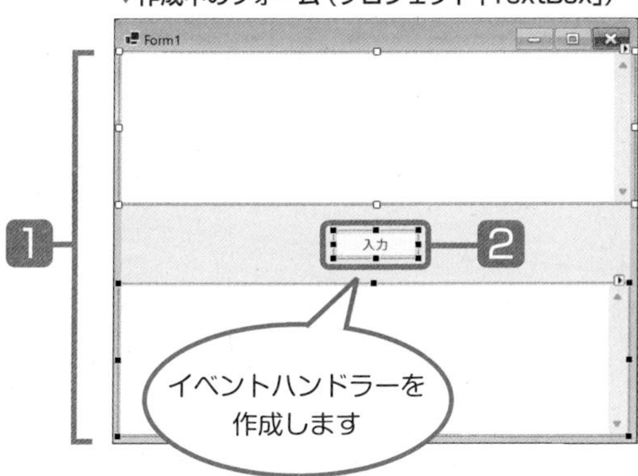

1 フォーム上に、テキストボックス2つとボタンを配置し、各コントロールのプロパティの値を下表のとおりに変更します。

2 **入力**ボタンをダブルクリックして、イベントハンドラーに次ページのコードを記述します。

Onepoint

TextBoxのMultilineプロパティをTrueにすると、複数行の入力ができるようになり、ScrollBarsプロパティをVerticalにすると、縦方向のスクロールバーが表示されるようになります。

▼各コントロールのプロパティ設定

●TextBoxコントロール（上）

プロパティ名	設定値
Text	（空欄）
Size(Width)	700
Size(Height)	200
Multiline	True
ScrollBars	Vertical
(Name)	TextBox1

●TextBoxコントロール（下）

プロパティ名	設定値
Text	（空欄）
Size(Width)	700
Size(Height)	200
Multiline	True
ScrollBars	Vertical
(Name)	TextBox2

●Buttonコントロール

プロパティ名	設定値
Text	入力

※TextBoxのSizeの値は参考値です。

▼入力したテキストをテキストボックスに表示するためのステートメント

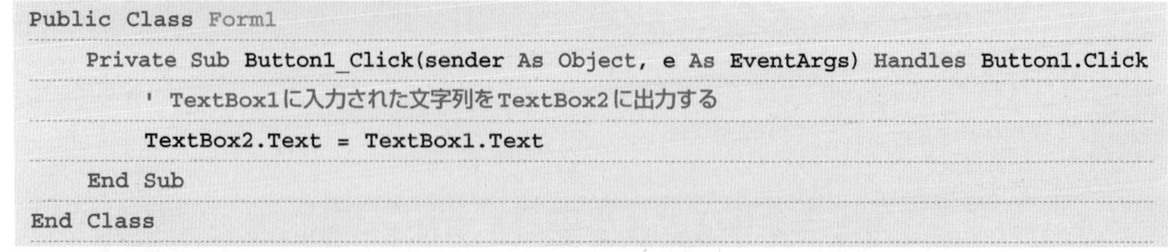

```
Public Class Form1
    Private Sub Button1_Click(sender As Object, e As EventArgs) Handles Button1.Click
        ' TextBox1に入力された文字列をTextBox2に出力する
        TextBox2.Text = TextBox1.Text
    End Sub
End Class
```

▼実行中のプログラム

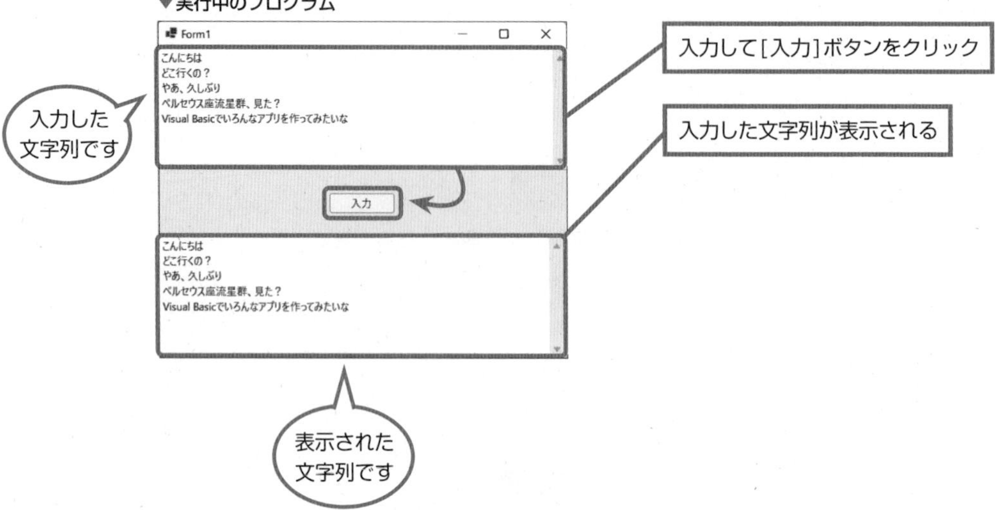
Form1
こんにちは
どこ行くの？
やあ、久しぶり
ペルセウス座流星群、見た？
Visual Basicでいろんなアプリを作ってみたいな
入力
こんにちは
どこ行くの？
やあ、久しぶり
ペルセウス座流星群、見た？
Visual Basicでいろんなアプリを作ってみたいな
入力した文字列です
入力して[入力]ボタンをクリック
入力した文字列が表示される
表示された文字列です

テキストボックスやラベルなどにテキストを表示する場合、設定したサイズから文字列があふれてしまうことがあります。スクロールバーを表示する設定にしておけば、このような場合にも、スライダーをドラッグすることで隠れている文字列を表示できます。スクロールバーを表示するには、ScrollBarsプロパティでVertical（垂直方向のスクロールバー）、Horizontal（水平方向のスクロールバー）、またはBoth（両方向のスクロールバー）を設定します。

ログインフォームを作る

Visual Studioには、ログイン用フォームのひな型が搭載されています。ここでは、ログイン用のフォームを使用して、ユーザー名とパスワードによる認証を行うプログラムを作成してみましょう。

▼[新しい項目の追加]ダイアログボックス(プロジェクト「Login」)

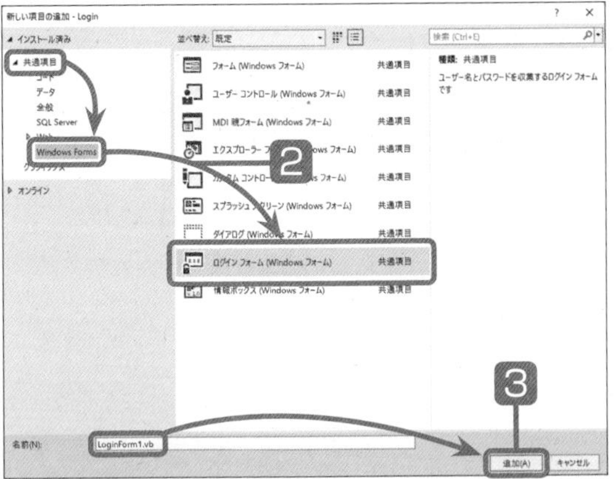

1. **プロジェクト**メニューをクリックし、**新しい項目の追加**を選択します。
2. **共通項目**を展開➡**Windows Forms**を選択➡**ログインフォーム**を選択します。
3. ファイル名を入力して、ログインフォームを追加します。

▼作成されたログインフォーム

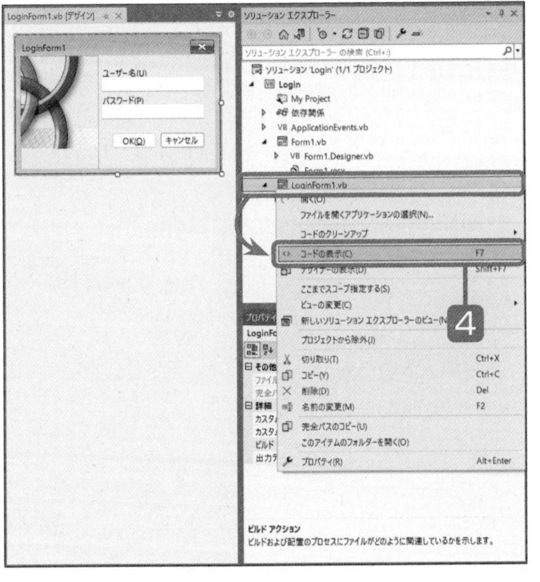

4. ログインフォームが作成されます。**ソリューションエクスプローラー**で「LoginForm1.vb」を右クリックして**コードの表示**を選択します。

▼イベントハンドラーLoginForm1_Load()の作成

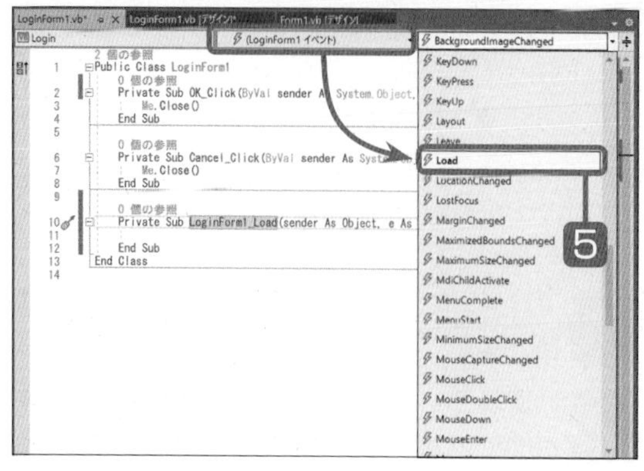

5 コードエディターの上部にある**クラス名ボックス**で(**LoginForm1 イベント**)を選択し、**イベント名ボックス**で**Load**を選択します。イベントハンドラーLoginForm1_Load()が作成されます。

6 LoginForm1.vbに作成された3つのイベントハンドラーに、次のように入力します。続いてLoginForm1クラスの冒頭に、ユーザー名とパスワードが格納された配列型のフィールドuser1の定義コードを入力します。

▼イベントハンドラーと配列型フィールドの定義 (LoginForm1.vb)

```
Public Class LoginForm1
    ' ユーザー名とパスワードが格納された読み取り専用のフィールド
    Private ReadOnly user1() As String = {"yamato", "ymt123"}

    ' OKボタンのイベントハンドラー
    Private Sub OK_Click(ByVal sender As System.Object,
                         ByVal e As System.EventArgs) Handles OK.Click
        ' ユーザー名とパスワードをチェックする
        If UsernameTextBox.Text = user1(0) AndAlso
            PasswordTextBox.Text = user1(1) Then
            ' 認証できたらメッセージを表示し、ログインフォームを閉じる
            MessageBox.Show("ユーザー名とパスワードを受け付けました。")
            Close()
        Else
            ' 認証できない場合はメッセージを表示し、
            ' ユーザー名とパスワードの入力欄をクリアして
            ' ユーザー名の入力欄にフォーカスを当てる
            MessageBox.Show("認証できません。")
            UsernameTextBox.Clear()
            PasswordTextBox.Clear()
            UsernameTextBox.Focus()
        End If
```

```
    End Sub

    ' キャンセルボタンのイベントハンドラー
    Private Sub Cancel_Click(ByVal sender As System.Object,
                             ByVal e As System.EventArgs) Handles Cancel.Click
        ' プログラムを終了する
        Application.Exit()
    End Sub

    ' ログインフォームが表示されるときに実行されるイベントハンドラー
    Private Sub LoginForm1_Load(sender As Object, e As EventArgs) Handles Me.Load
        ' [閉じる]ボタンをクリックしてログインフォームを閉じると
        ' フォームが表示されてしまうため、[閉じる]ボタンを非表示にする
        ControlBox = False
    End Sub
End Class
```

▼Windowsフォームデザイナーでform1を表示

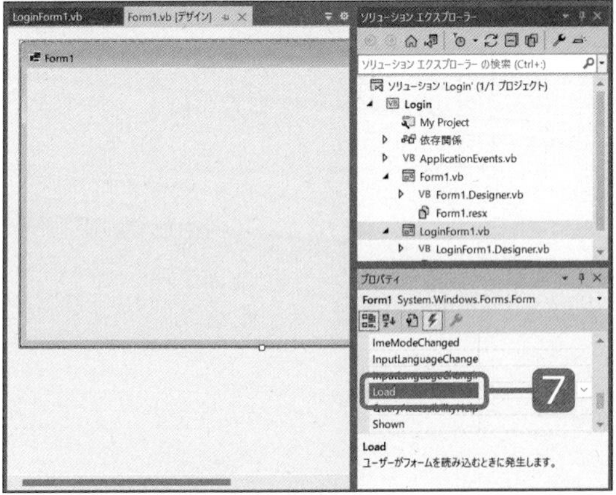

7 Windowsフォームデザイナーでform1を表示し、**プロパティ**ウィンドウで**イベント**ボタンをクリックして、Loadの項目をダブルクリックします。

8 Form1がロード（読み込み）されるときに実行されるイベントハンドラーが作成されるので、ログインフォームを表示するコードを次ページのように記述します。

Memo ログインフォーム

ログインフォームは、ユーザー名とパスワードを入力して認証が行えるようになっています。配置されているラベルやテキストボックス、ボタンはコントロールですので、プロパティを設定することで、表示するテキストを任意のものに変更できます。また、土台となっているのもフォームですので、サイズやデザインを自由に変更できます。

▼イベントハンドラーForm1_Load(Form1.vb)

```
Public Class Form1
    Private Sub Form1_Load(sender As Object, e As EventArgs) Handles MyBase.Load
        ' Form1を表示する前にログインフォームを表示する
        LoginForm1.ShowDialog()
    End Sub
End Class
```

▼ユーザー名とパスワードの入力

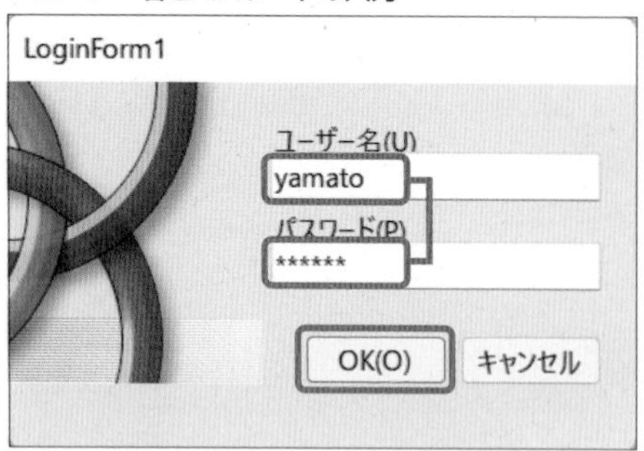

Onepoint

LoginForm1_Load()の「ControlBox = False」によって、LoginForm1が表示される際に、コントロールボックスを非表示にしています。これは、コントロールボックスの閉じるボタンをクリックすることで、ログインフォームが閉じてしまい、結果的に本体のフォームが表示されるのを防止するためです。

▼ユーザー名とパスワードが正しい場合

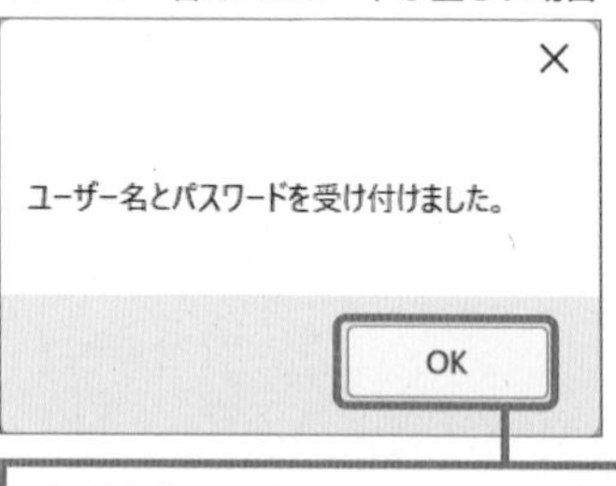

▼パスワードが正しくない場合

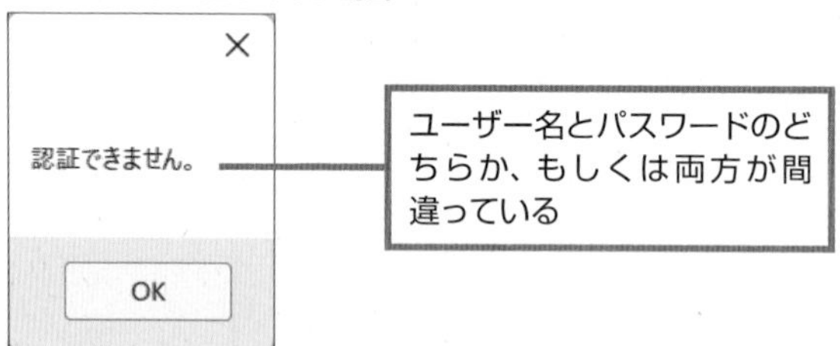

Onepoint テキストの複数行入力とスクロールバーの表示

テキストの複数行入力は、Multilineプロパティの値をTrueに設定することで可能になります。また、スクロールバーの表示に関する設定は、ScrollBarsプロパティにScrollBars列挙体の定数をセットすることで行います。

▼ScrollBars列挙体の定数

定数名	内容
Horizontal	水平スクロールバーのみを表示
Vertical	垂直スクロールバーのみを表示
Both	水平スクロールバーと垂直スクロールバーを表示
None	非表示

5.3.3 選択用コントロールを使う

複数の選択肢から選択するには、チェックボックスやラジオボタンを使います。

チェックボックスを使う

チェックボックスは、複数の選択肢から任意の数だけ選択できるコントロールです。

▼Windowsフォームデザイナー(プロジェクト「CheckBox」)

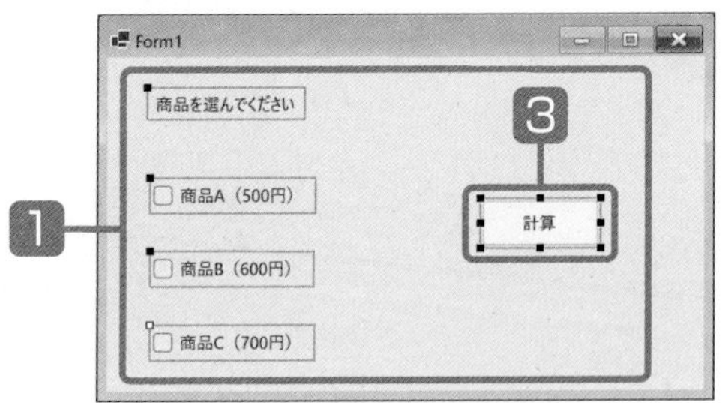

1 LabelとButtonを配置し、CheckBoxコントロールを3つ配置します。

2 下表のとおりに、各コントロールのプロパティを設定します。

3 **計算**ボタンをダブルクリックして、次ページのコードを入力します。

▼ラベルとボタンのプロパティ設定

●Labelコントロール

プロパティ名	設定値
Text	商品を選んでください

●Buttonコントロール

プロパティ名	設定値
Text	計算

▼チェックボックスのプロパティ設定

●Checkboxコントロール(上から1番目)

プロパティ名	設定値
(Name)	CheckBox1
Text	商品A(500円)

●Checkboxコントロール(上から2番目)

プロパティ名	設定値
(Name)	CheckBox2
Text	商品B(600円)

●Checkboxコントロール(上から3番目)

プロパティ名	設定値
(Name)	CheckBox3
Text	商品C(700円)

▼CheckBoxのチェックの状態を利用して処理を行うステートメントの入力（Form1.vb）

```
Public Class Form1
    Private Sub Button1_Click(sender As Object, e As EventArgs) Handles Button1.Click
        ' CheckBox1の値を保持する変数
        Dim check1 As Integer = 0
        ' CheckBox2の値を保持する変数
        Dim check2 As Integer = 0
        ' CheckBox3の値を保持する変数
        Dim check3 As Integer = 0
        ' 合計金額を保持する変数
        Dim total As Integer = 0

        ' CheckBox1がチェックされている場合
        If CheckBox1.Checked = True Then
            check1 = 500
        End If

        ' CheckBox2がチェックされている場合
        If CheckBox2.Checked Then
            check2 = 600
        End If

        ' CheckBox3がチェックされている場合
        If CheckBox3.Checked Then
            check3 = 700
        End If

        ' 合計金額を計算する
        total = check1 + check2 + check3
        ' 計算結果を表示する
        MessageBox.Show("合計金額は" & total & "円です。", "合計金額")
    End Sub
End Class
```

▼実行中のプログラム

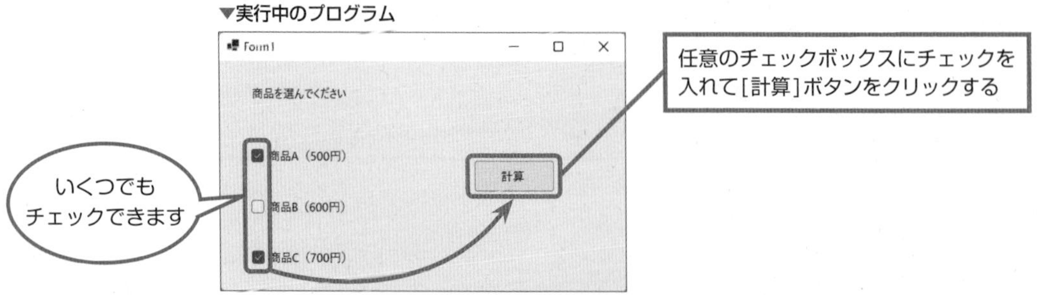
Form1
商品を選んでください
商品A（500円）
商品B（600円）
商品C（700円）
計算
任意のチェックボックスにチェックを入れて[計算]ボタンをクリックする
いくつでもチェックできます

▼計算結果

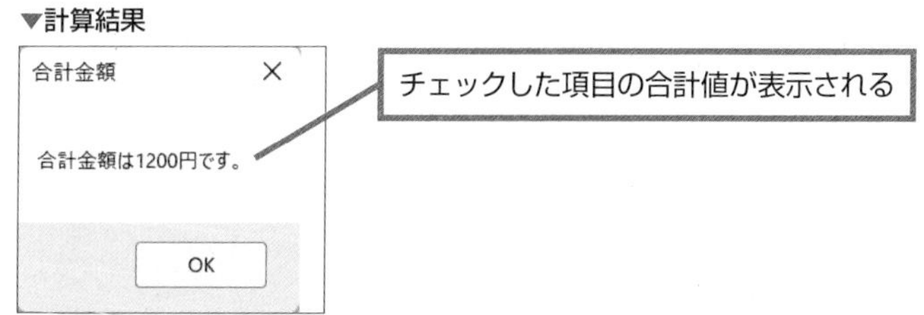

ラジオボタンを使う

ラジオボタンは、チェックボックスとは異なり、複数の選択肢の中から1つだけ選択する用途で利用します。

▼Windowsフォームデザイナー（プロジェクト「RadioButton」）

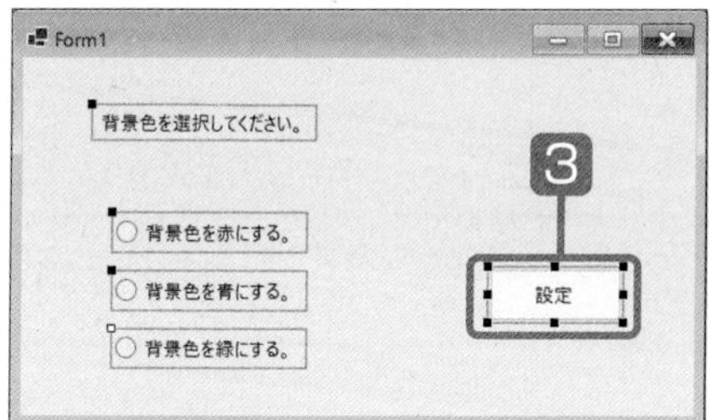

1. LabelとButtonを配置し、RadioButtonコントロールを3つ配置します。
2. 下表のとおりに、各コントロールのプロパティを設定します。
3. **設定**ボタンをダブルクリックして、次ページのコードを入力します。

▼ラベルとボタンのプロパティ設定

●Labelコントロール

プロパティ名	設定値
Text	背景色を選択してください。

●Buttonコントロール

プロパティ名	設定値
Text	設定

▼ラジオボタンのプロパティ設定

●RadioButtonコントロール（上から1番目）

プロパティ名	設定値
(Name)	RadioButton1
Text	背景色を赤にする。

●RadioButtonコントロール（上から2番目）

プロパティ名	設定値
(Name)	RadioButton2
Text	背景色を青にする。

●RadioButtonコントロール（上から3番目）

プロパティ名	設定値
(Name)	RadioButton3
Text	背景色を緑にする。

▼選択されたRadioButtonによってフォームの背景色を変更するステートメントの入力

```
Public Class Form1
    Private Sub Button1_Click(sender As Object, e As EventArgs) Handles Button1.Click
        ' ラジオボタンの状態で背景色を設定する
        If RadioButton1.Checked = True Then
            ' RadioButton1がオンのときは背景色をRedにする
            Me.BackColor = Color.Red
        ElseIf RadioButton2.Checked = True Then
            ' RadioButton2がオンのときは背景色をBlueにする
            Me.BackColor = Color.Blue
        ElseIf RadioButton3.Checked = True Then
            ' RadioButton3がオンのときは背景色をGreenにする
            Me.BackColor = Color.Green
        End If
    End Sub
End Class
```

▼実行中のプログラム

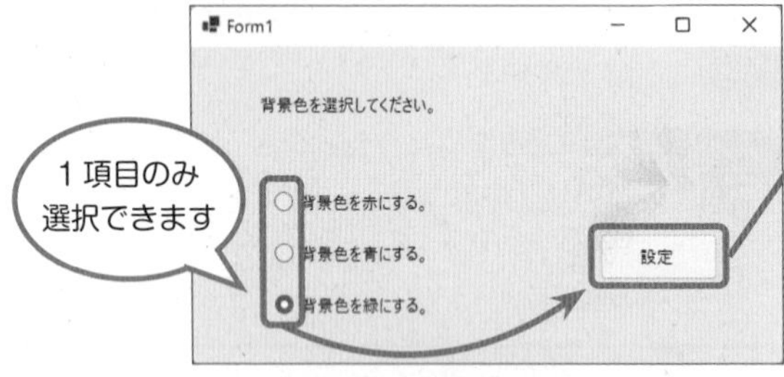

▼フォームの背景色が変更される

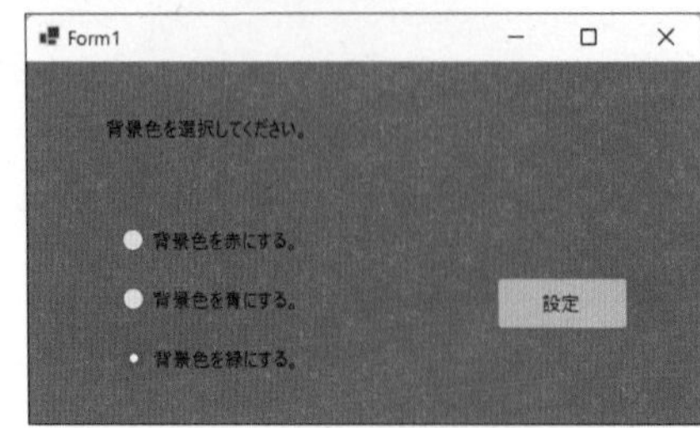

CheckBoxのチェックの状態を取得する

CheckBoxコントロールを配置した場合、チェックの有無は、Checkedプロパティに格納されている値で確認することができます。Checkedプロパティは、チェックボックスにチェックが入っていれば「True」、チェックが入っていなければ「False」の値になります。

▼CheckBox1がチェックされているときの処理

```
If CheckBox1.Checked = True Then ——— CheckBox1のCheckedプロパティの値が
                                      Trueであれば以下の処理を実行
    check1 = 500 ——— 変数check1に
                     500の値を代入
End If
```

Memo SelectedItemプロパティ

「リストボックスを使う」で使用しているSelectedItemプロパティは、コントロール内で現在選択されている項目を表すオブジェクトです。ユーザーによって、リスト項目が選択された場合は、ListBoxコントロールのSelectedItemプロパティに項目名が格納されます。

項目が選択されていない場合、SelectedItemプロパティは、Nothingの値を返します。

これを利用して、項目が未選択のときに❶の処理を実行し、項目が選択されている場合は❷の処理を実行して、SelectedItemプロパティに格納されている項目名をそのままメッセージボックスに表示するようにしています。

❶項目が未選択の場合の処理

```
If ListBox1.SelectedItem = Nothing Then ——— SelectedItemプロパティの
                                           値が「Nothing」であれば次の
                                           行の処理を実行
    MessageBox.Show("項目が選択されていません。", "エラー")
```

ListBox1 — 対象のリストボックス名

"項目が選択されていません。" — エラー用のメッセージを表示

❷SelectedItemプロパティに格納されている項目名を表示

```
Else
    MessageBox.Show(ListBox1.SelectedItem, "選択された項目")
End If ——— If...Then...Elseステートメントの終了
```

リストボックスを使う

ListBoxコントロールを利用すると、複数の項目の中から目的の項目を選択したり、入力された文字列をリスト項目として追加したりすることができます。

▼フォームデザイナー(プロジェクト「ListBox」)

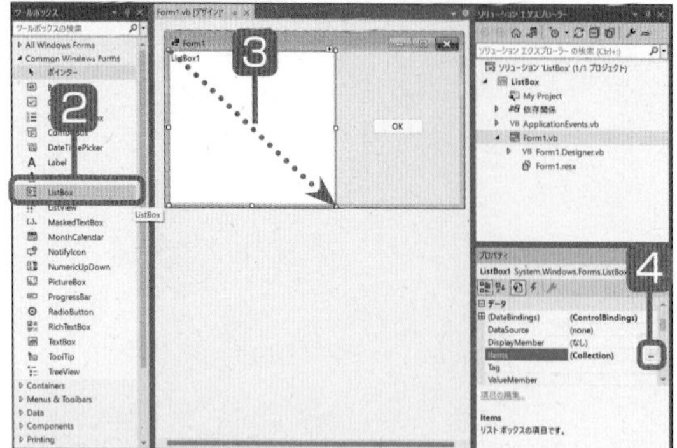

1 ボタンを配置し、Textプロパティの値を「OK」にします。

2 ツールボックスのListBoxをクリックします。

3 フォーム上をドラッグして、ListBoxを描画します。

4 **プロパティ**ウィンドウで、Itemsプロパティをクリックし、ボタンをクリックします。

▼文字列コレクションエディター

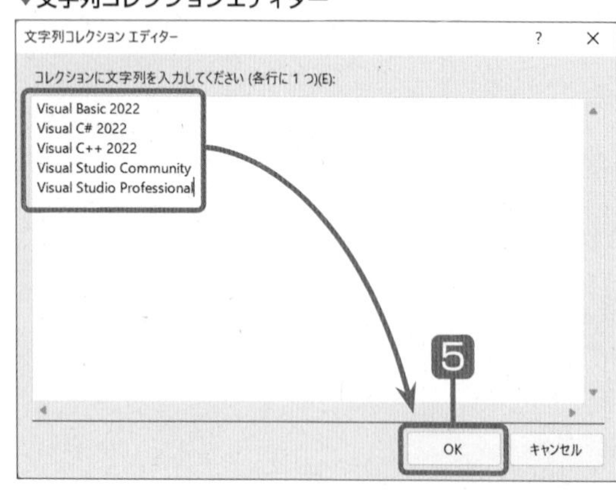

5 **文字列コレクションエディター**が表示されるので、ListBoxに表示する文字列を入力して、OKボタンをクリックします。

6 OKボタンをダブルクリックして次のように記述します。

▼リストボックスで選択された項目を表示するステートメントの入力(Form1.vb)

```
Public Class Form1
    Private Sub Button1_Click(sender As Object, e As EventArgs) Handles Button1.Click
        ' リストボックスの状態に応じてメッセージを表示
        If ListBox1.SelectedItem = Nothing Then
            ' アイテムが選択されていない場合
            MessageBox.Show("項目が選択されていません。", "エラー")
        Else
            ' アイテムが選択されている場合は、選択されているアイテムを表示する
            MessageBox.Show(ListBox1.SelectedItem, "選択された項目")
        End If
```

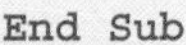

```
    End Sub
End Class
```

▼実行中のプログラム

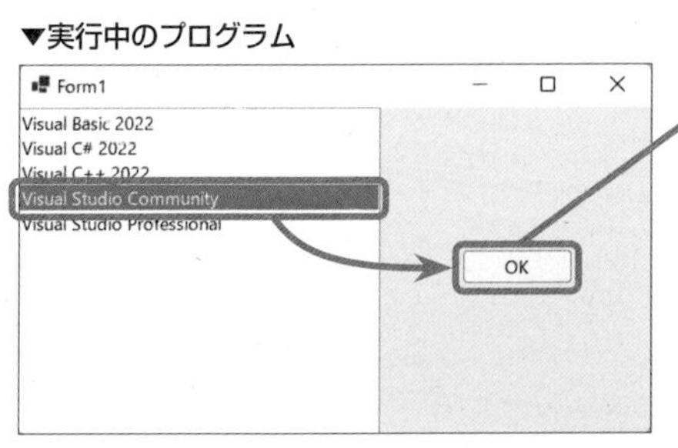

▼メッセージボックス

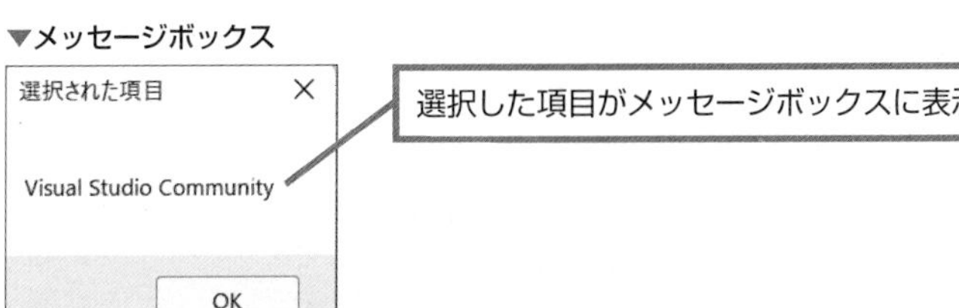

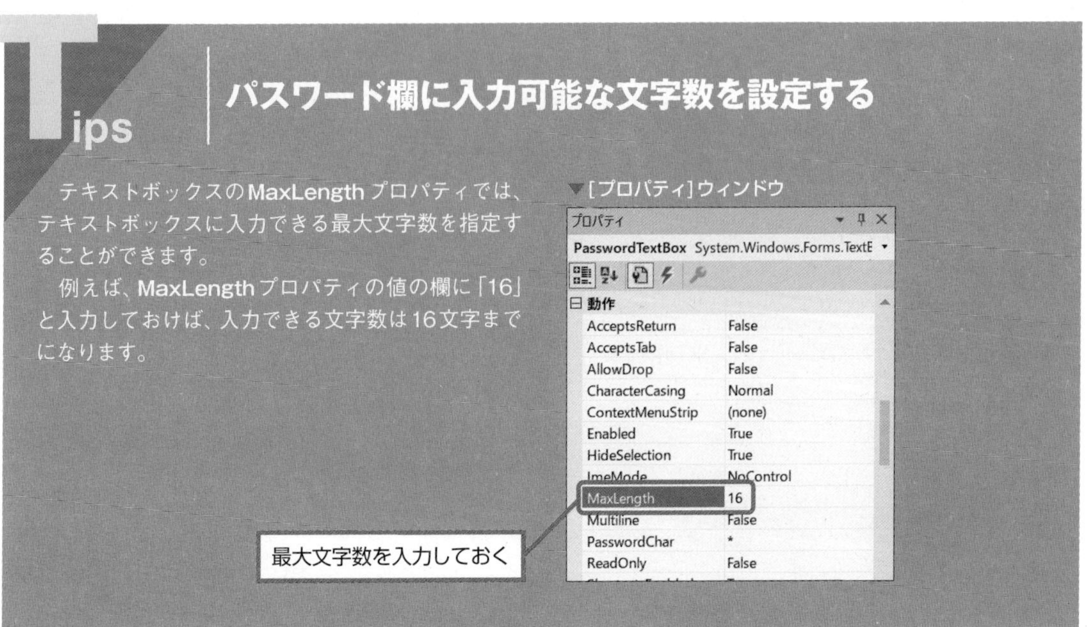

Tips パスワード欄に入力可能な文字数を設定する

テキストボックスのMaxLengthプロパティでは、テキストボックスに入力できる最大文字数を指定することができます。

例えば、MaxLengthプロパティの値の欄に「16」と入力しておけば、入力できる文字数は16文字までになります。

▼[プロパティ]ウィンドウ

Tips 複数の項目を選択できるようにするには

ListBoxコントロールの**SelectionMode**プロパティで「MultiExtended」または「MultiSimple」を設定すると、複数の項目を同時に選択できるようになります。

① フォーム上にButtonを配置し、Textプロパティに「OK」と入力します。

② フォーム上にListBoxを配置し、ListBoxのアイテムを入力します。

③ ListBoxを選択し、**プロパティ**ウィンドウで、**動作**カテゴリの**SelectionMode**プロパティをクリックし、**MultiSimple**を選択します。

④ **OK**ボタンをダブルクリックし、イベントハンドラーに次のように記述します。

▼ListBoxで選択されたすべての項目を表示するステートメントの入力（プロジェクト「ListBoxMultiSelect」）

```
Public Class Form1
    Private Sub Button1_Click(sender As Object, e As EventArgs) Handles Button1.Click
        ' リストボックスのアイテムの文字列を保持する変数
        Dim item As String = ""
        ' 選択されたアイテムをすべて取得する
        For i As Integer = 0 To ListBox1.SelectedItems.Count - 1
            item = item & ListBox1.SelectedItems.Item(i) & vbCrLf
        Next
        ' 選択されたアイテムをメッセージボックスに表示する
        MessageBox.Show(item, "週末にやること")
    End Sub
End Class
```

▼実行中のプログラム

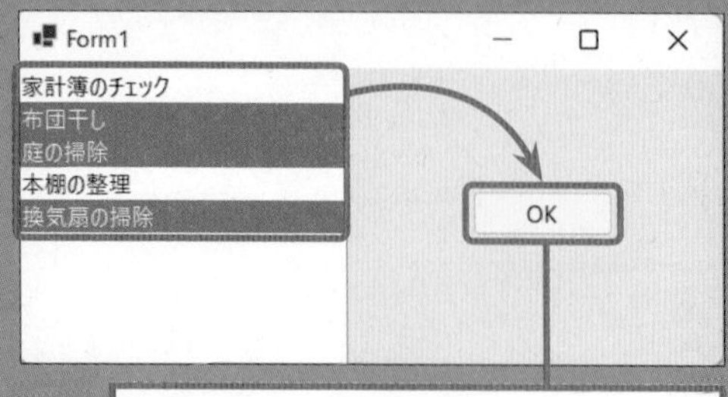

任意の項目を複数選択して、[OK]ボタンをクリックする

▼メッセージボックス

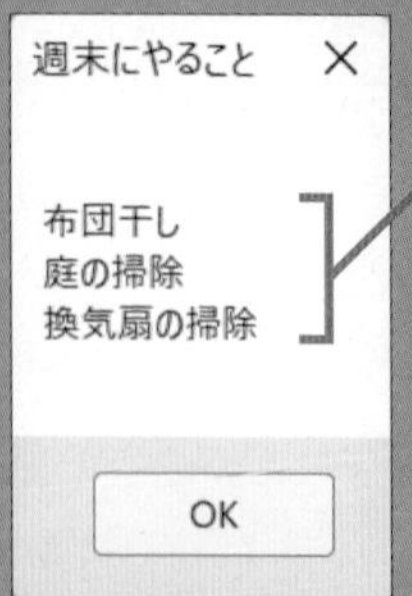

選択したすべての項目がメッセージボックスに表示される

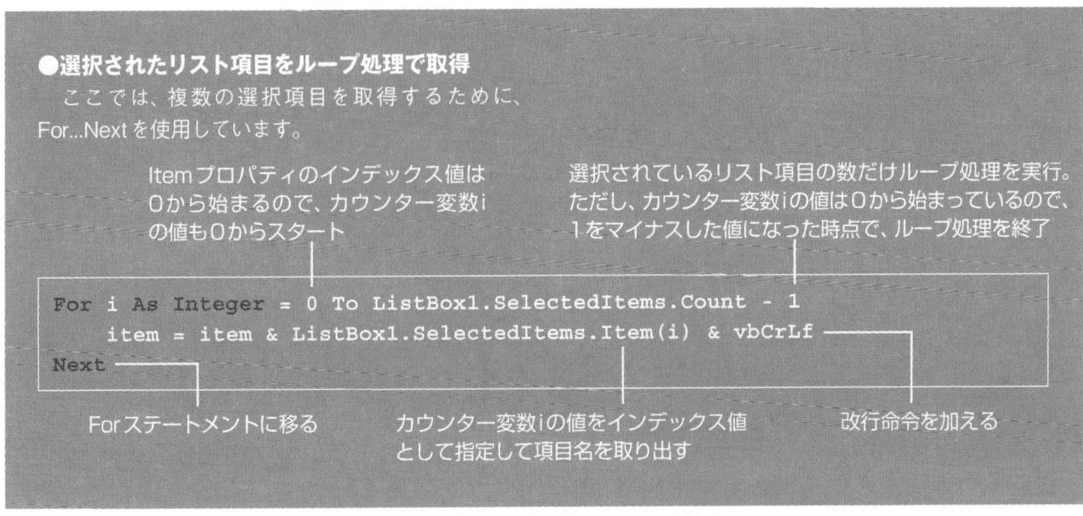

●選択されたリスト項目をループ処理で取得
ここでは、複数の選択項目を取得するために、For...Nextを使用しています。
Itemプロパティのインデックス値は0から始まるので、カウンター変数iの値も0からスタート
選択されているリスト項目の数だけループ処理を実行。ただし、カウンター変数iの値は0から始まっているので、1をマイナスした値になった時点で、ループ処理を終了
For i As Integer = 0 To ListBox1.SelectedItems.Count - 1
    item = item & ListBox1.SelectedItems.Item(i) & vbCrLf
Next
Forステートメントに移る
カウンター変数iの値をインデックス値として指定して項目名を取り出す
改行命令を加える

リストボックスに項目を追加する

これまでは、あらかじめListBoxに設定されてある項目から選択する処理を行ってきましたが、今度は、テキストボックスに入力された文字列をリストボックスに追加したり削除したりできるようにしてみましょう。

▼フォームデザイナー（プロジェクト「EditableListBox」）

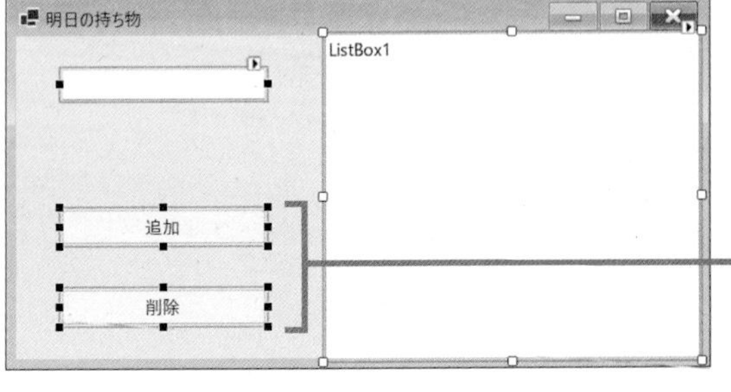

1. フォーム上にTextBox、ListBoxおよび2つのButtonを配置します。
2. 次ページの表のとおりに、それぞれのプロパティを設定します。

▼各コントロールのプロパティ設定

●TextBoxコントロール

プロパティ	設定値
(Name)	TextBox1
Text	(空欄)

●ListBoxコントロール

プロパティ	設定値
(Name)	ListBox1

●Buttonコントロール(上から1番目)

プロパティ	設定値
(Name)	Button1
Text	追加

●Buttonコントロール(上から2番目)

プロパティ	設定値
(Name)	Button2
Text	削除

●Form

プロパティ	設定値
Text	明日の持ち物

3 **追加**ボタンをダブルクリックして、次のように記述します。

▼TextBoxに入力された文字列をリストボックスに追加する処理を記述(Form1.vb)

```
Private Sub Button1_Click(sender As Object, e As EventArgs) Handles Button1.Click
    ' リストボックスのインデックス0の位置にテキストボックスに入力された文字列を追加する
    ListBox1.Items.Insert(0, TextBox1.Text)
    ' テキストボックスをクリア
    TextBox1.Clear()
End Sub
```

4 **削除**ボタンをダブルクリックして、次のように記述します。

▼ListBoxで選択された項目を削除する処理を記述(Form1.vb)

```
Private Sub Button2_Click(sender As Object, e As EventArgs) Handles Button2.Click
    ' リストボックスのアイテムを削除する処理
    ' アイテムが選択されていない場合はListBox.SelectedIndexプロパティの値が-1になる
    If ListBox1.SelectedIndex = -1 Then
        ' アイテムが選択されていないことを通知する
        MessageBox.Show("削除する項目を選択してください。", "エラー")
    Else
```

```
        ' 選択されたアイテムのインデックスをListBox.SelectedIndexで取得して
        ' リストボックスから削除する
        ListBox1.Items.RemoveAt(ListBox1.SelectedIndex)
    End If
End Sub
```

▼追加・削除の実行

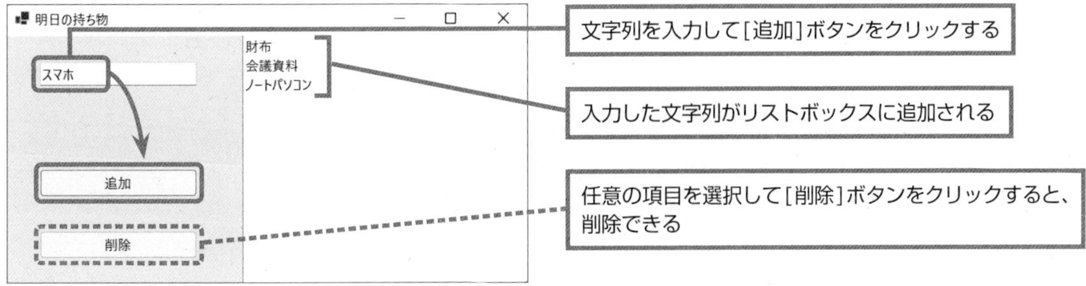
明日の持ち物
スマホ
財布
会議資料
ノートパソコン
追加
削除
文字列を入力して[追加]ボタンをクリックする
入力した文字列がリストボックスに追加される
任意の項目を選択して[削除]ボタンをクリックすると、削除できる

Onepoint ListBoxへの項目の追加

次は、テキストボックスに入力された文字列をリストボックスに追加するためのコードです。

▼テキストボックス内の文字列をリストボックスに項目として追加する

構文 リストボックス名.Items.Insert(リストボックスの追加位置を示すインデックス値, テキストボックス名.Text)

5.3.4 メッセージボックスを利用してアプリを閉じる

メッセージボックスを表示するには、MessageBox.Show() メソッドを使います。

▼MessageBox.Show() メソッドでメッセージボックスを表示する

```
MessageBox.Show("メッセージ", "タイトル",
                ボタン指定するMessageBoxButtons列挙体のメンバー名,
                アイコンを指定するMessageBoxIcon列挙体のメンバー名)
```

▼MessageBox.Show () メソッドの引数

引数の種類	内容
メッセージ	省略不可。半角文字(1バイト)で最大1024文字まで指定することが可能。
タイトル	省略可能。省略した場合は、タイトルバーに何も表示されない。
ボタンとアイコンを指定する列挙体のメンバー名	省略可能。ただし、省略した場合は[OK]ボタンのみを表示。詳細は下記Onepointの表を参照。

▼例

```
MessageBox.Show("表示ボタンがクリックされました。",
                "確認", MessageBoxButtons.OK, MessageBoxIcon.Information)
```

[OK]ボタンの表示を指定する列挙体の値

インフォメーション用のアイコンの表示を指定する列挙体の値

MessageBoxButtons/MessageBoxIcon列挙体

MessageBox.Show () メソッドでは、次のような **MessageBoxButtons**列挙体や**MessageBoxIcon**列挙体のメンバーを引数にすることで、表示するボタンやアイコンを指定することができます。

▼MessageBoxButtons列挙体のメンバー(ボタン)

メンバー名	内容
OK	[OK]ボタンを表示する。
OKCancel	[OK][キャンセル]ボタンを表示する。
YesNo	[はい]ボタンと[いいえ]ボタンを表示する。
YesNoCancel	[はい]ボタン、[いいえ]ボタン、[キャンセル]ボタンを表示する。
RetryCancel	[再試行]ボタンと[キャンセル]ボタンを表示する。
AbortRetryIgnore	[中止]ボタン、[再試行]ボタン、[無視]ボタンを表示する。

▼MessageBoxIcon列挙体のメンバー(アイコン)

メンバー名	内容
Asterisk	情報メッセージアイコンを表示する。
Information	情報メッセージアイコンを表示する。
Error	警告メッセージアイコンを表示する。
Stop	警告メッセージアイコンを表示する。
Hand	警告メッセージアイコンを表示する。
Exclamation	注意メッセージアイコンを表示する。
Warning	注意メッセージアイコンを表示する。
Question	問い合わせメッセージアイコンを表示する。
None	メッセージボックスに記号を表示しない。

プログラムが実行されてフォームが読み込まれたタイミングで、プログラムを実行するかどうかを確認するメッセージボックスを表示し、**はい**ボタンをクリックするとフォームを表示し、**いいえ**ボタンをクリックするとプログラムを終了するようにしてみましょう。

1 Windowsフォームデザイナーでフォームを表示し、これをダブルクリックします。

2 Form1が読み込まれるときに実行されるイベントハンドラーForm1_Load()が作成されるので、次のコードを入力します。

▼プログラムの実行と終了を選択するメッセージを表示するステートメントの入力(プロジェクト「ExitMessageBox」)

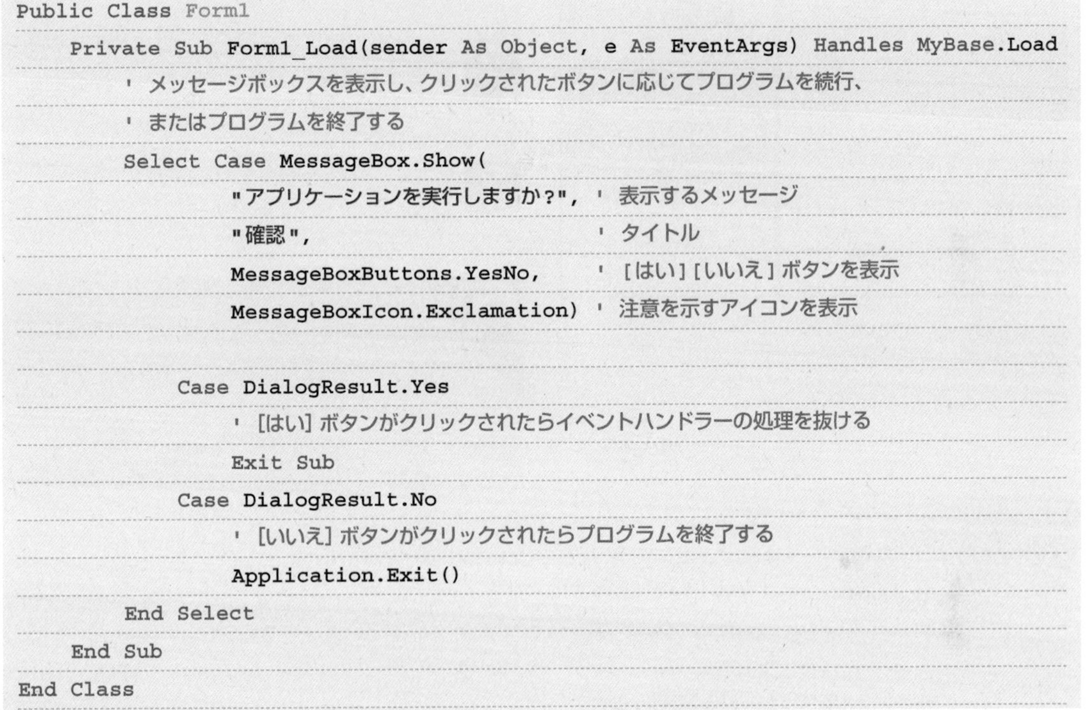

```
Public Class Form1
    Private Sub Form1_Load(sender As Object, e As EventArgs) Handles MyBase.Load
        ' メッセージボックスを表示し、クリックされたボタンに応じてプログラムを続行、
        ' またはプログラムを終了する
        Select Case MessageBox.Show(
                "アプリケーションを実行しますか?",  ' 表示するメッセージ
                "確認",                             ' タイトル
                MessageBoxButtons.YesNo,            ' [はい][いいえ]ボタンを表示
                MessageBoxIcon.Exclamation)         ' 注意を示すアイコンを表示

            Case DialogResult.Yes
                ' [はい]ボタンがクリックされたらイベントハンドラーの処理を抜ける
                Exit Sub
            Case DialogResult.No
                ' [いいえ]ボタンがクリックされたらプログラムを終了する
                Application.Exit()
        End Select
    End Sub
End Class
```

入力が済んだら、プログラムを実行してみましょう。

▼実行中のプログラム

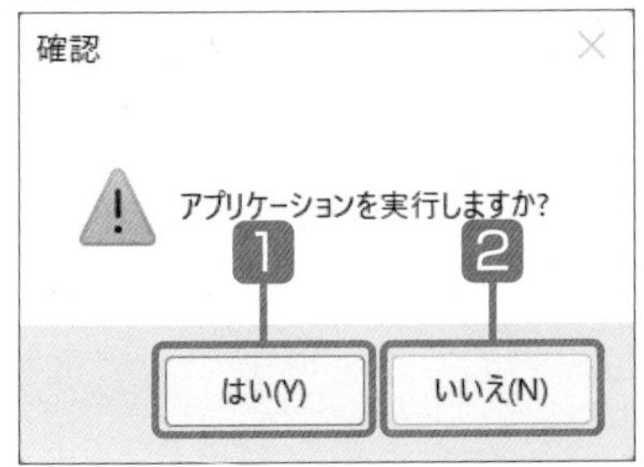

1 **はい**ボタンをクリックすると、メッセージボックスが閉じて、フォームが表示されます。

2 **いいえ**ボタンをクリックすると、メッセージボックスが閉じると同時に、プログラムが終了します。

Onepoint

Exit()は、Applicationクラスの静的メソッドで、アプリケーションが使用しているすべてのウィンドウ(フォーム)を閉じます。

5.3.5 メニューを使ってみよう

メニュー項目が選択されたときの処理は、項目をダブルクリックして作成されるClickイベントハンドラーに記述します。

▼フォームデザイナー（プロジェクト「Menu」）

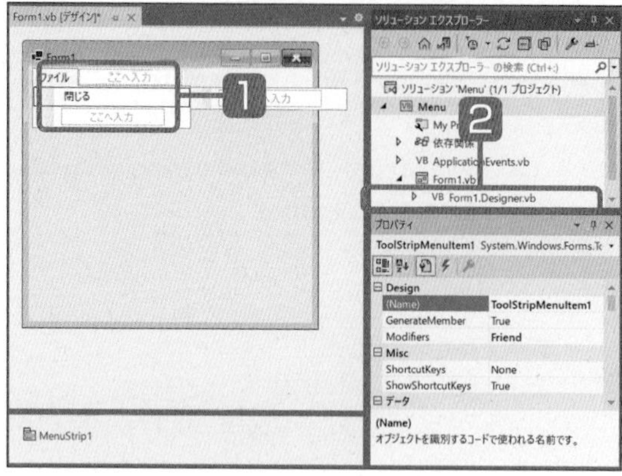

1. フォーム上にMenuStripを配置し、メニュー名に**ファイル**と入力し、項目名に**閉じる**と入力します。
2. メニューの**閉じる**を選択し、**プロパティ**ウィンドウの**(Name)**の欄に、「ToolStripMenuItem1」と入力します。
3. メニューの**閉じる**の項目をダブルクリックし、イベントハンドラーに次のコードを記述します。

Attention

初期状態で、選択したメニューの項目名が「閉じるToolStripMenuItem」のように設定される場合があるので、このような場合は、「ToolStripMenuItem1」のように、すべてアルファベットの名前にしておくようにします。

▼［ファイル］メニューの［閉じる］を選択したときに実行されるイベントハンドラー（Form1.vb）

```
Public Class Form1
    Private Sub ToolStripMenuItem1_Click(sender As Object, e As EventArgs
                                        ) Handles ToolStripMenuItem1.Click
        ' 終了を伝えるメッセージを表示
        MessageBox.Show("終了します。")
        ' フォームを閉じる
        Close()
    End Sub
End Class
```

▼実行中のプログラム

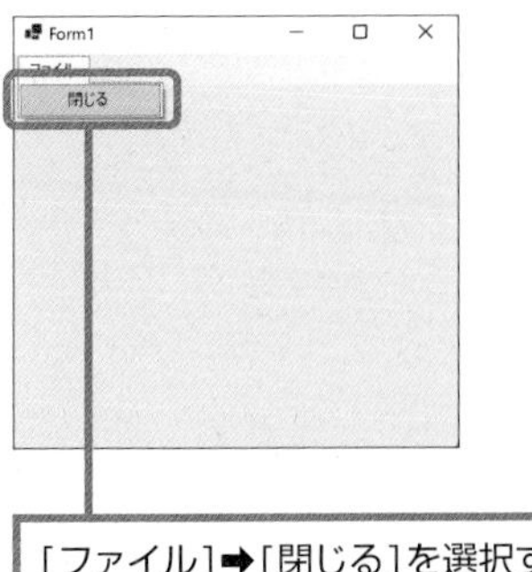

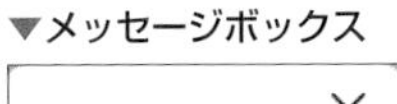

[ファイル]➡[閉じる]を選択する

▼メッセージボックス

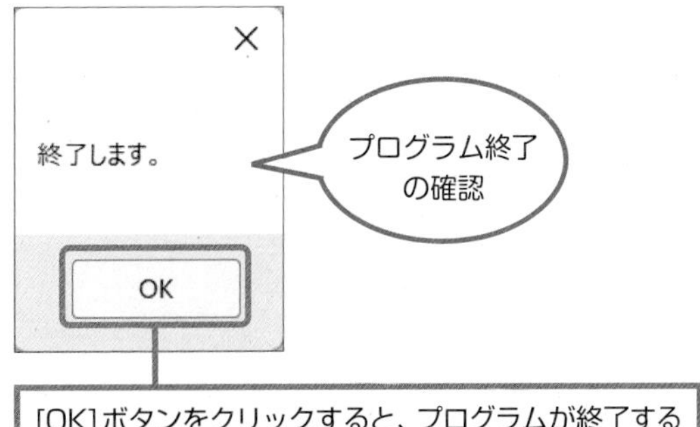

[OK]ボタンをクリックすると、プログラムが終了する

Tips IMEを自動でオンにする

テキストボックスをクリックしたタイミングで、自動的にIMEをオンにするには、次の手順で、Clickイベントのハンドラーをもう1つ作成し、テキストボックスのImeModeプロパティの設定を行うステートメントを追加します。

❶フォームをコードエディターで表示します。
❷**クラス名**の▼をクリックして、**TextBox1**を選択します。
❸**メソッド名**の▼をクリックして、**Click**を選択します。
❹Clickイベントハンドラーが作成されるので、次のように記述します。

```
Private Sub TextBox1_Click(sender As Object, e As EventArgs) Handles TextBox1.Click
    ' ひらがな入力を有効にする
    TextBox1.ImeMode = ImeMode.Hiragana
End Sub
```

●IMEモードをオンにする

構文

```
コントロール名.ImeMode = ImeMode.Hiragana
```

- ImeMode — ImeModeプロパティ
- Hiragana — IMEのひらがな入力をオンにするためのImeMode列挙体のメンバー

Memo 選択された複数の項目を取り出す方法

リストボックスで選択された複数の項目を取得するには、**SelectionItems**プロパティを使用します。SelectionItemsプロパティは、ListBoxコントロールで選択されたすべての項目を格納しているListBox.SelectedObjectCollectionクラスのインスタンスへの参照を格納しています。

▼SelectionItemsコレクションからリスト項目を取り出す

構文
```
代入先の変数名 = リストボックス名.SelectionItems.Item(インデックス値)
```

Itemプロパティでインデックス番号を指定すると、リスト項目を返してきます。ただし、インデックス番号は0から始まるので、一番最初の項目を指定する場合は、「Item(0)」になります。

▼リストボックスで選択されているリスト項目の数を取得する

構文
```
代入先の変数名 = リストボックス名.SelectionItems.Count
```

Countプロパティは、「現在、選択されているリスト項目の数」を返すプロパティです。

Memo ボタンの戻り値

MessageBox.Show()メソッドで表示したメッセージボックスでは、クリックしたボタンに応じて、右表で示したDialogResult列挙体のメンバーを返してきます。

本文413ページの作成例では、Select Caseステートメントを使って、DialogResult列挙体のメンバーがYesの場合はExit Subステートメントを実行してメッセージボックスを閉じ、Noの場合はApplicationクラスのExit()メソッドを実行してプログラムを終了するようにしています。

右の表は、MessageBox.Show()メソッドで表示したメッセージボックスのボタンをクリックしたときの戻り値(DialogResult列挙体のメンバー)です。

▼戻り値

ボタン	戻り値
キャンセル	Cancel
はい	Yes
いいえ	No
OK	OK
中止	Abort
無視	Ignore
再試行	Retry

5.3.6 他のアプリと連携してみよう

Processコンポーネントを利用すると、コンピューターにインストール済みの他のアプリの起動・終了が行えます。ここでは、メモ帳とペイントを実行するための**Process**コンポーネントを組み込んで、Buttonコントロールがクリックされたタイミングで実行されるようにします。

1 フォーム上にButtonを4つ配置し、次の表のとおりに、それぞれのプロパティを設定します。

▼各コントロールのプロパティ設定

●Buttonコントロール（左上）

プロパティ名	設定値
(Name)	Button1
Text	メモ帳の起動

●Buttonコントロール（右上）

プロパティ名	設定値
(Name)	Button2
Text	ペイントの起動

●Buttonコントロール（左下）

プロパティ名	設定値
(Name)	Button3
Text	メモ帳を閉じる

●Buttonコントロール（右下）

プロパティ名	設定値
(Name)	Button4
Text	ペイントを閉じる

▼ツールボックス（プロジェクト「ProcessComponent」）

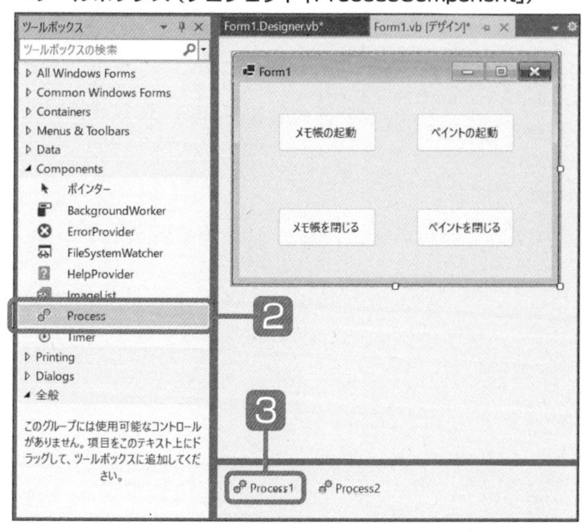

2 ツールボックスの**Components**カテゴリにある**Process**コンポーネントを2回ダブルクリックします。

3 「Process1」「Process2」がコンポーネントトレイに表示されるので、「Process1」をクリックします。

4 **プロパティ**ウィンドウで**StartInfo**を展開し、**FileName**の値の欄に「notepad.exe」と入力します。

5 コンポーネントトレイに表示されている「Process2」をクリックします。

6 **プロパティ**ウィンドウで、**StartInfo**の**FileName**の値の欄に「mspaint.exe」と入力します。

▼プロパティウィンドウ

▼プロパティウィンドウ

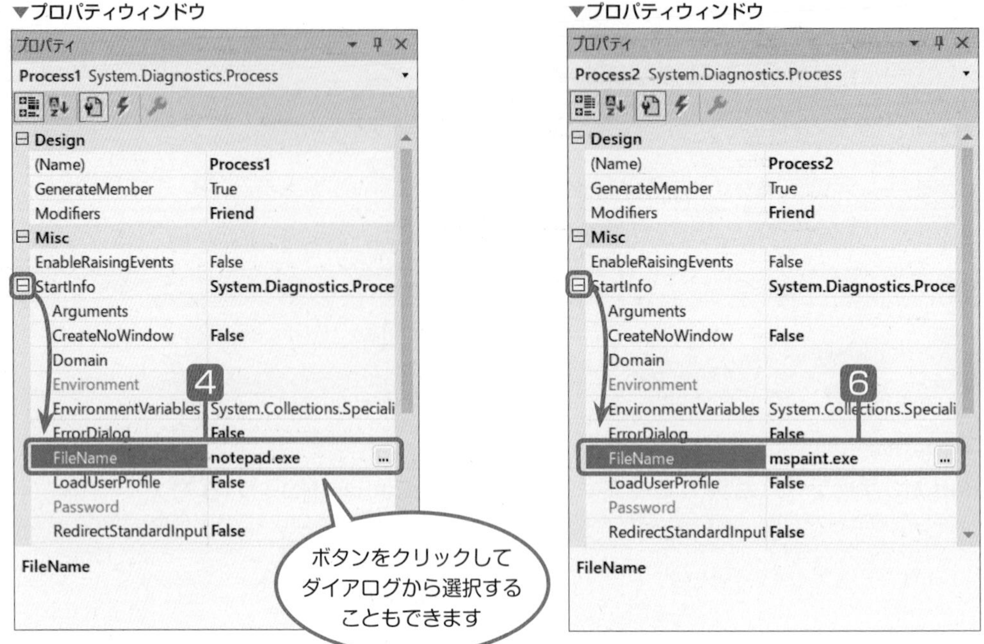

7 **メモ帳の起動**ボタン（Button1）をダブルクリックして、イベントハンドラーに次のコードを記述します。

▼Process1コンポーネントを起動するステートメントの入力（Form1.vb）

```
Private Sub Button1_Click(sender As Object, e As EventArgs) Handles Button1.Click
    ' Process1を実行して「メモ帳」を起動する
    Process1.Start()
End Sub
```

Onepoint

メモ帳の起動ボタン（Button1）がクリックされたときの処理として、Start()メソッドを使って、メモ帳を起動するための「Process1」コンポーネントを実行するようにしています。

8 **ペイントの起動**ボタン（Button2）をダブルクリックして、イベントハンドラーに次のコードを記述します。

▼Process2コンポーネントを起動するステートメントの入力（Form1.vb）

```
Private Sub Button2_Click(sender As Object, e As EventArgs) Handles Button2.Click
    ' Process2を実行して「ペイント」を起動する
    Process2.Start()
End Sub
```

Onepoint

ペイントの起動ボタン（Button2）がクリックされたときの処理として、Start()メソッドを使って、ペイントを起動するための「Process2」コンポーネントを実行するようにしています。

プログラムを終了する処理を追加する

CloseMainWindow()メソッドを使うと、アプリケーションソフトのタイトルバーに表示される**閉じる**ボタンをクリックしたときと同じ操作を行うことができます。

1 **メモ帳を閉じる**ボタン（Button3）をダブルクリックして、イベントハンドラーに次のコードを記述します。

Onepoint

CloseMainWindow()メソッドで、メモ帳を実行しているProcess1コンポーネントを終了するようにしています。

▼Process1で起動中のアプリケーションを終了させるステートメントの入力（Form1.vb）

```
Private Sub Button3_Click(sender As Object, e As EventArgs) Handles Button3.Click
    ' Try...CatchでProcess1の画面終了のエラーを処理する
    Try
        ' Process1で実行中の画面（ウィンドウ）を終了する
        Process1.CloseMainWindow()
    Catch ex As Exception
        ' Process1でアプリの画面が起動していない場合は例外Exceptionが発生するので
        ' これをキャッチしてエラーメッセージを表示
        MessageBox.Show("メモ帳は起動していません")
    End Try
End Sub
```

メモ帳を起動ボタンをクリックしてProcess1.Start()が実行されていない場合に

```
Process1.CloseMainWindow()
```

が実行されるとエラーが発生します。この場合、Try...Catchによるエラー処理を行うことでプログラムを止めないようにすることができます。ここでは、Tryブロックで

```
Process1.CloseMainWindow()
```

を実行し、エラーが発生するとエラーオブジェクトExceptionが発生するのでCatchブロックで

```
Catch ex As Exception
```

としてExceptionオブジェクトを取得し、エラーを通知するメッセージボックスを表示するようにしました。

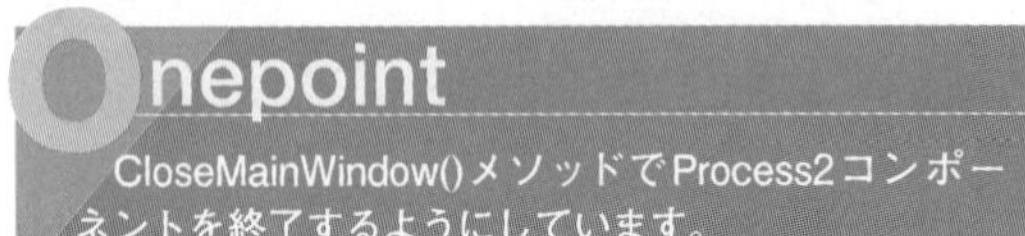
Onepoint
CloseMainWindow()メソッドでProcess2コンポーネントを終了するようにしています。

2 **ペイントを閉じる**ボタン(Button4)をダブルクリックして、イベントハンドラーに次のコードを記述します。

▼Process2で起動中のアプリケーションを終了させるステートメントの入力(Form1.vb)

```
Private Sub Button4_Click(sender As Object, e As EventArgs) Handles Button4.Click
    ' Try...CatchでProcess2の画面終了のエラーを処理する
    Try
        ' Process2で実行中の画面(ウィンドウ)を終了する
        Process2.CloseMainWindow()
    Catch ex As Exception
        ' Process2でアプリの画面が起動していない場合は例外Exceptionが発生するので
        ' これをキャッチしてエラーメッセージを表示
        MessageBox.Show("ペイントは起動していません")
    End Try
End Sub
```

▼実行中のプログラム

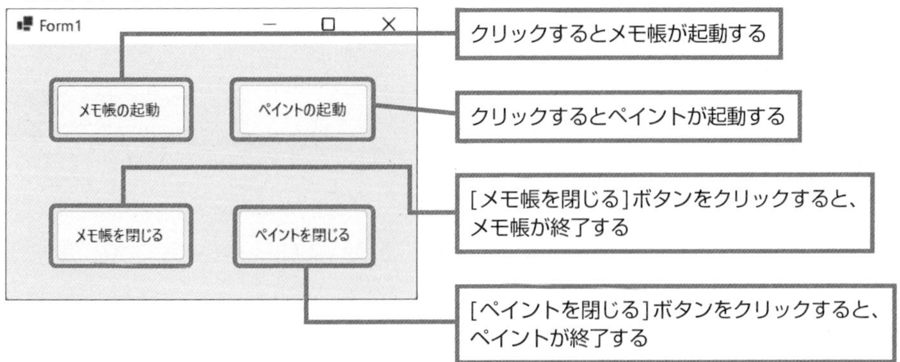
Form1
メモ帳の起動
ペイントの起動
メモ帳を閉じる
ペイントを閉じる
クリックするとメモ帳が起動する
クリックするとペイントが起動する
[メモ帳を閉じる]ボタンをクリックすると、メモ帳が終了する
[ペイントを閉じる]ボタンをクリックすると、ペイントが終了する

メモ帳またはペイントを起動しないで**～を閉じる**ボタンをクリックした場合、エラーを通知するメッセージが表示されます（初回のみ）。

●Processコンポーネント

Processコンポーネントは、System.Diagnostics名前空間のProcessクラスのインスタンスです。

・Process.Start() メソッド

Processコンポーネントに登録されているプロセス（プログラムなど）を起動し、Process コンポーネントに関連付けます。

・Process.CloseMainWindow() メソッド

実行中のユーザーインターフェイス（ウィンドウ）があるプロセスを終了します。

Hint 1つのイベントに対するイベントハンドラーの名前

Button1に対して、例えばButton1_Click()とButton2_Click()という2つのイベントハンドラーを定義することができます。一見すると別々のボタンに対するイベントハンドラーのように見えますが、宣言部の末尾に「Handles Button1.Click」と書くことで、2つのイベントハンドラーをButton1のClickイベントに関連付けることができます。

この場合、Button1をクリックすると、この2つのイベントハンドラーが定義されている順番で呼び出されるようになります。

実際のコード例が本文424ページにありますので参照してください。

5.3.7 イベントの仕組みを解剖してみよう

次のコードは、フォーム上に配置したButton1をダブルクリックしたときに、Visual BasicのIDEが自動的に記述するコードです。

▼IDEが自動的に作成したイベントハンドラー

```
Private Sub Button1_Click(sender As Object, e As EventArgs) Handles Button1.Click
End Sub
```

Handlesキーワード

Handlesキーワードは、イベントハンドラー（イベント処理用のプロシージャ）が処理するイベントを指定するためのキーワードで、特定のコントロールが発生するイベントの種類を指定します。Handles句はプロシージャの宣言部の最後に記述します。

▼Handlesによるイベントの指定

構文

```
アクセス修飾子 Sub プロシージャ名(パラメーターのリスト) Handles 対象のオブジェクト.イベント
```

イベントの種類には、これまで扱ってきたCloseやClickなどがあります。上に示したコードでは、「Handles Button1.Click」とすることで、Button1のClickイベントが発生したときに、Button1_Click()が実行されることを示しています。

Onepoint

イベントハンドラー名が「Button1_Click」になっていますが、イベントとは関係がないので、任意の名前にすることもできます。

1つのメソッドで複数のイベントを処理してみよう

Handlesは、1つのメソッドを複数のイベントに対応させることができます。この場合、カンマ(,)で区切ってイベントの指定を列挙します。

次は、フォーム上に配置した3つのコントロールの以下のイベントに対して、MessageBox.Show()メソッドを実行する例です。

1. フォーム上にButtonコントロールを2個(Button1、Button2)配置し、CheckBoxコントロールを1個(CheckBox1)配置します。

2. **ソリューションエクスプローラー**で「Form1.vb」を右クリックして**コードの表示**を選択します。

3 Form1クラス内部に、イベントハンドラーHandling()を定義するコードを記述します。

▼Handlesによる複数のイベントの処理（Form1.vb）（プロジェクト「EventMulti」）

```
Public Class Form1
    Private Sub Handling(sender As Object, e As EventArgs
                    ) Handles Button1.Click,                ' クリックイベント
                              Button2.MouseHover,           ' マウスオーバーイベント
                              CheckBox1.CheckedChanged      ' チェック状態のイベント
        MessageBox.Show("イベントが発生しました。")
    End Sub
End Class
```

イベントハンドラーHandling()では、Handlesキーワードを使って各コントロールに以下のイベントを紐付けています。

・Button1に対するClickイベント（クリック時に発生）
・Button2に対するMouseHoverイベント（マウスオーバー時に発生）
・CheckBox1に対するCheckedChangedイベント（Checkの状態が変化したときに発生）

これらのイベントのどれかが発生すると、メッセージボックスが表示されます。

▼実行中のプログラム

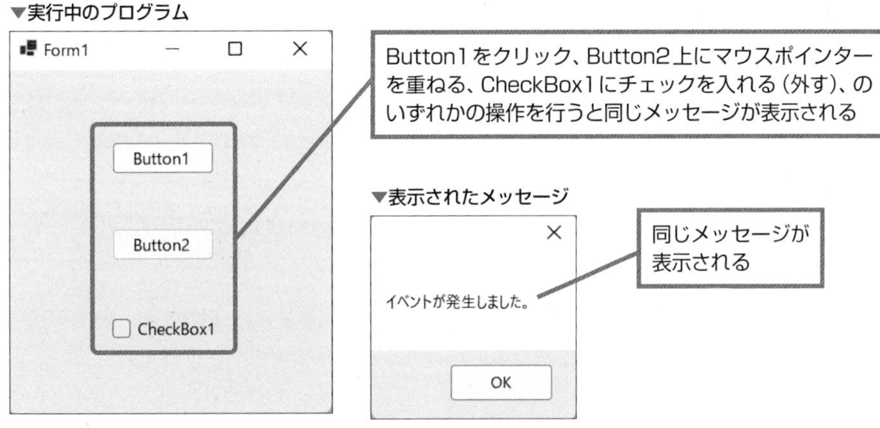
Form1
Button1
Button2
CheckBox1
Button1をクリック、Button2上にマウスポインターを重ねる、CheckBox1にチェックを入れる（外す）、のいずれかの操作を行うと同じメッセージが表示される
▼表示されたメッセージ
イベントが発生しました。
OK
同じメッセージが表示される

1つのイベントに対して複数のイベントハンドラーを指定してみる

Onepoint

Handlesは、1つのイベントに対し、複数のイベントハンドラーを実行することもできます。

フォーム上にButtonコントロール（Button1）を配置して、Form1.vbをコードエディターで開き、次ページのコードのように記述すると、1つのボタンのClickイベントに対してメッセージが2回表示されます。

▼Handlesによる複数のイベントの処理（Form1.vb）（プロジェクト「EventMultiMethod」）

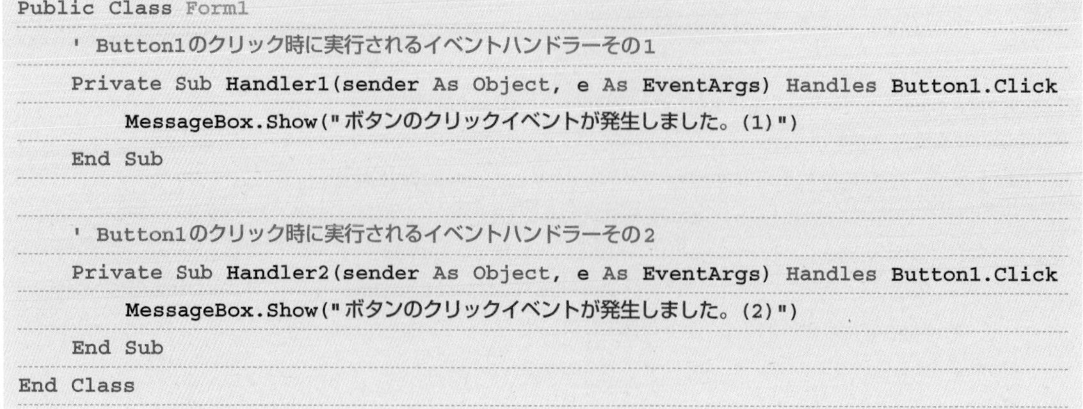

```
Public Class Form1
    ' Button1のクリック時に実行されるイベントハンドラーその1
    Private Sub Handler1(sender As Object, e As EventArgs) Handles Button1.Click
        MessageBox.Show("ボタンのクリックイベントが発生しました。(1)")
    End Sub

    ' Button1のクリック時に実行されるイベントハンドラーその2
    Private Sub Handler2(sender As Object, e As EventArgs) Handles Button1.Click
        MessageBox.Show("ボタンのクリックイベントが発生しました。(2)")
    End Sub
End Class
```

▼プログラムの実行　▼1つ目のメッセージ　▼2つ目のメッセージ

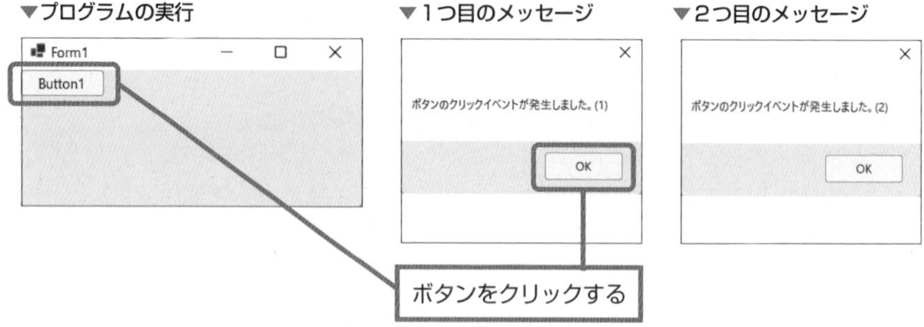
Form1
Button1
ボタンのクリックイベントが発生しました。(1)
OK
ボタンのクリックイベントが発生しました。(2)
OK
ボタンをクリックする

「sender」を利用してイベントの発生源を取得してみよう

Onepoint

1つのイベントハンドラーで、複数のイベントに対応している場合、イベントハンドラーの第1パラメーターの「sender」を参照することで、イベントの発生源を取得することができます。senderはSystem.Object型のパラメーターです。

Clickイベントは、イベント発生時に、イベントを発生させたコントロールの参照を返してくるので、このパラメーターを参照すればイベントの発生源がわかります。

ここでは、フォーム上に4つのボタンを配置し、それぞれのボタンのイベントを定義して、どのボタンがクリックされたのかを表示するようにしてみます。

1 フォーム上にButtonコントロールを4個（Button1、Button2、Button3、Button4）配置します。

2 **ソリューションエクスプローラー**で「Form1.vb」を右クリックして**コードの表示**を選択します。

3 Form1クラス内部に、イベントハンドラーButtonClick()を定義するコードを記述します。

▼変数senderを参照する (Form1.vb) (プロジェクト「EventSender」)

```
Public Class Form1
    ' Button1～Button4のクリック時に実行されるイベントハンドラー
    Private Sub ButtonClick(sender As Object, e As EventArgs
                            ) Handles Button1.Click, ' Button1のクリックイベント
                                      Button2.Click, ' Button2のクリックイベント
                                      Button3.Click, ' Button3のクリックイベント
                                      Button4.Click  ' Button4のクリックイベント
        If sender Is Button1 Then
            ' senderがButton1の場合
            MessageBox.Show("Button1がクリックされました")
        ElseIf sender Is Button2 Then
            ' senderがButton2の場合
            MessageBox.Show("Button2がクリックされました")
        ElseIf sender Is Button3 Then
            ' senderがButton3の場合
            MessageBox.Show("Button3がクリックされました")
        ElseIf sender Is Button4 Then
            ' senderがButton4の場合
            MessageBox.Show("Button4がクリックされました")
        End If
    End Sub
End Class
```

▼実行中のプログラム

▼Button2がクリックされたときのメッセージ

押すボタンごとにメッセージが異なる

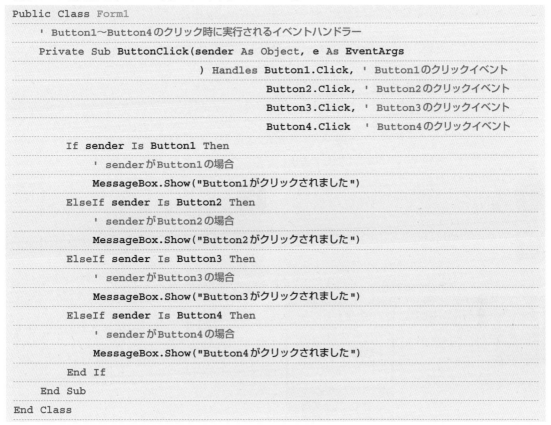

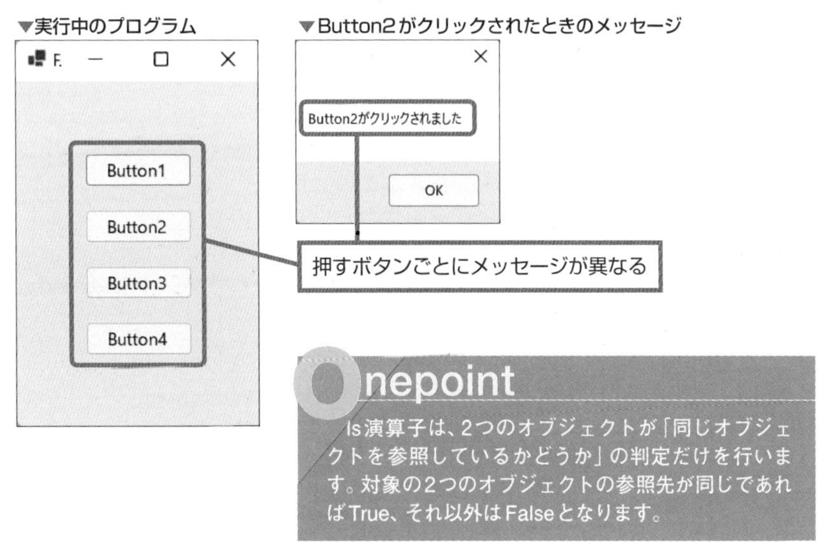

Onepoint

Is演算子は、2つのオブジェクトが「同じオブジェクトを参照しているかどうか」の判定だけを行います。対象の2つのオブジェクトの参照先が同じであればTrue、それ以外はFalseとなります。

EventArgsクラスでイベントの内容を取得する

イベントハンドラーの第2パラメーターは、System.EventArgsクラス型のパラメーターとなっています。System.EventArgsクラスは、イベントに関するデータを格納するためのクラスのスーパークラスです。

EventArgsには、様々なサブクラスが用意されていますが、ここではMouseEventArgsクラスを使ってみることにします。コントロール上にマウスポインターを重ねると、このクラスのインスタンスには、マウスポインターが置かれた位置のX座標とY座標が格納されます。

では、プログラムを作成して試してみましょう。

1 フォーム上にLabelコントロール（Label1）を配置します。

2 WindowsフォームデザイナーでForm1を表示し、これを選択した状態で**プロパティ**ウィンドウの**イベント**ボタンをクリックします。

3 **MouseMove**の項目をダブルクリックします。

▼Windowsフォームデザイナーとプロパティウィンドウ

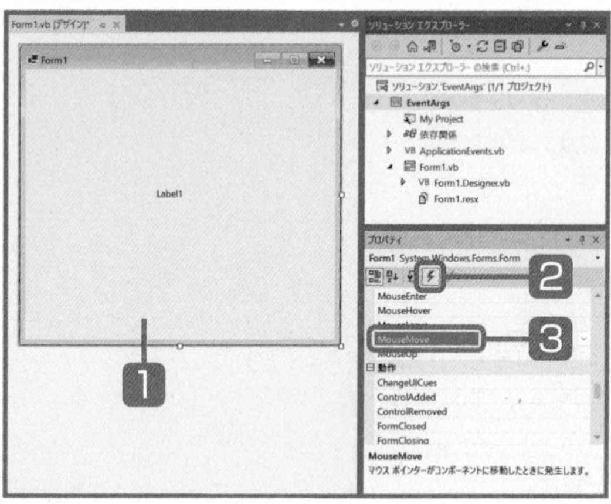

4 イベントハンドラーForm1_MouseMove()が作成されるので、次のコードを入力します。

▼MouseEventArgsを利用してマウスポインターの位置を表示する（プロジェクト「EventArgs」）

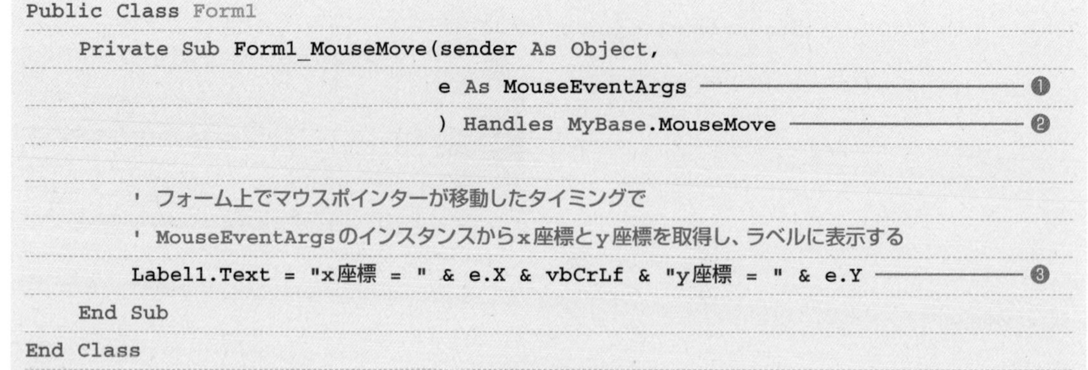

```
Public Class Form1
    Private Sub Form1_MouseMove(sender As Object,
                                e As MouseEventArgs ———— ❶
                                ) Handles MyBase.MouseMove ———— ❷

        ' フォーム上でマウスポインターが移動したタイミングで
        ' MouseEventArgsのインスタンスからx座標とy座標を取得し、ラベルに表示する
        Label1.Text = "x座標 = " & e.X & vbCrLf & "y座標 = " & e.Y ———— ❸
    End Sub
End Class
```

▼実行結果

Form1
フォーム上で
マウスポインターを
移動します
x座標 = 150
y座標 = 154
座標が表示される

❶では、イベントハンドラーの第2パラメーターの型として、System.EventArgsクラスのサブクラスであるMouseEventArgsクラスを指定することで、マウスイベントに関する情報を取得するようにしています。

❷では、マウスポインターを移動したときに発生するMouseMoveイベントを関連付けしています。

❸では、MouseEventArgsクラスのプロパティXおよびYに格納されている座標を参照し、Label1のTextプロパティに格納することで、それぞれの座標をフォーム上に表示するようにしています。

●MouseEventArgsのプロパティ

MouseEventArgsには、以下のプロパティがあります。

▼MouseEventArgsのプロパティ

プロパティ名	内容
Button	マウスの左右どちらのボタンが押されたかを示す値を取得する。
Clicks	マウスボタンが押されて離された回数を取得する。
Delta	マウスホイールを回転したときの回数を表す符合付きの数値を取得する。マウスホイールのノッチ1つぶんが1移動量になる。
Location	マウスイベント生成時のマウスの位置を取得する。
X	イベント生成時のマウスの x 座標を取得する。
Y	イベント生成時のマウスの y 座標を取得する。

Onepoint

MouseEventArgsでは、MouseMoveイベントのほかに、次のイベントを利用することができます。

- MouseDown
  コントロール上にマウスポインターを置いて、マウスをクリックしたときに発生します。
- MouseUp
  コントロール上にマウスポインターを置いて、クリックしたマウスボタンを離したときに発生します。

5.3.8 デリゲートを利用したイベントの送信

コントロールに対応するClickイベントは、デリゲートと呼ばれる仕組みを利用しています。「Public Event Click As EventHandler」のようにEventHandler型として宣言されていますが、EventHandlerの実体はデリゲートです。

▼Clickイベントの宣言文

```
Public Event Click As EventHandler
```

▼EventHandlerの宣言文

```
Public Delegate Sub EventHandler (sender As Object, e As EventArgs)
```

これではよくわかりませんので、EventHandler()とClickイベントの構造を見てみることにしましょう。

▼Control.Clickイベント(System.Windows.Forms.Controlクラス)

```
Public Class Control
     Inherits Component
     Implements IDropTarget, ISynchronizeInvoke, IWin32Window,
             IBindableComponent, IComponent, IDisposable

     ' コンストラクター、プロパティ、メソッドなどの定義

     Public Event Click As EventHandler ――――― Clickイベントの宣言(EventHandler型)

End Class
```

▼EventHandler デリゲート

```
Public Delegate Sub EventHandler (sender As Object, e As EventArgs)
```

イベントの宣言は、「アクセス修飾子 Event イベント名(パラメーター)」のように記述します。ですので、

```
Public Event Click(sender As Object, e As EventArgs)
```

と書くのが本来ですが、デリゲートを使うことで次のように簡潔に書いています。

```
Public Event Click As EventHandler
```

デリゲートはメソッドを表す型なので、EventHandler型としてイベントを宣言すれば、パラメーターの構造がそのままセットされます。あらかじめ、パラメーターのパターンをデリゲートで決めておけば、部品を挿すような感覚でパラメーターをセットできるというわけです。

デリゲートを利用したプログラムを作成してみよう

では、デリゲートを利用する独自のイベントを作成し、プログラム内で実行してみることにしましょう。

▼［新しい項目の追加］ダイアログ

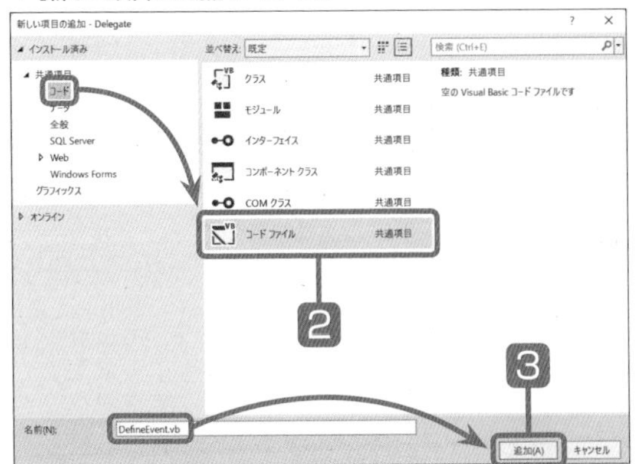

1. Windowsフォームアプリ用のプロジェクトを作成し、**プロジェクト**メニューの**新しい項目の追加**を選択します。
2. **新しい項目の追加**ダイアログで**共通項目**の**コード**を選択し、**コードファイル**を選択します。
3. **名前**の入力欄に「DefineEvent.vb」と入力して**追加**ボタンをクリックします。
4. 「DefineEvent.vb」がコードエディターで表示されるので、デリゲートとイベントを定義するコードを入力します。

▼DefineEvent.vb（プロジェクト「Delegate」）

```
' デリゲートの定義
Public Delegate Sub MytHandler(
    sender As Object,
    e As EventArgs,
    msg As String
)

' 独自のイベントとイベント発生に連動して実行されるメソッドを定義したクラス
Public Class DefineEvent
    ' デリゲートMytHandler型のイベントUniqueEventを宣言
    Public Event UniqueEvent As MytHandler ──── ❶

    ' UniqueEventの発生に連動して実行されるメソッド
    Public Sub GeneratedEvent(sender As Object, ──── ❷
                              e As EventArgs,
                              msg As String)
        ' UniqueEventを発生させる
        RaiseEvent UniqueEvent(sender, e, msg) ──── ❸
```

```
    End Sub
End Class
```

Eventキーワードを使うことで、独自のイベントを定義できます。❶では、MytHandlerデリゲート型のイベントUniqueEventを宣言しています。本来であれば、

```
Public Event UniqueEvent(sender As Object, e As EventArgs, msg As String)
```

のように、イベントハンドラーに渡す引数を指定するところですが、イベントの型がMytHandlerデリゲート型なので、引数の指定は不要です。

❷では、イベントの発生元になるアクションに連動して実行されるメソッドを定義しています。パラメーターのパターンは、デリゲートのものと同じです。このメソッドによってイベントを送信します。

❸のRaiseEventはイベントを発生させるキーワードです。ここでUniqueEventが発生し、イベントの受信者に通知されることになります。3つのパラメーターを引数にしてUniqueEventに引き渡し、UniqueEventは、この引数をそのまま受信者に引き渡します。

4 フォーム上にButtonコントロール（Button1）を配置し、これをダブルクリックしてイベントハンドラーを作成します。

5 「Form1.vb」にDefineEventクラスのインスタンスを格納するフィールド、独自のイベントハンドラーとButton1のイベントハンドラーのコードを入力します。

▼Form1.vb

```
Public Class Form1
    ' DefineEventクラスのインスタンスを生成
    Private WithEvents ev As New DefineEvent ' ―――――――――― ❶

    ' 独自に定義したUniqueEventが関連付けられたイベントハンドラー
    Private Shared Sub UniqueEventHandler(sender As Object,' ―――― ❷
                                          e As EventArgs,
                                          msg As String) Handles ev.UniqueEvent
                                          ―――――――――――――― ❸
        MessageBox.Show(sender.text & "において" & msg)
    End Sub

    ' Button1がクリックされたときに実行されるイベントハンドラー
    Private Sub Button1_Click(sender As Object, e As EventArgs) Handles Button1.Click
        ' デリゲートMytHandler型の変数にDefineEventクラスのGeneratedEvent()メソッドを登録
        Dim del As MytHandler = AddressOf ev.GeneratedEvent ―――――― ❹
        ' Button1を変数_senderに格納
        Dim _sender As Object = Button1 ' ――――――――――――― ❺
        ' EventArgsクラスのインスタンスを変数_eに格納
        Dim _e As New EventArgs ―――――――――――――――――― ❻
```

```
        ' メッセージを変数_msgに格納
        Dim _msg As String = "UniqueEventが発生しました" ――――――― ❼
        ' _sender, _e, _msgを引数にしてデリゲートを実行
        del(_sender, _e, _msg) ' ――――――― ❽
    End Sub
End Class
```

❶では、DefineEventクラスのインスタンスを生成しています。WithEventsは、インスタンス化するクラスがイベントを発生することを示すキーワードです。これによって、イベントハンドラーに「Handles evt.UniqueEvent」を追加することで、DefineEventのイベントUniqueEventを関連付けることができるようになります。

❷は、独自に作成したイベントUniqueEventが関連付けられたイベントハンドラーです。❸の「Handles ev.UniqueEvent」によってイベントUniqueEventが通知されると、このハンドラーが実行されます。

Button1のイベントハンドラー内の❹でデリゲートのインスタンスを生成しています。AddressOfは、デリゲートのインスタンスを生成する演算子で、「AddressOf 参照変数名.メソッド名」と書くことで、DefineEventクラスのgeneratedEvent()メソッドがデリゲートに登録されます。

❺、❻、❼で、デリゲートに渡す値を変数に格納し、❽でこれらの変数を引数にしてメソッドを呼び出します。ポイントは、デリゲートを使って呼び出している点です。デリゲートを参照するdelには、DefineEventクラスのインスタンスevからのgeneratedEvent()メソッド呼び出しが登録されています。つまり、この部分がイベントUniqueEventを発生させる起原となり、次の一連の処理が開始されます。

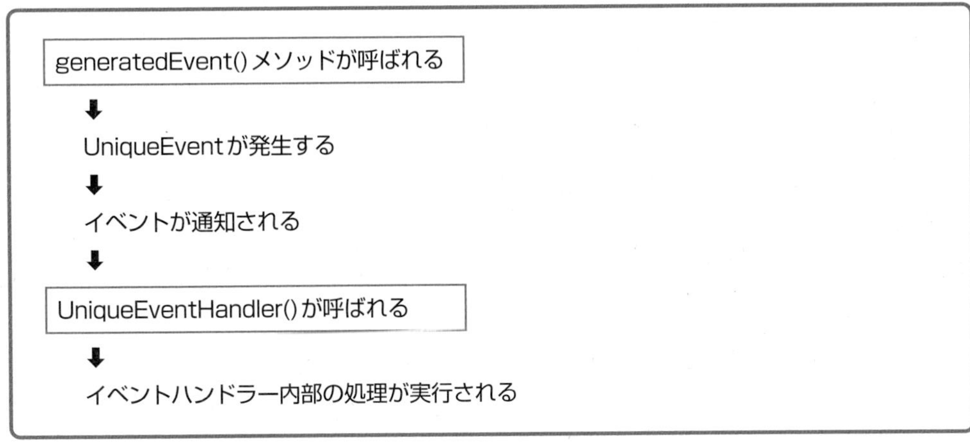

お気付きかもしれませんが、結局のところデリゲートとは「メソッド呼び出しをまるごと格納する変数」です。

```
ev.generatedEvent(_sender, _e, _msg)
```

と書くところを

```
del(_sender, _e, _msg)
```

と書いて、イベントを発生させています。

▼実行結果

Button1においてUniqueEventが発生しました
OK

ボタンをクリックするとButton1_Click()ハンドラー内でUniqueEventが発生し、UniqueEventHandler()ハンドラーが実行される

Memo スーパークラス「EventArgs」のメソッド

MouseEventArgsクラスのスーパークラスであるEventArgsクラスには、次のメソッドが定義されています。これらのメソッドは、すべてObjectクラスから継承されたメソッドです。

▼EventArgsクラスのメソッド

メソッド	説明
Equals(Object)	指定したオブジェクトが、現在のオブジェクトと等しいかどうかを判断する。
Finalize()	オブジェクトがガベージコレクションで再利用される前に、オブジェクトがリソースを解放して他のクリーンアップ操作を実行できるようにする。
GetHashCode()	特定の型のハッシュ関数として機能する。
GetType()	現在のインスタンスの型を取得する。
MemberwiseClone()	現在のオブジェクトの簡易コピーを作成する。
ToString()	現在のオブジェクトを表す文字列を返す。

5.3.9 Validatingイベントの利用

System.Windows.Forms名前空間に属するControlクラスでは、コントロールに対する以下のイベントが定義されています。

▼コントロールのイベント

イベント	内容
Enter	コントロールに対して入力が行われると発生します。
GotFocus	コントロールがフォーカスを受け取ると発生します。
Leave	コントロールに対するフォーカスが離れると発生します。
Validating	コントロールが参照されると発生します。
Validated	コントロールの参照が終了すると発生します。
LostFocus	コントロールにフォーカスがなくなると発生します。

●イベントの発生順

コントロールに対してフォーカスが移動すると、次の順序でイベントが発生します。

●マウス使用時のフォーカスイベントの発生順序

マウスを使用してフォーカスを変更する場合、フォーカスイベントは次の順序で発生します。

①Enter ➡ ②GotFocus ➡ ③LostFocus ➡ ④Leave ➡ ⑤Validating ➡ ⑥Validated

●キーボード使用時のフォーカスイベントの発生順序

キーボードの Tab キー、および Shift + Tab などを使用してフォーカスを変更する場合は、次の順序でフォーカスイベントが発生します。

①Enter ➡ ②GotFocus ➡ ③Leave ➡ ④Validating ➡ ⑤Validated ➡ ⑥LostFocus

Validatingイベントを利用したプログラムの作成

Windowsフォームアプリ用のプロジェクトを作成し、フォーム上にTextBoxコントロール(TextBox1)を配置します。**ソリューションエクスプローラー**で「Form1.vb」を右クリックして**コードの表示**を選択します。

Form1.vbに、「テキストボックスのValidatingイベントが発生した時点でテキストボックスのチェックを行い、テキストボックスが空欄であれば、これを伝えるメッセージを表示する」コードを入力します。

▼Validatingイベントを利用したイベントハンドラー（プロジェクト「Validating」）

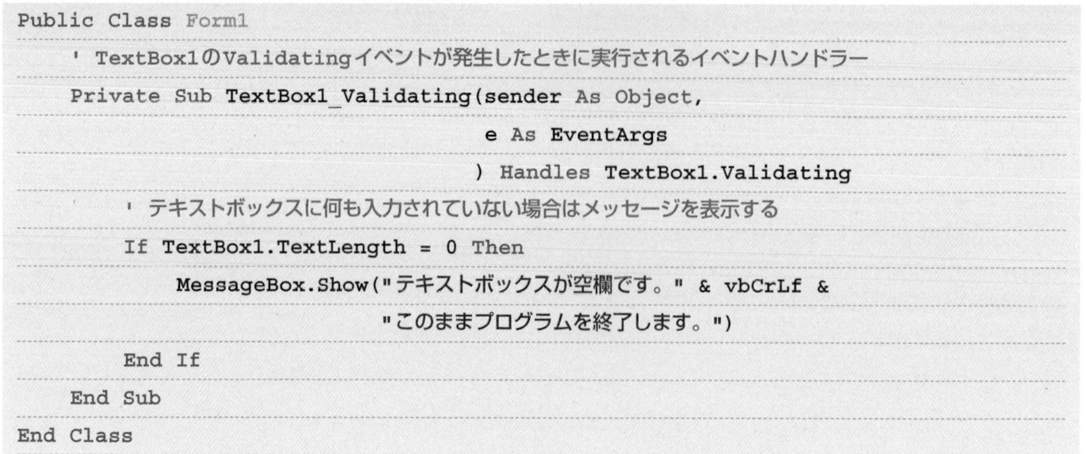

```
Public Class Form1
    ' TextBox1のValidatingイベントが発生したときに実行されるイベントハンドラー
    Private Sub TextBox1_Validating(sender As Object,
                                    e As EventArgs
                                    ) Handles TextBox1.Validating
        ' テキストボックスに何も入力されていない場合はメッセージを表示する
        If TextBox1.TextLength = 0 Then
            MessageBox.Show("テキストボックスが空欄です。" & vbCrLf &
                            "このままプログラムを終了します。")
        End If
    End Sub
End Class
```

▼実行中のプログラム　▼表示されたメッセージ

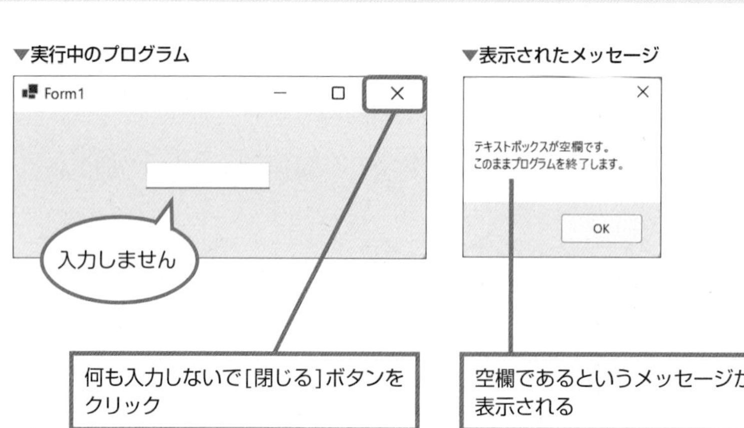
Form1
入力しません
テキストボックスが空欄です。
このままプログラムを終了します。
OK
何も入力しないで[閉じる]ボタンをクリック
空欄であるというメッセージが表示される

Memo

TextLengthプロパティ

「5.3.9　Validatingイベントの利用」では、TextLengthプロパティを使用して、テキストボックスに入力されている文字数のチェックを行っています。

TextBox.TextLengthプロパティ（実際に記述する場合、「TextBox」の項目は対象のTextBox名）は、TextBoxコントロールに格納されている文字数を格納するプロパティで、TextBoxを生成するもととなるTextクラスのプロパティです。

・TextBoxBaseクラスを継承

TextLengthプロパティは、Textクラスで直接、定義されているのではなく、TextBoxBaseクラスで定義されています。TextBoxBaseクラスには、TextBoxコントロールの機能を実装するためのプロパティやメソッド、イベントなどが定義されていて、TextBoxクラスは、TextBoxBaseクラスを継承することで、TextLengthプロパティが使用できるようにしています。

5.3.10 CancelEventArgsクラスの利用

CancelEventArgsは、名前空間System.ComponentModelに属するクラスで、フォームやコントロールなどの操作のうち、キャンセル可能な操作を行った場合に発生するイベントを扱います。

CancelEventArgsクラスを利用したプログラムを作成してみよう

Windowsフォームアプリ用のプロジェクトを作成し、フォーム上にTextBoxコントロール(TextBox1)を配置します。**ソリューションエクスプローラー**で「Form1.vb」を右クリックし、**コードの表示**を選択してコードエディターで表示します。

CancelEventArgsを利用して、フォームを閉じようとしたときに発生するClosingイベントに、テキストボックス内をチェックする機能を持たせたイベントハンドラーを定義します。

▼CancelEventArgsを使う(プロジェクト「CancelEvent」)

```
Public Class Form1
    ' Form1を閉じる際に実行されるイベントハンドラー
    Private Sub Form1_Closing(sender As Object,
                              e As System.ComponentModel.CancelEventArgs ──── ❶
                              ) Handles Me.FormClosing ──── ❷
        ' テキストボックスへの入力の有無に応じて、イベントの取り消しまたは続行をする
        If TextBox1.TextLength = 0 Then
            ' イベント(ここではフォームを閉じる)をキャンセルする(取り消す)
            e.Cancel = True ──── ❸
            MessageBox.Show("テキストボックスに何か入力してください")
        Else
            ' イベント(ここではフォームを閉じる)をキャンセルせずに続行する
            e.Cancel = False ──── ❹
            MessageBox.Show("プログラムを終了します")
        End If
    End Sub
End Class
```

❶e As System.ComponentModel.CancelEventArgs

CancelEventArgsクラス型の変数「e」を宣言しています。

❷Handles Me.FormClosing

「FormClosing」は、Formクラス(System.Windows.Forms名前空間)で定義されているイベントで、フォームが閉じる直前に発生します。Meを使って実行中のフォームを参照し、このフォームが閉じる直前にイベントハンドラーを実行するようにしています。

❸e.Cancel = True

CancelEventArgsクラスのCancelプロパティにTrueを設定することで、発生したイベントを取り消すことができます。

ここでは、「If TextBox1.TextLength = 0」(テキストボックスが空欄)である場合に、FormClosingイベントを取り消すようにしています。

●CancelEventArgs.Cancelプロパティ

イベントをキャンセルするかどうかを示す値を取得または設定します。

▼CancelEventArgs.Cancelが保持するプロパティ値

プロパティ値	内容
True	イベントを取り消す。
False	イベントを続行。

❹e.Cancel = False

テキストボックスが空欄ではない場合に、変数eのCancelプロパティにFalseを設定して、FormClosingイベントを続行するようにしています。

▼実行中のプログラム

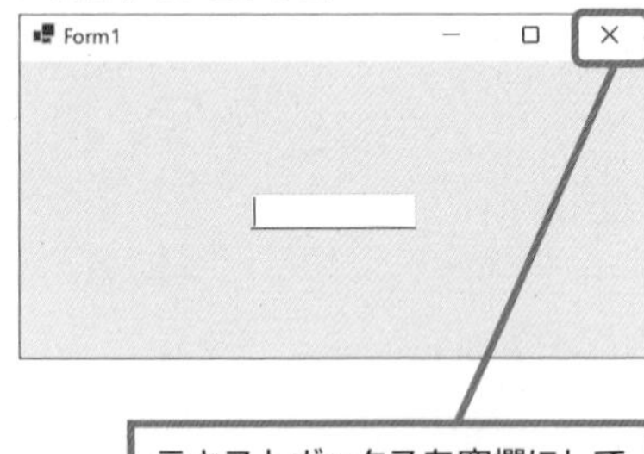

テキストボックスを空欄にして[閉じる]ボタンをクリック

▼表示されたメッセージ

テキストの入力を促すメッセージ

▼プログラムの終了

テキストボックスに何か入力して[閉じる]ボタンをクリックすると、このメッセージが表示されてプログラムが終了する

Tips リストボックスにおいてデフォルトで選択される項目を指定する

フォームを表示した際に、あらかじめ、リストボックスの中の特定の項目を選択されている状態にしておきたい場合は、SelectedIndexプロパティに、対象の項目のインデックス値を設定します。

インデックス値は、リスト項目の上から順番に、「0」から始まる整数値が割り当てられるので、上から3番目の項目を指定したいのであれば、「2」を設定するようにします。

▼上から3番目の項目を既定値として指定

```
ListBox1.SelectedIndex = 2
```

Section

5.4 日付と時刻を表示するプログラム（Timerコンポーネントの操作）

Level ★★★

Keyword TimeStringプロパティ　DateStringプロパティ　Nowプロパティ　Timerコンポーネント

コンピューターのシステム時計から時刻を取得して画面に表示するプログラムを通じて、時刻・日付の取得やTimerコンポーネントの利用方法について見ていくことにしましょう。

現在の時刻や日付を取得して画面に表示する

システム時計から日付や時刻を取得する、次のようなプロパティがあります。

- TimeString➡システム時刻を返す
- DateString➡システム日付を返す
- Now➡日付と時刻を返す

このセクションでは、日付や時刻を扱うプロパティを利用する方法を見ていきます。

▼「Label1.Text = DateString」でラベルに今日の日付を表示

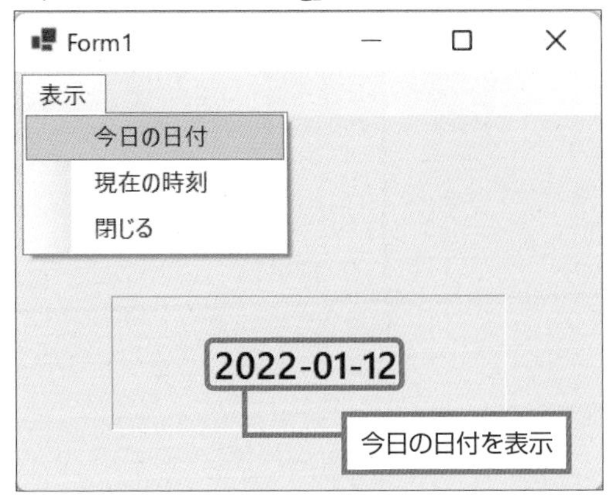

▼「Label1.Text = TimeString」でラベルに現在の時刻を表示

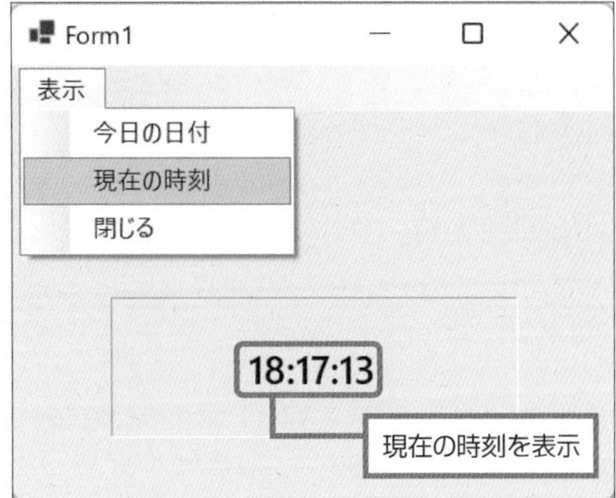

5.4.1 日付と時刻を表示するプログラムの作成

DateStringやTimeStringプロパティを使うと、コンピューターのシステム時計から、日付や時刻データを取得することができます。ここでは、これらのプロパティを使って、今日の日付や現在時刻を表示するプログラムを作成してみることにしましょう。

▼フォームの作成（プロジェクト「DateAndTime」）

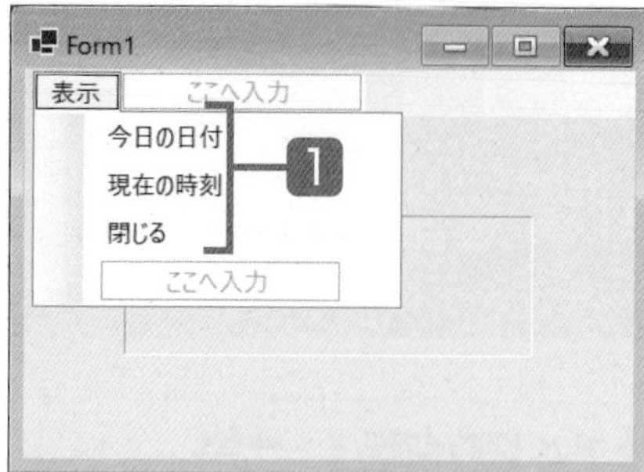

1 フォーム上にメニューを配置して、図のような項目を設定します。

2 Labelコントロールを配置します。

3 下表のとおりに、それぞれのプロパティを設定します。

4 フォーム上でメニューを展開して、**今日の日付**の項目をダブルクリックし、イベントハンドラーに現在の日付を表示するコードを入力します。

▼Labelコントロールのプロパティ設定

プロパティ名	設定値
(Name)	Label1
BorderStyle	Fixed3D
(Font) Size	14
(Font) Bold	True
Text	(空欄)

プロパティ名	設定値
TextAlign	MiddleCenter
AutoSize	False
Size	
Width	230
Height	100

▼メニューコントロールの各項目の設定

項目名	コントロールの (Name) プロパティの値
表示	Menu1
今日の日付	MenuItemDate
現在の時刻	MenuItemTime
閉じる	MenuItemClose

▼現在の日付をラベルに表示するステートメントの入力（Form1.vb）

```
Private Sub MenuItemDate_Click(sender As Object, e As EventArgs) Handles MenuItemDate.Click
    ' 今日の日付をラベルに表示する
    Label1.Text = DateString
End Sub
```

5 メニューの**現在の時刻**の項目をダブルクリックし、イベントハンドラーに現在時刻を表示するコードを記述します。

▼現在の時刻をラベルに表示するステートメントの入力（Form1.vb）

```
Private Sub MenuItemTime_Click(sender As Object, e As EventArgs) Handles MenuItemTime.Click
    ' 現在時刻をラベルに表示する
    Label1.Text = TimeString
End Sub
```

6 メニューの**閉じる**の項目をダブルクリックし、イベントハンドラーにプログラムを終了するコードを記述します。

▼プログラムを終了するステートメントの入力（Form1.vb）

```
Private Sub MenuItemClose_Click(sender As Object, e As EventArgs) Handles MenuItemClose.Click
    ' プログラムを終了する
    Application.Exit()
End Sub
```

▼今日の日付が表示される

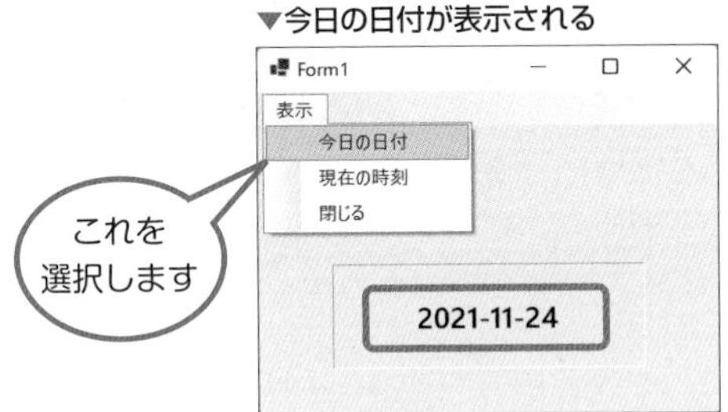

▼現在の時刻が表示される

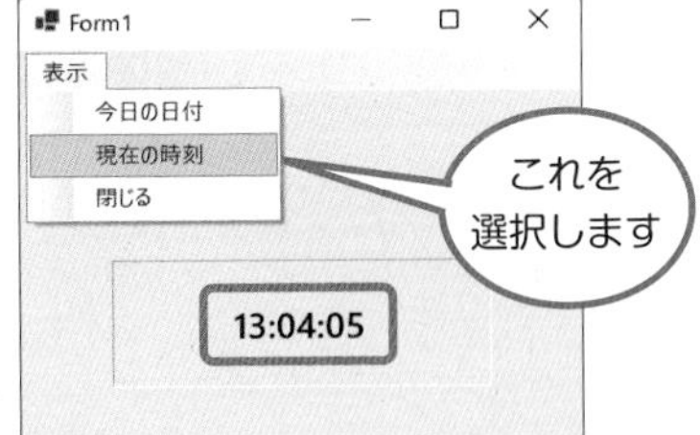

Memo　Timerコンポーネント

Timerコンポーネントを利用すると、指定した間隔（デフォルトでは0.1秒ごと）でイベントを発生させ、これに対応する処理（イベントハンドラー）を実行することができます。イベントの発生間隔は、**Interval**プロパティで設定します。

Intervalプロパティの値に「1000」（ミリ秒単位で設定する）を設定することで、1秒ごとにイベントを発生させることができます。

5　Windowsアプリケーションの開発

Memo DateAndTimeクラス

DateAndTimeクラスには、現在の日付や時刻の取得、日付に関する計算などの処理を行うプロパティやメソッドが用意されています。

▼プロパティ

プロパティ	内容
DateString	システムにおける現在の日付を表すString型の値を返す。
Now	システムの現在の日付と時刻を含むDate型の値を返す。
TimeOfDay	システムにおける現在の時刻を含むDate型の値を返す。
Timer	午前0時からの経過時間を秒数で表すDouble型の値を返す。
TimeString	システムにおける現在の時刻を表すString型の値を返す。
Today	システムにおける現在の日付を含むDate型の値を返す。

▼メソッド

メソッド〔()内は引数の型を表す〕	内容
DateAdd(DateInterval,Double,DateTime)	指定された時間間隔を加算した、日付と時刻を含むDate型の値を返す。
DateAdd(String,Double,Object)	指定された時間間隔を加算した、日付と時刻を含むDate型の値を返す。
DateDiff(DateInterval,DateTime,DateTime,FirstDayOfWeek,FirstWeekOfYear)	2つのDate値の間に含まれる時間間隔を表すLong型の値を返す。
DateDiff(String,Object,Object,FirstDayOfWeek,FirstWeekOfYear)	2つのDate値の間に含まれる時間間隔を表すLong型の値を返す。
DatePart(DateInterval,DateTime,FirstDayOfWeek,FirstWeekOfYear)	特定のDate型の値の指定要素を含むInteger型の値を返す。
DatePart(String,Object,FirstDayOfWeek,FirstWeekOfYear)	特定のDate型の値の指定要素を含むInteger型の値を返す。
DateSerial	指定された年、月、日を表すDate型の値を返す。時刻情報は午前0時(00:00:00)に設定される。
DateValue	文字列で表した日付情報を含むDate型の値を返す。時刻情報は午前0時(00:00:00)に設定される。
Day	月内の通算日を表す1～31のInteger型の値を返す。
Equals(Object)	指定したObjectが、現在のObjectと等しいかどうかを判断する。
GetType	現在のインスタンスの型を取得する。
Hour	時を表す0～23のInteger型の値を返す。
MemberwiseClone	現在のObjectの簡易コピーを作成する。
Minute	分を表す0～59のInteger型の値を返す。

Month	月を表す1～12のInteger型の値を返す。
MonthName	指定した月の名前を含むString型の値を返す。
Second	秒を表す0～59のInteger型の値を返す。
TimeSerial	1年1月1日を基準に設定された日付情報を使用して、指定された時、分、秒を表すDate型の値を返す。
TimeValue	文字列で表した時刻情報を含むDate型の値を返す。日付情報は1年1月1日に設定される。
ToString	現在のオブジェクトを表す文字列を返す。
Weekday	曜日を表す数値を含むInteger型の値を返す。
WeekdayName	指定した曜日の名前を含むString型の値を返す。
Year	年を表す1～9999のInteger型の値を返す。

Memo よく使われるプログラミング特有の言い回し

●「渡す」
メソッドや関数を呼び出す際、引数（ひきすう）として特定の値を指定して処理を行わせる場合に、「渡す」という表現が使われます。

●「返す」
メソッドや関数が、処理を実行した結果として特定の値を出力する場合に、「返す」という表現が使われます。このような、メソッドや関数から返される値のことは、**戻り値**と呼ばれます。

●「格納する」
変数や定数に特定の値を代入する場合に、「格納する」という表現が使われます。

●「呼び出す」
特定の値を参照したり、特定のメソッドや関数を指定して実行する場合に、「呼び出す」という表現が使われます。

●「書き込む」
データを更新する処理のことを「書き込む」と表現する場合があります。

Memo システム時計から日時に関するデータを取得する方法

システム時計から日時に関するデータを取得するには、DateAndTimeクラスのプロパティを利用します。

本文の例では、DateStringプロパティでシステム日付を取得し、TimeStringプロパティでシステム時刻を取得して、ラベル上に表示するようにしています。

DateStringは、システム日付を「M-d-yyy」の文字列型（String）として返し、TimeStringは、システム時刻を「HH:mm:ss」の文字列型として返します。

▼システム時計からデータを取得するプロパティ

名前	内容
TimeString	システム時刻を返す。
DateString	システム日付を返す。
Now	日付と時刻を返す。

Tips DateTime構造体

DateTime構造体は、A.D.（西暦紀元）0001年1月1日の午前00:00:00からA.D. 9999年12月31日の午後11:59:59までの間の値で、日付と時刻を表します。

DateAndTimeクラスのメンバーが返すDate型の処理を行う場合は、DateTime構造体のメンバーを使います。

DateTime構造体の主なメンバーは次のとおりです。

▼メソッド

メソッド名	内容
Add	インスタンスの値に、指定したTimeSpanの値を加算する。
AddDays	インスタンスの値に、指定した日数を加算する。
AddHours	インスタンスの値に、指定した時間数を加算する。
AddMilliseconds	インスタンスの値に、指定したミリ秒数を加算する。
AddMinutes	インスタンスの値に、指定した分数を加算する。
AddMonths	インスタンスの値に、指定した月数を加算する。
AddSeconds	インスタンスの値に、指定した秒数を加算する。
AddTicks	インスタンスの値に、指定したタイマー刻み数を加算する。
AddYears	インスタンスの値に、指定した年数を加算する。
Compare	DateTimeの2つのインスタンスを比較し、これらの相対値を示す値を返す。
CompareTo	インスタンスの値と指定したDateTimeの値を比較し、インスタンスの値が指定した値よりも前か、同じか、またはあとかを示す。
DaysInMonth	指定した月および年の日数を返す。
Equals	2つのDateTimeオブジェクトが等しいかどうか、または、特定のDateTimeインスタンスと別のオブジェクト（DateTime）が等しいかどうかを表す値を返す。
FromFileTime	指定されたWindowsファイル時刻を現地時刻に変換する。
IsLeapYear	指定した年が閏年（うるうどし）かどうかを示す値を返す。
Parse	指定した文字列形式の日付と時刻をDateTimeの値に変換する。
ParseExact	指定した文字列形式の日付と時刻をDateTimeの値に変換する（書式の設定が可能）。
ToFileTime	現在のDateTimeオブジェクトの値をWindowsファイル時刻に変換する。
ToFileTimeUtc	現在のDateTimeオブジェクトの値をWindowsファイル時刻（世界協定時刻〈UTC〉）に変換する。
ToLocalTime	現在のDateTimeオブジェクトの値を現地時刻に変換する。
ToUniversalTime	現在のDateTimeオブジェクトの値を世界協定時刻（UTC）に変換する。
TryParse	指定した文字列形式の日付と時刻を等価のDateTimeの値に変換する。

▼演算子

演算子	内容
Addition	指定した日付と時刻に指定した時間間隔を加算して、新しい日付と時刻を作成する。
DateTime.GreaterThan	指定したDateTimeが、指定したもう1つのDateTimeより後の時刻かどうかを判断する。
GreaterThanOrEqual	指定したDateTimeが、指定したもう1つのDateTimeと同じ日時、またはそれよりあとの日時かどうかを判断する。
Inequality	DateTimeの2つの指定したインスタンスが等しくないかどうかを判断する。
LessThan	指定したDateTimeが、指定したもう1つのDateTimeより前の日時かどうかを判断する。
LessThanOrEqual	指定したDateTimeが、指定したもう1つのDateTimeと同じ日時、またはそれより前の日時かどうかを判断する。
Subtraction	指定した日付と時刻から指定した時間間隔を減算して、新しい日付と時刻を作成する。

▼プロパティ

プロパティ名	内容
Date	日付の部分を取得する。
Day	月の日付を取得する。
DayOfWeek	曜日を取得する。
DayOfYear	年間積算日を取得する。
Hour	時間の部分を取得する。
Kind	時刻の種類（現地時刻、世界協定時刻〈UTC〉、または、そのどちらでもない）を示す値を取得する。
Minute	分の部分を取得する。
Month	月の部分を取得する。
Now	コンピューター上の現在の日時を現地時刻で表したDateTimeオブジェクトを取得する。
Second	秒の部分を取得する。
Ticks	日付と時刻を表すタイマー刻み数を取得する。
TimeOfDay	時刻を取得する。
Today	現在の日付を取得する。
UtcNow	コンピューター上の現在の日時を世界協定時刻（UTC）で表したDateTimeオブジェクトを取得する。
Year	このインスタンスで表される日時の年の部分を取得する。

Section

5.5 ファイル入出力と印刷処理

Level ★★★　Keyword　FileOpen()関数　ファイルのオープンモード　データの読み込み　データの書き出し

テキストボックスを利用した**テキストエディター**を作成します。入力した文字列をテキストファイルとして保存したり、保存済みのテキストファイルを開くための処理は、それぞれ専用のダイアログボックスを使用して実行します。

ここがポイント!

ファイルの読み込みと保存

ファイルの読み込みや保存には、**FileOpen()関数**を利用します。この関数では、5つのモードを使い分けてファイルをオープンすることができるようになっていて、テキストの処理を行う場合は、Input(読み込み専用)、Output(書き込み専用)などのモードを使います。

• ファイルを保存する処理

①[SaveFileDialog]コントロールの組み込み

②コードの記述

- [名前を付けて保存]ダイアログボックスで指定されたファイル名を変数に格納
- FreeFile()メソッドを使ってファイル番号(ファイルを識別するために必要)を取得
- ファイル名とファイル番号を指定してファイルをオープン(既存のファイルがない場合は新規に作成)
- PrintLine()メソッドを使ってファイルへデータを書き込む

▼[名前を付けて保存]ダイアログボックス

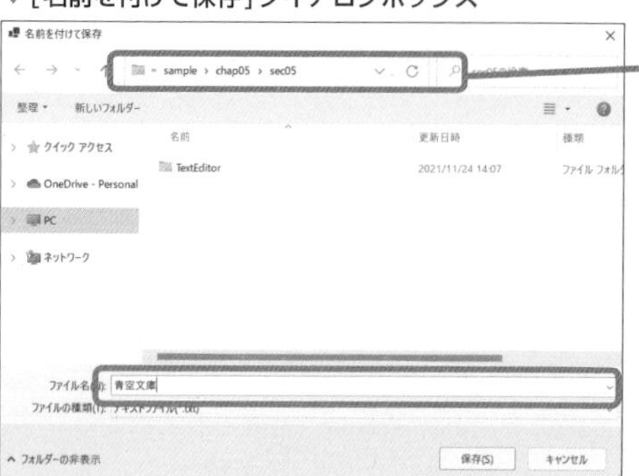

保存先を選択してファイルを保存する

• ファイルを開く処理

①［OpenFileDialog］コントロールの組み込み

②コードの記述

- ［ファイルを開く］ダイアログボックスで指定されたファイル名を変数に格納
- FreeFile() メソッドを使ってファイル番号を取得
- ファイル名とファイル番号を指定してファイルをオープン
- LineInput() メソッドを使って１行ぶんの文字列を読み込む
- さらにDoステートメントを使ってファイルの最後の行までの文字列を１行ずつ読み込む

▼［開く］ダイアログボックス

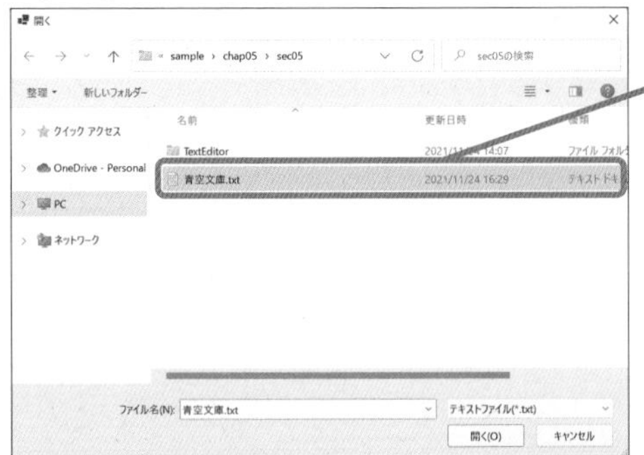

Onepoint　Dockプロパティの指定方法

Dockプロパティでは、値の欄の▼をクリックすると、図のような選択用のブロックが表示されるので、目的のブロックをクリックすることで値の指定を行います。

▼Dockプロパティで Fill を指定

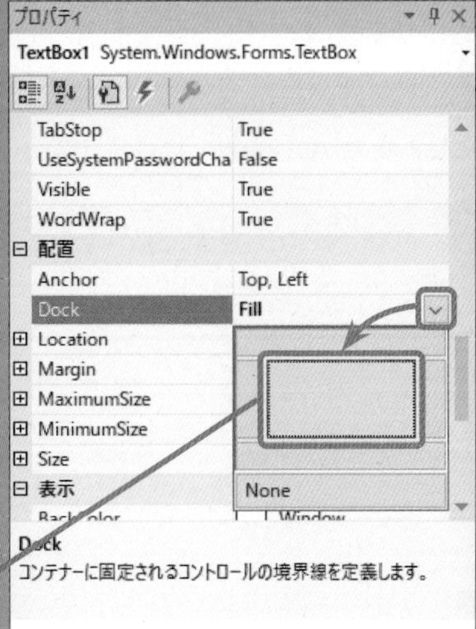

Dockプロパティをクリックし、▼をクリックして、真ん中のブロックをクリックする

5.5.1 テキストエディター用の画面の作成

最初に、テキストエディターのユーザーインターフェイス部分を作成します。文字列を入力できるようにテキストボックスを配置し、MultiLineプロパティの値を「True」に設定することで、複数行の入力を可能にします。

▼フォームデザイナー(プロジェクト「TextEditor」)

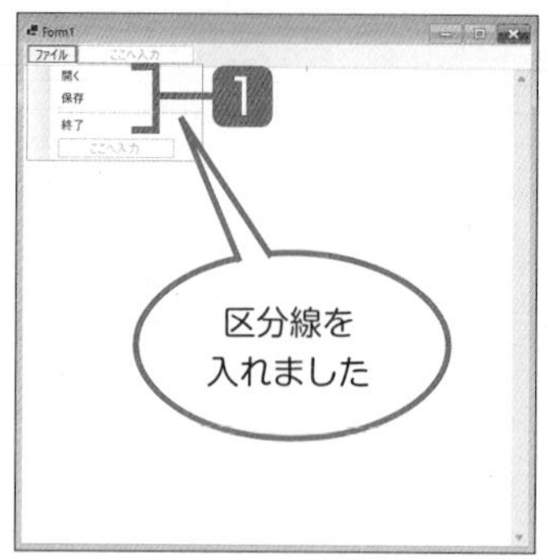

1 フォーム上にMenuStripを配置し、メニュー項目(メニューアイテム)を3つ作成して、下の表のとおりにプロパティを設定します。

2 TextBoxを配置して、下の表のとおりに、プロパティを設定します。

▼Menuコントロールのプロパティ設定

●トップレベルメニュー

プロパティ名	設定値
(Name)	MenuFile
Text	ファイル

●1番目のメニューアイテム

プロパティ名	設定値
(Name)	MenuItemOpen
Text	開く

●2番目のメニューアイテム

プロパティ名	設定値
(Name)	MenuItemSave
Text	保存

●3番目のメニューアイテム

プロパティ名	設定値
(Name)	MenuItemClose
Text	終了

▼TextBoxコントロールのプロパティ設定

プロパティ名	設定値
(Name)	TextBox1
AcceptsReturn	True
MultiLine	True
WordWrap	True

プロパティ名	設定値
Dock	Fill
(Font) Size	11
ScrollBars	Vertical
Text	(空欄)

Memo テキストボックスのプロパティ

操作例では、テキストエディターとして利用できるように、**TextBox**コントロールの下表のプロパティの指定を行いました。

WordWrapがTrue（文字列の折り返しが有効）になっていると、ScrollBarsプロパティでBothまたはHorizontalを指定しても、水平スクロールバーは表示されません。

また、AcceptsReturnプロパティでTrueを指定すると、Enterキーを使って改行できるようになりますが、フォームのAcceptButtonプロパティが「（なし）」（デフォルト）に指定されている場合は、AcceptsReturnプロパティの値にかかわらず、Enterキーで改行することができます。

▼操作例で指定したTextBoxコントロールのプロパティ

プロパティ名	設定値	内容
MultiLine	True	テキストボックスに複数行の文字列が入力できるようになる。操作例ではTrueを指定。
	False	1行ぶんの文字列だけが入力できる。
WordWrap	True	入力された文字列を、テキストボックスの端で自動的に折り返す。操作例ではTrueを指定。
	False	折り返しなし。
Dock	Fill	TextBoxコントロールをフォームいっぱいに表示することができる。 この場合、フォームの境界線との間の余白が0になる。操作例ではTrueを指定。
	Top	TextBoxコントロールをフォームの上端にドッキングさせる。
	Left	TextBoxコントロールをフォームの左端にドッキングさせる。
	Right	TextBoxコントロールをフォームの右端にドッキングさせる。
	Bottom	TextBoxコントロールをフォームの下端にドッキングさせる。
	None	TextBoxコントロールをフォームの端にドッキングさせない。
ScrollBars	Vertical	垂直スクロールバーを表示する。操作例ではVerticalを指定。
	Horizontal	水平スクロールバーのみを表示する。
	Both	垂直スクロールバーと水平スクロールバーを表示する。
	None	スクロールバーを表示しない。
AcceptsReturn	True	Enterキーを使って改行できるようにする。操作例ではTrueを指定。
	False	Enterキーによる改行不可。改行はCtrl+Enterキーで行う。

5.5.2 ファイルの入出力処理

メニュー項目の「保存」および「開く」が選択されたタイミングで、それぞれ専用のダイアログボックスを表示し、必要な処理を行うためのコードを記述します。

ダイアログボックスでファイルを保存する処理を記述する

SaveFileDialogコンポーネントを使うと、**名前を付けて保存**ダイアログを表示して、ファイルの保存に関する操作が行えるようになります。ここでは、テキストボックスに入力された文字列をテキスト形式のファイルで保存できるようにしてみましょう。

▼ツールボックス(Form1.vb)

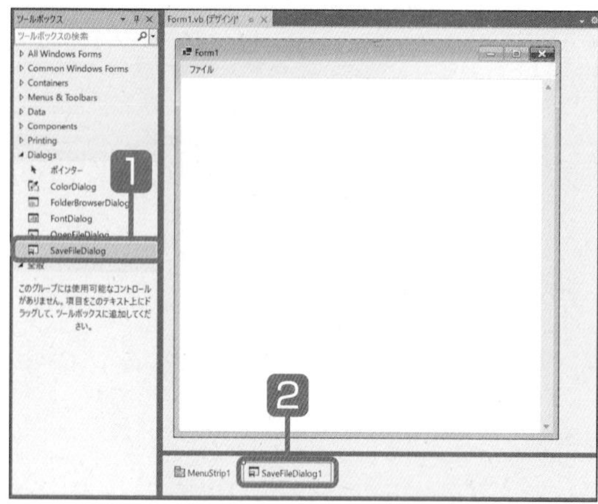

1 ツールボックスの**Dialogs**カテゴリの**SaveFileDialog**コンポーネントをダブルクリックします。

2 **SaveFileDialog**コンポーネントが挿入されるので、これをクリックし、(Name)、DefaultExt、Filterの各プロパティの値を下表のとおりに設定します。

▼SaveFileDialogコントロールのプロパティ設定

プロパティ名	設定値
(Name)	SaveFileDialog1
DefaultExt	txt
Filter	テキストファイル(*.txt)|*.txt

3 **ファイル**メニューの**保存**をダブルクリックして、ソースファイルの冒頭にSystem.IOのインポート文を記述し、イベントハンドラーに次ページのコードを記述します。

Onepoint

DefaultExtプロパティは、ファイルを保存するときの拡張子を指定します。ここでは、テキスト形式で保存するので「txt」を指定しています。

また、Filterプロパティは、ダイアログの**ファイルの種類**にフィルタを適用するためのプロパティです。ここでは、「テキストファイル(*.txt)」と「*.txt」という文字列を、「|」を挟んで記述しています。このように記述することで、選択できる項目名として「テキストファイル(*.txt)」という項目名を表示し、ダイアログの一覧にtxt形式のファイルだけを表示するようになります。

▼[名前を付けて保存]ダイアログを表示してファイルの保存を行うステートメントの入力(Form1.vb)

```
Imports System.IO

Public Class Form1
    '［保存］を選択したときに実行されるイベントハンドラー
    Private Sub MenuItemSave_Click(sender As Object, e As EventArgs
                                   ) Handles MenuItemSave.Click
        ' 保存するファイルのフルパスを格納する変数
        Dim filePath As String

        '［名前を付けて保存］ダイアログを表示し、ファイル名が入力されて
        '［保存］ボタンがクリックされたら処理を行う
        If SaveFileDialog1.ShowDialog() = DialogResult.OK Then
            '［ファイル名］の欄に入力されたファイル名のフルパスを取得する
            filePath = SaveFileDialog1.FileName
        Else
            Exit Sub
        End If

        ' ファイルの書き込みを行うStreamWriterをインスタンス化
        ' 引数はFileStreamクラスのインスタンス
        Dim textFile = New StreamWriter(
            New FileStream(filePath, ' 保存するファイルのフルパス
                           FileMode.Create)) ' ファイル作成モードで開く

        ' textBox1に入力された文字列をファイルに書き込む
        textFile.Write(TextBox1.Text)
        ' StreamWriterオブジェクトを閉じる(破棄する)
        textFile.Close()
    End Sub
End Class
```

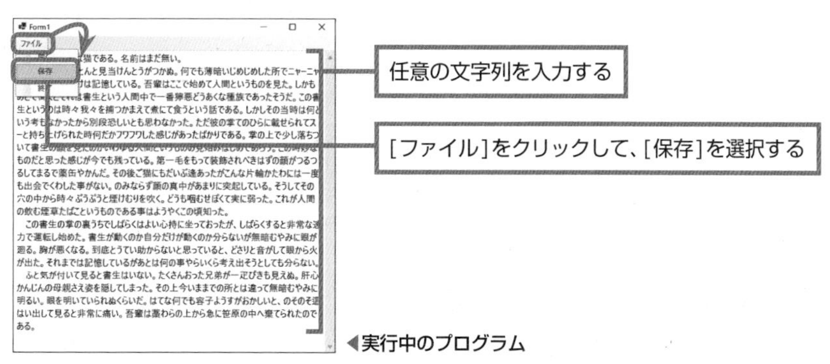
任意の文字列を入力する
[ファイル]をクリックして、[保存]を選択する

◀実行中のプログラム

▼[名前を付けて保存]ダイアログボックス

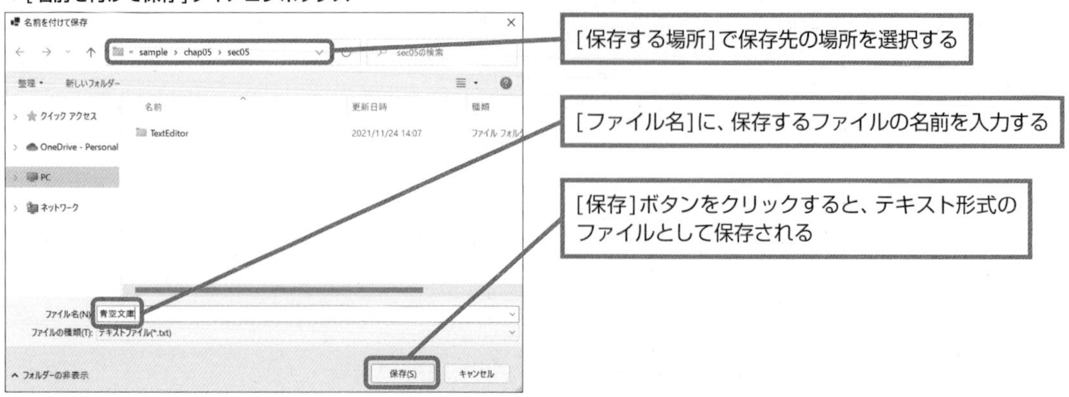
[保存する場所]で保存先の場所を選択する
[ファイル名]に、保存するファイルの名前を入力する
[保存]ボタンをクリックすると、テキスト形式のファイルとして保存される

ダイアログボックスでファイルを開く処理を記述する

OpenFileDialogコンポーネントを使うと、**開く**ダイアログボックスを表示して任意のファイルを選択して開くための操作を行えるようになります。ここでは、**開く**ダイアログボックスで選択されたファイルを読み込んで、画面上に表示するようにしてみましょう。

▼ツールボックス(Form1.vb)

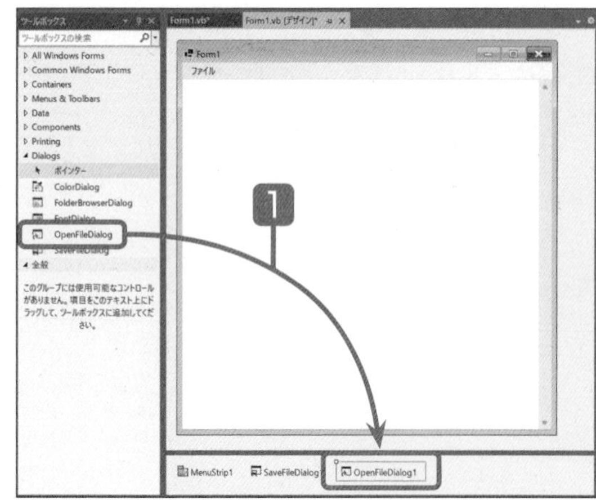

1 ツールボックスの**OpenFileDialog**コンポーネントをダブルクリックし、挿入されたコンポーネントをクリックします。

2 **プロパティ**ウィンドウで、Name、DefaultExt、Filterの各プロパティの値を下表のとおりに設定します。

▼各プロパティの設定

プロパティ名	設定値
(Name)	OpenFileDialog1
DefaultExt	txt
Filter	テキストファイル(*.txt)|*.txt

3 **ファイル**メニューの**開く**をダブルクリックして、イベントハンドラーに以下のコードを記述します。

Onepoint

DefaultExtプロパティは開く対象のファイルの拡張子を指定し、Filterプロパティはダイアログボックスの**ファイルの種類**にフィルターを適用するためのプロパティです。

▼[ファイルを開く]ダイアログを表示してファイルを開く処理を行うステートメントの入力(Form1.vb)

```
' [開く]を選択したときに実行されるイベントハンドラー
Private Sub MenuItemOpen_Click(sender As Object, e As EventArgs
                              ) Handles MenuItemOpen.Click
    ' ファイルのフルパスを格納する変数
    Dim openFilePath As String

    ' [開く]ダイアログを表示し、ファイルが選択されて
    ' [開く]ボタンがクリックされたら処理を行う
    If OpenFileDialog1.ShowDialog() = DialogResult.OK Then
        ' ダイアログで選択されたファイルのフルパスを取得する
        openFilePath = OpenFileDialog1.FileName
    Else
        Exit Sub
    End If

    ' ファイルのデータを表示する前にテキストボックスをクリアする
    TextBox1.Clear()
    ' ファイルの読み込みを行うStreamReaderをインスタンス化
    Dim textFile = New StreamReader(openFilePath)
    ' ファイルストリームの先頭から末尾までを読み込む
    TextBox1.Text = textFile.ReadToEnd()
    ' StreamReaderオブジェクトを閉じる(破棄する)
    textFile.Close()
End Sub
```

▼実行中のプログラム

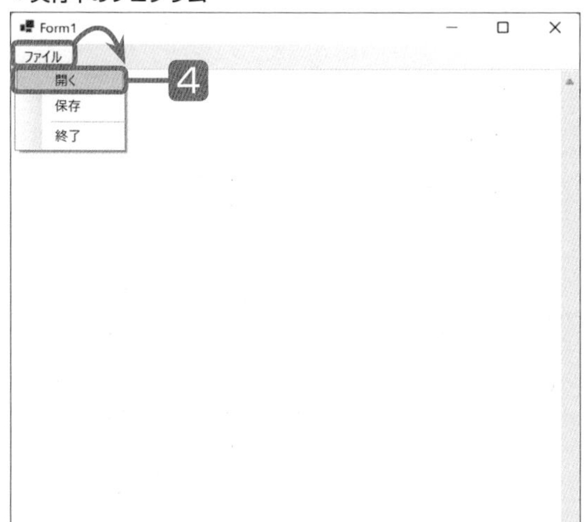

4 **ファイル**をクリックして、**開く**を選択します。

5 **ファイルの場所**で保存先の場所を選択します。

6 目的のファイルをクリックします。

7 **開く**ボタンをクリックします。

8 指定したファイルが開きます。

▼[ファイルを開く]ダイアログボックス

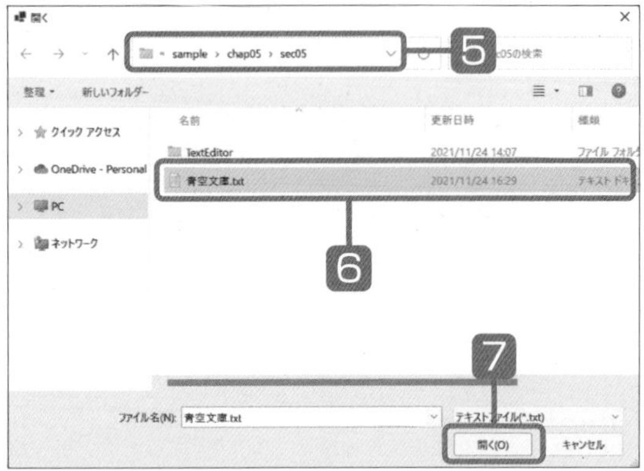

▼ファイルが開いて表示された文字列

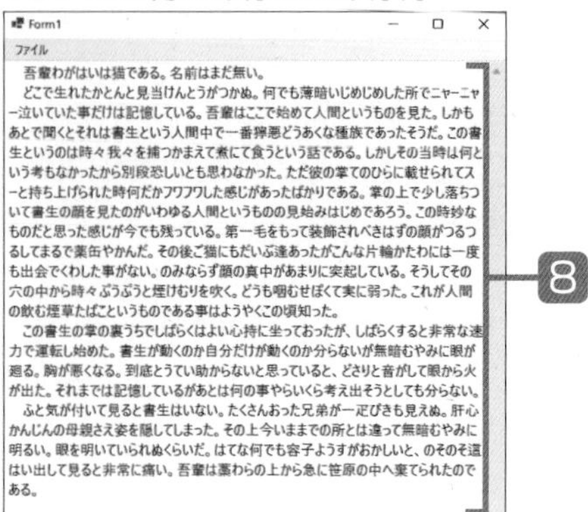

Memo [開く]ボタンまたは[キャンセル]ボタンがクリックされたときの処理

開くダイアログを表示するOpenFileDialogコンポーネントは、**名前を付けて保存**ダイアログボックスと同様にShowDialog()メソッドを使って表示します。

作成例では、If...Then...Elseステートメントの処理として、**開く**ダイアログの**開く**ボタンがクリックされた場合（戻り値としてDialogResult列挙体の「OK」が返される）は、**ファイル名**に入力されたファイル名を含むフルパスを変数openFilePathに代入するようにしています。

ShowDialog()メソッドの戻り値が「OK」であればThen以下の処理を実行

```
If OpenFileDialog1.ShowDialog() = DialogResult.OK Then
        openFilePath = OpenFileDialog1.FileName
Else
    Exit Sub
End If
```

[キャンセル]がクリックされた場合はメソッドを抜ける

[ファイル名]に入力されたファイル名を含むフルパスを変数openFilePathに代入

5.5.3 印刷機能の組み込み(PrintDocumentとPrintDialog)

印刷を行うためのコンポーネントを組み込んで、テキストボックスに表示されている文字列を印刷できるようにしてみましょう。

[印刷]ダイアログで印刷が行えるようにする

印刷を行うために、印刷を行う対象をオブジェクトとして扱えるようにする(インスタンス化)PrintDocumentコンポーネントと、**印刷**ダイアログを表示するPrintDialogコンポーネントを組み込んで、必要な処理を記述します。

▼フォームデザイナー

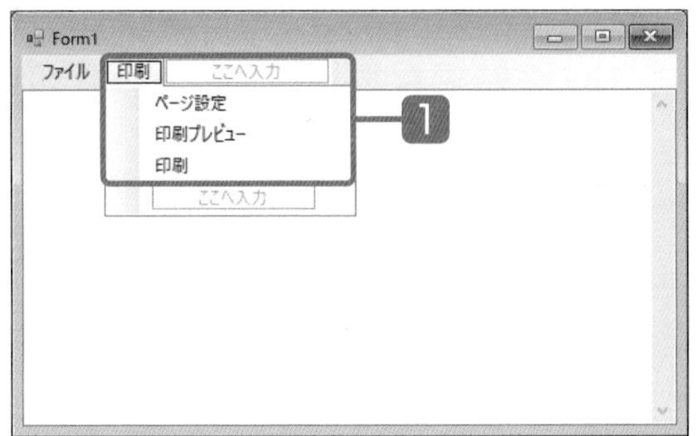

1 フォームデザイナーでメニューに、「印刷」「ページ設定」「印刷プレビュー」「印刷」の各項目を追加し、下表のとおりに各プロパティを設定します。

▼MenuStripコントロールのプロパティ設定

●2番目のトップレベルメニュー

プロパティ名	設定値
(Name)	MenuPrint
Text	印刷

●1番目のメニューアイテム

プロパティ名	設定値
(Name)	MenuItemSetting
Text	ページ設定

●2番目のメニューアイテム

プロパティ名	設定値
(Name)	MenuItemPreview
Text	印刷プレビュー

●3番目のメニューアイテム

プロパティ名	設定値
(Name)	MenuItemPrint
Text	印刷

2 ツールボックスのPrintingカテゴリのPrint DocumentとPrintDialogをダブルクリックします。

3 フォームデザイナーで**印刷**メニューの**印刷**をダブルクリックします。

4 Form1.vbの冒頭にSystem.Drawing.Printingのインポート文を記述します。

5 Form1クラスの冒頭にフィールドstrPrintとpageSettingの宣言文を記述します。

▼Form1.vbの冒頭部分

```
Imports System.IO
Imports System.Drawing.Printing

Public Class Form1
    'プリントアウトする文字列を保持するフィールド
    Private strPrint As String
    'ページ設定の情報を保持するフィールド
    Private pageSetting As New PageSettings
```

6 メニューアイテム**印刷**のイベントハンドラーMenuItemPrint_Click()に、印刷を行うためのコードを記述します。

▼[印刷]ダイアログボックスを表示して印刷処理を行うステートメントの入力(Form1.vb)

```
Private Sub MenuItemPrint_Click(sender As Object, e As EventArgs
                                ) Handles MenuItemPrint.Click
    Try
        ' 印刷処理を試行する
        '
        ' PrintDocumentコンポーネント(印刷情報を保持)の
        ' DefaultPageSettingsプロパティ(印刷情報の既定値)を、
        ' 印刷情報を保持するPageSettingsオブジェクトに格納
        pageSetting = PrintDocument1.DefaultPageSettings
        ' テキストボックスに入力されている文字列をstrPrintに代入
        strPrint = TextBox1.Text
        ' [印刷]ダイアログを表示するPrintDialogコンポーネントのDocumentプロパティに、
        ' PrintDocumentコンポーネント([印刷]ダイアログ)の印刷情報を設定する
        PrintDialog1.Document = PrintDocument1

        ' [印刷]ダイアログを表示して[印刷]ボタンがクリックされたら
        ' 印刷を実行する
        If PrintDialog1.ShowDialog() = DialogResult.OK Then
            ' PrintDocumentオブジェクトが保持している印刷情報を
            ' Print()でプリンターに送信
            PrintDocument1.Print()
        Else
            Exit Sub
        End If
    Catch ex As Exception
```

```
        ' エラーが発生した場合はメッセージを表示する
        MessageBox.Show(ex.Message)
    End Try
```

Memo PrintDocumentコンポーネントとPrintDialogコンポーネント

作成例では、**印刷**ダイアログを使って印刷が行えるように、次の2つのコンポーネントの組み込みを行っています。

●PrintDocumentコンポーネント

PrintDocumentコンポーネントは、印刷を実行するためのインスタンスを作成します。PrintDialogコンポーネントと一緒に使用することで、印刷のすべての設定を管理できます。

PrintDocumentコンポーネントは、プリンターに関する設定情報（PrinterSettingsクラス）、および印刷に関する設定情報（PageSettingsクラス）を使用して印刷設定を指定してから、Print()メソッドを呼び出してドキュメントの印刷を行います。

PrintDocumentコンポーネントの実体は、PrintDocumentクラスのインスタンスです。メニューの**印刷**を選択したときに実行するPrint()は、印刷処理の一連のプロセスを開始するメソッドであり、PrintDocumentクラスで定義されているPrintPageイベントを発生させ、このイベントに連動して呼び出されるイベントハンドラーの内容に基づいて印刷を行います。

このため、実際に印刷する内容は、PrintDocumentコンポーネントのPrintPageイベントハンドラーに記述します。このあとで「PrintDocumentコンポーネントの印刷内容を記述しよう」において、PrintDocument1コンポーネントのPrintPageイベントハンドラーの作成を行います。

▼印刷処理の流れ

[印刷]メニューを選択

⬇

Print()メソッド実行

⬇

PrintDocument.PrintPageイベントが発生

⬇

PrintDocument1コントロールのPrintPage()イベントハンドラーを起動

⬇

印刷内容を設定して印刷開始

●PrintDialogコンポーネント

PrintDialogコンポーネントは、出力先のプリンターや印刷範囲などの印刷設定を行う**印刷**ダイアログを表示するためのコンポーネントです。実際に、**印刷**ダイアログボックスを表示するときは、ShowDialog()メソッドを使用します。

名前空間のインポート

先の作成例では、フォームの先頭部分に次のコードを入力しています。最初のコードはFileStreamクラス、2番目のコードはプリント用のクラスを利用するためのコードで、**Imports**ステートメントを使って名前空間のインポートを行っています。

▼名前空間のインポート

```
Imports System.IO
Imports System.Drawing.Printing
```

これによって、例えば、「System.Drawing.Printing.PrintPageSettings」と記述する場合は、たんに「PrintPageSettings」と記述できるようになります。

Hint エラー処理を追加する

印刷を行う際に発生するエラーに対処できるようにする場合は、以下の**Try...Catch**ステートメントを記述します。

```
Try ——————記述する
    PageSetting = PrintDocument1.DefaultPageSettings
    strPrint = TextBox1.Text
    PrintDialog1.Document = PrintDocument1

    If PrintDialog1.ShowDialog() = DialogResult.OK Then
        PrintDocument1.Print()
    Else
        Exit Sub
    End If
Catch ex As Exception
    MessageBox.Show(ex.Message) ——記述する
End Try
```

Exceptionは、アプリケーションの実行中に発生するエラーの内容を表すクラスで、エラーの内容を示すメッセージがテキスト形式でMessageプロパティに格納されます。

そこで、変数exをException型として宣言(Catch ex As Exception)しておき、エラーが発生した場合は、Messageプロパティに格納された情報をメッセージボックスに表示(MessageBox.Show(ex.Message))して、処理を中断するようにしています。

Memo メニューの[印刷]を選択したときの処理

メニューの**印刷**を選択したときに発生するClickイベントのプロシージャには、次の処理を行うためのコードを記述しています。

①現在のページ設定を取得する
②印刷する対象を指定する
③**印刷**ダイアログボックスを表示する
④**OK**がクリックされたら印刷を開始し、それ以外の場合はプロシージャを抜ける

●解説

①現在のページ設定を取得する

```
PageSetting = PrintDocument1.DefaultPageSettings
```

PrintDocument1：Form1に貼り付けたPrintDocumentコンポーネント
DefaultPageSettings：DefaultPageSettingsプロパティ

印刷に関する設定情報（ページ設定）の既定値は、印刷をサポートするためのPrintDocument1コンポーネントのDefaultPageSettingsプロパティに格納されています。そこで、DefaultPageSettingsプロパティの内容をフィールドPageSettingに格納しています。

なお、DefaultPageSettingsプロパティには、右のようなプロパティが含まれています。

▼ページ設定に関するプロパティ

プロパティ名	内容
Landscape	横向きまたは縦向きの用紙方向を指定する。
Margins	ページの余白を指定する。
Color	ページをカラー印刷するかどうかを指定する。

②印刷する対象を指定する

テキストボックス内の文字列を変数strPrintに格納すると共に、ダイアログを表示するPrintDialogコンポーネントのDocumentプロパティにPrintDocumentコンポーネントを割り当てます。

Documentプロパティは、ドキュメントの印刷方法に関する情報を格納しているPrinterSettings（クラス）を取得するために使用します。

▼印刷する文字列を変数strPrintに格納

```
strPrint = TextBox1.Text
```

TextBox1.Text：TextBoxコントロールのテキストボックスに表示されている文字列を示す

▼PrintDialogコントロールに印刷対象（PrintDocument1）を割り当てる

```
PrintDialog1.Document = PrintDocument1
```

PrintDialog1.Document：[印刷]ダイアログボックスを表示するPrintDialogコンポーネントのDocumentプロパティ

③〜④[印刷]ダイアログボックスを表示して[OK]がクリックされたら印刷を開始する

作成例では、印刷ダイアログボックスを表示すると共に、If...Then...Elseステートメントを使って、印刷の実行と中止を行うための処理を記述しています。

▼[印刷]ダイアログボックスを表示して、[OK]ボタンがクリックされたらThen以下の処理を実行

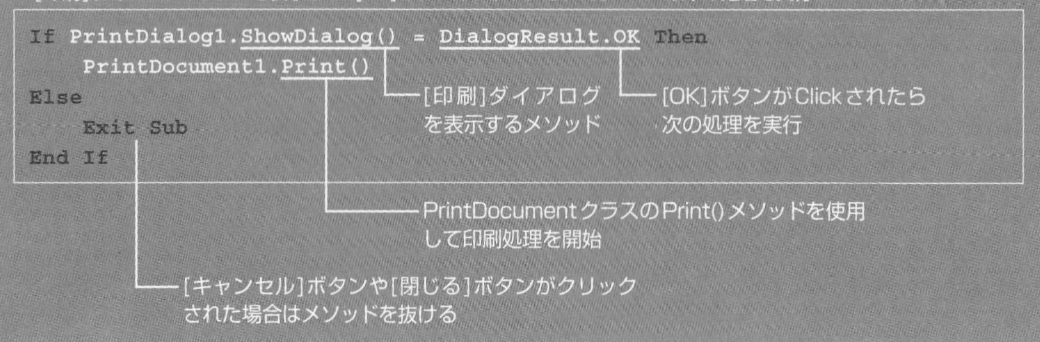

If PrintDialog1.ShowDialog() = DialogResult.OK Then
PrintDocument1.Print()
Else
Exit Sub
End If
[印刷]ダイアログを表示するメソッド
[OK]ボタンがClickされたら次の処理を実行
PrintDocumentクラスのPrint()メソッドを使用して印刷処理を開始
[キャンセル]ボタンや[閉じる]ボタンがクリックされた場合はメソッドを抜ける

Memo エラーの種類とエラー関連の用語

プログラムにおいて発生するエラーには、次のような種類があります。

●構文エラー

構文エラーは、コードの記述ミスが原因で発生するエラーです。Visual Basicでは入力したコードが常にチェックされ、キーワードなどのスペルや使い方に間違いがあると、波線を使って警告が表示されます。完全に修正しない限り、プログラムを動作させることができず、プログラムのビルドを行うこともできません。

●ビルドエラー(コンパイルエラー)

構文エラーが原因で、プログラムのビルド時に発生するエラーです。このため、構文エラーとビルドエラーは、同じ意味で使われます。

●実行時エラー

本セクションで取り上げているエラーで、プログラムを実行したときに発生するエラーです。実行時エラーが発生すると、プログラムの実行が続けられなくなります。

●論理エラー

論理エラーは、プログラムを実行したときに、意図しない結果が導き出されるといった、プログラムの論理的な誤りによるエラーのことを指します。エラーの中では、最も修正の困難なエラーです。

実行時エラーに関しては、次のような用語が使われます。

●エラーハンドラー

エラーを処理するためのプログラムコードのまとまりのことです。Try...Catchステートメントのコードは、**構造化エラーハンドラー**と呼ばれます。

●スロー

実行時エラーが発生することを**スロー**と呼びます。

●キャッチ

実行時エラーを処理することを**キャッチ**と呼びます。

PrintDocumentコンポーネントの印刷内容を記述しよう

これまでの手順で、**印刷**ダイアログボックスの**印刷**ボタンがクリックされると、PrintDocument1.Print()というメソッドで印刷が実行されるようになりました。

ただし、実際に印刷を行うためには、PrintDocument1という印刷対象が、どのようなデータで、どのような方法で印刷を行うのかを決めておく必要があるので、ここで指定することにしましょう。

1 コンポーネントトレイに表示されている**PrintDocument**コンポーネントをダブルクリックして、イベントハンドラーに以下のコードを記述します。

▼印刷対象の文字列を抽出して1ページごとに切り分けるステートメントの入力

```
Private Sub PrintDocument1_PrintPage(sender As Object, e As PrintPageEventArgs
                                    ) Handles PrintDocument1.PrintPage
    ' Fontオブジェクトを生成してフォントの情報を格納
    Dim font As New Font("MS UI Gothic", 11) ──────────── ❶
    ' 1ページに印刷可能な文字数を格納する変数
    Dim numberChars As Integer ──────────── ❷
    ' 1ページに印刷可能な行数を格納する変数
    Dim numberLines As Integer
    ' 1ページに印刷する文字列を格納する変数
    Dim printString As String
    ' 書式情報を保持するStringFormat型の変数
    Dim format As New StringFormat

    ' ページ設定の情報から印刷領域の四角形の位置とサイズを
    ' パラメーターeによって取得し、RectangleF構造体型の変数に格納
    Dim rectSquare As New RectangleF( ──────────── ❸
        e.MarginBounds.Left,    ' 左端を示すx座標
        e.MarginBounds.Top,     ' 上端を示すy座標
        e.MarginBounds.Width,   ' 四角形の幅
        e.MarginBounds.Height   ' 四角形の高さ
        )

    ' 1ページに印刷可能な文字数を計算するときに使用する
    ' 印刷領域の幅と高さを取得してSizeF構造体型の変数に格納
    '
    ' 領域の高さは、書式設定から取得した高さから1行少なくしたものに補正
    ' 四角形の高さからフォントサイズの高さを引く
    Dim squareSize As New SizeF( ──────────── ❹
```

```
        e.MarginBounds.Width, ' 四角形の幅
        e.MarginBounds.Height - font.GetHeight(e.Graphics))

    ' 1ページに印刷可能な文字数と行数を計算してローカル変数にoutで渡す
    e.Graphics.MeasureString( ――――――――――――――――――――――――――――――― ❺
        strPrint,      ' テキストボックスに入力された文字列
        font,          ' フォントの情報
        squareSize,    ' 実際に印刷する領域の幅と高さ
        format,        ' 書式情報を格納したStringFormatオブジェクト
        numberChars,   ' 1ページに印刷可能な文字数をnumberCharsに渡す
        numberLines    ' 1ページに印刷可能な行数をnumberLinesに渡す
        )

    ' 1ページに印刷可能な文字列をSubstring()で抽出
    printString = strPrint.Substring(0, numberChars) ――――――――――――― ❻

    ' 印刷可能な領域に1ページぶんの文字列を描画する
    e.Graphics.DrawString( ――――――――――――――――――――――――――――――――― ❼
        printString,
        font,
        Brushes.Black,
        rectSquare,
        format)

    ' 1ページに収まらなかった文字列の処理
    ' strPrintよりnumberCharsのサイズが小さい場合
    If numberChars < strPrint.Length Then ―――――――――――――――――――――― ❽
        ' strPrintから印刷済みの文字数numberCharsを取り除いて再代入する
        strPrint = strPrint.Substring(numberChars)
        ' 追加のページを印刷するかどうかを示すHasMorePagesプロパティを
        ' True(印刷続行)にする
        e.HasMorePages = True
    Else
        ' すべての文字列が印刷されたらHasMorePagesプロパティを
        ' Falseにしてstrprintの値を元に戻す
        e.HasMorePages = False
        strPrint = TextBox1.Text
    End If
End Sub
```

▼実行中のプログラム

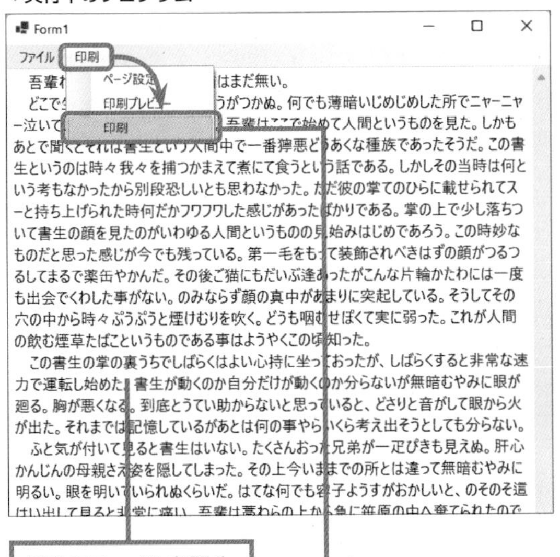
任意のファイルを開く
メニューの[印刷]をクリックして[印刷]を選択する

▼[印刷]ダイアログボックス

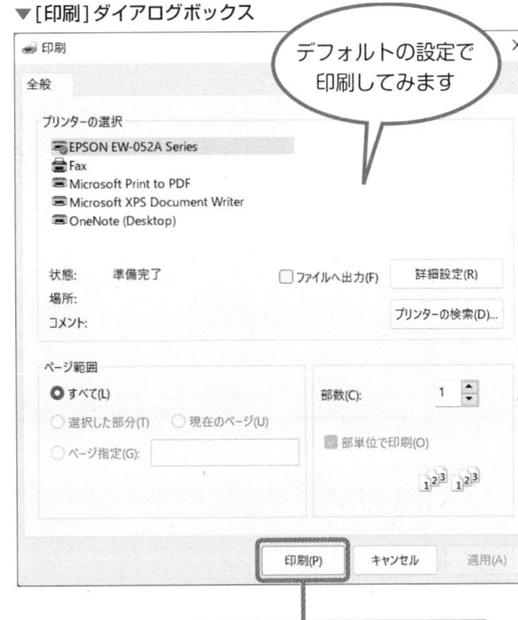
デフォルトの設定で印刷してみます
[印刷]ボタンをクリックすると印刷が開始される

Memo [印刷プレビュー]ダイアログボックスの表示

本文467ページの作成例では、下記の手順で、**印刷プレビュー**ダイアログボックスを表示しています。なお、PrintPreviewDialogにはダイアログの表示から印刷までの一連の処理が含まれているので、**印刷**ダイアログボックスのように、どのボタンがクリックされたのかといった処理を記述する必要はありません。

▼現在のページ設定をPrintDocumentコンポーネントに読み込む

```
PrintDocument1.DefaultPageSettings = PageSetting
```

▼プレビューの対象の文字列を指定

```
strPrint = TextBox1.Text
```

▼PrintDocumentコンポーネントをPrintPreviewDialogコンポーネントに割り当てる

```
PrintPreviewDialog1.Document = PrintDocument1
```

▼ShowDialog()メソッドを使って[印刷プレビュー]ダイアログボックスを表示

```
PrintPreviewDialog1.ShowDialog()
```

印刷処理の手順を確認する

印刷ダイアログボックスの**印刷**ボタンがクリックされると、Print()メソッドで印刷が実行されます。

▼印刷処理の手順

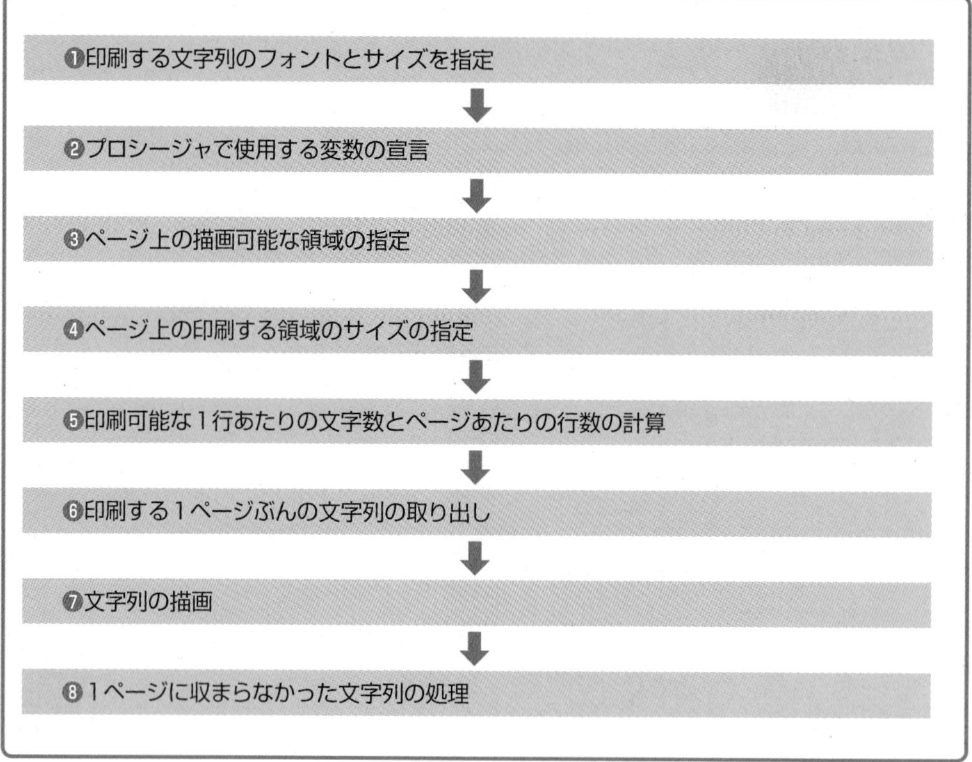

❶印刷する文字列のフォントとサイズを指定
❷プロシージャで使用する変数の宣言
❸ページ上の描画可能な領域の指定
❹ページ上の印刷する領域のサイズの指定
❺印刷可能な1行あたりの文字数とページあたりの行数の計算
❻印刷する1ページぶんの文字列の取り出し
❼文字列の描画
❽1ページに収まらなかった文字列の処理

❶印刷する文字列のフォントとサイズを指定

変数fontを宣言して、印刷する文字のフォントとサイズを格納します。

▼フォントを「MS UI Gothic」、サイズを「11」ポイントに指定

```
Dim font As New Font("MS UI Gothic", 11)
```

❷プロシージャで使用する変数の宣言

▼印刷可能な1行あたりの文字数を格納する変数

```
Dim numberChars As Integer
```

▼印刷可能な1ページあたりの行数を格納する変数

```
Dim numberLines As Integer
```

▼1ページぶんの文字列を格納する変数

```
Dim printString As String
```

▼書式情報を格納する変数

```
Dim format As New StringFormat
```

❸ページ上の描画可能な領域の指定

ページ設定に基づく印刷領域の情報（RectangleF構造体）を変数rectSquareに格納します。**RectangleF構造体**は、四角形の位置とサイズを表す4つの値（浮動小数点数）を指定することで、任意の四角形の領域を指定することが可能です。文字列を描画するためのDrawString()メソッド（このあとで記述する）の引数にすれば、文字列を描画する範囲を指定する要素として使うことができます。

なお、RectangleF構造体の4つの値は、左端の位置、上端の位置、四角形の幅、四角形の高さの順で定義します。例では、余白（マージン）の内側の四角形を示すためのMarginBoundsプロパティを使って、これらの4つの位置を指定しています。

▼RectangleF構造体を使って印刷する領域を指定

```
Dim rectSquare As New RectangleF(
e.MarginBounds.Left, e.MarginBounds.Top,
e.MarginBounds.Width, e.MarginBounds.Height)
```

一方、MarginBoundsプロパティの冒頭には、eという記述があります。PrintDocument1_PrintPageイベントハンドラーの冒頭には、このパラメーターeを宣言するコードが記述されています。

▼パラメーターeの宣言部分

```
e As PrintPageEventArgs
```

パラメーターeの型は、System.Drawing.Printing.PrintPageEventArgs型です。Print()メソッドの実行時に発生するPrintPageイベントは、イベントの発生時にPrintPageEventArgsクラスのインスタンスを生成し、インスタンスへの参照を通知します。そこで、イベントハンドラーにおいてPrintPageEventArgs型のパラメーターを用意して、インスタンスの参照を受け取るようにします。PrintPageEventArgsクラスには、印刷に必要なプロパティが用意されているので、以降ではパラメーターeを指定してプロパティ値の設定を行います。

❹ページ上の印刷する領域のサイズの指定

SizeF構造体は、四角形の幅と高さを格納します。ここでは、左右のマージンの内側の幅と、上下のマージンの内側の高さを取得して、変数squareSizeに格納しています。

ただし、フォントサイズや行間によっては、最後の行の文字の高さが途中で切れてしまうことがあるので、Font.GetHeight()メソッドを使って実際のサイズよりも1行ぶん小さくしておきます。このあとの計算で、1ページあたりの文字数が1行ぶん少なく計算されるので、最後の行の文字まで確実に印刷されるようになります。

なお、Font.GetHeight()メソッドは、文字列の行間をピクセル単位で返します。

▼文字が欠けないようにするため、高さを1行ぶん小さくする

```
Dim squareSize As New SizeF(
    e.MarginBounds.Width,
    e.MarginBounds.Height - font.GetHeight(e.Graphics))
```

❺印刷可能な1行あたりの文字数と1ページあたりの行数の計算

Graphicsオブジェクトの**MeasureString()**メソッドは、指定された領域に表示可能な文字列の数を計測します。

▼Graphics.MeasureString()メソッド

```
Graphics.MeasureString(text, font, layoutArea,
    stringFormat, ByRef charactersFitted, ByRef linesFilled)
```

▼Graphics.MeasureString()メソッドのパラメーター

パラメーター	内容
text	計測する文字列。
font	文字列のテキスト形式を定義する Font オブジェクト。
layoutArea	テキストの最大レイアウト領域を指定するSizeF構造体。
stringFormat	行間など、文字列の書式情報を表すStringFormatオブジェクト。
charactersFitted	文字列の文字数。
linesFilled	文字列のテキスト行数。

ここでは、strPrint, font, squareSize, formatの各変数を引数にして、印刷が可能な1行あたりの文字数をnumberChars、1ページあたりの行数をnumberLinesに、戻り値として格納しています。

▼変数squareSizeを基準にして1ページ内に印刷可能な文字数と行数を計算

```
e.Graphics.MeasureString(
    strPrint, font, squareSize, format,
    numberChars, numberLines)
```

numberChars：印刷が可能な1ページあたりの文字数
numberLines：1ページあたりの行数

❻印刷する1ページぶんの文字列の取り出し

ここでは、**strPrint.Substring()**メソッドを使って、印刷対象の文字列を格納している変数strPrintから取り出します。strPrint.Substring()メソッドは、文字列の開始位置と文字数をパラメーターとして指定することで、任意の位置にある文字列を指定した数だけ取り出すことができます。

▼1ページに収まる文字列を取り出して変数printStringに格納する

```
printString = strPrint.Substring(0, numberChars)
```

0：取り出す文字の開始位置を指定
numberChars：Graphics.MeasureString()メソッドを使って算出した1ページに印刷可能な文字数のぶんだけ取り出す

❼文字列の描画

ここでは、Substring()を使って取り出した1ページぶんの文字列を、Graphics.DrawString()メソッドを使って描画します。

DrawString() メソッドは、以下のパラメーターを使用して、指定された領域に、指定された文字列を描画します。指定した文字列は、RectangleF構造体によって指定された四角形の内部に描画されます。なお、四角形の内部に収まらないテキストは切り捨てられます。

▼Graphics.DrawString()メソッドのパラメーター

パラメーター	内容
text	描画する文字列。
font	文字列のテキスト形式を定義するFontオブジェクト。
brush	描画するテキストの色とテクスチャを決定するBrushオブジェクト。
layoutRectangle	描画するテキストの位置を指定するRectangleF構造体。
format	描画するテキストに適用する行間や配置などの書式属性を指定するStringFormatオブジェクト。

▼変数printStringに格納された文字列を描画

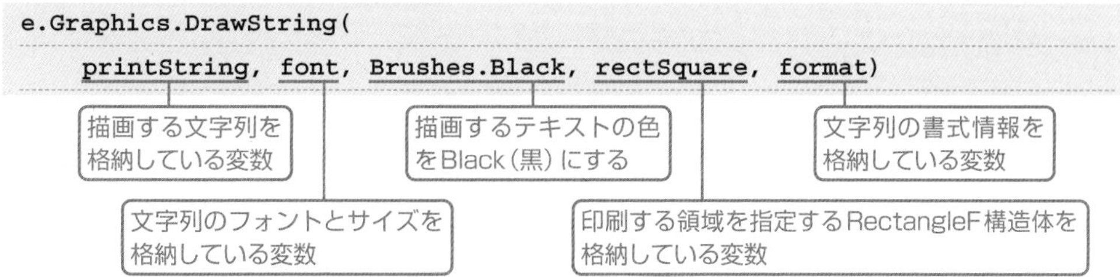

```
e.Graphics.DrawString(
    printString, font, Brushes.Black, rectSquare, format)
```


❽1ページに収まらなかった文字列の処理

印刷対象の文字列が1ページに収まらなかった場合は、さらに印刷を続行して、すべての文字列を印刷する必要があります。

印刷すべき文字列が残っているかどうかは、1ページあたりの印刷可能な文字数と印刷対象の文字列を比較することで確認できます。

▼印刷可能な文字数より印刷対象の文字列が多い場合はThen以下の処理を実行

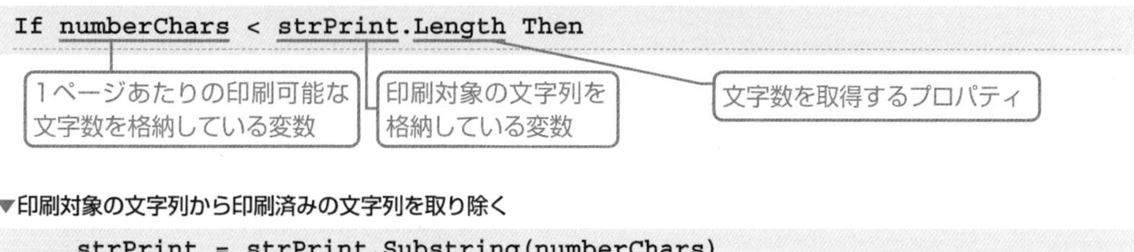

```
If numberChars < strPrint.Length Then
```


▼印刷対象の文字列から印刷済みの文字列を取り除く

```
    strPrint = strPrint.Substring(numberChars)
```

▼印刷を続行するためのHasMorePagesプロパティを有効(True)にする

```
    e.HasMorePages = True
```

▼すべての文字列が印刷されたらHasMorePagesプロパティを無効（False）にして変数StrPrintの値を元に戻す

```
Else
    e.HasMorePages = False
    strPrint = TextBox1.Text
End If
```

HasMorePagesは、追加のページを印刷するかどうかを示す値を参照または設定するBoolean型のプロパティで、印刷処理を続行するTrueをセットするとPrintPageイベントが発生します。このため、印刷するページ数が3ページの場合は、**印刷**メニューを選択したときに発生するPrintPageイベントに加え、PrintDocument1コンポーネント内のHasMorePagesプロパティによってPrintPageイベントが2回発生するので、イベントハンドラーが計3回呼び出されることで、全ページの印刷が行われます。

▼印刷処理の流れ

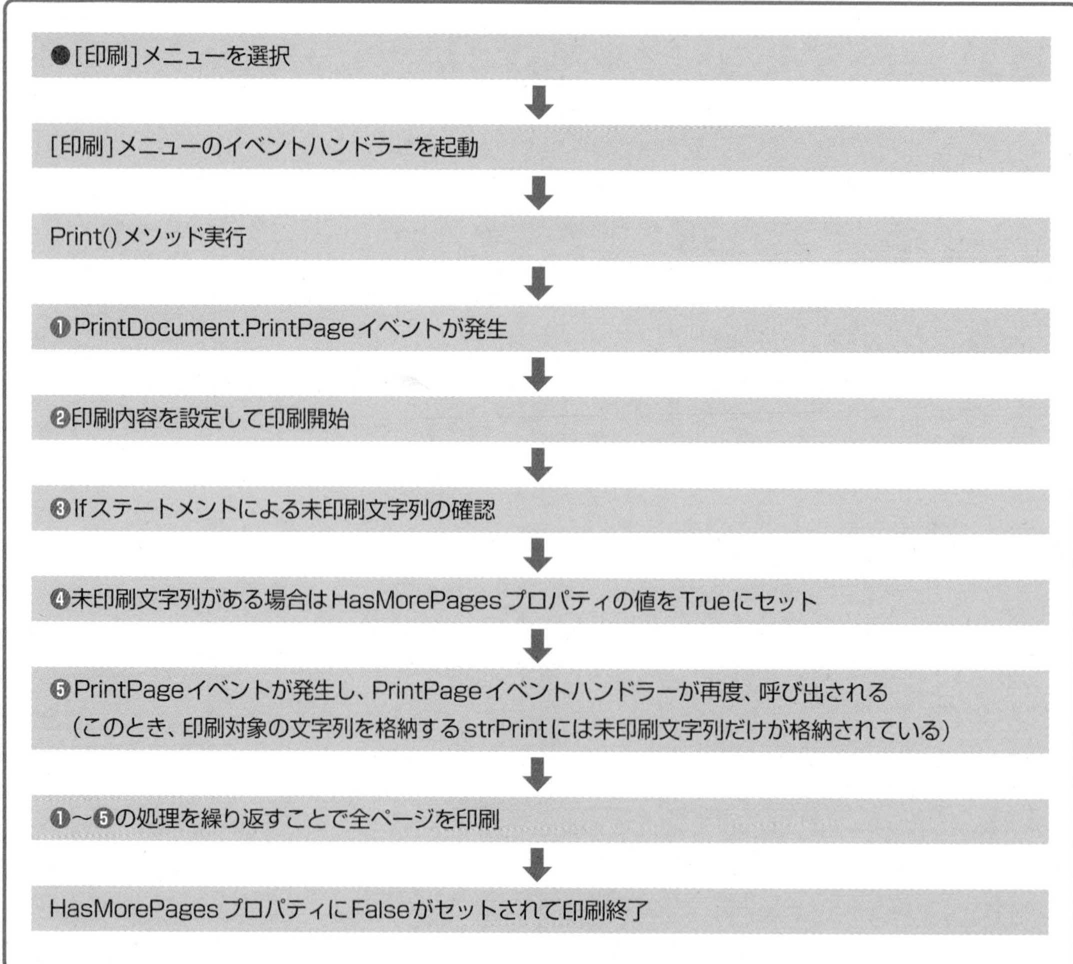

5.5.4　印刷プレビューとページ設定の追加

印刷プレビューダイアログの表示はPrintPreviewDialogコンポーネント、**ページ設定**ダイアログの表示はPageSetupDialogコンポーネントを使って行います。

[印刷プレビュー]ダイアログボックスを表示しよう

メニューの**印刷プレビュー**が選択されたタイミングで**印刷プレビュー**ダイアログボックスを表示して、印刷イメージが確認できるようにしてみましょう。

▼フォームデザイナー

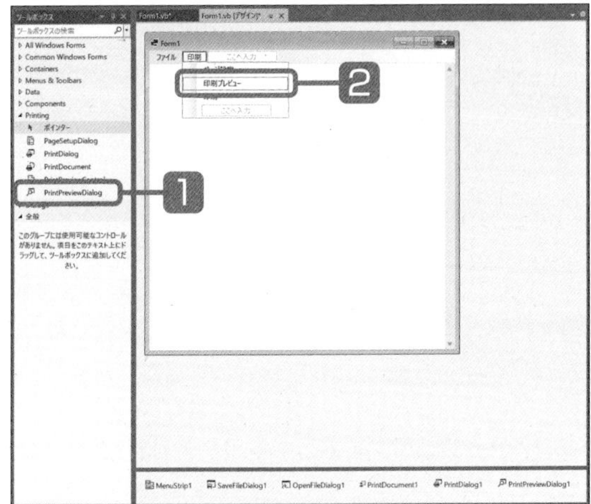

1 フォームデザイナーで、ツールボックスのPrintPreviewDialogコンポーネントをダブルクリックします。

2 メニューの**印刷プレビュー**をダブルクリックして、次のように記述します。

Onepoint
印刷プレビューダイアログボックスを表示するために、PrintPreviewDialogコンポーネントを組み込んでいます。

▼[印刷プレビュー]ダイアログボックスを表示するステートメントの入力(Form1.vb)

```
' [印刷プレビュー] 選択時に実行されるイベントハンドラー
Private Sub MenuItemPreview_Click(sender As Object, e As EventArgs) Handles MenuItemPreview.Click
    ' PrintDocumentオブジェクトにページ設定を登録
    PrintDocument1.DefaultPageSettings = pageSetting
    ' テキストボックスの文字列を取得
    strPrint = TextBox1.Text
    ' PrintPreviewDialogオブジェクトにPrintDocumentオブジェクトを登録
    PrintPreviewDialog1.Document = PrintDocument1
    ' [印刷プレビュー] ダイアログを表示
    PrintPreviewDialog1.ShowDialog()
End Sub
```

5

Windowsアプリケーションの開発

プログラムを実行し、テキストを入力したあと**印刷**メニューの**印刷プレビュー**を選択すると、**印刷プレビュー**ダイアログに印刷イメージが表示されます。

▼[印刷プレビュー]ダイアログボックス

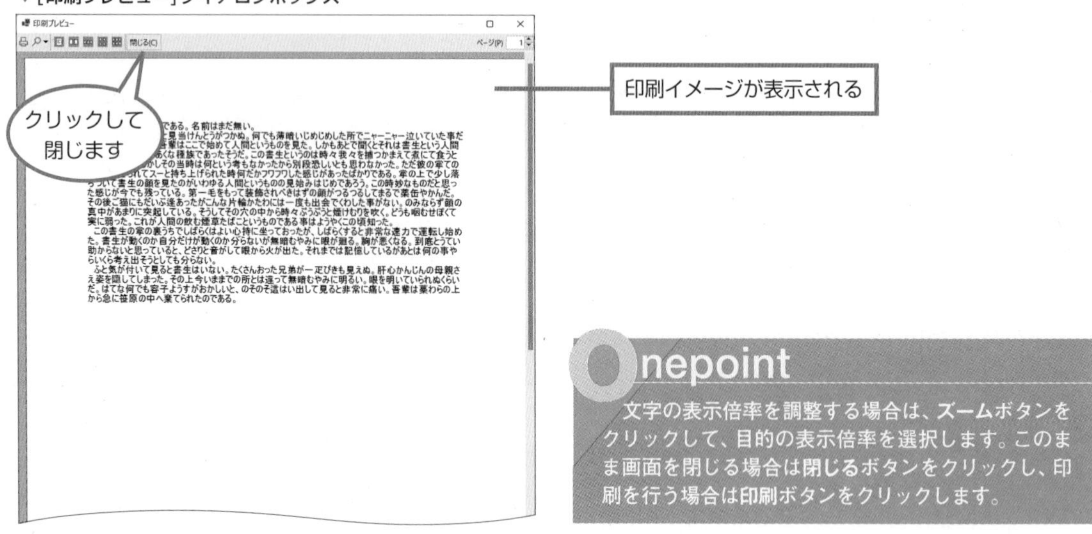

Onepoint

文字の表示倍率を調整する場合は、**ズーム**ボタンをクリックして、目的の表示倍率を選択します。このまま画面を閉じる場合は**閉じる**ボタンをクリックし、印刷を行う場合は**印刷**ボタンをクリックします。

[ページ設定]ダイアログボックスを表示しよう

メニューの**ページ設定**が選択されたタイミングで、**ページ設定**ダイアログボックスを表示して、印刷に関する設定が確認できるようにしてみましょう。

▼フォームデザイナー

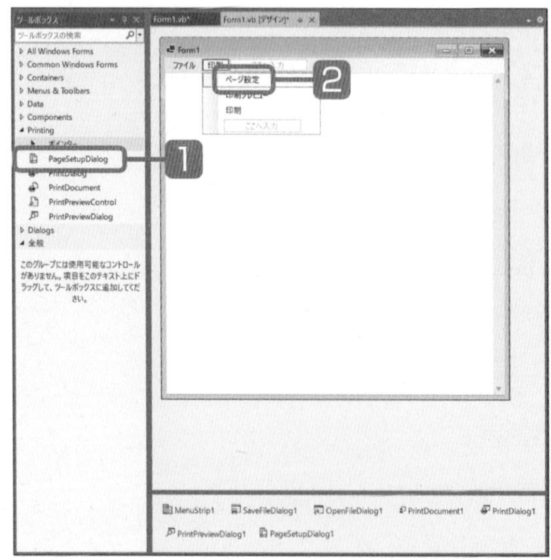

1. ツールボックスで**PageSetupDialog**コンポーネントをダブルクリックします。
2. メニューの**ページ設定**をダブルクリックし、イベントハンドラーに、次ページのコードを記述します。

Onepoint

ここでは、**ページ設定**ダイアログボックスを表示するために、**PageSetupDialog**コンポーネントを組み込んでいます。

▼［ページ設定］ダイアログボックスを表示するステートメントの入力

```
Private Sub MenuItemSetting_Click(sender As Object, e As EventArgs) Handles MenuItemSetting.Click
    ' PageSetupDialogオブジェクトにページ設定を登録
    PageSetupDialog1.PageSettings = pageSetting
    ' ［ページ設定］ダイアログを表示
    PageSetupDialog1.ShowDialog()
End Sub
```

▼［ページ設定］ダイアログボックス

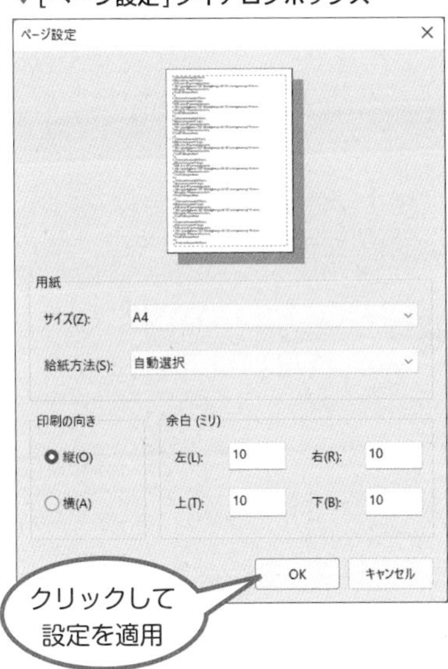

Memo ［ページ設定］ダイアログボックスの表示

作成例では、以下の要領で**ページ設定**ダイアログボックスを表示しています。PageSetupDialogにはダイアログの表示からページ設定までの一連の処理が含まれているので、どのボタンがクリックされたのかといった処理を記述する必要はありません。

▼現在のページ設定情報をPageSetupDialogのPageSettingsプロパティに送る

```
PageSetupDialog1.PageSettings = PageSetting
```

▼ShowDialog()メソッドを使って［ページ設定］ダイアログボックスを表示

```
PageSetupDialog1.ShowDialog()
```

Memo Try...Catchステートメント

プログラムの実行時に発生する回復不能なエラーを**実行時エラー**と呼びます。ここでは、実行時エラーを処理する手段として利用されている**構造化エラー処理**について見ていきます。

●構造化エラーハンドラー

実行時エラーが発生すると、プログラムの実行が不可能になってしまいます。この場合は、エラーを検知して、エラーを処理することでプログラムを止めないようにしなくてはなりません。エラー処理用のコードのまとまりを**エラーハンドラー**と呼びます。Visual Basicには、エラーハンドラーとして、**Try...Catch**ステートメントが用意されています。Try...Catchステートメントのコードは構造化されていることから、**構造化エラーハンドラー**と呼びます。

Try...Catchステートメントは、エラーを検知するための**Try**ブロック、エラーを処理するための**Catch**ブロック、エラーの有無にかかわらず実行する**Finally**ブロック（省略可能）、処理を終了するための**End Try**ステートメントで構成されます。

Try...Catchステートメント

構文

```
Try
    実行時エラーが発生する可能性があるステートメント
Catch
    実行時エラーが発生したときに実行するステートメント
Finally(省略可)
    実行時エラーの有無にかかわらず実行するステートメント
End Try
```

●Try
Tryブロック内で実行時エラーが発生すると、このあとのCatchブロックに制御が移ります。

●Catch
Tryブロックで実行時エラーが発生しても、Catchブロックが実行されることで、エラーが回避されるようになります。

●Finally
実行時エラーが発生したときも、発生しなかったときも、後処理としての共通の処理を実行させることができます。ただし、必要がなければ、Finallyブロックは省略することができます。

Section 5.6 プログラムのデバッグ

Level ★★★　Keyword　デバッグ　ステートメント　ステップイン　ステップオーバー

デバッグとは、プログラムに潜む論理的な誤り（論理エラー）を見付けるための作業のことです。

ステートメントを1行ずつ実行しながら動作を確認したいときには、ステップ実行を使います。ステップ実行には、ステップインとステップオーバーがあります。

デバッグでプログラムの不具合を見付ける

● ステップイン

ステップインを使うと、ステートメントを1行ずつ実行することができます。他のプロシージャが呼び出された場合は、呼び出したプロシージャのステートメントも1行ずつ実行します。このため、呼び出し先のプロシージャを含むすべてのステートメントを1行ずつ実行したい場合は、ステップインを使います。

なお、呼び出したプロシージャの残りのステートメントを一括して実行した上で、呼び出し元のプロシージャに戻りたい場合は、ステップアウトを利用します。

● ステップオーバー

◀中断モード

ステートメントを1行ずつ実行するところはステップインと同じです。ただし、呼び出し先のプロシージャ内のステートメントは一括して実行した上で、呼び出し元の次のステートメントで中断モードになります。

5.6.1 ステップ実行でステートメントを1行ずつ実行してみる

それでは、ステップ実行を使ってプログラムを実行してみることにしましょう。ここでは、「ログインフォームを作る」で作成したパスワード認証を行うプログラム（プロジェクト名「Login」）を使用して、ステップインを実行してみます。

▼コードエディター左側のインジケーターバー

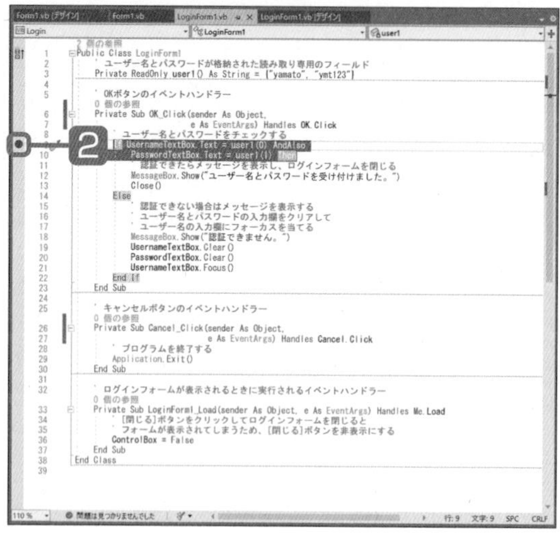

1. LoginForm1.vbをコードエディターで表示します。
2. コードエディター左側のインジケーターバー上にマウスポインターを移動し、ブレークポイントを設定したいステートメントの左側をクリックします。
3. **デバッグ**メニューをクリックして**デバッグの開始**を選択します（または F5 キーを押します）。
4. ユーザー名とパスワードを入力して**OK**ボタンをクリックします。

▼IDEの操作画面

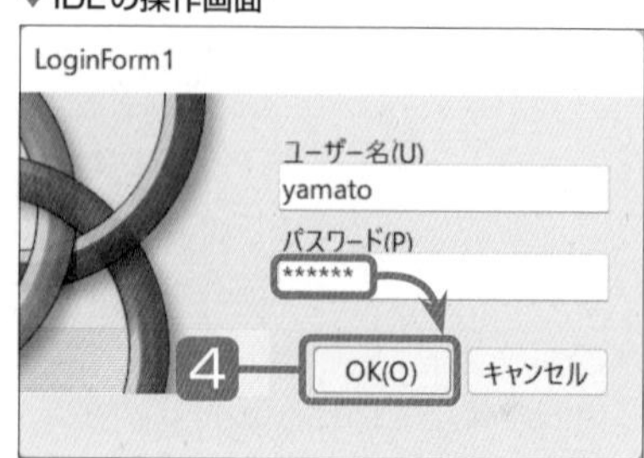

5. ブレークポイントを設定した行で、中断モードになります。

▼中断モード

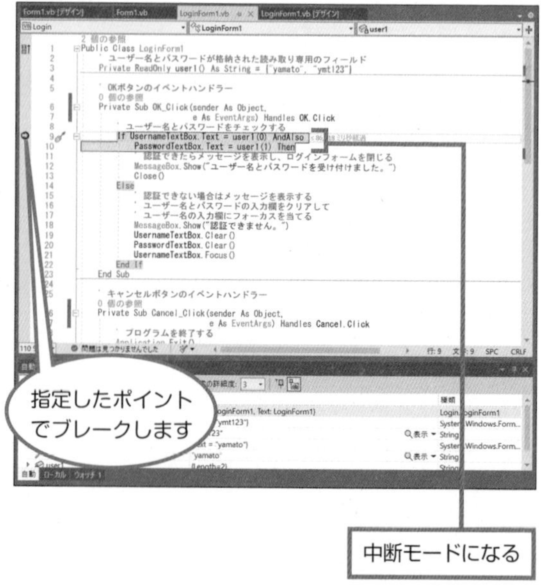

▼中断モード

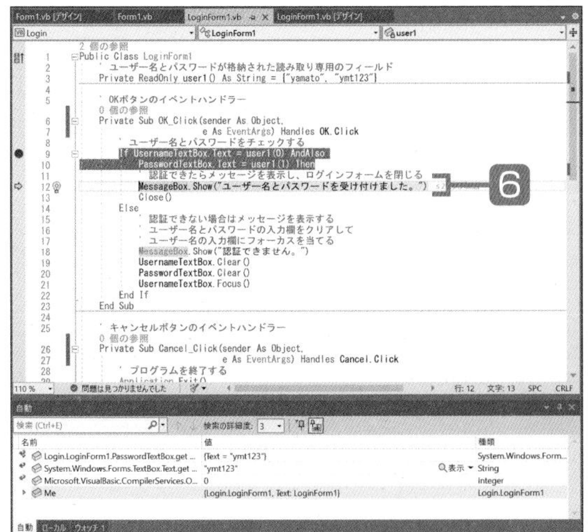

6 **デバッグ**メニューをクリックして**ステップイン**を選択し、ブレークポイントのステートメントを実行します。

7 さらに、**デバッグ**メニューをクリックして**ステップイン**を選択し、次の行を実行していきます。

Onepoint

デバッグメニュー➡ステップインを選択する代わりに、F11 キーを押しても同じ結果になります。

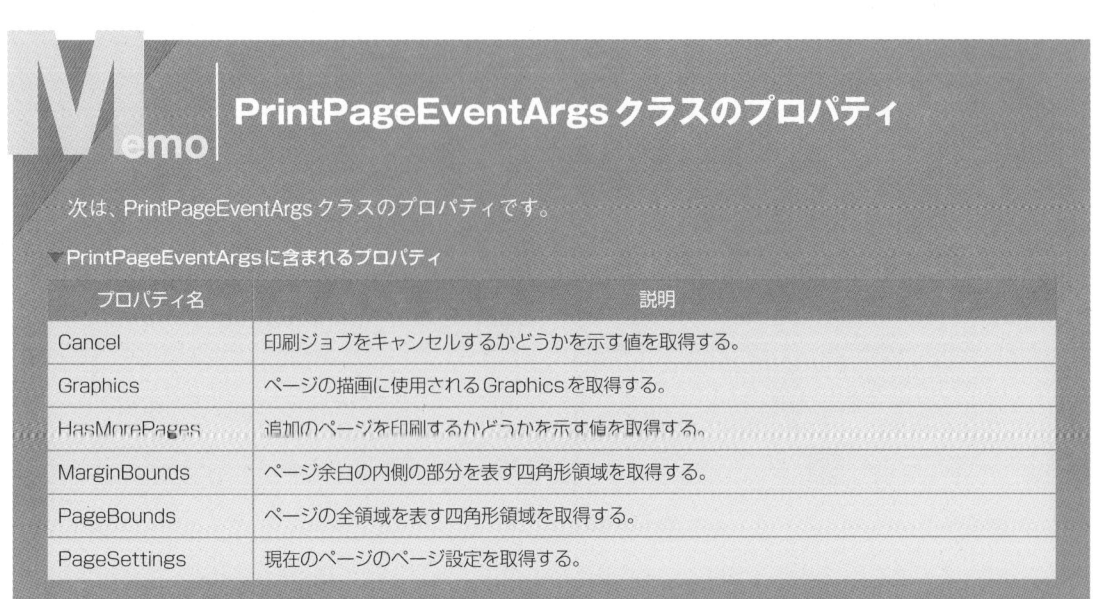

Memo PrintPageEventArgsクラスのプロパティ

次は、PrintPageEventArgsクラスのプロパティです。

▼PrintPageEventArgsに含まれるプロパティ

プロパティ名	説明
Cancel	印刷ジョブをキャンセルするかどうかを示す値を取得する。
Graphics	ページの描画に使用されるGraphicsを取得する。
HasMorePages	追加のページを印刷するかどうかを示す値を取得する。
MarginBounds	ページ余白の内側の部分を表す四角形領域を取得する。
PageBounds	ページの全領域を表す四角形領域を取得する。
PageSettings	現在のページのページ設定を取得する。

マウスを使って変数の値を確認する

ステップ実行、またはブレークポイントの設定によって、プログラムを**中断モード**にしたとき、コードエディター上で、任意の変数やプロパティにマウスポインターを重ねると、格納されている値がポップアップ表示されます。このように、中断モードで、マウスポインターを使って変数やプロパティの値を確認することを**クイックウォッチ**と呼びます。ここでは、「3.2.6　変数と定数を使ったプログラムの作成」で作成したプログラム（「Calc」）を使って操作を行うこととします。

▼ブレークポイントの設定

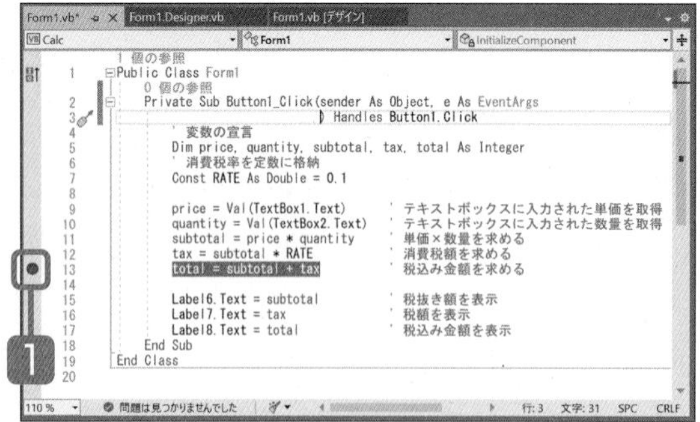

1. Form1.vbをコードエディターで開いて、「total = subtotal + tax」にブレークポイントを設定します。
2. **デバッグ**メニューの**デバッグの開始**を選択します。

▼実行中のプログラム

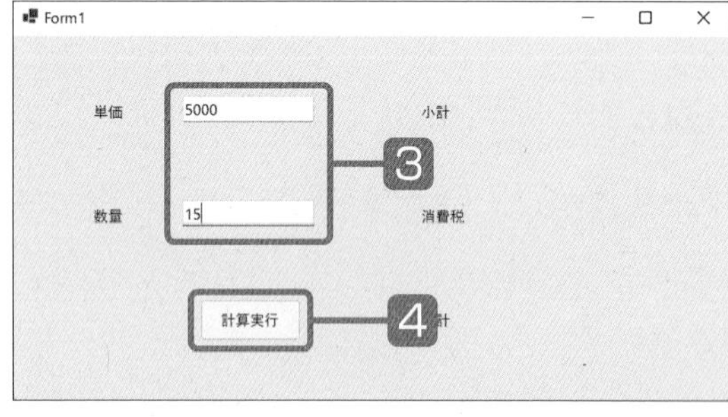

3. 単価と数量にそれぞれ任意の値を入力します。
4. **計算実行**ボタンをクリックします。

▼コードエディター

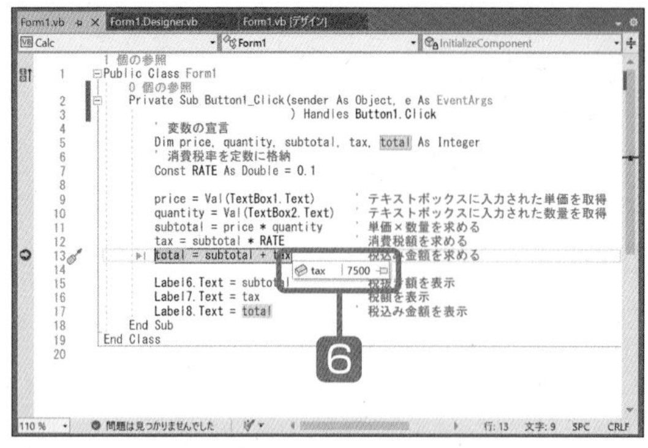

5. ブレークポイントで中断モードになります。
6. 任意の変数やプロパティをポイントすると、現在の値が表示されます。

中断しているステートメントからアクセス可能な変数の値を確認する

ローカルウィンドウには、中断しているステートメントが含まれるコードブロック内でアクセス可能なローカル変数の名前、値およびデータ型が表示されます。

▼[ローカル]ウィンドウ

変数に格納されている値は
ここに表示されます

1 ブレークポイントでプログラムの実行を中断し、**デバッグ**メニューの**ウィンドウ➡ローカル**を選択します。

[ローカル]ウィンドウに、各ローカル変数の値とデータ型が一覧で表示される

中断箇所までのステートメント内の変数の値を確認するには

自動ウィンドウを利用すると、中断しているステートメントと、1つ前のステートメントに含まれる変数の名前、値およびデータ型を表示させることができます。

▼[自動]ウィンドウ

1 ブレークポイントでプログラムの実行を中断し、**デバッグ**メニューをクリックし、**ウィンドウ➡自動変数**を選択します。

変数に代入されている値が表示される

Section

5.7

Visual Basic アプリケーションの配布

Level ★★★　Keyword　ビルド　アセンブリ　実行可能ファイル　コンパイル　リンク

Visual Basicで作成したプログラムは、実行可能ファイルに変換すれば、他のWindowsマシンにインストールして動作させることができます。

このセクションでは、Visual Basicで作成したプログラムの配布について見ていくことにします。

Visual Basicアプリケーションの配布方法

作成したプログラムから、実行可能ファイルを作成します。

• 実行可能ファイルを作成する

●作成したプログラムを実行可能ファイルに変換

●作成した実行可能ファイルを配布先のコンピューターにコピー

Visual Basicで作成したプログラムを実行するには、.NET Frameworkがコンピューターにインストールされていることが必要です。

▼作成した実行可能ファイル

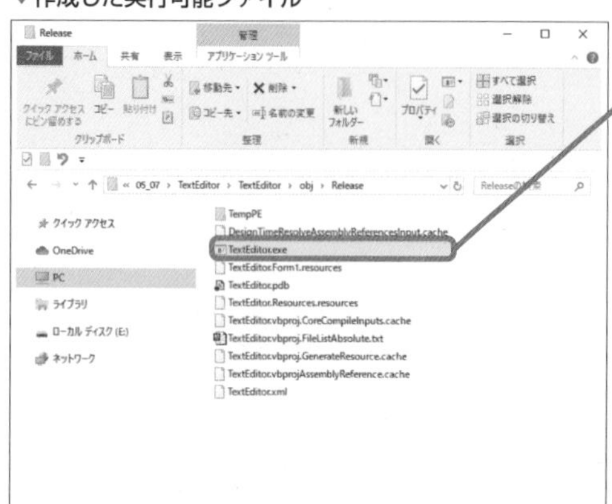

ビルドによって作成された実行可能ファイル

5.7.1 アプリケーションの配布（アセンブリとビルド）

Visual Basicを使って作成したプログラムは、**実行可能ファイル**（EXEファイル）または**クラスライブラリ**（DLLファイル）に変換して配布します。なお、デスクトップアプリの動作環境である.NET Frameworkでは、実行可能ファイルのことを**アセンブリ**と呼びます。結局は、実行可能ファイルもアセンブリも同じものを指しているのですが、アセンブリという用語は、実行可能ファイルを構成する論理的な要素を説明する場合に使われます。ここでは、アセンブリという用語も使って説明しますが、アセンブリ＝実行可能ファイルと考えて差し支えありません。

●**ビルド**

アセンブリを作成することを**ビルド**と呼びます。Visual Basicでビルドを実行するとコンパイルとリンクの処理が行われます。

●コンパイル

Visual Basicのプログラムコードを中間コードであるMSILに変換します。

実行可能ファイルの名前を設定しよう

作成する実行可能ファイルの名前は、**プロパティページ**を使って設定します。

1 **ソリューションエクスプローラー**で、ソリューション名の下に表示されているプロジェクト名を右クリックして**プロパティ**を選択します。

▼**ソリューションエクスプローラー**

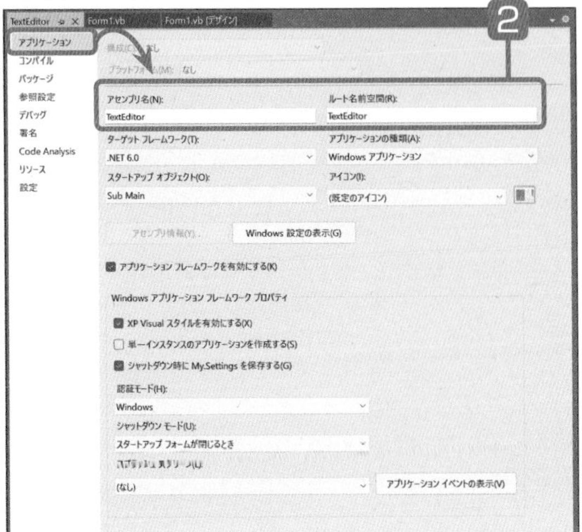

2 **プロパティページ**の**アプリケーション**タブの**アセンブリ名**と**ルート名前空間**に任意の名前を入力します。

3 プロジェクトを上書き保存します。

Onepoint

初期状態では、プロジェクト名がルート名前空間名に設定され、さらにルート名前空間名がアセンブリ名として設定されています。

Memo コンパイルに関する設定

ソリューションの**プロパティページ**において Release（リリース）を選択すると、リリース用のビルドが行われるようになります。どのような設定が行われているのかは、プロジェクトのプロパティページで確認することができます。

▼プロジェクトのプロパティページ

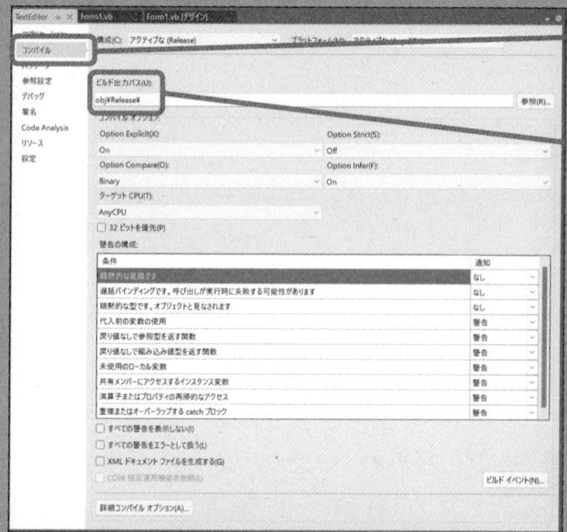

[コンパイル]タブをクリック
[ビルド出力パス]においてビルドの出力先が[Release]フォルダーに指定されている
[ビルド出力パス] に何も表示されていない場合は、[参照] ボタンをクリックしてプロジェクト用フォルダー以下の「obj」➡「Release」フォルダーを選択するか、直接obj¥Release¥と入力すると、「Release」フォルダー以下にコンパイル（ビルド）後のファイルが出力されるようになる

詳細コンパイルオプションボタンをクリックすると、次のような**コンパイラの詳細設定**ダイアログボックスが表示されます。

▼[コンパイラの詳細設定]ダイアログボックス

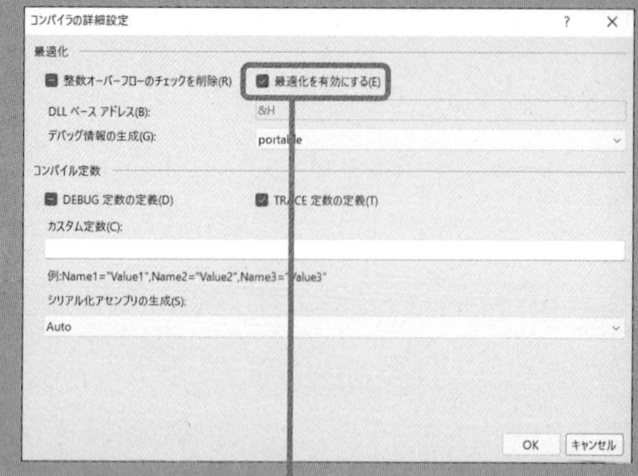

最適化を有効にするがチェックされています。最適化が有効になっていると、ソースコードを簡素化できる部分をコンパイラーが自動的に探し出し、コードの再配置などの書き換えが可能であれば、コードを書き換えた上でコンパイルが行われます。このため、出力されるファイルのサイズが小さくなる、プログラムの動作が速くなるなどの効果が期待できます。

なお、既定のDebug構成では、最適化はオフに設定されているので、通常のデバッグ時に出力される実行可能ファイルは、最適化の処理が行われていません。これは、最適化によってソースコードの再配置が行われると、デバッグが困難になるためです。

リリースビルドを実行して実行可能ファイルを作成しよう

初期状態で、ビルドの種類にはデバッグ用の**Debug**と、リリース（配布）用の**Release**があります。既定ではDebugに設定されているので、リリース用のReleaseに変更してから、配布に向けたビルドを実行します。

▼プロパティページ

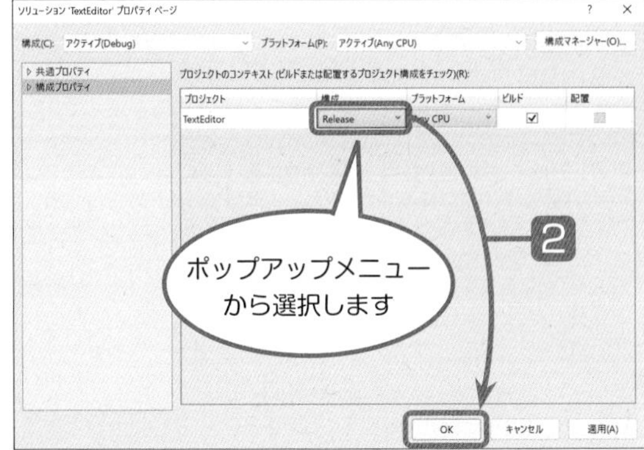

1 **ソリューションエクスプローラー**でソリューション名を右クリックして**プロパティ**を選択します。

2 **プロパティページ**の**構成プロパティ**を選択し、**構成**でReleaseを選択して、**OK**ボタンをクリックします。

▼[ビルド] メニュー

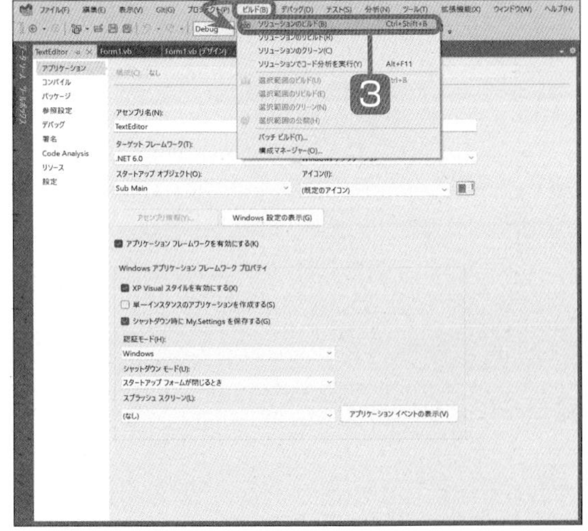

3 **ビルド**メニューの**ソリューションのビルド**を選択します。

4 ビルドが実行され、コンパイルとリンクが行われ、完了するとメッセージが表示されます。

▼「obj」➡「Release」フォルダー内に作成された実行可能ファイル

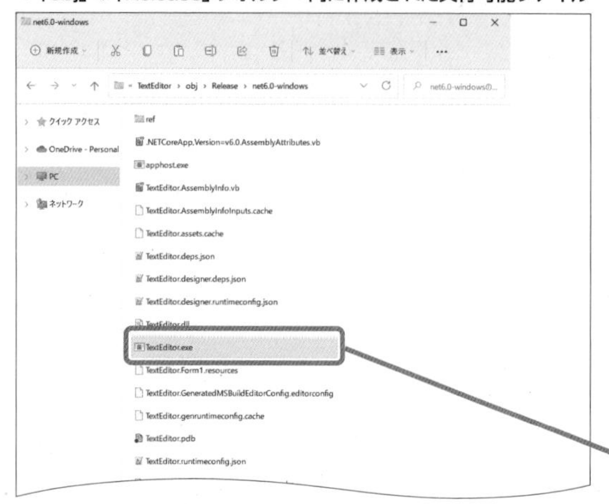

5 プロジェクトのフォルダー内の**obj➡Release**フォルダー内に実行可能ファイル（TextEditor.exe）が生成されるので、これをコピーして配布します。なお、.NET6.0対応のWindowsフォームアプリ用のプロジェクトでは、左の画面例のようにReleaseフォルダの下に「NET 6.0-Windows」フォルダーが作成されることがあります。その場合は、そのフォルダー内に実行可能ファイルが生成されます。

Memo ブレークポイントの解除、および無効化

本文472ページで設定したブレークポイントを解除したり、一時的に無効化するには、以下の方法を使います。

●ブレークポイントを解除する

設定したブレークポイントを解除するには、対象のブレークポイントをクリックします。

●ブレークポイントを一時的に無効にする

ブレークポイントを一時的に無効にしたい場合は、**デバッグメニュー➡すべてのブレークポイントの無効化**を選択します。

Memo デバッグビルドとリリースビルド

ビルド（コンパイル）を行う際は、DebugとReleaseのどちらかを選択することができます。

●Debug

Debugモードでビルドを行うと、デバッグに関する機能を含めてビルドされます。開発中に使用するモードがDebugです。

●Release

プログラムを配布用としてビルドします。ソースコードを効率的にマシン語（機械語）に変換できるようにするための「最適化」という処理が行われると共に、.NET Frameworkのライブラリからの組み込みも行われます。プログラム自体は、Debugビルドよりも高速に動作するようになります。

Perfect Master Series
Visual Basic 2022

Chapter

解析機能を備えたチャットボットプログラムの開発

この章では、4章で作成したチャットボットプログラム「VBちゃん」に新たな機能を加えます。相手の発言を理解して表情を変えたり、「形態素解析」を行って相手の発言に対する的確な「返し」ができるプログラムに進化させます。

Section

6.1 プログラムに「感情」を組み込む（正規表現）

Level ★★★ Keyword パターン辞書 正規表現

4章で作成した「VBちゃん」は、パターンに反応するものの表情を変えることはありませんでした。でも、無表情のまま「もう怒っちゃうから!」とか言われても怖いので、本セクションではシンプルな感情モデルの仕組みを使って、表情にバリエーションを付けてみようと思います。表情を増やすということは、表示するイメージを増やすということですが、それには、VBちゃんの感情をモデル化し、感情の表れとしての表情の変化をどのように実現するかということを考えます。

正規表現で感情をモデル化する

VBちゃんの感情をモデル化する、つまりVBちゃんが感情を持つとはどういうことか、それをプログラムで表すとどうなるのかということを検討し、また、感情の表れとしての表情の変化をどのように実現するかを考えます。

ここで作成するVBちゃんアプリのプロジェクトは「Chatbot-emotion」です。ぜひ、ダウンロード用のサンプルデータをチェックしながら進めてください。

•本セクションで作成するモジュール（クラスファイル）

本セクションでは、デフォルトで作成されるファイル（Form1.vbなど）のほかに、以下のクラスファイルを作成します。

- VBchan.vb
- VBchanEmotion.vb
- VBDictionary.vb
- Responder.vb
- RepeatResponder.vb
- RandomResponder.vb
- PatternResponder.vb
- ParseItem.vb

6.1.1 アプリの画面を作ろう

いろいろやることが多いので、まずはアプリの画面を先に作っちゃいましょう。基本的に4章で作成したVBちゃんアプリと同じ構造です。

VBちゃんのGUI

右にはVBちゃんのイメージが表示される領域があり、その下にVBちゃんからの応答メッセージ領域があります。新バージョンでは思わず語りかけてくるように見えるようなキャラに交代してもらいました。この画面に「中の人*」に相当するプログラムを組み込み、ユーザーの入力内容によって怒った顔や笑った顔に変化させます。

さて、左側はログを表示するためのテキストボックスで、ユーザーとVBちゃんの対話が記録されていきます。画面の下部には入力エリアとしてのテキストボックスがあり、ここに言葉を入力して**話す**ボタンをクリックすることでVBちゃんと会話することができます。このあたりは4章で作成したものと同じです。その下にはVBちゃんの「機嫌値」を表示するListコントロールが配置されています。実はこの機嫌値こそが今回のアプリの最大のポイントで、機嫌値としての数値によってVBちゃんの表情を変化させます。なので、ユーザーはこの機嫌値を見ながら「どのくらい怒っているのか」、言い換えると怒りや喜びの度合いを知ることができるというわけです。

▼VBちゃんのGUI

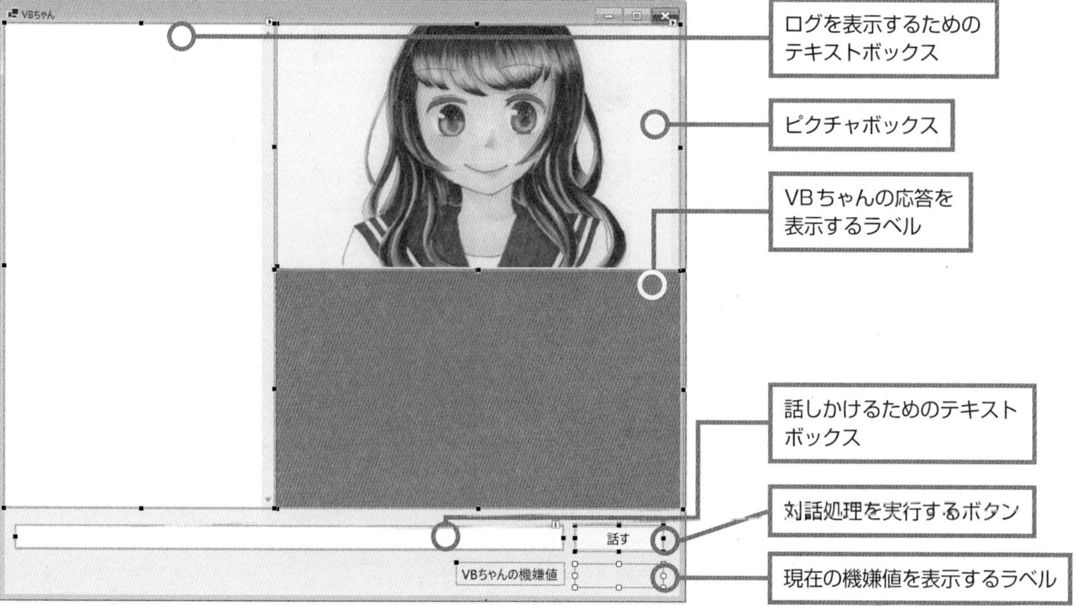

*中の人　アニメのキャラを担当する声優さんを「中の人」と呼ぶことがあります。

▼ログ表示用のテキストボックス

(Name)	TextBox2
Multiline	True
ScrollBars	Both
BackColor	White
Font (Size)	12

▼ピクチャボックス

(Name)	PictureBox1
Image	事前にイメージをプロジェクトフォルダー内にコピーしておく。プロパティの値の欄のボタンをクリックして[プロジェクトリソース]をオンにし、[インポート]ボタンをクリックしてイメージ(talk.pngなど)を選択したあと[OK]ボタンをクリックする。

※イメージ全体が表示されるように、ピクチャボックスのサイズ、またはイメージのサイズを調整してください。

▼入力用のテキストボックス

(Name)	TextBox1
Font (Size)	12

▼ボタン

(Name)	Button1
Font (Size)	12
Text	話す

▼フォーム

(Name)	Form1
Text	VBちゃん

▼応答メッセージ表示用のラベル

(Name)	Label1
BackColor	Tomato
AutoSize	False
TextAlign	MiddleCenter
Font (Size)	16
Font (Bold)	True

▼機嫌値出力用のラベル

(Name)	Label2
Text	(空欄)
Font (Size)	16

▼ラベル

(Name)	Label3
Text	VBちゃんの機嫌値
Font (Size)	12

VBちゃんの機嫌によって4枚のイメージを切り替えて表示しますので、これらのイメージをプログラムから利用できるように、リソースファイルに組み込んでおきましょう。

1 使用する4枚のイメージをプロジェクト用フォルダー以下にコピーしておきます。

2 **ソリューションエクスプローラー**でプロジェクト名を右クリックして**プロパティ**を選択します。

▼プロジェクトのプロパティ

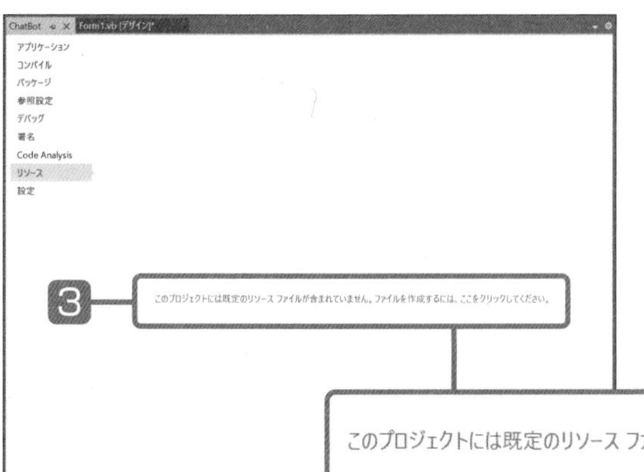

3 プロジェクトのプロパティが表示されるので、**リソース**タブをクリックして、**このプロジェクトには既定のリソースファイルが含まれていません。ファイルを作成するには、ここをクリックしてください。**と表示されている部分をクリックします。

▼プロジェクトのプロパティ

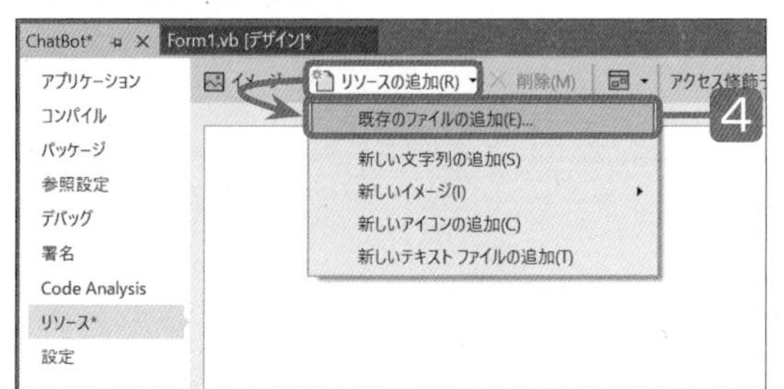

4 **リソースの追加**をクリックして**既存のファイルの追加**をクリックします。

▼4枚のイメージをリソースに追加する

5 **既存のファイルをリソースに追加**ダイアログボックスが表示されるので、追加するイメージを選択して**開く**ボタンをクリックします。

6 同じように操作して、計4枚のイメージを追加します。

▼VBちゃんアプリで使用するイメージファイル

デフォルトの
イメージです
talk.png
喜んだときの
イメージです
happy.png
ちょっと悲しげになった
ときのイメージです
empty.png
怒っちゃったときの
イメージです
angry.png

これらの４枚のイメージを、「機嫌値」という数値を利用して切り替えて表示するようにします。機嫌値はVBちゃんの感情の揺れを数値化したもので、ユーザーの発言にほめ言葉が含まれていた場合はプラスの方向に増加し、悪口めいたものが含まれていた場合はマイナスの方向に減少します。

機嫌値が一定の値を超えたら「happy.png」を表示し、一定の値を下回ったら「empty.png」や「angry.png」を表示します。

6.1.2　辞書を片手に(VBDictionaryクラス)

VBちゃんの旧バージョンでは、ランダムに選択するための複数の応答フレーズが入ったリストを持っているRandomResponderクラスがありました。ある意味これも辞書のようなものですが、応答フレーズを追加するのにその都度ソースコードを書き直すのは非常に面倒なので、外部ファイル化してプログラムの実行時に読み込んで使うことを考えたいと思います。

辞書とは一般的に言葉の意味を調べる書物のことをいいますが、ある言葉から別の言葉を抽出する機能を持つことから、プログラミングの世界ではオブジェクト同士を対応付ける表のことを「辞書(dictionary)」と呼ぶことがあります。Visual BasicのDictionaryオブジェクトがまさしくそれで、キーを指定することで関連付けられた値を取り出すことができます。このほかにも、IMEなどの日本語入力プログラムの変換辞書は、読みと漢字を結び付けるものですので、まさしく辞書です。

本セクションでは、VBちゃんの応答システムとして基本的な辞書を導入します。チャットボットにとっての「辞書」とは、ユーザーからの発言に対してどのように応答したらよいのかを示す文例集のようなものです。そのような情報をプログラムの外部ファイルとして用意し、それを「辞書」として使うのです。

記述されている「文例」は、ランダムに選択した文章をそのまま返すという単純なものから、キーワードに反応して文章を選択したり、ユーザーメッセージの一部を応答メッセージに埋め込んで使ったりと、対話を盛り上げるための様々な仕掛けの基盤となります。

ランダム応答用の辞書

辞書を外部ファイル化し、プログラムの実行時に読み込んで使うことを考えた場合、テキストファイルにしておけば手軽に編集できますし、辞書ファイルを取り替えることで人格を豹変(ひょうへん)させることも簡単です。まずはVBちゃんのランダム応答用の辞書として、次のテキストファイルを用意しました。

▼テキストファイル(random.txt)(「bin」➡「Debug」➡「dics」フォルダー内に保存)

```
いい天気だね
今日は暑いね
おなかすいた
それねー
じゃあこれ知ってる?
めちゃテンション下がる～
ご機嫌だね♪
めっちゃいいね!
本当に～?
あはは、スベったー!
それまずいよ
それかわいい♪
```

```
だってボットだもん
まって、それすごい！
ヘビメタ好き？
スポーツ好き？
正直しんどいよー
ひょっとしてパリピなの？
ごめんごめん
エモい！
あれってどうなったの？
歯磨きした？
何か忘れてることない？
楽しそうー
そんなこと知らないもん
きたきたきた
いま何時かなぁ
何か食べたい
喉かわいたー
面倒くさーい
なんか眠くなっちゃった
推しは誰ですか？
そっか、ポジティブに行こう！
雨降ってきちゃった！自転車中に入れなきゃ
雨だとお腹がすくんだ
雨だよ、自転車濡れちゃうよ
自転車は楽しいもんね
雨降っててテンション下がるー
お腹すいたな、パスタ食べたい
パスタならカルボナーラがいいな
トマトのリゾットもいいよね
```

気を付けたいのが辞書ファイルの保存先です。Visual Studioではプログラムを実行すると、プロジェクト内の「bin」➡「Debug」フォルダー内のファイルを読みにいくので、プログラムで読み出しや書き込みを行うファイルは、「Debug」フォルダー内に保存する必要があります。リリースビルドの場合は「Release」フォルダー内です。今回は、Debugフォルダー内に「dics」フォルダーを作成し、先のrandom.txtとこのあとで紹介するpattern.txtを保存するようにしました。

なお、.NET6.0対応のWindowsフォームアプリ用のプロジェクトでは、「bin」→「Debug」以下に「net6.0-windows」フォルダーが作成されることがあります。その場合は当フォルダー内に「dics」フォルダーを作成し、辞書ファイルを保存するようにしてください。

VBちゃん、パターンに反応する（応答パターンを「辞書化」する）

応答のバリエーションが増えましたし、辞書を拡張することでさらにメッセージの種類を増やすこともできるようになりました。しかし、ユーザーの発言をまったく無視したランダムな応答には限界があります。トンチンカンな応答をできるだけなくし、ユーザーの発言に関係のある応答ができないか考えてみたいと思います。

そこで「パターン辞書」というものを使うことにしました。パターン辞書とは、ユーザーからの発言があらかじめ用意したパターンに適合（マッチ）したときに、どのような応答を返せばよいのかを記述した辞書です。辞書といってもふつうのテキストファイルです。あらかじめ設定されたパターンに沿って応答できるようになれば、少なくともランダム辞書のような脈絡のなさは解消できるはずです。

パターン辞書の中身は、

```
パターン[Tab] 応答フレーズ
```

のようにパターンと応答フレーズのペアをTab（タブ）で区切って、1行のテキストデータとします。これを必要な行数だけ書いて、テキストファイルとして保存することにします。ユーザーの発言があれば、辞書の1行目からパターンに適合するか調べていき、適合したパターンのペアとなっている応答フレーズを返す、という仕組みです。「パターン」とはすなわち「発言に含まれる特定の文字列」のことで、「キーワード」と考えることができます。

パターンに反応する

ユーザーが「今日は何だか気分がいいな」と発言した場合、

```
気分[Tab] それなら散歩に行こうよ！
```

というペアがあれば「気分」という文字列がパターンにマッチしたと判断され、「それなら散歩に行こうよ！」とVBちゃんが返すことになります。「今日の気分はイマイチだな」にも反応します。何だか会話っぽくなってきましたね！

正規表現

「パターン」は、たんに文字列でもいいのですが、パターンとしての表現力の高い「正規表現」を使うことにしましょう。正規表現とは「いくつかの文字列を1つの形式で表現するための表現方法」のことで、この表現方法を利用すれば、たくさんの文章の中から見付けたい文字列を容易に検索することができます。Perlなどのテキスト処理に強いプログラミング言語ではおなじみですが、Visual Basicでも当然使えます。

正規表現を使うことで、たんに文字列を見付けるだけでなく、発言の最初や最後といった位置に関する指定や、AまたはBという複数の候補、ある文字列の繰り返しなど、正規表現ならではの柔軟性を活かしたパターンを設定すれば、ユーザー発言の真意をある程度までは絞り込むことができ、それに応じた応答メッセージをセットしておくことができるでしょう。

見た目はコンパクトな正規表現ですが、その機能はかなり豊富です。網羅的な説明には相応のページ数が必要になるので、パターン辞書を書くためのポイントになる機能に絞って紹介したいと思います。

正規表現のパターン

正規表現は文字列のパターンを記述するための表記法です。提示された文字列とひたすら適合チェックするわけですが、この適合チェックのことを「パターンマッチ」といいます。パターンマッチでは、正規表現で記述したパターンが対象文字列に登場するかを調べます。みごと発見できれば、「マッチした」ことになります。

Visual Basicにおいて、正規表現を使ってパターンマッチを行う方法としてオーソドックスなのは、RegexクラスのMatch()やMatches()メソッドを使う方法です。

▼Matches()メソッドでパターンマッチを行う

```
' 正規表現のパターンを保持する変数
Dim SEPARATOR As String = "^((-?¥d+)##)?(.*)$"

Dim m As MatchCollection = Regex.Matches(マッチさせる文字列, SEPARATOR)
```

Match()メソッドは、パターンにマッチする文字列があるかを調べます。ただし、最初にマッチした文字列をMatchオブジェクトとして返すだけです。これに対し、Matches()メソッドは、パターンにマッチしたすべての文字列のMatchオブジェクトを格納したコレクションMatchCollectionを返します。

ふつうの文字列

正規表現は、「プログラム」のようなたんなる文字列と、**メタ文字**と呼ばれる特殊な意味を持つ記号の組み合わせです。正規表現の柔軟さや複雑さは、メタ文字の種類の多さによるものなのですが、まずは文字列だけの簡単なパターンを見てみましょう。

メタ文字以外の「プログラム」などのたんなる文字列は、単純にその文字列にマッチします。ひらがなとカタカナの違い、空白のあり/なしなども厳密にチェックされます。また、言葉の意味は考慮されないので、単純なパターンは思わぬ文字列にもマッチすることがあります。

▼文字列のみにマッチさせる

正規表現	マッチする文字列	マッチしない文字列
ブイビー	こんにちは、ブイビー	ばいばい、ぶいびー
	バビブベブイビー	ブイビィはおばかさん
	これがブイビーだ！	ブ・イ・ビちゃ〜ん
	ブイビー[空白]	ブ[空白]イビー
やあ	やあ、こんちは	ヤア、こんちは
	いやあ、まいった	やぁやぁやぁ！
	そういやあれはどうなった？	やや、あれはどうなった？

この中のどれか

メタ文字「|」を使うと、「これじゃなきゃ次！」という具合で、いくつかのパターンを候補にできます。「ありがとう」「あざっす」「あざーす」などの似た意味の言葉をまとめて反応させるためのパターンや、「面白い」「おもしろい」「オモシロイ」などの漢字／ひらがな／カタカナの表記の違いをまとめるためのパターンなどに使うと便利です。

▼複数のパターンにマッチさせる

正規表現	マッチする文字列	マッチしない文字列
こんにちは|今日は|こんちは	こんにちは、VBちゃん	こんばんはVBちゃん
	今日はもうおしまい	今日のご飯なに？
	こんちは〜VBです	ちーす、VBです

アンカー

アンカーは、パターンの位置を指定するメタ文字のことです。アンカーを使うと、対象の文字列のどこにパターンが現れなければならないかを指定できます。指定できる位置はいくつかありますが、行の先頭「^」と行末「$」がよく使われます。文字列に複数の行が含まれている場合は、1つの対象の中に複数の行頭／行末があることになりますが、本書で作るシステムをはじめ、たいていのプログラムでは行ごとに文字列を処理するので、「^」を文字列の先頭、「$」を文字列の末尾にマッチするメタ文字と考えてほぼ問題ありません。

たんに文字列だけをパターンにすると、意図しない文字列にもマッチしてしまうという問題がありましたが、先頭にあるか末尾にあるかを限定できるアンカーを効果的に使えば、うまくパターンマッチさせることができます。

▼アンカーを使う

正規表現	マッチする文字列	マッチしない文字列
^やあ	やあ、VBちゃん	おおー、やあVBちゃん
	やあだVBちゃん	よもやあいつだとは
じゃん$	これ、いいじゃん	じゃんじゃん食べな
	やってみればいいじゃん	すべておじゃんだ
^ハイ$	ハイ	ハイ、VBちゃん
		ハイハイ
		チューハイにする？
		[空白]ハイ[空白]

6

解析機能を備えたチャットボットプログラムの開発

どれか1文字

いくつかの文字を[ ]で囲むことで、「これらの文字の中でどれか1文字」という表現ができます。例えば「[。、]」は「。」か「、」のどちらか句読点1文字、という意味です。アンカーと同じように、直後に句読点がくることを指定して、マッチする対象を絞り込むテクニックとして使えるでしょう。また「[CＣ]」のように、全角/半角表記の違いを吸収する用途にも使えます。

▼どれか1文字

正規表現	マッチする文字列	マッチしない文字列
こんにち[はわ]	こんにちは	こんにちぺ
	こんにちわ	こんにちっわ
ども[～ー…！、]	どもーっす	ども。
	毎度、ども～	女房ともどもよろしく
	ものども！ついてきやがれ！	こどもですが何か？

何でも1文字

「.」は何でも1文字にマッチするメタ文字です。ふつうの文字はもちろんのこと、スペースやタブなどの目に見えない文字にもマッチします。1つだけでは役に立ちそうにありませんが、「...」（何か3文字あったらマッチ）のように連続して使ったり、次に紹介する繰り返しのメタ文字と組み合わせたりして、「何でもいいので何文字かの文字列がある」というパターンを作るのに使います。

▼何でも1文字

正規表現	マッチする文字列	マッチしない文字列
うわっ、...！	うわっ、出たっ！	うわっ、出たあっ！
	うわっ、それか！	うわっ、そっちかよ！
	うわっ、くさい！	うわっ、くさ！

繰り返し

繰り返しを意味するメタ文字を置くことで、直前の文字が連続することを表現できます。ただし、繰り返しが適用されるのは直前の1文字だけです。2文字以上のパターンを繰り返すには、後述するかっこでまとめてから繰り返しのメタ文字を適用します。

「+」は1回以上の繰り返しを意味します。つまり「w+」は「w」にも「ww」にも「wwwwww」にもマッチします。

「*」は0回以上の繰り返しを意味します。「0回以上」であるところがミソで、繰り返す対象の文字が一度も現れなくてもマッチします。つまり「w*」は「w」や「wwww」にマッチしますが、「123」や「」（空文字列）や「人間観察」にもマッチします。要するに、ある文字が「あってもなくてもかまわないし連続していてもかまわない」ことを意味します。繰り返し回数を限定したいときは「{m}」を使えばOKです。mは回数を表す整数です。また、「{m,n}」とすると「m回以上、n回以下」という繰り返し回数の範囲まで指定できます。「{m,}」のようにnを省略することもできます。「+」は「{1,}」と、「*」は「{0,}」と同じ意味になります。

▼文字の繰り返し

正規表現	マッチする文字列	マッチしない文字列
は+	ははは	ハハハ
	あはは	うふふ
	あれはどうなった？	あれがいいよ
^ええーっ！*	ええーっ！！！	うめええーっ！
	ええーっ、もう帰っちゃうの？	めちゃはええーっ！
	ええーっこれだけ？	おええーっ！
ぷ{3,}	ぷぷぷ	ぷもーうぷぷっっ
	うぷぷぷぷ	うぷぷっ

あるかないか

「?」を使うと、直前の1文字が「あってもなくてもいい」ことを表すことができます。繰り返しのメタ文字と同じく、後述のかっこを使うことで2文字以上のパターンに適用することもできます。

▼指定した文字があるかないか

正規表現	マッチする文字列	マッチしない文字列
盛った[ねぜ]?$	この写真、だいぶ盛ったね	いやあだいぶ盛ったねぇ
	盛ったよ、盛ったぜ	マネージャーさんが盛った。
	よし、完璧に盛った	盛った写真じゃだめですか

パターンをまとめる

かっこ「( )」を使うことで2文字以上のパターンをまとめることができます。まとめたパターンはグループとしてメタ文字の影響を受けます。例えば「(abc)+」は「abcという文字列が1つ以上ある」文字列にマッチします。メタ文字「|」を使うと複数のパターンを候補として指定できますが、「|」の対象範囲を限定させるときにもかっこを使います。例えば「^さよなら|バイバイ|じゃまたね$」というパターンは、「^さよなら」「バイバイ」「じゃまたね$」の3つの候補を指定したことになります。アンカーの場所に注意してください。このとき、かっこを使って「^(さよなら|バイバイ|じゃまたね)$」とすれば、「^さよなら$」「^バイバイ$」「^じゃまたね$」を候補にできます。

▼パターンでまとめる

正規表現	マッチする文字列	マッチしない文字列
(まじ|マジ)で	ま、まじで？	まーじーで？
	マジでそう思います	まじ。でそう思います。
(ほわん)+	そのしっぽほわんほわんしてるね	そのセーターほわほわしてるね
	心がほわんとするわ	心がほわっとするわ

パターン辞書ファイルを作ろう

メタ文字の種類はまだまだあるのですが、パターン辞書に使用できるものをまとめてみました。もともと正規表現は、Webのアドレス（URL）とかメールアドレスからドメインを抜き出すとか非常に限定されたフォーマットの文字列に対してパターンマッチを行うためのものなので、会話文のような自然言語（特に日本語）に対しては非力な面があります。ですが、工夫次第である程度まで発言の意図をくみ取ることができます。まず、反応すべきキーワードを文字列で設定し、それを補助する目的でメタ文字を使うと、うまくいくと思います。

次は、サンプルとして用意したパターン辞書ファイルです。「パターン[Tab] 応答」のようにパターンと応答のペアをTab（タブ）で区切って、1行のテキストデータとしています。工夫次第でいろんなデータを作れるので、いろいろと作ってみてください。先にも述べましたが、このファイルはプロジェクトフォルダー以下の「bin」➡「Debug」➡「dics」フォルダー内に保存します。

▼パターン辞書ファイル（pattern.txt）

```
こん(ちは|にちは)$	こんにちは|やほー|ハーイ|どうもー|またあなた？
おはよう|おはよー|オハヨウ	おはよ！|まだ眠い…|さっき寝たばかりなんだー
こんばん(は|わ)	こんばんわ|わんばんこ|いま何時？
^(お|うい)っす$	ウエーイ
^やあ[、。！]*$	やっほー
バイバイ|ばいばい	ばいばい|バイバーイ|ごきげんよう
^じゃあ?ね?$|またね	またねー|じゃあまたね|またお話ししに来てね♪

^どれ[?？]$	アレだよ|いま手に持ってるものだよ|それだよー
^[し知]ら[なね]	やばいー|知らなきゃまずいじゃん|知らないの？

5##かわいい|可愛い|カワイイ|きれい|綺麗|キレイ	%match%って？ホントに!?|わーい
-5##ブス|ぶす	-10##まじ怒るから！|-5##ひどーい|-10##だれが%match%なの！
-2##おまえ|あんた|お前|てめー	-5##%match%じゃないよー|-5##%match%って誰のこと?|%match%なんて言われても…
-5##バカ|ばか|馬鹿	%match%じゃないもん！|%match%って言う人が%match%なの！|そんなふうに言わないで！

何時	眠くなった？|もう寝るの？|もうこんな時間？|もう寝なきゃ
甘い|あまい	おやつ買ってくる？|あんこも好きだよ|チョコもいいね

チョコ	ギミチョコ！|よこせチョコレート！|ビターは苦手|冷やすといいかもね|虫歯が気になる
パンケーキ	パンケーキいいよね！|しっとり感がたまらん！
グミ	すっぱーいのが好き！|たまに歯にはさまらない？
```

```
アイス                        ハー○ンダッツしか勝たん|トッピングは？
おやつ                        き○この山がいいな|やっぱ、○○○○の里でしょ|王道は雪見○○ふく
あんこ|アンコ                 アンコなら○村屋のあんぱんね！|アンコ微妙...|こしあんが好き！
餃子|ぎょうざ|キョーザ        お腹すいたー！|ぎょうざ...|餃子のことを考えると夜も眠れません
ラーメン|らーめん             ラーメン大好きVBさん♪|自分でも作るよ|ボクはしょうゆ派かな

自転車|チャリ|ちゃり          ルンルンだね|雨降っても乗るんだ！|電動アシストほしい～

春                            お花見したいね～|いくらでも寝れるよ|ハイキング！
夏                            海！海！海！|プール！ プール！！|野外フェス♪|花火しようよ！
秋                            読書するぞー！|ブンガクの季節だ|温泉行きたい|サンマ焼こうよ！
冬                            お鍋大好き！|かわいいコート欲しい！|スノボできる？|寒いからヤダ
```

お気付きかと思いますが、

```
5##かわいい|可愛い|カワイイ|きれい|綺麗|キレイ    %match%って？ホントに!?|わーい
```

のように、「数字##」や「%match%」といった記号めいたものが入っています。実はこれがVBちゃんに感情（！）を与え、感情に応じた応答を返すための仕掛けです。これについては「6.1.3　感情の創出」の項目で詳しく見ていくことにして、辞書の読み込み処理を続けましょう。

VBちゃん、辞書を読み込む

材料は揃いましたので、ランダム辞書とパターン辞書を読み込むVBDictionaryクラスの実装を見てみましょう。プロジェクトにクラス用ファイル「VBDictionary.vb」を追加し、以下のように記述します。冒頭にFileクラスを使うための

```
Imports System.IO.File
```

の記述が必要になりますので注意してください。

▼VBDictionaryクラス（VBDictionary.vb）

```
Imports System.IO.File ' Fileクラスを利用するために必要

''' <summary>
''' ランダム辞書とパターン辞書を用意
''' </summary>
Public Class VBDictionary
```

6　解析機能を備えたチャットボットプログラムの開発

```
''' <summary>ランダム辞書の読み取り専用プロパティ</summary>
Public ReadOnly Property Random As New List(Of String)

''' <summary>
''' パターン辞書の各行のデータを格納したParseItemオブジェクトを保持する
''' リスト型のプロパティ
''' </summary>
Public ReadOnly Property Pattern As New List(Of ParseItem)

''' <summary>
''' コンストラクター
''' ランダム辞書（リスト）、パターン辞書（リスト）を作成するメソッドを実行する
''' </summary>
Public Sub New()
    ' ランダム辞書（リスト）を用意する
    MakeRndomList()
    ' パターン辞書（リスト）を用意する
    MakePatternList()
End Sub

''' <summary>
''' ランダム辞書（リスト）を作成する
''' </summary>
Private Sub MakeRndomList()
    ' ランダム辞書ファイルをオープンし、各行を要素として配列に格納
    Dim r_lines() As String = ReadAllLines(
        "dics¥random.txt", System.Text.Encoding.UTF8
        ) ' ――――――――――――――――――――――――――――― ❶

    ' ランダム辞書ファイルの各1行を応答用に加工してリストRandomに追加する
    For Each line In r_lines ' ―――――――――――――――――――― ❷
        ' 末尾の改行文字を取り除く
        Dim str = line.Replace("¥n", "")
        ' 空文字でなければリストに追加
        If line <> "" Then
            Random.Add(str)
        End If
    Next
End Sub

''' <summary>
''' パターン辞書（リスト）を作成する
```

```
    ''' </summary>
    Private Sub MakePatternList()
        ' パターン辞書ファイルをオープンし、各行を要素として配列に格納
        Dim p_lines() As String = ReadAllLines(
                "dics¥pattern.txt", Text.Encoding.UTF8
                ) ' ―――――――――――――――――――――――――――― ❸

        ' 応答用に加工したパターン辞書の各1行を保持するリスト
        Dim new_lines = New List(Of String)
        ' ランダム辞書の各1行を応答用に加工してリストに追加する
        For Each line In p_lines ' ―――――――――――――――――――― ❹
            ' 末尾の改行文字を取り除く
            Dim str = line.Replace("¥n", "")
            ' 空文字でなければリストに追加
            If line <> "" Then
                new_lines.Add(str)
            End If
        Next

        ' パターン辞書の各行をタブで切り分ける
        ' ParseItemオブジェクトを生成してリストPatternに追加
        '
        ' vb_prs(0)  パターン辞書1行のパターン文字列
        '            （機嫌変動値が存在する場合はこれも含む）
        ' vb_prs(1)  パターン辞書1行の応答メッセージ
        For Each line In new_lines ' ―――――――――――――――――― ❺
            Dim vb_prs() As String = line.Split(vbTab)
            Pattern.Add(
                New ParseItem(vb_prs(0), vb_prs(1)) ' ――――――――― ❻
            )
        Next
    End Sub
End Class
```

❶でランダム辞書をオープンし、各行の文字列を要素にして配列r_linesに格納しています。

6

解析機能を備えたチャットボットプログラムの開発

1行ごとの応答フレーズから末尾の¥nを取り除き、ついでに空白行の¥nも削除する

ReadAllLines()メソッドは各行の末尾に改行（¥n）を付けて読み込むので、❷のForループでこれを取り除く処理を行います。削除しなくても特に支障はないのですが、文字列だけのプレーンな状態の方がスッキリするので取り除いておくことにします。この処理はr_linesの要素line（1行の文字列）に対してReplace()メソッドを実行して、改行文字¥nを空白文字""に置き換えることで行います。

これでリストRandomに1つずつ追加していけばよいのですが、辞書ファイルのデータの中に空白行が含まれている場合を考慮し、「If line <> "" Then」を条件にしてstrの中身が空ではない場合にのみRandomに追加します。空白行がある場合は¥nを取り除くと空の文字列になるので、これはリストに加えないようにするというわけです。

パターン辞書の読み込み

❸以下でパターン辞書（pattern.txt）が読み込まれます。ランダム辞書と同じくdicsフォルダー内に「pattern.txt」という名前で保存してあるので、それをReadAllLines()メソッドで読み出して配列p_linesに格納します。

❹以下のForループでは、パターン辞書の各行についての処理が行われるのですが、1行ごとに末尾の改行（¥n）と空白行を取り除く処理はランダム辞書のときと同じです。

❺のForループでは、行末の¥nと空白行のみの要素を除いた1行データを[Tab]のところで切り分けます。で、これをどうするかというと、配列vb_prsに格納します。vb_prsの第1要素に正規表現のパターン、第2要素に応答フレーズの文字列を格納します。

続く❻でParseItemクラスのコンストラクターの引数にしてParseItemオブジェクトを生成し、リストPatternに追加します。パターン辞書は、ランダム辞書のようにリストで管理するのは困難なので、ParseItemオブジェクトとして管理することにしました。ParseItemは「パターン辞書1行分の情報を持ったクラス」で、このクラスはのちほど作成します。辞書ファイルの読み込みについては、以上で完了です。

6.1.3　感情の創出

VBちゃん新バージョンのポイントは、パターンに反応して表情を変えることです。無表情のまま怒られても怖いので、シンプルな仕組みを使って、表情にバリエーションを付けてみようと思います。表情を増やすということは、表示するイメージを増やすということですが、それには、VBちゃんの感情をモデル化し、感情の表れとしての表情の変化をどのように実現するかということを考えてみたいと思います。

VBちゃんに「感情」を与えるためのアルゴリズム

VBちゃんはプログラムですので、人間と同じように悲しんだり喜んだりすることはできません。しかし、「感情の振れ」を観察し、感情の表現方法をプログラムに組み込めば、あたかも感情を持っているかのような「フリ」をさせることはできそうです。そこで、「感情らしさ」を表現するために、どのようなことを行えばアルゴリズム（目的を達成するための処理手順）として表現できるかを考えていきます。

まず「喜怒哀楽」という言葉どおり、感情には様々な「状態」があります。そういった状態のいくつかは、「悲しい⇔嬉(うれ)しい」や「不機嫌⇔上機嫌」というように、1つの軸の両端に位置付けて表現できます。このようなある感情を表すペアの状態は、1つのパラメーター（入力値）でモデル化できます。つまり、「悲しい⇔嬉しい」であれば0の位置を平静な状態であるとして、値がプラス方向に向かえば上機嫌、マイナス方向に向かえば不機嫌、とするわけです。

▼1つの感情のパターンをモデル化する

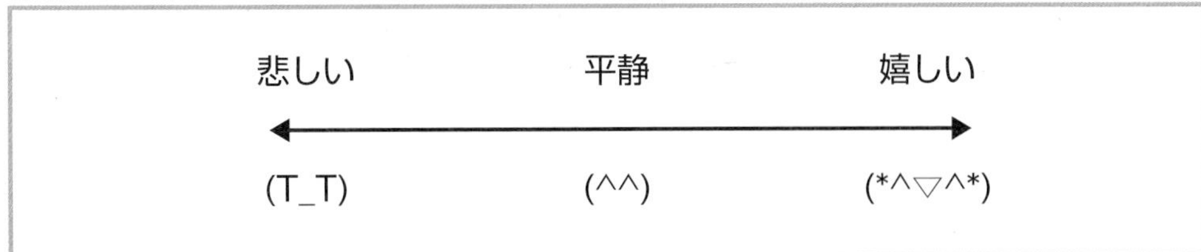

感情は主に外部からの刺激によって変化します。いまのところ、VBちゃんにとっての外部刺激はユーザーの発言だけですので、いやなことを言われればパラメーターをマイナス方向に動かして不機嫌になり、嬉しい言葉を言われたらプラス方向に動かして上機嫌になる、という仕組みを作ればよいでしょう。快と不快をどう判断するかがポイントですが、これは開発者が教えてあげることにしましょう。そこでパターン辞書を使うことになりますが、悪口などの不快なキーワードが入ったパターンにマッチすればパラメーターをマイナス方向に動かして不機嫌に、ほめ言葉にマッチすればプラス方向に動かして上機嫌に、というような感じです。

また、感情は揺れるものですから同じ状態が長く続くことはありません。いったんは不機嫌になったとしても、しばらくすれば徐々に平静な状態に戻ってくるのがふつうです。ですので、パラメーターがプラス／マイナスのどちらかに動いても、何でもない会話を続けているうちに少しずつ0に戻るようにすれば、この振る舞いを実現できるでしょう。

感情の表現はイメージを取り替えることで伝える

いずれにしても感情を表現する手段は必要ですので、不機嫌になればプンプン怒った表情を、上機嫌になればニッコリした笑顔を見せるようにします。また表情だけでなく、応答メッセージにも変化があるとなおよいでしょう。ムッとした表情で「楽しいね！」とか言われても変なので、そのときの感情に合わせた応答メッセージが選択されるようにしたいと思います。

●感情の状態は「不機嫌⇔上機嫌」を表す１つのパラメーターで管理する

−15〜15の範囲を持つパラメーターをプロパティとして用意します。このパラメーターは、VBちゃんの機嫌を表すことから「**機嫌値**」と呼ぶことにします。機嫌値は−15〜15の範囲の値を保持し、値の範囲を４つのエリアに分けてエリアごとにイメージを切り替えます。

・−5 <= 機嫌値 <= 5
　平常な状態です。「talk.gif」を表示します。

・−10 <= 機嫌値 < −5
　やや不機嫌な状態です。物憂げな表情をした「empty.gif」を表示します。

・−15 <= 機嫌値 < −10
　怒っています。「angry.gif」を表示します。

・5 < 機嫌値 <= 15
　ハッピーな状態です。「happy.gif」を表示します。

▼機嫌値

●ユーザー入力を感情の起伏に結び付けるには、パターン辞書のパターン部分に変動値（機嫌変動値）を設定しておき、マッチしたパターンの変動値を機嫌値に反映する

「×××」という悪い言葉のパターンに−10の「機嫌変動値」が設定されていたら、ユーザーの「君って×××じゃん」という発言で機嫌値には−10が適用されることになり、かなり不機嫌になります。機嫌変動値が設定されていないパターンの場合は、機嫌値は変化しません。

●パターン辞書の応答フレーズのうち、強い意味を持つ応答については「これだけの機嫌値がないと発言されない」という仕組みを作る

特定の応答フレーズについては機嫌値の「最低ライン」を設定します。いわゆる「必要機嫌値」です。ハッピースマイルで「しばいたろか?」と言われるのは怖いし、逆にぷんすかした顔で「カワイイって言った!?ホントに!?」と言っても真意が伝わりません。必要機嫌値はプラス/マイナスのどちらでも設定できるようにして、プラスを設定したときは機嫌値がそれ以上であるとき、マイナスのときはそれ以下であるときに発言候補となるようにします。「この値以上に不機嫌、あるいは上機嫌のときに発言する応答」として設定できるようにして、表情と応答内容がチグハグになることを回避します。一方、必要機嫌値が設定されていなければ、その応答は機嫌値に左右されず発言の選択対象とします。

●機嫌値は応答を返すたびに0に向かって1ポイントずつ戻っていくようにする

会話を繰り返すうちに、不機嫌/上機嫌の状態が徐々に平静に戻るようにします。

●「感情」を表すVBchanEmotionクラスを作る

感情を扱うVBchanEmotionクラスを作り、プロパティに機嫌値を保持させます。またVBchanEmotionクラスには、ユーザーの入力によって機嫌値を変動させるためのメソッドや、次第に0へ戻すメソッドを用意します。

パターン辞書の書式

パターン辞書の書式は、機嫌変動値や必要機嫌値を設定できるようにしています。これに伴って、パターン辞書の読み込み手順やVBDictionaryクラスでの管理方法、PatternResponderのパターンマッチ/応答作成処理にも影響が出てきますので、それぞれ修正の必要が出てきます。パターンマッチのやり方そのものについてはこれまでどおり、たんに文字列のみでパターンマッチさせます。ですので、例えば「ブ●」というキーワードで不機嫌になるよう設定したとすると「あの娘ってブ●だよね~」というような発言に対してもマッチしてしまい、勝手に怒り出す可能性がありますが、これはVBちゃんの天然っぽい一面ということにしておきましょう。パターン辞書のフォーマットは、次のようになります。

機嫌変動値も必要機嫌値もそれぞれパターン、応答フレーズの先頭に「##」で区切って「機嫌変動値##」「必要機嫌値##」のように書き込みます。

▼フォーマット

```
機嫌変動値##パターン[Tab]必要機嫌値##応答フレーズ1|必要機嫌値##応答フレーズ2|...
```

解析機能を備えたチャットボットプログラムの開発 6

▼不機嫌になるパターンと応答

-2##おまえ|あんた|お前|てめー	-5##%match%じゃないよー|-5##%match%って誰のこと？|%match%なんて言われても…
-5##バカ|ばか|馬鹿	%match%じゃないもん！|%match%って言う人が%match%なの！|そんなふうに言わないで！
-5##ブス|ぶす	-10##まじ怒るから！|-5##ひどーい|-10##だれが%match%なの！

▼上機嫌になるパターンと応答

5##かわいい|可愛い|カワイイ|きれい|綺麗|キレイ	%match%って？ホントに！？|わーい

例えば、ユーザーの発言に「おまえ|あんた|お前|てめー」が含まれていた場合は機嫌値を−2します。一方、応答フレーズはランダムに返すわけですが、「%match%なんて言われても…」は無条件で応答にされる一方、「%match%じゃないよー」「%match%って誰のこと？」にはそれぞれ必要機嫌値−5が設定されていますので、この値以上（マイナス側に）でなければ選択されることはありません。この場合はランダム辞書からの応答に切り替えます。

同様に、「かわいい|可愛い|カワイイ|きれい|綺麗|キレイ」にパターンマッチすれば、機嫌値に5が加算され、「%match%って？ホントに！？」または「わーい」が無条件に選択されます。もし、最初の応答に必要機嫌値を設定する場合は「10##%match%って？ホントに！？」とすれば、機嫌値が10以上でなければこの応答フレーズはチョイスされないようになります。

あとは、「機嫌値は応答を返すたびに1ポイントずつ0に戻る」という地味な処理も必要になりますので、これはVBchanEmotionクラスに「1ポイントずつ0に戻す」メソッドを用意し、応答を返すVBchanクラスのDialogue()メソッドから呼び出すようにすることにしましょう。

6.1.4　感情モデルの移植（VBchanEmotionクラス）

まずは感情モデルのコア（核）となる、VBchanEmotionクラスから見ていきましょう。クラスの定義は、クラス用のソースファイル「VBchanEmotion.vb」をプロジェクトに追加して記述することにします。

とはいえ、大仰な名前のわりには内容はあっさりしています。役目は1つ、VBちゃんの感情をつかさどる機嫌値を扱うことです。機嫌値を保持して、ユーザーの発言や対話の経過によって機嫌値を増減させます。

▼VBchanEmotionクラス（VBchanEmotion.vb）

```
''' <summary>
''' VBちゃんの感情モデル
''' </summary>
Public Class VBchanEmotion
    ''' <summary>
    ''' VBDictionaryにアクセスするためのプロパティ
    ''' </summary>
    Public Property Dictionary As VBDictionary ' ──── ❶
    ''' <summary>
    ''' 機嫌値にアクセスするプロパティ
    ''' </summary>
    Public Property Mood As Integer ' ──── ❷

    ''' <summary>
    ''' 機嫌値の下限値を保持する定数型のフィールド
    ''' </summary>
    Private Const MOOD_MIN = -15 ' ──── ❸
    ''' <summary>
    ''' 機嫌値の上限値を保持する定数型のフィールド
    ''' </summary>
    Private Const MOOD_MAX = 15
    ''' <summary>
    ''' 機嫌値の回復値を保持する定数型のフィールド
    ''' </summary>
    Private Const MOOD_RECOVERY = 1

    ''' <summary>
    ''' コンストラクター
    ''' </summary>
    ''' <param name="dictionary">VBDictionaryオブジェクト</param>
    Public Sub New(dictionary As VBDictionary) ' ──── ❹
```

```
        ' VBDictionaryオブジェクトをDictionaryプロパティにセット
        Me.Dictionary = dictionary
        ' 機嫌値Moodプロパティを0で初期化する
        Mood = 0
    End Sub

    ''' <summary>
    ''' ユーザーの発言をパターン辞書にマッチさせ、
    ''' マッチした場合は機嫌値の更新を試みる
    ''' </summary>
    ''' <param name="input">ユーザーの発言</param>
    Public Sub Update(input As String) ' ――――――――――――――――――― ❺
        ' 機嫌を徐々に元に戻す処理
        If Mood < 0 Then ' ―――――――――――――――――――――――――――― ❻
            ' 機嫌値が0より小さい場合は回復値を加算
            Mood += MOOD_RECOVERY
        ElseIf Mood > 0 Then
            ' 機嫌値が0より大きい場合は回復値を減算
            Mood -= MOOD_RECOVERY
        End If

        ' パターン辞書を格納したParseItemオブジェクトのリストを
        ' VBdictionaryクラスのPatternプロパティで取得する
        '
        ' 1行のデータに相当するParseItemオブジェクトを
        ' ブロックパラメーターvb_itemに取り出して
        ' ユーザーの発言に繰り返しパターンマッチさせる
        For Each vb_item In Me.Dictionary.Pattern ' ――――――――――――― ❼
            ' ParseItemクラスのMatch()でパターン文字列を1行ずつ
            ' ユーザーの発言にパターンマッチさせ、
            ' マッチした場合はAdjust_mood()で機嫌値を更新する
            If String.IsNullOrEmpty(vb_item.Match(input)) <> True Then ' ―― ❽
                ' Modifyにはマッチングしたパターン文字列の機嫌変動値が格納されている
                Me.Adjust_mood(vb_item.Modify)
            End If
        Next
    End Sub

    ''' <summary>
    ''' VBちゃんの現在の機嫌値を更新する
    ''' </summary>
    ''' <remarks>クラス内部でのみ使用するのでPrivate</remarks>
```

```
    ''' <param name="val">ParseItemのModifyプロパティの値(機嫌変動値)</param>
    Private Sub Adjust_mood(val As Integer)
        ' 機嫌値Moodの値を機嫌変動値valによって増減する ' ──── ❾
        Mood += val
        ' MOOD_MAXとMOOD_MINと比較して、機嫌値がとり得る範囲に収める
        If Mood > MOOD_MAX Then
            Mood = MOOD_MAX
        ElseIf Mood < MOOD_MIN Then
            Mood = MOOD_MIN
        End If
    End Sub
End Class
```


プロパティの定義

❶では、VBDictionaryオブジェクトを保持するプロパティを宣言しています。❷が機嫌値を保持するプロパティです。❸以下で機嫌値の下限(MOOD_MIN)と上限(MOOD_MAX)、および機嫌値を回復する度合い(MOOD_RECOVERY)を定数として定義しています。

コンストラクターの定義

❹のコンストラクターは、パラメーターとしてVBDictionaryオブジェクトを必要とします。パターン辞書に設定されている機嫌変動値を参照するためです。ここで機嫌値のプロパティMoodが0で初期化されています。

Update()メソッド

❺のUpdate()メソッドは対話のたびに呼び出されるメソッドです。ユーザーの発言をパラメーターinputで受け取り、パターン辞書にマッチさせて機嫌値を変動させる処理を行います。

機嫌を徐々に元に戻す地味な処理を行うのが❻以下のIfブロックです。機嫌値プラスの発言を連発されたからといっていつまでも喜んでいるのも何ですし、機嫌値マイナスのことを言ったばかりにずーっと根に持たれるのも怖いので、Moodがマイナスであれば MOOD_RECOVERYの値(1)だけ増やし、プラスであれば減らすことで機嫌値を0に近付けます。0のときは何もしません。

❼のForループでパターン辞書の各行を繰り返し処理します。Dictionary.PatternはParseItemというオブジェクトのリストになりますので、vb_itemの中身はParseItemオブジェクトです。ParseItemは「パターン辞書1行分の情報を持ったクラス」で、このクラスは次項で作成します。❽ではParseItemで定義するMatch()メソッドを使ってパターンマッチを行います。マッチしたら機嫌値を変動させるのですが、その処理は❾のAdjust_mood()メソッドに任せます。なお、引数にしているParseItemのModifyは、そのパターンの機嫌変動値を保持しているプロパティです。

Adjust_mood() メソッド

❾が機嫌値を増減させるAdjust_mood()メソッドの定義です。まずはパラメーターvalに従ってMoodを増減させたあと、MOOD_MAXとMOOD_MINと比較して、機嫌値がとり得る範囲に収まるようにMoodの値を調整します。

以上でVBchanEmotionクラスの定義は終わりです。

▼機嫌値が一定の値を下回ると表情が変わります

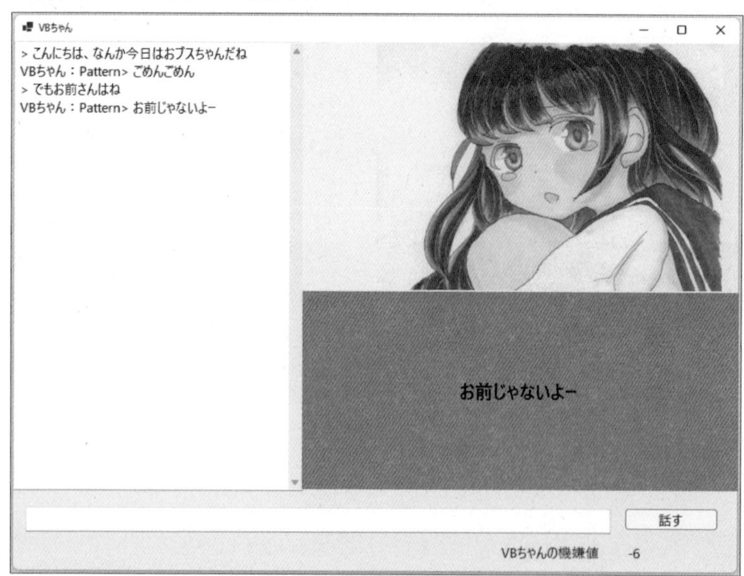

6.1.5 感情モデルの移植（ParseItemクラス）

ParseItemは、パターン辞書1行ぶんの情報を保持するためのクラスです。VBちゃんの新バージョンではパターン辞書の書式が複雑になるので、リストで管理するのは困難です。そこで、パターン辞書を1行読み込むのと同時に、それらの情報を1つのオブジェクトに格納することにしました。クラスの定義は、クラス用のファイル「ParseItem.vb」をプロジェクトに追加して、このファイルで行いましょう。

▼ParseItemクラス（ParseItem.vb）

```
Imports System.Text.RegularExpressions

''' <summary>
''' パターン辞書から抽出したパターン文字列、応答フレーズに関する処理を行う
''' </summary>
''' <remarks>
''' New(pattern As String, phrases As String):
'''         パターン辞書1行から抽出した応答フレーズを加工処理する
''' Match(str As String):
'''         パターン文字列をユーザーの発言にパターンマッチさせる
''' Choice(mood As Integer):
'''       応答フレーズ群からチョイスした応答フレーズをランダムに抽出して返す
''' </remarks>
Public Class ParseItem
    '''<remarks>
    '''パターン辞書1行のパターン文字列を参照/設定するプロパティ
    '''</remarks>
    Public Property Pattern As String

    ''' <summary>
    ''' パターン辞書1行から抽出した応答フレーズに対して作成した
    ''' Dictionary: {[need, 必要機嫌値]}{[phrase, 応答フレーズ]}
    ''' を応答フレーズの数だけ格納したリスト型のプロパティ
    ''' </summary>
    ''' <remarks>
    ''' リストの要素数はパターン辞書の1行の応答フレーズの数と同じ
    ''' リスト要素としてDictionaryオブジェクト2個(needキーとphraseキー)が格納される
    ''' </remarks>
    Public Property Phrases As New List(Of Dictionary(Of String, String))

    ''' <summary>
    ''' 機嫌変動値を参照/設定するプロパティ
```

```
''' </summary>
Public Property Modify As Integer

''' <summary>
''' コンストラクター
''' パターン辞書の1行データをパターン文字列、機嫌変動値、
''' 必要機嫌値と応答フレーズ（複数あり）に分解し、
''' Pattern、Modify、Phrasesにそれぞれ格納する
''' </summary>
''' <remarks>
''' パターン辞書の行の数だけ呼ばれる
''' </remarks>
''' <param name="pattern">
''' パターン辞書1行から抽出した「機嫌変動値##パターン文字列」
''' </param>
''' <param name="phrases">
''' パターン辞書1行から抽出した応答フレーズ（複数あり）
''' </param>
Public Sub New(pattern As String, phrases As String)
    '「機嫌変動値##パターン文字列」を抽出するための正規表現
    Dim SEPARATOR As String = "^((-?¥d+)##)?(.*)$" ' ――― ❶

    '----- パターン文字列部分の処理 -----
    '
    '「機嫌変動値##マッチさせるパターンのグループ」にSEPARATORを
    ' パターンマッチさせ、機嫌変動値とパターングループに分解された
    ' MatchCollectionオブジェクトを取得する
    Dim m As MatchCollection = Regex.Matches(pattern, SEPARATOR) ' ――― ❷

    ' パターン辞書の1行データの構造上、マッチングするのは1回のみなので
    ' MatchCollectionオブジェクトには1個のMatchオブジェクトが格納されている
    ' そこでインデックス0を指定してMatchオブジェクトを抽出する
    Dim mach As Match = m(0) ' ――― ❸

    ' 機嫌変動値のプロパティの値を0にする
    Modify = 0 ' ――― ❹

    '「機嫌変動値##パターン文字列」に完全一致した場合は、
    ' Matchオブジェクトに以下の文字グループがコレクションとして格納される
    ' インデックス0にマッチした文字列すべて
    ' インデックス1に"機嫌変動値##"
    ' インデックス2に"機嫌変動値"
```

```
' インデックス3にパターン文字列
'
' インデックス2に"機嫌変動値"が格納されていればInteger型に変換して
' 機嫌変動値Modifyの値を更新する
If String.IsNullOrEmpty(mach.Groups(2).Value) <> True Then ' ――――― ❺
    Modify = CType(mach.Groups(2).Value, Integer)
End If

' Matchオブジェクトのインデックス3のパターン文字列をPatternプロパティに代入
Me.Pattern = mach.Groups(3).Value ' ――――― ❻

' ----- 応答フレーズの処理 -----
'
' パラメーターphrasesで取得した応答フレーズを"|"を境に分割して
' ブロックパラメーターphraseに順次、格納する
' phraseに対してSEPARATORをパターンマッチさせてDictionaryの
' {[need, 必要機嫌値]}と{[phrase, 応答フレーズ]}を
' リスト型プロパティPhrasesの要素として順次、格納する
For Each phrase In phrases.Split("|") ' ――――― ❼
    ' ハッシュテーブルDictionaryを用意
    Dim dic As New Dictionary(Of String, String) ' ――――― ❽

    ' 応答メッセージグループの個々のメッセージに対してSEPARATORを
    ' パターンマッチさせ、必要機嫌値と応答フレーズに分解された
    ' MatchCollectionオブジェクトを戻り値として取得
    Dim m2 As MatchCollection = Regex.Matches(phrase, SEPARATOR) ' ――――― ❾

    ' MatchCollectionから先頭要素のMatchオブジェクトを取り出す
    Dim mach2 As Match = m2(0) ' ――――― ❿

    ' Dictionaryのキー"need"を設定してキーの値を0で初期化
    dic("need") = "0"

    ' 「必要機嫌値##応答フレーズ」に完全一致した場合は、
    ' Matchオブジェクトに以下の文字グループがコレクションとして格納される
    ' インデックス0にマッチした文字列すべて
    ' インデックス1に"必要機嫌値##"
    ' インデックス2に"必要機嫌値"
    ' インデックス3に応答フレーズ(単体)
    '
    ' mach2.Groups(2)に必要機嫌値が存在すれば"need"キーの値としてセット
    If String.IsNullOrEmpty(mach2.Groups(2).Value) <> True Then ' ――――― ⓫
```

6

解析機能を備えたチャットボットプログラムの開発

```
                dic("need") = CType(mach2.Groups(2).Value, Integer)
            End If

            ' "phrase"キーの値としてmach.Groups(3)(応答フレーズ)を格納
            dic("phrase") = mach2.Groups(3).Value ' ―――――――――――――― ⑫

            ' 作成したDictionary:{[need, 必要機嫌値]}と{[phrase, 応答フレーズ]}を
            ' Phrasesプロパティ(リスト)に追加
            Me.Phrases.Add(dic) ' ――――――――――――――――――――――――― ⑬
        Next
    End Sub

    ''' <summary>
    ''' ユーザーの発言にPatternプロパティ(各行ごとの正規表現のパターングループ)を
    ''' パターンマッチさせる
    ''' </summary>
    ''' <param name="str">ユーザーの発言</param>
    ''' <returns>
    ''' マッチングした場合は対象の文字列を返す
    ''' マッチングしない場合は空文字が返される
    ''' </returns>
    Public Function Match(str As String) As String ' ―――――――――――― ⑭
        ' マッチした正規表現のパターングループをRegexオブジェクトに変換する
        Dim rgx As Regex = New Regex(Pattern)
        ' パターン文字列がユーザーの発言にマッチングするか試みる
        Dim mtc As Match = rgx.Match(str)
        ' Matchオブジェクトの値を返す
        Return mtc.Value
    End Function

    ''' <summary>
    ''' 応答フレーズ群からチョイスした応答フレーズをランダムに抽出して返す
    ''' </summary>
    ''' <param name="mood">現在の機嫌値</param>
    ''' <returns>
    ''' 応答フレーズのリストからランダムに1フレーズを抽出して返す
    ''' 必要機嫌値による条件をクリアしない場合はNothingが返される
    ''' </returns>
    Public Function Choice(mood As Integer) As String ' ――――――――― ⑮
        ' 応答フレーズを保持するリスト
        Dim choices As New List(Of String)
```

```
        ' Phrasesに格納されているDictionaryオブジェクト
        ' {[need,必要機嫌値]}{[phrase, 応答フレーズ]}を
        ' ブロックパラメーターdicに取り出す
        For Each dic In Phrases
            ' Suitable()を呼び出し、結果がTrueであれば
            ' リストchoicesに"phrase"キーの応答フレーズを追加
            If Suitable(
                dic("need"),      ' "need"キーで必要機嫌値を取り出す
                mood              ' パラメーターmoodで取得した現在の機嫌値
                ) Then
                ' 結果がTrueであればリストchoicesに"phrase"キーの応答フレーズを追加
                choices.Add(dic("phrase"))
            End If
        Next

        ' choicesリストが空であればNothingを返す
        If choices.Count = 0 Then
            Return Nothing
        Else
            ' choicesリストが空でなければシステム起動後のミリ秒単位の経過時間を取得
            Dim seed As Integer = Environment.TickCount
            ' シード値を引数にしてRandomをインスタンス化
            Dim rnd As New Random(seed)
            ' リストchoicesに格納されている応答フレーズをランダムに抽出して返す
            Return choices(rnd.Next(0, choices.Count))
        End If
    End Function

    ''' <summary>
    ''' 現在の機嫌値が応答フレーズの必要機嫌値を満たすかどうかを判定する
    ''' </summary>
    ''' <remarks>
    ''' 共有メソッド(インスタンスへのアクセスがないため)
    ''' </remarks>
    ''' <param name="need">必要機嫌値</param>
    ''' <param name="mood">現在の機嫌値</param>
    ''' <returns>
    ''' 現在の機嫌値が応答フレーズの必要機嫌値の条件を満たす場合は
    ''' True、満たさない場合はFalseを返す
    ''' </returns>
    Public Shared Function Suitable(need As Integer, mood As Integer) As Boolean ' ─⑯
        If need = 0 Then
```

```
            ' 必要機嫌値が0であればTrueを返す
            Return True
        ElseIf need > 0 Then
            ' 必要機嫌値がプラスの場合は、機嫌値が必要機嫌値を
            ' 超えていればTrue、そうでなければFalseを返す
            Return (mood > need)
        Else
            ' 必要機嫌値がマイナスの場合は、機嫌値が必要機嫌値を
            ' 下回っていればTrue、そうでなければFalseを返す
            Return (mood < need)
        End If
    End Function
End Class
```

正規表現のパターン

❶では変数SEPARATORを正規表現のパターンで初期化しています。コンストラクターのパラメーターpatternにはパターン辞書のパターン部分、「機嫌変動値##パターン」という書式の文字列が入っているはずです。❷で、SEPARATORの正規表現パターンと、patternに格納されている文字列とのパターンマッチを試みます。このコードの目的は「機嫌変動値##パターン」の書式から機嫌変動値とパターンを抜き出すことです。「機嫌変動値##」が付いていないパターンがたくさんありますし、「##」という文字列がパターンの一部として使われるかもしれません。このような少々複雑な書式から目的の部分だけを抜き出すには、正規表現の「後方参照」という機能がぴったりです。後方参照を使うと、マッチした文字列の中から特定の部分を取り出すことができます。変数SEPARATORには、以下のメタ文字を組み合わせた正規表現のパターンを代入しています。

メタ文字	意味
.(ピリオド)	とにかく何でもいい1文字
^	行の先頭
$	行の最後
*	*の直前の文字がないか、直前の文字が1個以上連続する
.*	何でもよい1文字がまったくないか、連続する。いろんな文字の連続という意味

パターン辞書のパターンと応答フレーズには、それぞれ次のように先頭に「機嫌変動値##」もしくは「必要機嫌値##」が付くものと、何も付かないものがあります。

▼「機嫌変動値##」「必要機嫌値##」のどちらも設定されていない例

バイバイ|ばいばい	ばいばい|バイバーイ|ごきげんよう

▼「機嫌変動値##」「必要機嫌値##」が設定されている例

```
-2##おまえ|あんた|お前|てめー　　-5##%match%じゃないよー|-5##%match%って誰のこと？
```

これらの文字列に対して、「値##」の部分を省略可にする正規表現を作ります。

▼"^((-?¥d+)##)?(.*)$"によるパターンマッチ

^(-?¥d+)	先頭にマイナス省略可の整数が1つある
^(-?¥d+)##	その次に##がある
^((-?¥d+)##)?	まとめて省略可にする
(.*)$	文字列の最後は「何でもよい文字がまったくないか連続する」グループを作る
^((-?¥d+)##)?(.*)$	上記をまとめたもの

作成した正規表現"^((-?¥d+)##)?(.*)$"でパターンマッチを行うと、マッチした文字列全体のほかに、

・パターン文字列に対しては「機嫌変動値##」「機嫌変動値」「パターン文字列」
・応答フレーズ群に対しては「必要機嫌値##」「必要機嫌値」「応答フレーズ」

を個別に抽出することができます。これについては、該当の箇所で詳しく見ていきます。

ParseItemクラスのコンストラクターによるオブジェクトの初期化

正規表現の説明が長くなってしまいました。コンストラクターの説明に戻ります。

パターン文字列の部分に対してSEPARATORをパターンマッチさせる

❷の

```
Dim m As MatchCollection = Regex.Matches(pattern, SEPARATOR)
```

におけるMatches()メソッドは、第1引数のpatternに対して第2引数のSEPARATORをパターンマッチさせます。結果として返されるのは、Matchオブジェクトを格納したコレクションMatchCollectionオブジェクトです。Matches()メソッドは、パターンマッチすれば何度でもマッチングを試みますので、マッチした回数と同じ数のMatchオブジェクトがMatchCollectionに格納されます。ただし、パターン辞書1行から抽出した「機嫌変動値##パターン文字列」に対してSEPARATORの正規表現がマッチするのは1回だけなので、MatchCollectionにはMatchオブジェクトが1個だけ格納されます。

Matches()の第1引数patternが

```
5##かわいい|可愛い|カワイイ|きれい|綺麗|キレイ
```

の場合、マッチングの結果を格納したMatchCollectionオブジェクトには、次の要素を持つMatchオブジェクトが1個格納されます。

▼Matches()の第1引数patternが「5##かわいい|可愛い|カワイイ|きれい|綺麗|キレイ」の場合に返されるMatchオブジェクトの中身

Matchオブジェクトの要素	格納される内容	格納されている値
第1要素（インデックス0）	マッチした文字列すべて	"5##かわいい|可愛い|カワイイ|きれい|綺麗|キレイ"
第2要素（インデックス1）	機嫌変動値##	"5##"
第3要素（インデックス2）	機嫌変動値	"5"
第4要素（インデックス3）	パターン文字列	"かわいい|可愛い|カワイイ|きれい|綺麗|キレイ"

要素の数は、パターンマッチに用いる正規表現の構造によって決まります。正規表現は、

```
"^((-?¥d+)##)?(.*)$"
```

の構造をしているので、マッチしたすべての文字列のほかに、「機嫌変動値##」「機嫌変動値」「パターン文字列」が個別に抽出されます。

機嫌変動値と応答フレーズの処理

❸で、MatchCollectionに格納されている先頭のMatchオブジェクトを取り出して、変数matchに格納します。このときのMatchオブジェクトの中身については、先の説明のとおりです。❹でModifyプロパティを0で初期化します。そして❺で、Matchオブジェクトのインデックス2の要素に機嫌変動値が存在する場合は、文字列からInteger型に変換してからModifyプロパティに代入します。Matchオブジェクトの要素は、Match.Groups()プロパティで参照できます。対象の要素のインデックスを引数に指定すると、対象の要素が参照されます。さらに、参照している要素の値を抽出するには、Valueプロパティを使って

```
mach.Groups(2).Value
```

のようにします。この場合、Matchオブジェクトのインデックス2に格納されている機嫌変動値の値の部分が抽出されます。Modifyは、機嫌変動値がない（空文字として返される）場合は、0のままです。

❻では、Matchオブジェクトのインデックス3に格納されているパターン文字列（例: "かわいい|可愛い|カワイイ|きれい|綺麗|キレイ"）をPatternプロパティに代入します。

▼パラメーターpattern処理後のModifyとPatternプロパティ

```
パラメーターpatternの値 "5##かわいい|可愛い|カワイイ|きれい|綺麗|キレイ"
    ⬇
  ❶～❻の処理後
    ⬇
Modifyの値       5
Patternの値      "かわいい|可愛い|カワイイ|きれい|綺麗|キレイ"
```

応答フレーズの処理

❼からは応答フレーズの処理になります。応答フレーズの書式にも「必要機嫌値##」が先頭にある場合があり、これを考慮したランダム選択という込み入った処理が必要になるので、ここでできるだけ情報を取り出しておくことにします。コンストラクターのパラメーターphrasesには、

```
-10##まじ怒るから！|-5##ひどーい|-10##だれが%match%なの！
```

のような1行ぶんの応答フレーズのグループが格納されていますので、これを"|"で分割してイテレート(反復処理)していきます。For冒頭のブロックパラメーターphraseには「-10##まじ怒るから！」のように、辞書の書式のままの文字列が入ってきます。これを必要機嫌値と応答フレーズとに分解するのですが、パターン部分と書式が同じなのでSEPARATORの正規表現がそのまま使えます。そこで❾でパターンマッチを試みて、結果として返されるMatchCollectionの先頭要素(インデックス0)のMatchオブジェクトm2(0)を変数mach2に格納します(❿)。Matchオブジェクトのインデックス2が必要機嫌値、インデックス3の要素が応答フレーズです。

少し詳しく見てみましょう。❾の

```
Dim m2 As MatchCollection = Regex.Matches(phrase, SEPARATOR)
```

を実行したとき、phraseには「|」で分割した応答フレーズ1個が入っています。例えば、

```
-10##まじ怒るから！|-5##ひどーい|-10##だれが%match%なの！
```

という応答フレーズ群が格納されている場合は、For Eachの1回目で

```
-10##まじ怒るから！
```

がphraseに格納されています。ステートメントを実行すると、m2には、Matchオブジェクトを1個格納したMatchCollectionオブジェクトが格納されます。❿の

```
Dim mach2 As Match = m2(0)
```

のm2(0)で、MatchCollectionオブジェクトから1個のMatchオブジェクトを抽出してmach2に代入していますが、このときのMatchオブジェクトの中身は次のようになっています。

▼Matches()の第1引数phraseが「-10##まじ怒るから！」の場合に返されるMatchオブジェクトの中身

Matchオブジェクトの要素	格納される内容	格納されている値
第1要素(インデックス0)	マッチした文字列すべて	"-10##まじ怒るから！"
第2要素(インデックス1)	必要機嫌値##	"-10##"
第3要素(インデックス2)	必要機嫌値	"-10"
第4要素(インデックス3)	パターン文字列	"まじ怒るから！"

⑪の

```
If String.IsNullOrEmpty(mach2.Groups(2).Value) <> True Then
```

では、Matchオブジェクトのインデックス2(必要機嫌値)が空ではない場合に、

```
dic("need") = CType(mach2.Groups(2).Value, Integer)
```

でdicの"need"キーの値として必要機嫌値を代入します。必要機嫌値が存在しない場合は"need"キーの値は0で初期化されているので0のままです。先の例の場合は

```
-10
```

が"need"キーの値として代入されます。

⑫の

```
dic("phrase") = mach2.Groups(3).Value
```

では、Matchオブジェクトのインデックス3(パターン文字列)をdicの"phrase"キーの値として代入しています。先の例の場合は、

```
"まじ怒るから!"
```

が代入されます。
最後の⑬で

```
Me.Phrases.Add(dic)
```

を実行し、リスト型のPhrasesプロパティにDictionaryオブジェクトdicを追加してFor Eachの1回の処理を完了します。
処理対象の応答フレーズ群が

```
-10##まじ怒るから!|-5##ひどーい|-10##だれが%match%なの!
```

の場合は、For Eachの完了後、リスト型のPhrasesプロパティの中身は、次のようになっています。

▼"-10##まじ怒るから!|-5##ひどーい|-10##だれが%match%なの!"の処理完了後のPhrasesの中身

```
Phrases (0):  {["need", -10],  ["phrase", "まじ怒るから!"]}
Phrases (1):  {["need", -5],   ["phrase", "ひどーい"]}
Phrases (2):  {["need", -10]}, ["phrase", "だれが%match%なの!"]}
```

コンストラクターの処理完了後のParseItemオブジェクトの中身

ParseItemクラスのコンストラクターの目的は、パターン辞書1行のデータを分解して、Patternプロパティ、Modifyプロパティ、Phrasesプロパティに格納することです。パターン辞書1行のデータが

```
-5##ブス|ぶす	-10##まじ怒るから!|-5##ひどーい|-10##だれが%match%なの!
```

の場合、各プロパティに次のような値が格納されたParseItemオブジェクト(インスタンス)が生成されます。

▼ParseItemオブジェクトの一例

プロパティ	値
Pattern	"ブス|ぶす"
Modify	-5
Phrases	Phrases (0): {["need", -10], ["phrase", "まじ怒るから!"]}
	Phrases (1): {["need", -5], ["phrase", "ひどーい"]}
	Phrases (2): {["need", -10]}, ["phrase", "だれが%match%なの!"]}

このような状態のParseItemオブジェクトがパターン辞書のすべての行（空行を除く）に対して作成され、VBDictionaryオブジェクトのプロパティPatternにリスト要素として追加されていきます。

Match()、Choice()、Suitable() メソッドの追加

追加機能の1つ、⑭のMatch() メソッドについて見ていきましょう。

▼Match() メソッド

```
''' <summary>
''' ユーザーの発言にPatternプロパティ(各行ごとの正規表現のパターングループ)を
''' パターンマッチさせる
''' </summary>
''' <param name="str">ユーザーの発言</param>
''' <returns>
''' マッチングした場合は対象の文字列を返す
''' マッチングしない場合は空文字が返される
''' </returns>
Public Function Match(str As String) As String ' ──────── ⑭
    ' マッチした正規表現のパターングループをRegexオブジェクトに変換する
    Dim rgx As Regex = New Regex(Pattern)
    ' パターン文字列がユーザーの発言にマッチングするか試みる
    Dim mtc As Match = rgx.Match(str)
    ' Matchオブジェクトの値を返す
    Return mtc.Value
End Function
```

パラメーターstrで受け取ったユーザーの発言とPatternプロパティの応答フレーズのグループとをパターンマッチして結果を返します。

⑮のChoice() メソッドはもう1つの追加機能です。

▼Choice() メソッド

```
''' <summary>
''' 応答フレーズ群からチョイスした応答フレーズをランダムに抽出して返す
''' </summary>
''' <param name="mood">現在の機嫌値</param>
''' <returns>
''' 応答フレーズのリストからランダムに1フレーズを抽出して返す
''' 必要機嫌値による条件をクリアしない場合はNothingが返される
''' </returns>
```

```
Public Function Choice(mood As Integer) As String ' ―――――――――― ⑮
    ' 応答フレーズを保持するリスト
    Dim choices As New List(Of String)

    ' Phrasesに格納されているDictionaryオブジェクト
    ' {[need,必要機嫌値]}{[phrase, 応答フレーズ]}を
    ' ブロックパラメーターdicに取り出す
    For Each dic In Phrases
        ' Suitable()を呼び出し、結果がTrueであれば
        ' リストchoicesに"phrase"キーの応答フレーズを追加
        If Suitable(
            dic("need"),        '"need"キーで必要機嫌値を取り出す
            mood                ' パラメーターmoodで取得した現在の機嫌値
            ) Then
            ' 結果がTrueであればリストchoicesに"phrase"キーの応答フレーズを追加
            choices.Add(dic("phrase"))
        End If
    Next

    ' choicesリストが空であればNothingを返す
    If choices.Count = 0 Then
        Return Nothing
    Else
        ' choicesリストが空でなければシステム起動後のミリ秒単位の経過時間を取得
        Dim seed As Integer = Environment.TickCount
        ' シード値を引数にしてRandomをインスタンス化
        Dim rnd As New Random(seed)
        ' リストchoicesに格納されている応答フレーズをランダムに抽出して返す
        Return choices(rnd.Next(0, choices.Count))
    End If
End Function
```

パターンがマッチしたときには、複数設定されているうちのどの応答を返すかという選択処理において、感情モデルの導入によって必要機嫌値を考慮することが必要となりました。Choice()メソッドは、機嫌値moodをパラメーターとします。これは応答を選択する上での条件値となり、これ以上の感情の振れを必要とする応答は選択されないことになります。

ローカル変数choicesは、必要機嫌値による条件を満たす応答フレーズを集めるためのリスト型の変数です。ForループのInでPhrasesが保持するリストの要素（ハッシュテーブル）1つひとつに対してチェックを行い、条件を満たす応答フレーズ（"phrase"キーの値）がchoicesに追加されます。このチェックを担当するのが⑯のSuitable()メソッドです。

▼Suitable() メソッド

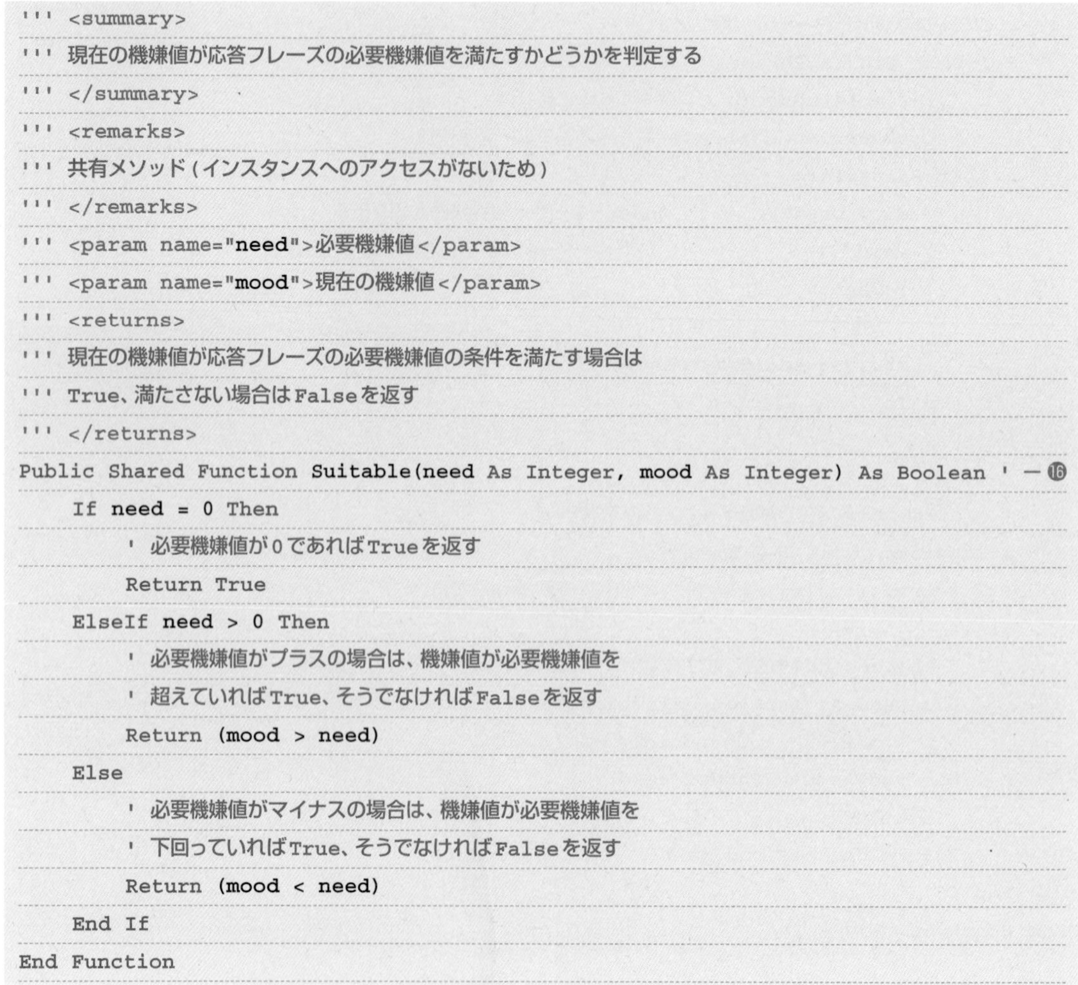

```
''' <summary>
''' 現在の機嫌値が応答フレーズの必要機嫌値を満たすかどうかを判定する
''' </summary>
''' <remarks>
''' 共有メソッド（インスタンスへのアクセスがないため）
''' </remarks>
''' <param name="need">必要機嫌値</param>
''' <param name="mood">現在の機嫌値</param>
''' <returns>
''' 現在の機嫌値が応答フレーズの必要機嫌値の条件を満たす場合は
''' True、満たさない場合はFalseを返す
''' </returns>
Public Shared Function Suitable(need As Integer, mood As Integer) As Boolean ' ─⑯
    If need = 0 Then
        ' 必要機嫌値が0であればTrueを返す
        Return True
    ElseIf need > 0 Then
        ' 必要機嫌値がプラスの場合は、機嫌値が必要機嫌値を
        ' 超えていればTrue、そうでなければFalseを返す
        Return (mood > need)
    Else
        ' 必要機嫌値がマイナスの場合は、機嫌値が必要機嫌値を
        ' 下回っていればTrue、そうでなければFalseを返す
        Return (mood < need)
    End If
End Function
```

メソッドの中身は、仕様をそのままコード化しただけの簡素な実装です。Choice()から渡された必要機嫌値needが0（省略されたときも0となる）のときは無条件に選択候補としますが、それ以外では、プラスのときは「機嫌値＞必要機嫌値」を、マイナスのときは「機嫌値＜必要機嫌値」を判定します。

では、再びChoice()メソッドに戻って、Suitable()を呼んだときにどのようなことになるのか、例を見てみましょう。

◎パターン文字列"-5##ブス|ぶす"にマッチする「おブスだねー」と入力した場合

◎応答は、

「-10##まじ怒るから！」「-5##ひどーい」「-10##だれが%match%なの！」

のどれかを抽出

●機嫌値と必要機嫌値の比較

▼「−5 ≦ 機嫌値」の場合

応答フレーズ	choicesに追加される値
−5##ひどーい（False）	（リストの中身は空）
−10##まじ怒るから！（False）	
−10##だれが%match%なの！（False）	

▼「−10 ≦ 機嫌値 ＜ −5」の場合

応答フレーズ	choicesに追加される値
−5##ひどーい（True）	{"ひどーい"}
−10##まじ怒るから！（False）	
−10##だれが%match%なの！（False）	

▼「機嫌値 ＜ −10」の場合

応答フレーズ	choicesに追加される値
−5##ひどーい（True）	{"まじ怒るから！", "ひどーい", "だれが%match%なの！"}
−10##まじ怒るから！（True）	
−10##だれが%match%なの！（True）	

「-5##ブス|ぶす」の応答フレーズ群には必要機嫌値が付いているため、Suitable()が機嫌値と比較してTrue／Falseを返してくるので、これに従ってChoice()メソッドでは、ローカル変数choicesのリストに応答を追加していきます。Forループが完了したあとは、choicesに集められた中からランダムに選択するのですが、choicesが空である場合も考えておかなくてはならないので、応答フレーズを選択できなかったときはChoice()メソッド側でNothingを返すようにしています。

6.1.6 感情モデルの移植(Responderクラス、PatternResponderクラス、RandomResponderクラス、RepeatResponderクラス、VBchanクラス)

あとはResponderクラスとそのサブクラス群、VBchanクラスの作成ですので、あと少し頑張りましょう。

ResponderクラスとRepeatResponder、RandomResponder

応答処理を行うスーパークラスResponderでは、Response()メソッドが機嫌値moodを受け取るようにしました。これに伴い、機嫌値はPatternResponderでしか使いませんが、RepeatResponder、RandomResponderのResponse()メソッドにもパラメーターmoodが設定されています。

▼Responderクラス(Responder.vb)

```
''' <summary>
''' 応答クラスのスーパークラス
''' </summary>
Public Class Responder
    ''' <summary>応答に使用されるクラス名を参照/設定するプロパティ</summary>
    Public Property Name As String

    ''' <summary>VBDictionaryオブジェクトを参照/設定するプロパティ</summary>
    Public Property VBDictionary As VBDictionary

    ''' <summary>
    ''' コンストラクター
    ''' </summary>
    ''' <param name="name">応答に使用されるクラスの名前</param>
    ''' <param name="dic">VBDictionaryオブジェクト</param>
    Public Sub New(name As String, dic As VBDictionary)
        Me.Name = name        ' 応答するオブジェクト名Nameにセット
        VBDictionary = dic  ' VBDictionaryオブジェクトをVBDictionaryプロパティにセット
    End Sub

    ''' <summary>
    ''' ユーザーの発言に対して応答メッセージを返す
    ''' </summary>
    ''' <remarks>
```

```
    ''' オーバーライドを前提にしたメソッド
    ''' </remarks>
    ''' <param name="input">ユーザーの発言</param>
    ''' <param name="mood">現在の機嫌値</param>
    Public Overridable Function Response(input As String, mood As Integer) As String
        Return ""
    End Function

End Class
```

▼RepeatResponderサブクラス(RepeatResponder.vb)

```
''' <summary>Responderクラスのサブクラス</summary>
''' <remarks>オウム返しの応答フレーズを作る</remarks>
Public Class RepeatResponder
    Inherits Responder

    ''' <summary>RepeatResponderのコンストラクター</summary>
    ''' <remarks>スーパークラスResponderのコンストラクターを呼び出す</remarks>
    ''' <param name="name">応答に使用されるクラスの名前</param>
    ''' <param name="dic">VBDictionaryオブジェクト</param>
    Public Sub New(name As String, dic As VBDictionary)
        MyBase.New(name, dic)
    End Sub

    ''' <summary>スーパークラスのResponse()をオーバーライド</summary>
    ''' <remarks>オウム返しの応答フレーズを作成する</remarks>
    ''' <param name="input">ユーザーの発言</param>
    ''' <param name="mood">現在の機嫌値</param>
    ''' <returns>ユーザーの発言をオウム返しするフレーズ</returns>
    Public Overrides Function Response(input As String, mood As Integer) As String
        Return String.Format("{0}ってなに?", input)
    End Function
End Class
```

▼RandomResponderサブクラス(RandomResponder.vb)

```
''' <summary>Responderクラスのサブクラス</summary>
''' <remarks>ランダム辞書から無作為に抽出した応答フレーズを作る</remarks>
Public Class RandomResponder
    Inherits Responder

    ''' <summary>RandomResponderのコンストラクター</summary>
    ''' <remarks>スーパークラスResponderのコンストラクターを呼び出す</remarks>
```

```
    ''' <param name="name">応答に使用されるクラスの名前</param>
    ''' <param name="dic">VBDictionaryオブジェクト</param>
    Public Sub New(name As String, dic As VBDictionary)
        MyBase.New(name, dic)
    End Sub

    ''' <summary>スーパークラスのResponse()をオーバーライド</summary>
    ''' <remarks>ランダム辞書から無作為に抽出して応答フレーズを作成する</remarks>
    ''' <param name="input">ユーザーの発言</param>
    ''' <param name="mood">現在の機嫌値</param>
    ''' <returns>ランダム辞書から無作為に抽出した応答フレーズ</returns>
    Public Overrides Function Response(input As String, mood As Integer) As String
        ' システム起動後のミリ秒単位の経過時間を取得
        Dim seed As Integer = Environment.TickCount
        ' シード値を引数にしてRandomをインスタンス化
        Dim rdm As New Random(seed)
        ' ランダム辞書を保持するリストVBDictionaryから
        ' 応答メッセージをランダムに抽出して返す
        Return VBDictionary.Random(rdm.Next(0, VBDictionary.Random.Count))
    End Function
End Class
```

パターン辞書を扱うPatternResponderクラス

次は、パターン辞書を扱うPatternResponderクラスです。

▼PatternResponderクラス（PatternResponder.vb）

```
''' <summary>Responderクラスのサブクラス</summary>
''' <remarks>ユーザーの発言に反応した応答フレーズを作る</remarks>
Public Class PatternResponder
    Inherits Responder

    ''' <summary>PatternResponderのコンストラクター</summary>
    ''' <remarks>スーパークラスResponderのコンストラクターを呼び出す</remarks>
    ''' <param name="name">応答に使用されるクラスの名前</param>
    ''' <param name="dic">VBDictionaryオブジェクト</param>
    Public Sub New(name As String, dic As VBDictionary)
        MyBase.New(name, dic)
    End Sub

```

```
''' <summary>スーパークラスのResponse()をオーバーライド</summary>
''' <remarks>パターン辞書の応答フレーズからランダムに抽出する</remarks>
''' <param name="input">ユーザーの発言</param>
''' <param name="mood">現在の機嫌値</param>
'''
''' <returns>
''' ・ユーザーの発言にパターン辞書がマッチした場合:
'''     パターン辞書の応答フレーズからランダムに抽出して返す
'''
''' ・ユーザーの発言にパターン辞書がマッチしない場合:
''' ・またはパターン辞書の応答フレーズが返されなかった場合:
'''     ランダム辞書から抽出した応答フレーズを返す
''' </returns>
Public Overrides Function Response(input As String, mood As Integer) As String
    ' VBDictionary.PatternプロパティからParseItemオブジェクトを1つずつ取り出す
    For Each vb_item In VBDictionary.Pattern ' ――――――――――――――――――― ❶
        ' ParseItem.Match()でユーザーの発言に対する
        ' パターン文字列のマッチングを試みる
        Dim mtc As String = vb_item.Match(input) ' ――――――――――――――― ❷

        ' パターン文字列がマッチングした場合の処理
        If String.IsNullOrEmpty(mtc) = False Then
            ' 機嫌値moodを引数にしてChoice()を実行
            ' 条件をクリアした応答フレーズ、またはNothingを取得
            Dim resp As String = vb_item.Choice(mood) ' ――――――――――― ❸
            ' Choice()の戻り値がNothingでない場合の処理
            If resp <> Nothing Then ' ――――――――――――――――――――――― ❹
                ' 応答フレーズの中に%match%があれば、マッチングした
                ' 文字列に置き換えてから戻り値としてReturnする
                Return Replace(resp, "%match%", mtc)
            End If
        End If
    Next

    ' ユーザーの発言にパターン文字列がマッチングしない場合、
    ' またはChoice()を実行して応答フレーズが返されなかった場合は
    ' 以下の処理を実行する

    ' システム起動後のミリ秒単位の経過時間を取得
    Dim seed As Integer = Environment.TickCount
    ' シード値を引数にしてRandomをインスタンス化
    Dim rdm As New Random(seed)
```

```
        ' ランダム辞書を保持するリストVBDictionaryから
        ' 応答メッセージをランダムに抽出して返す
        Return VBDictionary.Random(rdm.Next(0, VBDictionary.Random.Count)) ' ―⑤
    End Function
End Class
```

オーバーライドしたResponse()メソッドの処理

❶のForループでは、パターン辞書を扱うParseItemオブジェクトのリストVBDictionary.PatternからブロックパラメーターVb_itemにParseItemオブジェクトが1つずつ入るようになっています。以降のループ処理では、このParseItemオブジェクトを使ってパターンマッチや応答選択などの処理が行われます。

❷ではParseItemのMatch()メソッドを使ってパターンマッチを行います。Visual BasicのMatch()ではないので注意してください。マッチしたら応答を選択するのですが、これはvb_item(ParseItemオブジェクト)のChoice()メソッドを呼び出して選んでもらいます(❸)。ここで、引数として現在の機嫌値が必要なので、パラメーターで受け取っているmoodをそのまま引数として渡します。

このように、応答メッセージの選択処理をParseItem側に任せたのでシンプルなコードになりましたが、ここで1つ注意があります。choice()メソッドは応答フレーズをチョイスできなかった場合にNothingを返してきます。これが思わぬ落とし穴にならないよう、❹ではrespがNothingでない場合に限り応答フレーズの「%match%」をマッチした文字列と置き換えてReturnします。

どのParseItemもマッチしない、あるいは選択できる応答フレーズが1つもない場合は、❺でランダム辞書から無作為に抽出した応答フレーズを返します。以上でPatternResponderクラスの定義は完了です。

以上で、ユーザーの発言に対して、

・RepeatResponder
・RandomResponder
・PatternResponder

の3つのクラスが対応するようになりました。どのクラスを使うのかは、VBちゃんの応答時にランダムに選択するようにします。

6.1.7 感情モデルの移植(VBちゃんの本体クラス)

最後はVBちゃんの本体、VBchanクラスに感情を扱う仕組みを移植します。とはいっても VBchanEmotionオブジェクトの生成を含めて、旧バージョンからの変更はわずかです。

▼VBchanクラス(VBchan.vb)

```
''' <summary>
''' VBちゃんの本体クラス
''' </summary>
Public Class VBchan
    ''' <summary>オブジェクト名を保持するフィールド</summary>
    Private _name As String

    ''' <summary>VBDictionaryオブジェクトを保持するフィールド</summary>
    Private _dictionary As VBDictionary

    ''' <summary>VBchanEmotionオブジェクトを保持するフィールド</summary>
    Private _emotion As VBchanEmotion

    ''' <summary>RandomResponderオブジェクトを保持するフィールド</summary>
    Private _res_random As RandomResponder

    ''' <summary>RepeatResponderオブジェクトを保持するフィールド</summary>
    Private _res_repeat As RepeatResponder

    ''' <summary>PatternResponderオブジェクトを保持するフィールド</summary>
    Private _res_pattern As PatternResponder

    ''' <summary>Responder型のフィールド</summary>
    Private _responder As Responder

    ' _nameの読み取り専用プロパティ
    Public ReadOnly Property Name As String
        Get
            Return _name
        End Get
    End Property

    ' _emotionの読み取り専用プロパティ
    Public ReadOnly Property Emotion As VBchanEmotion
        Get
```

6

解析機能を備えたチャットボットプログラムの開発

```
        Return _emotion
    End Get
End Property

''' <summary>
''' VBchanクラスのコンストラクター
''' 必要なクラスのオブジェクトを生成してフィールドに格納する
''' </summary>
''' <param name="name">プログラムの名前</param>
Public Sub New(name As String)
    ' オブジェクト名をフィールドに格納
    _name = name
    ' VBDictionaryのインスタンスをフィールドに格納
    _dictionary = New VBDictionary()
    ' VBchanEmotionのインスタンスをフィールドに格納
    _emotion = New VBchanEmotion(_dictionary) ' ――――――――――――❶
    ' RepeatResponderのインスタンスをフィールドに格納
    _res_repeat = New RepeatResponder("Repeat", _dictionary)
    ' RandomResponderのインスタンスをフィールドに格納
    _res_random = New RandomResponder("Random", _dictionary)
    ' PatternResponderのインスタンスをフィールドに格納
    _res_pattern = New PatternResponder("Pattern", _dictionary)
End Sub

''' <summary>
''' 応答に使用するResponderサブクラスをチョイスして応答フレーズを作成する
''' </summary>
''' <param name="input">ユーザーの発言</param>
'''
''' <returns>Responderサブクラスによって作成された応答フレーズ</returns>
Public Function Dialogue(input As String) As String
    ' ユーザーの発言をパターン辞書にマッチさせ、
    ' マッチした場合は機嫌値の更新を試みる
    _emotion.Update(input) ' ――――――――――――❷
    ' Randomのインスタンス化
    Dim rnd As New Random()
    ' 0～9の範囲の値をランダムに生成
    Dim num As Integer = rnd.Next(0, 10)

    If num < 6 Then
        ' 0～5ならPatternResponderをチョイス
        _responder = _res_pattern
```

```
        ElseIf num < 9 Then
            ' 6～8ならRandomResponderをチョイス
            _responder = _res_random
        Else
            ' どの条件も成立しない場合はRepeatResponderをチョイス
            _responder = _res_repeat
        End If

        ' チョイスしたオブジェクトのResponse()メソッドを実行し
        ' 応答メッセージを戻り値として返す
        Return _responder.Response(input, _emotion.Mood) ' ─── ❸
    End Function


    ''' <summary>
    ''' ResponderクラスのNameプロパティを参照して
    ''' 応答に使用されたサブクラス名を返す
    ''' </summary>
    ''' <remarks>
    ''' Form1クラスのPrompt()メソッドから呼ばれる
    ''' Prompt()はVBちゃんのプロンプト文字を作るメソッド
    ''' </remarks>
    Public Function GetName() As String
        Return _responder.Name
    End Function
End Class
```


❶ではVBchanEmotionオブジェクトを生成しています。感情の創出です。VBchanEmotionオブジェクトは、対話が行われるたびにUpdate()メソッドを呼び出して機嫌値を変動させなければなりませんが、それを行っているのがDialogue()メソッドの❷の部分です。ユーザーの発言で感情を変化させたり、対話の継続によって感情を平静に近付ける処理を応答処理の最初に行います。

❸ではResponderクラスのResponse()メソッドを呼び出す際に、引数として機嫌値_emotion.Moodを追加しています。

以上で感情モデルが機能するようになりました。

6.1.8　VBちゃん、笑ったり落ち込んだり（Form1クラス）

VBちゃんへの感情の移植の最終段階です。感情モデルを具現化するVBchanEmotionクラスを組み込み、VBちゃんの本体クラスで感情を作り出しました。最後の仕上げとして、感情によって表情を切り替える仕組みを作っていきます。

感情の揺らぎを表情で表す

画像の切り替えは、インプット用のボタンがクリックされたタイミングで行いますので、ボタンクリックのイベントハンドラーで処理するようにします。イベントハンドラーでは、ボタンクリック時にDialogue()メソッドが呼び出され、応答のための処理が開始されるようにしますが、画像を切り替えるタイミングとしては、一連の処理が完了した時点が適切です。

では、ボタンクリックのイベントハンドラーをはじめとする処理を定義しているForm1クラスを見てみましょう。

▼Form1クラス（Form1.vb）

```
Public Class Form1
    '''<summary>VBchanのインスタンスを保持するフィールド</summary>
    '''
    Private _chan As New VBchan("VBちゃん")

    ''' <summary>
    ''' 対話ログをテキストボックスに追加する
    ''' </summary>
    ''' <param name="str">
    ''' プロンプト文字が付加されたユーザーの発言
    ''' またはVBちゃんの応答フレーズ
    ''' </param>
    Private Sub PutLog(str As String)
        TextBox2.AppendText(str + vbCrLf)
    End Sub

    ''' <summary>VBちゃんのプロンプトを作る</summary>
    ''' <returns>プロンプト用の文字列</returns>
    Private Function Prompt() As String
        Return _chan.Name + "：" + _chan.GetName() + "> "
    End Function

    ' [話す]ボタンのイベントハンドラー
    Private Sub Button1_Click(sender As Object, e As EventArgs) Handles Button1.Click
```

```
' テキストボックスに入力されたユーザーの発言を取得
Dim value As String = TextBox1.Text

If value = String.Empty Then
    ' 未入力の場合の応答
    Label1.Text = "なに？"
Else
    ' 入力されていたら対話処理を開始
    ' ユーザーの発言を引数にしてDialogue()を実行して
    ' VBちゃんの応答メッセージを取得
    Dim response As String = _chan.Dialogue(value)
    ' 応答メッセージをラベルに表示
    Label1.Text = response
    ' ユーザーの発言をログとしてテキストボックスに出力
    PutLog("> " + value)
    ' 応答メッセージをログとしてテキストボックスに出力
    PutLog(Prompt() + response)
    ' 入力用のテキストボックスをクリア
    TextBox1.Clear()
    ' 現在の機嫌値を取得
    Dim em As Integer = _chan.Emotion.Mood

    ' 現在の機嫌値に応じて画像を取り替える
    '
    If -5 <= em And em <= 5 Then ' ――――――――――――――――――――――――――――――― ❶
        ' -5～5の範囲なら基本の表情
        PictureBox1.Image = My.Resources.talk
    ElseIf -10 <= em And em < -5 Then
        ' -10～-5の範囲ならうつろな表情
        PictureBox1.Image = My.Resources.empty
    ElseIf -15 <= em And em < -10 Then
        ' -15～-10の範囲なら怒り心頭な表情
        PictureBox1.Image = My.Resources.angry
    ElseIf 5 < em And em <= 15 Then
        ' 5~15の範囲ならハッピーな表情
        PictureBox1.Image = My.Resources.happy
    End If

    ' 応答後の機嫌値をラベルに出力
    Label2.Text = _chan.Emotion.Mood
End If
```

```
    End Sub
End Class
```

表情を変えているのは❶のIfブロックです。ここでVBちゃんの感情を表現するための適切な画像を選びます。といっても動作は単純で、機嫌値emが「-5 <= em <= 5」の範囲であればtalk.pngが選択され、「-10 <= em < -5」であればうつろなempty.png、「-15 <= em < -10」であれば怒りのangry.png、「5 < em <= 15」であればご機嫌なhappy.pngが選択されます。

リソースファイルは「My.Resources」で参照できますので、talk.pngを参照する場合は

```
My.Resources.talk
```

として、

```
PictureBox1.Image = My.Resources.talk
```

のようにPictureBox1のImageに代入すれば、ピクチャボックスにtalk.pngが表示されます。他のイメージについても、

```
PictureBox1.Image = My.Resources.empty
PictureBox1.Image = My.Resources.angry
PictureBox1.Image = My.Resources.happy
```

とすることで、対象のイメージが表示できます。

以上をもってVBちゃんが「感情」というパラメーターを持つようになり、感情の揺らぎを表情に表すことができるようになりました。さっそく、サンプルプログラムを実行して、いくつかの悪口やほめ言葉を言ってみてください。

▼VBちゃん実行中

みごと表情が変わりました。とはいえ怒り心頭のVBちゃんを放置してはかわいそうです。ほめ言葉を連打して機嫌を直してあげましょう。

▼上機嫌のVBちゃん

いろいろ試してみて、「すぐに怒っちゃう」「なかなか喜んだ表情をしてくれない」など、表情が切り替わるタイミングがズレていると感じることがあるかもしれません。

そのような場合は、イメージを切り替えるときの閾値(しきいち)を調整してみるとよいかと思います。

Section

6.2 機械学習的な要素を組み込む

Level ★★★ | Keyword | 学習メソッド　記憶メソッド

チャットボット「VBちゃん」にとって辞書ファイルは知識そのものです。絶妙な返しができるかどうかは辞書の充実度に大きく左右されます。これまで辞書は開発者側で作成しましたが、VBちゃんが自ら進んで辞書を充実させることを考えてみたいと思います。

本格的な機械学習には及びませんが、ユーザーの発言を自ら記録し、次回の発言に活かすことができれば、会話のバリエーションが増えて楽しくなりそうです。

辞書ファイルがVBちゃんの記憶領域なのです

辞書を作る作業は楽しくもありますが、更新を怠ると、いつも同じような応答ばかりするようになってしまいます。そこで、VBちゃん自らにも辞書作りに参加してもらうことにしましょう。以下は、本セクションのポイントです。

•学習メソッドの追加

ユーザーの発言をランダム辞書と照合し、辞書に存在しないフレーズであれば辞書オブジェクトに記録します。VBDictionaryクラスのStudy()メソッドとして実装します。

•記憶メソッドの追加

せっかく学習したのですから、これをランダム辞書ファイルに保存することにします。同じくVBDictionaryクラスのSave()メソッドとして実装します。

6.2.1　ユーザーの発言を丸ごと覚える

VBちゃんが学習するのは、ユーザーの発言そのものです。ユーザーの発言を次回の応答フレーズとして使えば、オウム返しの会話よりももっと楽しい会話になりそうです。辞書ファイルに書き込むことで「学習」してもらうのですが、どの辞書にどのようなかたちで保存するのかについては、様々な方法が考えられます。まずはシンプルにユーザーの発言をそのまま記録することから始めましょう。

保存先の辞書ファイルは「ランダム辞書」が最適でしょう。VBちゃんと会話するたびにランダム辞書の応答メッセージが増えていくので、何度も会話をするうちにいろいろな応答を返すようになることが期待できます。VBちゃんとの会話中は、ユーザー自らの発言には意外と無頓着なものです。そうした中で過去の発言を絶妙なタイミングで引用してくることがありますので、単純ながら効果の高い仕組みではないでしょうか。ユーザーの語り口調がそのまま出ますが、あらかじめ辞書に用意された応答メッセージよりも、むしろ自然な感じがするかもしれません。

もちろん、「今回の対話はイマイチだった」ということもありますので、記憶するかどうかはプログラム終了時に選択できるようにすることで対処しましょう。

開発については、前のセクションで作成したプロジェクト「Chatbot-emotion」をそのままコピーして、改造するかたちで進めたいと思います。事前にプロジェクトを任意の場所にコピーしておいてください。

辞書の学習を実現するためにクリアすべき課題

ランダム辞書の学習を行うにあたって、プログラミング的な課題がいくつかありますので、ここで解決しておきましょう。

●ユーザーの発言をどこに記録するか

ユーザーの発言をランダム辞書ファイルに追加する場合、発言があるたびにファイルを開いて書き込むのは効率的ではありません。そこで、プログラムの実行中はランダム辞書を展開した辞書オブジェクト（リスト）に追加するようにしましょう。そうすれば、辞書ファイルの更新を待たずに、覚えたてのフレーズを返せるようになるメリットもあります。

●辞書ファイルはどうやって更新するか

辞書オブジェクトに保存しても、プログラムが終了するとオブジェクトは破棄されるので、辞書ファイルに保存しなくてはなりません。学習したフレーズを辞書ファイルの末尾に追加することも方法の1つですが、辞書オブジェクトには既存のフレーズも格納されていますので、ファイルの中身を丸ごと辞書オブジェクトで書き換えればよいでしょう。

●辞書ファイルにいつ書き込むか

辞書ファイルへの書き込み（更新）は、プログラムの終了時が最適です。メッセージボックスを表示してファイルの更新の有無を尋ね、**はい**ボタンがクリックされたら辞書ファイルへの書き込みを行うようにします。

「学習メソッド」と「記憶メソッド」の追加

ユーザーの発言を学習するメソッドと、学習した内容を含む辞書オブジェクトの内容をファイルに書き込むメソッドは、VBDictionaryクラスで定義しましょう。ランダム辞書ファイルや辞書オブジェクトを扱うクラスなので、これらのメソッドを定義するのに最適です。

「VBDictionary.vb」をコードエディターで開いて、Study()メソッドとSave()メソッドの定義コードを入力しましょう。

▼VBDictionaryクラス (VBDictionary.vb)

```
Imports System.IO.File ' Fileクラスを利用するために必要

''' <summary>
''' ランダム辞書とパターン辞書を用意
''' </summary>
Public Class VBDictionary
    ''' <summary>ランダム辞書の読み取り専用プロパティ</summary>
    Public ReadOnly Property Random As New List(Of String)

    ''' <summary>
    ''' パターン辞書の各行のデータを格納したParseItemオブジェクトを保持する
    ''' リスト型のプロパティ
    ''' </summary>
    Public ReadOnly Property Pattern As New List(Of ParseItem)

    ''' <summary>
    ''' コンストラクター
    ''' ランダム辞書(リスト)、パターン辞書(リスト)を作成するメソッドを実行する
    ''' </summary>
    Public Sub New()
        ' ランダム辞書(リスト)を用意する
        MakeRndomList()
        ' パターン辞書(リスト)を用意する
        MakePatternList()
    End Sub

    ''' <summary>
    ''' ランダム辞書(リスト)を作成する
    ''' </summary>
    Private Sub MakeRndomList()
        ' ランダム辞書ファイルをオープンし、各行を要素として配列に格納
        Dim r_lines() As String = ReadAllLines(
```

```
        "dics¥random.txt", System.Text.Encoding.UTF8)

    ' ランダム辞書ファイルの各1行を応答用に加工してリストRandomに追加する
    For Each line In r_lines
        ' 末尾の改行文字を取り除く
        Dim str = line.Replace("¥n", "")
        ' 空文字でなければリストに追加
        If line <> "" Then
            Random.Add(str)
        End If
    Next
End Sub

''' <summary>
''' パターン辞書(リスト)を作成する
''' </summary>
Private Sub MakePatternList()
    ' パターン辞書ファイルをオープンし、各行を要素として配列に格納
    Dim p_lines() As String = ReadAllLines(
        "dics¥pattern.txt", Text.Encoding.UTF8)

    ' 応答用に加工したパターン辞書の各1行を保持するリスト
    Dim new_lines = New List(Of String)
    ' ランダム辞書の各1行を応答用に加工してリストに追加する
    For Each line In p_lines
        ' 末尾の改行文字を取り除く
        Dim str = line.Replace("¥n", "")
        ' 空文字でなければリストに追加
        If line <> "" Then
            new_lines.Add(str)
        End If
    Next

    ' パターン辞書の各行をタブで切り分ける
    ' ParseItemオブジェクトを生成してリストPatternに追加
    '
    ' vb_prs(0)  パターン辞書1行のパターン文字列
    '            (機嫌変動値が存在する場合はこれも含む)
    ' vb_prs(1)  パターン辞書1行の応答メッセージ
    For Each line In new_lines
        Dim vb_prs() As String = line.Split(vbTab)
        Pattern.Add(
```

```
                New ParseItem(vb_prs(0), vb_prs(1))
            )
        Next
    End Sub

    ''' <summary>ユーザーの発言をランダム辞書(リスト)に追加する</summary>
    ''' <remarks>VBchanクラスから呼ばれる</remarks>
    ''' <param name="input">ユーザーの発言</param>
    Public Sub Study(input As String)  '―――――――――――――――――――――――――――― ❶
        ' 末尾の改行文字を取り除く
        Dim userInput As String = input.Replace("¥n", "")  '―――――――――――― ❷
        ' ユーザーの発言がランダム辞書(リスト)に存在しない場合は
        ' 末尾の要素として追加する
        If (Random.Contains(userInput) = False) Then '――――――――――――――― ❸
            Random.Add(userInput)
        End If
    End Sub

    ''' <summary>ランダム辞書(リスト)をランダム辞書ファイルに書き込む</summary>
    ''' <remarks>VBchanクラスから呼ばれる</remarks>
    Public Sub Save() '――――――――――――――――――――――――――――――――――――――― ❹
        ' Fileクラスを使用するのでImports System.IOの記述が必要
        ' WriteAllLines()でランダム辞書(リスト)のすべての要素をファイルに書き込む
        ' 書き込み完了後、ファイルは自動的に閉じられる
        WriteAllLines( '―――――――――――――――――――――――――――――――――――――――― ❺
            "dics¥random.txt", ' ランダム辞書ファイルを書き込み先に指定
            Random,            ' ランダム辞書の中身を書き込む
            Text.Encoding.UTF8 ' 文字コードをUTF-8に指定
            )
    End Sub
End Class
```

●ソースコードの解説

❶がStudy()メソッド、❹がSave()メソッドです。

❶Public Sub Study(input As String)

Study()は「学習するメソッド」で、今回の改良のポイントになるメソッドですが、その中身はいたってシンプルです。パラメーターのinputには、ユーザーの発言が渡されます。

❷Dim userInput As String = input.Replace("¥n", "")

重複チェックの前に、ユーザーの発言の末尾に改行文字が付いている場合は、これを取り除きます。

❸If (Random.Contains(userInput) = False) Then

Ifステートメントで、ユーザーの発言がランダム辞書（リスト）に存在するかチェックします。List(Of T)クラスのContains()は、引数に指定した文字列（String）がリストに存在する場合はTrueを返し、それ以外はFalseを返すので、Falseの場合は

```
Random.Add(userInput)
```

を実行して、ランダム辞書（リスト）の末尾要素としてユーザーの発言を追加します。

❹Public Sub Save()

Save()は「記憶するメソッド」です。ランダム辞書ファイルを開いてランダム辞書（リスト）の中身を書き込む処理のみを行います。

❺WriteAllLines("dics¥random.txt", Random, Text.Encoding.UTF8)

FileクラスのWriteAllLines()メソッドで、ランダム辞書（リスト）の中身をすべてランダム辞書ファイルに書き込み（上書き）します。このメソッドは、配列またはリストのすべての要素を書き込む処理を行います。処理完了後に開いたファイルを自動的に閉じるので、ファイルが開きっぱなしになることはありません。

第3引数に指定した

```
Text.Encoding.UTF8
```

は、文字コードのエンコーディング方式をUTF-8にするためのものです。辞書ファイルのエンコード方式はすべてUTF-8ですので、文字化けが起こらないよう、念のために指定しています。

VBちゃんの本体クラス(VBchan)の改造

VBちゃんの本体クラス「VBchan」は、次のように変更になります。

▼VBchanクラス(VBchan.vb)

```
''' <summary>
''' VBちゃんの本体クラス
''' </summary>
Public Class VBchan
    ''' <summary>オブジェクト名を保持するフィールド</summary>
    Private _name As String

    ''' <summary>VBDictionaryオブジェクトを保持するフィールド</summary>
    Private _dictionary As VBDictionary

    ''' <summary>VBchanEmotionオブジェクトを保持するフィールド</summary>
    Private _emotion As VBchanEmotion

    ''' <summary>RandomResponderオブジェクトを保持するフィールド</summary>
    Private _res_random As RandomResponder

    ''' <summary>RepeatResponderオブジェクトを保持するフィールド</summary>
    Private _res_repeat As RepeatResponder

    ''' <summary>PatternResponderオブジェクトを保持するフィールド</summary>
    Private _res_pattern As PatternResponder

    ''' <summary>Responder型のフィールド</summary>
    Private _responder As Responder

    ' _nameの読み取り専用プロパティ
    Public ReadOnly Property Name As String
        Get
            Return _name
        End Get
    End Property

    ' _emotionの読み取り専用プロパティ
    Public ReadOnly Property Emotion As VBchanEmotion
        Get
            Return _emotion
```

```
        End Get
    End Property

    ''' <summary>
    ''' VBchanクラスのコンストラクター
    ''' 必要なクラスのオブジェクトを生成してフィールドに格納する
    ''' </summary>
    ''' <param name="name">プログラムの名前</param>
    Public Sub New(name As String)
        ' オブジェクト名をフィールドに格納
        _name = name
        ' VBDictionaryのインスタンスをフィールドに格納
        _dictionary = New VBDictionary()
        ' VBchanEmotionのインスタンスをフィールドに格納
        _emotion = New VBchanEmotion(_dictionary)
        ' RepeatResponderのインスタンスをフィールドに格納
        _res_repeat = New RepeatResponder("Repeat", _dictionary)
        ' RandomResponderのインスタンスをフィールドに格納
        _res_random = New RandomResponder("Random", _dictionary)
        ' PatternResponderのインスタンスをフィールドに格納
        _res_pattern = New PatternResponder("Pattern", _dictionary)
    End Sub

    ''' <summary>
    ''' 応答に使用するResponderサブクラスをチョイスして応答フレーズを作成する
    ''' </summary>
    ''' <param name="input">ユーザーの発言</param>
    '''
    ''' <returns>Responderサブクラスによって作成された応答フレーズ</returns>
    Public Function Dialogue(input As String) As String
        ' ユーザーの発言をパターン辞書にマッチさせ、
        ' マッチした場合は機嫌値の更新を試みる
        _emotion.Update(input)
        ' Randomのインスタンス化
        Dim rnd As New Random()
        ' 0～9の範囲の値をランダムに生成
        Dim num As Integer = rnd.Next(0, 10)

        If num < 6 Then
            ' 0～5ならPatternResponderをチョイス
            _responder = _res_pattern
        ElseIf num < 9 Then
```

```
            ' 6～8ならRandomResponderをチョイス
            _responder = _res_random
        Else
            ' どの条件も成立しない場合はRepeatResponderをチョイス
            _responder = _res_repeat
        End If

        ' ユーザーの発言を記憶する前にResponse()メソッドを実行して応答フレーズを生成
        Dim resp As String = _responder.Response(input,          ' ユーザーの発言
                                                  Emotion.Mood) ' 現在の機嫌値 ―― ❶

        ' VBDictionaryのStudy()を実行してユーザーの発言をランダム辞書(List)に追加する
        _dictionary.Study(input)   ' ――――――――――――――――――――――――――― ❷

        ' 応答メッセージをReturnする
        Return resp  ' ――――――――――――――――――――――――――――――――― ❸
    End Function

    ''' <summary>
    ''' ResponderクラスのNameプロパティを参照して
    ''' 応答に使用されたサブクラス名を返す
    ''' </summary>
    ''' <remarks>
    ''' Form1クラスのPrompt()メソッドから呼ばれる
    ''' Prompt()はVBちゃんのプロンプト文字を作るメソッド
    ''' </remarks>
    Public Function GetName() As String
        Return _responder.Name
    End Function

    ''' <summary>VBDictionaryクラスのSave()を呼び出すための中継メソッド</summary>
    ''' <remarks>Form1クラスのForm1_FormClosed()から呼ばれる</remarks>
    Public Sub Save()  ' ――――――――――――――――――――――――――――――― ❹
        _dictionary.Save()
    End Sub
End Class
```

●ソースコードの解説

ユーザーの発言のランダム辞書（リスト）への追加は、ユーザーからの入力があるたびに行います。そこで、応答メッセージを生成するDialogue()メソッドの内部でStudy()メソッドを呼び出すことにしましょう。そうすれば、入力のたびに学習が行われることになります。

❶Dim resp As String = _responder.Response(input, Emotion.Mood)

学習メソッドを呼び出すタイミングが重要です。応答フレーズを生成する前に学習してしまうと、ユーザーが入力したばかりの発言をいきなり返してしまう可能性があります。それは避けたいので、先に応答メッセージを作ってから呼び出すようにしましょう。ここで作成した応答フレーズは❸のReturnステートメントで返します。

❷_dictionary.Study(input)

VBDictionaryクラスのオブジェクトを格納している_dictionaryから学習メソッドStudy()を呼び出します。引数のinputはユーザーの発言です。

❹Public Sub Save()

VBchanクラスのSave()メソッドの処理は、VBDictionaryクラスのSave()を呼び出すだけです。ランダム辞書ファイルへの書き込みは、プログラムを終了するタイミングで行いますが、これにはフォームが閉じるイベント「FormClosed」を利用したイベントハンドラーで処理することが必要です。イベントハンドラーは「Form1」クラスで定義しますので、このクラスからSave()を呼び出すときの中継役として、このSave()メソッドが存在します。

プログラム終了時の処理

辞書ファイルの更新処理は、フォームが閉じるタイミングで行います。まずは、フォームが閉じるタイミングで発生するFormClosedイベントのイベントハンドラーを作成しましょう。

▼イベントハンドラーForm1_FormClosed()の作成

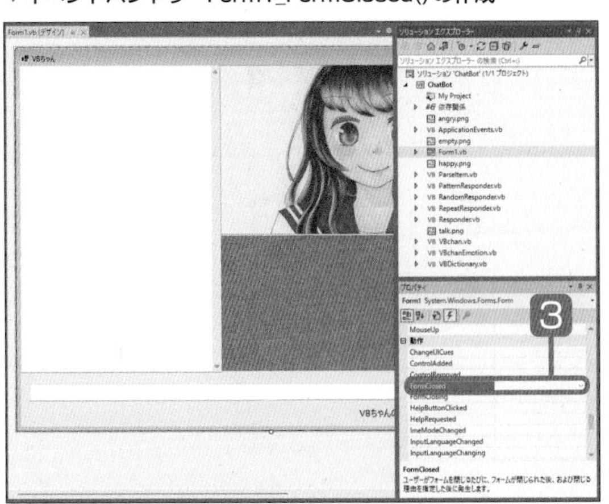

1 フォームデザイナーでフォームを選択します。

2 **プロパティ**ウィンドウで**イベント**ボタンをクリックします。

3 FormClosedをダブルクリックします。

Form1.vbがコードエディターで表示され、イベントハンドラーForm1_FormClosed()にカーソルが移動します。以下のコードを入力しましょう。

▼イベントハンドラーForm1_FormClosed()の実装 (Form1.vb)

```
' フォームが閉じられるときに実行されるイベントハンドラー
Private Sub Form1_FormClosed(sender As Object, e As FormClosedEventArgs
                             ) Handles MyBase.FormClosed
    ' メッセージとキャプション
    Const message As String = "記憶しちゃってもOK?"
    Const caption As String = "質問でーす"

    ' メッセージボックスで辞書ファイルを更新するか確認する
    Dim result = MessageBox.Show(
        message,                    ' メッセージ
        caption,                    ' キャプション
        MessageBoxButtons.YesNo,    ' [はい][いいえ]ボタンを表示
        MessageBoxIcon.Question)    ' アイコンを設定

    ' [OK]ボタンがクリックされたら辞書ファイルを更新する
    If (result = DialogResult.Yes) Then
        ' VBchanクラスのSave()を経由してVBDictionaryクラスの
        ' Save()を実行し、辞書の内容を辞書ファイルに書き込む
        _chan.Save()
    End If
End Sub
```

起動中のVBちゃんの×（閉じる）ボタンをクリックするとFormClosedイベントが発生し、イベントハンドラーForm1_FormClosed()が呼ばれますので、このタイミングでランダム辞書ファイルを更新するかどうかを確認するメッセージボックスを表示します。**はい**ボタンがクリックされたかどうかを

```
If (result = DialogResult.Yes) Then
```

で判定し、クリックされたのであれば、

```
_chan.Save()
```

でVBchanオブジェクト_chanからSave()メソッドを実行します。このメソッドは、VBDictionaryクラスのSave()を呼び出すための中継メソッドなので、最終的にVBictionary.Save()によってランダム辞書ファイルの更新が行われます。

▼VBちゃん終了時に表示されるメッセージボックス

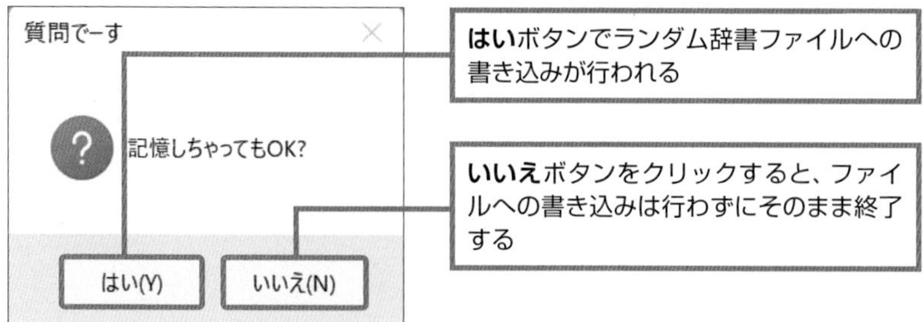

▼[はい]ボタンがクリックされてからランダム辞書ファイルへの書き込みが行われるまでの流れ

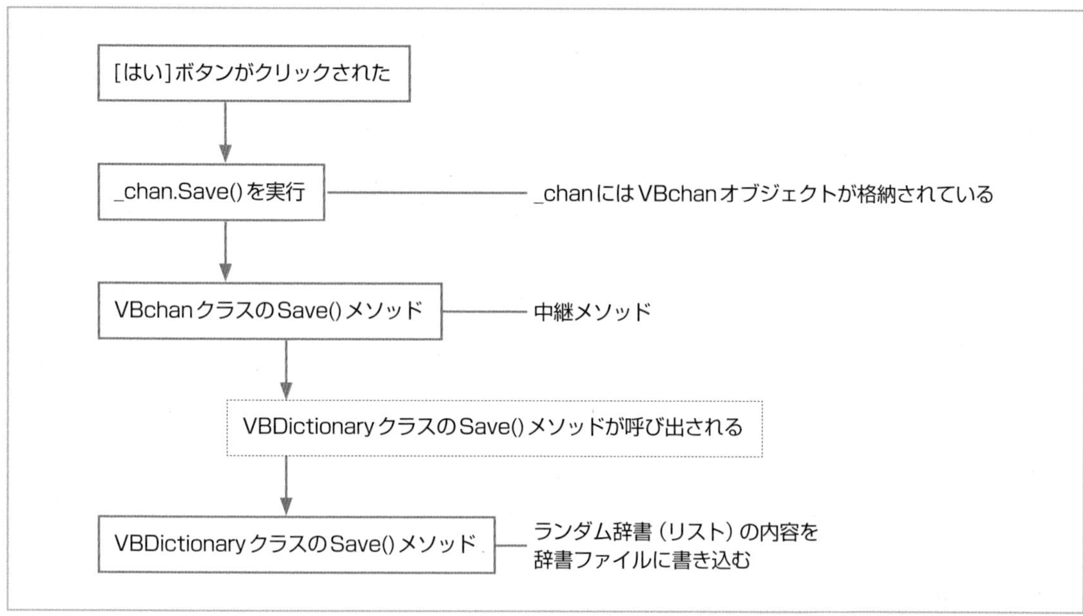

プログラムの実行

修正は以上になります。さっそくVBちゃんを実行して辞書ファイルの更新処理を確認してみましょう。

▼VBちゃんを起動しておしゃべりする

▼終了時に[はい]ボタンをクリック

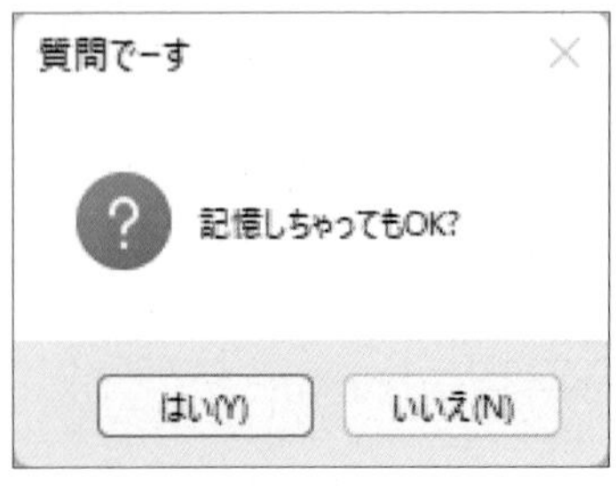

ソリューションエクスプローラーの**すべてのファイルを表示**をクリックし、「bin」➡「Debug」以下の「dics」を展開し、「random.txt」をダブルクリックして開いてみましょう。

▼ランダム辞書ファイル「random.txt」を開く

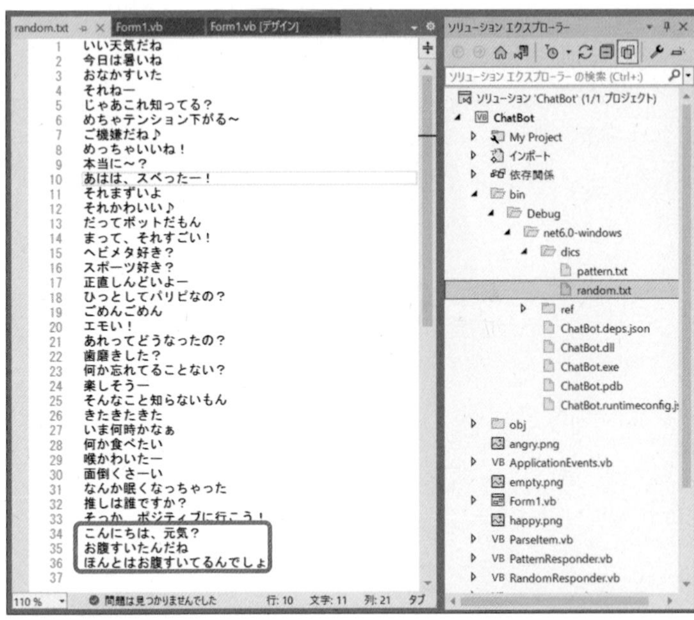

発言した内容がファイルの末尾に追加されていることが確認できます。会話するたびにこちらの発言を学習してくれるので、VBちゃんの応答フレーズのバリエーションが増えそうですね。

Section

6. 3

「形態素解析」を実装してユーザーの発言を理解する

Level ★★★ | Keyword | 形態素解析　形態素　MeCab　パッケージマネージャー

学習／記憶メソッドを実装したことで、VBちゃんはユーザーの発言を覚えるようになりました。ですが、言われたことを丸ごと覚えるので、応答のときも丸ごと返すしかありません。RandomResponderの応答としてはこれでよいのですが、発言の中に未知の単語があったらそれを覚えてもらい、覚えた単語を応答メッセージに組み込むことができたなら、もっと楽しい会話ができそうです。

形態素解析で文章を品詞に分解する

形態素とは文章を構成する要素で、意味を持つことができる最小単位のことです。形態素は「単語」だと考えてもよいのですが、名詞をはじめ、動詞や形容詞などの「品詞」として捉えることもできます。例えば「わたしはプログラムの女の子です」という文章は、次のような形態素に分解できます。

わたし	➡ 名詞,代名詞,一般,
は	➡ 助詞,係助詞,
プログラム	➡ 名詞,サ変接続,
の	➡ 助詞,連体化,
女の子	➡ 名詞,一般,
です	➡ 助動詞,

文章を形態素に分解し、品詞を決定することを**形態素解析**と呼びます。形態素にまで分解できれば、名詞をキーワードとして抜き出すなど、文章の分析の幅が広がります。「飛行機でパリまでひとっ飛び」とユーザーが発言したときに「飛行機」と「パリ」という単語を記憶しておけば、これらの単語をパターン文字にして「パリには飛行機で行くものだ」という応答メッセージを作り、新しいデータとしてパターン辞書に記録することができます。また、既存のパターン辞書に「飛行機」や「パリ」というパターン文字列がすでに存在していれば、これに対応する応答メッセージを返すことができるので、会話のバリエーションが増えそうです。

6.3.1 形態素解析モジュール「MeCab」の導入

日本語の文章を形態素解析するにあたり、単語の「**わかち書き**」の問題があります。「わかち書き」とは、文章を単語ごとに区切って書くことを指します。英語の文章は単語ごとにスペースで区切られているので、最初から「わかち書き」されている、つまりすでに形態素に分解された状態になっています。これに対して日本語の文章は、すべての単語が連続しています。見た目からは形態素の区切りを判断することは不可能なので、プログラムによる形態素解析は非常に困難です。これをクリアするには膨大な数の単語を登録した辞書を用意し、それを参照しながら文法に基づいて文章を分解していく、というかなり複雑な処理が必要になります。

幸いなことに、フリーで公開されている形態素解析プログラムがいくつもあって、中でも有名なのが「**MeCab**（和布蕪）」というライブラリです。Visual Studioからインストールできるので、これを利用することにしましょう。

プロジェクトに「MeCab」をインストールしよう

Visual Studioのプロジェクトに外部ライブラリをインストールするには、「NuGet」のパッケージマネージャーを使います。インストールはいたって簡単で、以下の手順で「MeCab」をインストールすることができます。コンソールアプリケーションのプロジェクト「UseMecab」を作成して、次のように操作しましょう。

1. **ツール**メニューの**NuGetパッケージマネージャー➡ソリューションのNuGetパッケージの管理**を選択します。

2. **参照**をクリックし、検索欄に「Mecab」と入力して**Enter**キーを押します。

3. **MeCab.DotNet**を選択し、**プロジェクト**と**プロジェクト名**のチェックボックスにチェックを入れて**インストール**ボタンをクリックします。

▼「NuGet」のパッケージマネージャーを起動

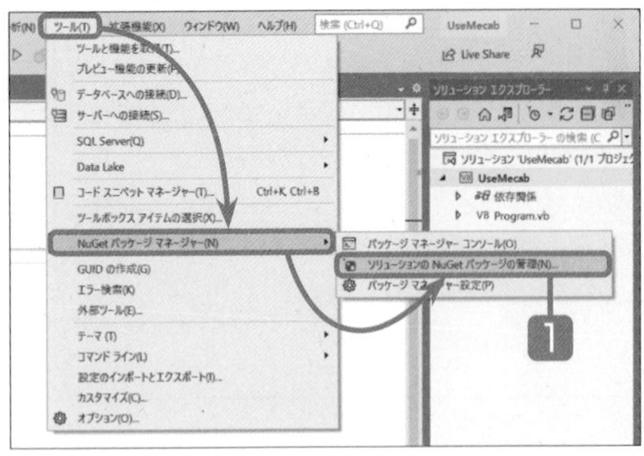

▼「NuGet」のパッケージマネージャー

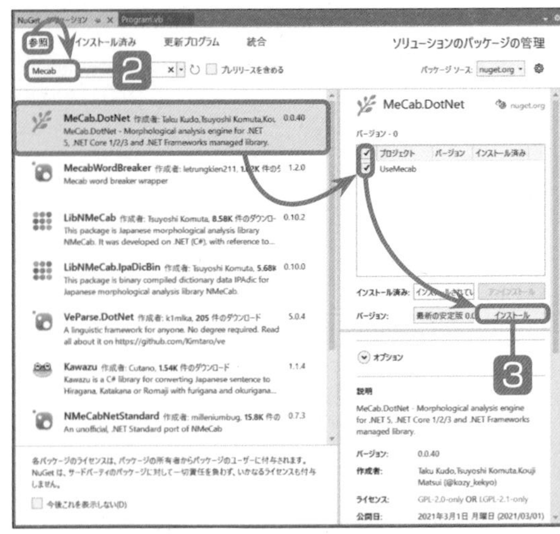

▼インストールの実行

4 OKボタンをクリックしてインストールします。

「MeCab」で形態素解析

では、インストールしたMeCabを使って形態素解析をしてみましょう。「Program.vb」に以下のように記述して実行してみます。

▼コンソールに入力された日本語の文章を形態素解析にかける (Program.vb)

```
Imports System
Imports MeCab ' MeCabライブラリを読み込む ──── ❶

Module Program
    Sub Main(args As String())
        ' MeCabTaggerをインスタンス化
        Dim tagger = MeCabTagger.Create() ' ──── ❷

        ' プロンプト記号を表示して入力文字列を取得する
        Console.Write(">>")
        Dim input = Console.ReadLine()

        ' MeCabTagger.ParseToNodes()で形態素解析を実行し、
        ' MecabNodeのコレクションに対して処理を繰り返す
        For Each node In tagger.ParseToNodes(input) ' ──── ❸
            ' CharTypeが0は形態素ではないので省く
            If node.CharType > 0 Then ' ──── ❹
                Console.WriteLine(
                    node.Surface + " " + node.Feature)
            End If
```

```
            Next
        End Sub
End Module
```

▼実行結果

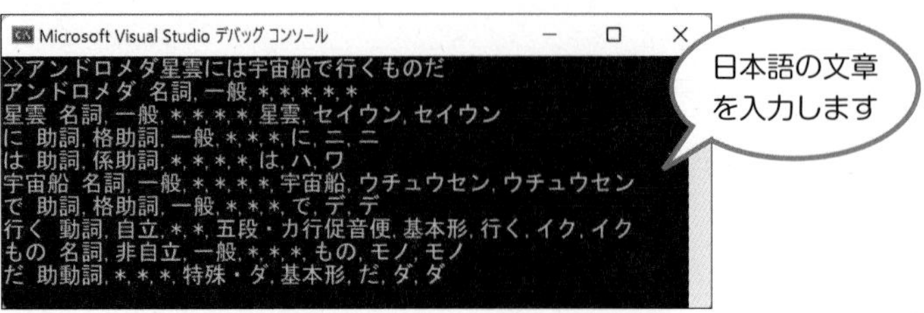

形態素解析は次の２つの手順で行います。

- MeCabTaggerクラスのオブジェクトをCreate()メソッドで生成する。
- MeCabTaggerのオブジェクトからParseToNodes()メソッドを実行する。

❶のImports文でMeCabを使えるようにします。
❷でMeCabTaggerクラスのオブジェクトをCreate()メソッドで生成します。
❸でMeCabTagger.ParseToNodes()メソッドの引数に解析対象の文字列を渡し、形態素解析の結果を取得します。

解析結果はMecabNodeのコレクションとして返されるので、Forループで個々のMecabNodeオブジェクトのSurfaceプロパティで形態素（文字列）を取り出し、Featureプロパティで品詞情報を取り出します。

ここでは「アンドロメダ星雲には宇宙船で行くものだ」という文章を入力しました。形態素解析にかけた結果、次のような情報を格納したMecabNodeオブジェクトのコレクションが返ってきます。

▼MecabNodeオブジェクトのコレクション

インデックス	内容
[0]	{[Surface:BOS] [Feature:BOS/EOS,*,*,*,*,*,*,*,*] [BPos:0][EPos:0][RCAttr:0][LCAttr:0][PosId:0][CharType:0][Stat:2] [IsBest:True][Alpha:0][Beta:0][Prob:0][Cost:0]}
[1]	{[Surface:アンドロメダ] [Feature:名詞,一般,*,*,*,*,*] [BPos:0][EPos:0][RCAttr:1285][LCAttr:1285][PosId:38] [CharType:7][Stat:1][IsBest:True][Alpha:0][Beta:0][Prob:0][Cost:9178]}
[2]	{[Surface:星雲] [Feature:名詞,一般,*,*,*,*,星雲,セイウン,セイウン] [BPos:6][EPos:8][RCAttr:1285][LCAttr:1285][PosId:38] [CharType:2][Stat:0][IsBest:True][Alpha:0][Beta:0][Prob:0][Cost:14853]}

[3]	{[Surface:に] [Feature:助詞,格助詞,一般,*,*,*,に,ニ,ニ] [BPos:0][EPos:0][RCAttr:151][LCAttr:151][PosId:13] [CharType:6][Stat:0][IsBest:True][Alpha:0][Beta:0][Prob:0][Cost:14700]}
[4]	{[Surface:は] [Feature:助詞,係助詞,*,*,*,*,は,ハ,ワ] [BPos:0][EPos:0][RCAttr:261][LCAttr:261][PosId:16] [CharType:6][Stat:0][IsBest:True][Alpha:0][Beta:0][Prob:0][Cost:14922]}
[5]	{[Surface:宇宙船] [Feature:名詞,一般,*,*,*,*,宇宙船,ウチュウセン,ウチュウセン] [BPos:10][EPos:13][RCAttr:1285][LCAttr:1285][PosId:38] [CharType:2][Stat:0][IsBest:True][Alpha:0][Beta:0][Prob:0][Cost:20581]}
[6]	{[Surface:で] [Feature:助詞,格助詞,一般,*,*,*,で,デ,デ] [BPos:0][EPos:0][RCAttr:149][LCAttr:149][PosId:13] [CharType:6][Stat:0][IsBest:True][Alpha:0][Beta:0][Prob:0][Cost:21282]}
[7]	{[Surface:行く] [Feature:動詞,自立,*,*,五段・カ行促音便,基本形,行く,イク,イク] [BPos:0][EPos:0][RCAttr:696][LCAttr:696][PosId:31] [CharType:2][Stat:0][IsBest:True][Alpha:0][Beta:0][Prob:0][Cost:23540]}
[8]	{[Surface:もの] [Feature:名詞,非自立,一般,*,*,*,もの,モノ,モノ] [BPos:0][EPos:0][RCAttr:1310][LCAttr:1310][PosId:63] [CharType:6][Stat:0][IsBest:True][Alpha:0][Beta:0][Prob:0][Cost:22310]}
[9]	{[Surface:だ] [Feature:助動詞,*,*,*,特殊・ダ,基本形,だ,ダ,ダ] [BPos:18][EPos:19][RCAttr:453][LCAttr:453][PosId:25] [CharType:6][Stat:0][IsBest:True][Alpha:0][Beta:0][Prob:0][Cost:22709]}
[10]	{[Surface:EOS] [Feature:BOS/EOS,*,*,*,*,*,*,*,*] [BPos:0][EPos:0][RCAttr:0][LCAttr:0][PosId:0] [CharType:0][Stat:3][IsBest:True][Alpha:0][Beta:0][Prob:0][Cost:21354]}

MecabNodeオブジェクトの中身はDictionaryになっていて、それぞれキーに対応する値が格納されています。Surfaceキーが形態素で、Featureキーが品詞情報です。これをSurfaceプロパティとFeatureプロパティで取得できます。

インデックスの0と最後の10には、解析とは関係のない情報が格納されていますが、これらはCharTypeの値が0に設定されているので、❹の

```
If node.CharType > 0 Then
```

で除外すれば、node.Surfaceとnode.Featureで解析結果のみを取り出せます。

6 解析機能を備えたチャットボットプログラムの開発

6.3.2 キーワードで覚える

ここからはVBちゃんのプログラムを改造していくことにします。前セクションで作成したプロジェクト「Chatbot-emotion」を任意の場所にコピーして開発を進めることにしましょう。

「キーワード学習」を実現するために必要な機能

MeCabライブラリを導入したことで形態素解析ができるようになったので、それを活かした学習方法を考えてみたいと思います。形態素解析では、わかち書きと同時に品詞の情報もわかるので、これを利用しましょう。ユーザーの発言から名詞だけをキーワードとして抜き出して、パターン辞書のリスト（VBDictionaryクラスのPatternプロパティ）のパターン文字列として登録するのです。

本セクションの冒頭でもお話ししましたが、「飛行機でパリまでひとっ飛び」という入力があったとき、これに含まれる名詞「飛行機」と「パリ」を別々のパターン文字列として学習し、「飛行機でパリまでひとっ飛び」をそれぞれの応答メッセージとしてパターン辞書1行ぶんのデータを作成します。次回以降の起動時に、ユーザーの発言の中に「飛行機」または「パリ」が含まれていれば、「飛行機でパリまでひとっ飛び」と応答できるようになります。

また、前項のプログラムで入力した「アンドロメダ星雲には宇宙船で行くものだ」の場合、「アンドロメダ」と「星雲」、「宇宙船」を別々のパターン文字列として学習し、「アンドロメダ星雲には宇宙船で行くものだ」をそれぞれの応答メッセージとします。ユーザーの発言に「アンドロメダ」または「星雲」、「宇宙船」のどれかが含まれていれば、「アンドロメダ星雲には宇宙船で行くものだ」と応答できるようになります。

このような「キーワード学習」を実現する上で、形態素解析に関して次の機能が必要になります。

- 形態素解析の結果の文字列から形態素と品詞情報を取り出し、利用しやすいデータ構造として組み立てる。
- 得られた品詞情報から、その単語をキーワード（パターン文字列）とみなすかどうかを判定する。

これらは形態素解析に関連する機能なので、MeCabライブラリを使う専用のソースファイルを用意し、Analyzerクラスとして実装することにしましょう。

形態素解析を行うAnalyzerクラスを定義しよう

「Analyzer.vb」を作成し、Analyzerクラスに形態素解析の処理をまとめることにします。事前に前項を参照して、プロジェクトに「MeCab」ライブラリをインストールしておいてください。

MeCabのインストールが済んだら、プロジェクトに新規のソースファイル「Analyzer.vb」を追加して、次のように入力しましょう。

▼Analyzerクラスの定義（Analyzer.vb）

```
Imports System.Text.RegularExpressions ' Regexクラスで必要
Imports MeCab  ' MeCabを使用できるようにする

''' <summary>
''' 形態素解析を実行し、品詞情報を調べるクラス
''' </summary>
Public Class Analyzer
    ''' <summary>形態素解析を実行する共有メソッド</summary>
    ''' <param name="input">ユーザーの発言</param>
    ''' <returns>
    ''' 形態素解析の結果{形態素, 品詞情報}の配列を格納したリスト
    ''' </returns>
    Public Shared Function Analyze(input As String) As List(Of String()) ' ―― ❶
        ' MeCabTaggerオブジェクトを生成
        Dim tagger = MeCabTagger.Create() ' ―― ❷
        ' String型配列を要素にするリストを生成
        Dim result = New List(Of String()) ' ―― ❸

        ' 形態素解析を実行し、形態素オブジェクトをnodeに取り出す
        For Each node In tagger.ParseToNodes(input) ' ―― ❹
            ' CharTypeが0は形態素ではないので省く
            If (node.CharType > 0) Then ' ―― ❺
                ' String型の配列要素として形態素と品詞情報を格納
                Dim surface_feature = New String() { ' ―― ❻
                    node.Surface,  ' 第1要素は形態素
                    node.Feature   ' 第2要素は品詞情報
                    }

                ' {形態素, 品詞情報}の配列をリストresultに追加
                result.Add(surface_feature) ' ―― ❼
            End If
        Next
        ' {{形態素, 品詞情報}, {形態素, 品詞情報}, ...}の形状のリストを返す
        Return result
    End Function

    ''' <summary>品詞が名詞であるかを調べる静的メソッド</summary>
    ''' <param name="part">形態素の品詞情報</param>
    ''' <returns>
    ''' 品詞情報をパターンマッチさせた結果を格納したMatchオブジェクト
    ''' </returns>
```

```
    Public Shared Function KeywordCheck(part As String) As Match '———— ❽
        ' 正規表現のパターンを作る
        Dim rgx = New Regex("名詞,(一般|固有名詞|サ変接続|形容動詞語幹)")
        ' 正規表現のパターンを形態素の品詞情報にパターンマッチさせる
        Dim m As Match = rgx.Match(part)
        Return m
    End Function
End Class
```

●ソースコードの解説

新設のAnalyzerクラスの内容を見ていきましょう。

❶Public Shared Function Analyze(input As String) As List(Of String())

ユーザーの発言を形態素解析にかけるメソッドです。結果を返すだけの処理なので共有メソッドにしました。パラメーターinputにはユーザーの発言が丸ごと渡されます。

❷Dim tagger = MeCabTagger.Create()

MeCabTaggerオブジェクトを生成します。

❸Dim result = New List(Of String())

解析結果は{形態素, 品詞情報}の配列として形態素の数だけ作成されます。作成されたString型の配列を格納するためのリストです。

❹For Each node In tagger.ParseToNodes(input)

❷で生成したMeCabTaggerオブジェクトからParseToNodes()メソッドを実行し、戻り値のMecabNodeオブジェクトのコレクションからオブジェクトを1個ずつ取り出します。ParseToNodes()メソッドの引数はユーザーの発言です。

❺If (node.CharType > 0) Then

For Eachによる繰り返し処理では、MecabNode.CharTypeプロパティが0以外のMecabNodeオブジェクトに対して処理を行います。

❻Dim surface_feature = New String() {node.Surface, node.Feature}

❼result.Add(surface_feature)

ParseToNodes()メソッドはMecabNodeオブジェクトのコレクションを返してきますので、それぞれのMecabNodeオブジェクトから形態素の文字列と品詞情報を取り出し、この2つの値のペアをString型の配列に格納します(❻)。❼では❸で作成したリストに配列を格納します。

例えば、解析する文章が「わたしはプログラムの女の子です」の場合、For Eachのループが完了すると、リストresultの中身は次のようになります。

▼「わたしはプログラムの女の子です」をAnalyze()メソッドで処理後の戻り値

```
{ {"わたし", "名詞,代名詞,一般,"},
  {"は", "助詞,係助詞,"}
  {"プログラム", "名詞,サ変接続,"}
  {"の", "助詞,連体化,"}
  {"女の子", "名詞,一般,"}
  {"です", "助動詞,"} }
```

形態素と品詞情報のペアの配列が、形態素の数だけ格納されたリストです。呼び出し側では、解析したい文章を引数にして「Analyze("わたしはプログラムの女の子です")」のように呼び出せば、形態素解析の結果が配列を格納したリストとして返ってきます。

❽Public Shared Function KeywordCheck(part As String) As Match

このメソッドは、品詞情報をパラメーターpartで受け取り、それがキーワードとみなせるか判断します。Analyze()メソッドの解析結果から品詞情報の部分を取り出し、これを引数にして呼び出されることを想定しています。ここでの「キーワード」は名詞のことを指しますが、名詞であってもキーワードとしてはふさわしくないものも多く含まれるので、

```
Dim rgx = New Regex("名詞,(一般|固有名詞|サ変接続|形容動詞語幹)")
```

のように正規表現のパターンを作成して、

```
Dim m As Match = rgx.Match(part)
```

においてパラメーターpartで取得した品詞情報にパターンマッチさせます。この場合、品詞情報が名詞、かつ一般、固有名詞、サ変接続、形容動詞語幹のいずれかにマッチします。先の例ですと、

```
{"プログラム", "名詞,サ変接続,"}
{"女の子", "名詞,一般,"}
```

の2つの形態素がマッチすることになります。戻り値は、このとき取得したMatchオブジェクトです。

VBちゃんの本体クラスを改造する

新設のAnalyzerクラスのAnalyze()メソッドは、ユーザーの発言を丸ごと形態素解析にかけます。このメソッドを実行するタイミングは、ユーザーが発言するときに使う**話す**ボタンがクリックされたときです。ボタンクリック時に呼ばれるイベントハンドラーからはVBchanクラスのDialogue()メソッドが呼び出されるので、このメソッドの内部でAnalyzer()を実行するようにしましょう。

▼VBchanクラス（VBchan.vb）

```
''' <summary>
''' VBちゃんの本体クラス
''' </summary>
Public Class VBchan
    ''' <summary>オブジェクト名を保持するフィールド</summary>
    Private _name As String

    ''' <summary>VBDictionaryオブジェクトを保持するフィールド</summary>
    Private _dictionary As VBDictionary

    ''' <summary>VBchanEmotionオブジェクトを保持するフィールド</summary>
    Private _emotion As VBchanEmotion

    ''' <summary>RandomResponderオブジェクトを保持するフィールド</summary>
    Private _res_random As RandomResponder

    ''' <summary>RepeatResponderオブジェクトを保持するフィールド</summary>
    Private _res_repeat As RepeatResponder

    ''' <summary>PatternResponderオブジェクトを保持するフィールド</summary>
    Private _res_pattern As PatternResponder

    ''' <summary>Responder型のフィールド</summary>
    Private _responder As Responder

    ' _nameの読み取り専用プロパティ
    Public ReadOnly Property Name As String
        Get
            Return _name
        End Get
    End Property

    ' _emotionの読み取り専用プロパティ
```

```
Public ReadOnly Property Emotion As VBchanEmotion
    Get
        Return _emotion
    End Get
End Property

''' <summary>
''' VBchanクラスのコンストラクター
''' 必要なクラスのオブジェクトを生成してフィールドに格納する
''' </summary>
''' <param name="name">プログラムの名前</param>
Public Sub New(name As String)
    ' オブジェクト名をフィールドに格納
    _name = name
    ' VBDictionaryのインスタンスをフィールドに格納
    _dictionary = New VBDictionary()
    ' VBchanEmotionのインスタンスをフィールドに格納
    _emotion = New VBchanEmotion(_dictionary)
    ' RepeatResponderのインスタンスをフィールドに格納
    _res_repeat = New RepeatResponder("Repeat", _dictionary)
    ' RandomResponderのインスタンスをフィールドに格納
    _res_random = New RandomResponder("Random", _dictionary)
    ' PatternResponderのインスタンスをフィールドに格納
    _res_pattern = New PatternResponder("Pattern", _dictionary)
End Sub

''' <summary>
''' 応答に使用するResponderサブクラスをチョイスして応答フレーズを作成する
''' </summary>
''' <param name="input">ユーザーの発言</param>
'''
''' <returns>Responderサブクラスによって作成された応答フレーズ</returns>
Public Function Dialogue(input As String) As String
    ' ユーザーの発言をパターン辞書にマッチさせ、
    ' マッチした場合は機嫌値の更新を試みる
    _emotion.Update(input)

    ' ユーザーの発言を形態素解析にかけて
    ' {形態素, 品詞情報}の配列を格納したリストを取得
    Dim parts As List(Of String()) = Analyzer.Analyze(input) ' ――――― ❶

    ' Randomのインスタンス化
```

6

解析機能を備えたチャットボットプログラムの開発

```
        Dim rnd As New Random()
        ' 0～9の範囲の値をランダムに生成
        Dim num As Integer = rnd.Next(0, 10)

        If num < 6 Then
            ' 0～5ならPatternResponderをチョイス
        _responder = _res_pattern
        ElseIf num < 9 Then
            ' 6～8ならRandomResponderをチョイス
            _responder = _res_random
        Else
            ' どの条件も成立しない場合はRepeatResponderをチョイス
            _responder = _res_repeat
        End If

        ' ユーザーの発言を記憶する前にResponse()メソッドを実行して応答フレーズを生成
        Dim resp As String = _responder.Response(input,        ' ユーザーの発言
                                        Emotion.Mood) ' 現在の機嫌値

        ' ユーザーの発言と形態素解析の結果を引数にしてVBDictionaryのStudy()を実行する
        _dictionary.Study(input, parts) ' ─────────────────── ❷

        ' 応答メッセージをReturnする
        Return resp
    End Function

    ''' <summary>
    ''' ResponderクラスのNameプロパティを参照して
    ''' 応答に使用されたサブクラス名を返す
    ''' </summary>
    ''' <remarks>
    ''' Form1クラスのPrompt()メソッドから呼ばれる
    ''' Prompt()はVBちゃんのプロンプト文字を作るメソッド
    ''' </remarks>
    Public Function GetName() As String
        Return _responder.Name
    End Function

    ''' <summary>VBDictionaryクラスのSave()を呼び出すための中継メソッド</summary>
    ''' <remarks>Form1クラスのForm1_FormClosed()から呼ばれる</remarks>
    Public Sub Save()
        _dictionary.Save()
```

```
    End Sub
End Class
```

●ソースコードの解説

❶Dim parts As List(Of String()) = Analyzer.Analyze(input)

話すボタンのイベントハンドラーから呼ばれるDialogue()メソッドの2番目の処理として Analyzer.Analyze()メソッドを実行します。共有メソッドなので、クラス名で呼び出すことができます。ユーザーの発言を引数にして実行すると形態素解析が行われ、

{{"形態素", "品詞情報"}, {"形態素", "品詞情報"}, {"形態素", "品詞情報"}, ...}

のように形態素と品詞情報のペアの配列を格納したリストが返ってきますので、List(Of String()) 型の変数partsに格納します。

❷_dictionary.Study(input, parts)

フィールド_dictionaryには、VBDictionaryクラスのオブジェクトが格納されていますので、このオブジェクトを利用してStudy()メソッドを呼び出します。これまで、Study()メソッドのパラメーターはユーザーの発言を取得するinputのみでしたが、新たに形態素解析の結果もパラメーターで受け取るように改造します。これに伴い、Study()を呼び出す際に第2引数としてpartsを設定しています。

VBDictionaryクラスを改造する

VBちゃんの本体クラスのDialogue()メソッドでは、新たに設定された形態素解析の結果を引数にして、VBDictionaryクラスのStudy()が呼び出されます。これに伴い、VBDictionaryクラスにはパターン辞書の学習機能が追加され、パターン辞書ファイルへの保存処理が行われるようになりました。

▼VBDictionaryクラス（VBDictionary.vb）

```
Imports System.IO.File ' Fileクラスを利用するために必要

''' <summary>
''' ランダム辞書とパターン辞書を用意
''' </summary>
Public Class VBDictionary
    ''' <summary>ランダム辞書の読み取り専用プロパティ</summary>
    Public ReadOnly Property Random As New List(Of String)

    ''' <summary>
```

6

解析機能を備えたチャットボットプログラムの開発

```
''' パターン辞書の各行のデータを格納したParseItemオブジェクトを保持する
''' リスト型のプロパティ
''' </summary>
Public ReadOnly Property Pattern As New List(Of ParseItem)

''' <summary>
''' コンストラクター
''' ランダム辞書（リスト）、パターン辞書（リスト）を作成するメソッドを実行する
''' </summary>
Public Sub New()
    ' ランダム辞書（リスト）を用意する
    MakeRndomList()
    ' パターン辞書（リスト）を用意する
    MakePatternList()
End Sub

''' <summary>
''' ランダム辞書（リスト）を作成する
''' </summary>
Private Sub MakeRndomList()
    ' ランダム辞書ファイルをオープンし、各行を要素として配列に格納
    Dim r_lines() As String = ReadAllLines(
        "dics¥random.txt", Text.Encoding.UTF8)

    ' ランダム辞書ファイルの各1行を応答用に加工してリストRandomに追加する
    For Each line In r_lines
        ' 末尾の改行文字を取り除く
        Dim str = line.Replace(vbLf, "")
        ' 空文字でなければリストに追加
        If line <> "" Then
            Random.Add(str)
        End If
    Next
End Sub

''' <summary>
''' パターン辞書（リスト）を作成する
''' </summary>
Private Sub MakePatternList()
    ' パターン辞書ファイルをオープンし、各行を要素として配列に格納
    Dim p_lines() As String = ReadAllLines(
        "dics¥pattern.txt", Text.Encoding.UTF8)
```

```
    ' 応答用に加工したパターン辞書の各1行を保持するリスト
    Dim new_lines = New List(Of String)
    ' ランダム辞書の各1行を応答用に加工してリストに追加する
    For Each line In p_lines
        ' 末尾の改行文字を取り除く
        Dim str = line.Replace(vbLf, "")
        ' 空文字でなければリストに追加
        If line <> "" Then
            new_lines.Add(str)
        End If
    Next

    ' パターン辞書の各行をタブで切り分ける
    ' ParseItemオブジェクトを生成してリストPatternに追加
    '
    ' vb_prs(0)  パターン辞書1行のパターン文字列
    '            (機嫌変動値が存在する場合はこれも含む)
    ' vb_prs(1)  パターン辞書1行の応答メッセージ
    For Each line In new_lines
        Dim vb_prs() As String = line.Split(vbTab)
        Pattern.Add(
            New ParseItem(vb_prs(0), vb_prs(1))
        )
    Next
End Sub

''' <summary>
''' ユーザーの発言をStudyRandom()とStudyPttern()で学習させる
''' </summary>
''' <remarks>VBchanクラスから呼ばれる</remarks>
'''
''' <param name="input">ユーザーの発言</param>
''' <param name="parts">
''' ユーザーの発言を形態素解析した結果
''' {{形態素, 品詞情報}, {形態素, 品詞情報}, ...}の形状のリスト
''' </param>
Public Sub Study(input As String, parts As List(Of String()))  ' ――――――― ❶
    ' 末尾の改行文字を取り除く
    Dim userInput As String = input.Replace(vbLf, "")
    ' ユーザーの発言を引数にしてStudyRandom()を実行
    StudyRandom(userInput) ' ――――――――――――――――――――――― ❷
```

6
解析機能を備えたチャットボットプログラムの開発

```
        ' ユーザーの発言と形態素解析結果を引数にしてStudyPttern()を実行
        StudyPttern(userInput, parts) '―――――――――――――――――――――――――――― ❸
    End Sub

    ''' <summary>
    ''' ユーザーの発言をランダム辞書(リスト)に追加する
    ''' </summary>
    ''' <remarks>Study()から呼ばれる内部メソッド</remarks>
    ''' <param name="userInput">ユーザーの発言</param>
    Public Sub StudyRandom(userInput As String) '――――――――――――――――――――― ❹
        ' ユーザーの発言がランダム辞書(リスト)に存在しない場合は
        ' Randomプロパティの末尾の要素として追加する
        If (Random.Contains(userInput) = False) Then
            Random.Add(userInput)
        End If
    End Sub

    /// <summary>
    /// ユーザーの発言をパターン学習し、パターン辞書(リスト)に追加する
    /// </summary>
    /// <remarks>Study()から呼ばれる内部メソッド</remarks>
    ///
    /// <param name="userInput">
    /// ユーザーの発言
    /// </param>
    /// <param name="parts">
    /// 形態素と品詞を格納したString配列のリスト
    /// {{形態素, 品詞情報}, {形態素, 品詞情報}, ...}の形状のリスト
    /// </param>
    Public Sub StudyPttern(userInput As String, parts As List(Of String())) '― ❺
        ' 形態素と品詞を格納したString配列のリストから
        ' 配列{形態素, 品詞情報}を抽出して処理を繰り返す
        For Each morpheme In parts '――――――――――――――――――――――――――――― ❻
            ' Analyzer.KeywordCheck()を実行して、形態素の品詞情報morpheme(1)が
            ' "名詞,(一般|固有名詞|サ変接続|形容動詞語幹)"にマッチングするか調べる
            If Analyzer.KeywordCheck(morpheme(1)).Success Then '――――――――― ❼
                ' ユーザーの発言から抽出した形態素にマッチした
                ' ParseItemオブジェクトを格納する変数
                Dim depend As ParseItem = Nothing  ' Nothingで初期化する ――――― ❽

                ' ユーザーの発言をパターン辞書(リスト)の
                ' パターン文字列に対してマッチングを繰り返す
```

```
            For Each item As ParseItem In Pattern ' ――――――――――――――――――――― ❾
                '  ParseItem.Match()はParseItemオブジェクトから抽出した
                '  パターン文字列をユーザーの発言にパターンマッチさせる
                If String.IsNullOrEmpty(item.Match(userInput)) <> True Then ' ―― ❿
                    ' マッチした場合はブロックパラメーターitemの
                    ' ParseItemオブジェクトをdependに格納
                    depend = item ' ――――――――――――――――――――――――――――――――――――― ⓫
                    ' マッチしたらこれ以上のマッチングは行わない
                    Exit For
                End If
            Next

            ' パターン辞書への追加処理
            If Not depend Is Nothing Then ' ―――――――――――――――――――――――――――― ⓬
                ' ユーザーの発言から抽出した形態素が既存の
                ' パターン文字列にマッチした場合、
                ' 対応する応答フレーズの末尾にユーザーの発言を追加する
                depend.AddPhrase(userInput) ' ―――――――――――――――――――――――――― ⓭
            Else
                ' パターン辞書のパターン文字列に存在しない場合はパターン辞書1行の
                ' データ(ParseItemオブジェクト)を生成してPatternプロパティに追加する
                ' ParseItem()の第1引数: morpheme(0)
                '     morphemeの第1要素はユーザー発言の形態素なのでパターン文字列に設定
                ' ParseItem()の第2引数: userInput
                '     ユーザーの発言を応答フレーズにする
                Pattern.Add(New ParseItem(morpheme(0), userInput)) ' ―――――― ⓮
            End If
        End If
    Next
End Sub


''' <summary>
''' ランダム辞書(リスト)をランダム辞書ファイルに書き込む
''' パターン辞書(リスト)をパターン辞書ファイルに書き込む
''' </summary>
''' <remarks>VBchanクラスから呼ばれれる</remarks>
Public Sub Save()
    ' WriteAllLines()でランダム辞書(リスト)のすべての要素をファイルに書き込む
    ' 書き込み完了後、ファイルは自動的に閉じられる
    WriteAllLines(
        "dics¥random.txt", ' ランダム辞書ファイルを書き込み先に指定
```

6

解析機能を備えたチャットボットプログラムの開発

```
            Random,              ' ランダム辞書の中身を書き込む
            Text.Encoding.UTF8 ' 文字コードをUTF-8に指定
            )

        ' 現在のパターン辞書Patternから作成したパターン辞書1行のデータを
        ' 格納するためのリストを生成
        Dim patternLine = New List(Of String) ' ──────────── ⑮

        ' パターン辞書Patternに格納されているParseItemオブジェクトの処理を繰り返す
        For Each item As ParseItem In Pattern ' ──────────── ⑯
            ' ParseItemクラスのMakeLine()メソッドでパターン辞書1行の
            ' データを作成し、patternLineに追加する
            patternLine.Add(item.MakeLine()) ' ──────────── ⑰
        Next

        ' パターン辞書(リスト)から生成したすべての行データをファイルに書き込む
        WriteAllLines(
            "dics¥pattern.txt",     ' パターン辞書ファイルを書き込み先に指定
            patternLine,            ' 作成されたすべての行データを書き込む
            Text.Encoding.UTF8      ' 文字コードをUTF-8に指定
            ) ' ──────────────────────────── ⑱
    End Sub
End Class
```

●Study()、StudyRandom()、StudyPttern()の解説

大きく変更されたのは、学習メソッドがStudy()をベースとし、学習する内容によってStudyRandom()とStudyPttern()に振り分けられるようになったことです。

❶Public Sub Study(input As String, parts As List(Of String()))

Study()メソッドの具体的な変更点は2つです。1つ目の変更は、形態素解析の結果を受け取るためのパラメーターpartsの追加です。

▼「雨かもね」と入力があったときのパラメーターinputとparts

input	ユーザーの発言が格納される　【例】"雨かもね"
parts	形態素解析の結果(String型配列のリスト)が格納される 【例】{ {"雨", "名詞,一般,"}, {"かも", "助詞,副助詞,"}, {"ね", "助詞,終助詞,"} }

❷StudyRandom(userInput)

❸StudyPttern(userInput, parts)

Study()メソッドの変更点の2つ目は、以前ここに書かれていたランダム辞書(リスト)への応答フレーズ(メッセージ)の追加処理を❹のStudyRandom()メソッドに移動したことです。一方、形態

素解析の結果をもとにしてパターン辞書の学習を行う処理をStudyPttern()にまとめましたので、Study()のパラメーターinput（実際には改行文字を削除したuserInput）とpartsを引数にしてStudyPttern()を実行するようにしています。

❹Public Sub StudyRandom(userInput As String)

新設された学習メソッドです。ユーザーの発言がランダム辞書（リスト）に存在しない場合は、リストの末尾に追加する処理を行います。以前のStudy()メソッドで行っていた処理をそのまま引き継いでいます。

❺Public Sub StudyPttern(userInput As String, parts As List(Of String()))

新設されたもう1つのメソッドで、パターン辞書の学習を担当します。2個のパラメーターがあり、第1パラメーターはユーザーの発言を取得するためのuserInput、第2パラメーターはユーザーの発言を形態素解析した結果を取得するためのpartsです。この2つの情報をもとに、パターン辞書に学習させるのがStudyPttern()メソッドの役目です。

❻For Each morpheme In parts

List(Of String())型のpartsには、

```
{{"形態素", "品詞情報"}, {"形態素", "品詞情報"}, {"形態素", "品詞情報"}, ...}
```

のように、形態素と品詞情報をペアにした配列が格納されていますので、これを1個ずつ取り出して❼以下の処理に進みます。

❼If Analyzer.KeywordCheck(morpheme(1)).Success Then

Analyzer.KeywordCheck()を実行して、形態素の品詞情報morpheme(1)が「"名詞,(一般|固有名詞|サ変接続|形容動詞語幹)"にマッチングするか調べます。For Eachのブロックパラメーターmorphemeは{"形態素", "品詞情報"}の配列なので、インデックス1を指定して品詞情報を取り出し、

```
Analyzer.KeywordCheck(morpheme(1))
```

のように引数に設定し、さらに

```
Analyzer.KeywordCheck(morpheme(1)).Success
```

として、KeywordCheck()の結果、形態素の品詞情報がマッチしたかどうかを調べます。KeywordCheck()の戻り値はパターンマッチの結果を格納したMatchオブジェクトなので、Successプロパティを参照すればTrue（マッチした）、False（マッチしない）の結果がわかります。マッチ（True）した場合はIfステートメントの処理が行われるという仕掛けです。

▼AnalyzerクラスのKeywordCheck() メソッド

```
Public Shared Function KeywordCheck(part As String) As Match
    ' 正規表現のパターンを作る
    Dim rgx = New Regex("名詞,(一般|固有名詞|サ変接続|形容動詞語幹)")
    ' 正規表現のパターンを形態素の品詞情報にパターンマッチさせる
    Dim m As Match = rgx.Match(part)
    Return m
End Function
```

❾For Each item As ParseItem In Pattern

ネストされたFor Eachでは、パターン辞書Patternに格納されているすべてのParseItemオブジェクトに対して処理を繰り返します。パターン辞書を保持するPatternプロパティは、パターン辞書ファイル1行ぶんのデータを保持するParseItemオブジェクトのリストです。ここでパターン辞書（リスト）のもとになるパターン辞書ファイルについて確認しておきましょう。

▼パターン辞書ファイルのフォーマット

> 1行のデータは、
>
> `こん(ちは|にちは)$[Tab]こんにちは|やほー|ハーイ|どうもー|またあなた?`
>
> のように、1つまたは複数のパターン文字列に対して複数の応答フレーズを設定できるようになっています。パターン文字列の冒頭には、機嫌値を変更するための「機嫌変動値##」が付いていることがあります。同じように、個々の応答フレーズの冒頭には「必要機嫌値##」が付いていることがあります。

ここでやりたいことは、次の2点です。

- Analyzer.KeywordCheck()による形態素解析の結果、キーワードとして判定された名詞をパターン辞書のパターン文字列として登録し、ユーザーの発言を応答フレーズとして登録し、パターン辞書ファイル1行のデータを作成する。
- キーワードとして判定された名詞が既存のパターン辞書のパターン文字列に存在すれば、対応する応答フレーズの末尾にユーザーの発言を追加する。

「雨かもね」という発言があれば、次のように"雨"をパターン文字列に、"雨かもね"を応答フレーズにします。パターン文字列の冒頭に機嫌変動値「0##」が付けられていますが、機嫌変動値を判断すべき材料がないので、デフォルト値の0としてパターン辞書の行データを作っているためです。見た目は変わりますが、辞書としての機能には変化はありません。

パターン辞書1行のデータ

「雨かもね」という発言があった

⬇

0##雨[Tab]0##雨かもね ⬅パターン辞書1行ぶんのデータを作る

単純な処理ではありますが、このまま新たな1行として追加すると、そのキーワードがすでに存在するパターンと重複する可能性が出てきます。応答フレーズを作るとき、パターンマッチは先頭行から行われるので、ユーザーの発言にそのキーワードが含まれていたとしても、マッチするのはそのキーワードをパターン文字列とする既存の行データになり、せっかくの学習が活かされません。

これでは学習する意味がないので、KeywordCheck()によってキーワードとして判定されたものと、既存のパターン文字列との重複チェックを行いましょう。重複していたら既存の行データの応答フレーズの1つとしてユーザーの発言を追加し、重複していないときに限り、キーワード認定のパターン文字列とユーザーの発言を応答フレーズにしたParseItemオブジェクトを生成し、パターン辞書(リスト)の末尾に追加するのです。これらの処理は、⑩以下で行われます。

⑩ If String.IsNullOrEmpty(item.Match(userInput)) <> True Then

ParseItem.Match()メソッドは、ParseItemオブジェクトから抽出したパターン文字列をユーザーの発言にパターンマッチさせ、マッチした場合は対象の文字列を返し、マッチしない場合は空の文字列を返します。

▼ParseItemクラスのMatch()メソッド

```
Public Function Match(str As String) As String
    ' マッチした正規表現のパターングループをRegexオブジェクトに変換する
    Dim rgx As Regex = New Regex(Pattern)
    ' パターン文字列がユーザーの発言にマッチングするか試みる
    Dim mtc As Match = rgx.Match(str)
    ' Matchオブジェクトの値を返す
    Return mtc.Value
End Function
```

Match()メソッドの戻り値の判定をIfの条件にして、戻り値が空文字ではない、つまりマッチングした場合に、⑪において

```
depend = item
```

のように、⑧で作成したParseItem型の変数dependに、マッチングした文字列が格納されたParseItemオブジェクトを格納します。マッチングさせるのはパターン文字列1個で十分ですので、このあと即座にExit ForでFor Eachのループを抜けます。

⑫ If Not depend Is Nothing Then

ネストされたFor Eachを抜ける、あるいは Patternプロパティに格納されているすべてのParseItemオブジェクトに対する重複チェックの処理が完了すると、⑪の処理によって変数dependはParseItemが格納されている、もしくは格納されていないNothingの状態になっています。そこで、Ifステートメントでdependが Nothingではない、すなわち現在の時点でキーワードとして認定されている文字列が既存のパターン文字列に存在する場合は、⑬の

```
depend.AddPhrase(userInput)
```

が実行されます。AddPhrase()はParseItemクラスに新設されるメソッドで、既存のパターン辞書の応答フレーズ末尾にユーザーの発言を追加する処理を行います。ここで、先に示した次のような処理が行われることになります。

・キーワードとして判定された名詞が既存のパターン辞書のパターン文字列に存在すれば、対応する応答フレーズの末尾にユーザーの発言を追加する。

⑭ Pattern.Add(New ParseItem(morpheme(0), userInput))

キーワードとして判定された名詞が既存のパターン辞書のパターン文字列に存在しなかった場合の処理です。冒頭（外側）のFor Eachのブロックパラメーターmorphemeの第1要素には、ユーザーの発言から抽出した形態素が格納されています。さらに、この形態素はこれまでの処理によって新たなパターン文字列として判定されたものですので、ユーザーの発言と共にコンストラクターParseItem()の引数にして、新規のParseItemオブジェクトを生成し、これを、パターン辞書を保持するPatternプロパティ（リスト）の末尾に追加します。

▼ユーザーの発言が"雨かもね"の場合に生成されるParseItemオブジェクトの中身

○形態素解析にかけて各形態素の品詞情報をKeywordCheck()で判定する

"雨" は"名詞,一般,"なのでキーワード認定

ParseItemオブジェクトを生成

・ParseItem のPatternプロパティ　⬅ "雨"を格納

・ParseItem のPhrasesプロパティ　⬅ { [need, 0], [phrase, "雨かもね"] }をリスト要素として格納

※Phrasesの型はList(Of Dictionary(Of String, String))

先に示した次の処理がここで行われることになります。

・Analyzer.KeywordCheck()による形態素解析の結果、キーワードとして判定された名詞をパターン辞書のパターン文字列として登録し、ユーザーの発言を応答フレーズとして登録し、パターン辞書ファイル1行のデータを作成する。

以上でStudyPttern()メソッドは、パターン辞書の学習を可能にしました。学習したことはパターン辞書Pattern（リスト型のプロパティ）が保持していますので、さっそく次の会話から反映されるようになります。残るは、学習したことを記憶するための辞書ファイルへの保存処理です。

●パターン辞書ファイルへの保存

Save()メソッドの新たに追加された⑮以降が、パターン辞書（リスト）をパターン辞書ファイルpattern.txtへ保存するための処理です。パターン辞書（リスト）には、新たに学習したパターン文字列と応答フレーズを含め、既存のデータも保持されていますので、これを丸ごとファイルの内容と書き換えます。

⑮Dim patternLine = New List(Of String)

学習後のパターン辞書（リスト）から生成された1行ぶんのデータを格納するためのリストです。

⑯For Each item As ParseItem In Pattern

For Eachの処理は、パターン辞書Pattern（リスト型のプロパティ）の要素であるParseItemオブジェクト1つひとつに対してMakeLine()メソッドを呼び出し、その戻り値をpatternLineに追加する、というものです。

⑰patternLine.Add(item.MakeLine())

リスト要素を追加するAdd()メソッドの引数に指定したのは、For EachのブロックパラメーターItem（ParseItemオブジェクトを格納）からのMakeLine()メソッドの実行です。MakeLine()はParseItemクラスに新設するメソッドで、パターン辞書1行の複雑なフォーマットを作るための処理を行います。item.MakeLine()が実行されると、パターン辞書1行のデータが生成され、戻り値として返ってきます。

▼item.MakeLine()を実行すると、このようなデータが返ってくる

```
こん(ちは|にちは)$[Tab]こんにちは|やほー|ハーイ|どうもー|またあなた?
```

これで、For Eachで取り出したParseItemオブジェクトからパターン辞書ファイル1行ぶんのデータができ上がります。これをAdd()メソッドで、パターン辞書1行のデータを保持するリストpatternLineに追加します。

以上の処理を、⑯のFor Eachでパターン辞書Pattern（リスト型のプロパティ）に格納されているすべてのParseItemオブジェクトについて繰り返し、最終的にパターン辞書ファイルに書き込むためのリストpatternLineを作り上げます。

▼リストpatternLineの最終的な中身

```
{ "こん(ちは|にちは)$            こんにちは|やほー|ハーイ|どうもー|またあなた?",
  "おはよう|おはよー|オハヨウ    おはよ!|まだ眠い…|さっき寝たばかりなんだー",
  "こんばん(は|わ)               こんばんわ|わんばんこ|いま何時?",
  "^(お|うい)っす$               ウエーイ",
  "^やあ[、。!]*$                やっほー",
  "バイバイ|ばいばい             ばいばい|バイバーイ|ごきげんよう",
  "^じゃあ?ね?$|またね           またねー|じゃあまたね|またお話ししに来てね♪",
   ......1行のデータが続く......
}
```

このようにして作成されたpatternLineを、パターン辞書ファイルへの書き込み用のデータにします。

⑱WriteAllLines("dics¥pattern.txt", patternLine, Text.Encoding.UTF8)

FileクラスのWriteAllLines()でパターン辞書ファイルが開かれ、ファイルの内容がリストpatternLineに格納されているパターン辞書の行データに書き換えられます。

VBDictionaryクラスの変更点は以上です。これで、パターン辞書（リスト）の学習と、パターン辞書ファイルへの保存ができるようになりました。次は、ParseItemクラスに新設するAddPhrase()とMakeLine()の定義です。

ParseItemクラスのAddPhrase()とMakeLine()

ParseItemクラスには、AddPhrase()とMakeLine()の2つのメソッドが新たに定義されます。

▼ParseItemクラスにAddPhrase()とMakeLine()を定義する（ParseItem.vb）

```
Imports System.Text ' StringBuilderを使用するために必要 ' ―――――――― ❶
Imports System.Text.RegularExpressions

''' <summary>
''' パターン辞書から抽出したパターン文字列、応答フレーズに関する処理を行う
''' </summary>
''' <remarks>
''' New(pattern As String, phrases As String):
'''         パターン辞書1行から抽出した応答フレーズを加工処理する
''' Match(str As String):
'''         パターン文字列をユーザーの発言にパターンマッチさせる
''' Choice(mood As Integer):
'''        応答フレーズ群からチョイスした応答フレーズをランダムに抽出して返す
''' </remarks>
Public Class ParseItem
    '''<remarks>
    '''パターン辞書1行のパターン文字列を参照/設定するプロパティ
    '''</remarks>
    Public Property Pattern As String

    ''' <summary>
    ''' パターン辞書1行から抽出した応答フレーズに対して作成した
    ''' Dictionary: {[need, 必要機嫌値]}{[phrase, 応答フレーズ]}
    ''' を応答フレーズの数だけ格納したリスト型のプロパティ
    ''' </summary>
```

```
''' <remarks>
''' リストの要素数はパターン辞書の1行の応答フレーズの数と同じ
''' リスト要素としてDictionaryオブジェクト2個(needキーとphraseキー)が格納される
''' </remarks>
Public Property Phrases As New List(Of Dictionary(Of String, String))

''' <summary>
''' 機嫌変動値を参照/設定するプロパティ
''' </summary>
Public Property Modify As Integer

''' <summary>
''' コンストラクター
''' パターン辞書の1行データをパターン文字列、機嫌変動値、
''' 必要機嫌値と応答フレーズ(複数あり)に分解し、
''' Pattern、Modify、Phrasesにそれぞれ格納する
''' </summary>
''' <remarks>
''' パターン辞書の行の数だけ呼ばれる
''' </remarks>
''' <param name="pattern">
''' パターン辞書1行から抽出した「機嫌変動値##パターン文字列」
''' </param>
''' <param name="phrases">
''' パターン辞書1行から抽出した応答フレーズ(複数あり)
''' </param>
Public Sub New(pattern As String, phrases As String)
    '「機嫌変動値##パターン文字列」を抽出するための正規表現
    Dim SEPARATOR As String = "^((-?¥d+)##)?(.*)$"

    '----- パターン文字列部分の処理 -----
    '
    '「機嫌変動値##マッチさせるパターンのグループ」にSEPARATORを
    ' パターンマッチさせ、機嫌変動値とパターングループに分解された
    ' MatchCollectionオブジェクトを取得する
    Dim m As MatchCollection = Regex.Matches(pattern, SEPARATOR)

    ' パターン辞書の1行データの構造上、マッチングするのは1回のみなので
    ' MatchCollectionオブジェクトには1個のMatchオブジェクトが格納されている
    ' そこでインデックス0を指定してMatchオブジェクトを抽出する
    Dim mach As Match = m(0)
```

```
        ' 機嫌変動値のプロパティの値を0にする
        Modify = 0

        ' 「機嫌変動値##パターン文字列」に完全一致した場合は、
        ' Matchオブジェクトに以下の文字グループがコレクションとして格納される
        ' インデックス0にマッチした文字列すべて
        ' インデックス1に"機嫌変動値##"
        ' インデックス2に"機嫌変動値"
        ' インデックス3にパターン文字列
        '
        ' インデックス2に"機嫌変動値"が格納されていればInteger型に変換して
        ' 機嫌変動値Modifyの値を更新する
        If String.IsNullOrEmpty(mach.Groups(2).Value) <> True Then
            Modify = CType(mach.Groups(2).Value, Integer)
        End If

        ' Matchオブジェクトのインデックス3のパターン文字列をPatternプロパティに代入
        Me.Pattern = mach.Groups(3).Value

        ' ----- 応答フレーズの処理 -----
        '
        ' パラメーターphrasesで取得した応答フレーズを"|"を境に分割して
        ' ブロックパラメーターphraseに順次、格納する
        ' phraseに対してSEPARATORをパターンマッチさせてDictionaryの
        ' {[need, 必要機嫌値]}と{[phrase, 応答フレーズ]}を
        ' リスト型プロパティPhrasesの要素として順次、格納する
        For Each phrase In phrases.Split("|")
            ' ハッシュテーブルDictionaryを用意
            Dim dic As New Dictionary(Of String, String)

            ' 応答メッセージグループの個々のメッセージに対してSEPARATORを
            ' パターンマッチさせ、必要機嫌値と応答フレーズに分解された
            ' MatchCollectionオブジェクトを戻り値として取得
            Dim m2 As MatchCollection = Regex.Matches(phrase, SEPARATOR)

            ' MatchCollectionから先頭要素のMatchオブジェクトを取り出す
            Dim mach2 As Match = m2(0)

            ' Dictionaryのキー"need"を設定してキーの値を0で初期化
            dic("need") = "0"

            ' 「必要機嫌値##応答フレーズ」に完全一致した場合は、
```

```
        ' Matchオブジェクトに以下の文字グループがコレクションとして格納される
        ' インデックス0にマッチした文字列すべて
        ' インデックス1に"必要機嫌値##"
        ' インデックス2に"必要機嫌値"
        ' インデックス3に応答フレーズ(単体)
        '
        ' mach2.Groups(2)に必要機嫌値が存在すれば"need"キーの値としてセット
        If String.IsNullOrEmpty(mach2.Groups(2).Value) <> True Then
            dic("need") = CType(mach2.Groups(2).Value, Integer)
        End If

        ' "phrase"キーの値としてmach.Groups(3)(応答フレーズ)を格納
        dic("phrase") = mach2.Groups(3).Value

        ' 作成したDictionary:{[need, 必要機嫌値]}と{[phrase, 応答フレーズ]}を
        ' Phrasesプロパティ(リスト)に追加
        Me.Phrases.Add(dic)
    Next
End Sub

''' <summary>
''' ユーザーの発言にPatternプロパティ(各行ごとの正規表現のパターングループ)を
''' パターンマッチさせる
''' </summary>
''' <param name="str">ユーザーの発言</param>
''' <returns>
''' マッチングした場合は対象の文字列を返す
''' マッチングしない場合は空文字が返される
''' </returns>
Public Function Match(str As String) As String
    ' マッチした正規表現のパターングループをRegexオブジェクトに変換する
    Dim rgx As Regex = New Regex(Pattern)
    ' パターン文字列がユーザーの発言にマッチングするか試みる
    Dim mtc As Match = rgx.Match(str)
    ' Matchオブジェクトの値を返す
    Return mtc.Value
End Function

''' <summary>
''' 応答フレーズ群からチョイスした応答フレーズをランダムに抽出して返す
''' </summary>
''' <param name="mood">現在の機嫌値</param>
```

```
''' <returns>
''' 応答フレーズのリストからランダムに1フレーズを抽出して返す
''' 必要機嫌値による条件をクリアしない場合はNothingが返される
''' </returns>
Public Function Choice(mood As Integer) As String
    ' 応答フレーズを保持するリスト
    Dim choices As New List(Of String)

    ' Phrasesに格納されているDictionaryオブジェクト
    ' {[need,必要機嫌値]}{[phrase, 応答フレーズ]}を
    ' ブロックパラメーターdicに取り出す
    For Each dic In Phrases
        ' Suitable()を呼び出し、結果がTrueであれば
        ' リストchoicesに"phrase"キーの応答フレーズを追加
        If Suitable(
            dic("need"),        ' "need"キーで必要機嫌値を取り出す
            mood                ' パラメーターmoodで取得した現在の機嫌値
            ) Then
            ' 結果がTrueであればリストchoicesに"phrase"キーの応答フレーズを追加
            choices.Add(dic("phrase"))
        End If
    Next

    ' choicesリストが空であればNothingを返す
    If choices.Count = 0 Then
        Return Nothing
    Else
        ' choicesリストが空でなければシステム起動後のミリ秒単位の経過時間を取得
        Dim seed As Integer = Environment.TickCount
        ' シード値を引数にしてRandomをインスタンス化
        Dim rnd As New Random(seed)
        ' リストchoicesに格納されている応答フレーズをランダムに抽出して返す
        Return choices(rnd.Next(0, choices.Count))
    End If
End Function

''' <summary>
''' 現在の機嫌値が応答フレーズの必要機嫌値を満たすかどうかを判定する
''' </summary>
''' <remarks>
''' 共有メソッド(インスタンスへのアクセスがないため)
''' </remarks>
```

```
''' <param name="need">必要機嫌値</param>
''' <param name="mood">現在の機嫌値</param>
''' <returns>
''' 現在の機嫌値が応答フレーズの必要機嫌値の条件を満たす場合は
''' True、満たさない場合はFalseを返す
''' </returns>
Public Shared Function Suitable(need As Integer, mood As Integer) As Boolean
    If need = 0 Then
        ' 必要機嫌値が0であればTrueを返す
        Return True
    ElseIf need > 0 Then
        ' 必要機嫌値がプラスの場合は、機嫌値が必要機嫌値を
        ' 超えていればTrue、そうでなければFalseを返す
        Return (mood > need)
    Else
        ' 必要機嫌値がマイナスの場合は、機嫌値が必要機嫌値を
        ' 下回っていればTrue、そうでなければFalseを返す
        Return (mood < need)
    End If
End Function

''' <summary>
''' キーワード認定されたユーザー発言をパターン辞書の応答フレーズに追加する
''' </summary>
''' <remarks>
''' このメソッドは、ユーザー発言からキーワード認定された単語が
''' 既存のパターン文字列に一致する場合に、対象のパターン文字列を格納した
''' ParseItemオブジェクトによって実行される
'''
''' 呼び出し元はVBDdictionaryのStudyPttern()
''' </remarks>
''' <param name="userInput">ユーザーの発言</param>
Public Sub AddPhrase(userInput As String) '―――――――――――――――――――― ❷
    ' リスト型のPhrasesプロパティには、パターン辞書1行の応答フレーズに対して作成した
    ' Dictionary: {[need, 必要機嫌値]}{[phrase, 応答フレーズ]}
    ' が応答フレーズの数だけ格納されているので、このDictionaryを1個ずつ抽出する
    For Each p In Phrases '―――――――――――――――――――――――――― ❸
        ' Dictionaryの"phrase"キーの値がユーザーの発言と同じかどうかを調べる
        ' 同じ場合はユーザー発言が応答フレーズに存在するので
        ' 追加を行わずにExit Subでメソッドの処理を終了する
        If p("phrase") = userInput Then '――――――――――――――――― ❹
            Exit Sub
```

6

解析機能を備えたチャットボットプログラムの開発

```
            End If
        Next
        ' 新規のDictionary:{{"need":"0"}, {"phrase": "ユーザーの発言"}}
        ' を作成して、既存の応答フレーズのリストに追加する
        Phrases.Add(
            New Dictionary(Of String, String) From {
                {"need", "0"},
                {"phrase", userInput}
            }) ' ――――――――――――――――――――――――――――――――――――――――― ❺
    End Sub

    ''' <summary>
    ''' パターン辞書ファイルのフォーマットに従って1行のデータを作る
    ''' </summary>
    ''' <remarks>
    ''' VBDictionaryのSave()から呼ばれる
    ''' </remarks>
    ''' <returns>パターン辞書ファイル用の1行データ</returns>
    Public Function MakeLine() As String ' ―――――――――――――――――――――――― ❻
        ' "機嫌変動値##パターン文字列"を作る
        Dim pattern As String = Convert.ToString(Modify) + "##" + Me.Pattern ' ―― ❼
        ' 1行データを格納するStringBuilder
        Dim responseList = New StringBuilder() ' ――――――――――――――――――――― ❽

        ' パターン辞書1行の応答フレーズ群から作成されたリストPhrasesから
        ' {{"need", "必要機嫌値"}, {"phrase", "応答フレーズ"}}
        ' を1個ずつ取り出して処理する
        For Each dic In Phrases ' ―――――――――――――――――――――――――――――――― ❾
            ' "|必要機嫌値##応答フレーズ"の文字列をStringBuilderに追加
            responseList.Append("|" & dic("need") & "##" & dic("phrase"))
        Next

        ' responseListの先頭の"|"は不要なので取り除く
        responseList.Remove(0, 1) ' ―――――――――――――――――――――――――――――― ❿

        ' パターン辞書の1行データ
        ' "機嫌変動値##パターン文字列[Tab]|必要機嫌値##応答フレーズ"
        ' を作成して返す
        ' responseListはStringBuilder型なのでString型に変換してから連結する
        Return pattern & vbTab & Convert.ToString(responseList) ' ―――――――― ⓫
    End Function
End Class
```

●ソースコードの解説

❶Imports System.Text ' StringBuilderを使用するために必要

文字列の連結処理を行う際にSystem.Text.StringBuilderクラスを使用するので、名前空間System.Textをインポートします。

❷Public Sub AddPhrase(userInput As String)

AddPhrase()メソッドは、ユーザー発言にキーワード認定された単語がある場合に呼ばれるメソッドで、ユーザーの発言を既存の応答フレーズに追加します。したがって、パラメーターは、ユーザーの発言を受け取るuserInputだけが設定されています。

❸For Each p In Phrases

❷のAddPhrase()メソッドはユーザー発言からキーワード認定された単語が既存のパターン文字列に一致する場合に、対象のパターン文字列を格納したParseItemオブジェクトによって実行されます。ParseItemはこのメソッドが定義されているクラスなので、Phrasesプロパティを参照すれば、応答フレーズの

```
{[need, 必要機嫌値], [phrase, 応答フレーズ]}
```

の形状をしたDictionaryを格納したリストが取得できます。For Eachでは、Dictionaryを1個ずつ取り出して以下の処理を行います。

❹If p("phrase") = userInput Then

応答フレーズの重複チェックです。"phrase"キーを使って、既存の応答フレーズに同じものがある場合は、新たに追加する必要がないため、Exit Subでメソッドの処理を終了します。この処理を行わないと、同じユーザー発言が重複して追加されてしまうので注意が必要です。

処理の例を見てみましょう。ユーザーの発言が"雨かもね"で、既存のパターン辞書に次の1行があったとします。

▼パターン辞書ファイルの1行データ

```
雨 [Tab] 雨降ってる|明日も雨かな
```

そうすると、AddPhrase()メソッドを実行しているParseItemオブジェクトのPhrasesプロパティの中身は、次のようになっているはずです。

▼ParseItemオブジェクトのPhrasesプロパティの中身

```
{ ["need", "0"], ["phrase", "雨降ってる"],
  ["need", "0"], ["phrase", "明日も雨かな"] }
```

If p("phrase") = userInput Thenとすれば、For Eachの反復処理によって応答フレーズの中にユーザーの発言があるかがわかります。この例の場合は、一致する応答フレーズがないので❺の処理に進みます。

❺ Phrases.Add(New Dictionary(Of String, String) From {
{ "need", "0" }, { "phrase", userInput } })

応答フレーズが重複していない場合は、"need"キーに必要機嫌値の0を設定し、"phrase"キーにユーザーの発言を設定したDictionaryを作成し、応答フレーズのリストであるPhrasesプロパティに追加します。

先の例の場合、Phrasesプロパティの中身は、次のようになります。

▼ParseItemオブジェクトのPhrasesプロパティの中身

```
{ ["need", "0"], ["phrase", "雨降ってる"],
  ["need", "0"], ["phrase", "明日も雨かな"],
  ["need", "0"], ["phrase", "雨かもね"] } ⇐リストに追加されたDictionary
```

❻ Public Function MakeLine() As String

MakeLine()は、VBDictionaryクラスのSave()メソッドがパターン辞書ファイルに書き込む際に呼ばれるメソッドです。呼び出し元のSave()メソッドでは、パターン辞書の1行のデータに相当するParseItemオブジェクトを1つずつ抽出し、このオブジェクトからMakeLine()メソッドを実行します。このメソッドでやるべきことは、パターン辞書1行ぶんのデータを作ることです。

▼VBDictionaryクラスのSave()メソッドのパターン辞書に関する部分

```
Public Sub Save()
    ' ランダム辞書の処理省略

    ' 現在のパターン辞書Patternから作成したパターン辞書1行のデータを
    ' 格納するためのリストを生成
    Dim patternLine = New List(Of String)
    ' パターン辞書Patternに格納されているParseItemオブジェクトの処理を繰り返す
    For Each item As ParseItem In Pattern
        ' ParseItemクラスのMakeLine()メソッドでパターン辞書1行の
        ' データを作成し、patternLineに追加する
        patternLine.Add(item.MakeLine()) ' ―――――――――― MakeLine()実行
    Next
    ' パターン辞書(リスト)から生成したすべての行データをファイルに書き込む
    WriteAllLines(
        "dics¥pattern.txt",  ' パターン辞書ファイルを書き込み先に指定
        patternLine,         ' 作成されたすべての行データを書き込む
        Text.Encoding.UTF8   ' 文字コードをUTF-8に指定
        )
End Sub
```

❼Dim pattern As String = Convert.ToString(Modify) + "##" + Me.Pattern

MakeLine()を実行しているParseItemオブジェクトにはパターン辞書1行ぶんのデータが格納されています。Modifyプロパティで機嫌変動値、同じくPatternプロパティでパターン文字列を参照できるので、辞書ファイルのフォーマットに従って1行ぶんのデータの前半部分（機嫌変動値##パターン文字列）を作成します。

▼作成例

```
0##雨
```

❽Dim responseList = New StringBuilder()

応答フレーズ（メッセージ）は複数存在することが多いので、文字列の追加処理に特化したStringBuilder型の変数responseList を用意します。

❾For Each dic In Phrases

ParseItemのPhrasesは、

```
{{"need", "必要機嫌値"}, {"phrase", "応答フレーズ"}}
```

を応答フレーズの数だけ格納したリストです。格納されているDictionaryを1個ずつ取り出し、

```
responseList.Append("|" & dic("need") & "##" & dic("phrase"))
```

で、

```
"|必要機嫌値##応答フレーズ"
```

のような1個の応答フレーズを作成し、StringBuilder型の変数responseListに追加します。For Eachの繰り返しが完了すると、

```
"|0##雨降ってる|0##明日も雨かな|0##雨かもね"
```

のような応答フレーズの部分ができ上がります。

❿responseList.Remove(0, 1)

現状でresponseListに格納されている応答フレーズは"|"で区切られていますが、先頭部分にも"|"が付いています。これは不要なので、StringBuilderクラスのRemove()メソッドで取り除きます。Remove()メソッドの第1引数には取り除きたい文字列の先頭位置を示すインデックス、第2引数には取り除く文字数を指定します。

⑪ **Return pattern & vbTab & Convert.ToString(responseList)**

patternとresponseListの間にタブ（vbTab）を入れて、パターン辞書1行ぶんのデータを作成し、呼び出し元に返します。「vbTab」は、タブ文字を表すVisual BasicのConstants.vbTabフィールドです。responseListには、複数の応答フレーズが1個の文字列として連結されたかたちで格納されているので、次のようなデータが作成されます。

▼作成例

```
"0##雨[Tab]0##雨降ってる|0##明日も雨かな|0##雨かもね"
```

6.3.3 形態素解析版VBちゃんと対話してみる

これまでの作業で、VBちゃんはパターン辞書の学習ができるようになりました。さっそく試してみましょう。

▼VBちゃん実行中

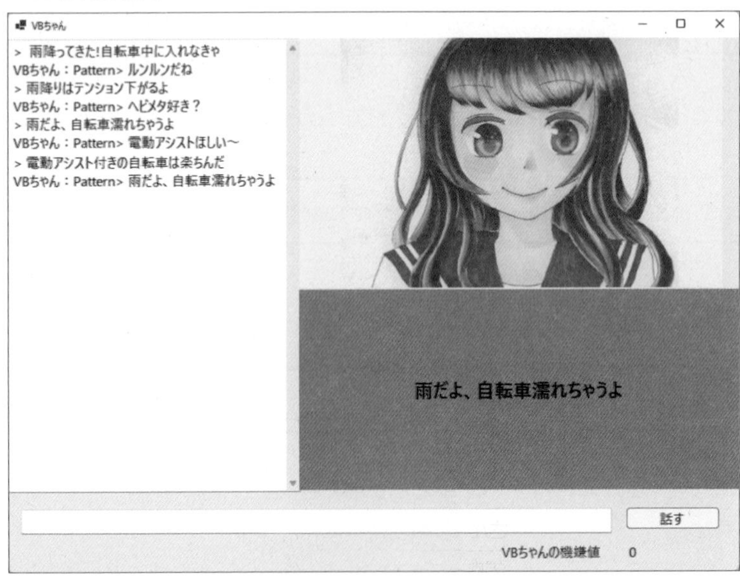

短い会話でしたが、「雨だよ、自転車濡れちゃうよ」という発言を応答フレーズとして学習し、「電動アシスト付きの自転車は楽ちんだ」という発言に対して、すぐに学習した応答フレーズを返してきているのがわかります。

ここでVBちゃんを終了し、パターン辞書ファイル「dics¥pattern.txt」を開いてみると、どんなふうに学習したかがわかります。

▼パターン辞書ファイルの中身

<table>
<tr><td>0##こん(ちは|にちは)$</td><td>0##こんにちは|0##やほー|0##ハーイ|0##どうもー|0##またあなた？</td></tr>
<tr><td>0##おはよう|おはよー|オハヨウ</td><td>0##おはよ！|0##まだ眠い…|0##さっき寝たばかりなんだー</td></tr>
<tr><td>0##こんばん(は|わ)</td><td>0##こんばんわ|0##わんばんこ|0##いま何時？</td></tr>
<tr><td>0##^(お|うい)っす$</td><td>0##ウエーイ</td></tr>
<tr><td>0##^やあ[、。！]*$</td><td>0##やっはー</td></tr>
<tr><td>0##バイバイ|ばいばい</td><td>0##ばいばい|0##バイバーイ|0##ごきげんよう</td></tr>
<tr><td>0##^じゃあ？ね？$|またね</td><td>0##またねー|0##じゃあまたね|0##またお話ししに来てね♪</td></tr>
<tr><td>0##^どれ[？?]$</td><td>0##アレだよ|0##いま手に持ってるものだよ|0##それだよー</td></tr>
<tr><td>0##^[し知]ら[なね]</td><td>0##やばいー|0##知らなきゃまずいじゃん|0##知らないの？</td></tr>
<tr><td>5##かわいい|可愛い|カワイイ|きれい|綺麗|キレイ</td><td>0##%match%って？ホントに!?|0##わーい</td></tr>
<tr><td>-5##ブス|ぶす</td><td>-10##まじ怒るから！|-5##ひどーい|-10##だれが%match%なの！</td></tr>
<tr><td>-2##おまえ|あんた|お前|てめー</td><td>-5##%match%じゃないよー|-5##%match%って誰のこと？|0##%match%なんて言われても…</td></tr>
<tr><td>-5##バカ|ばか|馬鹿</td><td>0##%match%じゃないもん！|0##%match%って言う人が%match%なの！|0##そんなふうに言わないで！</td></tr>
<tr><td>0##何時</td><td>0##眠くなった？|0##もう寝るの？|0##もうこんな時間？|0##もう寝なきゃ</td></tr>
<tr><td>0##甘い|あまい</td><td>0##おやつ買ってくる？|0##あんこも好きだよ|0##チョコもいいね</td></tr>
<tr><td>0##チョコ</td><td>0##ギミチョコ！|0##よこせチョコレート！|0##ビターは苦手|0##冷やすといいかもね|0##虫歯が気になる</td></tr>
<tr><td>0##パンケーキ</td><td>0##パンケーキいいよね！|0##しっとり感がたまらん！</td></tr>
<tr><td>0##グミ</td><td>0##すっぱーいのが好き！|0##たまに歯にはさまらない？</td></tr>
<tr><td>0##アイス</td><td>0##ハー○ンダッツしか勝たん|0##トッピングは？</td></tr>
<tr><td>0##おやつ</td><td>0##き○この山がいいな|0##やっぱ、○○○○の里でしょ|0##王道は雪見○○ふく</td></tr>
<tr><td>0##あんこ|アンコ</td><td>0##アンコなら○村屋のあんぱんね！|0##アンコ微妙...|0##こしあんが好き！</td></tr>
<tr><td>0##餃子|ぎょうざ|キョーザ</td><td>0##お腹すいたー！|0##ぎょうざ...|0##餃子のことを考えると夜も眠れません</td></tr>
<tr><td>0##ラーメン|らーめん</td><td>0##ラーメン大好きC#さん♪|0##自分でも作るよ|0##ボクはしょうゆ派かな</td></tr>
<tr><td>0##自転車|チャリ|ちゃり</td><td>0##ルンルンだね|0##雨降っても乗るんだ！|0##電動アシストほしい～|0##雨降ってきた！自転車中に入れなきゃ|0##雨だよ、自転車濡れちゃうよ|0##電動アシスト付きの自転車は楽ちんだ</td></tr>
<tr><td>0##春</td><td>0##お花見したいね～|0##いくらでも寝れるよ|0##ハイキング！</td></tr>
<tr><td>0##夏</td><td>0##海！海！海！|0##プール！ プール！！|0##野外フェス♪|0##花火しようよ！</td></tr>
<tr><td>0##秋</td><td>0##読書するぞー！|0##ブンガクの季節だ|0##温泉行きたい|0##サンマ焼こうよ！</td></tr>
<tr><td>0##冬</td><td>0##お鍋大好き！|0##かわいいコート欲しい！|0##スノボできる？|0##寒いからヤダ</td></tr>
<tr><td>0##雨降り</td><td>0##雨降りはテンション下がるよ</td></tr>
</table>

▼学習後の「pattern.txt」の中身

```
*pattern.txt - メモ帳
ファイル(F) 編集(E) 書式(O) 表示(V) ヘルプ(H)
0##こん(ちは|にちは)$	0##こんにちは|0##やほー|0##ハーイ|0##どうもー|0##またあなた？
0##おはよう|おはよー|オハヨウ	0##おはよ！|0##まだ眠い…|0##さっき寝たばかりなんだー
0##こんばん(は|わ)	0##こんばんわ|0##わんばんこ|0##いま何時？
0##^(お|うい)っす$	0##ウエーイ
0##^やあ[、。！]*$	0##やっほー
0##バイバイ|ばいばい	0##ばいばい|0##バイバーイ|0##ごきげんよう
0##^じゃあ?ね?$|またね	0##またねー|0##じゃあまたね|0##またお話ししに来てね♪
0##^どれ[？?]$	0##アレだよ|0##いま手に持ってるものだよ|0##それだよー
0##^[し知]ら[なね]	0##やばいー|0##知らなきゃまずいじゃん|0##知らないの？
5##かわいい|可愛い|カワイイ|きれい|綺麗|キレイ	0##%match%って?ホントに!?|0##わーい
-5##ブス|ぶす	-10##まじ怒るから！|-5##ひどーい|-10##だれが%match%なの！
-2##おまえ|あんた|お前|てめー	-5##%match%じゃないよー|-5##%match%って誰のこと？|0##%match%なんて言われても…
-5##バカ|ばか|馬鹿	0##%match%じゃないもん！|0##%match%って言う人が%match%なの！|0##そんなふうに言わないで！
0##何時	0##眠くなった？|0##もう寝るの？|0##もうこんな時間？|0##もう寝なきゃ
0##甘い|あまい	0##おやつ買ってくる？|0##あんこも好きだよ|0##チョコもいいね
0##チョコ	0##ギミチョコ！|0##よこせチョコレート！|0##ビターは苦手|0##冷やすといいかもね|0##虫歯が気になる
0##パンケーキ	0##パンケーキいいよね！|0##しっとり感がたまらん！
0##グミ	0##すっぱーいのが好き！|0##たまに歯にはさまらない？
0##アイス	0##ハー〇ンダッツしか勝たん|0##トッピングは？
0##おやつ	0##き〇この山がいいな|0##やっぱ、〇〇〇〇の里でしょ|0##王道は雪見〇〇ふく
0##あんこ|アンコ	0##アンコなら〇村屋のあんぱんね！|0##アンコ微妙...|0##こしあんが好き！
0##餃子|ぎょうざ|キョーザ	0##お腹すいたー！|0##ぎょうざ...|0##餃子のことを考えると夜も眠れません
0##ラーメン|らーめん	0##ラーメン大好きC#さん♪|0##自分でも作るよ|0##ボクはしょうゆ派かな
0##自転車|チャリ|ちゃり	0##ルンルンだね|0##雨降っても乗るんだ！|0##電動アシストほしい～|0##雨降ってきた!自転車中に入れなきゃ|0##雨だよ、自転車濡れちゃうよ|0##電動アシスト付きの自転車は楽ちんだ
0##春	0##お花見したいね～|0##いくらでも寝れるよ|0##ハイキング！
0##夏	0##海！海！海！|0##プール！ プール！！|0##野外フェス♪|0##花火しようよ！
0##秋	0##読書するぞー！|0##ブンガクの季節だ|0##温泉行きたい|0##サンマ焼こうよ！
0##冬	0##お鍋大好き！|0##かわいいコート欲しい！|0##スノボできる？|0##寒いからヤダ|
0##雨降り	0##雨降りはテンション下がるよ

行 28、列 51   100%   Windows (CRLF)   UTF-8 (BOM 付き)
```

新たにパターン辞書ファイルの更新を行うようになったので、これまで機嫌変動値や必要機嫌値が省略されていた箇所には、すべてデフォルト値の0が設定されています。これは、ParseItemが「機嫌変動値や必要機嫌値が省略されている場合は0として扱う」という仕様になっているためです。見た目はだいぶ変わりますが、パターン辞書としての機能には変化はありません。むしろきっちりとしたフォーマットになったといえるでしょう。

1つ目の赤枠を見てみると、既存の"自転車|チャリ|ちゃり"というパターン文字列に、新たに以下の応答フレーズが追加されたことが確認できます。

▼パターン文字列"自転車|チャリ|ちゃり"に追加された応答フレーズ

```
0##雨降ってきた！自転車中に入れなきゃ|0##雨だよ、自転車濡れちゃうよ|0##電動アシスト付きの自転車は楽ちんだ
```

これらの追加された応答フレーズはすべて、ユーザーの発言です。発言から抽出した"自転車"が含まれるパターン文字列を見付けて、これに対応する応答フレーズとしてユーザーの発言が追加されたことになります。

2つ目の赤枠は、"雨降り"をパターン文字列にした応答フレーズが新たに追加されていることを示しています。「雨降りはテンション下がるよ」という発言から「雨降り」というキーワードが抽出され、新規のパターン文字列として「0##雨降り」、応答フレーズとして「0##雨降りはテンション下がるよ」が追加されました。

なお、今回のユーザー発言はランダム辞書「random.txt」にも追加されています。

Section

6.4 テンプレートで覚える

Level ★★★ | Keyword | テンプレート学習　テンプレート辞書

ここでは、VBちゃんの会話能力を向上させる手段として「テンプレート学習」というものに取り組みます。文章の「ひな形」を用意し、臨機応変に文章を組み立てていきます。

テンプレート学習

今回は文章の中の名詞ではなく、それ以外の部分に着目します。名詞を除いた文章というのは、穴埋め式の文章問題のような感じです。これを文章のテンプレートとして穴埋め式に名詞をあてはめることで、新しい文章を作り出すことを考えてみます。例えば「わたしはプログラムの女の子です」をテンプレート化すると、

```
わたしは[ ] の[ ] です
```

となります。

ここに「国会議員」「秘書」という名詞をあてはめれば、

```
わたしは[国会議員] の[秘書] です
```

という文章ができ上がります。穴埋めに使う名詞が必要ですが、これは直前のユーザーの発言から抽出することにしましょう。上記のような応答が返されたとしたら、いったいどんなやり取りがなされていたのかは不明ですが、「国会議員」と「秘書」という2つの名詞を含んだ発言がユーザーから入力されていたことになります。

ランダム辞書やパターン辞書の学習では、ユーザーの発言をそのまま辞書に登録していました。これに対してテンプレート学習では、ユーザーの発言から名詞を抜いた部分を辞書に登録します。これには、テンプレートを名詞で穴埋めして応答を作り出す新しい仕組みも必要になります。

そこで今回のテンプレート学習では、新しい辞書クラスとResponderのサブクラスを用意することにします。

6.4.1 テンプレート学習用の辞書を作ろう

まずは、前のセクションの開発で使用したプロジェクト「ChatBot-emotion」を任意の場所にコピーしておきましょう。コピーしたプロジェクトを利用して本セクションでの開発を進めます。

▼プロジェクト「ChatBot-emotion」において編集するソースファイル一覧

●フォームのソースファイル
・Form1.vb
●VBちゃんの本体クラス
・VBchan.vb
●VBちゃんの感情モデル
・VBchanEmotion.vb
●辞書関連のクラス
・VBDictionary.vb
・ParseItem.vb
●応答フレーズを生成するクラス
Responder.vb
RandomResponder.vb
RepeatResponder.vb
PatternResponder.vb
TemplateResponder.vb（今回新たに作成）

テンプレート辞書の構造

まずは、テンプレート学習を行うための辞書（「テンプレート辞書」と呼ぶことにします）のデータ構造を決めます。

応答を作るときは、ユーザーの発言から抽出できた名詞の数によってどのテンプレートを使うのかが決まるので、テンプレートに埋め込まれた空欄の数で整理しておくと使いやすそうです。1つの発言に含まれる名詞の数は0〜3個、多くても4個か5個くらいでしょうから、テンプレートには空欄の数を表す数字を付けておくのがよいでしょう。

テンプレート自体も文字列ですが、名詞を埋め込む箇所には、次のように「%noun%」というマーク（文字列）を入れておきます。

▼テンプレートの名詞を入れる部分に%noun%を埋め込む

```
わたしは%noun%の%noun%です
```

抽出したキーワードで「%noun%」を置換すれば穴埋め処理ができます。テンプレート辞書の学習は、ユーザーの発言からキーワードの数を数え、その部分を%noun%で置き換えたテンプレートを登録するという処理になります。テンプレート辞書ファイルの1行は次のようになります。

▼テンプレート辞書ファイルの1行

```
"%noun%の数"[Tab]"テンプレート文字列"
```

恐らく%noun%の数が1か2のテンプレート文字列が多くなると思われますが、これをパターン辞書のように1行にまとめてしまうと非常に長くなるので、「1行に1テンプレート」としましょう。

そのことを踏まえて、次のようなテンプレート辞書ファイルを作りました。もっといいテンプレートがあればどんどん追加してみてください。

▼テンプレート辞書 (dics¥template.txt)

```
1	%noun%！それね
1	%noun%？？
1	%noun%が？
1	%noun%がいいんだ
1	%noun%が問題だね
1	%noun%きたー
1	%noun%してるとこだよ
1	%noun%じゃないよ
1	%noun%だって言ったんでしょ？
1	%noun%だなんて言ってません
1	%noun%だね！
1	%noun%ってかわいい～
1	%noun%ってことはないけどね
1	%noun%ってことはわかってるもん
1	%noun%ってすごい！
1	%noun%ってよくわかんないよ
1	%noun%って大事だよね
1	%noun%ですかね？
1	%noun%でもあるの？
1	%noun%なのね
1	%noun%なんて知らない
1	%noun%ねえ…
1	%noun%のことかな？
1	%noun%はないでしょ
1	%noun%はニガテだあ
1	%noun%はヤダ！
1	%noun%は必要？
1	%noun%みたいな人だね
1	%noun%もなかなかいいんだけどね
1	%noun%好きだよ
1	あ、%noun%ですね
```

6 解析機能を備えたチャットボットプログラムの開発

```
1	あ、%noun%はちょっとね
1	うーん、%noun%かあ
1	え、やだ、%noun%
1	え？%noun%？
1	おおー%noun%！
1	かわいい%noun%
1	これから%noun%するんだ
1	さあ？たぶん%noun%でしょうね
1	じゃあ%noun%するね
1	すごく%noun%好きなんだね
1	すでに%noun%の話は聞きました
1	それいいかも、でも今は%noun%じゃないね
1	それはこっちの%noun%なの
1	そんな%noun%なんてないぞ
1	そんなの%noun%だよ
1	だから%noun%なの
1	だって%noun%なんだもん！
1	どういう%noun%なの？
1	ときどき%noun%の話しているから
1	なかなか%noun%だね
1	なるほど、%noun%ね
1	ねえねえ、それはこっちの%noun%だよ
1	ばいばい%noun%
1	ぷぷぷ、%noun%だって
1	めっちゃ%noun%だね
1	やっぱり%noun%だよね
1	わたしは%noun%ではありません！
1	今日の%noun%は何？
1	最近、%noun%にどハマりしてるんだ
2	%noun%！%noun%！
2	%noun%？%noun%？
2	%noun%が%noun%なんだね
2	%noun%があるから%noun%があるんだね
2	%noun%すいたよね、%noun%食べたい
2	%noun%がわかると、%noun%のよさがわかるんだ
2	%noun%って、その%noun%だよ
2	%noun%と%noun%のこと知りたいなあ
2	%noun%と%noun%はもういいよ
2	%noun%とか%noun%ばっかりだね
2	%noun%は%noun%？
2	%noun%は%noun%かな？
2	%noun%は%noun%してないよ
2	%noun%は%noun%なのかな
2	%noun%は%noun%のときにやるんだよ
2	%noun%は何でも%noun%だよ
2	%noun%もいいけど%noun%もね
2	%noun%を%noun%にしなくちゃね
```

```
2	そんなに%noun%なら%noun%しなきゃ
2	ぷぷぷ、%noun%は%noun%なんだね
2	まだ早いから%noun%の%noun%しようよ
3	%noun%いいな、でも%noun%の%noun%がいいかな
3	%noun%と%noun%を混ぜると%noun%になっちゃうんだよ
3	%noun%の%noun%に%noun%がいるよ
3	%noun%は%noun%で%noun%なの?
3	%noun%は%noun%と%noun%に任せよう
3	%noun%は%noun%とか%noun%じゃないと思う
3	%noun%は%noun%な%noun%のことだよ
3	%noun%以外に%noun%な%noun%は何?
3	あ、%noun%%noun%の%noun%が。。。
3	いいえ、%noun%が%noun%な%noun%です
4	「%noun%の%noun%」に出てくる%noun%な%noun%
4	%noun%と%noun%を混ぜると%noun%と%noun%になっちゃうんだよ
4	そう、%noun%と%noun%が%noun%な%noun%っていいよね
4	なるほど、%noun%が%noun%な%noun%の%noun%なのね
5	「%noun%の%noun%」に出てくる%noun%と%noun%と%noun%
6	%noun%と%noun%や%noun%が%noun%な%noun%の%noun%です
```

テンプレート辞書をプログラムで使う際は、次のようなDictionaryにすると扱いやすそうです。

▼テンプレート辞書を扱うDictionary(Of String, List(Of String))

```
{   "1", [%noun%が1個のテンプレート文字列, ...],
    "2", [%noun%が2個のテンプレート文字列, ...],
    "3", [%noun%が3個のテンプレート文字列, ...],
    "4", [%noun%が4個のテンプレート文字列, ...],
    ......
}
```

%noun%の出現回数をキーに、対応するテンプレートをリストにしてキーの値とします。

テンプレート辞書ファイルを読み込むときに、%noun%の出現回数が同じテンプレート文字列をリストにまとめます。

6 解析機能を備えたチャットボットプログラムの開発

6.4.2 プログラムの改造

テンプレート辞書を利用した応答フレーズを生成し学習できるように、VBDictionaryクラスをはじめとするいくつかのクラスを改造します。

VBDictionaryクラスの改造

VBDictionaryクラスのコードを見ていきましょう。テンプレート辞書ファイルに関する処理が追加になったので、これまでコンストラクターで行っていた辞書オブジェクトの作成を、個別に専用のメソッドで処理するようにしています。

▼VBDictionaryクラス (VBDictionary.vb)

```
Imports System.IO.File     ' Fileクラスを利用するために必要


''' <summary>
''' ランダム辞書とパターン辞書とテンプレート辞書を用意
''' </summary>
Public Class VBDictionary
    ''' <summary>ランダム辞書の読み取り専用プロパティ</summary>
    Public ReadOnly Property Random As New List(Of String)

    ''' <summary>
    ''' パターン辞書の各行のデータを格納したParseItemオブジェクトを保持する
    ''' リスト型のプロパティ
    ''' </summary>
    Public ReadOnly Property Pattern As New List(Of ParseItem)

    ''' <summary>
    ''' テンプレート辞書から作成したDictionaryを保持するプロパティ
    ''' </summary>
    Public ReadOnly Property Template As New Dictionary(Of String, List(Of String)) '-❶

    ''' <summary>
    ''' コンストラクター
    ''' ランダム辞書(リスト)、パターン辞書(リスト)、テンプレート辞書(Dictionary)を作成するメソッドを実行する
    ''' </summary>
    Public Sub New()
        ' ランダム辞書(リスト)を用意する
        MakeRndomList()
        ' パターン辞書(リスト)を用意する
```

```
    MakePatternList()
    ' テンプレート辞書(Dictionary)を用意する
    MakeTemplateDictionary() ' ――――――――――――――――――――― ❷
End Sub

''' <summary>
''' ランダム辞書(リスト)を作成する
''' </summary>
Private Sub MakeRndomList()
    ' ランダム辞書ファイルをオープンし、各行を要素として配列に格納
    Dim r_lines() As String = ReadAllLines(
        "dics¥random.txt", Text.Encoding.UTF8)

    ' ランダム辞書ファイルの各1行を応答用に加工してリストRandomに追加する
    For Each line In r_lines
        ' 末尾の改行文字を取り除く
        Dim str = line.Replace(vbLf, "")
        ' 空文字でなければリストに追加
        If line <> "" Then
            Random.Add(str)
        End If
    Next
End Sub

''' <summary>
''' パターン辞書(リスト)を作成する
''' </summary>
Private Sub MakePatternList()
    ' パターン辞書ファイルをオープンし、各行を要素として配列に格納
    Dim p_lines() As String = ReadAllLines(
        "dics¥pattern.txt", Text.Encoding.UTF8)

    ' 応答用に加工したパターン辞書の各1行を保持するリスト
    Dim new_lines = New List(Of String)

    ' ランダム辞書の各1行を応答用に加工してリストに追加する
    For Each line In p_lines
        ' 末尾の改行文字を取り除く
        Dim str = line.Replace(vbLf, "")
        ' 空文字でなければリストに追加
        If line <> "" Then
            new_lines.Add(str)
```

```
            End If
        Next

        ' パターン辞書の各行をタブで切り分ける
        ' ParseItemオブジェクトを生成してリストPatternに追加
        '
        ' vb_prs(0)  パターン辞書1行のパターン文字列
        '            (機嫌変動値が存在する場合はこれも含む)
        ' vb_prs(1)  パターン辞書1行の応答メッセージ
        For Each line In new_lines
            Dim vb_prs() As String = line.Split(vbTab)
            Pattern.Add(
                New ParseItem(vb_prs(0), vb_prs(1))
            )
        Next
    End Sub

    ''' <summary>
    ''' テンプレート辞書(Dictionary)を作成する
    ''' </summary>
    Private Sub MakeTemplateDictionary() ' ――――――――――――――――❸
        ' テンプレート辞書ファイルをオープンし、各行を要素として配列に格納
        Dim t_lines() As String = ReadAllLines(
                "dics¥template.txt", Text.Encoding.UTF8) ' ――――――❹

        ' 応答用に加工したパターン辞書ファイルの各1行を保持するリスト
        Dim new_lines = New List(Of String) ' ――――――――――――――❺

        ' テンプレート辞書ファイルの各1行を応答用に加工してリストに追加する
        For Each line In t_lines ' ――――――――――――――――――――――❻
            ' 末尾の改行文字を取り除く
            Dim str = line.Replace(vbLf, "")
            ' 空文字でなければリストに追加
            If line <> "" Then
                new_lines.Add(str)
            End If
        Next

        ' %noun%の出現回数をキー、対応するテンプレート文字列のリストを値にした
        ' テンプレート辞書(Dictionary)を作成する
        For Each line In new_lines ' ―――――――――――――――――――――❼
            ' テンプレート辞書の各行をタブで切り分ける
```

```
        Dim carveLine() As String = line.Split(vbTab) ' ――― ❽

        ' テンプレート辞書Templateプロパティ(Dictionary)に
        ' %noun%の出現回数carveLine(0)がキーとして存在しない場合
        If Not Template.ContainsKey(carveLine(0)) Then ' ――― ❾
            ' carveLine(0)をキー、その値を空のリストにしてTemplateに追加する
            Template.Add(carveLine(0), New List(Of String))
        End If

        ' Templateプロパティ(Dictionary)のキーcarveLine(0)(%noun%の出現回数)
        ' の値(リスト)にテンプレート文字列carveLine(1)を追加する
        Template(carveLine(0)).Add(carveLine(1)) ' ――― ❿
    Next
End Sub

''' <summary>
''' ユーザーの発言をStudyRandom()とStudyPttern()とStudyTemplate()で学習させる
''' </summary>
''' <remarks>VBchanクラスから呼ばれる</remarks>
'''
''' <param name="input">ユーザーの発言</param>
''' <param name="parts">
''' ユーザーの発言を形態素解析した結果
''' {{形態素, 品詞情報}, {形態素, 品詞情報}, ...}の形状のリスト
''' </param>
Public Sub Study(input As String, parts As List(Of String()))
    ' 末尾の改行文字を取り除く
    Dim userInput As String = input.Replace(vbLf, "")
    ' ユーザーの発言を引数にしてStudyRandom()を実行
    StudyRandom(userInput)
    ' ユーザーの発言と形態素解析結果を引数にしてStudyPttern()を実行
    StudyPttern(userInput, parts)
    ' 形態素解析の結果を引数にしてテンプレート学習メソッドを実行
    StudyTemplate(parts) ' ――― ⓫
End Sub

''' <summary>
''' ユーザーの発言をランダム辞書(リスト)に追加する
''' </summary>
''' <remarks>Study()から呼ばれる内部メソッド</remarks>
''' <param name="userInput">ユーザーの発言</param>
Public Sub StudyRandom(userInput As String)
```

```
        ' ユーザーの発言がランダム辞書(リスト)に存在しない場合は
        ' Randomプロパティの末尾の要素として追加する
        If (Random.Contains(userInput) = False) Then
            Random.Add(userInput)
        End If
    End Sub

    /// <summary>
    /// ユーザーの発言をパターン学習し、パターン辞書(リスト)に追加する
    /// </summary>
    /// <remarks>Study()から呼ばれる内部メソッド</remarks>
    ///
    /// <param name="userInput">
    /// ユーザーの発言
    /// </param>
    /// <param name="parts">
    /// 形態素と品詞を格納したString配列のリスト
    /// {{形態素, 品詞情報}, {形態素, 品詞情報}, ...}の形状のリスト
    /// </param>
    Public Sub StudyPttern(userInput As String, parts As List(Of String()))
        ' 形態素と品詞を格納したString配列のリストから
        ' 配列{形態素, 品詞情報}を抽出して処理を繰り返す
        For Each morpheme In parts
            ' Analyzer.KeywordCheck()を実行して、形態素の品詞情報morpheme(1)が
            ' "名詞,(一般|固有名詞|サ変接続|形容動詞語幹)"にマッチングするか調べる
            If Analyzer.KeywordCheck(morpheme(1)).Success Then
                ' ユーザーの発言から抽出した形態素にマッチした
                ' ParseItemオブジェクトを格納する変数
                Dim depend As ParseItem = Nothing  ' Nothingで初期化する

                ' ユーザーの発言をパターン辞書(リスト)の
                ' パターン文字列に対してマッチングを繰り返す
                For Each item As ParseItem In Pattern
                    '  ParseItem.Match()はParseItemオブジェクトから抽出した
                    '  パターン文字列をユーザーの発言にパターンマッチさせる
                    If String.IsNullOrEmpty(item.Match(userInput)) <> True Then
                        ' マッチした場合はブロックパラメーターitemの
                        ' ParseItemオブジェクトをdependに格納
                        depend = item
                        ' マッチしたらこれ以上のマッチングは行わない
                        Exit For
                    End If
```

```
                Next

                ' パターン辞書への追加処理
                If Not depend Is Nothing Then
                    ' ユーザーの発言から抽出した形態素が既存の
                    ' パターン文字列にマッチした場合、
                    ' 対応する応答フレーズの末尾にユーザーの発言を追加する
                    depend.AddPhrase(userInput)
                Else
                    ' パターン辞書のパターン文字列に存在しない場合はパターン辞書1行の
                    ' データ(ParseItemオブジェクト)を生成してPatternプロパティに追加する
                    ' ParseItem()の第1引数: morpheme(0)
                    '    morphemeの第1要素はユーザー発言の形態素なのでパターン文字列に設定
                    ' ParseItem()の第2引数: userInput
                    '    ユーザーの発言を応答フレーズにする
                    Pattern.Add(New ParseItem(morpheme(0), userInput))
                End If
            End If
        Next
    End Sub

    ''' <summary>
    ''' ユーザーの発言をテンプレート学習し、テンプレート辞書(Dictionary)に追加する
    ''' </summary>
    ''' <remarks>Study()から呼ばれる内部メソッド</remarks>
    '''
    ''' <param name="parts">
    ''' 形態素と品詞を格納したString配列のリスト
    ''' {{形態素, 品詞情報}, {形態素, 品詞情報}, ...}
    ''' </param>
    Public Sub StudyTemplate(parts As List(Of String())) ' ――――――――――― ⑫
        ' テンプレート文字列を格納する変数
        Dim tempStr As String = "" ' ――――――――――――――――――――――― ⑬
        ' %noun%の出現回数を格納する変数
        Dim count As Integer = 0 ' ――――――――――――――――――――――― ⑭

        ' 形態素と品詞を格納したString配列のリストから
        ' 配列{形態素, 品詞情報}を抽出して処理を繰り返す
        For Each morpheme As String() In parts ' ――――――――――――――― ⑮
            ' Analyzer.KeywordCheck()を実行して、形態素の品詞情報morpheme(1)が
            ' "名詞,(一般|固有名詞|サ変接続|形容動詞語幹)"にマッチングするか調べる
            If Analyzer.KeywordCheck(morpheme(1)).Success Then ' ――――――― ⑯
```

```
            ' 形態素がキーワード認定された場合は{形態素, 品詞情報}の
            ' 形態素morpheme(0)を"%noun%"に書き換える
            morpheme(0) = "%noun%"
            ' countの値に1加算する
            count += 1
        End If
        ' 形態素または"%noun%"をtempStrの文字列に連結する
        tempStr &= morpheme(0) ' ―――――――――――――――――――――――――― ⑰
    Next

    ' "%noun%"が存在する場合のみテンプレート辞書(Dictionary)に追加する処理に進む
    If count > 0 Then ' ―――――――――――――――――――――――――――――――――― ⑱
        ' "%noun%"の出現回数countの値を文字列に変換
        Dim num As String = Convert.ToString(count)

        ' テンプレート辞書Template(Dictionary)に%noun%の出現回数numのキーが
        ' 存在しない場合はnumをキー、その値を空のリストにして追加する
        If Not Template.ContainsKey(num) Then ' ――――――――――――――――― ⑲
            Template.Add(num,                      ' キーは"%noun%"の出現回数
                         New List(Of String)) ' 値は空のリスト
        End If

        ' 処理中のテンプレート文字列がTemplate(Dictionary)の
        ' numをキーとするリストに存在しない場合
        If Not Template(num).Contains(tempStr) Then ' ――――――――――――― ⑳
            ' キーnumのリストに処理中のテンプレート文字列を追加する
            Template(num).Add(tempStr) ' ――――――――――――――――――――――― ㉑
        End If
    End If
End Sub

''' <summary>
''' ランダム辞書(リスト)をランダム辞書ファイルに書き込む
''' パターン辞書(リスト)をパターン辞書ファイルに書き込む
''' </summary>
''' <remarks>VBchanクラスから呼ばれる</remarks>
Public Sub Save()
    ' WriteAllLines()でランダム辞書(リスト)のすべての要素をファイルに書き込む
    ' 書き込み完了後、ファイルは自動的に閉じられる
    WriteAllLines(
        "dics¥random.txt", ' ランダム辞書ファイルを書き込み先に指定
        Random,            ' ランダム辞書の中身を書き込む
```

```
        Text.Encoding.UTF8  ' 文字コードをUTF-8に指定
        )

    ' 現在のパターン辞書Patternから作成したパターン辞書1行のデータを
    ' 格納するためのリストを生成
    Dim patternLine = New List(Of String)

    ' パターン辞書Patternに格納されているParseItemオブジェクトの処理を繰り返す
    For Each item As ParseItem In Pattern
        ' ParseItemクラスのMakeLine()メソッドでパターン辞書1行の
        ' データを作成し、patternLineに追加する
        patternLine.Add(item.MakeLine())
    Next

    ' パターン辞書(リスト)から生成したすべての行データをファイルに書き込む
    WriteAllLines(
        "dics¥pattern.txt",    ' パターン辞書ファイルを書き込み先に指定
        patternLine,           ' 作成されたすべての行データを書き込む
        Text.Encoding.UTF8     ' 文字コードをUTF-8に指定
        )


    ' テンプレート辞書の処理
    '
    ' 現在のテンプレート辞書Template(Dictionary)から作成した
    ' テンプレート辞書1行のデータを格納するためのリストを生成
    Dim templateLine = New List(Of String) ' ――― ㉒

    ' テンプレート辞書からキーと値のペアをすべて取り出す
    For Each dic In Template ' ――― ㉓
        ' キー(%noun%の出現回数)の値(テンプレート文字列のリスト)から
        ' 1個のテンプレート文字列を抽出
        For Each temp In dic.Value ' ――― ㉔
            ' テンプレート辞書ファイルのフォーマット
            ' %noun%の出現回数[Tab]テンプレート文字列
            ' を作成して、行データを保持するリストtemplateLineに追加する
            templateLine.Add(dic.Key & vbTab & temp) ' ――― ㉕
        Next
    Next

    ' 行データの先頭にある%noun%の出現回数でソートする
    templateLine.Sort() ' ――― ㉖
```

```
        ' テンプレート辞書(Dictionary)から生成した行データをファイルに書き込む
        WriteAllLines(
            "dics¥template.txt", ' テンプレート辞書ファイルを書き込み先に指定
            templateLine,         ' 作成されたすべての行データを書き込む
            Text.Encoding.UTF8    ' 文字コードをUTF-8に指定
            ) ' ──────────────────────────────── ㉗
    End Sub
End Class
```

●新規のプロパティ

❶Public ReadOnly Property Template As New Dictionary(Of String, List(Of String))

テンプレート辞書ファイルを読み込んで作成したDictionaryを保持するプロパティです。キーはStiring型の文字列で、テンプレート文字列の"%noun%"の出現回数が設定されます。値はString型のListで、"%noun%"の出現回数がキーと一致するテンプレート文字列が設定されます。

●テンプレート辞書(Dictionary)の作成

❷MakeTemplateDictionary()

コンストラクターの処理に、テンプレート辞書を作成するMakeTemplateDictionary()の呼び出しを追加しています。

❸Private Sub MakeTemplateDictionary()

新設のメソッドで、Dictionary(Of String, List(Of String))型のテンプレート辞書を作成します。

❹Dim t_lines() As String = ReadAllLines("dics¥template.txt", Text.Encoding.UTF8)

テンプレート辞書ファイルからデータを1行ずつ読み込んで、String型の配列に格納します。

❺Dim new_lines = New List(Of String)

応答メッセージ用に加工したパターン辞書ファイルの各1行を保持するリストです。

❻For Each line In t_lines

テンプレート辞書ファイルの各1行を取り出し、空の文字列でなければ

```
new_lines.Add(str)
```

でテンプレート辞書ファイルの各1行を保持するリストに追加します。

❼For Each line In new_lines

テンプレート辞書ファイルの各1行を保持するリストから1行のデータを取り出します。

❽Dim carveLine() As String = line.Split(vbTab)

テンプレート辞書ファイルから抽出した各行のデータをタブで切り分けて、リストcarveLineに格納します。

❾If Not Template.ContainsKey(carveLine(0)) Then

❽で行データをタブで切り分けたあと、インデックス0の要素（%noun%の出現回数）が現在のテンプレート辞書（Dictionary）のキーとして存在するかをContainsKey()メソッドで確認し、存在しない場合は、

```
Template.Add(carveLine(0), New List(Of String))
```

を実行して、テンプレート辞書Template（Dictionary）に対して、新規のキー（%noun%の出現回数）としてcarveLine(0)、その値として空のString型のリストを設定して追加します。

❿Template(carveLine(0)).Add(carveLine(1))

%noun%の出現回数（carveLine(0)）をキーに指定して、その値のリストにテンプレート文字列（carveLine(1)）を追加します。

❼のFor Each以下のここまでの処理を繰り返すことで、同じ出現回数のテンプレート文字列がリストにまとめられます。

▼テンプレート辞書Template（Dictionary）の例

```
{"1", {"%noun%なのね", "%noun%がいいんだ", "%noun%はヤダ！", ... } }
```

最終的にテンプレート辞書Templateは、次のようにすべてのテンプレートが同じ出現回数ごとにリストにまとめられます。

▼テンプレート辞書Template（Dictionary）の例

```
{"1", {"%noun%なのね", "%noun%がいいんだ", "%noun%はヤダ！", ...},
 "2", {"%noun%！%noun%！", "%noun%？%noun%？", "%noun%が%noun%なんだね", ...},
 "3", {"%noun%の%noun%に%noun%がいるよ", "%noun%は%noun%で%noun%なの？", ...},
 "4", {"%noun%と%noun%を混ぜると%noun%と%noun%になっちゃうんだよ", ...},
 ...}
```

●テンプレートの学習

ユーザーの発言からのテンプレート学習は、新設のStudyTemplate()メソッドで行います。これを呼び出しているのがStudy()メソッドの⓫です。呼び出すときは形態素解析結果のpartsを引数にします。

⓬Public Sub StudyTemplate(parts As List(Of String()))

StudyTemplate()メソッドの宣言部分です。形態素解析結果を受け取るパラメーターpartsが設定されています。

⓭Dim tempStr As String = ""

テンプレート文字列を格納する変数tempStrを空の文字列で初期化します。

⓮Dim count As Integer = 0

%noun%の出現回数を格納するcountを0で初期化します。

⓯For Each morpheme As String() In parts

形態素解析結果のリストから形態素と品詞情報を抽出して、配列型のブロックパラメーターmorphemeに格納します。

⓰If Analyzer.KeywordCheck(morpheme(1)).Success Then

morpheme(1)を引数にしてAnalyzer.KeywordCheck()を実行し、形態素の品詞情報がキーワードとして認定されるかを調べます。キーワード認定された場合は、

```
morpheme(0) = "%noun%"
```

を実行してブロックパラメーターmorpheme の{形態素, 品詞情報}の形態素の部分を"%noun%"に書き換え、

```
count += 1
```

でcountの値に1を加算します。

⓱tempStr &= morpheme(0)

⓱では、⓰のIfステートメントとは関係なしに、morpheme(0)の内容を変数tempStrに追加します。⓯のFor Each以下のここまでの処理が完了すると、次のようなテンプレート文字列ができ上がります。

▼ユーザーの発言が「パスタならカルボナーラがいいな」だった場合

```
"%noun%なら%noun%がいいな"
```

"パスタ"、"カルボナーラ"はキーワード認定されたので、%noun%に置き換えられました。このときのcountの値は2です。もし、ユーザーの発言の中にキーワードに認定される単語がなかった場合は、%noun%の埋め込みは行われず、countの値も0のままとなります。

⓲If count > 0 Then

countの値が0より大きい、つまり%noun%に置き換えられたテンプレートが存在する場合は、テンプレート辞書Template(Dictionary)に追加する処理に進みます。

⓳If Not Template.ContainsKey(num) Then

⑱のIfにネストされたIfステートメントで、テンプレート辞書Template（Dictionary）に、countを文字列化したnumがキーとして存在するかをチェックします。存在しない場合は、

```
Template.Add(num, New List(Of String))
```

において、numをキー、その値を空のリストにして、テンプレート辞書Template（Dictionary）に追加します。空のリストを値としたのは、同じ出現回数のテンプレート文字列を1つのリストにまとめるためです。

⑳If Not Template(num).Contains(tempStr) Then

最後に、テンプレート辞書Template（Dictionary）のnumをキーとするリストの中に、⑰で作成したテンプレート文字列が存在するかを調べます。未知のテンプレート文字列であれば、㉑の

```
Template(num).Add(tempStr)
```

で、キーnumのリストに処理中のテンプレート文字列を追加します。これで、テンプレート辞書の中身は次のようになります。

▼ユーザーの発言が「パスタならカルボナーラがいいな」の場合のテンプレート辞書の例

```
{"1", {"%noun%なのね", "%noun%がいいんだ", "%noun%はヤダ！", ...},
 "2", {"%noun%なら%noun%がいいな", "%noun%！%noun%！", "%noun%？%noun%？", ...},
 "3", {"%noun%の%noun%に%noun%がいるよ", "%noun%は%noun%で%noun%なの？", ...},
 "4", {"%noun%と%noun%を混ぜると%noun%と%noun%になっちゃうんだよ", ...},
 ...}
```

※赤字の箇所が新たに追加されたテンプレート文字列です。

● テンプレート辞書ファイルへの保存

残るはテンプレート辞書ファイルへの保存です。Save()メソッドの㉒からテンプレート辞書の保存処理が始まります。テンプレート辞書Template（Dictionary）のキーが持つリストを、多重構造のFor Eachで繰り返しながら1行ずつ出力していくという処理です。

㉒Dim templateLine = New List(Of String)

テンプレート辞書の1行を格納するリストを初期化します。

㉓For Each dic In Template

テンプレート辞書（Dictionary）からすべてのキー／値のペアを取り出して処理を繰り返します。

㉔For Each temp In dic.Value

ネストされたFor Eachで、テンプレート文字列のリストをValueプロパティで参照し、要素のテンプレート文字列を1個ずつ取り出します。

6 解析機能を備えたチャットボットプログラムの開発

㉕templateLine.Add(dic.Key & vbTab & temp)

現在のキー/値のペアからKeyプロパティでキーを取り出し、タブ文字(vbTab)とテンプレート文字列tempを連結します。これでテンプレート辞書1行ぶんのデータができ上がります。

▼最初に追加される1行データの例

```
"1[Tab]%noun%なのね"
```

㉖templateLine.Sort()

外側のFor Each(㉓)のループが完了すれば、すべてのテンプレートがリストtemplateLineの要素として格納されます。ただし、ここで気になるのは、㉓においてテンプレート辞書Template(Dictionary)からキー/値のペアを取り出す際の順序が決まっていないことです。このままだと、%noun%の出現回数がバラバラに並んでいる可能性があります。そこで、ListクラスのSort()メソッドで要素を昇順で並べ替えます。テンプレートの先頭は出現回数を示す数字になっているので、出現回数ごとにきれいに並べ替えられます。

㉗WriteAllLines("dics¥template.txt", templateLine, Text.Encoding.UTF8)

最後にFileクラスのWriteAllLines()メソッドでテンプレート辞書ファイルに書き込んで終了です。リストtemplateLineは並べ替えが済んでいますので、出現回数ごとに昇順で並んだテンプレート1行のデータが順番にファイルに書き込まれます。

▼ファイルに書き込む直前のリストtemplateLineの例

```
{ "1[Tab]%noun%なのね",
  "1[Tab]%noun%がいいんだ",
  "1[Tab]%noun%はヤダ!",
   ...... ,
  "2[Tab]%noun%!%noun%!",
  "2[Tab]%noun%が%noun%なんだね",
   ...... ,
  "3[Tab]%noun%の%noun%に%noun%がいるよ",
  "3[Tab]%noun%は%noun%と%noun%に任せよう", ...... }
```

Responderクラス群の新規のサブクラスTemplateResponder

応答フレーズを生成するResponderクラス一族の一員として、テンプレート辞書に反応して応答を返すためのTemplateResponderクラスが追加されます。ソースファイル「TemplateResponder.vb」を作成し、以下のコードを記述しましょう。

▼TemplateResponderクラス(TemplateResponder.vb)

```
Imports System.Text.RegularExpressions ' ———— Regexクラスを使用するために必要
```

```
''' <summary>Responderクラスのサブクラス</summary>
''' <remarks>テンプレート辞書を利用した応答フレーズを作る</remarks>
Public Class TemplateResponder ' ──────────────────── ❶
    Inherits Responder

    ''' <summary>TemplateResponderのコンストラクター</summary>
    ''' <remarks>スーパークラスResponderのコンストラクターを呼び出す</remarks>
    ''' <param name="name">応答に使用されるクラスの名前</param>
    ''' <param name="dic">VBDictionaryオブジェクト</param>
    Public Sub New(name As String, dic As VBDictionary)
        MyBase.New(name, dic)
    End Sub

    ''' <summary>スーパークラスのResponse()をオーバーライド</summary>
    ''' <remarks>テンプレート辞書を参照して応答フレーズを作成する</remarks>
    ''' <param name="input">ユーザーの発言</param>
    ''' <param name="mood">VBちゃんの現在の機嫌値</param>
    ''' <param name="parts">{形態素, 品詞情報}の配列を格納したリスト</param>
    '''
    ''' <returns>
    ''' ・ユーザーの発言にパターン辞書がマッチした場合:
    '''     パターン辞書の応答フレーズからランダムに抽出して返す
    ''' ・ユーザーの発言にパターン辞書がマッチしない場合:
    ''' ・またはパターン辞書の応答フレーズが返されなかった場合:
    '''     ランダム辞書から抽出した応答フレーズを返す
    ''' </returns>
    Public Overrides Function Response(input As String,
                                       mood As Integer,
                                       parts As List(Of String()) ' ──── ❷
                                       ) As String

        ' ユーザーの発言からキーワード認定された単語を保持するリスト
        Dim keywords = New List(Of String) ' ──────────────── ❸

        ' VBDictionary.PatternプロパティでParseItemオブジェクトを1つずつ取り出す
        For Each morpheme As String() In parts ' ──────────── ❹
            ' ユーザーの発言にキーワード認定の単語が含まれている場合は
            ' リストkeywordsに追加する
            If Analyzer.KeywordCheck(morpheme(1)).Success Then ' ──── ❺
                keywords.Add(morpheme(0))
            End If
        Next
```

```
        ' システム起動後のミリ秒単位の経過時間を引数にしてRandomオブジェクトを生成
        Dim rdm As New Random(Environment.TickCount) ' ――――――――――― ❻

        ' keywordsの要素数をListのCountプロパティで取得
        Dim count As Integer = keywords.Count ' ――――――――――――― ❼

        ' キーワード認定の単語が1個以上あり、なおかつ
        ' テンプレート辞書のキーにcountと同じ数字が存在する場合
        If (count > 0) And
            VBDictionary.Template.ContainsKey(Convert.ToString(count)) Then ' ― ❽

            ' 現在のcountをキーに指定して同じ数の%noun%を持つ
            ' テンプレート文字列のリストを取得する
            Dim templates As List(Of String) = VBDictionary.Template(
                Convert.ToString(count)) ' ――――――――――――――――― ❾
            ' テンプレート文字列のリストからランダムに1個のテンプレートを抽出
            Dim temp As String = templates(rdm.Next(0, templates.Count)) ' ―― ❿
            ' Regexオブジェクトに正規表現のパターンとして"%noun%"を登録
            Dim re As New Regex("%noun%") ' ――――――――――――――――― ⓫

            ' キーワードのリストからキーワードを取り出す
            For Each word As String In keywords ' ―――――――――――― ⓬
                ' テンプレート文字列の"%noun%"をキーワードに置き換える
                ' 置き換えは1回のみにして、後続の"%noun%"が存在する場合は
                ' 次のキーワードで置き換えるようにする
                temp = re.Replace( ' ―――――――――――――――――――― ⓭
                    temp, ' 置き換え対象の文字列
                    word, ' 置き換える文字列
                    1)    ' 置き換える回数は1回
            Next
            ' "%noun%"を置き換えたあとのテンプレート文字列を返す
            Return temp ' ――――――――――――――――――――――――― ⓮
        End If

        ' キーワード認定の単語が0、
        ' またはテンプレート辞書のキーにキーワード認定の単語数が存在しない場合は
        ' ランダム辞書(リスト)からランダムに抽出して返す
        Return VBDictionary.Random(rdm.Next(0, VBDictionary.Random.Count)) '
    End Function
End Class
```

●ソースコードの解説

冒頭には、正規表現のパターンマッチを行うためのインポート文、

```
Imports System.Text.RegularExpressions
```

が記述されています。

❶Public Class TemplateResponder
Inherits Responder

Responderクラスを継承したサブクラスTemplateResponderの宣言部です。

❷Public Overrides Function Response(
input As String, mood As Integer, parts As List(Of String())) As String

Important

スーパークラスResponderのResponse()をオーバーライドしていますが、メソッドのパラメーターに

```
parts As List(Of String())
```

が追加されました。ユーザーの発言を形態素解析した結果の配列{"形態素", "品詞情報"}を要素にしたリストを取得するためです。このパラメーターを設定したことで、スーパークラスとすべてのサブクラスのResponse()メソッドについてもパラメーターpartsが追加されます。

❸Dim keywords = New List(Of String)

ユーザーの発言からキーワード認定された単語を保持するリストを用意します。

❹For Each morpheme As String() In parts

パラメーターpartsから配列{"形態素", "品詞情報"}を取り出し、ブロックパラメーターmorphemeに格納します。

❺If Analyzer.KeywordCheck(morpheme(1)).Success Then

morpheme(1)に格納されている品詞情報をAnalyzerクラスのKeywordCheck()でチェックし、戻り値のMatchオブジェクトのSuccessプロパティがTrue、つまりキーワード認定された場合は、

```
keywords.Add(morpheme(0))
```

でリストkeywordsに形態素morpheme(0)を追加します。

▼ユーザーの発言が"パスタならカルボナーラがいいな"の場合のkeywordsの中身

```
{"パスタ", "カルボナーラ"}
```

❻Dim rdm As New Random(Environment.TickCount)

あとの処理で、応答フレーズをランダムに抽出する箇所があります。このためのRandomオブジェクトを生成しておきます。

❼Dim count As Integer = keywords.Count

keywordsに格納されたキーワードの数をcountに代入します。

**❽If (count > 0) And
VBDictionary.Template.ContainsKey(Convert.ToString(count)) Then**

テンプレート辞書が使える条件は、ユーザーの発言から1つ以上のキーワードが検出でき、キーワードの数に対応する%noun%が設定されたテンプレート文字列が存在することです。そこで、Ifステートメントではこの2つの条件をチェックしています。

▼ifステートメントの2つの条件

- (count > 0)
  countにはkeywordsに存在する名詞の数が格納されています。1つ以上の名詞が存在するかを確認します。
- VBDictionary.Template.ContainsKey(Convert.ToString(count))
  辞書クラスのオブジェクトはスーパークラスResponderで定義されているVBDictionaryプロパティで参照できます。テンプレート辞書(Dictionary)をVBDictionaryクラスのTemplateプロパティで参照し、ContainsKey()メソッドでcountと同じ数のキーが存在するかを確認します。

**❾Dim templates As List(Of String) = VBDictionary.Template(
Convert.ToString(count))**

❽のチェックにパスできれば、テンプレート辞書にはキーワードの数に対応するテンプレート文字列のリストが存在することになります。テンプレート辞書(Dictionary)からキーcountの値(テンプレート文字列のリスト)を取得します。

```
VBDictionary.Template(回数を示す数字)
```

とすれば、%noun%の出現回数に対応するテンプレート文字列のリストが取得できます。

❿Dim temp As String = templates(rdm.Next(0, templates.Count))

❾で取得したリストtemplatesからランダムに1つのテンプレート文字列を抽出します。

⓫Dim re As New Regex("%noun%")

テンプレート文字列の%noun%を正規表現のパターン文字列としてRegexオブジェクトに登録します。

⑫For Each word As String In keywords

⑩までの処理で、応答に使えるテンプレート文字列が取得できています。あとは、テンプレートの%noun%の部分にkeywordsに格納されている名詞を埋め込んでいけば、応答フレーズが完成します。そのための処理として、キーワードのリストkeywordsからキーワードをブロックパラメーターwordに取り出します。

⑬temp = re.Replace(temp, word, 1)

%noun%を正規表現のパターンとして登録したRegexオブジェクトからReplace()メソッドを実行し、⑩で変数tempに格納したテンプレート文字列の%noun%をFor Eachで取り出したキーワードwordに置き換えます。

▼Regex.Replace()メソッドの書式

構文

```
Regex.Replace(書き換え対象の文字列, 置き換える文字列, 置き換える回数)
```

置き換えを行うのは1回だけにして、後続の%noun%が同じキーワードで置き換えられないようにします。ユーザーの発言が

"パスタならカルボナーラがいいな"

の場合、次のようになります。

▼keywordsの中身

```
{"パスタ", "カルボナーラ"]
```

▼抽出されたテンプレート文字列の例

```
"%noun%がわかると、%noun%のよさがわかるんだ"
```

▼foreachの1回目の処理

```
"パスタがわかると、%noun%のよさがわかるんだ"
```

▼foreachの2回目の処理

```
"パスタがわかると、カルボナーラのよさがわかるんだ"
```

処理を繰り返すことで、キーワードが%noun%の箇所に順番に埋め込まれます。抽出されるテンプレート文字列によってはまったく異なる内容になります。

▼抽出されたテンプレート文字列

```
"%noun%の%noun%もいいぞ"
```

▼応答フレーズ

```
"パスタのカルボナーラもいいぞ"
```

テンプレート文字列を使った置き換え処理はこのような感じで行われます。あとは応答フレーズをReturnすれば（⑭）メソッドの処理は完了です。

スーパークラスResponderとサブクラスの修正

今回作成したTemplateResponderのResponse()メソッドでは、形態素解析の結果を取得するためのパラメーターが設定されたので、スーパークラスとそのサブクラスで定義されているResponse()メソッドにも同じパラメーターを設定しておきましょう。

▼Responderクラス（Responder.vb）

```
''' <summary>
''' 応答クラスのスーパークラス
''' </summary>
Public Class Responder
    ''' <summary>応答に使用されるクラス名を参照/設定するプロパティ</summary>
    Public Property Name As String

    ''' <summary>VBDictionaryオブジェクトを参照/設定するプロパティ</summary>
    Public Property VBDictionary As VBDictionary

    ''' <summary>
    ''' コンストラクター
    ''' </summary>
    ''' <param name="name">応答に使用されるクラスの名前</param>
    ''' <param name="dic">VBDictionaryオブジェクト</param>
    Public Sub New(name As String, dic As VBDictionary)
        Me.Name = name        ' 応答するオブジェクト名Nameにセット
        VBDictionary = dic    ' VBDictionaryオブジェクトをVBDictionaryプロパティにセット
    End Sub

    ''' <summary>
    ''' ユーザーの発言に対して応答メッセージを返す
    ''' </summary>
    ''' <remarks>
    ''' オーバーライドを前提にしたメソッド
    ''' </remarks>
    ''' <param name="input">ユーザーの発言</param>
```

```
    ''' <param name="mood">現在の機嫌値</param>
    ''' <param name="parts">{形態素, 品詞情報}の配列を格納したリスト</param>
    Public Overridable Function Response(
        input As String,
        mood As Integer,
        parts As List(Of String()) ' ——— 形態素解析の結果を取得するパラメーター
        ) As String

        Return ""
    End Function
End Class
```

▼RepeatResponder クラス (RepeatResponder.vb)

```
''' <summary>Responderクラスのサブクラス</summary>
''' <remarks>オウム返しの応答フレーズを作る</remarks>
Public Class RepeatResponder
    Inherits Responder

    ''' <summary>RepeatResponderのコンストラクター</summary>
    ''' <remarks>スーパークラスResponderのコンストラクターを呼び出す</remarks>
    ''' <param name="name">応答に使用されるクラスの名前</param>
    ''' <param name="dic">VBDictionaryオブジェクト</param>
    Public Sub New(name As String, dic As VBDictionary)
        MyBase.New(name, dic)
    End Sub

    ''' <summary>スーパークラスのResponse()をオーバーライド</summary>
    ''' <remarks>オウム返しの応答フレーズを作成する</remarks>
    ''' <param name="input">ユーザーの発言</param>
    ''' <param name="mood">現在の機嫌値</param>
    ''' <param name="parts">{形態素, 品詞情報}の配列を格納したリスト</param>
    ''' <returns>ユーザーの発言をオウム返しするフレーズ</returns>
    Public Overrides Function Response(
        input As String,
        mood As Integer,
        parts As List(Of String()) ' ——— 形態素解析の結果を取得するパラメーター
        ) As String

        Return String.Format("{0}ってなに?", input)
    End Function
End Class
```

▼RandomResponderクラス（RandomResponder.vb）

```
''' <summary>Responderクラスのサブクラス</summary>
''' <remarks>ランダム辞書から無作為に抽出した応答フレーズを作る</remarks>
Public Class RandomResponder
    Inherits Responder

    ''' <summary>RandomResponderのコンストラクター</summary>
    ''' <remarks>スーパークラスResponderのコンストラクターを呼び出す</remarks>
    ''' <param name="name">応答に使用されるクラスの名前</param>
    ''' <param name="dic">VBDictionaryオブジェクト</param>
    Public Sub New(name As String, dic As VBDictionary)
        MyBase.New(name, dic)
    End Sub

    ''' <summary>スーパークラスのResponse()をオーバーライド</summary>
    ''' <remarks>ランダム辞書から無作為に抽出して応答フレーズを作成する</remarks>
    ''' <param name="input">ユーザーの発言</param>
    ''' <param name="mood">現在の機嫌値</param>
    ''' <param name="parts">{形態素, 品詞情報}の配列を格納したリスト</param>
    ''' <returns>ランダム辞書から無作為に抽出した応答フレーズ</returns>
    Public Overrides Function Response(
        input As String,
        mood As Integer,
        parts As List(Of String()) ' ――――――― 形態素解析の結果を取得するパラメーター
        ) As String

        ' システム起動後のミリ秒単位の経過時間を取得
        Dim seed As Integer = Environment.TickCount
        ' シード値を引数にしてRandomをインスタンス化
        Dim rdm As New Random(seed)
        ' ランダム辞書を保持するリストVBDictionaryから
        ' 応答メッセージをランダムに抽出して返す
        Return VBDictionary.Random(rdm.Next(0, VBDictionary.Random.Count))
    End Function
End Class
```

▼PatternResponderクラス（PatternResponder.vb）

```
''' <summary>Responderクラスのサブクラス</summary>
''' <remarks>ユーザーの発言に反応した応答フレーズを作る</remarks>
Public Class PatternResponder
    Inherits Responder

```

```
''' <summary>PatternResponderのコンストラクター</summary>
''' <remarks>スーパークラスResponderのコンストラクターを呼び出す</remarks>
''' <param name="name">応答に使用されるクラスの名前</param>
''' <param name="dic">VBDictionaryオブジェクト</param>
Public Sub New(name As String, dic As VBDictionary)
    MyBase.New(name, dic)
End Sub

''' <summary>スーパークラスのResponse()をオーバーライド</summary>
''' <remarks>パターン辞書の応答フレーズからランダムに抽出する</remarks>
''' <param name="input">ユーザーの発言</param>
''' <param name="mood">現在の機嫌値</param>
''' <param name="parts">{形態素, 品詞情報}の配列を格納したリスト</param>
'''
''' <returns>
''' ・ユーザーの発言にパターン辞書がマッチした場合:
'''       パターン辞書の応答フレーズからランダムに抽出して返す
'''
''' ・ユーザーの発言にパターン辞書がマッチしない場合:
''' ・またはパターン辞書の応答フレーズが返されなかった場合:
'''       ランダム辞書から抽出した応答フレーズを返す
''' </returns>
Public Overrides Function Response(
    input As String,
    mood As Integer,
    parts As List(Of String()) ' ———— 形態素解析の結果を取得するパラメーター
    ) As String

    ' VBDictionary.PatternプロパティからParseItemオブジェクトを1つずつ取り出す
    For Each vb_item In VBDictionary.Pattern
        ' ParseItem.Match()でユーザーの発言に対する
        ' パターン文字列のマッチングを試みる
        Dim mtc As String = vb_item.Match(input)

        ' パターン文字列がマッチングした場合の処理
        If String.IsNullOrEmpty(mtc) = False Then
            ' 機嫌値moodを引数にしてChoice()を実行
            ' 条件をクリアした応答フレーズ、またはNothingを取得
            Dim resp As String = vb_item.Choice(mood)
            ' Choice()の戻り値がNothingでない場合の処理
            If resp <> Nothing Then
                ' 応答フレーズの中に%match%があれば、マッチングした
```

```
                    ' 文字列に置き換えてから戻り値としてReturnする
                    Return Replace(resp, "%match%", mtc)
                End If
            End If
        Next

        ' ユーザーの発言にパターン文字列がマッチングしない場合、
        ' またはChoice()を実行して応答フレーズが返されなかった場合は
        ' 以下の処理を実行する

        ' システム起動後のミリ秒単位の経過時間を取得
        Dim seed As Integer = Environment.TickCount
        ' シード値を引数にしてRandomをインスタンス化
        Dim rdm As New Random(seed)
        ' ランダム辞書を保持するリストVBDictionaryから
        ' 応答メッセージをランダムに抽出して返す
        Return VBDictionary.Random(rdm.Next(0, VBDictionary.Random.Count))
    End Function
End Class
```

VBちゃんの本体クラスの変更

VBちゃんの本体クラスVBchanに、TemplateResponderを使って応答フレーズを返すための記述を加えます。

▼VBchanクラス（VBchan.vb）

```
''' <summary>
''' VBちゃんの本体クラス
''' </summary>
Public Class VBchan
    ''' <summary>オブジェクト名を保持するフィールド</summary>
    Private _name As String

    ''' <summary>VBDictionaryオブジェクトを保持するフィールド</summary>
    Private _dictionary As VBDictionary

    ''' <summary>VBchanEmotionオブジェクトを保持するフィールド</summary>
    Private _emotion As VBchanEmotion

    ''' <summary>RandomResponderオブジェクトを保持するフィールド</summary>
```

```
Private _res_random As RandomResponder

''' <summary>RepeatResponderオブジェクトを保持するフィールド</summary>
Private _res_repeat As RepeatResponder

''' <summary>PatternResponderオブジェクトを保持するフィールド</summary>
Private _res_pattern As PatternResponder

''' <summary>TemplateResponderオブジェクトを保持するフィールド</summary>
Private _res_template As TemplateResponder  ' ――――――――――――― ❶

''' <summary>Responder型のフィールド</summary>
Private _responder As Responder

' _nameの読み取り専用プロパティ
Public ReadOnly Property Name As String
    Get
        Return _name
    End Get
End Property

' _emotionの読み取り専用プロパティ
Public ReadOnly Property Emotion As VBchanEmotion
    Get
        Return _emotion
    End Get
End Property

''' <summary>
''' VBchanクラスのコンストラクター
''' 必要なクラスのオブジェクトを生成してフィールドに格納する
''' </summary>
''' <param name="name">プログラムの名前</param>
Public Sub New(name As String)
    ' オブジェクト名をフィールドに格納
    _name = name
    ' VBDictionaryのインスタンスをフィールドに格納
    _dictionary = New VBDictionary()
    ' VBchanEmotionのインスタンスをフィールドに格納
    _emotion = New VBchanEmotion(_dictionary)
    ' RepeatResponderのインスタンスをフィールドに格納
    _res_repeat = New RepeatResponder("Repeat", _dictionary)
```

```
        ' RandomResponderのインスタンスをフィールドに格納
        _res_random = New RandomResponder("Random", _dictionary)
        ' PatternResponderのインスタンスをフィールドに格納
        _res_pattern = New PatternResponder("Pattern", _dictionary)
        ' TemplateResponderのインスタンスをフィールドに格納
        _res_template = New TemplateResponder("Template", _dictionary) ' ―― ❷
    End Sub

    ''' <summary>
    ''' 応答に使用するResponderサブクラスをチョイスして応答フレーズを作成する
    ''' </summary>
    ''' <param name="input">ユーザーの発言</param>
    '''
    ''' <returns>Responderサブクラスによって作成された応答フレーズ</returns>
    Public Function Dialogue(input As String) As String
        ' ユーザーの発言をパターン辞書にマッチさせ、
        ' マッチした場合は機嫌値の更新を試みる
        _emotion.Update(input)

        ' ユーザーの発言を形態素解析にかけて
        ' {形態素, 品詞情報}の配列を格納したリストを取得
        Dim parts As List(Of String()) = Analyzer.Analyze(input)

        ' Randomのインスタンス化
        Dim rnd As New Random()
        ' 0～9の範囲の値をランダムに生成
        Dim num As Integer = rnd.Next(0, 10)

        If num < 4 Then
            ' 0～3ならPatternResponderをチョイス
            _responder = _res_pattern
        ElseIf num < 7 Then ' ―― ❸
            ' 4～6ならTemplateResponderをチョイス
            _responder = _res_template
        ElseIf num < 9 Then
            ' 7～8ならRandomResponderをチョイス
            _responder = _res_random
        Else
            ' どの条件も成立しない場合はRepeatResponderをチョイス
            _responder = _res_repeat
        End If
```

```
        ' ユーザーの発言を記憶する前にResponse()メソッドを実行して応答フレーズを生成
        Dim resp As String = _responder.Response(
            input,          ' ユーザーの発言
            Emotion.Mood,   ' 現在の機嫌値
            parts           ' {形態素, 品詞情報}の配列を格納したリスト ――――― ❹
            )
        ' ユーザーの発言と形態素解析の結果を引数にしてVBDictionaryのStudy()を実行する
        _dictionary.Study(input, parts)

        ' 応答メッセージをReturnする
        Return resp
    End Function

    ''' <summary>
    ''' ResponderクラスのNameプロパティを参照して
    ''' 応答に使用されたサブクラス名を返す
    ''' </summary>
    ''' <remarks>
    ''' Form1クラスのPrompt()メソッドから呼ばれる
    ''' Prompt()はVBちゃんのプロンプト文字を作るメソッド
    ''' </remarks>
    Public Function GetName() As String
        Return _responder.Name
    End Function

    ''' <summary>VBDictionaryクラスのSave()を呼び出すための中継メソッド</summary>
    ''' <remarks>Form1クラスのForm1_FormClosed()から呼ばれる</remarks>
    Public Sub Save()
        _dictionary.Save()
    End Sub
End Class
```

●ソースコードの解説

❶Private _res_template As TemplateResponder

TemplateResponderオブジェクトを保持するフィールドです。

❷_res_template = New TemplateResponder("Template", _dictionary)

コンストラクター内部にTemplateResponderオブジェクトを生成する処理が追加されました。

❸If num < 4 Then
```
  _responder = _res_pattern
ElseIf num < 7 Then
  _responder = _res_template
ElseIf num < 9 Then
  _responder = _res_random
Else
  _responder = _res_repeat
End If
```
30パーセントの確率でTemplateResponderオブジェクトが使われるようにしています。

❹Dim resp As String = _responder.Response(input, _emotion.Mood, parts)

ResponderのResponse()メソッドが形態素解析の結果を引数として要求するようになったので、partsを引数に加えています。

テンプレート学習を実装したVBちゃんと対話してみる

はたしてVBちゃんはテンプレートを学習するようになったのでしょうか。さっそく試してみましょう。

▼実行中のVBちゃん

画面左に表示されているログを抜き出してみると、次のようになっていました。

▼VBちゃんとの対話

```
> お腹すいたな
VBちゃん：Template> お腹ってよくわかんないよ
> お腹すいたよ、パスタ食べたい
VBちゃん：Template> お腹がわかると、パスタのよさがわかるんだ
> パスタならカルボナーラがいいな
VBちゃん：Template> パスタとカルボナーラのこと知りたいなあ
> トマトのリゾットもいいよね
VBちゃん：Pattern> トマトもいいけどリゾットもね
```

短い対話でしたが、テンプレート辞書にパターン辞書を織り交ぜたうまい応答が返ってきています。ただ、テンプレート辞書の場合は、たんに名詞を入れ替えているだけなので、「お腹がわかると、パスタのよさがわかるんだ」とちょっとおかしなことを言ったりしています。

今回の対話では「お腹すいたな」という発言から

```
1[Tab]%noun%すいたな
```

をテンプレートとして学習し、「お腹すいたよ、パスタ食べたい」という発言から

```
2[Tab]%noun%すいたよ、%noun%食べたい
```

をテンプレートとして学習しました。さらに「パスタならカルボナーラがいいな」という発言から

```
2[Tab]%noun%なら%noun%がいいな
```

をテンプレートとして学習し、「トマトのリゾットもいいよね」という発言から

```
2[Tab]%noun%の%noun%もいいよね
```

を学習し、テンプレート辞書ファイルへの保存が行われました。

一方、応答の中で

```
お腹がわかると、パスタのよさがわかるんだ
```

という応答がありましたが、これは

```
%noun%がわかると、%noun%のよさがわかるんだ
```

というテンプレート文字列が使われた結果です。言いたいことはわかるものの、おかしな言い方になっています。この場合は、1つの案として、テンプレート辞書ファイルを開いて前記のテンプレートを

```
そんな%noun%なら%noun%のよさがわかるんだ
```

のように修正しておくよいかもしれません。そうすると

```
そんなお腹ならパスタのよさがわかるんだ
```

というフレーズにすることができ、先ほどよりはまともな文章になります。
　キーワードを「アンドロメダ」と「宇宙船」に変えた場合も

```
そんなアンドロメダなら宇宙船のよさがわかるんだ
```

という応答フレーズになります。
　対話を長く続けると、パターン辞書と同様におかしなテンプレートを覚えてしまうこともあります。そのままにしておくと、支離滅裂なことを言う確率が上がってしまいますので、たまには辞書ファイルを開いて整理するとよいでしょう。

　ちなみにパターン辞書ファイルを開いてみると、

```
0##お腹[Tab]0##お腹すいたな|0##お腹すいたよ、パスタ食べたい
0##パスタ[Tab]0##パスタならカルボナーラがいいな
0##トマト[Tab]0##トマトのリゾットもいいよね
```

のように、「お腹」「パスタ」「トマト」をパターン文字列にして、それぞれの応答フレーズが追加されていました。

Perfect Master Series
Visual Basic 2022

Chapter

ADO.NETによるデータベースプログラミング

Visual Basicに搭載されているADO.NETを利用すると、データベースシステムと連携したアプリケーションを構築することができます。
ここでは、データベースを利用したデスクトップアプリの開発手順を紹介します。

Section

7.1

ADO.NETの概要

Level ★★★　Keyword　ADO.NET　DBMS

ADO.NETは、Visual BasicやVisual C#などの.NET Framework対応の言語から、データベースシステム(DBMS : Database Management System)を扱うためのライブラリです。ADO.NETのクラス群を利用することで、「SQL Server」や「Access」「Oracle」などのデータベースと接続して、処理を行うことができます。

ADO.NETによるデータベースシステムへの接続

ADO.NETの機能は、.NET Frameworkに組み込まれているので、Visual Studioから、すぐに利用することができます。

●ADO.NETに含まれるデータベースアクセス用のクラス

- **SqlConnection**
  SQL Serverに接続します。
- **OracleConnection**
  Oracleデータベースに接続します。
- **OleDbConnection**
  従来から利用されている汎用的なデータ接続を行うためのクラスです。

●SQLによる処理の依頼

SQL Serverなどのデータベースシステムに処理を依頼するときは、SQL言語を使用します。プログラム側からのSQL文の送信は、ADO.NETで提供されているSqlCommandクラスのオブジェクト(インスタンス)にSQL文を格納し、ExecuteReader()メソッドを使って行います。

7.1.1 ADO.NETとデータベースプログラミング

ADO.NETは、プログラム側からデータベースに接続するためのテクノロジーです。そのため、データベースサーバーではなく、クライアントアプリケーションが稼動するコンピューターに、ADO.NETを含む.NET Frameworkがインストールされていることが必要です。

▼クライアント/サーバー型システム

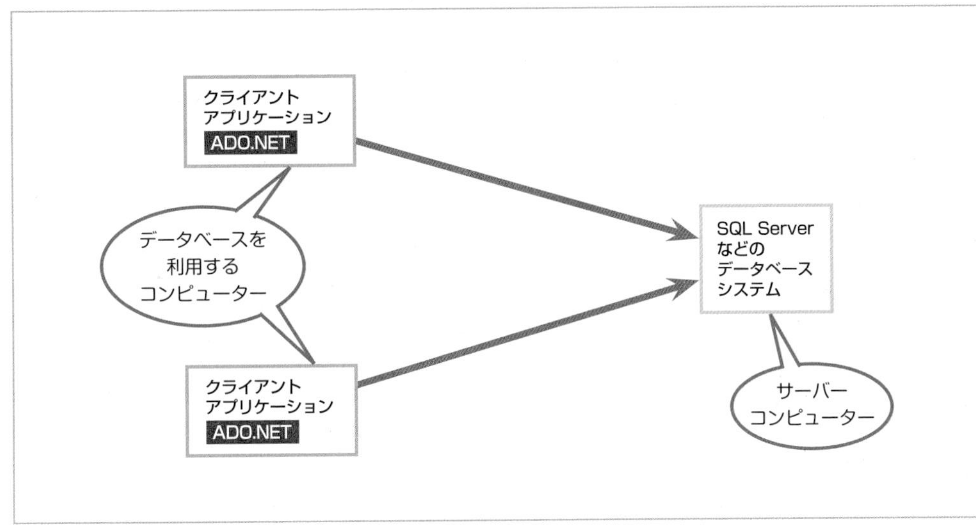

▼Webを利用したシステム

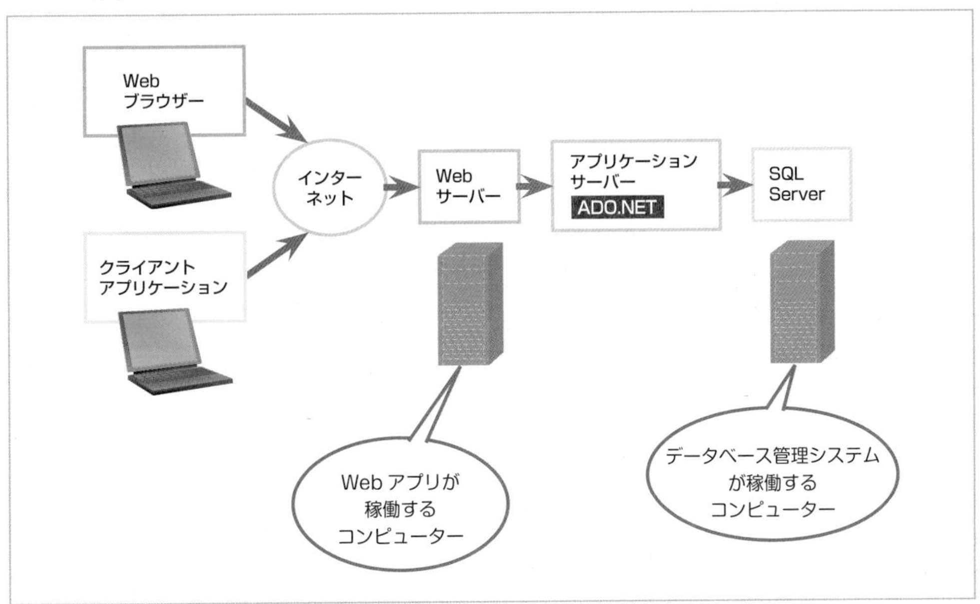

7.1.2 データベース管理システム

データベースを管理するソフトウェアのことをデータベース管理システム（**DBMS**：Database Management System）と呼びます。この中でも、SQL ServerやOracleなどのデータベースは、データの管理形態である**テーブル**を複数、連結して処理を行えることから、**リレーショナルデータベース管理システム**（**RDBMS**：Relational Database Management System）と呼ばれます。RDBMSを含むDBMSは、主に次のような処理を行います。

・データを保存するためのデータベースの作成（構築）
・データの追加や更新、削除
・問い合わせに対して蓄積されたデータの中から回答
・データベースの保守やセキュリティに関する処理

SQLによる処理の依頼

クライアントプログラムがRDBMSに処理を依頼するときは、SQL言語を使って処理の内容を伝えます。SQL言語で書いた命令（SQL文）をRDBMSに送れば、SQL文の内容が解釈されて処理が行われます。

なお、SQL Serverの**SQL Server Management Studio**のようにGUI画面を持つクライアントプログラムもありますが、すべての操作結果は最終的にSQL文に変換されてRDBMSに送られます。

データベースファイルとテーブル

データベースを利用するには、データベース用のファイルを作成し、このファイルの中にテーブル（表）を作成します。テーブルは、具体的なデータを格納するためのもので、Excelのワークシートのように列（カラム）と行（レコード）で構成された表形式の構造を持ちます。それぞれの列には、「Name」や「Address」などデータを分類するための名前を付け、列に登録するデータの型を指定することでデータの種類を設定します。

Section

7.2 データベースの作成

Level ★★★ | Keyword | サービスベースのデータベース　テーブルデザイナー

Visual Studioでデータベースを作成し、データの登録までを行います。

データベースの作成

データベースやテーブルの作成は、すべてVisual Studioで行うことができます。

●データベースの作成からデータの登録までの手順

①データベースを作成する

データベースは、**新しい項目の追加**ダイアログボックスの**サービスベースのデータベース**を使って作成します。

②テーブルの作成

データを登録するためのテーブルを、Visual Studioの**テーブルデザイナー**を使って作成します。

③データの登録

テーブルデザイナーの**データ**ウィンドウを使って行います。

▼[新しい項目の追加]ダイアログボックス

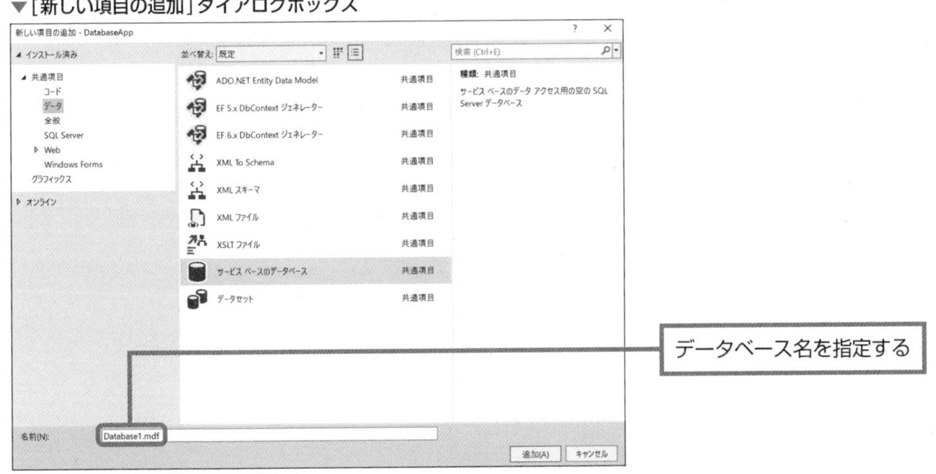

▼テーブルデザイナー

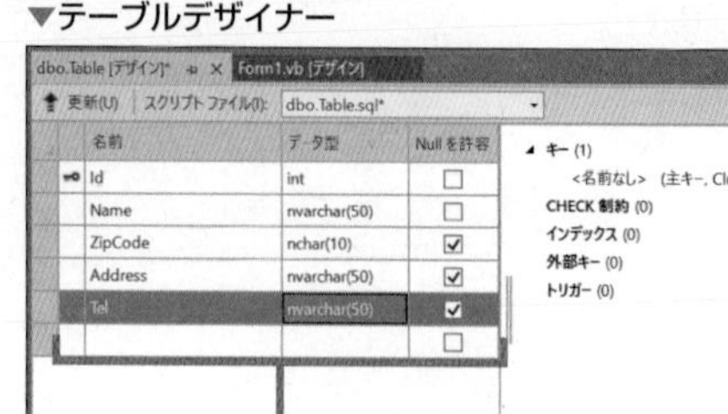
列名や登録するデータの
型を指定する

▼データウィンドウ

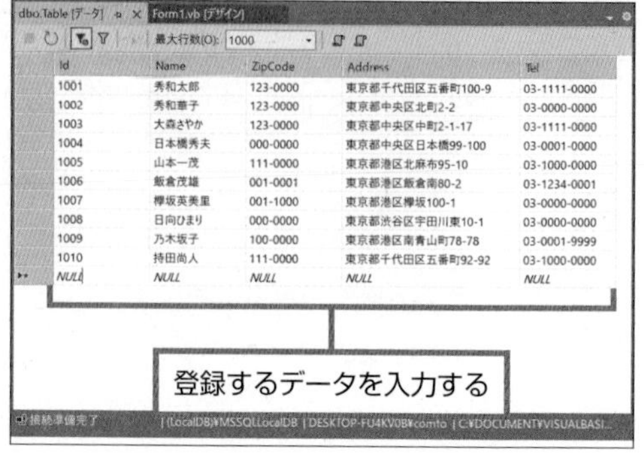
登録するデータを入力する

7.2.1 データベースを作成する

Visual Studioのスタート画面を表示し、**新しいプロジェクトの作成**を選択しましょう。使用する言語で**Visual Basic**を選択した状態で、**Windowsフォームアプリケーション（.NET framework）**を選択し、**次へ**ボタンをクリックしてプロジェクトを作成します。

データベースは、**新しい項目の追加**ダイアログボックスの**サービスベースのデータベース**を使って作成します。データベースファイル（拡張子「.mdf」）は、ソリューションフォルダー内のプロジェクト用フォルダーの中に作成されます。

▼［新しい項目の追加］ダイアログボックス
（プロジェクト「Database」）

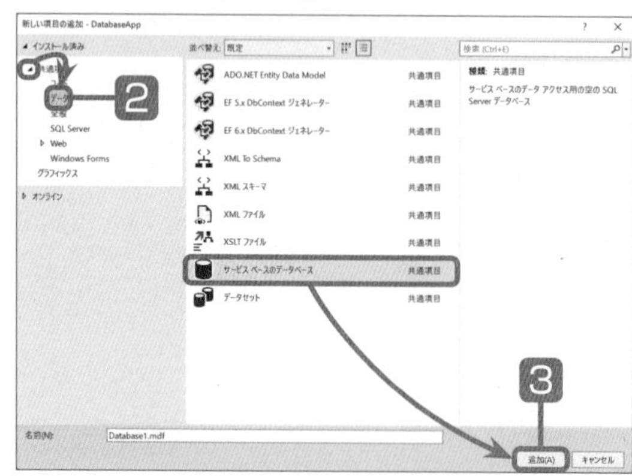
2
3

1. **プロジェクト**メニューの**新しい項目の追加**を選択してダイアログボックスを表示します。
2. **共通項目**を展開して**データ**カテゴリを選択します。
3. **サービスベースのデータベース**を選択して、**追加**ボタンをクリックします。

Onepoint

ここでは、デフォルトで設定されているデータベース名「Database1.mdf」をそのまま使用しています。別の名前を付けたい場合は、**名前**の欄に任意のデータベース名を入力してください。

▼サーバーエクスプローラー

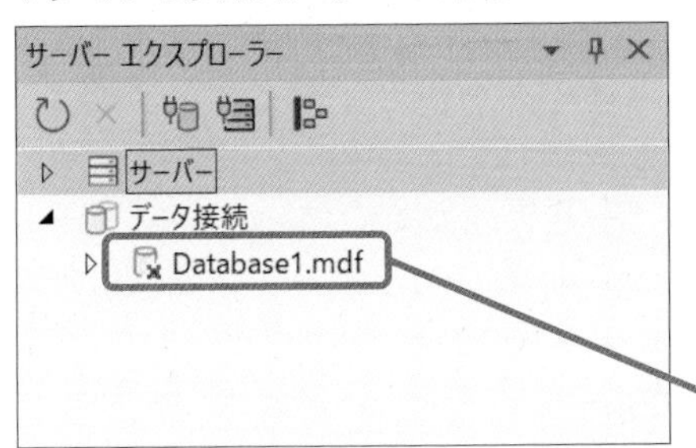

作成したデータベースが表示されている

4 **表示**メニューをクリックし、**サーバーエクスプローラー**を選択します。

5 **サーバーエクスプローラー**の**データ接続**を展開すると、作成したデータベースが表示されていることが確認できます。

Memo データベースへの接続と切断

データベースへの接続は、サーバーエクスプローラーで行うことができます。データベースから切断されている場合は、右図のように表示されます。

▼データベースから切断されている場合

切断されている状態を示すアイコン

データ接続またはデータベースファイル名を選択した状態で、**最新の情報に更新**ボタンをクリックすると、右図のように、データベースに接続されている状態であることを示すアイコンが表示されます。

▼データベースに接続している場合

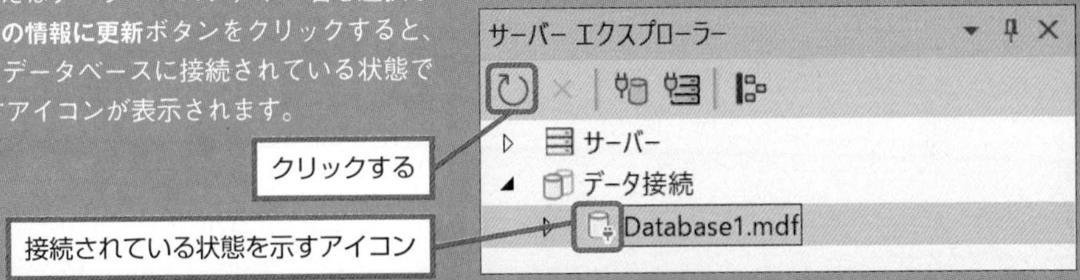

クリックする

接続されている状態を示すアイコン

データベースから切断する場合は、データベース名が表示されている部分を右クリックして**データベースのデタッチ**を選択します。

▼データベースから切断する

コンテキストメニューの[データベースのデタッチ]を選択する

7 ADO.NETによるデータベースプログラミング

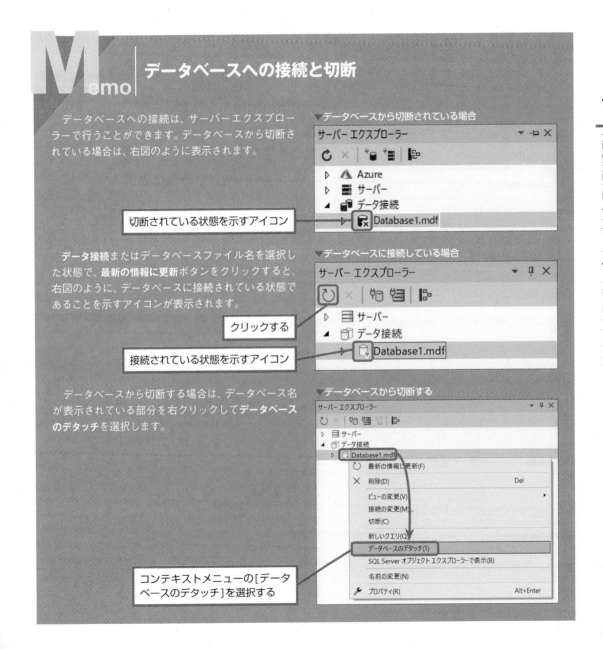

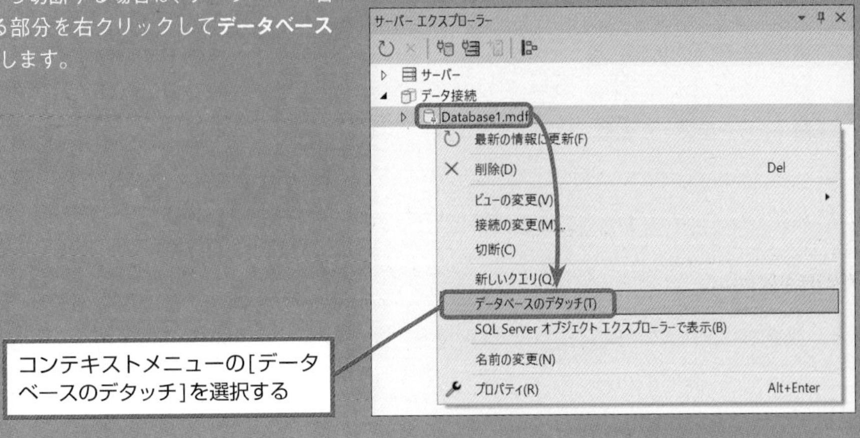

7.2.2 テーブルの作成

データベースの作成が完了したら、実際にデータを登録するためのテーブルを作成します。テーブルの作成は、Visual Studioの**テーブルデザイナー**を使って行います。

1. サーバーエクスプローラーで、データベースの内容を展開します。
2. **テーブル**を右クリックして**新しいテーブルの追加**を選択します。
3. **テーブルデザイナー**が表示されるので、テーブルの1行目の**名前**の入力欄に**Id**と入力します。
4. データ型で**int**を選択します。

▼サーバーエクスプローラー

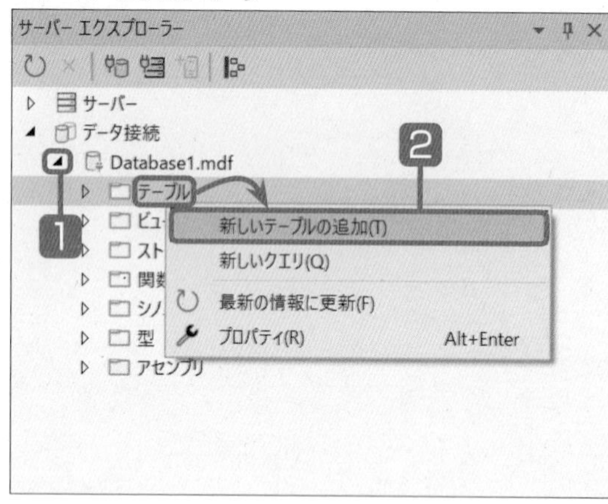

▼テーブルデザイナー

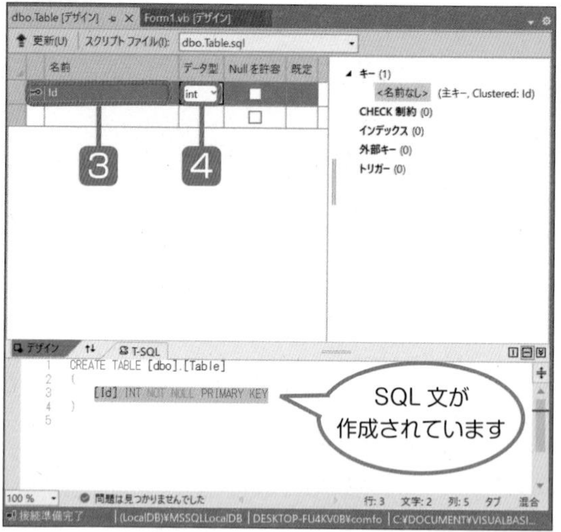

▼テーブルデザイナー

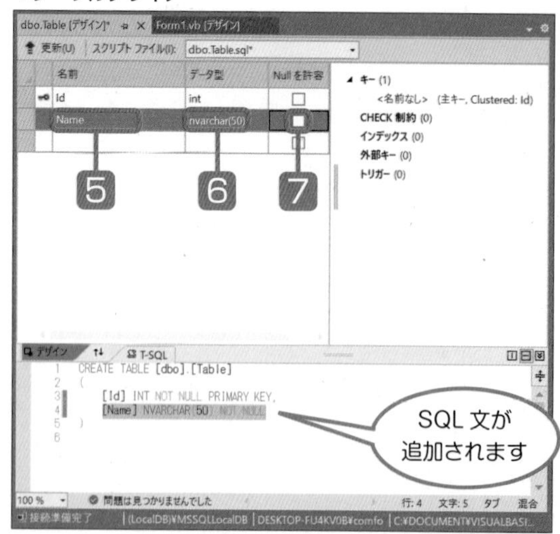

5. テーブルの2行目の名前の入力欄に「Name」と入力します。
6. データ型で**nvarchar(50)**を選択します。
7. データの入力を必須（**Nullを許容**のチェックを外す）にします。

8 テーブルの3行目の名前の入力欄に「Zip Code」と入力します。

9 データ型で**nchar(10)**を選択します。

10 **Nullを許容**にチェックを入れます。

▼テーブルデザイナー

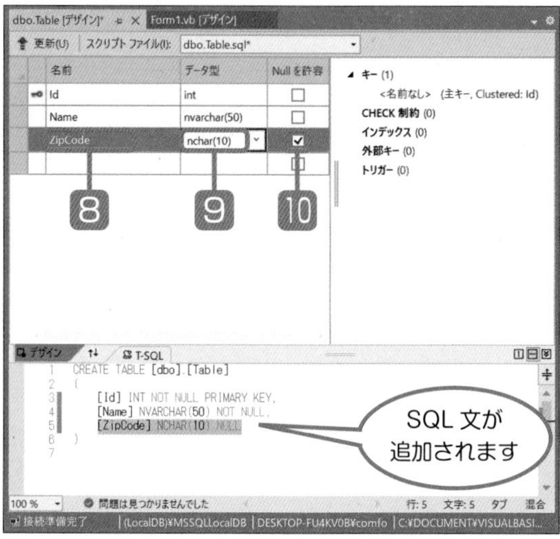

11 テーブルの4行目の名前の入力欄に「Address」と入力します。

12 データ型で**nvarchar(50)**を選択します。

13 **Nullを許容**にチェックを入れます。

▼テーブルデザイナー

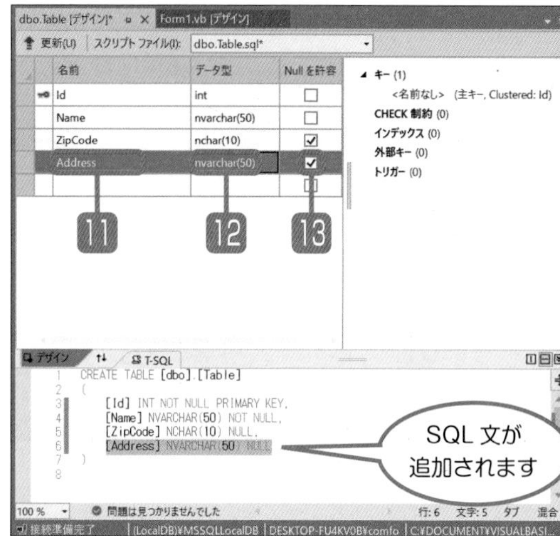

▼テーブルデザイナー

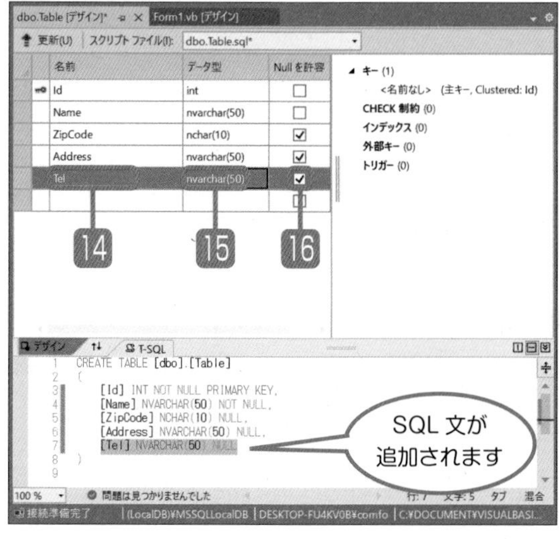

14 テーブルの5行目の**名前**の入力欄に「Tel」と入力します。

15 データ型で**nvarchar(50)**を選択します。

16 **Nullを許容**にチェックを入れます。

17 **更新**をクリックして、作成したテーブルを保存します。

▼テーブルデザイナー

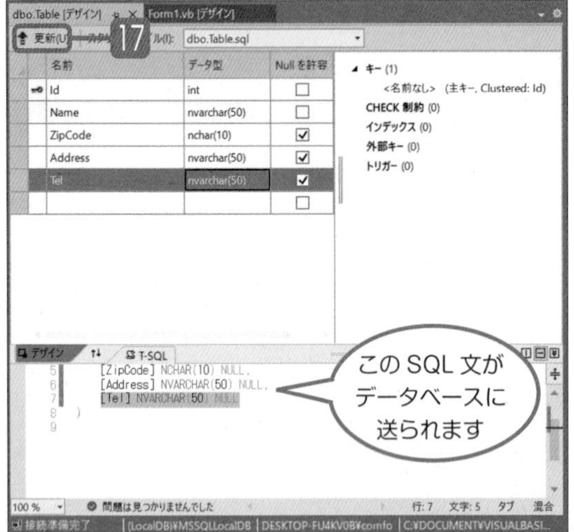

18 **データベース更新のプレビュー**ダイアログボックスが表示されるので、**データベースの更新**をクリックして、データベースの内容を更新します。

▼[データベース更新のプレビュー]ダイアログボックス

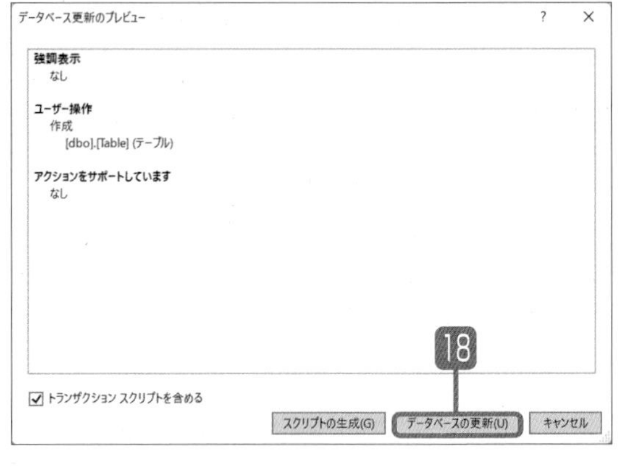

Onepoint

Nullとは、何も値がないことを示すための特殊な値です。データを入力する際に特定の列データを入力しない場合は、代わりにNullが設定されます。ここでは、Nullが設定されるのを禁止することで、データの入力を強制するようにしています。

Onepoint

以上の操作で、「Table」という名前のテーブルがデータベースに追加されます。Tableという名前は、デフォルトで設定されている名前を利用しています。

Hint テーブル名の指定

データベースには、任意の数だけテーブルを作成することができます。この場合、初期状態で「Table」のように自動で名前が付けられます。任意の名前を付けたい場合は、**T-SQL**タブのコードペインに表示されている次のコードを直接、書き換えます。

```
CREATE TABLE [dbo].[Table]
```

「Table」を次のように、任意の名前に書き換えます。

```
CREATE TABLE [dbo].[Customer]
```

作成したテーブルを確認する

作成したテーブルは、**サーバーエクスプローラー**で確認できます。

▼サーバーエクスプローラー

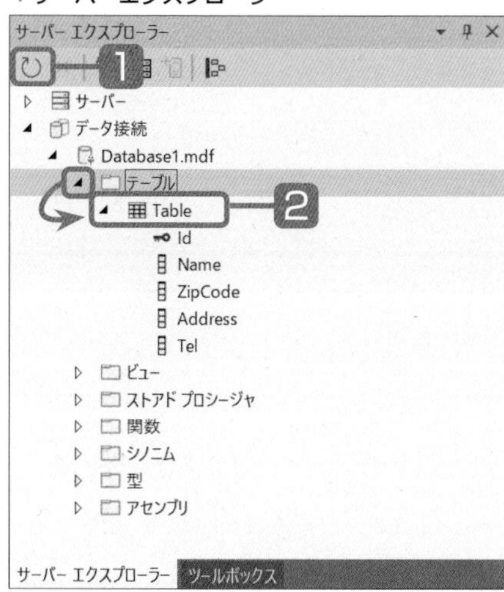

1 サーバーエクスプローラーの表示を更新します。**最新の情報に更新**ボタンをクリックします。

2 **テーブル**の▷をクリック➡**Table**の▷をクリックします。

Attention

サーバーエクスプローラーに目的のデータベースが表示されない場合は、ソリューションエクスプローラーで、対象のデータベース名をダブルクリック、または右クリックして**開く**を選択します。

Memo SQL Serverで使用する主なデータ型

Visual Studioには、デフォルトでRDBMSの「SQL Server Express」が付属しています。SQL Server ExpressはMicrosoft社の「SQL Server（有償版）」の簡易版ですが、1つのデータベースに10ギガバイトまでのデータを保存することができます。

以下は、SQL Server（SQL Server Express含む）で定義されているデータ型です。

型名	内容	値の範囲	メモリーサイズ
int	整数データ型	-2^{31} (−2,147,483,648) ～ $2^{31}-1$ (2,147,483,647)	4バイト

・数値を登録する列に指定するデータ型です。プラスとマイナスの両方の値を扱います。小数を含むことはできません。

型名	内容	文字列の長さの範囲	メモリーサイズ
char	固定長文字列データ	1～8,000	nバイト（char(n)で指定）

・文字列の長さ（最大長）を、char(10)やchar(200)のように（）を使って、バイト長で指定します。
・char(6)の列に「abc」と入力した場合は、「abc□□□」のように残りの文字として半角スペースが埋め込まれ、長さは常に6バイトに保たれます。
・固定長文字列を格納するので、電話番号や郵便番号のように長さが一定の文字列を格納するのに適しています。

型名	内容	文字列の長さの範囲	メモリーサイズ
varchar	可変長の文字列データ	1～8,000	最大n+2バイト（varchar(n)で指定）

・文字列の最大の長さを、varchar(50)のように()を使って、バイト長で指定します。
・varchar(30)の列に「abc」と入力した場合は「abc」のように登録され、残りの文字として半角スペースが埋め込まれまることはないので、登録する内容によって文字列の長さがバラバラです。
・格納サイズは、入力したデータの実際の長さ+2バイトとなります。
・可変長文字列を格納するので、名前や住所などの長さが一定ではない文字列を格納するのに適しています。

型名	内容	文字列の長さの範囲	メモリーサイズ
nchar	固定長の文字列データ	1～4,000	nの2倍のバイト数（nchar(n)で指定）

・nchar(n)のnで文字列の長さを定義します。この場合、nの2倍の記憶領域が用意されるため、2バイト文字であれば文字数とnの値が同じになるので、文字数でサイズ指定が行えます。

型名	内容	文字列の長さの範囲	メモリーサイズ
nvarchar	可変長の文字列データ	1～4,000	最大でnの2倍のバイト数（nvarchar(n)で指定）

・nvarchar(n)のnで文字列の長さを定義します。この場合、最大でnの2倍の記憶領域が使用できます。2バイト文字であれば、文字数とnの値が同じになるので、最大文字数でサイズ指定が行えます。

型名	内容
datetime	24時間形式の時刻と組み合わせた日付

・日付の範囲は、西暦で0001年1月1日から9999年12月31日。
・既定値は、「1900-01-01」
・メモリーサイズは3バイト（固定）。
・データを登録する際は、「YYYY-MM-DD」のように、年、月、日をハイフンで区切って入力します。

Memo コードペイン

テーブルデザイナーを表示すると、画面の下部に**コードペイン**が表示されます。テーブルデザイナーで操作した内容に基づいてSQL文が生成され、コードペインに表示されます。**更新**ボタンをクリックすると、コードペインに表示されているSQL文がSQL Serverに送信され、データベースの更新が行われます。

コードペインを見てみると、SQLのキーワードがすべて大文字で記述されていることが確認できます。SQLでは、大文字と小文字の区別は行われないので、小文字で書くことも大文字で書くこともできますが、一般的にSQLのキーワードであることがわかるように大文字で記述されます。

▼テーブルデザイナーのコードペイン

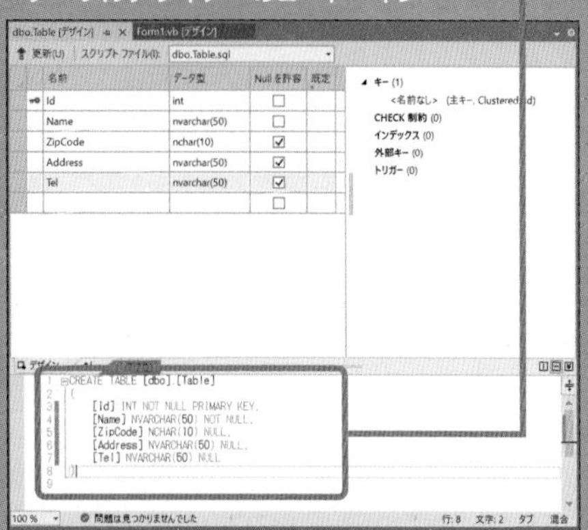

Hint テーブルの内容を変更するには

作成済みのテーブルに新たな列を追加したり、テーブルの内容を変更する場合は次のように操作します。

①サーバーエクスプローラーで対象のテーブルを右クリックして、**テーブル定義を開く**を選択します。

②テーブルの内容がテーブルデザイナーに表示されるので、テーブルの内容を変更します。

③**更新**ボタンをクリックします。

④**データベース更新のプレビュー**ダイアログボックスの**データベースの更新**をクリックします。

Hint プライマリーキー

テーブルデザイナーでテーブルの設計を行っているときに、列（カラム）名の左横に🔑のアイコンが表示されています。これは、この列に**プライマリーキー**（**主キー**）が設定されていることを示しています。

●プライマリーキーの特徴

- 値の重複を禁止します。
- 空のデータ（Null）の登録を禁止します。
- 1つの列（カラム）だけに設定できます。

IDや商品コード、社員番号のように、重複することが許されないことを「**一意**である」または「**ユニーク**である」といいます。このような一意の値を設定しなければならない列には、プライマリーキーを設定します。

7.2.3 データの登録

データの登録は、テーブルデザイナーのデータウィンドウを使って行います。

1 サーバーエクスプローラーで対象のテーブルを右クリックして、**テーブルデータの表示**を選択します。

▼サーバーエクスプローラー

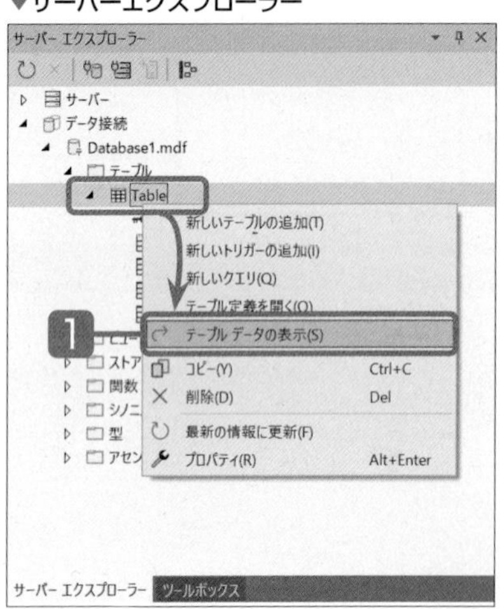

2 テーブルデザイナーに**データ**ウィンドウが表示されます。

3 1行目のデータを入力します。

▼テーブルデザイナー

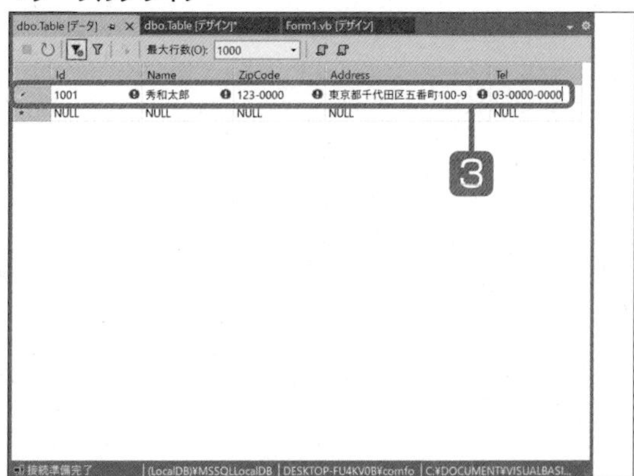

Onepoint

テーブルのデータは、1行入力するごとに自動的に登録されます。登録した行データを削除する場合は、該当の行を右クリックして**削除**を選択すると確認を求めるダイアログボックスが表示されるので、**はい**をクリックします。

▼データウィンドウ

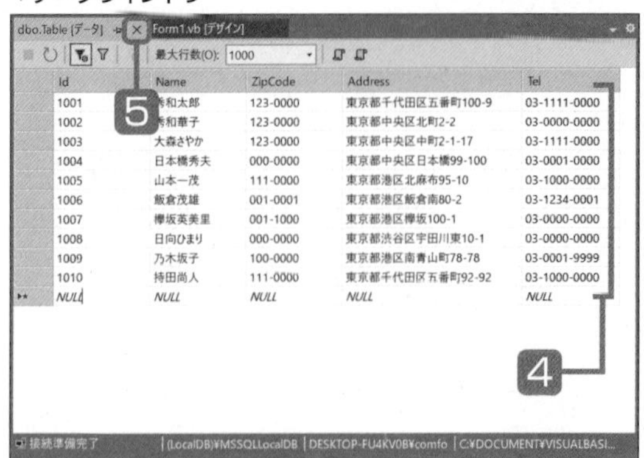

4 2行目以降のデータを入力します。

5 すべてのデータの入力が済んだら、**データ**ウィンドウを閉じます。

Onepoint

サーバーエクスプローラーで対象のテーブルを右クリックして、**テーブルデータの表示**を選択すると、**データ**ウィンドウが開いて登録したデータが表示されます。この場合、データの追加や削除が行えます。

Memo 指定した文字を含むデータを検索する(LIKEによるあいまい検索)

指定した文字を含むデータを検索するには、「LIKE演算子」を使用してデータの抽出を行います。

▼指定した文字を含むデータを検索する

構文

```
SELECT 結果を表示する列名 FROM テーブル名
WHERE 検索対象の列名 LIKE 条件
```

●あいまい検索の条件設定

「LIKE 条件」の条件の部分は、「%」や「_」などのワイルドカード(次表)を使って検索する文字を指定します。

ワイルドカード	働き	使用例	該当する例
%	0文字以上の任意の文字列に相当	%タ	データ
ベース%	ベースの文字と%の1文字	%木%	乃木坂
_(アンダースコア)	1文字に相当	_青山	南青山

次のように記述して、TextBoxに入力された文字列を含むデータを検索することができます。ただし、TextBoxに入力された文字列をそのままSQL文に挿入するのは不正な操作の原因になるので、別途で対策が必要になります。あくまでLIKEの使用例として見ておいてください。

```
SELECT * FROM [dbo].[Table]
WHERE Address
LIKE N'%<TextBoxに入力された文字列>%'
```

└<TextBoxに入力された文字列>の前後に0文字以上の文字を含むデータを検索

●日本語を使うときは「N」を付ける

Visual Studioで作成したプログラムからSQL Serverに日本語の文字列を送信するときは、プリフィックス(接頭辞)の「N」を付けるようにします。これは、文字コードにUnicodeが使用されていることを示すためです。Nを付けないと、文字化けが発生して、文字が正しく認識されない場合があるので注意してください。

Section

7.3 データセットによるデータベースアプリの作成

Level ★★★　Keyword　データセット　バインディングナビゲーター

データセットとは、データベースのデータをメモリー上に展開し、メモリー上のデータに対して操作を行う機能のことです。Visual Studioでは、データセットの作成が自動化されていて、ウィザードに沿って操作を進めるだけで簡単に作成できるようになっています。

ここが
ポイント!

データセットを利用したアプリの開発

本セクションでは、以下の手順で、データベースアプリを開発します。

•開発手順

①データセットの作成
②データセットのフォームへの登録
③データグリッドビューの設定

•サンプルプログラムの改造

①データグリッドビューの削除
②データの読み込みを行うボタンの配置
③データの更新を行うボタンの配置
④イベントハンドラーの作成

▼各コントロールの組み込み

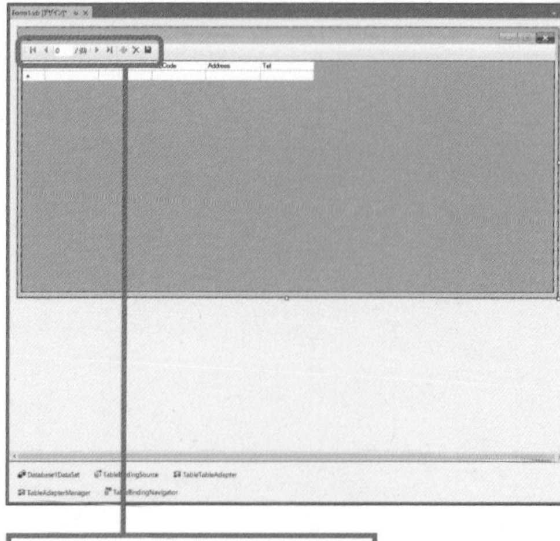

データセットコントロールを配置

▼完成したプログラム

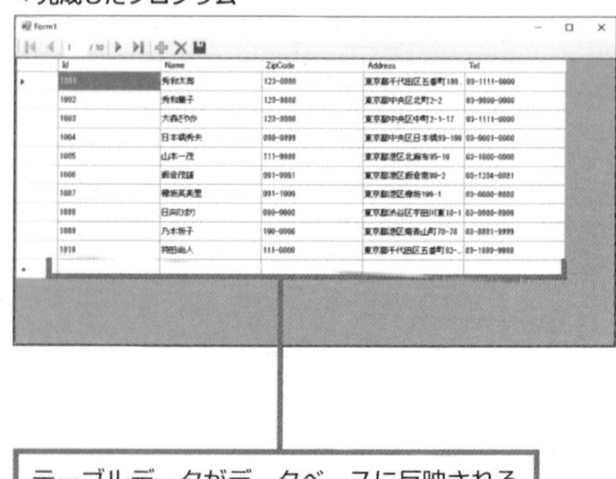

テーブルデータがデータベースに反映される

7.3.1　データベースアプリの作成

前セクションで作成したデータベースを含むWindowsフォームアプリケーション（.NET framework）用のプロジェクトを使って、データセットを利用したアプリを作成します。

最初に、データセットの作成を行います。**データセット**とは、データベースのデータをメモリー上に展開し、データの閲覧や追加、および削除、修正などの編集を行うための仕組みのことです。

●データセットの特徴

冒頭で紹介したように、データセットはデータベースのデータを一時的にメモリー上に読み込んでおき、プログラムに対してデータの読み書きを行う機能を提供します。

必要なデータを最初に一括して読み込んでおいて、読み込んだデータに対して画面上への表示やデータの編集を行うので、データを操作しようとするたびにデータベースに接続する必要はありません。編集や追加などの作業が済んだところでデータベースにアクセスし、データベースに記録されているデータをデータセットのデータに一気に書き換えます。

このように、データセットには、データベースとプログラムの中間に位置する、仮想的なデータベースとしての機能があります。

●「Visual Studio」+「SQL Server」で自動化されたデータベース接続

データセットは、データベースに接続するための設定情報を含むAdapter（アダプター）と呼ばれるプログラムやConnection（コネクション）と呼ばれるプログラムなどで構成されます。データセットの作成さえ行えば、あとは、データセットをフォームにドラッグ＆ドロップするだけで、データの閲覧と編集が行えるアプリケーションを作成できます。

データセットを作成しよう

前セクションで作成したデータベースを含むプロジェクトをそのまま利用して、以下の手順でデータセットを作成しましょう。

1. 前セクションで作成したプロジェクトをVisual Studioで開きます。

2. **表示**メニューをクリックして**その他のウィンドウ➡データソース**を選択します。

3 **新しいデータソースの追加**ボタンをクリックします。

▼[データソース]ウィンドウ

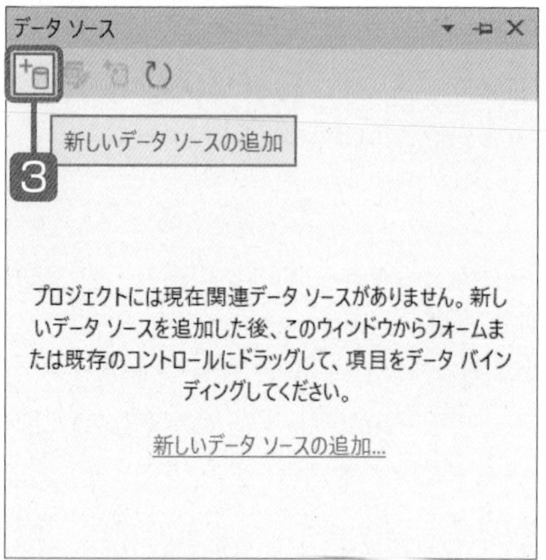

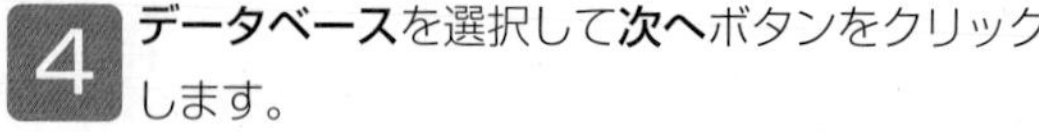

4 **データベース**を選択して**次へ**ボタンをクリックします。

▼[データソース構成ウィザード]

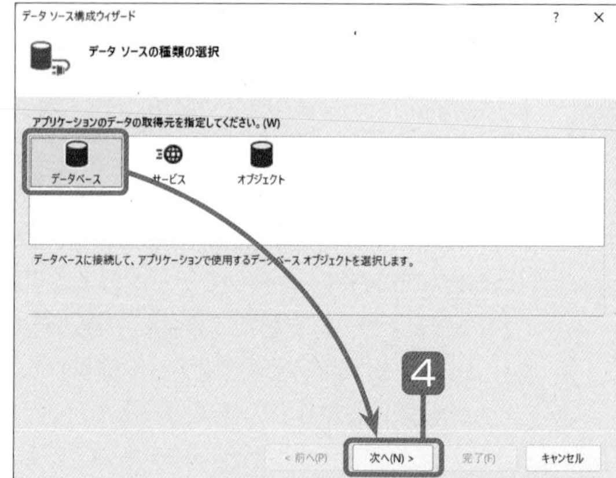

Attention

操作を始める前に、サーバーエクスプローラーでデータベースファイルを右クリックし、**データベースのデタッチ**を選択して、デタッチしておいてください。

Onepoint

アプリケーションがデータベースへの接続に使用するデータ接続を指定してください。に目的のデータベースが表示されている場合は、6〜11の操作は不要です。ここでは、データ接続を新たに設定する場合を想定して解説を行っています。

5 **データセット**を選択して**次へ**ボタンをクリックします。

▼[データソース構成ウィザード]

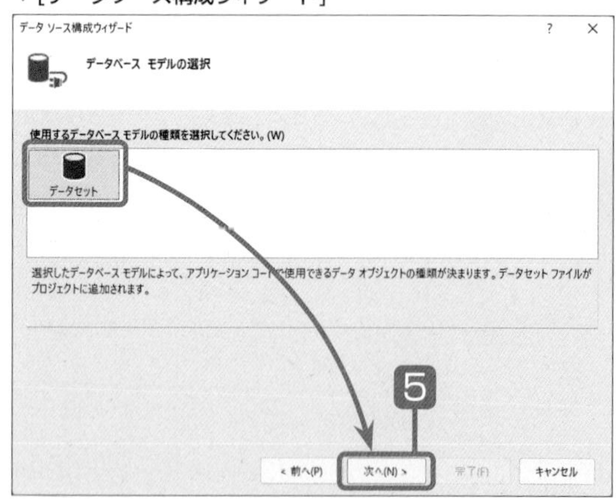

6 **新しい接続**ボタンをクリックします。

▼[データソース構成ウィザード]

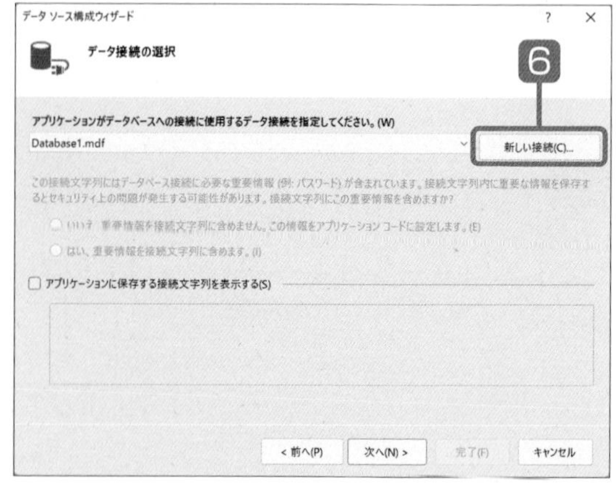

7 **データソース**でMicrosoft SQL Server **データベースファイル**を選択して**続行**ボタンをクリックします。

8 **データベースファイル名(新規または既存)**の**参照**ボタンをクリックします。

9 プロジェクト用フォルダーに保存されているデータベースファイルを選択して、**開く**ボタンをクリックします。

▼[データソースの変更]ダイアログボックス

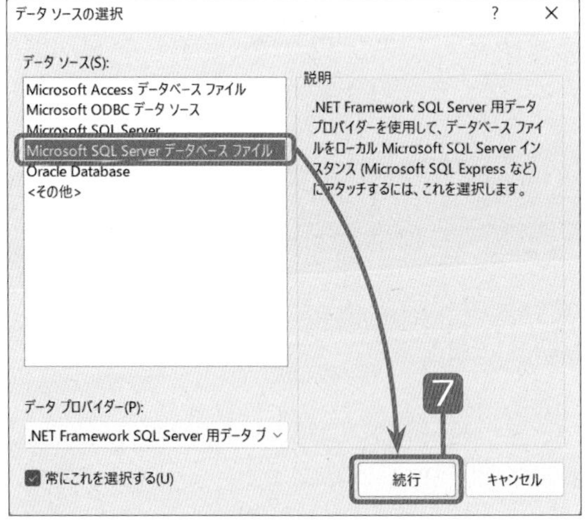

▼[接続の追加]ダイアログボックス

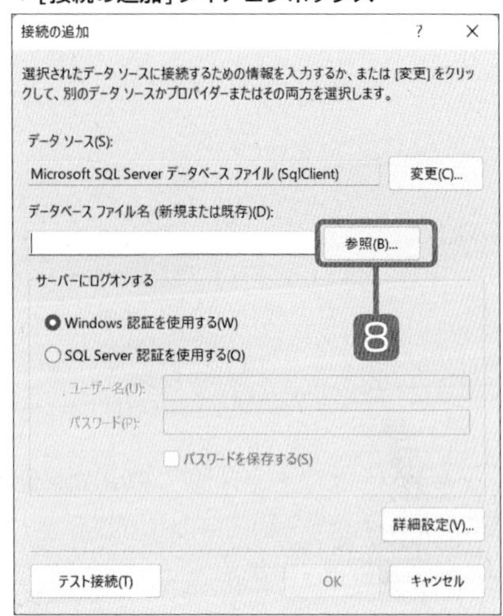

10 **Windows認証を使用する**をオンにして**OK**ボタンをクリックします。

11 **次へ**ボタンをクリックします。

▼[接続の追加]ダイアログボックス

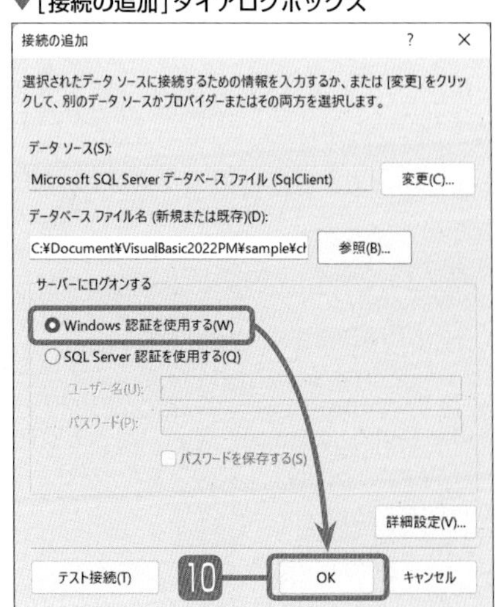

▼[データソース構成ウィザード]

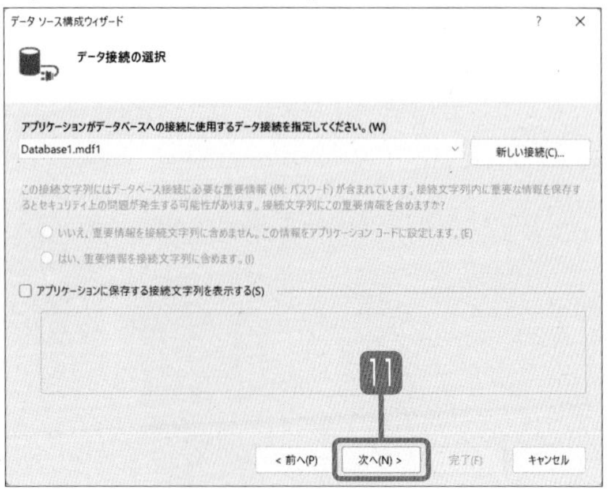

Onepoint

接続の追加ダイアログボックスで**テスト接続**ボタンをクリックすると、選択したデータベースへの接続を確認することができます。

12 **次へ**ボタンをクリックします。

▼[データソース構成ウィザード]

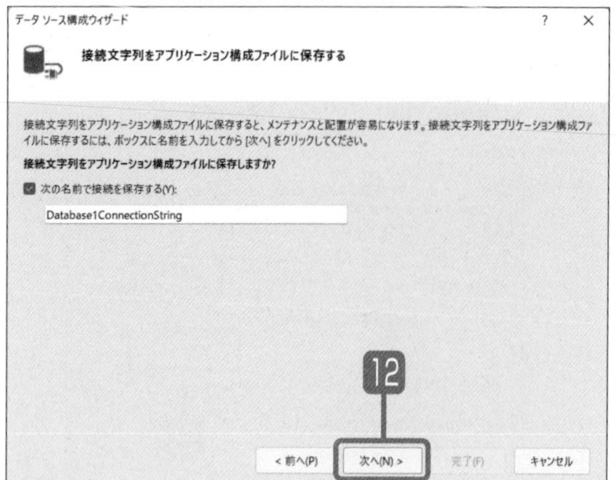

13 **テーブル**にチェックを入れて、操作を完了します。

▼[データソース構成ウィザード]

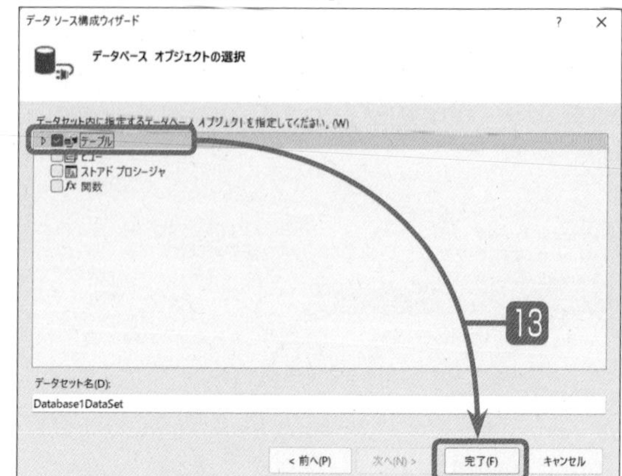

14 **データソース**ウィンドウで、**Database1DataSet**に、作成済みのテーブルが表示されていることが確認できます。

▼[データソース]ウィンドウ

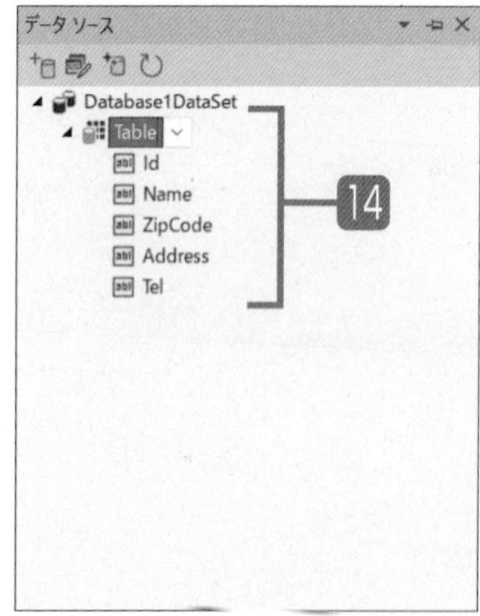

データセットをフォームに登録しよう

データセットをフォームに登録しましょう。

1. Windowsフォームデザイナーでフォームと**データソース**ウィンドウを表示します。
2. **データセット**を展開し、**テーブル**のタイトルをフォーム上へドラッグします。
3. **データセット**コントロールと**バインディングナビゲーター**がフォーム上に配置されます。
4. フォームと**データセット**コントロールのサイズを調整します。

▼フォームデザイナーと［データソース］ウィンドウ

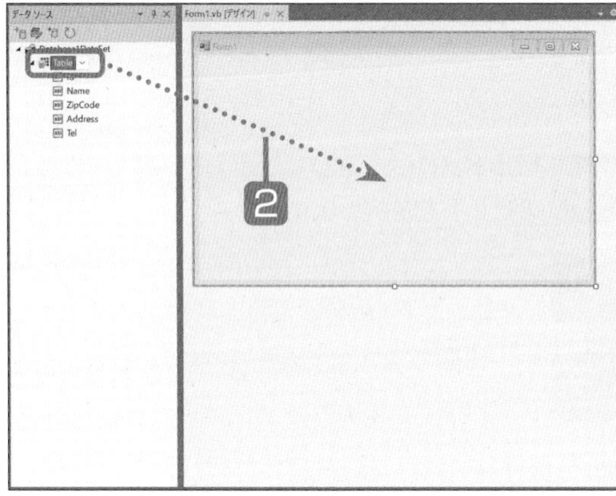

▼フォームデザイナー

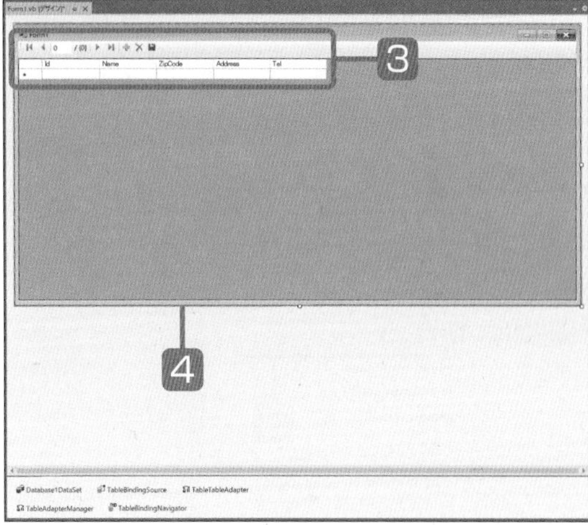

Onepoint

データセットをフォームにドラッグすると、データの表示機能を搭載した**データセット**コントロールとしてフォームに貼り付けられます。このとき、データの閲覧や更新を行うための**バインディングナビゲーター**がフォーム上部に配置されます。また、フォームデザイナーの下部のコンポーネントトレイに、5つのコンポーネントが表示されます。

7.3.2 プログラムのテスト

作成したプログラムは、データベースにアクセスして、テーブルの内容をアプリケーションウィンドウに表示します。また、**バインディングナビゲーター**を搭載しているので、ウィンドウ上で変更した内容は、データ更新用のボタンをクリックすることで、データベースに反映させることができます。

ここでは、デバックモードでの実行ではなく、ビルドを行って、実行可能ファイルからプログラムを実行してみることにします。デバッグモードでプログラムを実行した場合、データベースの更新を行ってプログラムを終了しても、再度、デバッグモードでプログラムを実行すると、データベースが当初の内容に書き換えられてしまい、編集した内容が確認できないためです。これは、ビルドを行うと、再度、プロジェクト内に保存されているデータベースファイルとリンクされてから、ビルドされることによるものです。実行可能ファイルからプログラムを起動した場合は、再度、ビルドを行わない限り、データベースを更新した内容は残り続けます。

▼「Debug」フォルダー内の実行可能ファイル

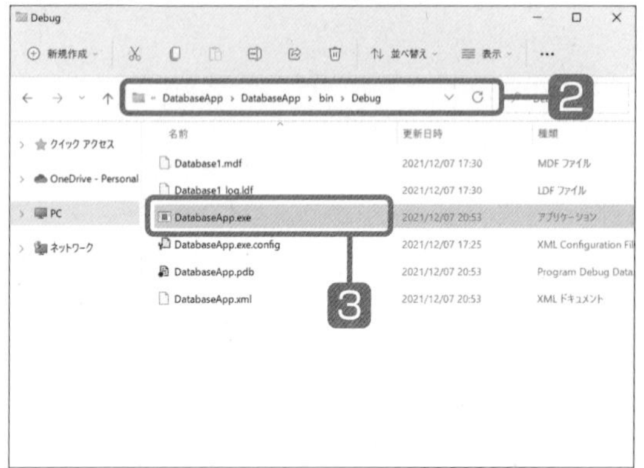

1 **ビルド**メニューをクリックし、**ソリューションのビルド**を選択します。

2 プロジェクト用のファイル内の➡「bin」➡「Debug」フォルダーを開きます。

3 実行可能ファイル（.exe）をダブルクリックします。

▼実行中のプログラム

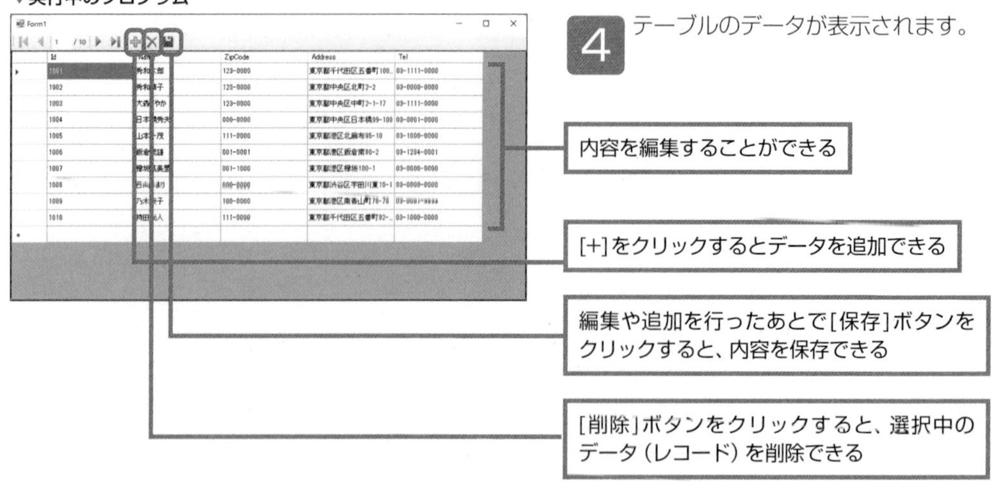

4 テーブルのデータが表示されます。

7.3.3 データ操作用のボタンが配置されたプログラムに改造してみよう

前の項目で作成したプログラムの**バインディングナビゲーター**を消去し、代わりに、**データのロード**ボタンと**更新**ボタンをフォーム上に配置して、それぞれのボタンをクリックしたときに、テーブルのデータの読み込みと更新を行うようにしてみましょう。

1 フォームデザイナーを表示し、下部のコンポーネントトレイに表示されている **TableBindingNavigator** を右クリックして、**削除**を選択します。

2 ボタンを2つ配置し、下表のとおりにプロパティを設定します。

▼[TableBindingNavigator]の削除

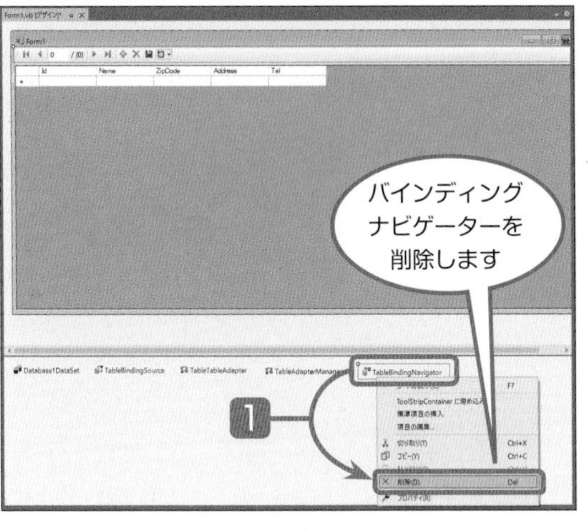
バインディング
ナビゲーターを
削除します
1

▼フォームデザイナー

[TableBindingNavigator]コンポーネントと、フォーム上の[TableBindingNavigator]コントロールが削除される
2
データのロード
更新

●プロパティの設定

▼Buttonコントロール(左側)

プロパティ名	設定値
(Name)	Button1
Text	データのロード

▼Buttonコントロール(右側)

プロパティ名	設定値
(Name)	Button2
Text	更新

3 **データのロード**ボタンをダブルクリックし、イベントハンドラーに次ページ上端のコードを記述します。なお、ソースコードに「TableBindingNavigatorSaveItem_Click()」や「Form1_Load()」などの不要なイベントハンドラーが記述されている場合は、それらを削除してください。

▼イベントハンドラー「Button1_Click()」

```
Private Sub Button1_Click(sender As Object, e As EventArgs) Handles Button1.Click
    TableTableAdapter.Fill(Database1DataSet.Table)
End Sub
```

「TableTableAdapter」の箇所には、TableAdapterコンポーネントの名前を入力します。テーブルの名前がTableの場合は、TableTableAdapterという名前になります。「Database1DataSet」の箇所には、DataSetコンポーネントの名前を入力します。データベースの名前がDatabase1の場合は、Database1DataSetという名前になります。その後ろの「Table」の部分には、テーブル名を入力します。

4 フォームデザイナーで**更新**ボタンをダブルクリックし、イベントハンドラーに以下のコードを記述します。

Onepoint
ここでは、Try...Catchステートメントを使って、データの更新に成功したときに「Update Successful!」と表示しています。

▼イベントハンドラー「Button2_Click()」

```
Private Sub Button2_Click(sender As Object, e As EventArgs) Handles Button2.Click
    Try
        TableTableAdapter.Update(Database1DataSet.Table)
        MsgBox("Update Successful!")
    Catch ex As Exception
    End Try
End Sub
```

「TableTableAdapter」、「Database1DataSet」およびその後ろの「Table」については3と同様です。

▼「Form1.vb」ファイルの不要なコードの削除

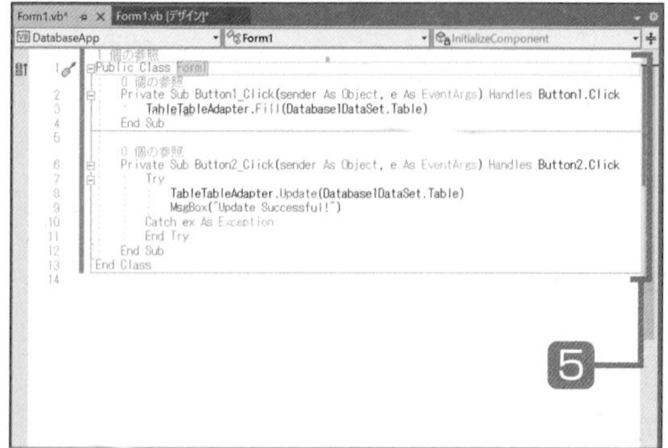

5 図のように、Form1.vbには事前に記述されていた2つのイベントハンドラーが削除され、Button1_Click()とButton2_Click()が記述されています。

6 **ビルド**メニューをクリックし、**ソリューションのビルド**を選択します。

7 プロジェクト用のファイル内の「bin」➡「Debug」フォルダーを開き、実行可能ファイル（拡張子「.exe」）をダブルクリックします。

▼実行中のプログラム

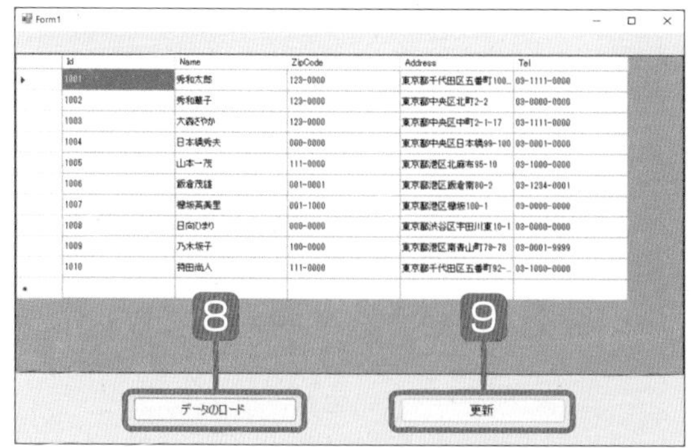

8 **データのロード**ボタンをクリックすると、テーブルのデータが表示されます。

9 データを変更した場合は、**更新**ボタンをクリックすると、更新した内容がデータベースに反映され、メッセージが表示されます。

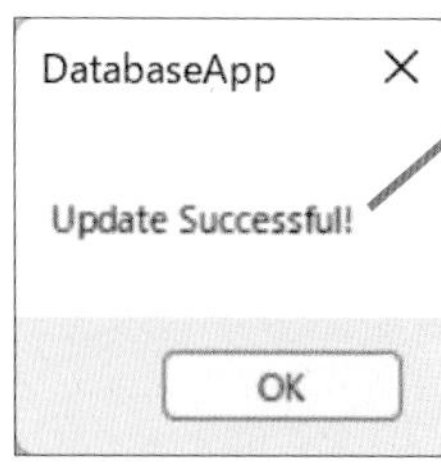

更新した内容がデータベースに反映され、メッセージが表示される

Onepoint

このプログラムでは、テーブルのデータの編集や追加は行えますが、一度登録した行データ（レコード）を削除することはできないので注意してください。

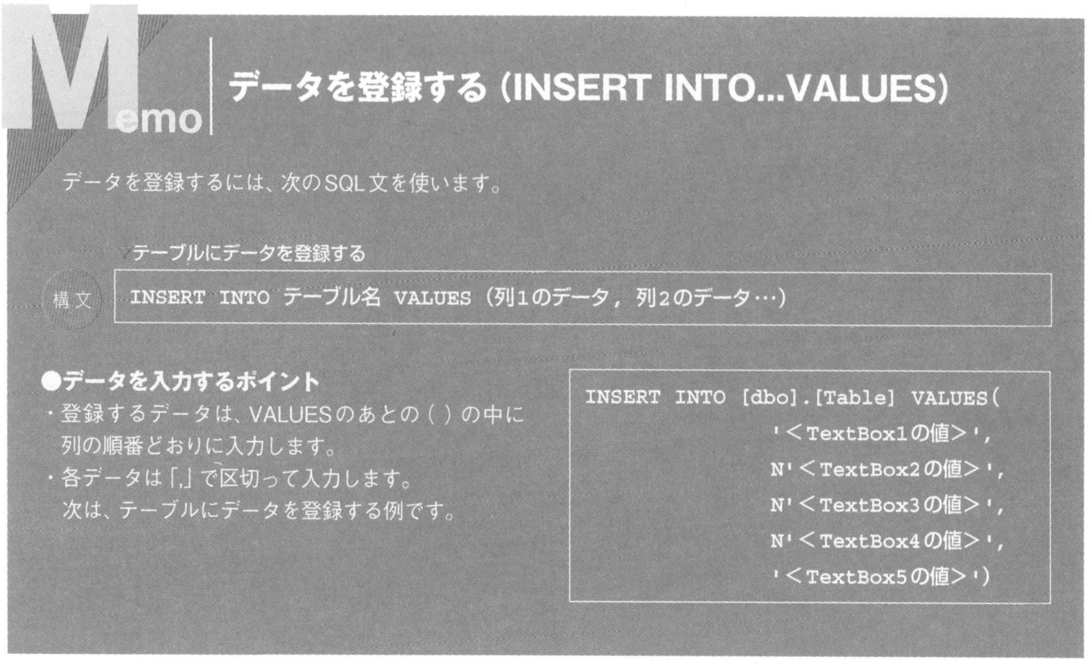

Memo　データを登録する（INSERT INTO...VALUES）

データを登録するには、次のSQL文を使います。

テーブルにデータを登録する

構文
```
INSERT INTO テーブル名 VALUES (列1のデータ, 列2のデータ…)
```

●**データを入力するポイント**

・登録するデータは、VALUESのあとの（ ）の中に列の順番どおりに入力します。

・各データは「,」で区切って入力します。

次は、テーブルにデータを登録する例です。

```
INSERT INTO [dbo].[Table] VALUES(
                    '<TextBox1の値>',
                    N'<TextBox2の値>',
                    N'<TextBox3の値>',
                    N'<TextBox4の値>',
                    '<TextBox5の値>')
```

MEMO

Perfect Master Series
Visual Basic 2022

Chapter 8

ASP.NETによるWebアプリケーション開発

ASP.NETは、サーバーサイドで実行するWebアプリケーションを実現するための技術の総称です。この章では、Visual BasicでWebアプリを開発する方法を紹介します。

Section

8.1 ASP.NETによるWebアプリケーション開発の概要

Level ★★★ | Keyword | ASP.NET　Webフォームコントロール　Webアプリケーションサーバー

Visual Studioでは、Visual Basicを使ってWebアプリケーションの開発を行うことができます。

Webアプリケーションの開発手順

ASP.NETによるWebアプリケーションの開発は、以下の手順で行います。

①Webアプリケーションプロジェクトの作成
②Webフォームの作成
③コントロールの配置
④プログラムコードの記述

▼Webフォームデザイナー

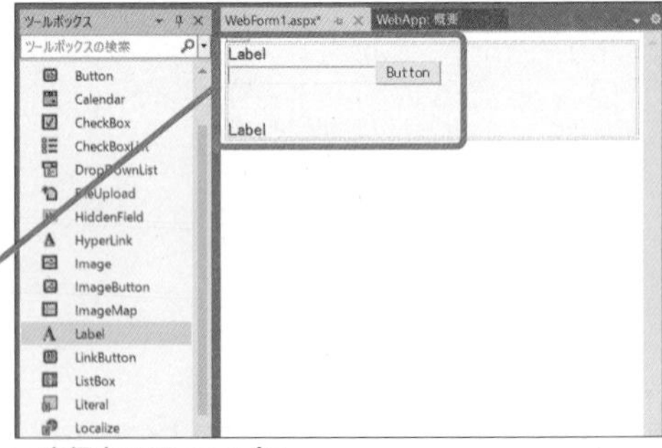

Webフォームコントロール

▼Webフォームの作成

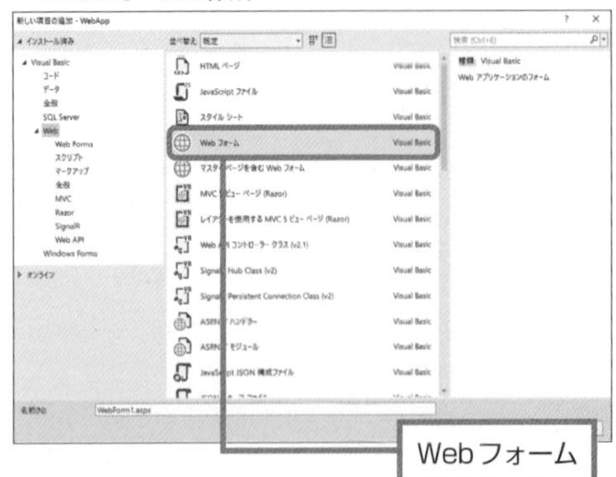

Webフォーム

▼実行中のWebアプリ

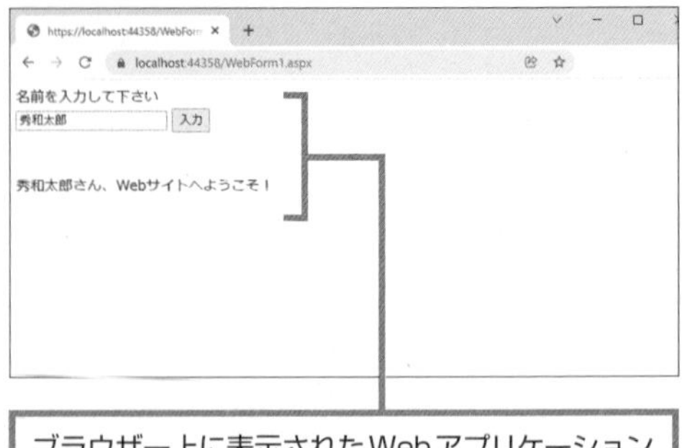

ブラウザー上に表示されたWebアプリケーション

8.1.1 Webアプリケーションの概要

Webアプリケーション（「Webアプリ」という簡略表記もあり）には、プログラムが埋め込まれたWebページをダウンロードしてブラウザー上で実行する**クライアントサイド（フロントエンド）型**のプログラムと、Webサーバー上でプログラムを実行する**サーバーサイド型**のプログラムがあります。

サーバーサイドのWebアプリケーションについて確認するには

●ASP.NETで作成されるWebアプリケーションはサーバーサイド型

ASP.NETで作成するWebアプリケーションは、サーバーサイドで実行されるアプリケーションです。クライアントからのアクセスがあると、サーバーは、ASP.NETで作成されたWebページ（拡張子「.aspx」）を表示すると共に、必要に応じて、ソースコード用ファイル（拡張子「.aspx.vb」）に保存されているVisual Basicプログラムを呼び出して実行します。

Visual Studioでは、Visual Basicを利用してサーバーサイド型のWebアプリを作成できます。

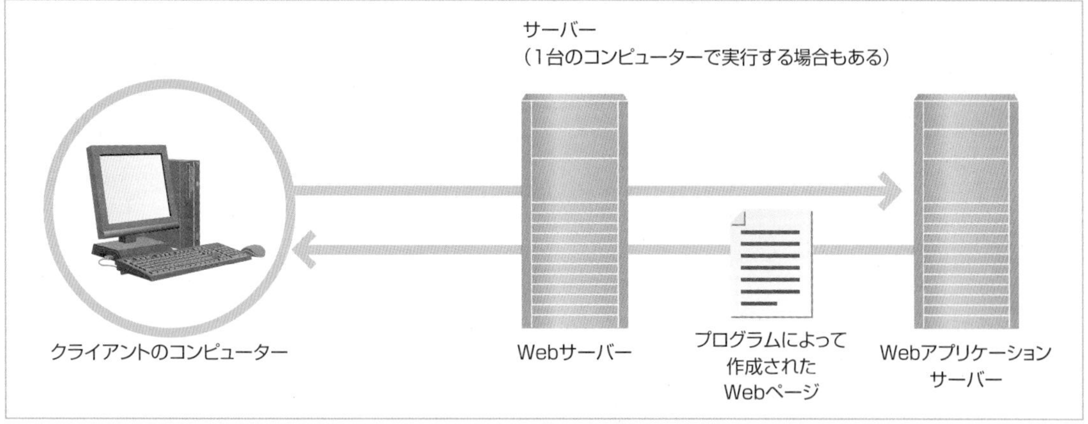

●Webサーバーと連携して処理を行うWebアプリケーションサーバー

サーバーサイドのWebプログラムを実行するには、クライアントとの通信を行う**Webサーバー**のほかに、サーバーサイドのプログラムを実行するための**Webアプリケーションサーバー**と呼ばれるソフトウェアが必要です。

●Microsoft社のWebアプリケーションサーバー

Microsoft社のWebサーバーソフトである**IIS**（Internet Information Services）は、Webサーバーの機能に加え、ASP.NETによるWebプログラムを実行するためのWebアプリケーションサーバーの機能を搭載しています。

●IIS Express

Visual Studioには、Webアプリのテスト用として、**IIS Express**が付属しています。IIS Expressには、Webサーバーとしての機能と、ASP.NETで開発したWebプログラムを実行するためのWebアプリケーションサーバーの機能が搭載されています。

8.1.2 Webアプリ用のプロジェクトの作成

Webアプリ用のプロジェクトを作成します。

1 **新しいプロジェクトの作成**ダイアログを表示します。

2 **ASP.NET Webアプリケーション（.NET Framework）**を選択して、**次へ**ボタンをクリックします。

▼[新しいプロジェクトの作成]ダイアログ

3 プロジェクト名を入力し、**参照**ボタンをクリックして保存先を選択します。

4 **フレームワーク**で.NET frameworkの最新バージョンを選択して**作成**ボタンをクリックします。

▼[新しいプロジェクトを構成します]ダイアログ

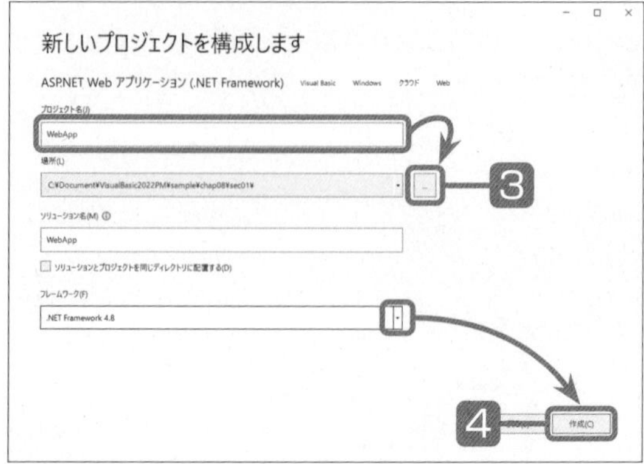

5 **空**を選択して**作成**ボタンをクリックします。

▼[新しいASP.NET Webアプリケーションを作成する]ダイアログ

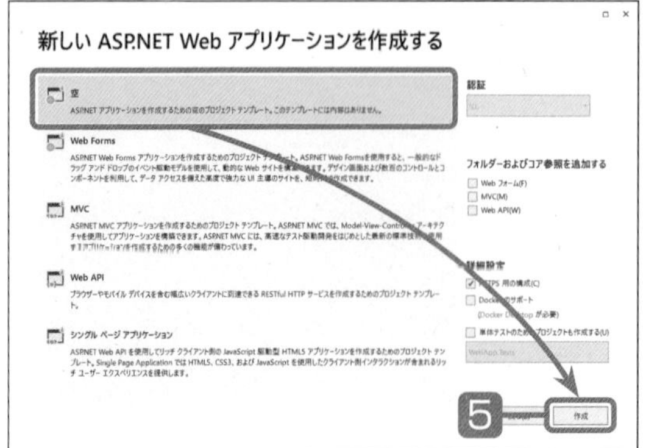

6 新規のASP.NETプロジェクトが作成されます。

▼ソリューションエクスプローラー

Onepoint

プロジェクト用フォルダーがWebサイトのフォルダーとして設定され、この中にWebページ用ファイルを保存すれば、Visual Studioに組み込まれているテスト用Webサーバー（IIS Express）によってブラウザーに表示されるようになります。

Memo プロジェクトの一覧に「ASP.NET Webアプリケーション(.NET framework)」が表示されない場合

プロジェクトの一覧に「ASP.NET Webアプリケーション(.NET framework)」が表示されない場合は、次の手順で追加インストールを行ってください。

▼[新しいプロジェクトの作成]

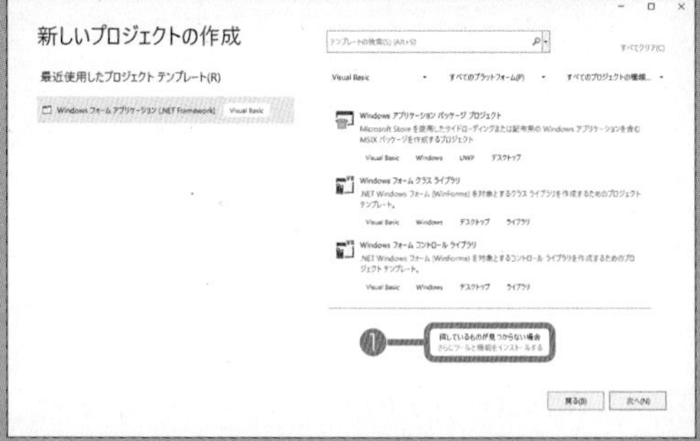

①**新しいプロジェクトの作成**でプロジェクトの一覧を下にスクロールすると**さらにツールと機能をインストールする**というリンクがあるので、これをクリックします。

②機能の追加や削除を行うための画面が表示されるので、**ASP.NETとWeb開発**にチェックを入れます。

▼機能の追加

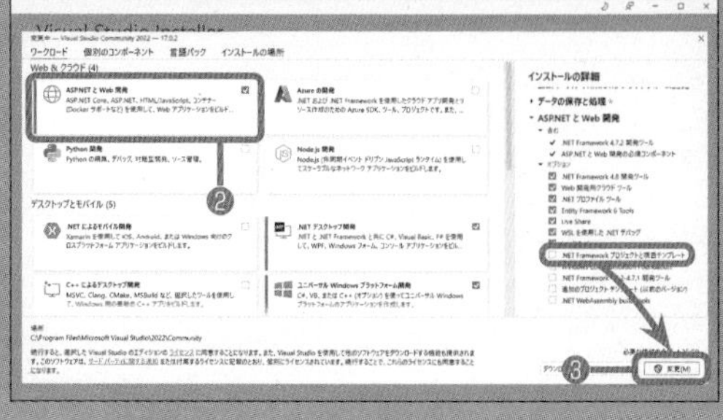

③右側のペインで**ASP.NETとWeb開発**を展開し、**オプション**以下の**.NET frameworkプロジェクトと項目テンプレート**に追加でチェックを入れ、**変更**ボタンをクリックします。

8.1.3 Webアプリケーションの作成

Webサイトの作成が済んだら、Webアプリケーション用の**Webフォーム**を作成します。Webフォームは、Webページの土台となるもので、ここへボタンなどのコントロールを配置します。

1. **プロジェクト**メニューの**新しい項目の追加**を選択します。
2. **Visual Basic➡Web**を選択し、**Webフォーム**を選択します。
3. **名前**の欄に、これから作成するWebフォームのファイル名を入力して、**追加**ボタンをクリックします。
4. Webフォームが作成され、**ソースビュー**でWebフォームのコードが表示されます。
5. **デザイン**ボタン[デザイン]をクリックすると、Webフォームが**デザインビュー**で表示されます。

▼[新しい項目の追加]ダイアログボックス

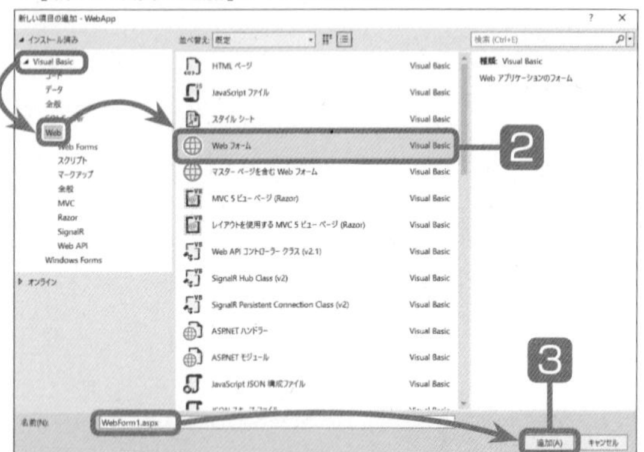

▼ソースビュー

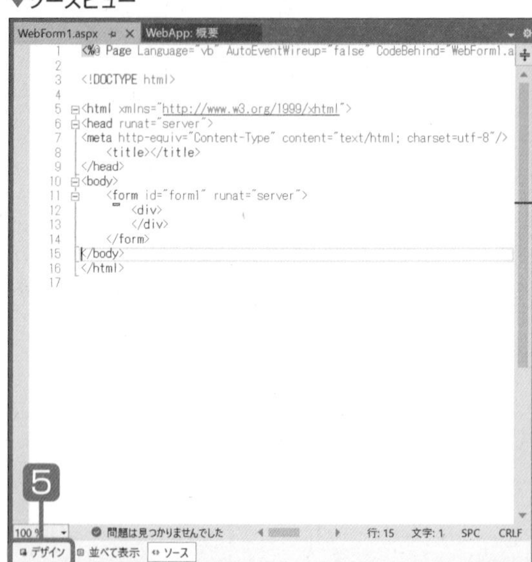

▼デザインビュー

Webフォームが[デザインビュー]で表示される

Webフォーム上にコントロールを配置してアプリを作成する

Webフォーム上にButton、Label、TextBoxの各コントロールを配置して、プロパティの設定を行うことにしましょう。

1 Webフォームの白い枠内にカーソルを置いた状態で、**ツールボックス**の**Label**をダブルクリックします。

2 **Label**コントロールの右横をクリックしてカーソルを移動し、Enterキーを押して新しい段落を挿入します。

3 **ツールボックス**の**TextBox**をダブルクリックします。

4 **ツールボックス**の**Button**を**TextBox**コントロールの右横へドラッグします。

5 **Button**コントロールの右横をクリックしてカーソルを移動し、©キーを3回押します。

6 新しい段落が3つ挿入されるので、**ツールボックス**の**Label**を、挿入された3つ目の段落へドラッグします。

▼コントロールの配置

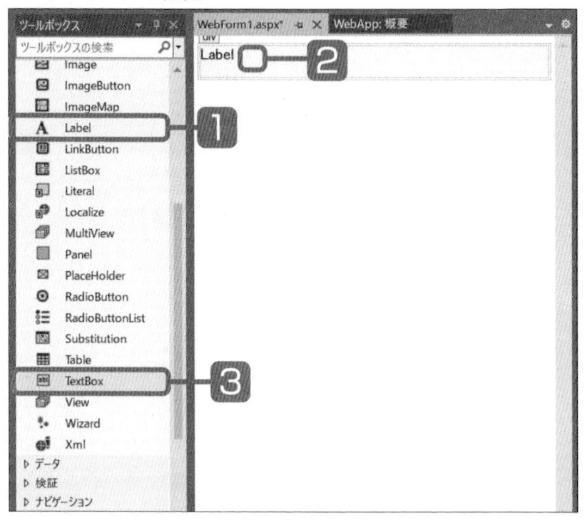

▼コントロールの配置

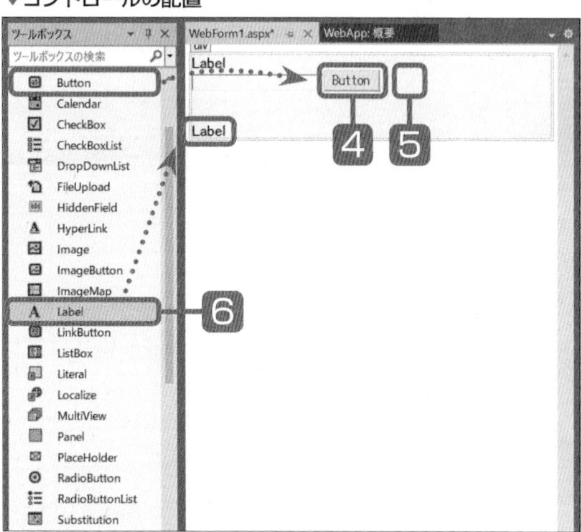

7 下表を参照して、各コントロールのプロパティを設定します。

▼プロパティ設定

●Labelコントロール(上)

プロパティ名	設定値
(ID)	Label1
Text	名前を入力してください

●Labelコントロール(下)

プロパティ名	設定値
(ID)	Label2
Text	(空欄)

●TextBoxコントロール

プロパティ名	設定値
(ID)	TextBox1
Text	(空欄)

●Buttonコントロール

プロパティ名	設定値
(ID)	Button1
Text	入力

ボタンをクリックしたときに実行されるイベントハンドラーにコードを記述します。

8 Webフォーム上のButtonコントロールをダブルクリックし、イベントハンドラーに次のコードを記述します。

▼イベントハンドラー「Button1_Click」

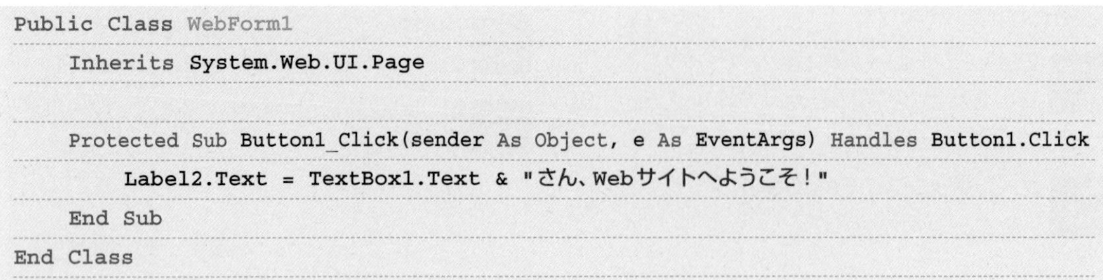

```
Public Class WebForm1
    Inherits System.Web.UI.Page

    Protected Sub Button1_Click(sender As Object, e As EventArgs) Handles Button1.Click
        Label2.Text = TextBox1.Text & "さん、Webサイトへようこそ！"
    End Sub
End Class
```

作成したWebアプリケーションの動作を確認する

ここまでの操作で、Webアプリの作成は終了です。それでは、作成したWebアプリケーションを実行してみましょう。

1 **デバッグ**メニューの**デバッグの開始**ボタンをクリックします。

2 Webブラウザーが起動して、Webアプリが動作するページが表示されます。

Onepoint

ツールバーの開始ボタン右横の▼をクリックすると、インストール済みのブラウザーが表示されます。メニューから任意のブラウザーを選択することで、デバッグ用のブラウザーを設定することができます。

3 入力欄に氏名を入力して**入力**ボタンをクリックします。

▼実行中のWebアプリケーション

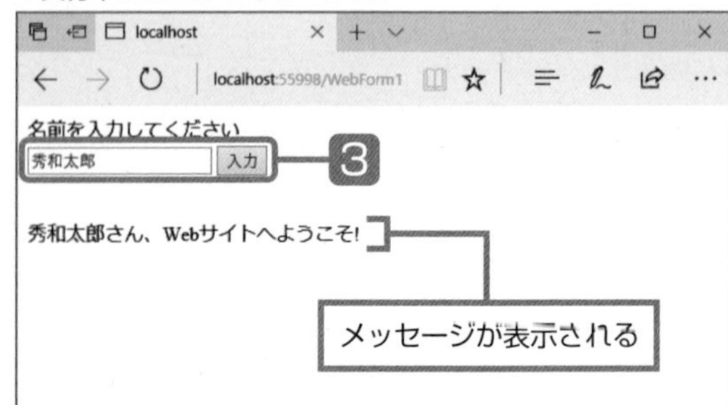

Section
8.2 ASP.NETを利用したデータアクセスページの作成

Level ★★★　Keyword　データ接続　Webアプリケーション　Webサイト

このセクションでは、データベース管理ツールと連携して、データベースのデータを表示するWebアプリを作成します。

ASP.NETを利用したデータベース連携型Webアプリの開発

ここでは、ASP.NETを利用したデータベース連携型Webアプリケーションを以下の手順で作成します。

1. Webアプリ用プロジェクトの作成
2. Webフォームの追加
3. データセットの作成
4. グリッドビューの配置
5. グリッドビューのプロパティ設定
6. グリッドビューのデザイン設定

ASP.NETを利用したデータベース連携型Webアプリケーションの開発を以下の手順で行います。

▼データアクセス用のコントロールの配置

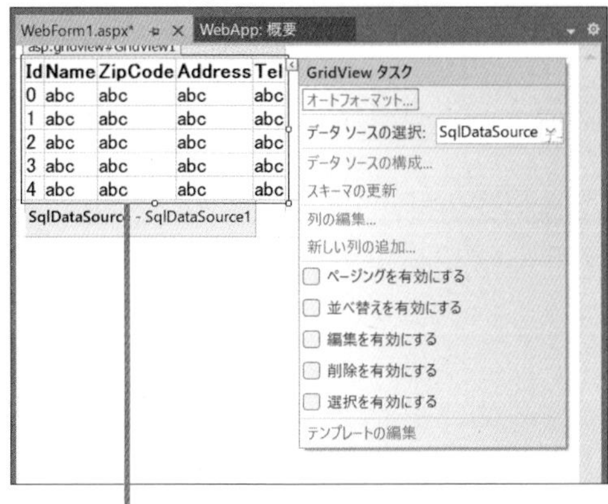

▼データグリッドの設定

8.2.1 データベース連携型Webアプリケーションの作成

このセクションでは、7章で作成したデータベースを利用します。データベースをまだ作成していなければ、7章を参照して、サンプル用のデータベースを作成しておいてください。作成済みの場合は、今回作成するプロジェクトにコピーして利用するようにしましょう。

Webアプリ用プロジェクトの作成とWebフォームの追加

「ASP.NET Webアプリケーション(.NET framework)」用のプロジェクトを作成し、Webフォームを追加し、別途で作成したデータベースファイル(.mdf)をプロジェクト用フォルダーにコピーしておきます。追加したWebフォームのソースコードを表示して、「<form id="form1" runat="server">」から「</form>」までのコードを削除しておきましょう。

▼コードエディター

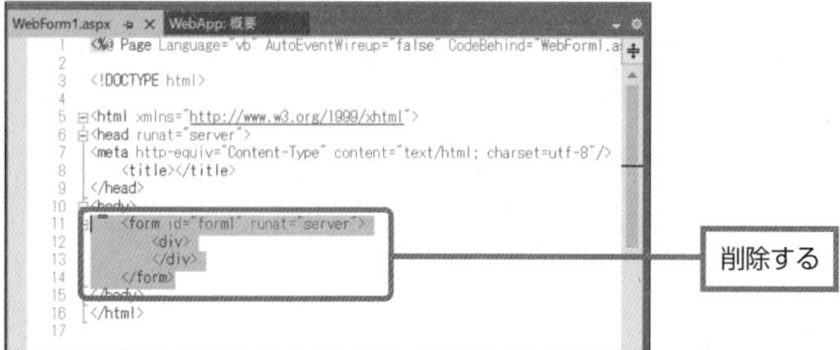

データ接続の作成

データ接続は、データベースに接続するための設定情報を含むDataAdapter(**データアダプター**)と呼ばれるコンポーネントで、データベースに接続するために必要なものです。Webフォーム用のデータ接続を作成し、対象のデータベースへの接続情報を設定しましょう。

▼[接続の追加]ダイアログボックス

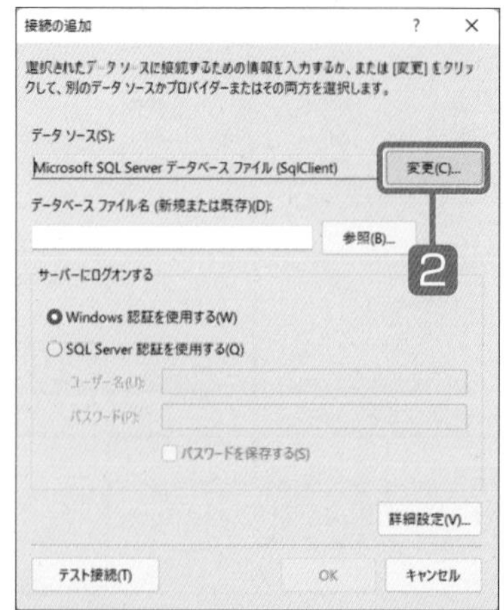

1. **ツール**メニューの**データベースへの接続**を選択します。
2. **接続の追加**ダイアログボックスが表示されるので、**データソース**の**変更**ボタンをクリックします。

Onepoint

あらかじめ、Webサイトのフォルダーにデータベースファイルをコピーしておきます。操作例では、「Database1.mdf」をWebサイトのフォルダーにコピーしています。

3 **データソースの変更**ダイアログボックスが表示されるので、**データソース**でMicrosoft SQL Serverデータベースファイルを選択します。

4 **OK**ボタンをクリックします。

▼[データソースの変更]ダイアログボックス

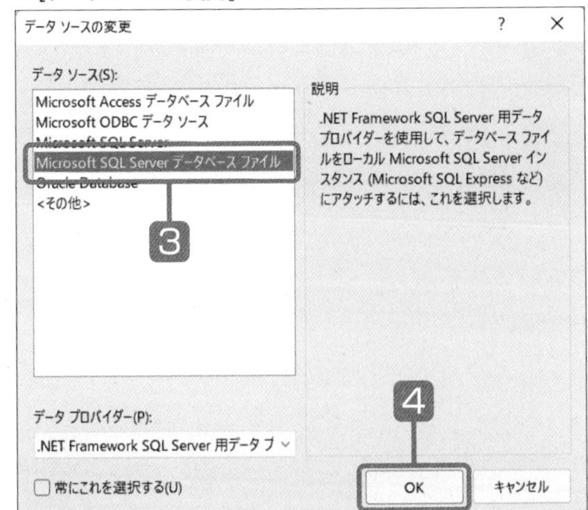

6 **SQL Serverデータベースファイルの選択**ダイアログボックスが表示されるので、**ファイルの場所**で、データベースファイルが保存されているフォルダーを選択します。

7 対象のデータベースファイルを選択して、**開く**ボタンをクリックします。

▼[SQL Serverデータベースファイルの選択]ダイアログボックス

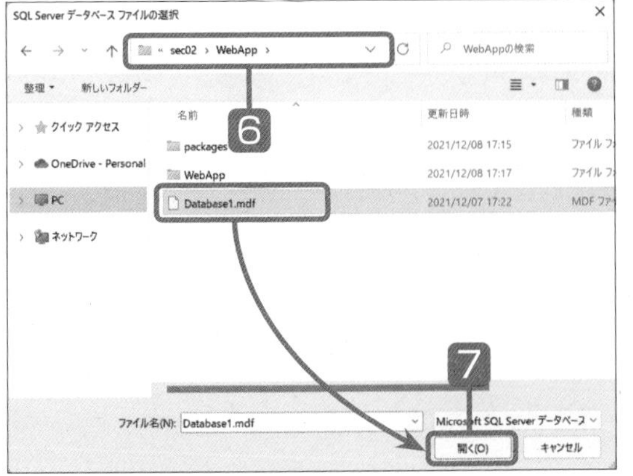

5 **接続の追加**ダイアログボックスの**データベースファイル名**の**参照**ボタンをクリックします。

▼[接続の追加]ダイアログボックス

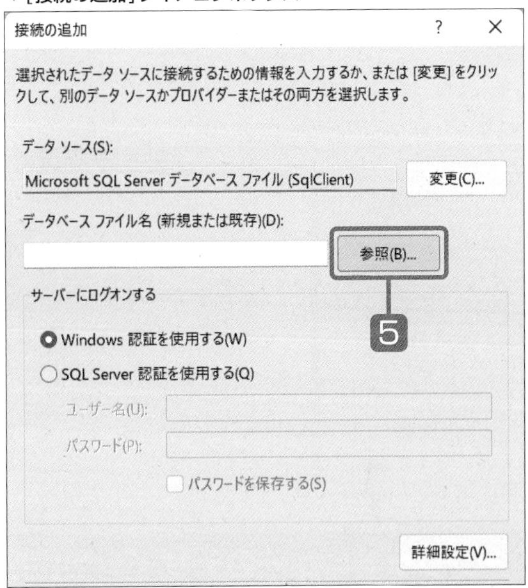

8 **サーバーにログオンする**で**Windows認証を使用**をオンにして、**OK**ボタンをクリックします。

9 対象のデータベースと接続するための「データ接続」が**サーバーエクスプローラー**に表示されます。

▼[接続の追加]ダイアログボックス

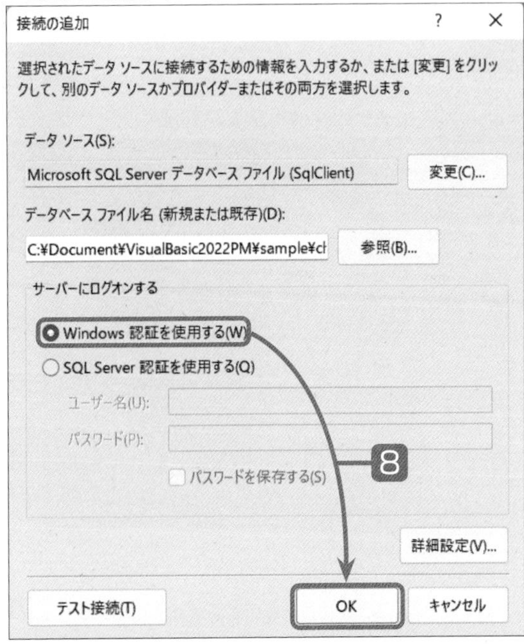

データソースとグリッドビューを作成するには

Visual Studioでは、**サーバーエクスプローラー**からテーブルをWebフォーム上にドラッグするだけで、データソースである**SQLDataSauce**と、データを閲覧・編集するための**グリッドビュー**を同時に作成することができます。

▼[サーバーエクスプローラー]

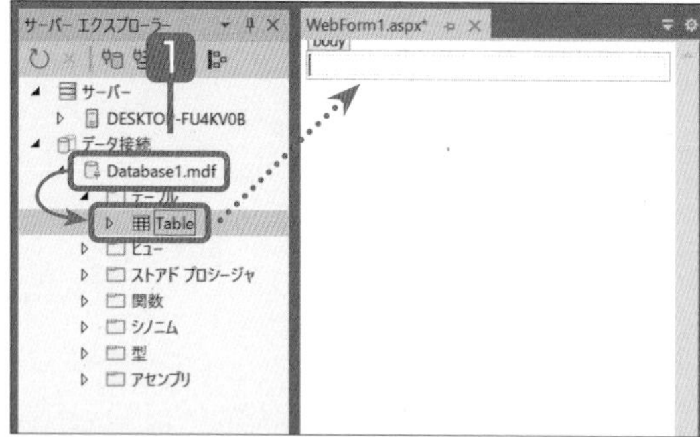

1 **サーバーエクスプローラー**で、データベース(拡張子「.mdf」)➡**テーブル**を展開します。

2 対象のテーブルを、Webフォーム上の点線で囲まれている箇所にドラッグします。

グリッドビューのデザインを設定するには

ここでは、**オートフォーマット**を使って、グリッドビューのデザインを設定します。

1 グリッドビューを選択し、グリッドビューの右上にあるボタン◁をクリックします。

2 **オートフォーマット**をクリックします。

3 **オートフォーマット**ダイアログボックスが表示されるので、**スキームを選択してください**の中から、グリッドビューに適用したい項目をクリックし、**OK**ボタンをクリックします。

▼Webフォームデザイナー上のグリッドビュー

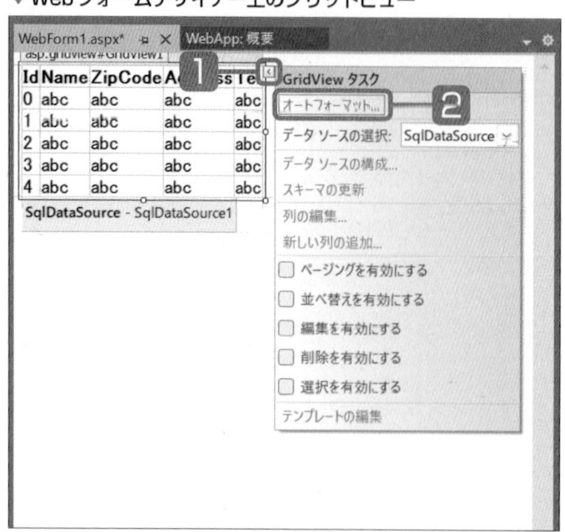

▼[オートフォーマット]ダイアログボックス

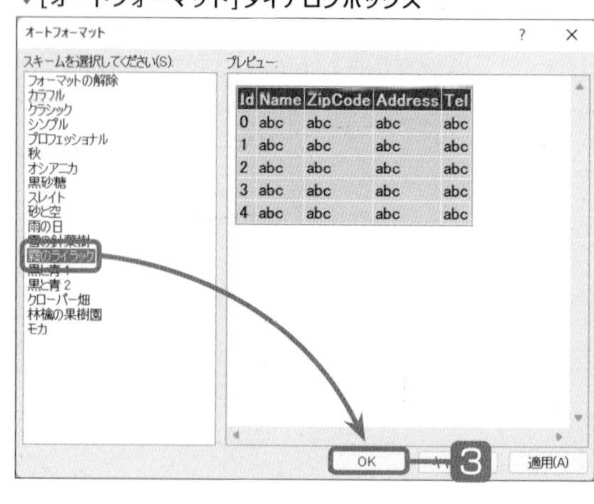

4 **編集を有効にする**と**削除を有効にする**にチェックを入れます。

▼Webフォームデザイナー上のグリッドビュー

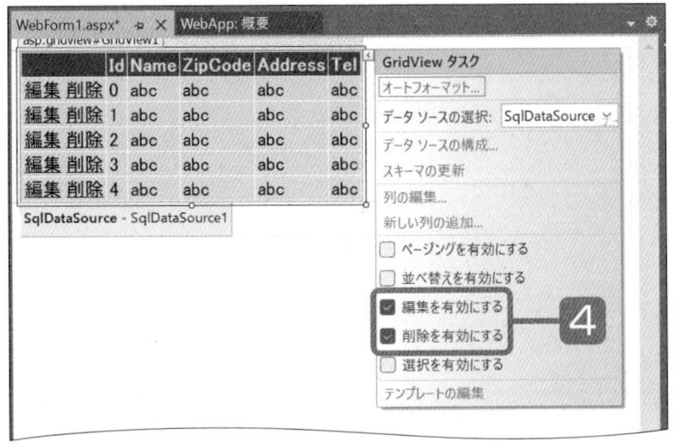

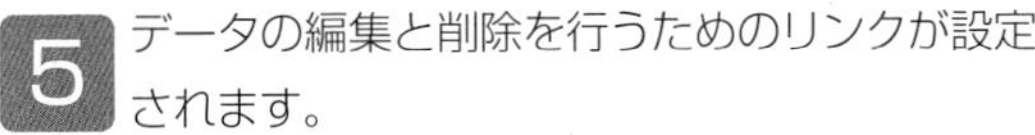

5 データの編集と削除を行うためのリンクが設定されます。

▼Webフォームデザイナー上のグリッドビュー

作成したWebアプリケーションの動作を確認する

以下の手順で、作成したWebアプリケーションにデータが表示されるかを確認し、データの編集が実際に行えるか試してみることにしましょう。

1 **デバッグ**メニューをクリックし、**デバッグなしで開始**をクリックします。

2 Webブラウザーが起動し、データベース内のデータが表示されるので、任意の行の**編集**をクリックします。

3 選択した行が編集可能な状態になるので、任意のデータを編集します。

4 **更新**をクリックすると、編集した内容に更新されます。

▼Webブラウザーに表示されたASP.NETページ

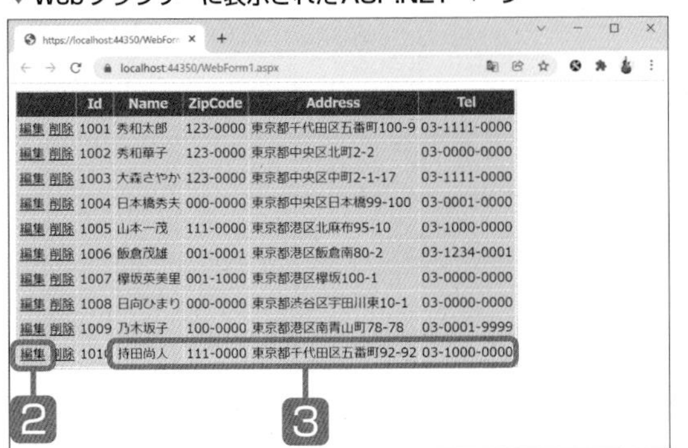

▼編集内容を反映させる

Memo ユニバーサルWindowsアプリ開発時のビューの切り替え

デザインビューとXAMLビューは、XAMLデザイナー（デザインビューやXAMLビューが表示されるウィンドウ）の左下にあるタブをクリックすることで、表示を切り替えることができます。

▼デザインビューを表示した状態

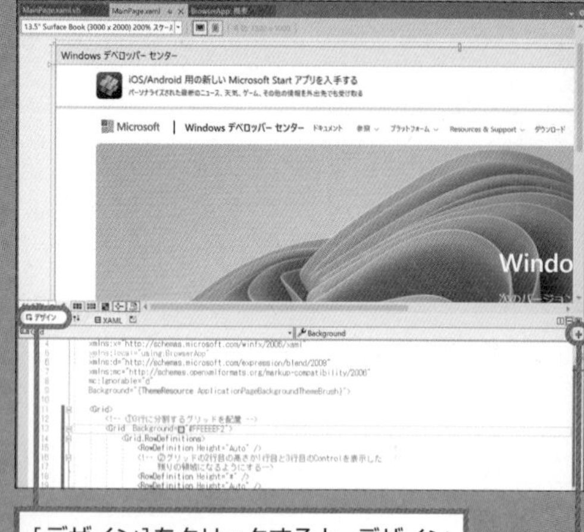
[デザイン]をクリックすると、デザインビューに表示が切り替わる
[ウィンドウを折りたたむ]ボタンをクリックする

▼XAMLデザイナーを表示した状態

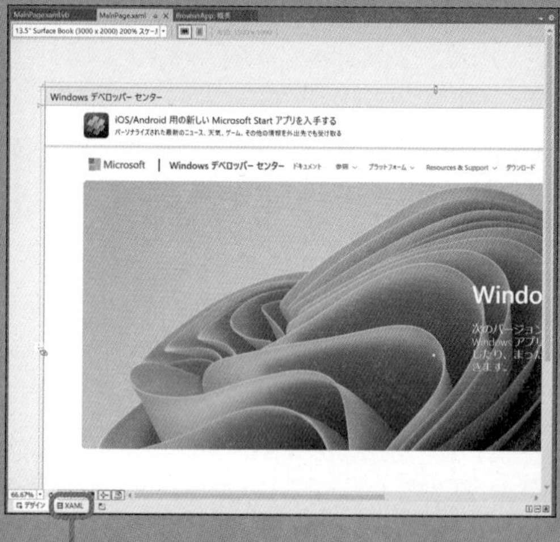
[XAML]をクリックすると、XAMLデザイナーに表示が切り替わる

Hint ユニバーサルWindowsアプリ開発時の画面の分割を解除する

MainPage.xamlなどのユニバーサルWindowsアプリの画面に関するファイルを開くと、画面が分割された上で、XAMLビューとXAMLデザイナーが表示されます。図に示したボタンをクリックすることで、画面の分割の解除や分割する方向の切り替えができます。

▼画面分割の切り替え

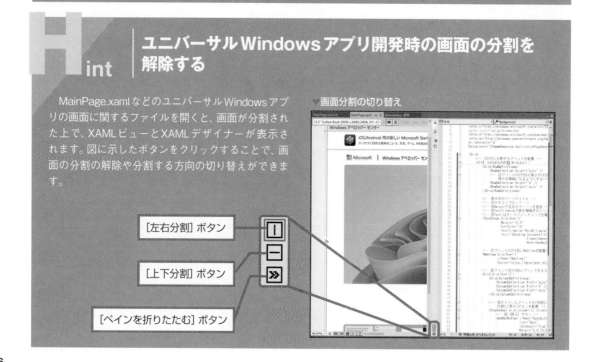

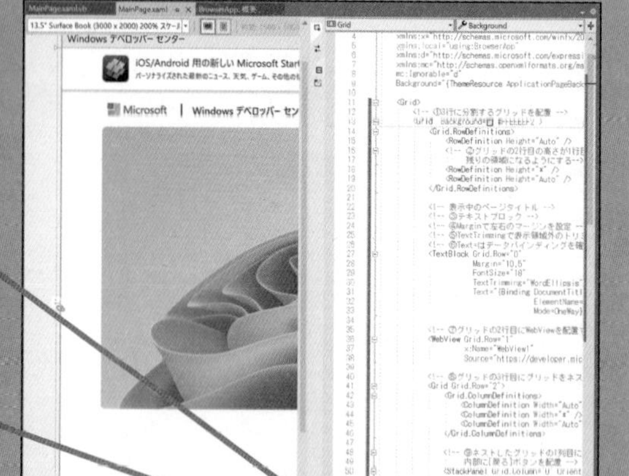
[左右分割] ボタン
[上下分割] ボタン
[ペインを折りたたむ] ボタン

Chapter

ユニバーサルWindowsアプリの開発

ユニバーサルWindowsアプリは、Windows 8から使われるようになった新しい形態のアプリケーションです。PCだけでなく、タブレットPCにも対応できるように平板な画面をしているのが特徴です。

この章では、Visual Basicによるユニバーサル Windowsアプリの開発について見ていきます。

Section
9.1

ユニバーサルWindowsアプリの概要

Level ★★★ | Keyword | ユニバーサルWindowsアプリ　XAML

ユニバーサルWindowsアプリは、タブレット型PCに対応したアプリケーションです。

ユニバーサルWindowsアプリの開発

Visual Studio上でVisual Basicを用いて、ユニバーサルWindowsアプリの開発を行います。

●ユニバーサルWindowsアプリの開発に利用できる言語

- Visual Basic
- Visual C#
- Visual C++
- JavaScript

▼Visual Studio対応のプログラミング言語から利用できるAPI

プログラミング言語	利用できるAPI
Visual Basic／Visual C#	WinRT、.NET Framework
Visual C++(C++/CX)	WinRT、.NET Framework、Win32 APIの一部

•Windowsランタイム

Windowsランタイム(WinRT)は、ユニバーサルWindowsアプリ専用の実行環境です。

•インターフェイスの構築はXAMLで行う

ユニバーサルWindowsアプリでは、インターフェイス(操作画面)の構築をXAML(「ザムル」と読む)と呼ばれる言語を使って行います。

9.1.1 ユニバーサルWindowsアプリの開発環境

ユニバーサルWindowsアプリ（UWPアプリ）の開発では、次のクラスライブラリ（API）を利用します。

▼ユニバーサルWindowsアプリの開発で利用できるクラスライブラリ

- .NET Frameworkのクラスライブラリの一部
- Windowsランタイムのクラスライブラリ
- Win32 APIの一部（C++でのみ利用可）
- JavaScript用Windowsライブラリ（WinJS）とDOM API（JavaScript専用）

●.NET Frameworkのクラスライブラリ

ユニバーサルWindowsアプリに対応した一部のクラスが利用可能です。

●Windowsランタイム

Windowsランタイム（以降は「WinRT」と表記）は、ユニバーサルWindowsアプリのために開発された実行環境です。

●Win32 API

Windowsの基本API群であるWin32 APIの一部のクラスを利用できます。なお、ゲーム開発で使用するDirectXを利用するには、C++言語での開発が前提となります。

ユニバーサルWindowsアプリ用に作成する実行関連ファイル

ユニバーサルWindowsアプリ用に作成するファイルには、次の4種類の形式のファイルがあります。

ファイルの種類	拡張子	内容
アプリ	.exe	ユニバーサルWindowsアプリ本体。
クラスライブラリ	.dll	アプリ本体や、他のライブラリから呼び出せるライブラリファイル。
WinRTコンポーネント	.winmd	JavaScriptからも利用できるライブラリ。WinRTの型だけを公開するような特殊な用途で利用する。
PCL	.dll	ポータブルクラスライブラリ。利用するAPIを制限するような特殊な用途で利用する。

ユニバーサルWindowsアプリは、最小限1つのアプリファイル（.exe）で構成されます。ただし、EXE形式ではあるものの、エクスプローラーから直接、実行することはできません。

9 ユニバーサルWindowsアプリの開発

ユニバーサルWindowsアプリの開発に利用できる開発言語

▼ユニバーサルWindowsアプリの開発に利用できる言語

- Visual Basic
- Visual C#
- Visual C++

ユニバーサルWindowsアプリの開発には、Visual Studioでサポートされているプログラミング言語のほかに、JavaScriptを利用することが可能です。

Visual C++では、「Visual C++コンポーネント拡張(C++/CX)」と呼ばれる、ユニバーサルWindowsアプリ開発用にC++を拡張した言語を用います。

●各プログラミング言語から利用できるAPI

各プログラミング言語から利用できるAPIは、次のとおりです。

▼各プログラミング言語から利用できるAPI

プログラミング言語	利用できるAPI
Visual Basic/Visual C#	WinRT、.NET Framework
Visual C++(C++/CX)	WinRT、.NET Framework、Win32 APIの一部
JavaScript	WinRT、WinJS、DOM API

Memo Metroスタイルアプリ/ストアアプリからユニバーサルWindowsアプリまでの進化

ユニバーサルWindowsアプリ(UWPアプリ)は、Metroスタイルアプリと Windows Phoneアプリの系譜を引き継ぎ、その進化に伴って、呼び名も変化してきました。

その変遷をまとめると、おおむね次の表のような経過をたどってきたことになります。

▼MetroスタイルアプリからユニバーサルWindowsアプリまでの流れ

OSのバージョン	名称	備考
Windows 8.0	「Metroスタイルアプリ」(開発時)から「Windowsストアアプリ」に改名	Windowsランタイムがベース。
Windows 8.1	「Windowsストアアプリ」	WindowsランタイムとWindows Phoneランタイムの互換性が向上。
Windows 8.1	「ユニバーサルWindowsアプリ」	Windowsストア上で、両方のアプリを1つのアプリに見せる仕組みが取り入れられる。
Windows 10	「ユニバーサルWindowsアプリ」(UWPアプリ)	WindowsランタイムとWindows Phoneランタイムが統一される。

本書では、Windows 10/11対応のアプリを主に「ユニバーサルWindowsアプリ」と表記していますが、Windows 8.1版と区別するためにUWPアプリと呼ばれることがあります。この場合のUWPは「ユニバーサルWindowsプラットフォーム(Universal Windows Platform)」のことを指します。

9.1.2 XAMLの基礎

XAML（Extensible Application Markup Language）は、ユニバーサルWindowsアプリの画面を構築するために新たに開発された言語で、マークアップ言語のXMLの一種です。

●XAMLの要素はオブジェクト

XAMLでButtonなどのコントロールを表示するには、< >で囲まれたタグの内部に、コントロール名を記述します。XAMLのタグに記述するコントロールのことを**要素**と呼びます。次のXAMLの要素は、TextBlockコントロールで、Windows.UI.Xaml.Controls名前空間に属するTextBlockクラスから生成されるオブジェクト（インスタンス）を示しています。

▼TextBlockコントロールの記述例

```
<TextBlock Text="Hello, world!" />
```

XAMLではHTMLと同様に、タグの終了を「/」を使って示します。上記のコードは、次のように記述することもできます。

▼TextBlockコントロールの記述例

```
<TextBlock Text="Hello, world!"></TextBlock>
```

「<TextBlock Text="Hello, world!">」の部分を**開始タグ**と呼び、「</TextBlock>」の部分を**終了タグ**と呼びます。開始タグと終了タグの間に何も記述する必要がない場合は、最初の例の「<TextBlock Text="Hello, world!" />」のように1つにまとめて記述することができます。このような、開始タグと終了タグをまとめたタブのことを**空要素タグ**と呼びます。

タグを使って要素名を記述すると、プログラムの実行時に、該当するクラスのインスタンスが生成され、画面への描画が行われます。

●XAMLの属性はプロパティを表す

XAMLの開始タグや空要素タグには、1つの要素名と、必要に応じて属性の指定を行うコードを記述します。XAMLにおける属性とは、各コントロールのクラスのプロパティのことを指します。

▼TextBlockのTextプロパティの設定

```
<TextBlock Text="Hello, world!" />
```

XAMLにおける属性値の設定では、{ }のように、中かっこで囲まれた部分が拡張要素（XAMLマークアップ拡張）と解釈されます。これはデータバインディング（「9.3.1 Webブラウザーの作成」において解説します）や、リソースの指定を行う際に利用します。

▼リソースの指定例

```
<TextBlock Text="{StaticResource Message}" />
```

上記では、別途、「Message」という名前で定義されている文字列が、Textプロパティの値として設定されます。

XAML要素のコンテンツ

開始タグと終了タグの間には、文字列や他の要素を表示するためのタグを入れることができます。このような、タグの間に入れる内容のことを**コンテンツ**と呼びます。コンテンツには、前述したように、文字列、またはXAML要素を記述することができます。例えば、<TextBlock>には、コンテンツとして文字列を記述できます。

▼TextBlockにおけるコンテンツ

```
<TextBlock>Hello, world!</TextBlock>――――❶
```

このように記述した場合は、TextBlockの開始タグで「Text="Hello, world!"」と記述した場合と同じ結果になります。

●コンテンツにコントロールを設定する

コンテンツとして、コントロールを配置するXAML要素を記述すると、コントロールを入れ子にすることができます。次の例は、コントロールを配置する格子状のマス目（セル）を設定するGridコントロールに、内部の要素としてTextBlockコントロールを配置しています。

▼Gridコントロールの内部にTextBlockを配置

```
<Grid>
    <TextBlock Text="Hello, world!" />
</Grid>
```

●コンテンツにおける属性値の設定

コンテンツとして、属性値の設定を記述することができます。前記の❶は、次のように記述することもできます。

▼TextBlockにおけるコンテンツ

```
<TextBlock>
    <TextBlock.Text>Hello, world!</TextBlock.Text>
</TextBlock>
```

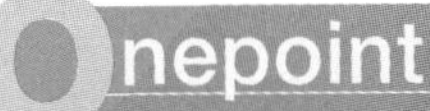

プロパティの設定をコンテンツとして記述することで、複雑なプロパティ設定が行えるようになります。

XAMLドキュメントの構造

ユニバーサルWindowsアプリ用のプロジェクトを作成すると、メインの画面用のXAMLファイル「MainPage.xaml」が生成されるので、このファイルにXAMLのコードを記述することで、画面を構築していきます。

▼プロジェクト作成直後のMainPage.xamlの内容

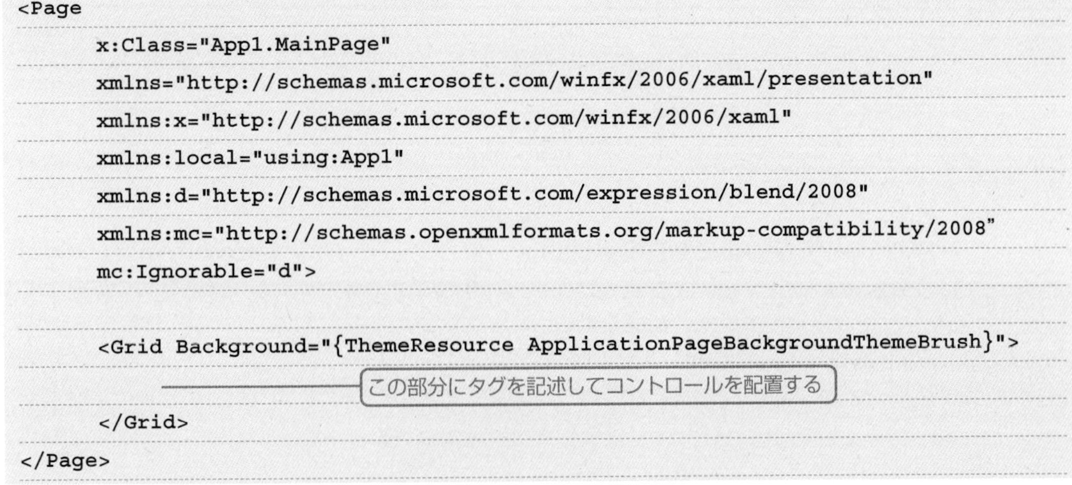

```
<Page
    x:Class="App1.MainPage"
    xmlns="http://schemas.microsoft.com/winfx/2006/xaml/presentation"
    xmlns:x="http://schemas.microsoft.com/winfx/2006/xaml"
    xmlns:local="using:App1"
    xmlns:d="http://schemas.microsoft.com/expression/blend/2008"
    xmlns:mc="http://schemas.openxmlformats.org/markup-compatibility/2008"
    mc:Ignorable="d">

    <Grid Background="{ThemeResource ApplicationPageBackgroundThemeBrush}">
                        この部分にタグを記述してコントロールを配置する
    </Grid>
</Page>
```

アプリの初期画面では、上記のように<Page>要素（Windows.UI.Xaml.Controls名前空間のPageコントロール）を親要素とし、コンテンツとしてGrid要素が配置されます。コントロールを配置する際の最上位の要素は、Grid要素となるので、独自に配置するコントロールは、Gridのコンテンツとして記述していきます。

XAMLコードの<Page>開始タグに記述されているコードは、XML名前空間の宣言部です。

XAML要素とイベントハンドラーとの連携

ユニバーサルWindowsアプリの各コントロールには、デスクトップアプリと同様に、識別名を付けます。これによって、イベントハンドラーを記述する際に、コントロール名を指定することで、特定のコントロールのイベントが利用できるようになります。

▼ButtonコントロールとTextBlockコントロールを配置した例（MainPage.xaml）

```
<Page
        .
        .
        <Grid Background="{ThemeResource ApplicationPageBackgroundThemeBrush}">
                <Button x:Name="Button1"
                        Content="メッセージを表示"
                        HorizontalAlignment="Left"
                        Margin="150,199,0,0"
                        VerticalAlignment="Top"/>
                <TextBlock x:Name="TextBlock1"
                        HorizontalAlignment="Left"
                        Margin="350,200,0,0"
                        VerticalAlignment="Top"
                        FontSize="36"/>
        </Grid>
</Page>
```

以下は「MainPage.xaml.vb」の内容です。プロジェクト作成時に生成されるソースファイルMainPage.xaml.vbに、Visual Basicのコードを記述することで、プログラムの制御を行います。

▼MainPage.xaml.vbにおけるイベントハンドラー

```
Public NotInheritable Class MainPage
        Inherits Page

        Private Sub Button1_Click(sender As Object, e As RoutedEventArgs) Handles Button1.Click
                TextBlock1.Text = "ユニバーサルWindowsアプリの世界へようこそ!"
        End Sub
End Class
```

上記のイベントハンドラーButton1_Click()では、Button1コントロールのClickイベントが発生すると、TextBlock1に「ユニバーサルWindowsアプリの世界へようこそ!」と表示します。このように、XAMLにおいて「x:Name="Button1"」などと指定した識別名を使うことで、Visual Basic側からXAMLで配置したコントロールを制御できるようになります。

Section

9.2 ユニバーサルWindowsアプリ用プロジェクトの作成とアプリの開発

Level ★★★ Keyword ユニバーサルWindowsアプリ用プロジェクト メッセージ

このセクションでは、ユニバーサルWindowsアプリ用のプロジェクトの作成から、XAMLによる画面の構築、Visual Basicによるイベントハンドラーの処理、プログラムの実行までを通して行うことにします。

ボタンクリックで処理を行うユニバーサルWindowsアプリの作成

ユニバーサルWindowsアプリを次の手順で開発します。

①**ユニバーサルWindowsアプリ用のプロジェクトを作成する。**

②**ユニバーサルWindowsアプリの操作画面上にコントロールを配置する。**

ツールボックスからドラッグ＆ドロップするほかに、XAMLのコードを記述して配置することもできます。

③**コントロールのプロパティを設定する。**

プロパティウィンドウ、またはXAMLのコードを記述して、コントロールのプロパティを設定します。

④**イベントハンドラーを作成する。**

コントロールのイベントに対応するイベントハンドラーを作成し、Visual Basicのソースコードを記述します。

▼コントロールの配置

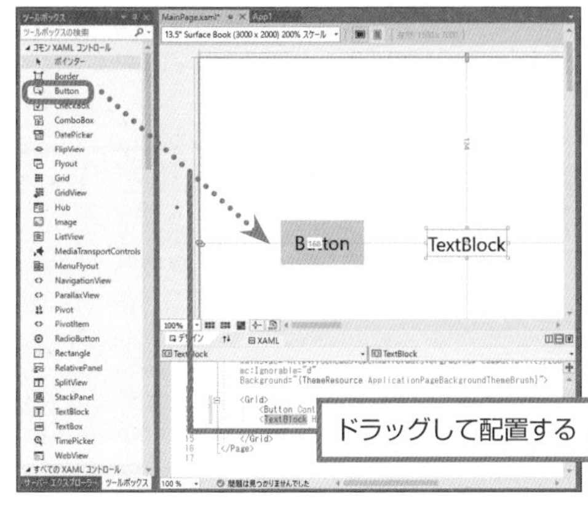

▼プロパティの設定

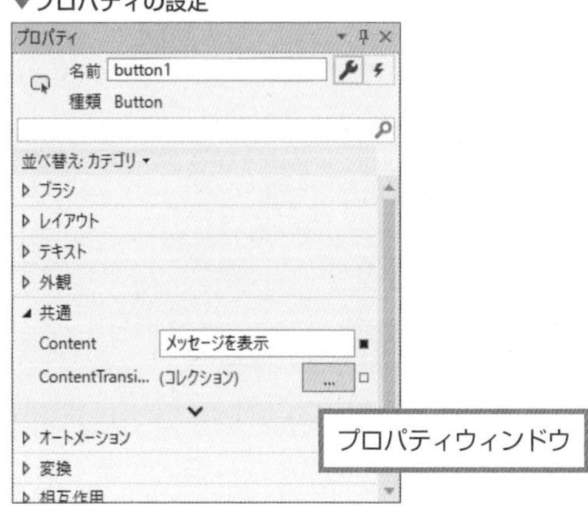

9.2.1 ユニバーサルWindowsアプリ用プロジェクトの作成

ユニバーサルWindowsアプリ用のプロジェクトを作成します。

1 **新しいプロジェクトの作成**ダイアログを表示します。

2 **空白のアプリ(ユニバーサル Windows)**を選択して、**次へ**ボタンをクリックします。

▼[新しいプロジェクトの作成] ダイアログ

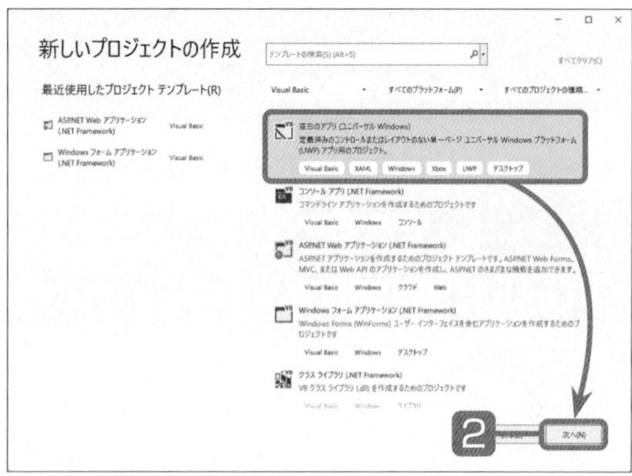

3 プロジェクト名を入力し、**参照**をクリックして保存先を選択して**作成**ボタンをクリックします。

▼プロジェクトと保存先の指定

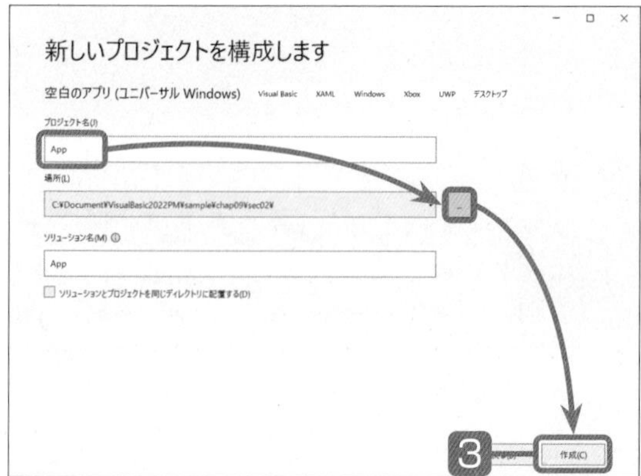

▼プロジェクトのターゲットの選択

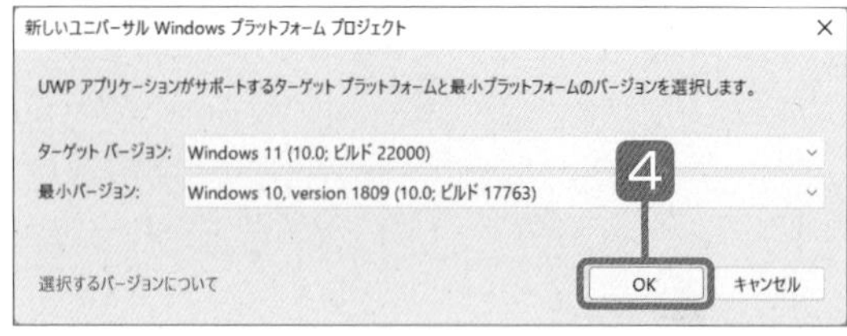

4 ターゲットとするプラットフォームの選択画面が表示されるので、**ターゲットバージョン**でWindows 11またはWindows 10を開発環境に応じて選択します。**最小バージョン**は、特に問題がなければデフォルトで選択されている状態のままとし、**OK**ボタンをクリックします。

▼開発者モードを有効にする

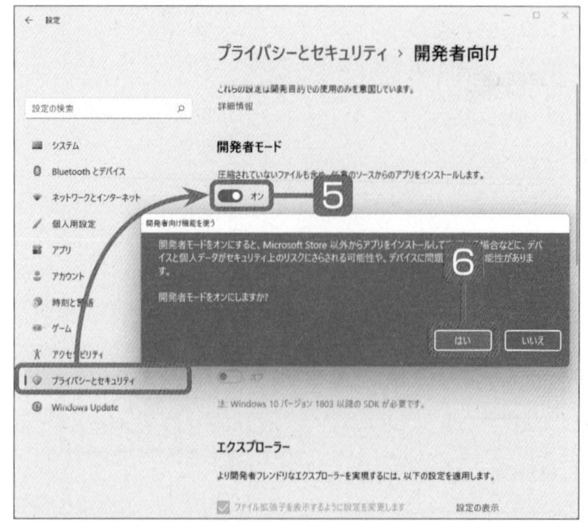

5 Windowsの設定画面で**プライバシーとセキュリティ**(または**更新とセキュリティ**)の**開発者向け**を表示して、**開発者モード**をオンにします。

6 確認のメッセージが表示されるので、**はい**ボタンをクリックします。

Memo ユニバーサルWindowsアプリ用のコンポーネントのインストール

ユニバーサルWindowsアプリのプロジェクトを作成できるように、以下の手順で必要なコンポーネントをインストールしてください。

❶ **新しいプロジェクトの作成**でプロジェクトの一覧を下にスクロールすると**さらにツールと機能をインストールする**というリンクがあるので、これをクリックします。

▼ [新しいプロジェクトの作成]

❷ 機能の追加や削除を行うための画面が表示されるので、**ユニバーサルWindowsプラットフォーム開発**にチェックを入れます。

▼機能の追加

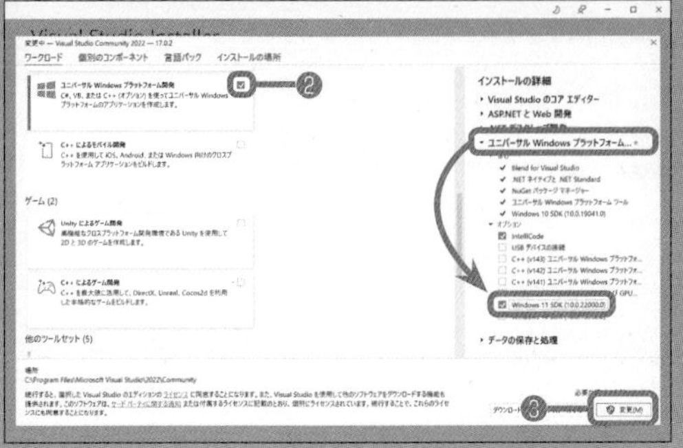

❸ 右側のペインで**ユニバーサルWindowsプラットフォーム開発**を展開し、**オプション**以下の**Windows 11 SDK**に追加でチェックを入れ、**変更**ボタンをクリックします。なお、Windows 10で開発している場合は**Windows 11 SDK**は不要なので、**Windows10 SDK**のみにチェックを入れた状態でかまいません。

9.2.2 メッセージを表示するプログラムの作成

ユニバーサルWindowsアプリの最初の作成例として、「Buttonコントロールをクリックすると、TextBlockコントロールにテキストを表示する」プログラムを作成してみましょう。

▼MainPage.xaml

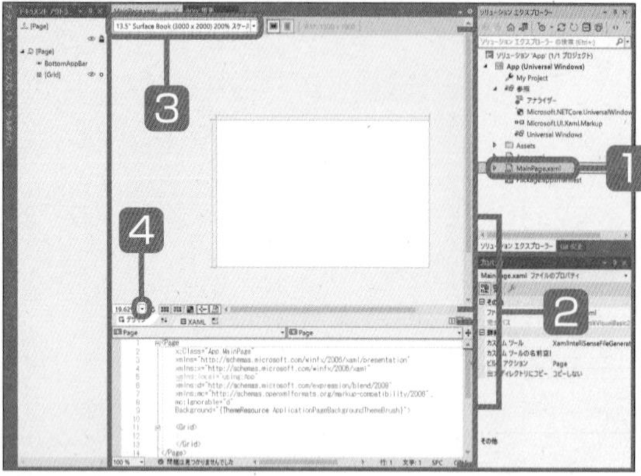

1 「MainPage.xaml」を表示します。**ソリューションエクスプローラー**で**MainPage.xaml**をダブルクリックします。

2 MainPage.xamlがXAMLデザイナーとXAMLエディターで表示されます。

3 スケールの選択ボックスで**13.3" Desktop (1280×720) 100%スケール**を選択します。これで、アプリの画面サイズがデスクトップPC用のサイズに設定されます。

4 ズームの▼をクリックして任意の倍率を選択します。

Onepoint

「デザイナーでは、インストール先のフォルダーに特定のアクセス許可を設定する必要があります。修正しますか？」と表示された場合は**OK**ボタンをクリックしてください。

▼Buttonの配置

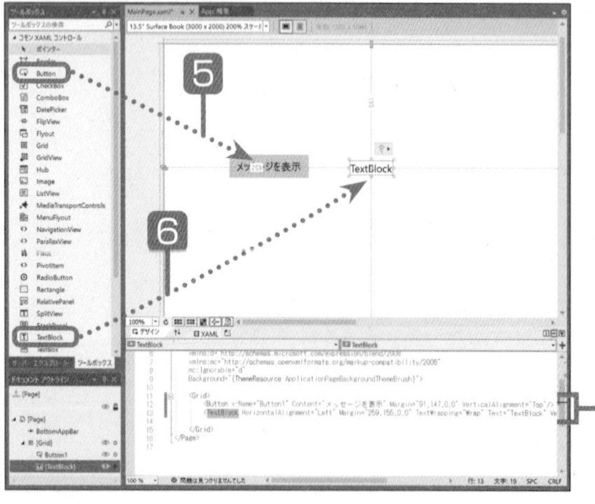

5 ツールボックスの**Button**を画面上にドラッグします。

6 **TextBlock**を画面上にドラッグします。

7 ButtonとTextBlockを配置するためのXAMLコードが生成されていることが確認でさます。

ButtonとTextBlockの識別名を設定し、外観に関するプロパティの設定を行います。

▼Buttonの識別名と外観の設定

1 Buttonの識別名を設定します。Buttonを選択して、**プロパティ**ウインドウの**名前**の入力欄に「Button1」と入力します。

2 Buttonに表示するテキストを設定します。**共通**カテゴリを展開して**Content**に「メッセージを表示」と入力します。

Onepoint

プロパティウインドウに各プロパティの設定用の項目が表示されていない場合は、プロパティウインドウ右上の**選択した要素のプロパティ**ボタンをクリックします。

▼TextBlockの識別名と外観の設定

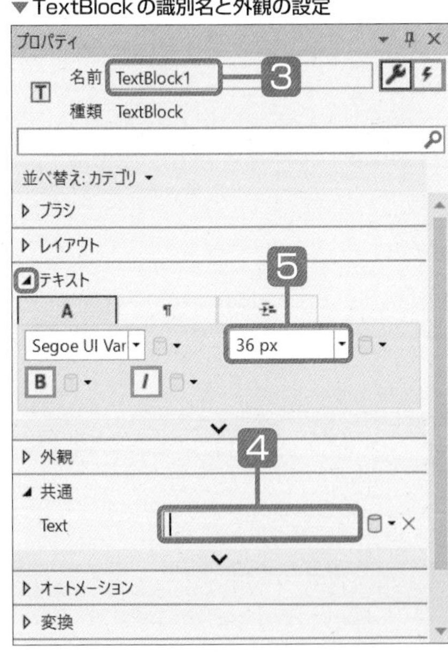

3 TextBlockの識別名を設定します。TextBlockを選択して、**プロパティ**ウインドウの**名前**の入力欄に「TextBlock1」と入力します。

4 TextBlockに表示されるテキストを削除します。**共通**を展開して**Text**に入力されているテキストを削除します。

5 TextBlockに表示するテキストのサイズを設定します。**テキスト**を展開して、**36px**を選択します。

Onepoint

初期状態でTextBlockに表示されるテキストを削除しています。なお、テキストを削除すると、以降の操作で、XAMLデザイナーでTextBlockを選択するのが困難になりますが、この場合はXAMLエディターで<TextBlock …>の行をクリックすることで、TextBlockを選択した状態にすることができます。

メッセージを表示するイベントハンドラーを作成する

Button1をクリックしたときに実行されるイベントハンドラーを生成し、TextBlock1に「ユニバーサルWindowsアプリの世界へようこそ!」と表示するためのコードを記述します。

▼[プロパティ]ウィンドウ

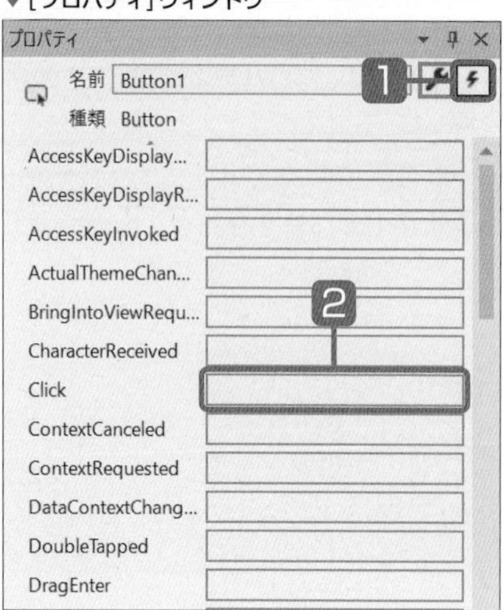

1. Buttonのイベント一覧を表示します。ボタンを選択した状態で**プロパティ**ウィンドウの**選択した要素のイベントハンドラー**ボタンをクリックします。
2. Clickイベントに対応するイベントハンドラーを生成します。**Click**の右横の入力欄をダブルクリックします。
3. 空のイベントハンドラーが生成され、「MainPage.xaml.vb」がVisual Basicのコードエディターで表示されるので、メッセージを表示するためのコードを記述します。

▼メッセージを表示するコード (MainPage.xaml.vb)

```
''' <summary>
''' それ自体で使用できる空白ページまたはフレーム内に移動できる空白ページ。
''' </summary>
Public NotInheritable Class MainPage
    Inherits Page

    Private Sub Button1_Click(sender As Object, e As RoutedEventArgs
                              ) Handles Button1.Click

        TextBlock1.Text = "ユニバーサルWindowsアプリの世界へようこそ！"
    End Sub
End Class
```

プログラムを実行する

ここまでの操作が済んだら、プログラムを実行してみることにしましょう。

▼実行中のプログラム

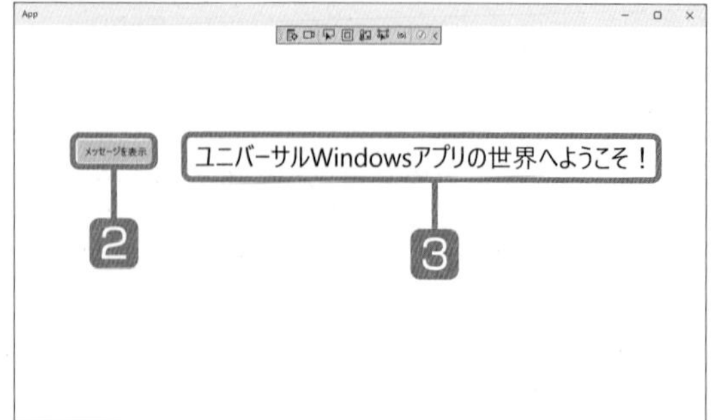

1. ツールバーの**ローカルコンピューター**をクリックします。
2. プログラムが起動するので、**メッセージを表示**ボタンをクリックします。
3. TextBlock1にメッセージが表示されます。
4. **デバッグの停止**ボタンをクリックして終了します。

Section 9.3

Webページの表示

Level ★★★ | Keyword | WebViewコントロール

ユニバーサルWindowsアプリでは、**WebView**コントロールを配置することで、Webページの表示が行えます。このセクションでは、WebViewコントロールを利用したWebブラウザーの作成方法について紹介します。

Webブラウザーの作成

WebViewコントロールを利用して、基本的な機能を備えたWebブラウザーを作成します。

•簡易型Webブラウザーの作成

TextBlockに、表示中のWebページのタイトルをデータバインディングと呼ばれる仕組みを使って表示します。UI部品とデータオブジェクトの接続（バインディング）を確立すると、UI部品とデータオブジェクトの間でデータの受け渡しができるようになります。

▼簡易型Webブラウザーの作成

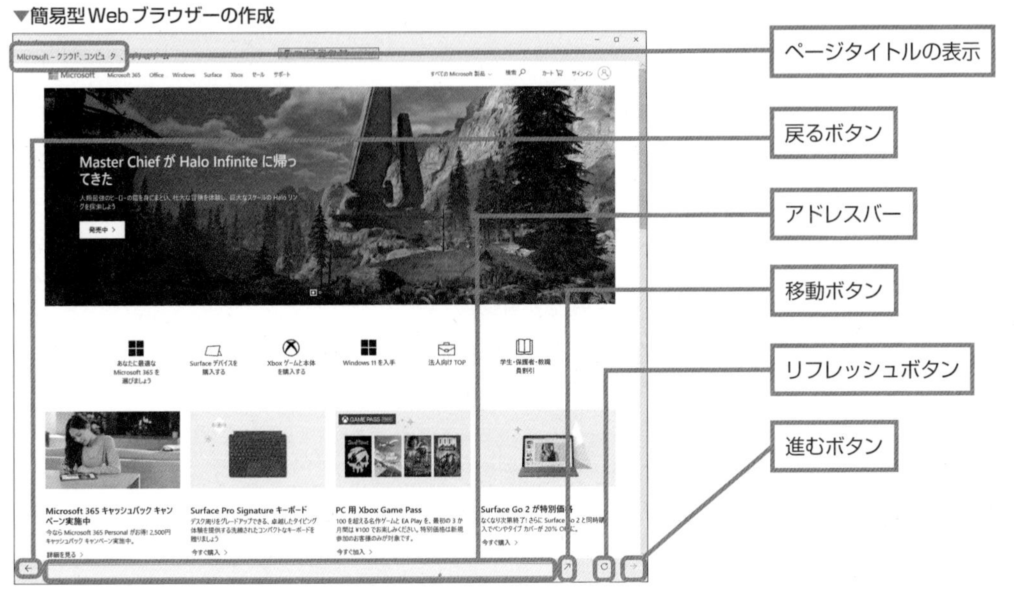

9.3.1 Webブラウザーの作成

WebViewコントロールを使用して、シンプルなWebブラウザーを作成します。

Webページの表示方法を確認する

WebViewコントロールを配置して、表示するWebページのURI（URLの上位概念ですが、ここでは同じものと考えてかまいません）をSourceプロパティに設定することで、指定したページを表示することができます。

▼XAMLのコード（プロジェクト「BrowserApp」）

```
<WebView x:Name="WebView1"
         Source="https://developer.microsoft.com/ja-jp/windows/" />
```

TextBoxを利用して、入力されたURIのページを表示するには、次のようにButtonコントロールなどのイベントハンドラーを作成して、Visual Basicのコードを記述します。

▼TextBoxに入力されたURIのページを表示する

```
Public NotInheritable Class MainPage
    Inherits Page

    ' URIを保持するフィールド
    Private newUri As Uri ―――――――――――――――――――――――――― ❶

    ' Asyncを付けて非同期メソッドにする
    Private Async Sub GoButton_Click(sender As Object, e As RoutedEventArgs)
        ' テキストボックスにURI形式のアドレスが入力されている場合
        If Uri.TryCreate(TextBox1.Text, UriKind.Absolute, newUri ―――― ❷
                ) AndAlso newUri.Scheme.StartsWith("http") Then ―― ❸
            ' Webビューに指定されたURIを表示する
            WebView1.Navigate(newUri) ―――――――――――――――――――― ❹
        Else
            Dim Msg As String = "入力されたURIが認識できません"
            Await New Windows.UI.Popups.MessageDialog(Msg).ShowAsync() ―― ❺
        End If
        TextBox1.Text = ""
    End Sub
End Class
```

●コード解説

❶Private newUri As Uri

System.Uriは、指定されたURIにアクセスするためのオブジェクトを生成するクラスです。

❷ If Uri.TryCreate(TextBox1.Text, UriKind.Absolute, newUri)

Uri.TryCreate()メソッドを呼び出して、TextBoxに入力されたURIにアクセスするためのUri型のインスタンスを生成します。Uri.TryCreate()メソッドは共有メソッドなので、Newによるインスタンスの生成は必要ありません。なお、このメソッドは、インスタンスの生成に成功するとTrueの値を返すので、Ifステートメントの条件として記述し、Uriインスタンスの生成に成功した場合に、Then以下の処理を行うようにします。

●Uri.TryCreate() メソッド

URIを表すString型のインスタンスとUriKind型のインスタンスを使用して、Uri型のインスタンスを生成する共有メソッドです。生成したインスタンスの参照は、第3パラメーターのUri型の変数に代入されます。

▼メソッドの宣言部

```
Public Shared Function TryCreate (
    uriString As String,
    uriKind As UriKind,
    <OutAttribute> ByRef result As Uri
) As Boolean
```

▼パラメーター

uriString	URIを表すString型のオブジェクト。
uriKind	URIの種類を表すUriKind列挙体のオブジェクト。
result	このメソッドから制御が戻るときに、作成されたUriを格納するSystem.Uri型のオブジェクト。

▼戻り値(Boolean型)

True	Uriのインスタンスが正常に作成された場合。
False	上記以外の場合。

●UriKind 列挙体

Uriオブジェクトにおける URIの種類を定義します。

▼メンバー

メンバー名	内容
Absolute	絶対URIを示す。
Relative	相対URIを示す。
RelativeOrAbsolute	URIの種類が不確定であることを示す。

❸ AndAlso newUri.Scheme.StartsWith("http")) Then･･･

追加の条件として、TextBoxに入力された文字列の先頭が「http」で始まるかどうかをチェックします。String.StartsWith()メソッドは、対象の文字列の先頭部分がパラメーターの文字列と一致した場合にTrueを返します。

9
ユニバーサルWindowsアプリの開発

●String.StartsWith() メソッド

インスタンスの先頭文字列が、パラメーターで指定した文字列と一致するかどうかを判断します。

▼メソッドの定義

```
Public Function StartsWith (
    value As String
) As Boolean
```

▼パラメーター

value	比較対象の文字列を表すString型の値。

▼戻り値 (Boolean型)

True	文字列の先頭がパラメーターの文字列と一致する場合。
False	上記以外の場合。

❹ WebView1.Navigate (newUri)

WebView.Navigate()は、パラメーターのUriオブジェクトで示されるURIにアクセスして、対象のHTMLコンテンツを読み込むメソッドです。

❺ Await New Windows.UI.Popups.MessageDialog (Msg) .ShowAsync ()

Uriオブジェクトが生成できない場合や、TextBoxに入力された文字列が「http」で始まっていない場合にメッセージを表示します。

簡易Webブラウザーを作成する

WebViewコントロールを中心とした操作画面を作成し、[戻る] ボタンや [進む] ボタンなどの機能を搭載したWebブラウザーを作成します。

新しいプロジェクトの作成ダイアログで「空白のアプリ (ユニバーサルWindows)」を選択してユニバーサルWindowsアプリ用のプロジェクトを作成し、以下の手順に進みましょう。

1 「MainPage.xaml」を表示します。

2 各コントロールを配置するコードを入力します。

▼MainPage.xaml

```
<Page
    x:Class="BrowserApp.MainPage"
    xmlns="http://schemas.microsoft.com/winfx/2006/xaml/presentation"
    xmlns:x="http://schemas.microsoft.com/winfx/2006/xaml"
    xmlns:local="using:BrowserApp"
```

```
xmlns:d="http://schemas.microsoft.com/expression/blend/2008"
xmlns:mc="http://schemas.openxmlformats.org/markup-compatibility/2006"
mc:Ignorable="d"
Background="{ThemeResource ApplicationPageBackgroundThemeBrush}">

<Grid>
    <!-- 3行に分割するグリッドを配置 -->
    <Grid Background="#FFEEEEF2"> ────────────────────── ❶
        <Grid.RowDefinitions>
            <RowDefinition Height="Auto" />
            <!-- グリッドの2行目の高さが1行目と3行目のコントロールを表示した
                 残りの領域になるようにする-->
            <RowDefinition Height="*" /> ─────────────────── ❷
            <RowDefinition Height="Auto" />
        </Grid.RowDefinitions>

        <!-- 表示中のページタイトル -->
        <!-- テキストブロック -->
        <!-- Marginで左右のマージンを設定 -->
        <!-- TextTrimmingで表示領域外のトリミングを取得 -->
        <!-- Text=はデータバインディングを確立するため -->
        <TextBlock Grid.Row="0" ─────────────────────── ❸
                   Margin="10,5" ────────────────────── ❹
                   FontSize="18"
                   TextTrimming="WordEllipsis" ─────────── ❺
                   Text="{Binding DocumentTitle, ────────── ❻
                                  ElementName=WebView1,
                                  Mode=OneWay}" />

        <!-- グリッドの2行目にWebViewを配置する -->
        <WebView Grid.Row="1" ───────────────────────── ❼
                 x:Name="WebView1"
                 Source="https://developer.microsoft.com/ja-jp/windows/" />

        <!-- グリッドの3行目にグリッドをネスト(入れ子に)する -->
        <Grid Grid.Row="2"> ─────────────────────────── ❽
            <Grid.ColumnDefinitions>
                <ColumnDefinition Width="Auto" />
                <ColumnDefinition Width="*" />
                <ColumnDefinition Width="Auto" />
            </Grid.ColumnDefinitions>
```

```
            <!-- ネストしたグリッドの1列目にStackPanelを配置して
                 内部に[戻る]ボタンを配置 -->
            <StackPanel Grid.Column="0" Orientation="Horizontal"> ──── ❾
                <!-- [戻る]ボタン -->
                <AppBarButton x:Name="BackButton" ──── ❿
                              Icon="Back"
                              IsCompact="True"
                              Margin="0,0,10,0"
                              IsEnabled="{Binding CanGoBack,
                                                  ElementName=WebView1,
                                                  Mode=OneWay}"
                              Click="BackButton_Click" />
            </StackPanel>

            <!-- ネストしたグリッドの2列目にアドレスバーを配置 -->
            <TextBox x:Name="TextBox1" Grid.Column="1"
                     VerticalAlignment="Center" /> ──── ⓫

            <!-- ネストしたグリッドの3列目にStackPanelを配置して
                 3個のAppBarButtonを横に並べて配置 -->
            <StackPanel Grid.Column="2" Orientation="Horizontal"> ──── ⓬
                <!-- [GO]ボタン -->
                <AppBarButton x:Name="GoButton" ──── ⓭
                              Icon="Go"
                              IsCompact="True" Click="GoButton_Click" />
                <!-- [リフレッシュ]ボタン -->
                <AppBarButton x:Name="RefreshButton" ──── ⓮
                              Icon="Refresh"
                              IsCompact="True"
                              Margin="20,0,0,0" Click="RefreshButton_Click" />
                <!-- [進む]ボタン -->
                <AppBarButton x:Name="ForwardButton" ──── ⓯
                              Icon="Forward"
                              IsCompact="True"
                              IsEnabled="{Binding CanGoForward,
                                                  ElementName=WebView1,
                                                  Mode=OneWay}"
                              Click="ForwardButton_Click" />
            </StackPanel>
        </Grid>
    </Grid>
</Grid>
```

```
</Page>
```

XAMLでコメントを記述する場合は、「<!--」と「-->」で囲まれた範囲に記述します。なお、コメントの中で2文字以上続く「-」を記述することはできません。

●コード解説

❶<Grid Background="#FFEEEEF2">

3行に分割するGridを配置し、Backgroundプロパティで全体の背景色を#FFEEEEF2（Gray）に設定します。

❷<RowDefinition Height="*" />

Gridの2行目の高さが、1行目と3行目のコントロールを表示した残りの領域全体となるように、Heightプロパティの値にstarSizingを示す「*」を設定しています。

❸<TextBlock Grid.Row="0"

表示中のWebページのタイトルを表示するためのTextBlockを配置します。

❹Margin="10,5"

Margin="10,5"と記述すると、左右のマージンが10、上下のマージンが5に設定されます。

❺TextTrimming="WordEllipsis"

TextBlock.TextTrimmingプロパティは、表示領域からあふれてしまうテキストのトリミング動作を取得、または設定します。プロパティの値は、TextTrimming列挙体です。

▼TextTrimming列挙体のメンバー

メンバー	内容
None	テキストは切り取られない。
WordEllipsis	テキストは単語境界で切り取られる。省略記号（...）が残りのテキストの代わりに描画される。

❻Text="{Binding DocumentTitle, ElementName=WebView1, Mode=OneWay}"

TextBlockに現在、表示中のWebページのタイトルを、**データバインディング**と呼ばれる仕組みを使って表示します。UI部品とデータオブジェクトの接続（バインディング）を確立すると、UI部品とデータオブジェクトの間でデータの受け渡しができるようになります。

データバインディングを確立するには、Bindingマークアップ拡張機能を使用して、次のように記述します。

▼データバインディングの確立

```
UI部品のプロパティ="{Binding プロパティ=設定値,…}"
```

「UI部品のプロパティ」の箇所には、データを表示するコントロールのプロパティ名を記述します。Binding以下には、バインディングの対象となるオブジェクトやプロパティの情報を、Bindingクラスのプロパティを使って指定します。プロパティは、カンマで区切って任意の順序で設定できます。

●Pathプロパティ（Bindingクラス）

バインディングを行うプロパティへのパスを指定します。{Binding Path=DocumentTitle}のほかに、Bindingの直後にプロパティパスを記述して、{Binding DocumentTitle}というかたちでPathを設定することもできます。

作成例では、Webページタイトルを取得するWebView.DocumentTitleプロパティを指定しています。

●ElementNameプロパティ（Bindingクラス）

バインディングするオブジェクトの名前を取得または設定します。

●Modeプロパティ（Bindingクラス）

バインディングのデータフローの方向を示す値を取得または設定します。プロパティの型はSystem.Windows.Data.BindingMode列挙体です。既定値はBindingMode.OneWayです。

▼BindingMode 列挙体

メンバー名	内容
OneWay	バインディングが確立すると、ターゲットのプロパティを更新する。ソースオブジェクトに変更があった場合もターゲットに反映される。
OneTime	バインディングが確立すると、ターゲットのプロパティを更新する。
TwoWay	バインディングが確立すると、ターゲットのプロパティを更新する。さらに、ソースオブジェクトが変更された場合はターゲットオブジェクトを更新し、ターゲットオブジェクトが変更された場合はソースオブジェクトを更新する。

❼<WebView Grid.Row="1" …

Gridの2行目にWebViewを配置します。Sourceプロパティを使って、プログラムの起動時に表示するWebページのURIを指定しています。

❽<Grid Grid.Row="2">

Gridの3行目に、入れ子のGridを配置しています。このGridは、横方向に3つに分割します。

❾<StackPanel Grid.Column="0" Orientation="Horizontal">

❽のGridの1列目にStackPanelを配置して、内部に［戻る］ボタンを配置します。

❿<AppBarButton …

AppBarButtonコントロールを配置します。

●Icon="Back"

AppBarButtonクラスの**Icon**プロパティは、AppBarButtonの外観となるグラフィックスを設定します。プロパティの型は、Symbol列挙体です。Symbol列挙体では、AppBarButton用の様々なグラフィックスがメンバーとして定義されています。作成例では、次のメンバーを使用します。

▼本書で使用したSymbol列挙体のメンバー

メンバー	AppBarButtonに設定されるグラフィックス	メンバー	AppBarButtonに設定されるグラフィックス
Forward		Refresh	
Back		Go	

●IsCompact="True"

AppBarButtonクラスのIsCompactは、Boolean型のプロパティです。Trueを設定した場合は、テキスト表示用のラベルを非表示にして、全体のサイズをコンパクトにします。

●Margin="0,0,10,0"

右側のマージンを10に設定しています。マージンは、左、上、右、下の順で、カンマで区切って設定します。

●IsEnabled="{Binding CanGoBack, ElementName=WebView1, Mode=OneWay}"

Webページを表示して、前に表示したページに戻ることが可能な場合は、[戻る]ボタンをアクティブにします。このためには、AppBarButtonのIsEnabledプロパティに、WebViewクラスのCanGoBackプロパティをデータバインドします。

WebViewクラスのCanGoBackプロパティには、True(戻ることが可能)、またはFalse(不可)が格納されている

これをAppBarButtonのIsEnabledプロパティに代入する

CanGoBackプロパティがTrueであればAppBarButtonがアクティブになる

●Click="BackButton_Click"

[戻る]ボタンのClickイベント発生時に呼び出すイベントハンドラーとして、BackButton_Clickを設定しています。

⑪ <TextBox x:Name="TextBox1" Grid.Column="1" VerticalAlignment="Center" />
入れ子にしたGridの2列目にTextBoxを配置し、これをアドレスバーとして使用します。

⑫ <StackPanel Grid.Column="2" Orientation="Horizontal">
3個のAppBarButtonを横に並べて配置するために、入れ子にしたGridの3列目にStackPanelを配置します。

⑬ <AppBarButton x:Name="GoButton" ・・・
[GO]ボタンとして、外観をGoに設定したAppBarButtonを配置します。

⑭ <AppBarButton x:Name="RefreshButton" ・・・
[リフレッシュ]ボタンとして、外観をRefreshに設定したAppBarButtonを配置します。

⑮ <AppBarButton x:Name="ForwardButton" ・・・
[進む]ボタンとして、外観をForwardに設定したAppBarButtonを配置します。

● IsEnabled="{Binding CanGoForward, ElementName=WebView1, Mode=OneWay}"

Webページを表示して、以前に表示したページに進むことが可能な場合は、[進む]ボタンをアクティブにします。このためには、AppBarButtonのIsEnabledプロパティに、WebViewクラスのCanGoForwardプロパティをデータバインドします。

3 **デザイン**画面（XAMLデザイナー）でGoButtonを選択し、**プロパティ**ウィンドウの**選択した要素のイベントハンドラー**ボタンをクリックして**Click**の入力欄をダブルクリックします。GoButtonのイベントハンドラーが作成されるので、以下のように入力します。

▼GoButtonのイベントハンドラー

```
Public NotInheritable Class MainPage
    Inherits Page

    ' URIを保持するフィールド
    Private newUri As Uri

    ' Asyncを付けて非同期メソッドにする
    Private Async Sub GoButton_Click(sender As Object, e As RoutedEventArgs)
        ' テキストボックスにURI形式のアドレスが入力されている場合
        If Uri.TryCreate(TextBox1.Text, UriKind.Absolute, newUri
                ) AndAlso newUri.Scheme.StartsWith("http") Then
            ' Webビューに指定されたURIを表示する
```

```
            WebView1.Navigate(newUri)
        Else
            Dim Msg As String = "入力されたURIが認識できません"
            Await New Windows.UI.Popups.MessageDialog(Msg).ShowAsync()
        End If
        TextBox1.Text = ""
    End Sub
End Class
```

4 **デザイン**画面でBackButtonを選択し、**プロパティ**ウィンドウの**選択した要素のイベントハンドラー**ボタンをクリックして**Click**の入力欄をダブルクリックします。BackButtonのイベントハンドラーが作成されるので、以下のように入力します。

▼BackButtonのイベントハンドラー

```
Private Sub BackButton_Click(sender As Object, e As RoutedEventArgs)
    ' 1つ前に表示したページを表示
    WebView1.GoBack()
End Sub
```

5 **デザイン**画面でRefreshButtonを選択し、**プロパティ**ウィンドウの**選択した要素のイベントハンドラー**ボタンをクリックして**Click**の入力欄をダブルクリックします。RefreshButtonのイベントハンドラーが作成されるので、以下のように入力します。

▼RefreshButtonのイベントハンドラー

```
Private Sub RefreshButton_Click(sender As Object, e As RoutedEventArgs)
    ' 表示中のページをリロード(再読み込み)
    WebView1.Refresh()
End Sub
```

6 **デザイン**画面でForwardButtonを選択し、**プロパティ**ウィンドウの**選択した要素のイベントハンドラー**ボタンをクリックして**Click**の入力欄をダブルクリックします。ForwardButtonのイベントハンドラーが作成されるので、以下のように入力します。

▼ForwardButtonのイベントハンドラー

```
Private Sub ForwardButton_Click(sender As Object, e As RoutedEventArgs)
    ' ナビゲーション履歴をもとに、現在のページの次に表示したページを表示する
    WebView1.GoForward()
End Sub
```

●プログラムの実行

ローカルコンピューターボタンをクリックして、プログラムを実行します。

▼実行中のプログラム

ここをクリック
ページタイトルが表示される
Windows 11 の概要
Windows アプリ SDK
WinUI 3

▼ページの移動 (1)

ページを移動する
Windows 11 の開発者向け情報
[戻る]ボタンがアクティブになる
先ほどのページに戻った場合は、
[進む]ボタンがアクティブになる

▼ページの移動 (2)

Microsoft Bing
[GO]ボタンをクリックすると
指定したページに移動する
アドレスバーにURIを入力する

Perfect Master Series
Visual Basic 2022

Appendix

資料

資料では、Visual Basicで利用できる関数やメソッド、プロパティ、イベントの内容と構文を紹介します。

関数、メソッド、プロパティ、イベント

ここでは、Visual Basicで利用できる関数やメソッド、プロパティ、イベントの内容と構文を紹介します。

文字列の操作に関する関数およびメソッド

●関数

関数名	構文（上）および内容（下）
InStr	InStr([検索の開始位置を示す値],String1,String2,[1または2]) String1の文字列の先頭から、指定した文字列（String2）を検索し、最初に見付かった文字列の開始位置（先頭の文字からの文字数）を示す整数型（Integer）の値を返します。なお、最後のパラメーターとして1を指定した場合はバイナリモード（大文字、小文字、全角、半角、ひらがな、カタカナが区別される）で比較を行い、2を指定した場合はテキストモードで比較を行います。
UCase	UCase(String1) String1に指定したアルファベットの小文字を大文字に変換します。変換した値は、文字列型（String）または文字型（Char）で返されます。
LCase	LCase(String1) アルファベットの大文字を小文字に変換します。
LTrim	LTrim(String1) String1に指定した文字列の先頭のスペースを削除します。
RTrim	RTrim(String1) String1に指定した文字列の最後尾のスペースを削除します。
Trim	Trim(String1) String1に指定した先頭と最後尾のスペースを削除します。
Mid	Mid(String1,Integer1,Integer2) String1に指定した文字列の先頭からX番目（XはInteger1で指定）の位置から、Integer2で指定した数のぶんだけ文字列を取り出します。

●メソッド

メソッド	構文（上）および内容（下）
String.Compare	String.Compare(String1,String2,[TrueまたはFalse]) 指定した2つのStringオブジェクト（テキストを表すオブジェクト）同士を比較します。True（大文字と小文字を区別する）、またはFalse（区別しない）を指定することが可能です。
String.IndexOf	String1.IndexOf(String2,[開始位置],[検索対象の文字数]) String1に指定した文字列の先頭から、String2に指定した文字列を検索し、最初に見付かった文字列の開始位置（先頭の文字からの文字数）を示す整数型（Integer）の値を返します。ただし、検索の開始位置の指定が0から始まるところが、InStr()関数と異なります（InStr()関数は1から開始）。
String.LastIndexOf	String1.LastIndexOf(String2,[開始位置],[検索対象の文字数]) String1に指定した文字列の最後尾から、String2に指定した文字列を検索し、最初に見付かった文字列の開始位置（先頭の文字からの文字数）を示す整数型（Integer）の値を返します。
String.Concat	String.Concat(String1,String2) String型のインスタンス、またはObject型に格納されたString形式の値同士を連結します。
String.Copy	String.Copy(String1) String1に指定した文字列をコピーして、新しいインスタンスを生成します。
String.ToUpper	String1.ToUpper() String1に指定したアルファベットの小文字を大文字に変換します。UCase()関数と同じ処理を行います。
String.ToLower	String1.ToLower() String1に指定したアルファベットの大文字を小文字に変換します。LCase()関数と同じ処理を行います。
String.Trim	String1.Trim() String1に指定した文字列の先頭と末尾にある空白文字をすべて削除します。文字列の余分な空白を取り除く場合などに使用します。
String.TrimEnd	String1.TrimEnd() String1に指定した文字列の末尾のスペースのみを削除します。
String.PadLeft	String.PadLeft(Integer1,[Char1]) Integer1で指定した数だけ文字列を右寄せし、指定した文字数になるまで左側の部分に空白文字を埋め込みます。[Char1]として特定の文字を指定した場合は、指定した文字を埋め込みます。
String.PadRight	String.PadRight(Integer1,[Char1]) Integer1で指定した数だけ文字列を左寄せし、指定した文字数になるまで右側の部分に空白文字を埋め込みます。[Char1]として特定の文字を指定した場合は、指定した文字を埋め込みます。
String.Remove	String1.Remove(Integer1,Integer2) String1に指定した文字列の先頭からX番目（XはInteger1で指定）の位置から、Integer2で指定した数のぶんだけ文字を削除します。
String.Replace	String1.Replace(String2, String3) String1に指定した文字列の中から、String2に合致する文字または文字列を、String3で指定する文字または文字列に置き換えます。

<table>
<tr><th>メソッド</th><th>構文（上）および内容（下）</th></tr>
<tr><td rowspan="2">String.Insert</td><td>String1.Insert(Integer1,String2)</td></tr>
<tr><td>String1に指定した文字列の先頭からX番目（XはInteger1で指定）の位置へ、String2で指定した文字列を挿入します。</td></tr>
<tr><td rowspan="2">String.Substring</td><td>String1.Substring(Integer1,Integer2)</td></tr>
<tr><td>String1に指定した文字列の先頭からX番目（XはInteger1で指定）の位置から、Integer2で指定した数のぶんだけ文字列を取り出します。Mid関数と同様の処理を行いますが、Mid関数の引数では、切り取る文字列の開始位置を1から開始するのに対し、String.SubString()メソッドの引数では、0から開始します。</td></tr>
<tr><td rowspan="2">Midステートメント</td><td>Mid(String1,Integer1,[Integer2])=String2</td></tr>
<tr><td>String1に指定した文字列の先頭からX番目（XはInteger1で指定）の位置から、Integer2で指定した数の文字を、String2で指定した文字列に置き換えます。</td></tr>
</table>

日付/時刻の操作に関するメソッドおよびプロパティ

●プロパティ

プロパティ	内　容
DateTime.Now	コンピューターのシステム時刻（現在の日付と時刻）であるDateTime構造体をまとめて取得します。
DateTime.Today	現在の日付（年月日）を取得します。
DateTime.TimeOfDay	DateTimeに格納されている日付データから時刻の部分のみを取得します。
DateTime.Date	DateTimeに格納されている日付データから日付の部分のみを取得します。
DateTime.Month	DateTimeに格納されている日付データから日付の月の部分のみを取得します。
DateTime.Day	DateTimeに格納されている日付データから日付の日の部分のみを取得します。
DateTime.DayOfWeek	DateTimeに格納されている日付データから曜日を取得します。
DateTime.Hour	DateTimeに格納されている日付データから日付の時間の部分のみを取得します。
DateTime.Minute	DateTimeに格納されている日付データから日付の分の部分のみを取得します。
DateTime.Second	DateTimeに格納されている日付データから日付の秒の部分のみを取得します。
DateTime.Millisecond	DateTimeに格納されている日付データから日付のミリ秒の部分のみを取得します。

●メソッド

メソッド	構文（上）および内容（下）
DateTime.AddYears	DateTime.AddYears(Integer1) DateTimeに格納されている日付データに、Integer1で指定した年数を加算します。
DateTime.AddMonths	DateTime.AddMonths(Integer1) DateTimeに格納されている日付データに、Integer1で指定した月数を加算します。
DateTime.AddDays	DateTime.AddDays(Integer1) DateTimeに格納されている日付データに、Integer1で指定した日数を加算します。
DateTime.AddHours	DateTime.AddHours(Integer1) DateTimeに格納されている日付データに、Integer1で指定した時間数を加算します。
DateTime.AddMinutes	DateTime.AddMinutes(Integer1) DateTimeに格納されている日付データに、Integer1で指定した分数を加算します。
DateTime.AddSeconds	DateTime.AddSeconds(Integer1) DateTimeに格納されている日付データに、Integer1で指定した秒数を加算します。
DateTime.AddMilliseconds	DateTime.AddMilliseconds(Integer1) DateTimeに格納されている日付データに、Integer1で指定したミリ秒数を加算します。
DateTime.DaysInMonth	DateTime.DaysInMonth(Integer1,Integer2) Integer1で指定した年（4桁の数値）における、Integer2で指定した月（1～12）の日数を返します。
DateTime.IsLeapYear	DateTime.IsLeapYear(Integer1) Integer1で指定した年（4桁の数値）が閏年かどうかを示す値（閏年である場合はTrue、それ以外の場合はFalse）を返します。
DateTime.ToUniversalTime	DateTime.ToUniversalTime() DateTimeに格納されているローカル時刻を世界協定時刻（UTC）に変換します。
DateTime.ToLocalTime	DateTime.ToLocalTime() DateTimeに格納されている世界協定時刻（UTC）をローカル時刻に変換します。

データ型の変換を行う関数およびメソッド

●関数

●任意の値または数式 ➡ 論理型 (Boolean) の値

関数名	構文 (上) および内容 (下)
CBool	CBool(式)
	A=Bなどの指定された式を評価し、論理型 (Boolean) の値を返します。式が成立するのであればTrue、成立しないのであればFalseを返します。また、式の部分に数値のみを指定した場合は、値が0の場合はFalse、それ以外であればTrueを返します。

●任意の文字列 (String) ➡ 最初の1文字をChar型に変換

関数名	構文 (上) および内容 (下)
CChar	CChar(String型の文字列)
	String型の文字列の先頭の1文字をChar型に変換します。

●日付を表す文字列 (String) ➡ 日付型 (Date) の値

関数名	構文 (上) および内容 (下)
CDate	CDate(日付を表す文字列)
	日付を表す文字列をDate型の値に変換します。

●数値または日付型の値 ➡ 文字列型 (String) の値

関数名	構文 (上) および内容 (下)
CStr	CStr(数値)
	指定した数値や日付型の値を文字列型 (String) の値に変換します。パラメーターに論理型の値を指定した場合は、TrueまたはFalseの文字列を返します。

●数値 ➡ バイト型 (Byte) の値

関数名	構文 (上) および内容 (下)
CByte	CByte(数値)
	指定した数値をバイト型 (Byte) の値に変換します。小数が含まれる場合は、小数部分は丸められます*。

●数値 ➡ 短整数型 (Short) の値

関数名	構文 (上) および内容 (下)
CShort	CShort(数値)
	指定した数値を短整数型 (Short) の値に変換します。小数が含まれる場合は、小数部分は丸められます*。

●数値 ➡ 整数型（Integer）の値

関数名	構文（上）および内容（下）
CInt	CInt(数値) 指定した数値を整数型（Integer）の値に変換します。小数が含まれる場合は、小数部分は丸められます*。

●数値 ➡ 長整数型（Long）の値

関数名	構文（上）および内容（下）
CLng	CLng(数値) 指定した数値を長整数型（Long）の値に変換します。小数が含まれる場合は、小数部分は丸められます*。

●数値 ➡ 単精度浮動小数点数型（Single）の値

関数名	構文（上）および内容（下）
CSng	CSng(数値) 指定した数値を単精度浮動小数点数型（Single）の値に変換します。

●数値 ➡ 倍精度浮動小数点数型（Double）の値

関数名	構文（上）および内容（下）
CDbl	CDbl(数値) 指定した数値を倍精度浮動小数点数型（Double）の値に変換します。

●数値 ➡ 10進数型（Decimal）の値

関数名	構文（上）および内容（下）
CDec	CDec(数値) 指定した数値を10進数型（Decimal）の値に変換します。

●数値 ➡ オブジェクト型（Object）の値

関数名	構文（上）および内容（下）
CObj	CObj(数値) 指定した数値をオブジェクト型（Object）の値に変換します。

A
資料

*数値の丸め方　4以下を切り捨て、6以上を切り上げし、ちょうど半分（5）の場合は、丸めたあとの値が偶数になるようにする。1.5 ➡ 2、2.5 ➡ 2、3.5 ➡ 4、4.5 ➡ 4のようになる。このような処理方法には、四捨五入を行うよりも、集計したときの結果の差が小さくなるという特徴がある。

●メソッド

●任意の値 ➡ TypeCodeで指定したデータ型の値

メソッド	構文（上）および内容（下）
Convert.ChangeType	Convert.ChangeType(Object1,TypeCode)
	Object1に指定した値をTypeCodeで指定したデータ型に変換します。

▼TypeCodeのメンバー

メンバー名	内 容
Boolean	TrueまたはFalseの論理値を表す。
Byte	0から255までの値を保持する符号なし8ビット整数を表す整数型。
Char	0から65535までの値を保持する符号なし16ビット整数を表す整数型。Char型で使用できる値は、Unicode文字セットに対応します。
DateTime	日時の値を表す型。
Decimal	1.0×10^{-28}から概数7.9×10^{28}までの範囲で、有効桁数が28または29の値を表す型。
Double	概数5.0×10^{-324}から1.7×10^{308}までの範囲で、有効桁数が15または16の値を表す浮動小数点数型。
Int16	−32768から32767までの値を保持する符号付き16ビット整数を表す整数型。
Int32	−2147483648から2147483647までの値を保持する符号付き32ビット整数を表す整数型。
Int64	−9223372036854775808から9223372036854775807までの値を保持する符号付き64ビット整数を表す整数型。
Object	別のTypeCodeで明示的に表されていない任意の参照または値型を表す一般的な型。
SByte	−128から127までの値を保持する符号付き8ビット整数を表す整数型。
Single	概数1.5×10^{-45}から3.4×10^{38}までの範囲で、有効桁数が7の値を表す浮動小数点数型。
String	Unicode文字列を表す型。
UInt16	0から65535までの値を保持する符号なし16ビット整数を表す整数型。
UInt32	0から4294967295までの値を保持する符号なし32ビット整数を表す整数型。
UInt64	0から18446744073709551615までの値を保持する符号なし64ビット整数を表す整数型。

●任意の値 ➡ 文字列型（String）の値

メソッド	構文（上）および内容（下）
Convert.ToString	Convert.ToString(値)
	指定した値をString型に変換します。

●任意の値 ➡ Char型の値

メソッド	構文（上）および内容（下）
Convert.ToChar	Convert.ToChar(文字コード)
	指定した文字コードをChar型（Unicode文字）に変換します。

●日付を表す文字列（String）➡ 日付型（Date）の値

メソッド	構文（上）および内容（下）
Convert.ToDateTime	Convert.ToDateTime(日付を表す文字列) 指定した文字列をDate型の値に変換します。

●数値 ➡ バイト型（Byte）の値

メソッド	構文（上）および内容（下）
Convert.ToByte	Convert.ToByte(数値) 指定した値を8ビット符号なし整数（Byte型）に変換します。

●数値 ➡ 短整数型（Short）の値

メソッド	構文（上）および内容（下）
Convert.ToInt16	Convert.ToInt16(数値) 指定した値を16ビット符号付き整数（Short型）に変換します。小数が含まれる場合は、小数部分は丸められます*。

●数値 ➡ 整数型（Integer）の値

メソッド	構文（上）および内容（下）
Convert.ToInt32	Convert.ToInt32(数値) 指定した値を32ビット符号付き整数（Integer型）に変換します。小数が含まれる場合は、小数部分は丸められます*。

●数値 ➡ 長整数型（Long）の値

メソッド	構文（上）および内容（下）
Convert.ToInt64	Convert.ToInt64(数値) 指定した値を64ビット符号付き整数（Long型）に変換します。小数が含まれる場合は、小数部分は丸められます*。

●数値 ➡ 単精度浮動小数点数型（Single）の値

メソッド	構文（上）および内容（下）
Convert.ToSingle	Convert.ToSingle(数値) 指定した値を単精度浮動小数点数（Single型）に変換します。

A

資料

*__数値の丸め方__　本文689ページの脚注を参照。

●数値 ➡ 倍精度浮動小数点数型（Double）の値

メソッド	構文（上）および内容（下）
Convert.ToDouble	Convert.ToDouble(数値) 指定した値を倍精度浮動小数点数（Double型）に変換します。

●数値 ➡ 10進数型（Decimal）の値

メソッド	構文（上）および内容（下）
Convert.ToDecimal	Convert.ToDecimal(数値) 指定した値を10進数型（Decimal型）の値に変換します。

●任意の式または数値 ➡ 論理型（Boolean）の値

メソッド	構文（上）および内容（下）
Convert.ToBoolean	Convert.ToBoolean(式) 指定した式を評価し、論理型（Boolean）の値を返します。式が成立するのであればTrue、成立しないのであればFalseを返します。また、式の部分に数値のみを指定した場合は、値が0の場合はFalse、それ以外であればTrueを返します。

●数値 ➡ 8ビット符号付き整数

メソッド	構文（上）および内容（下）
Convert.ToSByte	Convert.ToSByte(数値) 指定した値を8ビット符号付き整数（SByte型）に変換します。

●数値 ➡ 16ビット符号なし整数

メソッド	構文（上）および内容（下）
Convert.ToUInt16	Convert.ToUInt16(数値) 指定した値を16ビット符号なし整数（UShort型）に変換します。

●数値 ➡ 32ビット符号なし整数

メソッド	構文（上）および内容（下）
Convert.ToUInt32	Convert.ToUInt32(数値) 指定した値を32ビット符号なし整数（UInteger型）に変換します。

●数値 ➡ 64ビット符号なし整数

メソッド	構文（上）および内容（下）
Convert.ToUInt64	Convert.ToUInt64(数値) 指定した値を64ビット符号なし整数（ULong型）に変換します。

数値の演算を行うメソッド

メソッド	構文（上）および内容（下）
Math.Round	Math.Round（数値,[丸める小数点以下の桁数]） 指定された桁数に丸めた*倍精度浮動小数点数型（Double）の値を返します。
Math.Sign	Math.Sign（数値） 引数に指定された数式の符号を表す整数型（Integer）の値を返します。数値が0未満であれば−1、0であれば0、0より大きい値であれば1の値を返します。
Math.Sqrt	Math.Sqrt（数値） 指定した数値（Double型）の平方根を倍精度浮動小数点数型（Double）の値で返します。
Math.Sin	Math.Sin（数値） 指定した角度（Double型）のサインを倍精度浮動小数点数型（Double）の値で返します。
Math.Cos	Math.Cos（数値） 指定した角度（Double型）のコサインを倍精度浮動小数点数型（Double）の値で返します。
Math.Tan	Math.Tan（数値） 指定した角度（Double型）のタンジェントを倍精度浮動小数点数型（Double）の値で返します。
Math.Atan	Math.Atan（数値） 指定された数値（Double型）のアークタンジェントを倍精度浮動小数点数型（Double）の値で返します。
Math.Log	Math.Log（数値） 指定された数値（Double型）の対数を倍精度浮動小数点数型（Double）の値で返します。
Math.Exp	Math.Exp（数値） 指定された数値（Double型）を指数とするe（自然対数の底）の累乗を倍精度浮動小数点数型（Double）の値で返します。
Math.Abs	Math.Abs（数値） 指定された数値の絶対値を返します。

＊**桁数に丸めた**　本文689ページの脚注を参照。

財務処理を行う関数

●減価償却費の計算

関数名	構文（上）および内容（下）
DDB	DDB（取得価格，残存価格，耐用年数，償却期間，[償却率]） 指定した期間の資産の減価償却費を倍率法で計算して、倍精度浮動小数点数型（Double）の値を返します。
SLN	SLN（取得価格，残存価格，耐用年数） 定額法で計算した、資産の1期ぶんの減価償却費を倍精度浮動小数点数型（Double）の値で返します。
SYD	SYD（取得価格，残存価格，耐用年数，償却期間） 指定した期間の資産の減価償却費を、定額逓減法を使って計算して、倍精度浮動小数点数型（Double）の値を返します。

●将来価値の計算

関数名	構文（上）および内容（下）
FV	FV(利率，支払い回数，毎回の支払額，[借入額]，[支払期日を示すオブジェクト型*]) 利率が一定であると仮定して、定額の支払いを定期的に行った場合の将来価値を、倍精度浮動小数点数型（Double）の値で返します。毎月の貯蓄プランにおける貯蓄額の計算や、ローンにおける借入残高の計算に利用します。

●利率の計算

関数名	構文（上）および内容（下）
Rate	Rate(支払い回数，毎回の支払額，借入額，[最終的な残高]，[支払期日を示すオブジェクト型*]，[利率の推定値]) 投資期間を通じての利率を倍精度浮動小数点数型（Double）の値で返します。投資における利率の計算や、ローンにおける利子の計算に利用します。

●期間の計算

関数名	構文（上）および内容（下）
NPer	NPer(利率，毎回の支払額，借入額，[最後の支払いを行ったときの残高]，[支払期日を示すオブジェクト型*]) 利率が一定であると仮定して、定額の支払いを定期的に行った場合の投資期間を、倍精度浮動小数点数型（Double）の値で返します。投資回数の計算のほかに、ローンにおける返済回数を求める際に利用します。

＊支払期日を示すオブジェクト型　各期の期末に支払う場合はDueDate.EndOfPeriod、各期の期首に支払う場合はDueDate.BegOfPeriodをそれぞれ引数に指定する。この引数を省略すると、DueDate.EndOfPeriodを指定したものとして扱われる。

●支払額の計算

関数名	構文（上）および内容（下）
IPmt	IPmt(利率,期間,支払い回数,借入額,[最後の支払いを行ったときの残高],[支払期日を示すオブジェクト型*]) 利率が一定であると仮定して、定額の支払いを定期的に行った場合の支払額を、倍精度浮動小数点数型（Double）の値で返します。
Pmt	Pmt(利率,期間,支払い回数,借入額,[最後の支払いを行ったときの残高],[支払期日を示すオブジェクト型*]) 利率が一定であると仮定して、定額の支払いを定期的に行った場合の、投資に必要な毎回の支払額を、倍精度浮動小数点数型（Double）の値で返します。投資を行う場合の積み立て額の計算や、ローンにおける毎回の返済額の計算に利用します。
PPmt	PPmt(利率,期間,支払い回数,借入額,[最後の支払いを行ったときの残高],[支払期日を示すオブジェクト型*]) 定期的な定額の支払い、および一定した利率に基づいて、指定された期間の元金の支払いを示す値を返します。

●正味現在価値の計算

関数名	構文（上）および内容（下）
NPV	NPV(割引率,キャッシュフローの値) 一連の定期的なキャッシュフロー（支払いと収益）と割引率に基づいて、投資の正味現在価値（将来行われる一連の支払いと収益を現時点での現金価値に換算したもの）を、倍精度浮動小数点数型（Double）の値で返します。なお、キャッシュフローの値は、倍精度浮動小数点数型（Double）の配列で指定します。
PV	PV(利率,期間,支払い回数,借入額,[最後の支払いを行ったときの残高],[支払期日を示すオブジェクト型*]) 利率が一定であると仮定して、定額の支払いを定期的に行った場合の投資の現在価値を、倍精度浮動小数点数型（Double）の値で返します。

●内部利益率の計算

関数名	構文（上）および内容（下）
IRR	IRR(キャッシュフローの値,[利率の推定値]) 一連の定期的なキャッシュフロー（支払いと収益）に基づいて、内部利益率（一定間隔で発生する支払いと収益から成る投資に対する受け取り利率）を、倍精度浮動小数点数型（Double）の値で返します。なお、キャッシュフローの値は、倍精度浮動小数点数型（Double）の配列で指定します。
MIRR	MIRR(キャッシュフローの値,支払額に対する利率を示す倍精度浮動小数点数型(Double)の値,収益額に対する利率を示す倍精度浮動小数点数型(Double)の値) 一連の定期的なキャッシュフロー（支払いと収益）に基づいて、修正内部利益率（支払いと収益を異なる利率で管理する場合の内部利益率）を、倍精度浮動小数点数型（Double）の値で返します。なお、キャッシュフローの値は、倍精度浮動小数点数型（Double）の配列で指定します。

ファイル/ディレクトリの操作を行うメソッド

●Directoryクラス（System.IO名前空間）に属するメソッド

メソッド	構文（上）および内容（下）
CreateDirectory	System.IO.Directory.CreateDirectory(パス) パスで指定したすべてのディレクトリとサブディレクトリを作成します。
Delete	System.IO.Directory.Delete(パス) ディレクトリとその内容を削除します。
Exists	System.IO.Directory.Exists(パス) 指定したパスが存在する場合にTrueを返します。
GetCreationTime	System.IO.Directory.GetCreationTime(パス) ディレクトリの作成日時を返します。
GetCreationTimeUtc	System.IO.Directory.GetCreationTimeUtc(パス) ディレクトリの作成日時を世界協定時刻（UTC）で返します。
GetCurrentDirectory	System.IO.Directory.GetCurrentDirectory 現在のカレントディレクトリ（作業ディレクトリ）を文字列として返します。
GetDirectories	System.IO.Directory.GetDirectories(パス,[検索条件]) 指定したディレクトリ内のすべてのサブディレクトリの名前をString型の配列として返します。
GetDirectoryRoot	System.IO.Directory.GetDirectoryRoot(パス) 指定したパスのルートディレクトリを文字列として返します。
GetFiles	System.IO.Directory.GetFiles(パス,[検索条件]) 指定したディレクトリ内のすべてのファイル名をString型の配列として返します。
GetFileSystemEntries	System.IO.Directory.GetFileSystemEntries(パス,[検索条件]) 指定したディレクトリ内のすべてのファイル名とサブディレクトリ名をString型の配列として返します。
GetLastAccessTime	System.IO.Directory.GetLastAccessTime(パス) 指定したファイルまたはディレクトリに最後にアクセスした日付と時刻を返します。
GetLastAccessTimeUtc	System.IO.Directory.GetLastAccessTimeUtc(パス) 指定したファイルまたはディレクトリに最後にアクセスした日付と時刻を世界協定時刻（UTC）で返します。
GetLastWriteTime	System.IO.Directory.GetLastWriteTime(パス) 指定したファイルまたはディレクトリに最後に書き込んだ日付と時刻を返します。
GetLastWriteTimeUtc	System.IO.Directory.GetLastWriteTimeUtc(パス) 指定したファイルまたはディレクトリに最後に書き込んだ日付と時刻を世界協定時刻（UTC）で返します。

メソッド	構文（上）および内容（下）
GetLogicalDrives	System.IO.Directory.GetLogicalDrives 使用中のコンピューターのすべての論理ドライブ名をString型の配列として返します。
Move	System.IO.Directory.Move(移動元のパス,移動先のパス) ファイルまたはディレクトリを移動します。
SetCreationTime	System.IO.Directory.SetCreationTime(パス,日時) 指定したファイルまたはディレクトリの作成日時を設定します。
SetCreationTimeUtc	System.IO.Directory.SetCreationTimeUtc(パス,日時) 指定したファイルまたはディレクトリの作成日時を世界協定時刻（UTC）で設定します。
SetLastAccessTime	System.IO.Directory.SetLastAccessTime(パス,日時) 指定したファイルまたはディレクトリの最終アクセス日時を設定します。
SetLastAccessTimeUtc	System.IO.Directory.SetLastAccessTimeUtc(パス,日時) 指定したファイルまたはディレクトリの最終アクセス日時を世界協定時刻（UTC）で設定します。
SetLastWriteTime	System.IO.Directory.SetLastWriteTime(パス,日時) 指定したファイルまたはディレクトリの最終書き込み日時を設定します。
SetLastWriteTimeUtc	System.IO.Directory.SetLastWriteTimeUtc(パス,日時) 指定したファイルまたはディレクトリの最終書き込み日時を世界協定時刻（UTC）で設定します。

A

資料

●Fileクラス（System.IO名前空間）に属するメソッド

メソッド	構文（上）および内容（下）
AppendText	System.IO.File.AppendText(パス) 追加モードでファイル開き、UTF-8エンコードされたテキストを付け加えるためのStreamWriterオブジェクト*を作成します。
Copy	System.IO.File.Copy(コピー元のパス,コピー先のパス,[Boolean値]) 既存のファイルを新しいファイルにコピーします。Boolean値としてTrueを指定した場合は、コピー先のファイルへの上書きを許可します。
Create	System.IO.File.Create(パス,[バッファサイズ]) 指定したパスでファイルを作成し、作成したファイルを開いてFileStreamオブジェクト*を返します。

＊StreamWriterオブジェクト　テキストファイルへ書き込むには、StreamWriterクラスから生成されるStreamWriterオブジェクトを使用する。これはUnicode形式で表されたテキストの書き込みを行う方法を定義するクラスで、Write()メソッドまたはWriteLine()メソッドを使用して、テキストの書き込みを行う。Write()メソッドは、Integer型やDouble型などの基本的なデータ型のテキスト表現を書き込む処理を行う。WriteLine()メソッドは、文字列の書き込みだけを行い、書き込んだ文字列の末尾には改行文字が自動的に付加される。

＊FileStreamオブジェクト　ファイルのデータのまとまりのことで、FileStreamクラスによって生成される。Visual Basicでは、ファイルを扱う方法として、従来のFileOpen()などのランタイム関数を使用する方法のほかに、C++などのプログラミング言語で利用されているFileStreamクラスなどのファイルストリームに対応したクラスを利用する方法がサポートされている。

メソッド	構文（上）および内容（下）
CreateText	System.IO.File.CreateText(パス) UTF-8エンコードされたテキストの書き込み用のファイルを作成し、StreamWriterオブジェクト*を返します。
Delete	System.IO.File.Delete(パス) 指定したファイルを削除します。
Exists	System.IO.File.Exists(パス) 指定したファイルが存在するかどうかを確認します。
GetAttributes	System.IO.File.GetAttributes(パス) パス上のファイルの属性を返します。
GetCreationTime	System.IO.File.GetCreationTime(パス) 指定したファイルの作成日時を返します。
GetCreationTimeUtc	System.IO.File.GetCreationTimeUtc(パス) 指定したファイルの作成日時を世界協定時刻（UTC）で返します。
GetLastAccessTime	System.IO.File.GetLastAccessTime(パス) 指定したファイルに最後にアクセスした日付と時刻を返します。
GetLastAccessTimeUtc	System.IO.File.GetLastAccessTimeUtc(パス) 指定したファイルに最後にアクセスした日付と時刻を世界協定時刻（UTC）で返します。
GetLastWriteTime	System.IO.File.GetLastWriteTime(パス) 指定したファイルの最終書き込み日時を返します。
GetLastWriteTimeUtc	System.IO.File.GetLastWriteTimeUtc(パス) 指定したファイルの最終書き込み日時を世界協定時刻（UTC）で返します。
Move	System.IO.File.Move(移動元のパス,移動先のパス) 指定したファイルを新しい場所に移動します。
Open	System.IO.File.Open(パス,[モード]) 指定したファイルを開いて、FileStreamオブジェクト*を返します。なお、ファイルのオープンモードは、ファイルが存在しない場合にファイルを作成するかどうか、既存のファイルの内容を上書きするかどうかを、次ページのFileMode列挙体の値を使って指定します。

＊StreamReaderオブジェクト　テキストファイルからの読み取りを行う場合には、StreamReaderオブジェクトを使用する。StreamReaderオブジェクトは、Unicode形式で表されたテキストの読み取りを行う方法を定義するStreamReaderクラスから生成される。

メソッド	構文(上)および内容(下)

▼FileMode列挙体の値

メンバー名	内容
Append	ファイルが存在する場合はそのファイルを開き、存在しない場合は新しいファイルを作成します。FileMode.Appendは、必ずFileAccess.Writeと共に使用します。
Create	新しいファイルを作成することを指定します。ファイルがすでに存在する場合は上書きされます。この操作にはFileIOPermissionAccess.Write、およびFileIOPermissionAccess.Appendが必要です。
CreateNew	新しいファイルを作成することを指定します。この操作にはFileIOPermissionAccess.Writeが必要です。ファイルがすでに存在する場合はIOExceptionが適用されます。
Open	既存のファイルを開くことを指定します。ファイルを開けるかどうかは、FileAccessで指定される値によって異なります。ファイルが存在しない場合はSystem.IO.FileNotFoundExceptionが適用されます。
OpenOrCreate	ファイルが存在する場合はファイルを開き、存在しない場合は新しいファイルを作成することを指定します。ファイルをFileAccess.Readで開く場合はFileIOPermissionAccess.Readが必要です。ファイルアクセスがFileAccess.ReadWriteで、ファイルが存在する場合は、FileIOPermissionAccess.Writeが必要です。ファイルアクセスがFileAccess.ReadWriteで、ファイルが存在しない場合は、ReadおよびWriteのほかにFileIOPermissionAccess.Appendが必要です。
Truncate	既存のファイルを開くことを指定します。ファイルは、開いたあとにサイズが0バイトになるように切り捨てられます。この操作にはFileIOPermissionAccess.Writeが必要です。Truncateを使用して開いたファイルから読み取ろうとすると、例外が発生します。

メソッド	構文(上)および内容(下)
OpenRead	System.IO.File.OpenRead(パス) 読み取り専用モードでファイルを開いて、FileStreamオブジェクト*を返します。
OpenText	System.IO.File.OpenText(パス) 読み取り専用モードで、UTF-8エンコードされたテキストファイルを開いて、StreamReaderオブジェクト*を返します。
OpenWrite	System.IO.File.OpenWrite(パス) 書き込みモードでファイルを開いて、FileStreamオブジェクト*を返します。
SetAttributes	System.IO.File.SetAttributes(パス,属性) 指定したファイルの属性を設定します。
SetCreationTime	System.IO.File.SetCreationTime(パス,日時) 指定したファイルの作成日時を設定します。
SetCreationTimeUtc	System.IO.File.SetCreationTimeUtc(パス,日時) 指定したファイルの作成日時を世界協定時刻(UTC)で設定します。
SetLastAccessTime	System.IO.File.SetLastAccessTime(パス,日時) 指定したファイルに最後にアクセスした日時を設定します。
SetLastAccessTimeUtc	System.IO.File.SetLastAccessTimeUtc(パス,日時) 指定したファイルに最後にアクセスした日時を世界協定時刻(UTC)で設定します。
SetLastWriteTime	System.IO.File.SetLastWriteTime(パス,日時) 指定したファイルの最終書き込み日時を設定します。
SetLastWriteTimeUtc	System.IO.File.SetLastWriteTimeUtc(パス,日時) 指定したファイルの最終書き込み日時を世界協定時刻(UTC)で設定します。

●DirectoryInfoクラス（System.IO名前空間）に属するプロパティとメソッド

●プロパティ

プロパティ	内　容
Attributes	ディレクトリの属性をFileAttributesの値として取得、または設定します。
CreationTime	ディレクトリの作成日時をDate値として取得、または設定します。
CreationTimeUtc	ディレクトリの作成日時を世界協定時刻（UTC）のDate値として取得、または設定します。
Exists	ディレクトリが存在するかどうかを示す値を取得します。存在する場合はTrueを返します。
Extension	ディレクトリの拡張子部分を表す文字列を取得します。
FullName	ディレクトリの絶対パスを取得します。
LastAccessTime	ディレクトリに最後にアクセスした時刻をDate値として取得、または設定します。
LastAccessTimeUtc （FileSystemInfoから継承される）	ディレクトリに最後にアクセスした時刻を世界協定時刻（UTC）のDate値として取得、または設定します。
LastWriteTime	ディレクトリに最後に書き込みが行われた時刻をDate値として取得、または設定します。
LastWriteTimeUtc （FileSystemInfoから継承される）	ディレクトリに最後に書き込みが行われた時刻を世界協定時刻（UTC）のDate値として取得、または設定します。
Name	ディレクトリの名前を取得します。
Parent	指定されたサブディレクトリの親ディレクトリを取得します。
Root	ルートディレクトリを取得します。

●メソッド

メソッド	内　容
Create	ディレクトリを作成します。
CreateSubdirectory	引数として指定したパスに1つ以上のサブディレクトリを作成します。
Delete	現在のディレクトリを削除します。
GetDirectories	現在のディレクトリのサブディレクトリを返します。引数として検索条件を指定することができます。
GetFiles	現在のディレクトリに含まれるファイルの一覧を返します。引数として検索条件を指定することができます。
GetFileSystemInfos	現在のディレクトリに含まれるファイルとサブディレクトリに関する情報を返します。引数として検索条件を指定することができます。
MoveTo	現在のディレクトリを引数として指定したパスに移動します。
Refresh	DirectoryInfoオブジェクトの状態を更新します。

●FileInfoクラス（System.IO名前空間）に属するプロパティとメソッド

●プロパティ

プロパティ	内　容
Attributes	ファイルの属性をFileAttributesの値として取得、または設定します。
CreationTime	ファイルの作成日時をDate値として取得、または設定します。

CreationTimeUtc	ファイルの作成日時を世界協定時刻（UTC）のDate値として取得、または設定します。
Directory	親ディレクトリのDirectoryInfoオブジェクトを取得します。
DirectoryName	親ディレクトリの絶対パスを表す文字列を取得します。
Exists	ファイルが存在するかどうかを示す値を取得します。存在する場合はTrueを返します。
Extension	ファイルの拡張子部分を表す文字列を取得します。
FullName	ファイルの絶対パスを取得します。
LastAccessTime	ファイルまたはディレクトリに最後にアクセスした日時をDate値として取得、または設定します。
LastAccessTimeUtc	ファイルまたはディレクトリに最後にアクセスした時刻を世界協定時刻（UTC）のDate値として取得、または設定します。
LastWriteTime	ファイルに最後に書き込みが行われた時刻をDate値として取得、または設定します。
LastWriteTimeUtc	ファイルに最後に書き込みが行われた時刻を世界協定時刻（UTC）のDate値として取得、または設定します。
Length	ファイルのサイズを取得します。
Name	ファイルの名前を取得します。

●メソッド

メソッド	内　容
AppendText	追加モードでファイルを開き、ファイルの末尾にテキストを追加するためのStreamWriterオブジェクト*を返します。
CopyTo	現在のファイルを引数として指定したディレクトリにコピーします。オプションとして上書きの設定を行うこともできます。
Create	ファイルを作成します。
CreateText	新しいテキストファイルを作成し、書き込みを行うためのStreamWriterオブジェクト*を返します。
Delete	ファイルを削除します。
MoveTo	引数として指定したパスへファイルを移動します。オプションで新しいファイル名を指定することもできます。
Open	指定したファイルを開いて、FileStreamオブジェクトを返します。なお、ファイルのオープンモードは、ファイルが存在しない場合にファイルを作成するかどうか、既存のファイルの内容を上書きするかどうかを、FileMode列挙体の値を使って指定します。
OpenRead	読み取り専用モードでファイルを開いて、FileStreamオブジェクトを返します。
OpenText	読み取り専用モードで、UTF-8エンコードされたテキストファイルを開いて、StreamReaderオブジェクト*を返します。
OpenWrite	書き込みモードでファイルを開いて、FileStreamオブジェクト*を返します。
Refresh	FileInfoオブジェクトの状態を更新します。

Formオブジェクト（System.Windows.Forms 名前空間）のプロパティ、メソッド、イベント

●フォームの外観や機能に関するプロパティ

プロパティ	内　容
BackgroundImage	フォームの背景イメージを取得、または設定します。
BackColor	フォームの背景色を取得、または設定します。
FormBorderStyle	フォームの境界線スタイルを取得、または設定します。
Icon	フォームのアイコンを取得、または設定します。
ControlBox	フォームのキャプションバーにコントロールボックスを表示するかどうかを設定します。
MaximizeBox	フォームのキャプションバーに最大化ボタンを表示するかどうかを設定します。
MinimizeBox	フォームのキャプションバーに最小化ボタンを表示するかどうかを設定します。
HelpButton	フォームのキャプションボックスにヘルプボタンを表示するかどうかを設定します。
SizeGripStyle	フォームの右下隅に表示するサイズ変更グリップのスタイルを設定します。
Opacity	フォームの不透明度を設定します。
TransparencyKey	フォームの透明な領域を表す色を設定します。

●フォームのサイズと表示位置に関するプロパティ

プロパティ	内　容
AutoScale	フォームで使用されるフォントの高さに合わせてフォームとフォーム上のコントロールのサイズを自動的に変更するかどうかを設定します。
DesktopBounds	デスクトップ上のフォームのサイズと位置を取得、または設定します。
DesktopLocation	デスクトップ上のフォームの位置を取得、または設定します。
StartPosition	フォームが最初に表示されるときの位置を設定します。
WindowState	フォームのウィンドウ状態（Normal、Minimized、Maximized）を取得、または設定します。
TopLevel	フォームをトップレベルウィンドウとして表示するかどうかを設定します。
TopMost	フォームをアプリケーションの最上位フォームとして表示するかどうかを設定します。
MinimumSize	フォームのサイズを変更する場合の最小サイズを取得、または設定します。
MaximumSize	フォームのサイズを変更する場合の最大サイズを取得、または設定します。
Size	フォームのサイズを取得、または設定します。

●モーダルフォームに関するプロパティ

プロパティ	内　容
Modal	フォームをモーダルとして表示するかどうかを設定します（Trueでモーダルとして表示）。
AcceptButton	ユーザーが[Enter]キーを押したときにクリックされるボタンコントロールを取得、または設定します。

CancelButton	ユーザーが Esc キーを押したときにクリックされるボタンコントロールを取得、または設定します。
DialogResult	モーダルフォームの操作結果（OK、Cancel、Yes、Noなど）を取得、または設定します。
AutoScroll	フォームで自動スクロールを有効にするかどうかを示す値を取得、または設定します。
AutoScrollMargin	自動スクロールのマージンのサイズを取得、または設定します。
AutoScrollMinSize	自動スクロールの最小サイズを取得、または設定します。
AutoScrollPosition	自動スクロールの位置を取得、または設定します。
DockPadding	ドッキングしているコントロールのすべての端に対する埋め込みの設定を取得します。

●MDIフォームに関するプロパティ

プロパティ	内 容
ActiveMdiChild	現在アクティブなMDI子フォームを取得します。
IsMdiChild	フォームがMDI子フォームかどうかを取得します。Trueの場合は、対象のフォームがMDI子フォームであることになります。
IsMdiContainer	フォームがMDI子フォームのコンテナーであるかどうかを取得します。Trueの場合は、対象のフォームがMDI子フォームのコンテナーであることになります。
MdiChildren	対象のフォームのMDI子フォームの配列を取得します。
MdiParent	対象となるフォームのMDI親フォームを取得、または設定します。

●フォームの状態に関するメソッド

メソッド	内 容
Activate	フォームをアクティブにし、そのフォームにフォーカスを移します。
Close	フォームを閉じます。
Show	コントロールを表示します。
ShowDialog	フォームをモーダルダイアログボックスとして表示します。
Hide	フォームを非表示にします。

●フォームのサイズと表示位置に関するメソッド

メソッド	内 容
SetDesktopBounds	フォームのサイズと位置をデスクトップ上の座標で設定します。
SetDesktopLocation	フォームの位置をデスクトップ座標で設定します。

●MDIフォームに関するメソッド

メソッド	内 容
LayoutMdi	MDI子フォームを整列します。

●フォームに関するイベント

●サイズおよび位置

イベント	内　容
MinimumSizeChanged	MinimumSizeプロパティの値が変更された場合に発生します。
MaximumSizeChanged	MaximumSizeプロパティの値が変更された場合に発生します。
MaximizedBoundsChanged	MaximizedBoundsプロパティの値が変更された場合に発生します。

●MDI関連

イベント	内　容
MdiChildActivate	MDI子フォームがアクティブになった場合、または閉じた場合に発生します。

●フォームの状態

イベント	内　容
Load	フォームが初めて表示されるときに発生します。
Activated	フォームがコード、またはユーザーの操作によってアクティブになったとき発生します。
Deactivate	フォームがフォーカスを失い、アクティブではなくなったときに発生します。
Closing	フォームが閉じる間に発生します。
Closed	フォームが閉じたときに発生します。
MenuStart	フォームのメニューがフォーカスを受け取ると発生します。
MenuComplete	フォームのメニューがフォーカスを失ったときに発生します。

●メニューに関するプロパティ

プロパティ	内　容
Menu	フォームに表示するMainMenuを取得、または設定します。
MergedMenu	フォームのマージされたメニューを取得します。

コントロールに共通するプロパティ、メソッド、イベント

●コントロールのサイズと位置に関するプロパティ

プロパティ	内　容
Location	コンテナの左上隅に対する相対座標（x、y）として、コントロールの左上隅の座標を取得、または設定します。
Size	コントロールのサイズを取得、または設定します。
Left	コントロールの左端のx座標をピクセル単位で取得、または設定します。
Top	コントロールの上端のy座標をピクセル単位で取得、または設定します。
Width	コントロールの幅を取得、または設定します。
Height	コントロールの高さを取得、または設定します。

Right	コントロールの右端とコンテナの左端の間の距離（x座標）を取得します。
Bounds	コントロールのサイズおよび位置を取得、または設定します。
ClientRectangle	コントロールの領域を表す四角形を取得します。
Anchor	コントロールのどの端をコンテナの端に固定するかを設定する値（ビットコード化された値）を取得、または設定します。
Dock	コントロールのドッキング先のコンテナの端を設定する値（ビットコード化された値）を取得、または設定します。

●コントロール上に表示するテキストに関するプロパティ

プロパティ	内　容
Text	コントロールに表示するテキストを取得、または設定します。
Font	コントロールに表示するテキストのフォントを取得、または設定します。
ImeMode	コントロールが選択されたときのIME（Input Method Editor）のモードを取得、または設定します。
ContextMenu	コントロールに関連付けられたショートカットメニューを取得、または設定します。

●前景色と背景色に関するプロパティ

プロパティ	内　容
ForeColor	コントロールの前景色を取得、または設定します。
BackColor	コントロールの背景色を取得、または設定します。

●コントロールのフォーカスに関するプロパティ

プロパティ	内　容
TabIndex	Tab キーを押してフォーカスが移動するコントロールの順序。
TabStop	ユーザーが Tab キーで、このコントロールにフォーカスを移すことができるかどうかを示す値（True）を取得、または設定します。
Visible	コントロールが表示されている（True）かどうかを示す値を取得、または設定します。
Enabled	コントロールが使用可能（True）かどうかを示す値を取得、または設定します。
Cursor	マウスポインターの状態、位置、サイズなどを取得、または設定します。

●コントロールの状態に関するプロパティ

プロパティ	内　容
Created	コントロールが作成されているかどうかを示す値（True）を取得します。
Disposing	コントロールが破棄処理中かどうかを示す値（True）を取得します。
Disposed	コントロールが破棄されたかどうかを示す値（True）を取得します。

●コントロール名やコントロールを含むアプリケーションの情報に関するプロパティ

プロパティ	内　容
Name	コントロールの名前を取得、または設定します。
AllowDrop	ユーザーがコントロールにドラッグしたデータを、そのコントロールが受け入れることができるかどうかを示す値（True）を取得、または設定します。
CompanyName	コントロールを格納しているアプリケーションの会社または作成者の名前を取得します。
ProductName	コントロールを格納しているアプリケーションの製品名を取得します。
ProductVersion	コントロールを格納しているアプリケーションのバージョンを取得します。

●コントロールのサイズと位置に関するメソッド

メソッド	内　容
BringToFront	コントロールをzオーダーの最前面へ移動します。
SendToBack	コントロールをzオーダーの背面に移動します。
FindForm	コントロールが配置されているフォームを取得します。
GetContainer	コントロールのコンテナを取得します。
GetContainerControl	コントロールの親チェインの1つ上のContainerコントロールを返します。
PointToClient	指定した画面上の座標を計算してクライアント座標を算出します。
PointToScreen	指定したクライアント座標を計算して画面座標を算出します。
RectangleToClient	指定した画面上の四角形のサイズと位置をクライアント座標で算出します。
RectangleToScreen	指定したクライアント領域の四角形のサイズと位置を画面座標で算出します。
SetBounds	コントロールの範囲を設定します。
SetSize	コントロールの幅と高さを設定します。
Scale	指定された比率に沿って、コントロールおよび子コントロールのスケールを設定します。
GetChildAtPoint	指定した座標にある子コントロールを取得します。
Contains	指定したコントロールが、別のコントロールの子かどうかを示す値を取得します。
ActivateControl	子コントロールをアクティブにします。

●コントロールの外観に関するメソッド

メソッド	内　容
Show	コントロールを表示します。
Hide	コントロールを非表示にします。
Refresh	強制的に、コントロールがクライアント領域を無効化し、直後にそのコントロール自体とその子コントロールを再描画するようにします。
Update	コントロールによって、クライアント領域内の無効化された領域が再描画されます。
ResetBackColor	BackColorプロパティを既定値にリセットして親の背景色を表示させます。
ResetForeColor	ForeColorプロパティを既定値にリセットして親の前景色を表示させます。

ResetCursor	Cursorプロパティを既定値にリセットします。
ResetText	Textプロパティを既定値にリセットします。

●コントロールのフォーカスに関するメソッド

メソッド	内　容
Focus	コントロールに入力フォーカスを設定します。
GetNextControl	タブオーダー内の1つ前、または1つ後ろのコントロールを取得します。
Select	コントロールを選択します（アクティブにします）。
SelectNextControl	次のコントロールをアクティブにします。

●コントロールに共通するイベント

イベント	内　容
GotFocus	コントロールがフォーカスを受け取ったときに発生します。
LostFocus	コントロールがフォーカスを失ったときに発生します。
Enter	コントロールに入力フォーカスが移ったときに発生します。GotFocusイベントの前に発生します。
Leave	入力フォーカスがコントロールを離れたときに発生します。
Validating	コントロールが検証を行っているときに発生します。
Validated	コントロールの検証が終了すると発生します。
ChangeUICues	フォーカスキュー、またはキーボードインターフェイスキューが変更されたときに発生します。
Click	コントロールがクリックされたときに発生します。
DoubleClick	コントロールがダブルクリックされたときに発生します。
MouseDown	コントロール上でマウスボタンが押されたときに発生します。
MouseMove	マウスポインターがコントロール上を移動すると発生します。
MouseUp	マウスポインターがコントロール上にあり、マウスボタンが離されると発生します。
MouseWheel	コントロールにフォーカスがあるときにマウスホイールが動くと発生します。
MouseEnter	マウスポインターによってコントロールが入力されると発生します。
MouseHover	マウスポインターがコントロール上を移動すると発生します。
MouseLeave	マウスポインターがコントロールを離れると発生します。
KeyDown	コントロールにフォーカスがあるときにキーが押されると発生します。
KeyPress	コントロールにフォーカスがあるときにキーが押されると、KeyDownイベントの直後に発生します。
KeyUp	コントロールにフォーカスがあるときにキーが離されると発生します。
HelpRequested	ユーザーがコントロールのヘルプを要求すると発生します。
DragDrop	ドラッグアンドドロップ操作が完了したときに発生します。
DragEnter	オブジェクトがコントロールの境界内にドラッグされると発生します。
DragLeave	オブジェクトがコントロールの境界の外へドラッグされると発生します。

イベント	内 容
DragOver	オブジェクトがコントロールの境界を超えてドラッグされると発生します。
GiveFeedback	ドラッグ操作中に発生します。
QueryContinueDrag	ドラッグアンドドロップ操作中に発生し、操作をキャンセルする必要があるかどうかを決定できるようにします。
Paint	コントロールが再描画されると発生します。
Invalidated	コントロールの表示で再描画が必要なときに発生します。
Move	コントロールが移動されると発生します。
Resize	コントロールのサイズが変更されると発生します。
Layout	コントロールの子コントロールの位置を変更する必要があるときに発生します。
ControlAdded	新しいコントロールがControl.ControlCollectionに追加されたときに発生します。
ControlRemoved	コントロールが削除されたときに発生します。

用語集

ここでは、Visual Basicでプログラミングを行う際に使われる用語を紹介します。

英数字

ADO.NET

.NET対応のデータベースアプリケーションを作成することができます。データベースからメモリー上に読み込んだデータを作業用のデータ（非接続オブジェクト）として使用するための機能が搭載され、データベースへの接続時間を最小限にとどめるようになっています。また、XMLに対応し、他の環境との相互運用性が高いのが特徴です。

API：Application Program Interface

特定のOSやミドルウェアに対応したアプリケーションの開発時に使用できる、OSやミドルウェアに用意されている命令や関数のことです。また、これらの命令や関数の使用方法（規約）のことを指す場合もあります。

ASP：Active Server Pages

動的にWebページを生成するための技術のことで、Webサーバーの拡張機能として実装されます。VBScriptやJavaScriptなどのスクリプト言語で記述されたプログラムをMicrosoft社のWebサーバーであるIISに搭載されたASPが処理し、処理結果をWebブラウザーに返す、といった流れで処理を行います。

ASP.NET

ASPの.NET対応版で、ASP.NETを実現するための環境は、.NET Frameworkのクラスライブラリに含まれています。.NET Frameworkを使用するVisual Basic、Visual C#、Visual C++など、様々な言語に対応しています。

Boolean

論理的な真偽を扱うデータ型で、値型に属し、2バイトのTrueまたはFalseの値を扱います。

Byte

整数を扱うデータ型で、値型に属し、1バイトの0～255の範囲の数値を扱います。

CancelEventArgs

CancelEventArgsは、名前空間System.ComponentModelに属するクラスで、フォームやコントロールなどの操作のうち、キャンセル可能な操作を行った場合に発生するイベントを扱います。

CancelEventArgsを使うと、特定のイベントを続行、またはキャンセルすることができます。例えば、データの保存を行わずにプログラムを終了しようとした場合に、Closingイベントをキャンセルする際に使われます。

Char

文字を扱うデータ型で、値型に属し、2バイトの0～65535（符号なし）のUnicode文字を扱います。

CLR：Common Language Runtime

共通言語ランタイムとも呼ばれます。Microsoft .NET対応のプログラムが実行できる環境を提供する、JITコンパイラー、ガベージコレクター、共通型システム（CTS）、クラスローダーなどのソフトウェアやライブラリファイルが含まれます。.NET対応のプログラミング言語は、コンパイラーによって、MSIL（Microsoft Intermediate Language）と呼ばれる中間コードに変換され、実行時に、CLRのJITコンパイラー（Just-In-Time compiler）によって、ネイティブコードに変換されて実行されます。

● DataSet

Visual Basicに用意されている非接続オブジェクトを生成するためのクラスのことで、データベースのデータを読み込んで、メモリー上に展開する処理を行います。メモリー上への展開を行ったあとは、データの閲覧はもちろん、データの追加や書き換えについても、メモリー上に展開されたデータに対して行い、書き換えを実行する瞬間だけ、データベースに再接続します。このように、非接続オブジェクトを使えば、データベースへの接続時間を極力少なくすることで、接続数の多いデータベースシステムであっても、パフォーマンスの低下を防ぐことができます。

● Decimal

10進数型のデータ型で、値型に属し、16バイトの±79,228×10^{24}の範囲の値を扱います。

● Dimステートメント

変数の宣言を行うときに使用するステートメントです。

● DLL：Dynamic Link Library

複数のアプリケーションソフトが共通して利用するような汎用性の高いプログラムを部品化して抜き出したものをまとめて保存したファイルのことです。DLLとして提供されている機能であれば、異なるプログラム同士で共通して利用できるので、同じ機能を実装する必要がなくなり、アプリケーションソフトの開発効率が高まるというメリットがあります。

● Double

倍精度浮動小数点数型のことで、値型に属し、8バイトの−1.79769313486231570E308〜1.797693134862315７0E308の範囲の値を扱います。

● Do While...Loopステートメント

条件式が真（True）の間だけ処理を繰り返すステートメントです。

● Do...Loop Whileステートメント

条件式が真（True）の間だけ処理を繰り返すステートメントです。条件式を最後に記述するので、繰り返し処理を最低でも1回は実行します。

● Do Until...Loopステートメント

条件式が偽（False）の間だけ処理を繰り返すステートメントです。

● Do...Loop Untilステートメント

条件式が偽（False）の間だけ処理を繰り返すステートメントです。条件式を最後に記述するので、繰り返し処理を最低でも1回は実行します。

● e

イベントハンドラーの第2パラメーターには、必ずSystem.EventArgsクラス、またはそのサブクラスを型としたパラメーターが必要です。

System.EventArgsは、その名のとおりSystem名前空間に属するEventArgsクラスのことを指しています。このクラスは、イベントに関するデータを格納するためのクラスのスーパークラスとして存在するだけで、データの格納は行いません。

実際に、イベントデータが必要な場合は、このクラスのサブクラスを使用します。

これを整理すると、イベントハンドラーの第2パラメーターには、特にイベントデータが必要ない場合は、EventArgs型の変数（通常は「e」）を指定し、イベントデータが必要な場合は、EventArgsクラスのサブクラスを指定することになります。

● Event

「Event」キーワードを使うことで、ユーザー定義型の独自のイベントを作成することができます。

● For...Nextステートメント

指定した回数だけ特定の処理を繰り返すステートメントです。

● For Each...Nextステートメント

コレクション内のすべてのオブジェクトに同じ処

理を実行するステートメントです。

●Functionプロシージャ

主に計算処理で使用されるプロシージャ（関連するステートメントをまとめたもの）で、プロシージャの実行結果を呼び出し元に返します。このようなことから、主に計算処理で使用されます。

●GUI：Graphical User Interface

グラフィックを利用した画面を表示し、マウスなどのポインティング装置を利用して操作を行う操作画面のことです。GUIを実装したOSには、WindowsやmacOSがあります。

●Handles

「Handles」キーワードは、プロシージャが処理するイベントを指定するためのキーワードです。例えば、マウスがクリックされたときや、特定のボタンがクリックされたときに実行する処理を記述することができます。

イベントハンドラーでは、常にHandlesキーワードを使用して、処理を行うイベントを指定するようになっています。このため、Handlesキーワードで指定したイベントに対し、任意の処理を行わせることができます。

●IDE：Integrated Development Environment

統合開発環境のことです。Visual BasicのIDEには、Webフォームデザイナーやコードエディター、コンパイラーなど、アプリケーションを開発するために必要な一連のツールが搭載されています。

●If...Then...Elseステートメント

条件によって処理を分岐するステートメントです。

●If...Then...Elseifステートメント

3つ以上の選択肢を使って処理を分岐するステートメントです。

●IIS：Internet Information Services

Microsoft社のWebサーバーソフトで、ASP.NETプログラムを実行するためのWebアプリケーションサーバー機能を実装しています。Windows 10およびWindows11の各エディションに付属しています。

●IL：Intermediate Language

MSILの項を参照してください。

●Integer

整数を扱うデータ型で、値型に属し、4バイトの−2,147,483,648〜2,147,483,647の範囲の値を扱います。

●LIFO：Last In First Out

メモリー上に格納したデータを、新しく格納した順に取り出すようにする方式のことで、**後入れ先出し方式**とも呼ばれます。スタックと呼ばれるメモリー領域では、この方法を使ってデータを扱います。

●LINQ

統合言語クエリ（LINQ：Language INtegrated Query）のことで、異なる種類のデータに対して、共通の構文でフィルター、列挙などの処理を行うことができます。

●Long

長整数型のデータ型で、値型に属し、8バイトの−9,223,372,036,854,775,808〜9,223,372,036,854,775,807の範囲の値を扱います。

●MDI：Multiple Document Interface

親ウィンドウの中に複数の子ウィンドウを表示させるための仕組みのことです。

●Me

カレントオブジェクト（フォーカスがあるオブジェクトのこと）を参照するためのキーワードです。

実行中のオブジェクト（インスタンス）から、オブジェクトが持つ要素へアクセスしたい場合は「Me」キーワードを使います。Meを使うと、現在、実行中のオブジェクトに関する情報を自分自身のメンバーに渡すことができます。

● MSIL：Microsoft Intermediate Language

.NET対応のVisual Basicなどのプログラミングツールが生成する中間コードのことです。.NETは特定のOSやプログラミング言語に依存しないことを目指しているため、.NETに対応したプログラムを開発する場合は、コンパイラーによって、MSILと呼ばれる中間コードに変換します。

そして、CLR（共通言語ランタイム）のJITコンパイラー（Just-In-Time compiler）によって、ネイティブコードに変換されて、実行されます。このような仕組みを採用したことで、Microsoft .NET対応のツールで作成されたプログラムは、CLRを含む.NET Frameworkが備わったコンピューターであれば、OSの種類やCPUなどのハードウェアに関係なく実行することが可能です。

● My

Myは、クラスライブラリの中で利用頻度が高い機能を呼び出すためのショートカットのことです。Myを使うと、目的のクラスを参照するための記述を、より短くわかりやすく記述することができます。

● MyBase

サブクラスをインスタンス化したオブジェクトから、スーパークラスを参照するためのキーワードです。

● MyClass

実行中のオブジェクト（インスタンス）から、オブジェクトが持つ要素へアクセスしたい場合は、「Me」または「MyClass」キーワードを使います。

Meは、現在、実行中のオブジェクトの参照情報を取得するためのキーワードなので、サブクラスをインスタンス化した場合は、Meはサブクラスのメンバーを参照します。

これに対し、MyClassは、サブクラスをインスタンス化してメンバーを呼び出すと、MyClassが含まれているクラスのメンバーを参照します。

● My.Settings

Visual Basic 2005からは、アプリケーションの実行状況や設定項目の保存を「My.Settings」を使って行えるようになりました。My.Settingsを使えば、アプリケーションの設定項目の保存や、終了時のウィンドウの位置、アクセス日時の保存などの設定をシンプルなコードで記述することができます。

● .NET Framework

Microsoft .NET対応アプリケーションの動作環境を提供するパッケージで、.NET Frameworkをインストールすると、Microsoft .NET対応のアプリケーションを動作させせることができるようになります。

.NET Frameworkは、大きく分けて、.NET対応プログラムが使用するプログラム部品の集まり（クラスライブラリ）と、アプリケーションのプログラムコードをコンピューターが理解できるマシン語（機械語）に翻訳してプログラムを実行するCLR（共通言語ランタイム）という部分で構成されています。

● New演算子

クラスからインスタンスを生成するための演算子です。

● ODBC：Open DataBase Connectivity

Microsoft社が開発した、データベースにアクセスするための規格のことです。データベースへの接続は、データベースの種類に応じて用意されているODBCドライバによって行われるので、ODBCに定められた手順に従ってプログラムを記述すれば、データベースソフトの種類を意識することなく、データベースへの接続が可能になります。

● Private

アクセス修飾子の1つで、Privateが指定されているプロシージャの内部で宣言した変数は、そのプロシージャの内部でのみ利用することができます。また、プロシージャの外部でPrivateを指定して宣言した変数は、同一のモジュール（プログラムコードを収録した拡張子「.vb」が付くファイル）内のすべてのプロシージャから共通して利用することができます。

● Public

アクセス修飾子の1つで、Publicを指定しておくと、すべてのモジュールから共通して利用できます。

● RaiseEvent

「RaiseEvent」キーワードを使うことで、モジュールレベルで宣言された独自のイベントを発生させることができます。パラメーターのリストは、省略できます。変数、配列、または式をカンマで区切ることで、複数のパラメーターを定義することができます。

● Returnステートメント

Function、Sub、Propertyの各プロシージャの呼び出しを行ったコードに制御を戻す場合に使用するステートメントです。

● sender

フォーム上のボタンなどのコントロールをダブルクリックすると、自動的に空のイベントハンドラーが作成されます。このとき、第1パラメーターに、「sender」が、「ByVal sender As System.Object」のように宣言されています。なお、senderはSystem.Object型のパラメーターなので、インスタンス化によって生成されたオブジェクトの参照情報が格納されるようになり、senderの中身を参照すれば、イベントの発生源のオブジェクト名を取得することが可能となります。

● Short

短整数型を扱うデータ型で、値型に属し、2バイトの−32,768〜32,767の範囲の値を扱います。

● Single

単精度浮動小数点数型を扱うデータ型で、値型に属し、4バイトの−3.4028235E38〜3.4028235E38の範囲のデータを扱います。

● SOAP：Simple Object Access Protocol

XMLとHTTPなどをベースとした、他のコンピューターにあるデータやサービスを呼び出すためのXML Webサービスを実現するプロトコル（通信規約）です。

● SQL：Structured Query Language

データベース操作用の言語で、リレーショナルデータベースを操作します。ISOやJISで標準化されています。

● Static変数

「Static」は、あとに続く変数名が、静的な変数であることを示すための修飾子です。

Staticが付かない通常の変数は、メソッドが実行されるたびにメモリー領域に生成され、メソッドの処理が終了すると、使用していたメモリー領域が解放されます。

これに対し、Staticが付いた変数は**静的変数**と呼ばれ、プログラムの実行時から終了時まで存在し続ける特性を持っています。

● String

文字列を扱うデータ型で、参照型に属し、1文字あたり2バイトを使用します。

● Subプロシージャ

主に、入出力情報の取得や、プロパティの設定などで使用されるプロシージャ（関連するステートメントのまとまりのこと）です。Functionプロシージャのように、呼び出し元に値を返すことはできません。

● Try...Catchステートメント

例外処理を行うためのステートメントです。Tryブロックで例外を取得し、Catchブロックで、例外に対応する処理を行います。

● UML：Unified Modeling Language

オブジェクト指向プログラミングを用いたプログラム開発を行う際のプログラム設計図の表記法のことで、「統一モデリング言語」と訳される場合もあります。プログラムの機能や内部構造を表記するには、現在では、UMLが統一的な表記法として利用されています。

UMLでは、オブジェクト指向特有の表記法に加えて、従来から利用されているフローチャートなどを利用することで、ドキュメントにすれば膨大な量になる仕様書から、重要な部分を効率よく取り出して、直感的に理解できるように図式化することができるようになっています。

● Validating

Validatingイベントは、System.Windows.Forms名前空間に属するControlクラスで定義されているイベントの1つで、任意のコントロールが参照されている間に発生します。

Controlクラスでは、コントロールに対する複数のイベントが定義されています。特定のコントロールにフォーカスが移った際に、何らかの処理を行わせる場合に使います。

● Visual Studio

Microsoft社のアプリケーション開発ツール（統合開発環境）で、Visual Basic、Visual C#、Visual C++などの言語を利用することができます。

● Webサービス

Web関連の技術を使い、ソフトウェアの機能をネットワーク（インターネット）を通じて利用できるようにしたサービスのことです。インターネット上には様々なサービスが公開されていて、これらのサービスをプログラムから直接、利用するためのSOAPを使ったインターフェイスが提供されています。

● Web Forms

Webアプリケーションを作成するためのユーザーインターフェイスのことです。Webフォーム上に、必要に応じて各種のコントロールを配置します。

● Windows Forms

Windowsアプリケーションを作成するためのユーザーインターフェイスのことです。Windowsフォーム上に、必要に応じて各種のコントロールを配置します。

● WithEvents

WithEventsステートメントとHandlesステートメントを併用すると、独自のイベントハンドラーを定義することができます。

なお、WithEventsキーワードで宣言されたオブジェクトによって発生させたイベントは、そのイベントのHandlesステートメントを持つ任意のメソッドで処理できます。

「WithEvents」キーワードを使って変数を定義すると、「Handles」キーワードを使用したメソッドにおいて、独自のイベントを処理させることができます。

● XML：EXtensible Markup Language

データの意味や構造を記述するためのマークアップ言語の1つで、**タグ**と呼ばれる識別子を使って文書構造を定義し、独自のタグを指定することができます。

● XML Webサービス

Web上で公開されているサービスをソフトウェアから直接、利用できるようにしたサービスのことです。このようなXML Webサービスは、XML（データフォーマット）、SOAP（通信プロトコル）、UDDI（サービスの検索）、WSDL（サービスの利用方法の公開）などの技術を基盤としています。

あ行

● アクセス修飾子

クラスやメソッドなどにアクセスできる範囲を設定するための修飾子で、Public、Private、Protectedなどがあります。

● アクセスレベル

特定のアクセス修飾子を使うことで、アクセス範囲が設定されることを指します。

● アセンブリ

.NETアプリケーションにおける実行可能ファイルのことを呼びます。実行可能ファイルとアセンブリは、どちらも同じものを指していますが、アセンブリという用語は、実行可能ファイルを構成する論理的な要素を説明する場合に使われます。アセンブリには、ヘッダー情報、MSIL（中間コード）、メタデータが含まれています。

値型

Visual Basicで扱うデータ型には値型と参照型があります。値型の変数を宣言した場合は、変数の値を格納するための領域がスタック上に確保されます。スタックにデータの格納と破棄を行うためのコードは、コンパイラーによって自動的に生成され、プロシージャの処理が完了すると、スタックとして使用されていたメモリー領域は自動的に解放されます。

スタックを使うときの特徴として、「後入れ先出し方式（LIFO：Last In First Out）」があります。この方式では、あとから格納した値を先に取り出して使います。スタック上に確保された値型の変数の領域は、変数を含むプロシージャの終了と同時に解放されます。

イベント

ボタンがクリックされた、フォームが読み込まれた、といった特定の出来事が発生した場合に、出来事が発生したことを通知するための仕組みのことです。マウスがクリックされたことを通知するClickイベントや、フォームが読み込まれた際に発生するLoadイベントなどがあります。

イベントドリブン

イベントを利用して、特定のイベントが発生したときに、任意の処理を行わせるプログラミング手法を**イベントドリブン**（**イベント駆動型プログラミング**）と呼びます。

イベントハンドラー

イベントドリブンプログラミングにおいて、「マウスがクリックされた」などの特定のイベントに対応して実行される一連のステートメント（プロシージャ）のことで、**イベントプロシージャ**と呼ばれる場合もあります。

イベントプロシージャ

イベントハンドラーの項目を参照してください。

インスタンス

インスタンスとは、クラスによって作成されるクラスの実体のことを指す用語です。クラスには、データを扱うためのメンバー変数（フィールド）と、データを操作するためのメソッドやプロパティが含まれています。

そして、クラスを実行すると、メンバー変数が使用する領域がヒープ上に確保されます。これがインスタンスです。このようなことから、メンバー変数のことをインスタンス変数と呼ぶこともあります。クラスは、メンバー変数と、メンバー変数が使用するメソッドやプロパティをセットで定義していることから、インスタンスは、メンバー変数用にヒープ上に確保された領域に格納された値であり、クラスで定義されたメソッドやプロパティと結び付いた値であるということになります。

インスタンス化

クラスからインスタンスを生成することです。

インスタンス変数

インスタンスの生成によって生成される変数のことで、**参照変数**と呼ばれる場合もあります。

インスタンスメソッド

メンバー変数やメソッドは、クラスをインスタンス化したときに実体として存在するようになります。

厳密には、このようなメソッドのことを**インスタンスメソッド**と呼びます。

クラスをインスタンス化するたびに生成されます。

インターフェイス

インターフェイスには、「外部との窓口」という意味があり、クラスにインターフェイスを実装することで、外部から、インターフェイスを通じてクラスへアクセスできるようになります。わざわざインターフェイスを介する理由は、クラスの保護、つまり、クラスのカプセル化を強力にするためです。外部からクラ

A 資料

スへのアクセスを、常にインターフェイスを介して行うことで、クラス内部を隠蔽（いんぺい）することができます。

● インデックス

配列型変数の要素を識別するための番号のことで、配列要素の位置を示す働きがあります。**添え字**と呼ばれる場合もあります。

● インポート

型名の一部を省略するための仕組みのことで、Importsキーワードによって、名前空間のインポートを行います。例えば、プログラムコードの先頭部分で「Imports System.Drawing.Printing」と記述しておけば、「System.Drawing.Printing.PrintPageSettings」を「PrintPageSettings」と記述できるようになり、見た目のコードを簡素化できます。

● 演算子

数値同士で計算を行ったり、変数や定数に値を代入したりすることを演算と呼び、演算を行うときに、どのような演算を行うのかを指定するのが演算子です。演算子には、代入演算子、算術演算子、連結演算子、比較演算子、論理演算子などがあります。

● オーバーライド

オブジェクト指向プログラミングにおけるプログラミング手法の1つで、スーパークラス（基本クラス）を継承して、メソッドやプロパティの機能を、さらに独自の機能に書き換えるために使用するテクニックのことです。オーバーライドを使えば、既存のコードを生かしつつ、必要な部分だけを書き加えて、まったく別の機能を持つ新たなプロパティやメソッドを作り出すことができます。

オーバーライドを可能にするには、Overridableキーワードをスーパークラスのプロパティやメソッドの宣言部に追加します。

● オブジェクト

オブジェクト指向プログラミングでは、操作する対象（オブジェクト）を中心に扱います。オブジェクトは、Windowsコントロールなどの各種のコントロールやコンポーネント、さらには、クラス、クラスのインスタンスなどを指す場合に使われます。

● オブジェクト指向プログラミング

抽象化、カプセル化、継承、ポリモーフィズムなどの概念をサポートし、「物（オブジェクト）」を操作対象としてプログラミングを行うのが特徴で、「主語」➡「述語」というパターンをとるプログラムコードは、自然言語と同じ構造をとります。関連するデータのまとまりと、それに対する手続き（メソッド）を一元的に管理するため、プログラムの再利用がしやすく、大規模なプログラムを効率的に開発できるという特長があります。

か行

● 型

プログラミング言語で扱うデータ形式のことです。データ型の項目を参照してください。

● 型変換

特定のデータ型の値を異なるデータ型に変換することです。

● カプセル化

クラス内部のデータやプログラムコードを外部から隠蔽（いんぺい）し、クラス内部を保護することです。カプセル化によって保護されたクラスには、定義済みのメソッドやプロパティを通じてアクセスします。なお、クラスにインターフェイスを実装することで、カプセル化をさらに進めることができます。

● ガベージコレクション

不要となったプログラムが占有するメモリー領域の解放を行うことです。CやC++言語では、このようなメモリー管理をポインターという仕組みを使って行ってきましたが、.NET対応の開発言語では、CLR（共通言語ランタイム）のガベージコレクターを利用して、メモリーの解放処理を行うようになっています。

● ガベージコレクター

不要になったメモリー領域（ガベージ）を解放する処理を行うソフトウェアのことで、ガベージコレクターはCLR（共通言語ランタイム）に含まれています。プログラムの実行中は「ガベージコレクター」がメモリーを常に監視し、不要となったプログラムが占有するメモリー領域の解放を自動的に行います。このような処理は、**ガベージコレクション**と呼ばれ、不要になったメモリー領域が原因でシステムに負荷がかかったり、他のプログラムの実行が中断してしまうことがないように、不要な領域（ガベージ）を回収して連続した空き領域の確保が行われます。

● キーワード

あらかじめ定義されている予約語のことで、データ型の名前や修飾子、ステートメントとして定義されているキーワードがあります。キーワードとして予約されている文字列と同じ文字列を変数名やプロシージャ名に利用することはできません。

● 共通言語ランタイム

CLR（Common Language Runtime）とも呼ばれ、Microsoft .NET対応のプログラムが実行できる環境を提供する、JITコンパイラー、ガベージコレクター、共通型システム（CTS）、クラスローダーなどのソフトウェアやライブラリファイルのセットのことを指します。

● 共有メソッド

共有フィールドを操作するためのメソッドのことで、インスタンスメソッドと異なり、「Shared」修飾子を使って宣言します。共有メソッドはクラス内に1つだけ存在し、各インスタンスにおいて共有するために使用します。

● クラス

オブジェクトをメモリー上に展開（インスタンス化）するためのプログラムコードのまとまりのことです。データのみで構成される構造体に対して、データとメソッドで構成されるのがクラスです。

クラスは、データとその振る舞い（動作）をひとまとめにしたデータ型なので、クラスを実行すると、必要なデータとメソッドへの参照情報がメモリー上に展開されます。

このような、クラスを実行してメモリー上に展開することをインスタンス化と呼び、実際にメモリー上に展開されたクラスの実体をインスタンスと呼びます。

なお、クラスで使用されるデータのことを**フィールド**と呼びます。

● クラス変数

クラス変数（共有フィールド）は、インスタンス単位ではなく、クラス単位で存在します。このため、複数のインスタンスが同じ変数を共有するために使用します。インスタンス化を行わずに利用でき、クラス内に1つだけ存在します。「Shared」修飾子を変数名の前に付けます。Sharedが付いた変数は、クラス変数として扱われます。

● クラスメンバー

クラスで使用するメンバー変数（フィールド）、メソッド（プロパティを含む）やクラスのインターフェイス、さらには、クラス内部に入れ子になった内部クラスを指します。

● グローバルスコープ

Publicキーワードを使って宣言した変数や定数のスコープ（変数や定数にアクセスできる範囲）のことで、グローバルスコープを持つ変数は、同一のプロジェクト内のすべてのモジュールから利用することができます。このようなグローバルスコープを持つ変数を**グローバル変数**、または**パブリック変数**と呼びます。

● グローバル変数

Publicキーワードを使って宣言した変数で、同一のプロジェクト内のすべてのモジュールから利用することができます。

● 継承

既存のクラスのすべての機能を引き継いで、まったく新しい別のクラスを作成することです。継承に関連して、特定のメソッドやプロパティに新たな機能を追加するオーバーライドというテクニックがあります。

● **構造体**

異なるデータ型の複数の変数や定数をまとめて扱うために定義する、独自のデータ型のことです。構造体は値型に属し、様々なデータ型に関連付けられた複数の変数を入れるための変数としての役割を持っています。

● **コーディング**

プログラムコードを記述する作業のことです。

● **コメント**

プログラムコードの中に埋め込んでおくメッセージのことで、変数の内容やメソッドの役割などを書き込むために使用します。Visual Basicでは、「'」に続けて入力した文字列がコメントとして扱われます。

● **コンストラクター**

クラスからインスタンスを生成するときに実行される初期化メソッドで、メンバー変数の初期化や初期の処理を行う際に使用します。コンストラクターの定義は、Newという名前のSubプロシージャを使って記述します。

なお、Newは、インスタンスの生成時に使用するキーワードで、クラス内部にSub Newという名前のSubプロシージャを作成すると、このプロシージャは、コンストラクターメソッドとして機能するようになります。

● **コントロール**

コマンドボタンやテキストボックスなど、特定の用途を実現するためのメンバーのセットのことです。Visual BasicのIDE（統合開発環境）では、ツールボックスに表示されているコントロールの一覧から、目的のコントロールをドラッグ＆ドロップで配置できるようになっています。

● **コンパイラー**

コンパイルを行うソフトウェアのことです。

● **コンパイル**

プログラムコードをコンピューター上で実行可能な形式に変換することです。Visual Basicなどの.NET Framework対応の言語では、プログラムコードをいったん、MSILと呼ばれる中間コードに変換し、プログラムの実行時に、JITコンパイラーによってネイティブコードに変換する仕組みを採用しています。

さ行

● **サブクラス**

特定のクラス（スーパークラス）を継承して宣言されたクラスのことです。

● **算術演算子**

算術演算で使用する演算子のことで、+、−、*、/、¥、^、Modなどの演算子があります。

● **参照型**

変数の指し示す領域に直接、値を格納せずに、値を格納している領域への参照情報が格納されるデータ型のことを指します。参照型の変数を宣言した場合は、ヒープ上に変数の値を格納するための領域が確保されます。

● **参照渡し**

Visual Basicでは、プロシージャに引数を渡す方法として、ByValキーワードを使用した「値渡し」と、ByRefキーワードを利用した「参照渡し」が使えます。ByValキーワードを使った場合は、引数は値として渡されるのに対し、ByRefキーワードを使った場合は、呼び出し元のプロシージャ内の変数への参照情報が渡されます。

このため、参照渡しを使った場合は、常に呼び出し元のプロシージャ内の変数が参照されていることになり、呼び出し先のプロシージャで値が変更されると、呼び出し元の変数の値も変更されます。

● **自動実装プロパティ**

Visual Basic 2010から採用された機能で、プロパティを定義する際に、Visual Basicのコンパイラーがプロパティの値を保存するためのPrivateなフィールドを自動的に作成し、さらに関連するGetとSetプロシージャを自動的に生成する機能のことです。

この機能により、単純にフィールドに値を保存したり取得したりするだけの場合は、冗長なコードを記述せずに、シンプルなコードだけを記述できるようになります。

● **条件文**

特定の条件を満たすかどうかを判断するためのステートメントのことで、If...Then...Elseステートメントなどがあります。

● **条件分岐**

特定の条件によって処理を分岐させることで、条件分岐を行い、プログラムの流れを制御します。条件分岐には、If...Then...Elseステートメントなどを使用します。

● **初期化**

変数を使用する前に、変数の初期の値を設定することで、変数の宣言時、または変数を使用する直前に行います。

● **スコープ**

変数や定数にアクセスできる範囲のことをスコープと呼びます。スコープは、変数や定数を宣言した場所やアクセス修飾子によって決定します。スコープの範囲によって、ブロックスコープ、ローカルスコープ（プロシージャスコープ）、モジュールスコープ、グローバルスコープなどがあります。

● **スタック領域**

プロシージャ内部で使用される変数を格納するために、メモリー上に確保される領域のことで、可能な限りメモリー上の上位のアドレスを基点に、アドレスの下位方向へ向かって確保されます。スタック領域には、値型のデータが格納されます。

● **スタティック領域**

スタティック（静的）領域は、プログラムの開始時に、メモリー上に確保される領域で、メモリーの下位のアドレスから割り当てられます。プログラムがメモリー上にロード（読み込まれること）されるときには、関連する一連のステートメント（プロシージャ）が格納されるスタティック（静的）領域と、データを格納するためのスタックおよび**ヒープ**と呼ばれる領域が確保されます。

● **ストリーム**

入出力時におけるデータを読み込み可能にしたり、読み書きの両方を可能にするためのデータのまとまり（オブジェクト）のことを指します。

● **スレッド**

プログラムの実行単位であるプロセスの内部に生成されるプログラムの実行単位のことです。Microsoft EdgeのようなWebブラウザーでは、Webコンテンツのダウンロードを行っている間に、現在、表示中のページを印刷したり、前に表示したページに戻ったりすることができますが、これらは、Webブラウザーのプロセス内に、それぞれの処理を行うスレッドが生成されることで、実現されています。

● **制御構造**

プログラムの処理の流れを制御する仕組みのことで、If...Then...Elseステートメント、For...Nextステートメント、Do While...Loopステートメントなどを使います。

● **静的変数**

「Static変数」の項を参照。

● **宣言**

変数や定数、クラス、メソッド、プロパティなどのプログラムに必要な要素を使えるように定義することです。このような宣言を行う文（ステートメント）

のことを宣言文と呼びます。

● 宣言コンテキスト
クラスや構造体、あるいはそのメンバーなどのプログラムにおける要素が宣言されているコードの領域のことです。

● 添え字
配列型変数の要素を示す番号のことで、配列の要素の位置を示す役割を持っています。**インデックス**とも呼ばれます。

● ソリューション
Visual Studioにおいて、アプリケーションを作成するときの単位のことです。1つのソリューションで、複数のプロジェクトを管理することができます。

た行

● 代入
変数や定数に、特定の値を設定することを指します。

● 代入演算子
演算子の右辺の値を左辺の要素に代入する役目を持っている演算子のことで、=、+=、−=、*=、/=、¥=、^=、&=などの演算子があります。

● 多態性
継承を発展させた概念で、異なる複数のクラスに実装されている機能を同じ方法を使って呼び出せるようにすることです。**ポリモーフィズム**とも呼ばれます。

● データ型
プログラミング言語で扱うデータ形式のことです。整数型、長整数型、単精度浮動小数点数型、文字型、日付型などのデータ型があり、それぞれ異なるサイズのメモリー領域を使用します。

● データアダプター
データベースのデータ取得やデータ変更の通知を管理するためのオブジェクト(コントロール)です。データベースとデータベースアプリのいわゆる仲介役として機能し、データ接続を使ってデータベースへの接続を行います。

● データグリッドビュー
テーブルのデータをフォーム上に表示する場合に使います。編集や更新を行うためのボタンが付いています。

● データ接続
データベースに接続するための設定情報が格納されるオブジェクト(コントロール)です。接続先のコンピューター名のほか、接続に必要なユーザー名やパスワードなども含まれます。

● データセット
データベースのデータのコピーを保持するためのオブジェクト(コントロール)で、データベースにアクセスして、データベースのデータをメモリー上に展開する働きをします。ADO.NETを利用して開発するデータベースアプリケーションは、データベースのデータを直接、読み書きするのではなく、いったんメモリー上に、データベースのコピーとして取り出しておいたデータセットに対して、読み書きを行います。

● デザインパターン
プログラムの設計方法を複数の項目にパターン化した、プログラムの設計手法のことです。1995年に出版された『デザインパターン』という書籍の中で23の開発パターンが解説されたのをきっかけに広く普及するようになり、プログラミングのノウハウやエッセンスを目的に応じて部品のように扱えることから、特に、オブジェクト指向プログラミングの分野で多く利用されています。

● デバッガー
デバッグを行うための専用ツールのことです。

Visual Basicにも、専用のデバッガーが搭載されています。

デバッグ

プログラムの不具合を修正する作業のことです。

デリゲート

特定の処理を行うときに、メソッドを直接、呼び出すのではなく、間接的な呼び出しを行うための機能のことで、次のような特徴があります。

- ・デリゲートには、特定の処理を行うメソッドへの参照が登録されており、デリゲートを呼び出すことで、メソッドによる処理を行わせることができます。
- ・例えば、クラスAのメソッドが常にクラスBに処理を委ねる場合、デリゲートを利用して、メソッドAの中にメソッドBを呼び出すコードを記述します。
- ・呼び出し先のメソッドが常に決まっているとは限らない場合、デリゲートの実行時に適切なメソッドを呼び出すことができます。
- ・メソッドを参照するための型として利用することができます。
- ・「Delegate」キーワードを使って宣言します。
- ・デリゲート型は、様々なメソッドを呼び出すために使用できます。ただし、同じデータ型の戻り値と、同じパラメーターの並びを持つメソッドに限られます。
- ・デリゲート型のオブジェクトには、デリゲートを定義する際に指定した戻り値とパラメーターを持つメソッドを代入することができます。

な・は行

名前空間

関連するクラスやメソッド、インターフェイスなどをグループごとにまとめるための仕組みのことで、階層構造で管理されています。

バイナリ

テキスト形式以外のデータ形式のことで、バイナリ形式のデータをバイナリデータ、バイナリデータを格納しているファイルのことをバイナリファイルと呼びます。実行可能形式のプログラムや、画像、音声などのデータは、すべてバイナリデータです。

配列

同じ型の複数のデータをまとめて管理できるデータ形式のことで、1次元配列や2次元配列などがあり、それぞれの配列の要素は、インデックス（添え字）と呼ばれる番号を使って管理します。

バグ

プログラムに含まれる誤りや不具合のことで、プログラミング上の論理的な不具合のほか、プログラムコードを記述する上での記述ミスなどがあります。

パラメーター

プロシージャが呼び出される際に、呼び出し元から受け取る変数のことで、**仮引数**とも呼ばれます。

比較演算子

2つの式を比較する場合に使用する演算子で、比較の結果は、True（真）またはFalse（偽）のどちらかの値で返されます。比較演算子には、=、>、<、<>、>=、<=などがあります。

引数

プロシージャを呼び出す際に、プロシージャに渡す値のことです。

ヒープ領域

スタティック領域とスタック領域の間に位置する領域です。参照型のデータが格納されます。プログラムがメモリー上にロード（読み込まれること）されるときには、関連する一連のステートメント（プロシージャ）が格納されるスタティック（静的）領域と、データを格納するためのスタックおよびヒープと呼ばれる領域が確保されます。

値型の変数を宣言した場合は、スタック上に変数の値を格納するための領域が確保され、参照型の変数を宣言した場合は、ヒープ上に変数の値を格納す

A 資料

るための領域が確保されます。ヒープ領域は、プログラムが実行された時点で1つの領域が確保され、プログラムの実行によって、参照型の値（インスタンス）を格納するために必要な領域が、逐次、動的に確保され、必要のなくなった領域は、**ガベージコレクター**と呼ばれるソフトウェアによって、解放されるようになっています。

● ビルド

作成したプログラムをコンパイルして、実行可能形式のファイルを作成することです。

● フィールド（オブジェクト指向）

オブジェクト指向プログラミングにおける、クラスが保持する変数や定数などをまとめて「フィールド」と呼びます。

● フィールド（データベース）

データベースにおける、テーブルの列にあたり、顧客情報を扱うテーブルであれば、名前、住所、電話番号などの列見出し（フィールド名）によって、データを管理します。

● プリフィックス

変数名などの識別子の先頭に付ける文字列のことで、**接頭辞**とも呼ばれます。

● ブレークポイント

デバッグを行う際に、プログラムの実行を一時的に停止させる場所のことです。

● プロジェクト

開発するアプリケーションを管理する単位のことです。Visual Studioでは、プロジェクトを作成することによって、プロジェクトの名前と同名のフォルダーが作成され、この中に、アプリケーションの開発に必要なファイルが保存されます。

● プロシージャ

特定の処理を行うための関連するステートメントのまとまりのことを指します。プロシージャには、任意の名前を付けておくことができ、特定の処理を実行するプロシージャを作っておくことで、他のプロシージャから呼び出して利用することができます。なお、プロシージャは、独立したプログラム部品として利用できるので、他のプロジェクトやソリューションでの再利用が容易です。

● プロセス

アプリケーションソフトなどのプログラムの実行単位のことです。OSから見た処理の実行単位を指す用語であるタスクと、ほぼ同じ使い方をされています。Windowsは、マルチプロセス（マルチタスク）に対応したOSで、CPUの処理時間を分割して、複数のプログラム（プロセス）に割り当てることで、同時に複数のプログラムを平行して実行することができるようになっています。実際は、非常に短い間隔で処理の対象となるプロセスを切り替えているのですが、見かけ上は、複数のプログラムが同時に動いているように見えます。

● ブロックスコープ

For...Nextのようなループ構造や、If...Thenのような条件分岐構造に含まれる一連のステートメントをコードブロックと呼びます。コードブロック内で宣言された変数や定数のスコープ（使用できる範囲）のことをブロックスコープと呼び、その範囲は宣言されたブロック内になります。

● プロパティ

オブジェクトが持っている特有の値のことです。特定のオブジェクトのプロパティを設定するには、「<オブジェクト名>.<プロパティ> = <値>」という形式のステートメントを記述します。

● ベースクラス

継承を行う際のもととなるクラスのことで、スーパークラス、または**基底クラス**とも呼ばれます。

● 変数

プログラム内で使用するデータを一時的に格納する役目を持ったメモリー上の領域です。変数に数値や文字などのデータを入れておけば、目的の変数を呼び出すことによって、いつでも変数に格納された値を利用することができます。変数には、一時的にデータを格納しておくことができるので、ユーザーが入力した値や特定の計算結果を格納したり、データを受け渡ししたりする場合には、すべて変数を使って処理を行います。

ポリモーフィズム

継承を発展させた概念で、異なる複数のクラスに実装されている機能を、同じ方法を使って呼び出せるようにすることです。**多態性**とも呼ばれます。

ま行

マルチスレッド

同一のプロセス内部で、複数のスレッドを同時並列的に実行することを指します。

マルチスレッドプログラミング

以前のバージョンでは、マルチスレッドを行わせる場合は、難解なコードを記述する必要がありました。

Visual Basic 2005からは、「Background Worker」コンポーネントがサポートされたことで、マルチスレッドを簡単に操作できるようになりました。

メソッド

メソッドとは、特定のオブジェクトに対して何らかの処理を行わせるための一連のステートメントのことを指します。オブジェクトの設定値がプロパティであるのに対し、オブジェクトに対する処理がメソッドです。メソッドを呼び出すには、次のように記述します。

▼《構文》メソッドを呼び出す

```
<オブジェクト名>.<メソッド>(<引数>)
```

このように、メソッドでは、プロパティのように「=」を使いません。これは、メソッドはあくまでも処理であり、値を代入するものではないことを示しています。なお、メソッドを呼び出す際には、メソッドが使用する値（引数と呼ぶ）を指定して、処理を行わせることができます。

メンバー

クラスで使用するメンバー変数（フィールド）、メソッド（プロパティを含む）やクラスのインターフェイス、また、クラス内部に入れ子になった内部クラスのことを指します。

モジュールスコープ

プロシージャの外で宣言した変数や定数のスコープ（利用できる範囲）は、宣言されたモジュール内になり、同一のモジュール内のすべてのプロシージャから利用することができます。このようなスコープのことをモジュールスコープと呼び、モジュールスコープを持つ変数のことを**モジュール変数**と呼びます。

戻り値

Functionプロシージャが処理結果として返す値のことです。

や・ら行

予約語

データ型の名前や修飾子、ステートメントとして、あらかじめ定義されている文字列のことで、キーワードと呼ばれる場合もあります。予約されている文字列と同じ文字列を変数名やプロシージャ名に利用することはできません。

ライブラリ

特定の機能を持ったプログラムを、他のプログラムから利用できるように部品化した上で、これらのプログラム部品を1つのファイルにまとめたものをライブラリと呼びます。

ループ

特定の条件を満たすまで、繰り返し行われる処理のことを指します。

● **例外**

プログラムの実行時に発生するシステムエラー以外のエラーのことを指します。

● **例外処理**

例外が発生したときに、例外に対応するために実行する処理のことを指します。

● **レコード**

データベースにおけるテーブルの行にあたり、設定されたフィールドに従ってデータが入力されます。

● **連結演算子**

連結演算子は、文字列同士を連結するための演算子です。連結演算子には「&」と「+」があり、どちらの演算子も同じ機能を持っています。

● **ローカルスコープ**

特定のプロシージャ内で宣言された変数や定数のスコープは、宣言されたプロシージャ内になります。このようなスコープのことをローカルスコープと呼びます。ローカルスコープを持つ変数は、**ローカル変数**と呼ばれます。

● **論理演算子**

論理演算子は、複数の条件式を組み合わせて、複合的な条件の判定を行う場合に利用します。判定の結果は、True（真）またはFalse（偽）のどちらかの値で返されます。論理演算子には、And、Or、Not、Xor、AndAlso、OrElseなどがあります。

資料 Index

用語索引

ひらがな・カタカナ

■あ行

■か行

■さ行

■た行

■な行

■は行

■ま行

■や行

■ら行

■D

■E

■F

■G

■H

■T

■U

■V

■W

ビジュアル ベーシック
Visual Basic 2022
パーフェクトマスター

発行日　2022年 2月 1日　　第1版第1刷

きんじょう　としや
著　者　金城　俊哉

発行者　斉藤　和邦
発行所　株式会社　秀和システム
〒135-0016
東京都江東区東陽2-4-2　新宮ビル2F
Tel 03-6264-3105（販売）Fax 03-6264-3094
印刷所　三松堂印刷株式会社　　Printed in Japan

ISBN978-4-7980-6620-2 C3055

定価はカバーに表示してあります。
乱丁本・落丁本はお取りかえいたします。
本書に関するご質問については、ご質問の内容と住所、氏名、電話番号を明記のうえ、当社編集部宛FAXまたは書面にてお送りください。お電話によるご質問は受け付けておりませんのであらかじめご了承ください。

サンプルデータの解凍方法

サンプルデータは、zip形式で章ごとに圧縮されていますので、解凍してからお使いください。

ダウンロードページ
http://www.shuwasystem.co.jp/books/vb2022pm_no187/

▼サンプルデータのフォルダー構造

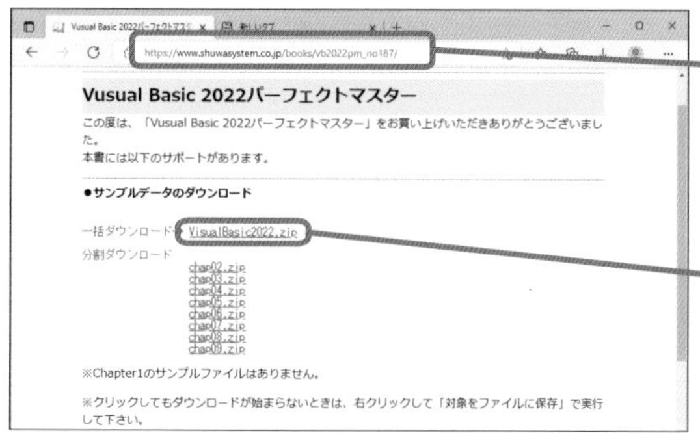

❶Webブラウザーを起動し、ダウンロードページのアドレスを入力します。

❷ダウンロードページが表示されますので、ダウンロードしたい章のファイル名をクリックします。

▼名前を付けてリンクを保存をクリックする

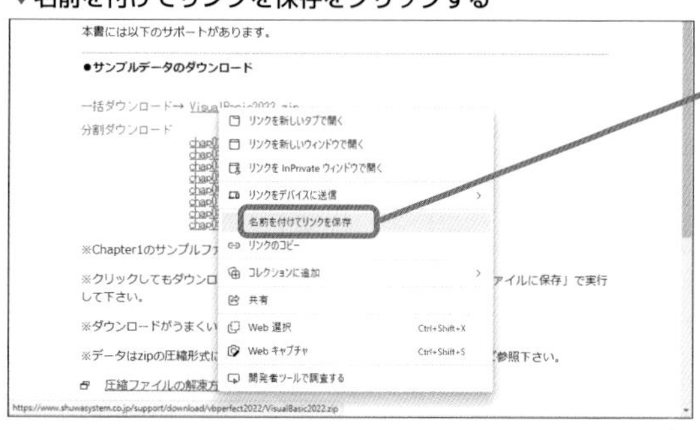

❸**ショートカットメニュー**から**名前を付けてリンクを保存**を選択します。

▼保存場所を選択する

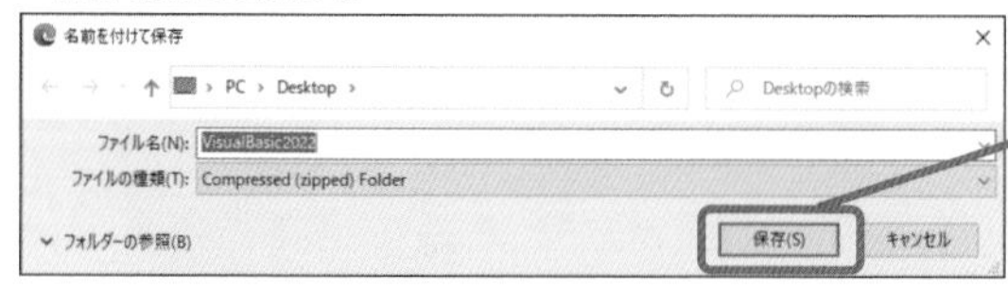

❹**名前を付けて保存**ダイアログが開きますので、保存する場所を選択して（ここではデスクトップ）、**保存**ボタンをクリックします。

▼解凍する

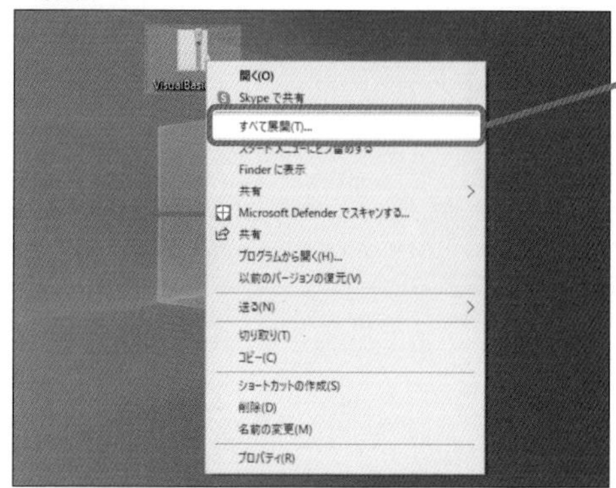

❺**ショートカットメニュー**から**すべて展開**を選択します。サンプルデータが解凍されます。

※ダウンロードページのデザインは変更されることがあります。
※使用するOSやブラウザーによって動作が異なることがあります。

Windowsの基本キーボード操作

キーボードにはいろいろなキーがあります。
ここでは、よく使用するキーの名前と主な役割をおぼえておきましょう。

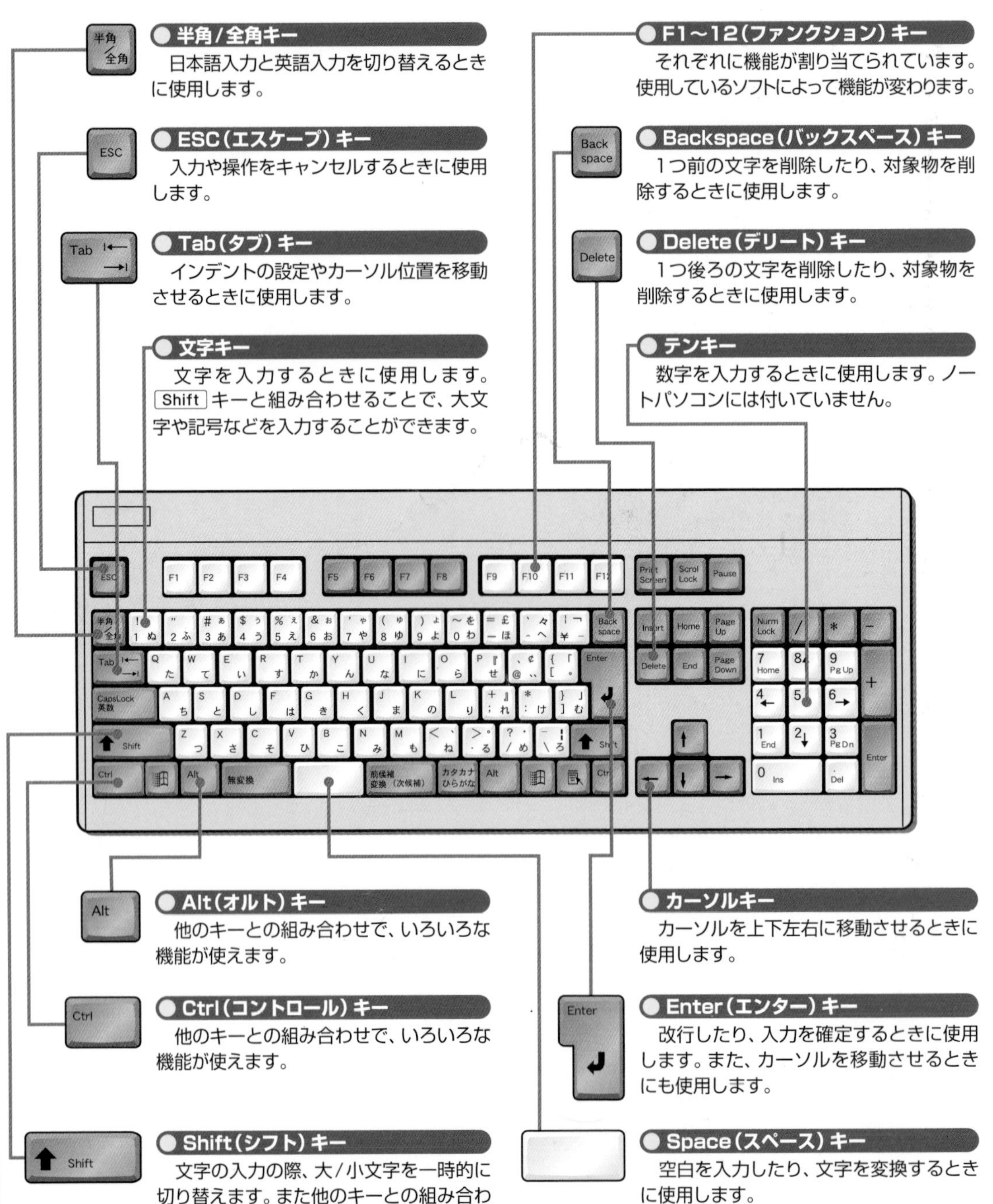

半角/全角キー
日本語入力と英語入力を切り替えるときに使用します。
ESC(エスケープ)キー
入力や操作をキャンセルするときに使用します。
Tab(タブ)キー
インデントの設定やカーソル位置を移動させるときに使用します。
文字キー
文字を入力するときに使用します。Shift キーと組み合わせることで、大文字や記号などを入力することができます。
F1～12(ファンクション)キー
それぞれに機能が割り当てられています。使用しているソフトによって機能が変わります。
Backspace(バックスペース)キー
1つ前の文字を削除したり、対象物を削除するときに使用します。
Delete(デリート)キー
1つ後ろの文字を削除したり、対象物を削除するときに使用します。
テンキー
数字を入力するときに使用します。ノートパソコンには付いていません。
Alt(オルト)キー
他のキーとの組み合わせで、いろいろな機能が使えます。
Ctrl(コントロール)キー
他のキーとの組み合わせで、いろいろな機能が使えます。
Shift(シフト)キー
文字の入力の際、大/小文字を一時的に切り替えます。また他のキーとの組み合わせで、いろいろな機能が使えます。
カーソルキー
カーソルを上下左右に移動させるときに使用します。
Enter(エンター)キー
改行したり、入力を確定するときに使用します。また、カーソルを移動させるときにも使用します。
Space(スペース)キー
空白を入力したり、文字を変換するときに使用します。